국가직무능력표준(NCS)기반
2D도면작성 및 3D 형상모델링 훈련도집

지금 실행하지 않으면 할 수 있는 일은 아무것도 없습니다.

책으로 펴내고 싶은 분은 원고나 아이디어를 (mechapia@mechapia.com)으로보내주시기 바랍니다.
도서출판 메카피아는 여러분의 소중한 경험과 실무 지식을 가치있게 만들어 드리겠습니다.

메카피아 운영 사이트 안내
Web & SNS

웹사이트 www.mechapia.com
유튜브 https://www.youtube.com/user/mechapia
네이버TV https://tv.naver.com/mechapia
네이버 카페 http://cafe.naver.com/techmecha/
페이스북 https://www.facebook.com/theMECHAPIA/
카카오 스토리채널 https://story.kakao.com/ch/mechapia
카카오 옐로 아이디 @메카피아
네이버 공식 블로그 http://blog.naver.com/mecha_books
네이버 스토어팜 http://storefarm.naver.com/mechapia
네이버 모두 http://mechabooks.modoo.at/
인스타그램 ID @mechapia

국가직무능력표준(NCS)기반
2D도면작성 및 3D 형상모델링 훈련도집

인쇄 2016년 6월 03일 1판 1쇄 인쇄
 2019년 5월 15일 2판 1쇄 인쇄
발행 2016년 6월 10일 1판 1쇄 발행
 2019년 5월 22일 2판 1쇄 발행

저자 이홍우, 노수황

발행처 M 메카피아
발행인 노수황, 최영민
대표전화 1544-1605
주소(본점) 경기도 파주시 신촌2로 24번지
(서울지점) 서울특별시 금천구 서부샛길 606 대성디폴리스지식산업센터 B동 제3층 제331호
전자우편 mechapia@mechapia.com, pnpbook@naver.com
교육 문의 02-861-9042
영업부 (서울) 02-861-9044 (파주) 031-8071-0088
팩스 (서울) 02-861-9040 (파주) 031-942-8688
인쇄제작 미래피앤피
제작관리 유종원 **기획** 이자영 **마케팅** 이정훈 **영업관리** 김순영
편집디자인 유동욱 **표지디자인** 디자인M
등록번호 제2014-000036호
등록일자 2010년 02월 01일

정가 : 25,000원

ISBN 979-11-6248-044-1 13550

이 도서의 국립중앙도서관 출판예정도서목록(CIP)은 서지정보유통지원시스템 홈페이지(http://seoji.nl.go.kr)와 국가자료공동목록시스템(http://www.nl.go.kr/kolisnet)에서 이용하실 수 있습니다. (CIP제어번호: CIP2019018869)

• 이 책의 어느 부분도 저작권자나 발행인의 승인 없이 무단 복제하여 이용할 수 없습니다.
• 파본 및 낙장은 구입하신 서점에서 교환하여 드립니다.

(주)메카피아는 공인아카데믹파트너(AAP: Authorized Academic Partner)로 오토데스크에서 검증된 공인 강사를 통해 전문적이고 표준화된 교육 서비스를 제공하며 기계제조 분야의 현업경험을 토대로 실무적용에 맞춘 제품교육을 진행하고 있습니다.

머리말

 현재 대한민국은 능력중심사회를 위한 요건조성을 위해 NCS를 국정과제로 선정하여 산업현장에서 직무를 수행하기 위하여 요구되는 지식, 기술, 소양 등의 내용을 산업부문과 수준별로 도출해 표준화 하여 적용하고 도입하고 있습니다. 따라서 현재 일선 교육기관에서는 학습자의 역량 향상을 위해 NCS를 기반으로 하여 기존의 교육과정을 표준화하는데 노력하고 있습니다.

 본서는 NCS를 기반으로 하여 기계계열의 능력단위인 '2D도면작성', '3D형상모델링', '도면해독', '요소부품재질선정'에 대한 교육시 활용할 수 있도록 개발된 교재입니다. CAD를 처음 다루는 입문자에서부터 국가기술자격시험인 '전산응용기계제도기능사', '기계설계산업기사', '일반기계기사', '건설기계설비기사' 등 의 실기 시험을 준비하는 수험자에 이르기까지 2D도면작성 및 3D형상모델링에 대한 체계적인 훈련이 가능하도록 구성하는데 중점을 두었습니다.

 현재 '전산응용기계제도기능사', '기계설계산업기사' 실기 시험은 시험 요구사항에 준하여 2D 과제도면(조립도)을 이해하여 3D CAD를 활용해 부품 모델링을 해야하고, 모델링 데이터를 이용해 작업한 2D 부품도와 3D 렌더링 등각투상도를 작성해 제출하여야 합니다. 그러므로 수험자는 시험에 응시할 때 CAD 활용 능력뿐만 아니라 기계제도법과 도면해독법을 익혀야 수험자는 원하는 결과를 얻을 수 있습니다.

 따라서 NCS 기계계열의 세분류 '기계요소설계'에 대한 교육을 하는 교육자 및 훈련을 하는 학습자가 본 교재를 활용한다면 기초 도형 작도를 시작으로 초급, 중급, 심화 과정으로 구성된 각 장의 예제를 통해 학습자의 공간지각능력과 CAD 활용능력을 향상시킬 수 있으며, 국가기술자격 실기 시험을 준비하는 수험생들이 본 교재를 활용한다면 시험 준비에 필요한 엄선된 과제도면과 기계요소 기술에 대한 표현을 중점적으로 한 기능검정 실기 도면 예제를 통해 기계제도법과 도면 해독법을 익히고 기본기를 다지는데 많은 도움이 될 것입니다.

 기계설계를 공부하는 이들에게 올바른 지식을 전달하겠다는 취지로 시작한 집필 작업은 다양한 시리즈가 기획되어 있습니다. 앞으로 독자 여러분의 많은 성원과 아낌없는 충고를 부탁드리며, 본서를 보며 발생하는 궁금증들은 메카피아 홈페이지나 아래 이메일을 통해 질의하시면 최선을 다해 정성껏 답변 드리겠습니다.

 끝으로 본 교재의 출판을 위해 애써주신 도서출판 메카피아의 관계자 분들과 일선 교육기관에서 후진 양성을 위해 애쓰시는 모든 선생님들께 깊은 감사를 드리는 바입니다.

2019년 5월 저자 일동

국가직무능력표준(NCS)과 본서의 학습모듈 및 능력단위 적용 범위 안내

국가직무능력표준(NCS, National Competency Standards)이란 산업현장에서 직무를 수행하기 위해 요구되는 지식, 기술, 소양 등의 내용을 국가가 산업부문별, 수준별로 체계화한 것으로 산업현장의 직무를 성공적으로 수행하기 위해 필요한 능력(지식, 기술, 태도)을 국가적 차원에서 표준화한 것을 의미합니다. 국가직무능력표준은 교육훈련기관의 교육훈련과정, 직업능력 개발 훈련기준 및 교재 개발 등에 활용되어 산업 수요 맞춤형 인력양성에 기여합니다. 또한, 근로자를 대상으로 경력개발경로 개발, 직무기술서, 채용, 배치, 승진 체크리스트, 자가진단도구로 활용 가능합니다.

NCS의 분류체계는 직무의 유형(Type)을 중심으로 국가직무능력표준의 단계적 구성을 나타내는 것으로, 국가직무능력표준 개발의 전체적인 로드맵을 제시합니다. 한국고용직업분류(KECO: Korean Employment Classification of Occupations)를 중심으로, 한국표준직업분류, 한국표준산업분류등을 참고하여 분류하였으며 대분류(24) → 중분류(80) → 소분류(238) → 세분류(887개)'의 순으로 구성되어 있습니다. 이 중에서 기계 분야는 중분류(10) → 소분류(29) → 세분류(115개)로 개발되어 있습니다.

국가직무능력표준(NCS, National Competency Standards)이 현장의 '직무 요구서'라고 한다면, NCS 학습모듈은 NCS의 능력단위를 교육훈련에서 학습할 수 있도록 구성한 '교수·학습자료'입니다.

NCS학습모듈은 구체적 직무를 학습할 수 있도록 이론 및 실습과 관련된 내용을 상세하게 제시하고 있습니다.

〈NCS 학습모듈의 특징〉

- NCS 학습모듈은 산업계에서 요구하는 직무능력을 교육훈련 현장에 활용할 수 있도록 성취목표와 학습의 방향을 명확히 제시하는 가이드라인의 역할을 합니다.

- NCS 학습모듈은 특성화고, 마이스터고, 전문대학, 4년제 대학교의 교육기관 및 훈련기관, 직장교육기관 등에서 표준교재로 활용할 수 있으며 교육과정 개편 시에도 유용하게 참고할 수 있습니다. NCS 학습모듈은 NCS 능력단위 1개당 1개의 학습모듈 개발을 원칙으로 합니다. 그러나 필요에 따라 고용 단위 및 교과단위를 고려하여 능력단위 몇 개를 묶어서 1개의 학습모듈로 개발할 수 있으며, 또 NCS 능력단위 1개를 여러 개의 학습모듈로 나누어 개발할 수도 있습니다.

〈본서의 NCS(국가직무능력표준) 학습모듈 및 능력단위 적용〉

대분류 : 15 (기계)
중분류 : 01 (기계설계)
소분류 : 02 (기계설계)
세분류 : 01 (기계요소설계)

NCS 능력단위

분류번호	능력단위명	수준
1501020104_14v2	요소공차 검토	4
1501020105_14v2	요소부품 재질선정	4
1501020111_16v3	2D도면작업	2
1501020113_16v3	3D형상모델링작업	2
1501020114_16v3	3D형상모델링검토	2
1501020115_16v3	도면분석	3
1501020116_16v3	도면검토	3

〈본서 활용 NCS 학습모듈검색 순서〉

능력단위명 : **요소공차검토** [4수준]
능력단위 정의 : 요소공차검토란 요소설계에서 요구하는 기능과 성능에 적합한 공차를 적용하고 검토하는 능력이다.
능력단위 검색 : 15.기계 〉01.기계설계 〉02.기계설계 〉01.기계요소설계 〉01.요소공차검토

능력단위명 : **요소부품재질선정** [4수준]
능력단위 정의 : 요소부품재질선정이란 요소부품의 요구기능과 특성을 고려하여 재질을 검토하고 결정하는 능력이다.
능력단위 검색 : 15.기계 〉01.기계설계 〉02.기계설계 〉01.기계요소설계 〉02.요소부품재질선정

능력단위명 : **2D도면작업** [2수준]
능력단위 정의 : 2D도면작업이란 CAD 프로그램을 활용하여 제도 규칙에 따른 2D 도면을 작성하고, 확인하여 가공 및 제작에 필요한 2D도면 정보를 도출하는 능력이다.
능력단위 검색 : 15.기계 〉01.기계설계 〉02.기계설계 〉01.기계요소설계 〉08.2D도면작업

능력단위명 : **3D형상모델링작업** [2수준]
능력단위 정의 : 3D형상모델링작업이란 CAD 프로그램을 사용자 작업 환경에 맞도록 설정하고, 모델링하는 능력이다.
능력단위 검색 : 15.기계 〉01.기계설계 〉02.기계설계 〉01.기계요소설계 〉10.3D형상모델링작업

능력단위명 : **3D형상모델링검토** [2수준]
능력단위 정의 : 3D형상모델링 검토란 형상 설계 오류를 사전에 검증하고 수정하여, 가공 및 제작에 필요한 형상에 관한 정보를 도출하는 능력이다.
능력단위 검색 : 15.기계 〉01.기계설계 〉02.기계설계 〉01.기계요소설계 〉11.3D형상모델링검토

능력단위명 : **도면분석** [3수준]
능력단위 정의 : 도면분석이란 기 작성된 조립도 및 부품도에서 표준부품을 파악하여 설계 규격을 준비하고, 투상도법으로부터 입체 형상을 구현하여 조립부분의 형상을 분석하는 능력이다.
능력단위 검색 : 15.기계 〉01.기계설계 〉02.기계설계 〉01.기계요소설계 〉12.도면분석

능력단위명 : **도면검토** [3수준]
능력단위 정의 : 도면검토란 요소부품의 기능에 최적한 형상, 치수 및 주요공차를 파악하고, 조립도와 부품도에서 설계방법, 재질, 작업설비 및 방법을 결정하는 능력이다.
능력단위 검색 : 15.기계 〉01.기계설계 〉02.기계설계 〉01.기계요소설계 〉13.도면검토

본서는 실무 중심의 NCS 학습모듈을 활용하여 이론 중심의 현행 교재를 보완하였으며, 산업현장이나 교육현장에서 교육훈련과정 편성시 NCS 학습모듈을 연계 활용하여 교과 편성을 할 수 있습니다.

국가직무능력표준(NCS) 웹사이트 http://www.ncs.go.kr/

이 책의 주요 구성

Chapter 1 기초 도형 작도

CAD 입문자가 2D CAD의 기능 또는 3D CAD의 스케치 환경을 이해하는데 필요한 훈련 예제로 구성되어 있는 장 입니다. 학습자는 각 예제의 주어진 치수를 보고 도형을 작도하여 2D 또는 3D CAD의 기능을 이해하는 훈련을 하기 바랍니다.

Chapter 2 초급 3D형상모델링과 정투상도 작도

3D형상모델링을 처음 시작하는 독자들을 위한 예제로 구성되어 있는 장 입니다. 학습자는 주어진 과제도면의 등각투상도를 이해하여 3D형상모델링을 한 다음 지시된 화살표를 정면도로 선택하여 정투상도 작도 훈련을 통해 3D CAD의 기능과 정투상도를 기준으로 투상도 배열하여 작성하는 훈련을 하기 바랍니다. (등각 투상도의 눈금 간격은 10mm 입니다)

Chapter 3 중급 3D형상모델링과 2D도면작성

초급 3D형상모델링과 정투상도 작도 훈련이 충분이 이루어진 후 접근할 수 있는 중급 예제로 구성되어 있는 장 입니다. 학습자는 등각투상도를 보고 3D형상모델링 후 2D도면을 작성하는 훈련을 하기 바라며, 이 장 부터는 2D도면 작성시 정면도 및 각 투상도 배열은 직접 판단하여 훈련하면 됩니다.

Chapter 4 심화 3D형상모델링과 2D도면작성

기능검정 실기 시험을 준비하기 전 단계로 기계 부품 2D도면과 형상을 이해하는데 참고할 등각투상도가 배치된 예제로 구성되어 있는 장 입니다. 학습자는 주어진 도면을 보고 3D형상모델링과 2D도면작성 훈련을 통해 실기 시험 과제를 하기 위한 훈련을 할 수 있습니다.

Chapter 5 전산응용기계제도(CAD) 2D도면작성과 3D형상 모델링 실습

전산응용기계제도(CAD) 및 컴퓨터응용기계설계제도 분야의 과목은 단순히 도면만 그리법만 이해하면 되는 것이 아닙니다. 조립도를 보고 도면해독을 하여 장치의 기능과 구조를 파악하고 KS규격에 의거하여 누구나 도면을 이해할 수 있도록 정해진 규칙에 따라 부품도를 작성해야 합니다.
따라서 제작가능한 도면을 작성하기 위해서 제도자는 기계제도법 이외에 기계재료와 열처리, 기계가공, 제작조립 등에 관련된 지식도 함께 갖추어야 합니다.

Chapter 6 기능검정 실기도면 예제 풀이

전산응용기계제도기능사 또는 기계설계산업기사 실기 시험에서 출제 빈도가 높은 과제 도면들을 엄선하여 수록 하였습니다. 각 과제별로 과제 도면을 포함하여 제출해야 하는 부품도 풀이 예제도면과 등각 투상도 예제 도면이 수록되어 있으며 수험생들이 과제를 이해하는데 도움을 드리고자 등각 분해도 및 조립도 예제 도면까지 포함하여 구성되어 있습니다.

Chapter 7 기계재료 및 열처리 선정

제도자는 조립도를 해독하여 장치별로 작동 순서와 각 부품들의 기능과 역할을 파악하여 부품도를 작성하고 올바른 기계재료의 선정과 필요시 열처리나 후처리를 선정할 수 있는 능력을 키워야 합니다. 이 장에서는 많이 사용하는 주요 기계재료의 종류 및 기호 표시와 더불어 열처리 및 도금 도장 등에 대한 사항을 부품별로 쉽게 이해할 수 있도록 일목요연하게 정리하였습니다.

1. 과제 도면

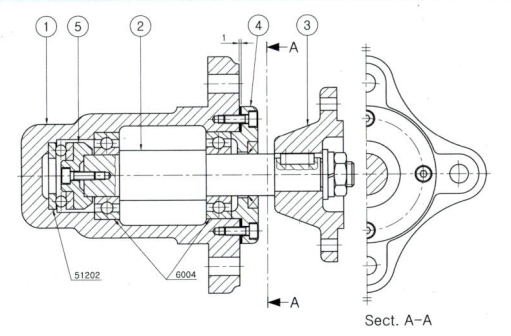

기능검정 실기 시험에서 주어지는 과제 도면

수험생들은 척도 1:1로 그려진 과제 도면을 측정 도구를 사용해 요구하는 부품의 형상을 측정하여 작업한다.

*과제 도면 표제란 우측 하단에 본서에 수록된 부품도(2D)와 등각투상도(3D)에 작성된 예제 도면의 부품번호가 표기되어 있다.

2. 부품도 풀이 예제 도면

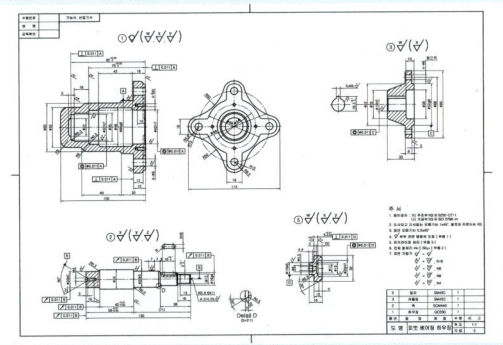

수험생이 작업하여 제출해야 하는 부품도 (2D)

수험생들은 부품도 작업 완료후 기계요소 기술 표현법에 중점을 둔 부품도 풀이 예제 도면을 참고하여 작업한 도면을 검도한다.

*부품도 풀이 예제 도면에 기입된 기하공차값은 정해진 계산에 의거하거나 공차값의 기준이 별도로 시험에 규정되어 있는 사항이 아니므로 수험자가 공차값을 선정해서 기입하면 됩니다. 본서에서는 편의상 일괄적인 기하공차값을 적용하였습니다.

3. 전산응용기계제도기능사 렌더링 등각 투상도 예제 도면

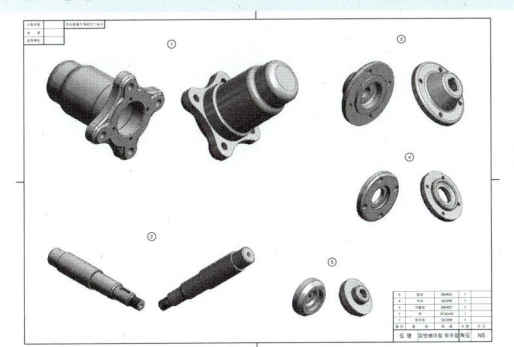

전산응용기계제도기능사 수험생이 작업하여 제출해야 하는 렌더링 등각 투상도 (3D)

수험생들은 렌더링 등각 투상도 작업 완료후 본 예제 도면의 등각투상도 배치 상태, 명암 등을 참고하여 작업한 도면을 검도한다.

4. 기계설계산업기사 3차원 모델링도 예제 도면

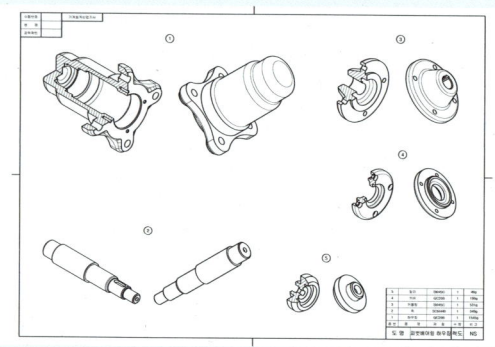

기계설계산업기사 수험생이 작업하여 제출해야 하는 3차원 모델링도

수험생들은 3차원 모델링도 작업 완료후 본 예제 도면의 등각 투상도 배치 및 단면 상태, 명암 등을 참고하여 작업한 도면을 검도한다.

*본서에서 나타낸 부품의 질량은 비중을 강 7.85, 알루미늄 2.7, 동 8.47 로 지정하여 소수점 첫째자리에서 반올림하여 나타내었다.

*기계설계산업기사 3차원 모델링도 작성시 부품을 렌더링 처리하여도 무방하나 렌더링 처리시 단면부 해칭은 하지 않는다.

5. 등각 분해도 예제 도면

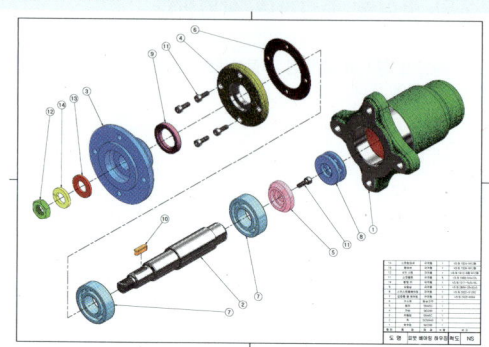

수험생들의 과제 이해를 돕기 위한 등각 분해도 예제 도면

각 과제의 부품을 조립 순서대로 분해하였고 부품 리스트를 작성하여 각 부품의 품명, 재질, 수량 그리고 규격 등을 확인할 수 있다.

6. 등각 조립도 예제 도면

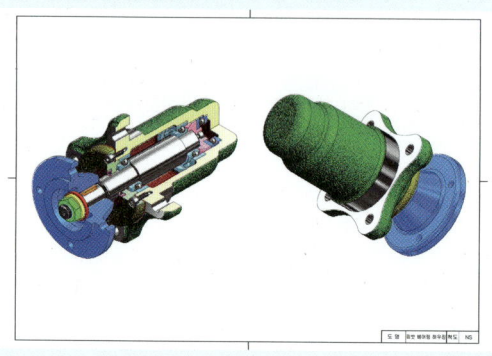

수험생들의 과제 이해를 돕기 위한 등각 조립도 예제 도면

각 과제의 내부 형상 확인이 필요한 경우 단면을 하여 도시하였고 가공품의 단면부는 부품 색상을 그대로 사용하였으나 주조품의 단면부는 부품과 다른 색상을 지정하여 보다 이해하기 쉽도록 하였다.

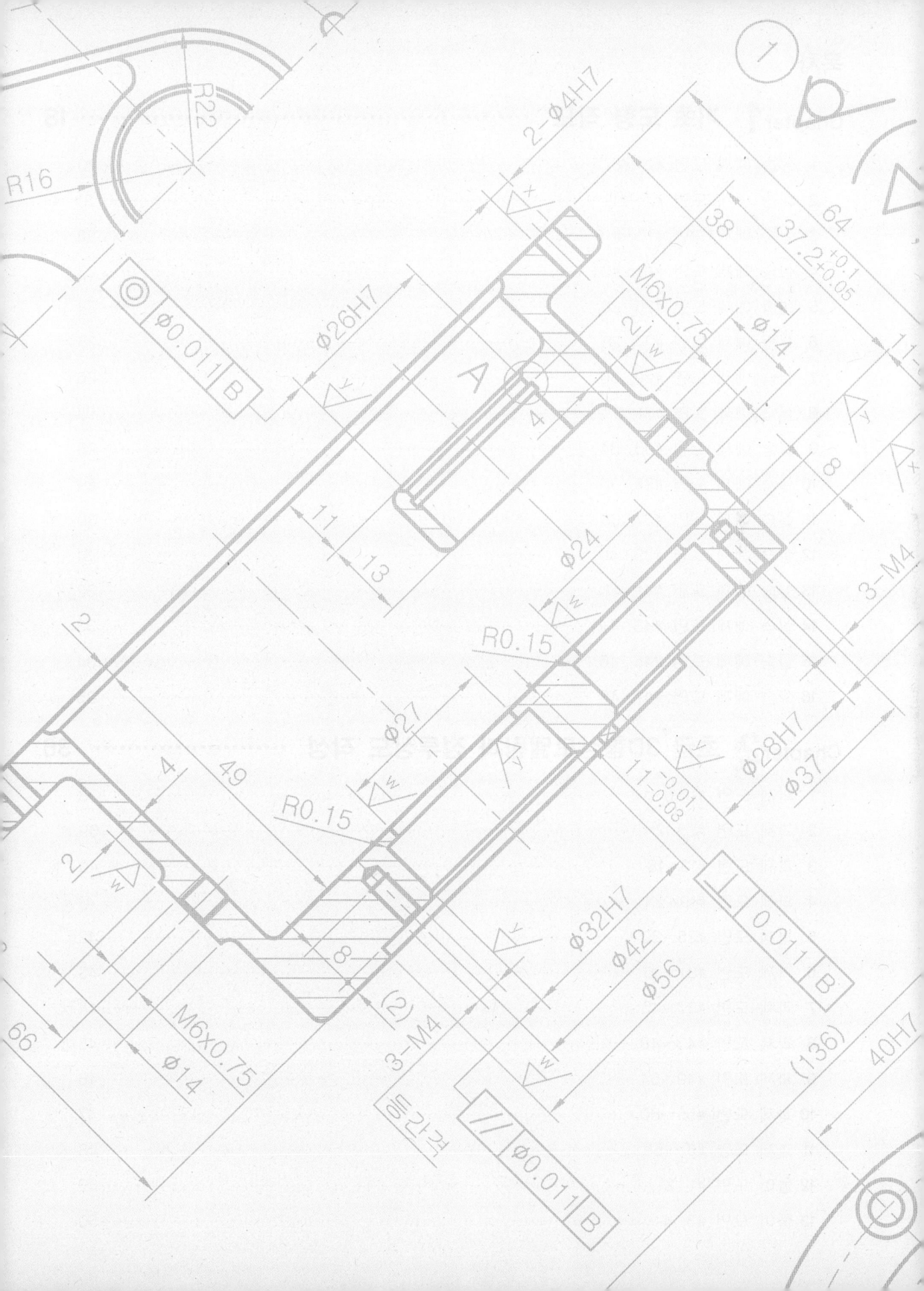

목차

Chapter 1 기초 도형 작도 ·· 18

1 실습 예제 도면 #1~#6 ·· 20
2 실습 예제 도면 #7~#12 ··· 21
3 실습 예제 도면 #13~#18 ··· 22
4 실습 예제 도면 #19~#24 ··· 23
5 실습 예제 도면 #25, 26 ··· 24
6 실습 예제 도면 #27, 28 ··· 25
7 실습 예제 도면 #29, 30 ··· 26
8 실습 예제 도면 #31, 32 ··· 27
9 실습 예제 도면 #33, 34 ··· 28
10 실습 예제 도면 #35, 36 ··· 29
11 실습 예제 도면 #37, 38 ··· 30
12 실습 예제 도면 #39, 40 ··· 31
13 실습 예제 도면 #41, 42 ··· 32
14 실습 예제 도면 #43, 44 ··· 33
15 실습 예제 도면 #45, 46 ··· 34
16 실습 예제 도면 #47, 48 ··· 35

Chapter 2 초급 3D형상모델링과 정투상도 작성 ···························· 36

1 과제 도면 #1~6 ··· 38
2 과제 도면 #7~12 ·· 39
3 과제 도면 #13~18 ·· 40
4 과제 도면 #19~24 ·· 41
5 과제 도면 #25~30 ·· 42
6 과제 도면 #31~36 ·· 43
7 과제 도면 #37~42 ·· 44
8 과제 도면 #43~48 ·· 45
9 과제 도면 #49~54 ·· 46
10 과제 도면 #55~60 ·· 47
11 과제 도면 #61~66 ·· 48
12 풀이 도면 #1, 2 ·· 49
13 풀이 도면 #3, 4 ·· 50

14 풀이 도면 #5, 6	···	51
15 풀이 도면 #7, 8	···	52
16 풀이 도면 #9, 10	···	53
17 풀이 도면 #11, 12	···	54
18 풀이 도면 #13, 14	···	55
19 풀이 도면 #15, 16	···	56
20 풀이 도면 #17, 18	···	57
21 풀이 도면 #19, 20	···	58
22 풀이 도면 #21, 22	···	59
23 풀이 도면 #23, 24	···	60
24 풀이 도면 #25, 26	···	61
25 풀이 도면 #27, 28	···	62
26 풀이 도면 #29, 30	···	63
27 풀이 도면 #31, 32	···	64
28 풀이 도면 #33, 34	···	65
29 풀이 도면 #35, 36	···	66
30 풀이 도면 #37, 38	···	67
31 풀이 도면 #39, 40	···	68
32 풀이 도면 #41, 42	···	69
33 풀이 도면 #43, 44	···	70
34 풀이 도면 #45, 46	···	71
35 풀이 도면 #47, 48	···	72
36 풀이 도면 #49, 50	···	73
37 풀이 도면 #51, 52	···	74
38 풀이 도면 #53, 54	···	75
39 풀이 도면 #55, 56	···	76
40 풀이 도면 #57, 58	···	77
41 풀이 도면 #59, 60	···	78
42 풀이 도면 #61, 62	···	79
43 풀이 도면 #63, 64	···	80
44 풀이 도면 #65, 66	···	81

Chapter 3 중급 3D형상모델링과 2D도면작성 ·························· 82

1 과제 도면 #1~4 ·· 84
2 과제 도면 #5~8 ·· 85
3 과제 도면 #9~12 ··· 86
4 과제 도면 #13~16 ·· 87
5 과제 도면 #17~20 ·· 88
6 과제 도면 #21~24 ·· 89
7 과제 도면 #25~28 ·· 90
8 과제 도면 #29~32 ·· 91
9 풀이 도면 #1, 2 ·· 92
10 풀이 도면 #3, 4 ·· 93
11 풀이 도면 #5, 6 ·· 94
12 풀이 도면 #7, 8 ·· 95
13 풀이 도면 #9, 10 ··· 96
14 풀이 도면 #11, 12 ·· 97
15 풀이 도면 #13, 14 ·· 98
16 풀이 도면 #15, 16 ·· 99
17 풀이 도면 #17, 18 ·· 100
18 풀이 도면 #19, 20 ·· 101
19 풀이 도면 #21, 22 ·· 102
20 풀이 도면 #23, 24 ·· 103
21 풀이 도면 #25, 26 ·· 104
22 풀이 도면 #27, 28 ·· 105
23 풀이 도면 #29, 30 ·· 106
24 풀이 도면 #31, 32 ·· 107

Chapter 4 심화 3D형상모델링과 2D도면작성 ·················· 108

1 V-벨트풀리 ··· 110
2 플랜지-1 ··· 111
3 본체 ··· 112
4 브라켓-1 ··· 113
5 축 지지대 ··· 114
6 스윙 브라켓 ·· 115
7 커버 ··· 116
8 서포트-1 ··· 117
9 컬럼 ··· 118
10 서포트-2 ·· 119
11 파이프 브라켓 ·· 120
12 베어링 하우징 ·· 121
13 브라켓-2 ·· 122
14 픽쳐 베이스 ··· 123
15 플랜지-2 ·· 124
16 컨트롤 브라켓 ·· 125

Chapter 5   전산응용기계제도(CAD) 2D도면작성과 3D형상 모델링 실습 ·········· 126

1 슬라이더-1	2 슬라이더-2	3 동력전달장치-1
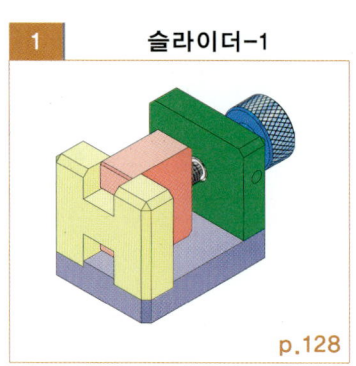 p.128	 p.132	 p.136
4 슬라이더-3	5 쇼크업소버	6 에어척
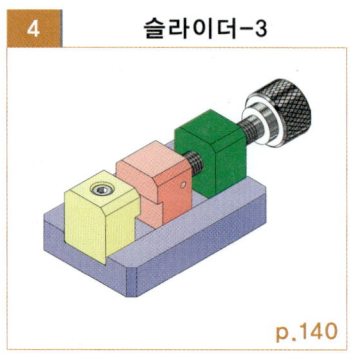 p.140	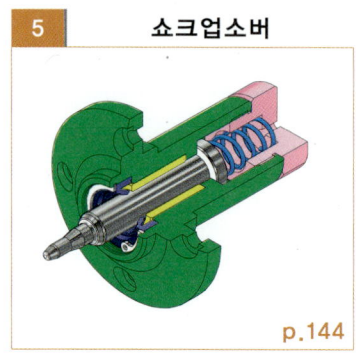 p.144	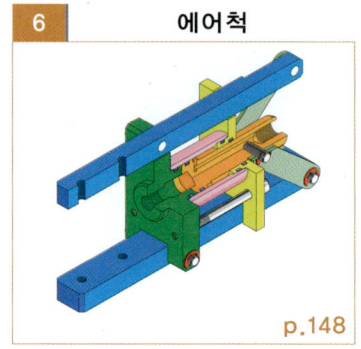 p.148
7 동력변환장치	8 클램프-1	9 클램프-2
 p.152	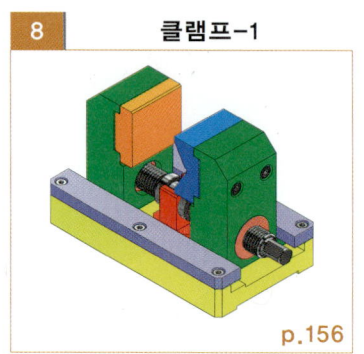 p.156	 p.160
10 아이들러		
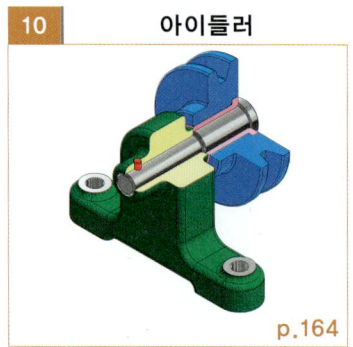 p.164		

Chapter 6 기능검정 실기도면 예제 풀이 ······ 168

1 동력전달장치-1

p.170

2 동력전달장치-2

p.176

3 동력전달장치-3

p.182

4 기어박스

p.188

5 V-벨트 전동장치

p.194

6 축 받침 장치

p.200

7 평 벨트 전동장치

p.206

8 피벗 베어링 하우징

p.212

9 편심왕복장치

p.218

10 래크와 피니언 구동장치

p.224

11 아이들러

p.230

12 스퍼기어 감속기
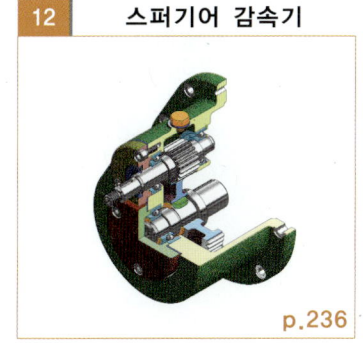
p.236

13 기어펌프-1  p.242	**14** 기어펌프-2  p.248	**15** 기어펌프-3  p.254
16 오일기어펌프  p.260	**17** 바이스  p.266	**18** 드릴지그-1  p.272
19 드릴지그-2  p.278	**20** 드릴지그-3  p.284	**21** 드릴지그-4  p.290
22 드릴지그-5  p.296	**23** 드릴지그-6  p.302	**24** 리밍지그-1  p.308

25 리밍지그-2	26 클램프-1	27 클램프-2
 p.314	 p.320	 p.326
28 에어척-1	29 에어척-2	30 에어척-3
 p.332	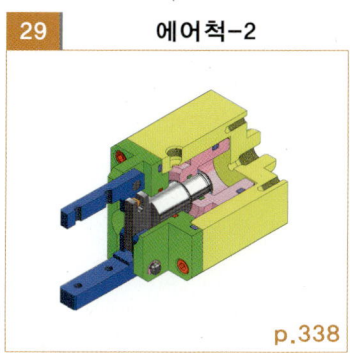 p.338	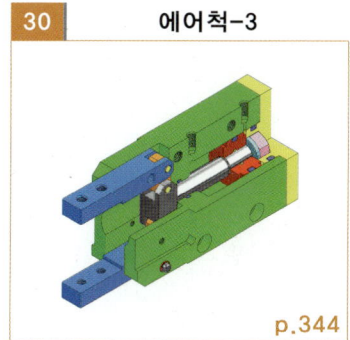 p.344

Chapter 7 기계재료 및 열처리 선정 ·········· 350

1 재료 기호 표기의 예 ·········· 352
2 재료 기호의 구성 및 의미 ·········· 352
3 동력전달장치의 부품별 재료 기호 및 열처리 선정 범례 ·········· 355
4 치공구의 부품별 재료 기호 및 열처리 선정 범례 ·········· 356
5 공유압기기의 부품별 재료 기호 및 열처리 선정 범례 ·········· 357

Chapter 1

기초 도형 작도

CAD 입문자가 2D CAD의 기능 또는 3D CAD의 스케치 환경을 이해하는데 필요한 훈련 예제로 구성되어 있는 장 입니다. 학습자는 각 예제의 주어진 치수를 보고 도형을 작도하여 2D 또는 3D CAD의 기능을 이해하는 훈련을 하기 바랍니다.

1. 실습 예제 도면 #1~#6 ·· 20
2. 실습 예제 도면 #7~#12 ·· 21
3. 실습 예제 도면 #13~#18 ·· 22
4. 실습 예제 도면 #19~#24 ·· 23
5. 실습 예제 도면 #25, 26 ··· 24
6. 실습 예제 도면 #27, 28 ··· 25
7. 실습 예제 도면 #29, 30 ··· 26
8. 실습 예제 도면 #31, 32 ··· 27
9. 실습 예제 도면 #33, 34 ··· 28
10. 실습 예제 도면 #35, 36 ·· 29
11. 실습 예제 도면 #37, 38 ·· 30
12. 실습 예제 도면 #39, 40 ·· 31
13. 실습 예제 도면 #41, 42 ·· 32
14. 실습 예제 도면 #43, 44 ·· 33
15. 실습 예제 도면 #45, 46 ·· 34
16. 실습 예제 도면 #47, 48 ·· 35

■ Chapter 1 기초 도형 작도

주어진 도형을 2D CAD 또는 3D CAD를 이용하여 작도하시오.

1

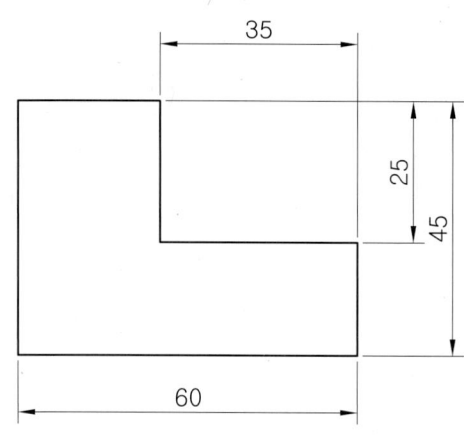

2

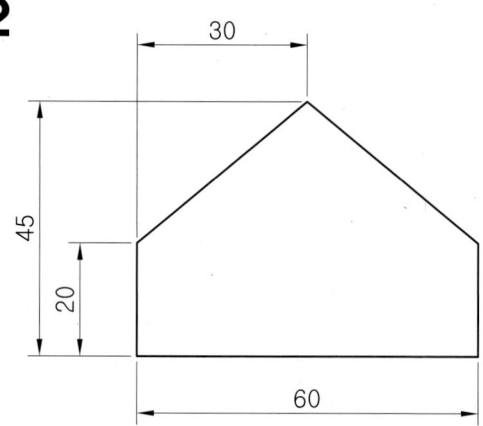

3

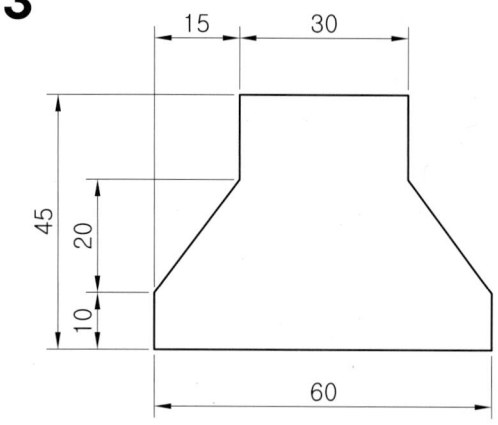

4

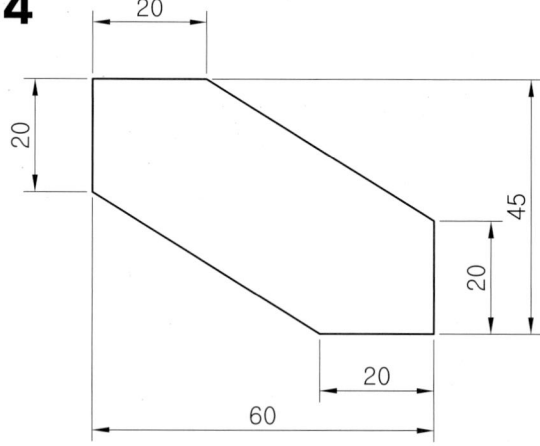

5

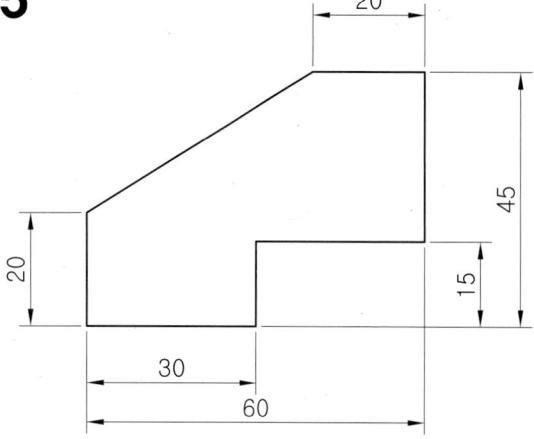

6

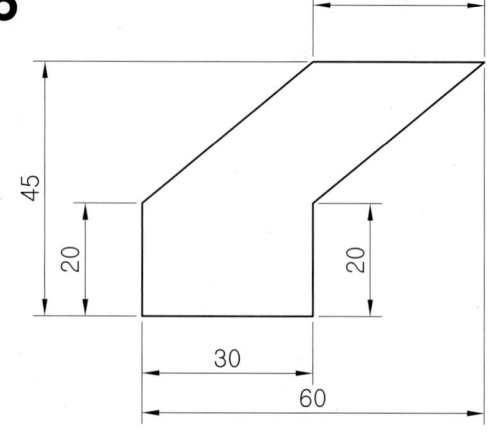

실습 예제 도면

7
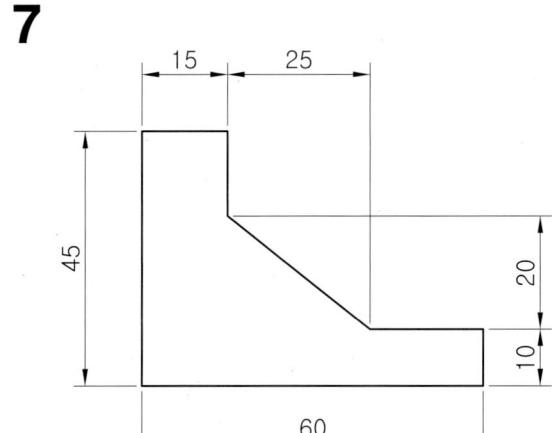

8
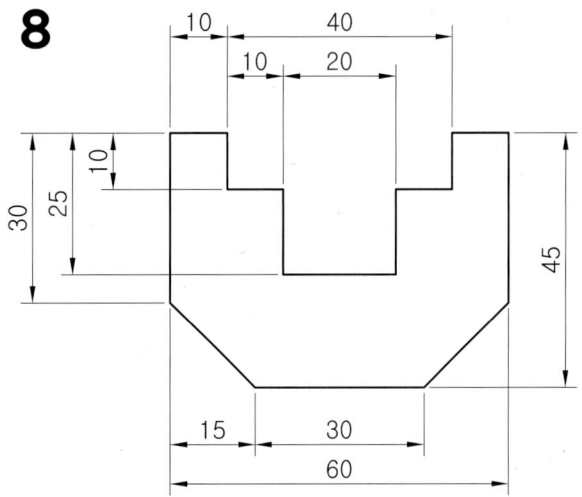

9
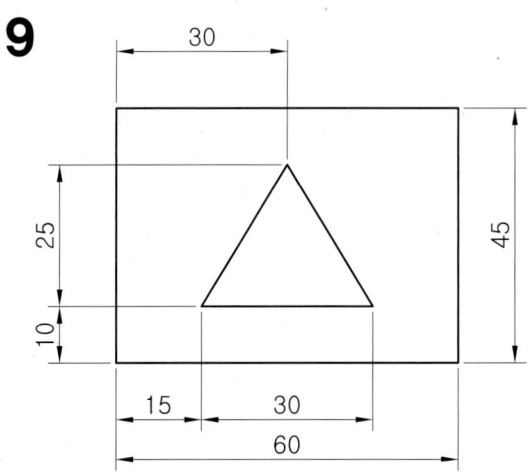

10
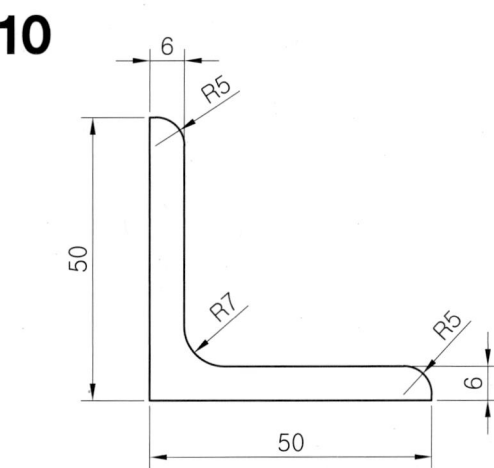

11
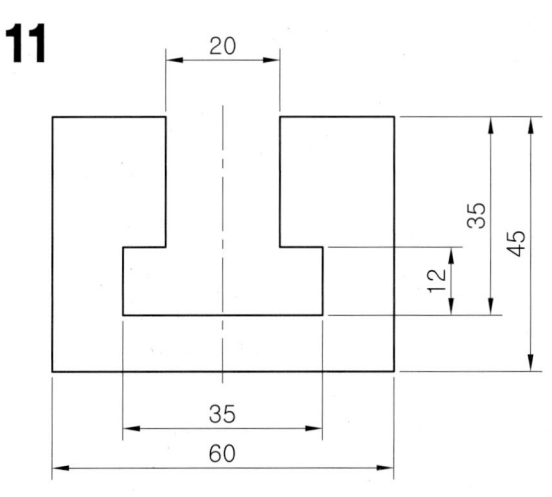

12
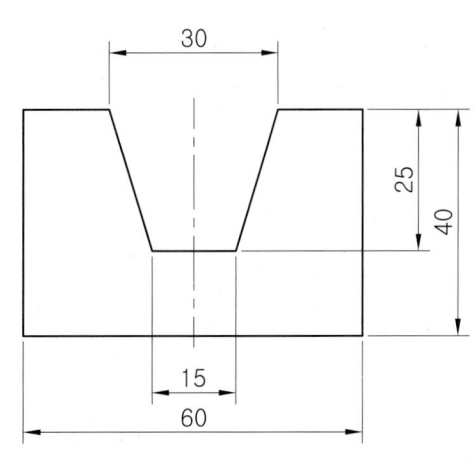

■ Chapter 1 기초 도형 작도

주어진 도형을 2D CAD 또는 3D CAD를 이용하여 작도하시오.

13
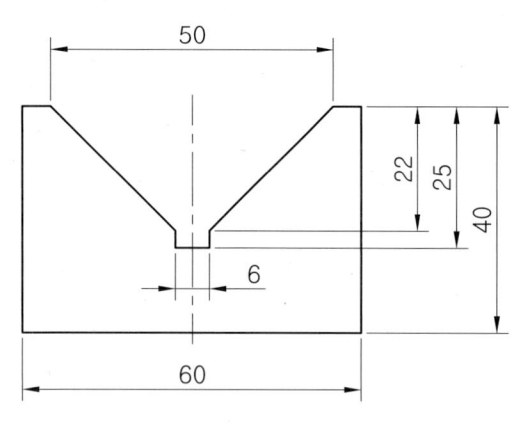

14
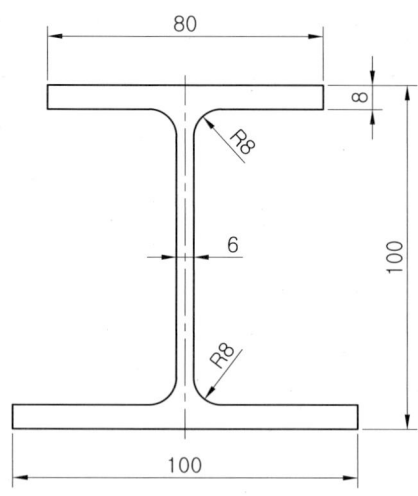

15
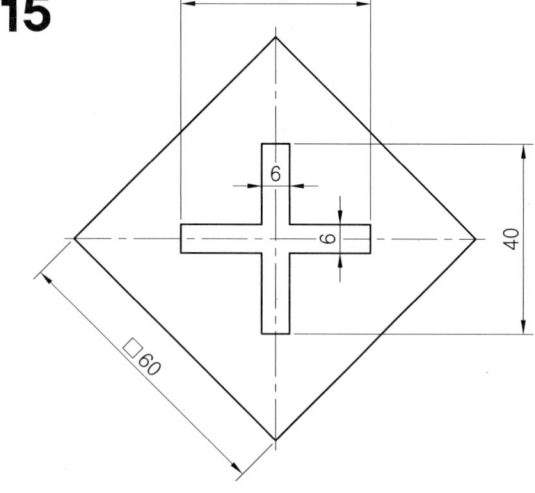

16
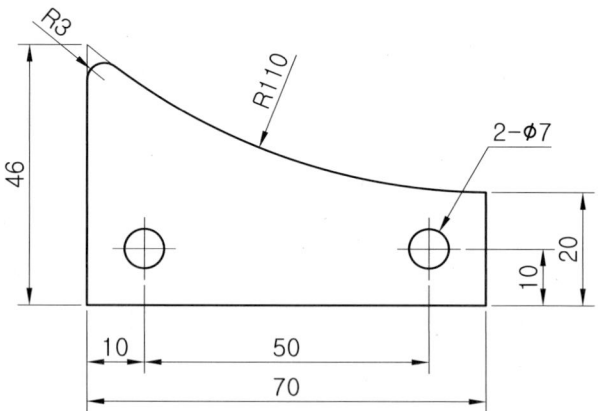

17
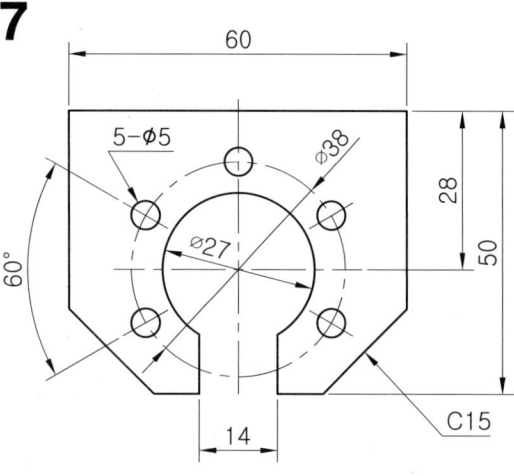

18
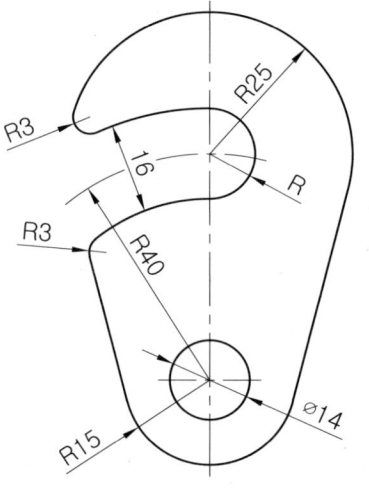

19
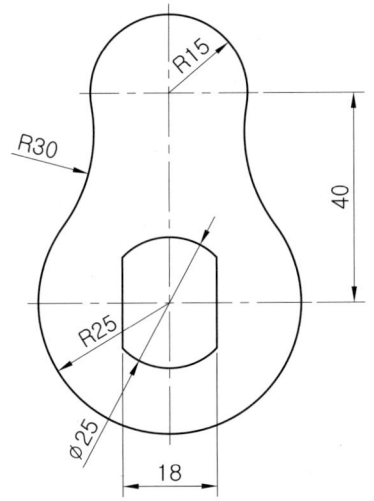

20
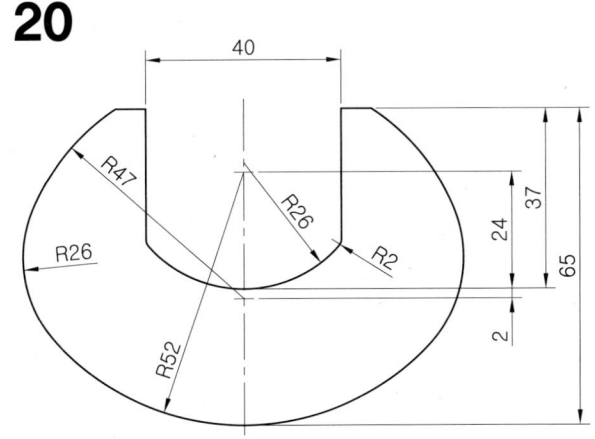

21
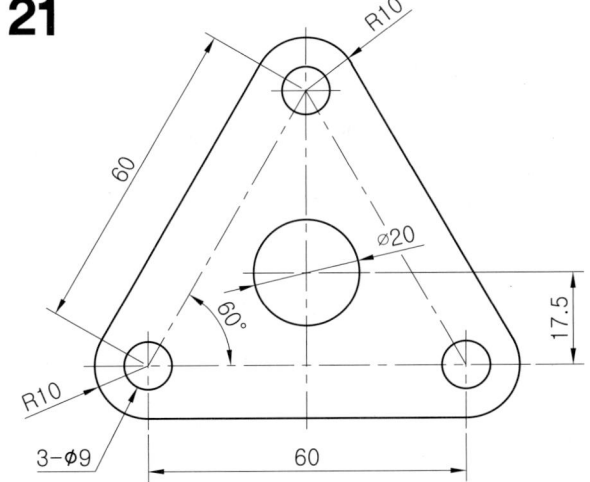

22
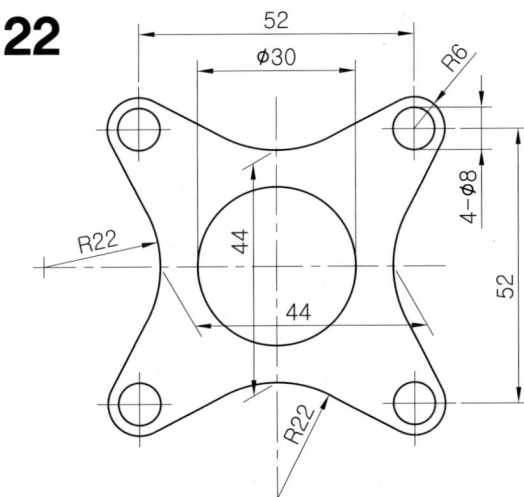

23
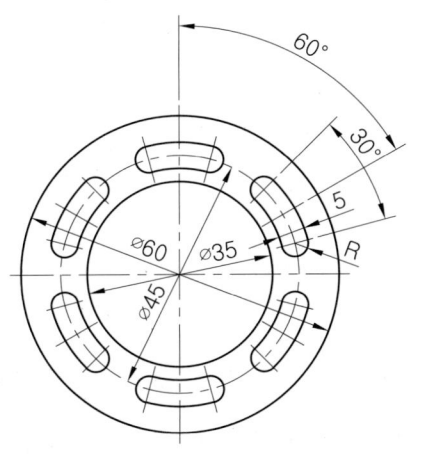

24
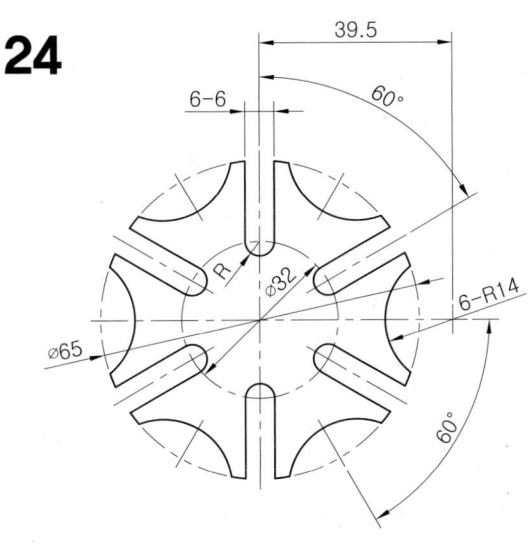

주어진 도형을 2D CAD 또는 3D CAD를 이용하여 작도하시오.

25

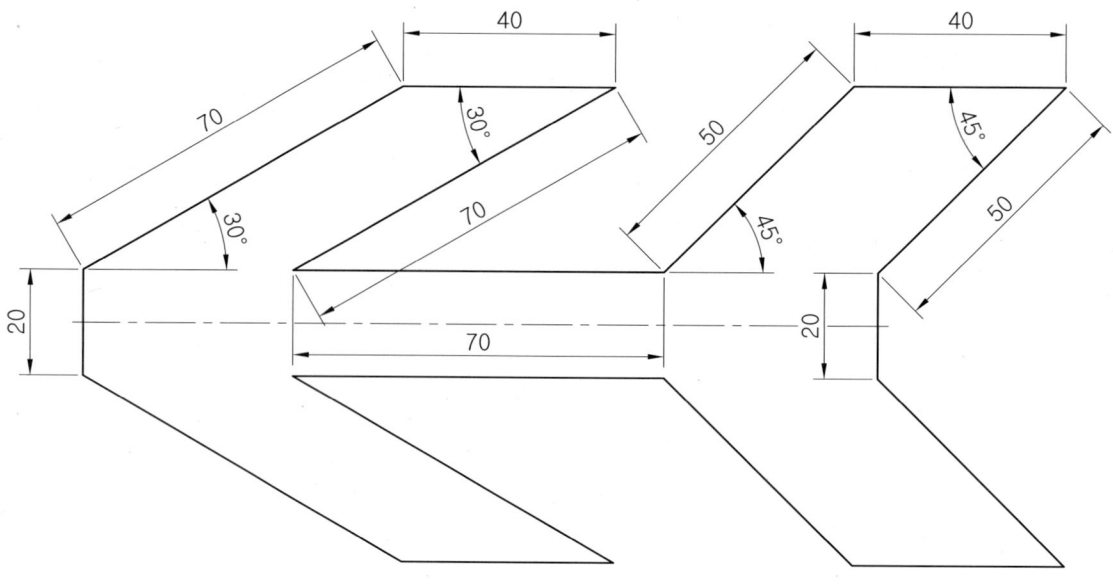

26

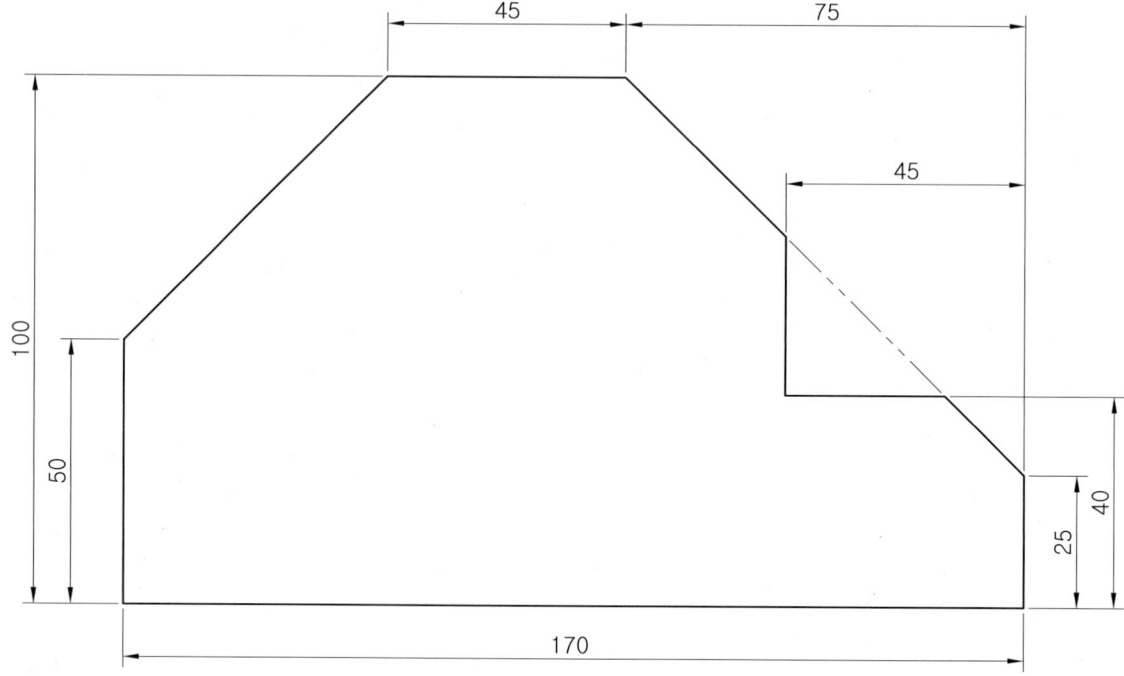

27

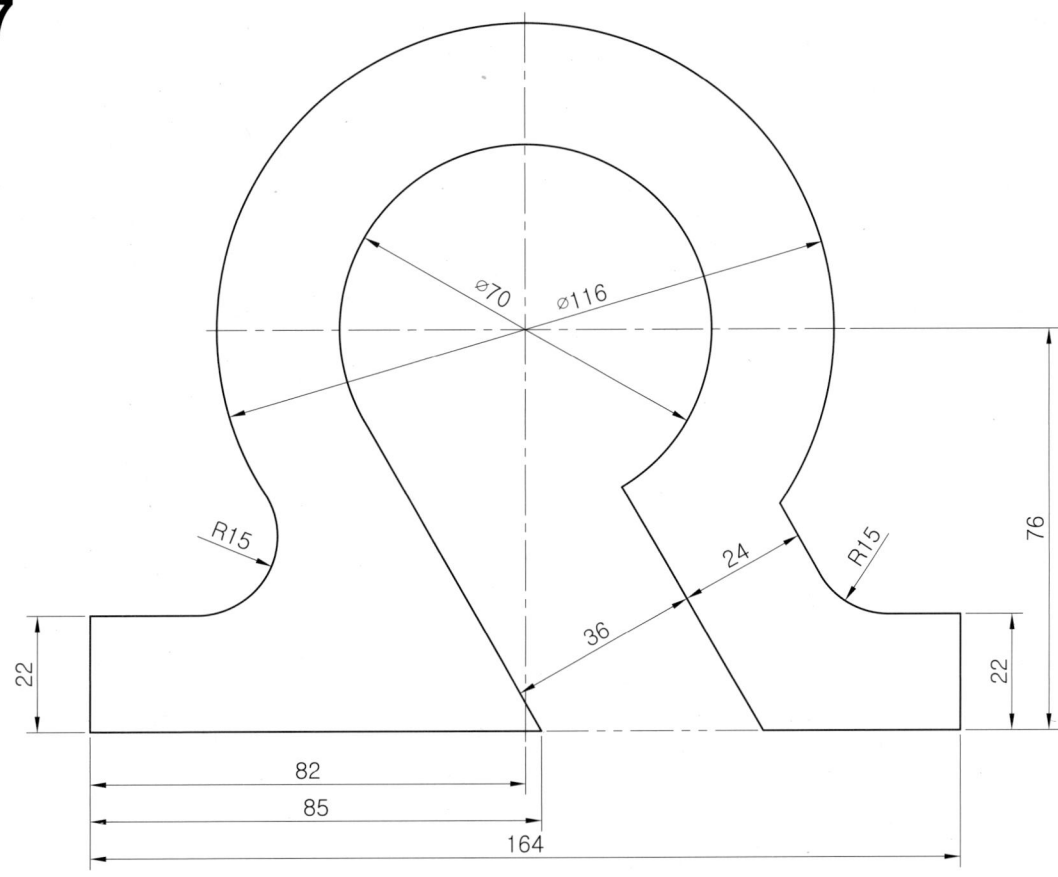

28

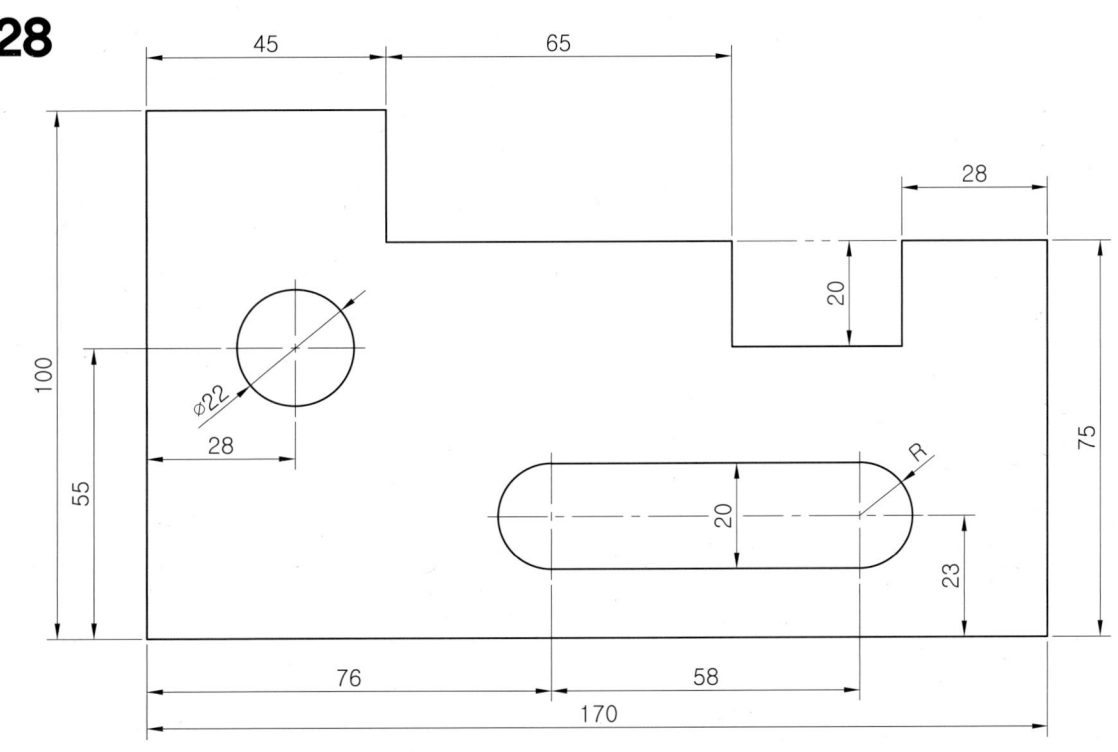

■ Chapter 1 기초 도형 작도

주어진 도형을 2D CAD 또는 3D CAD를 이용하여 작도하시오.

29

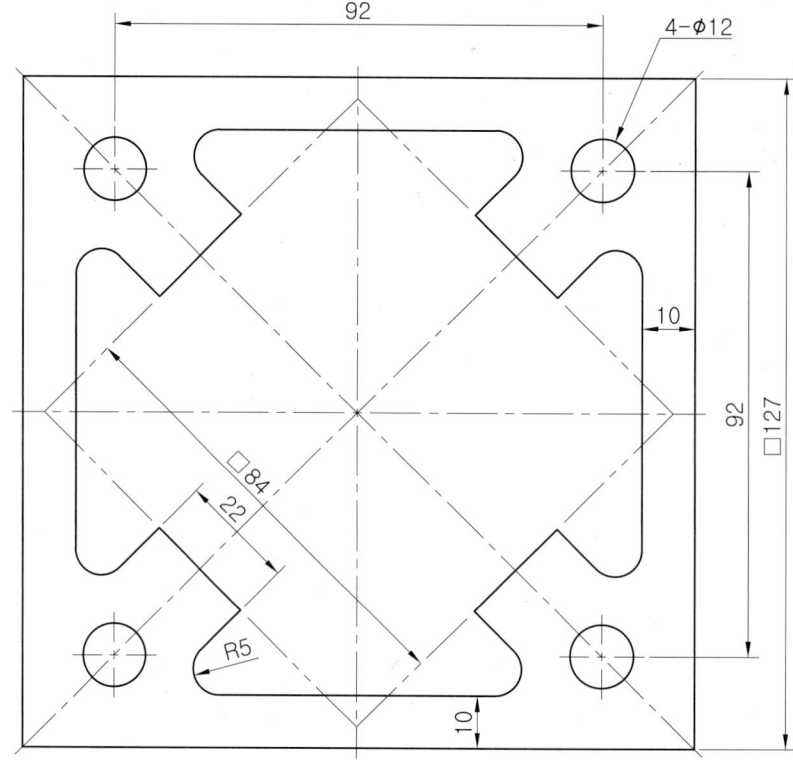

30

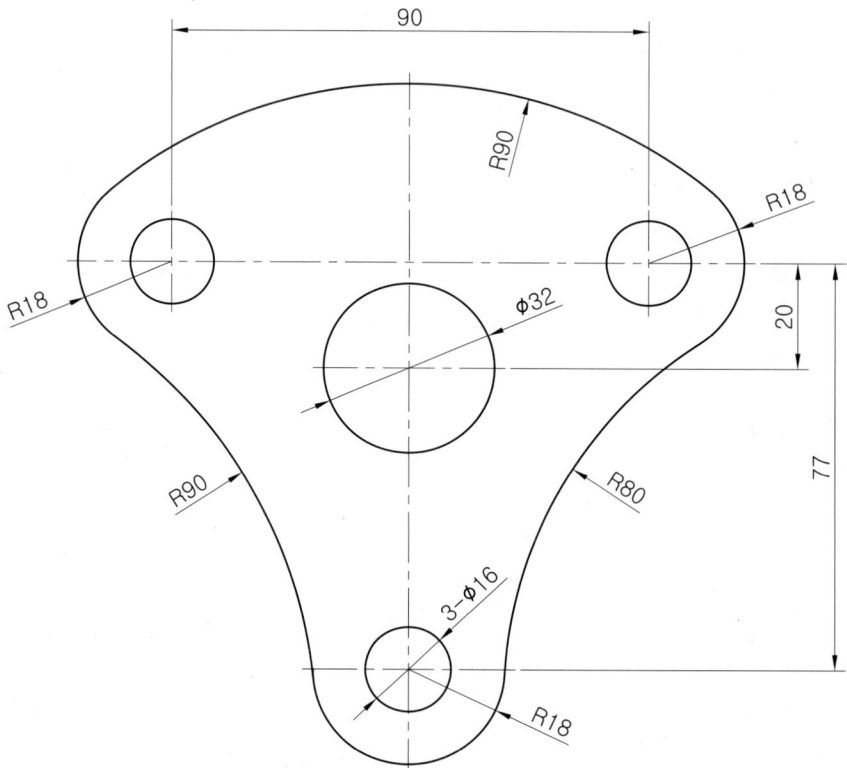

31

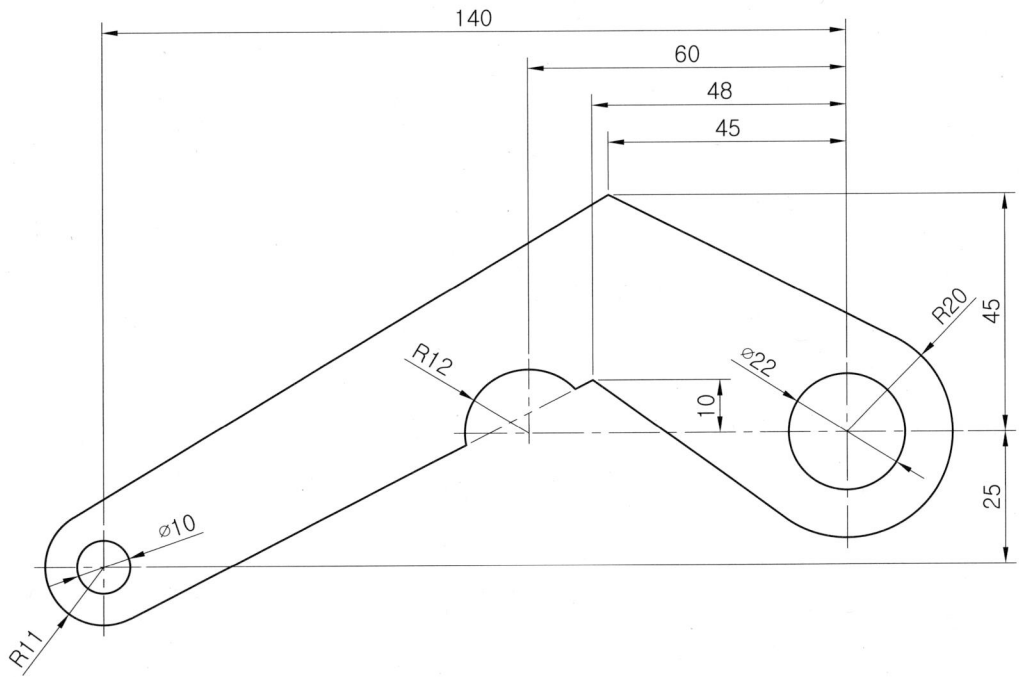

32

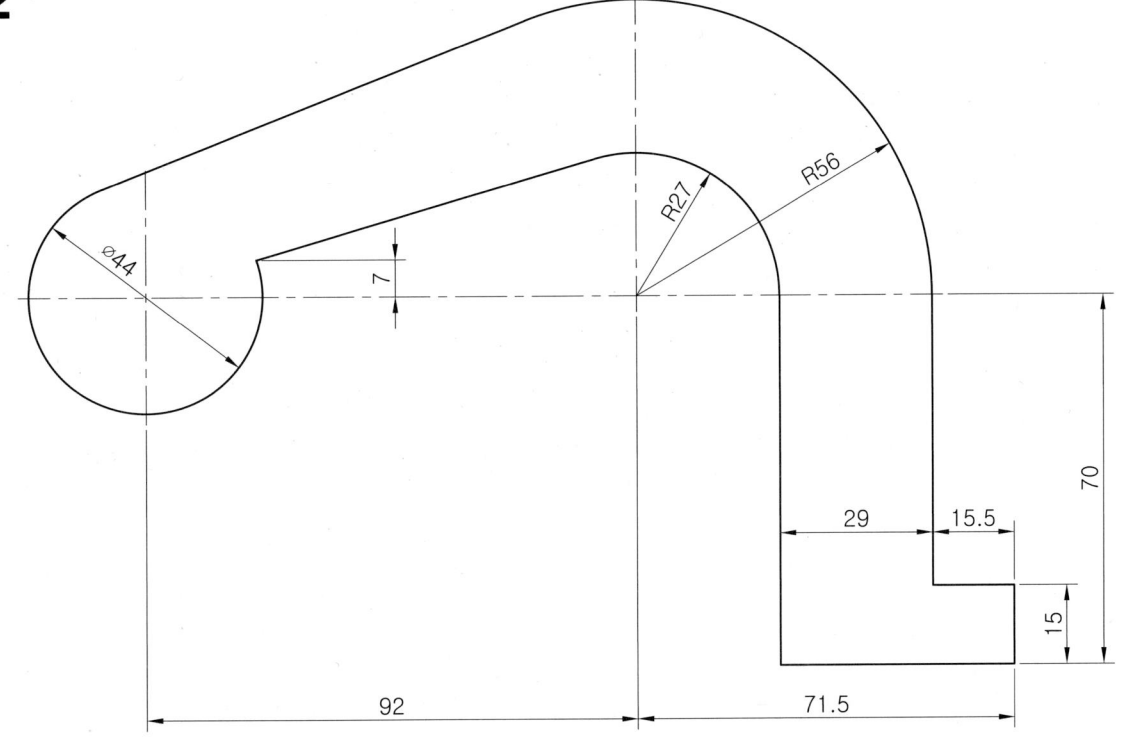

Chapter 1 기초 도형 작도

주어진 도형을 2D CAD 또는 3D CAD를 이용하여 작도하시오.

33

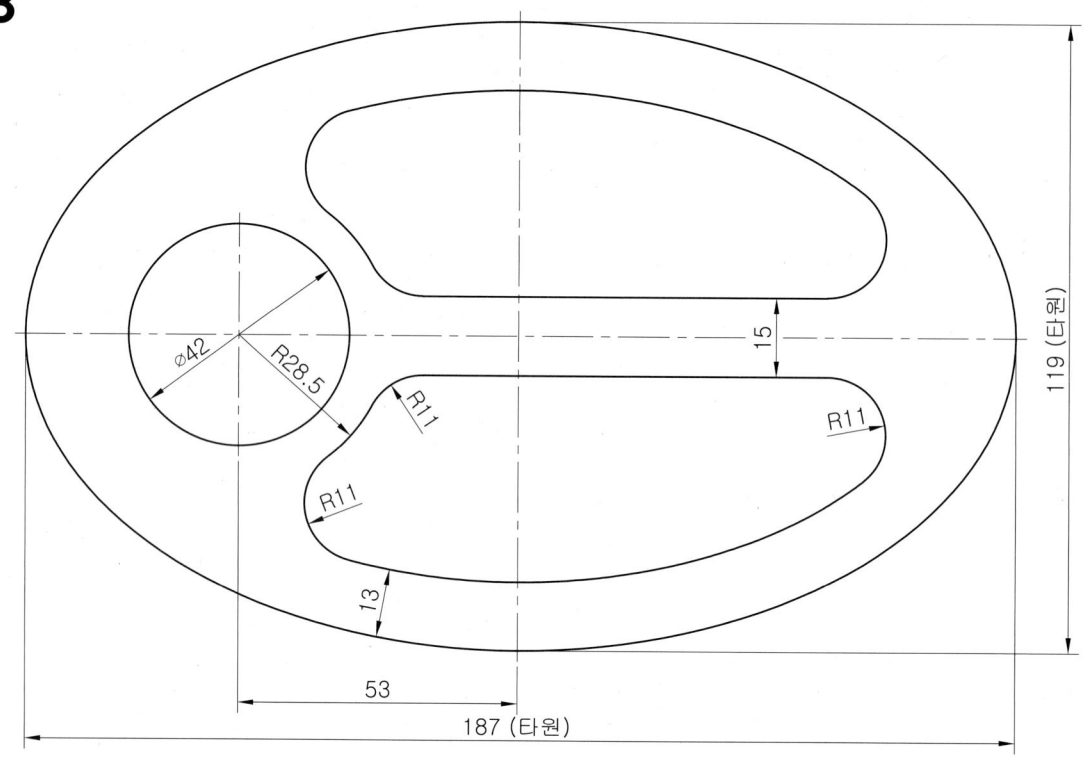

34

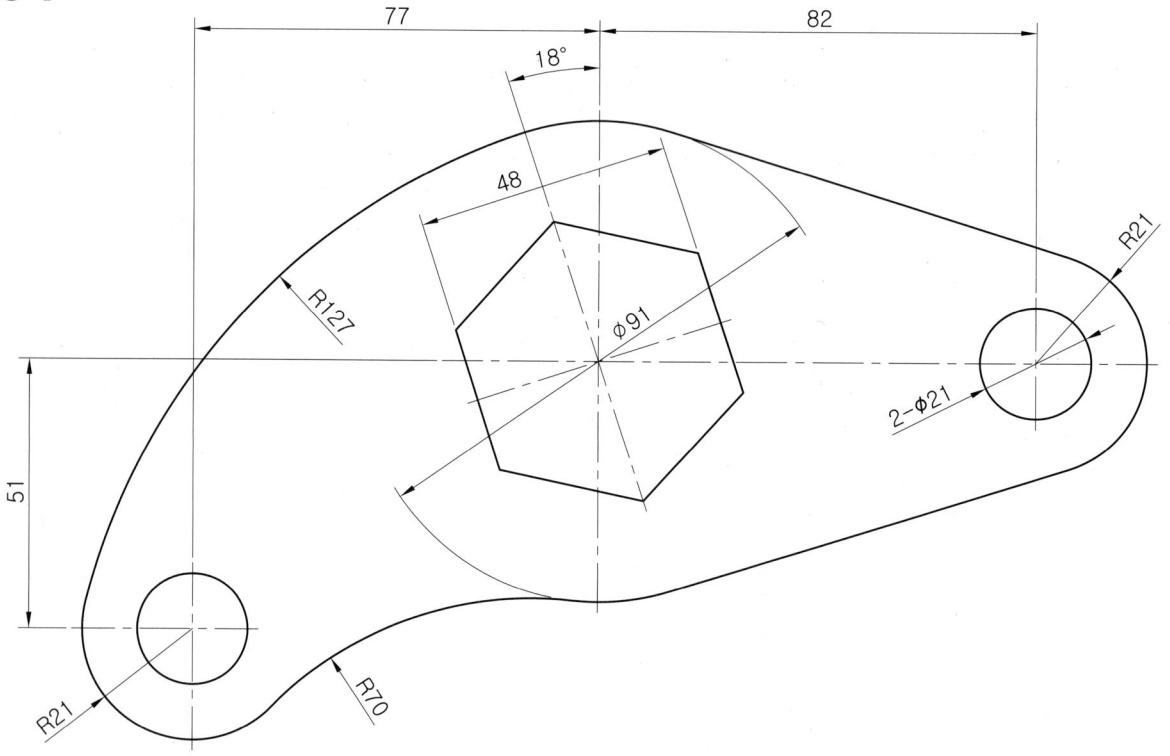

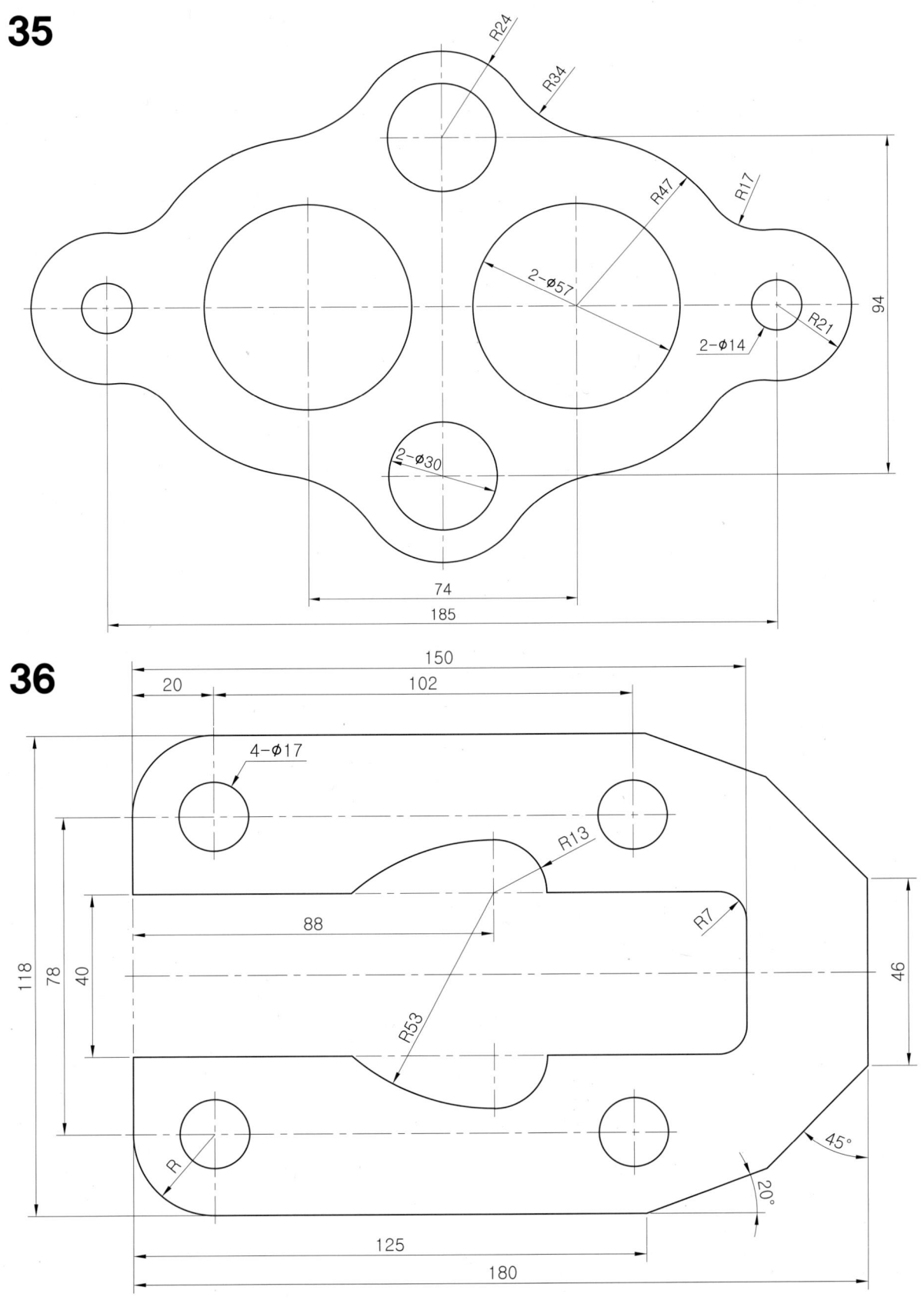

Chapter 1 기초 도형 작도

주어진 도형을 2D CAD 또는 3D CAD를 이용하여 작도하시오.

37

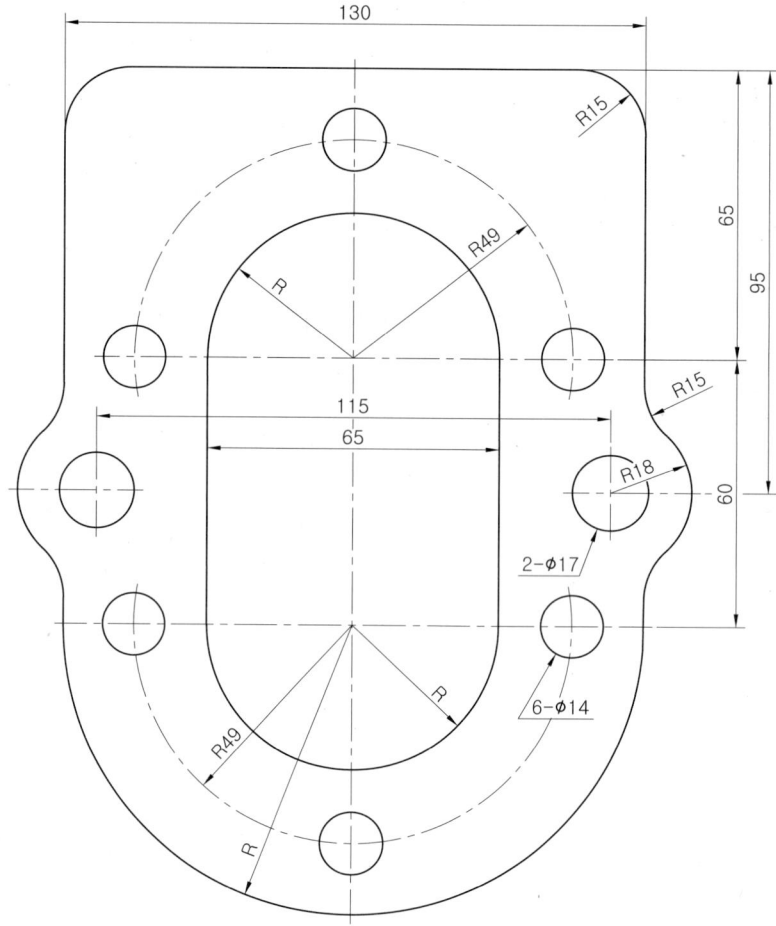

38

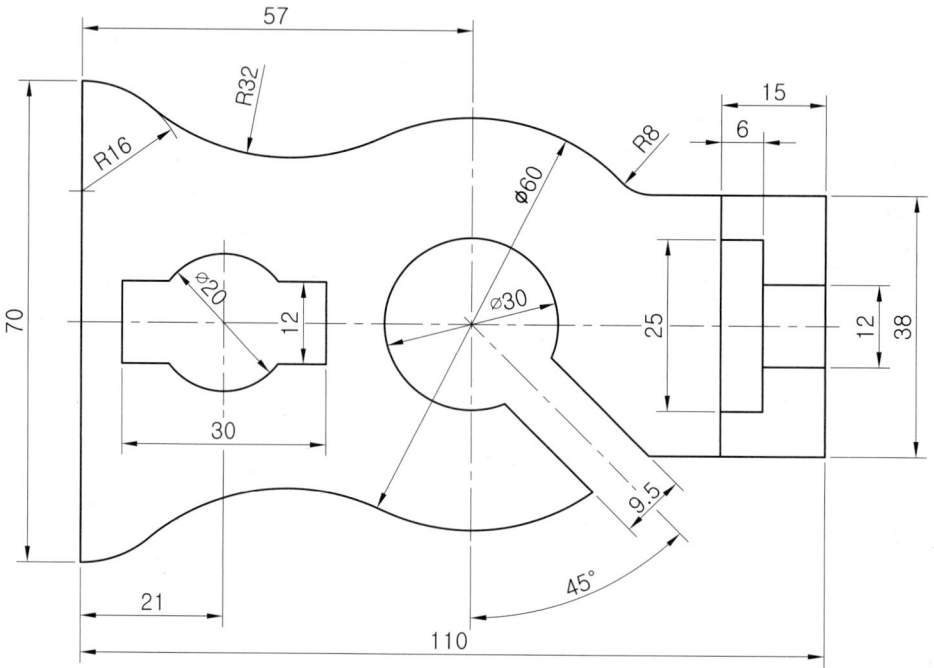

39

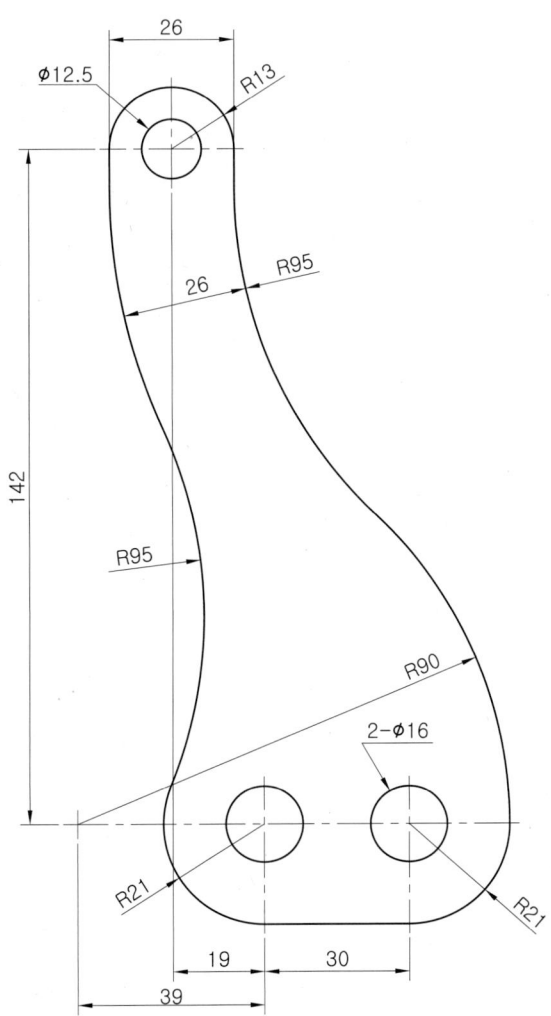

40

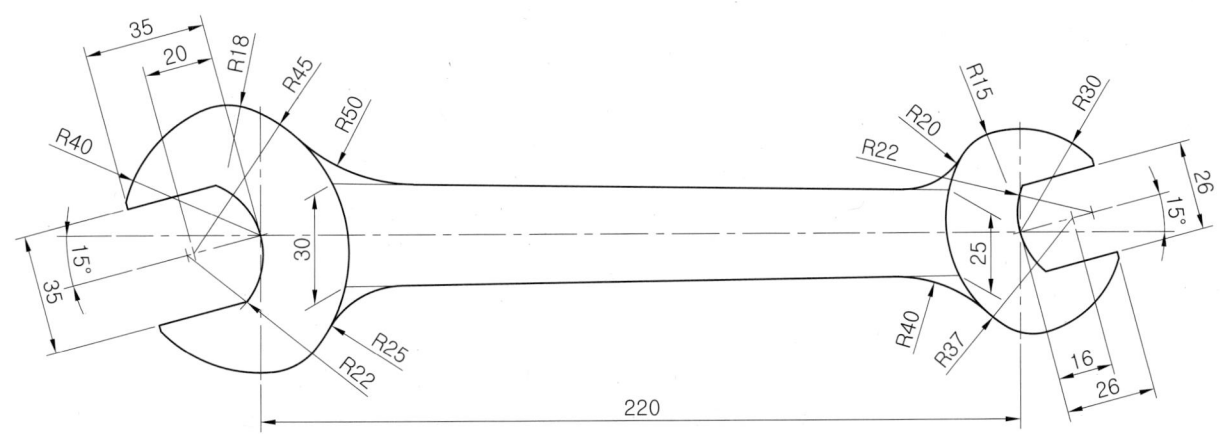

Chapter 1 기초 도형 작도

주어진 도형을 2D CAD 또는 3D CAD를 이용하여 작도하시오.

41

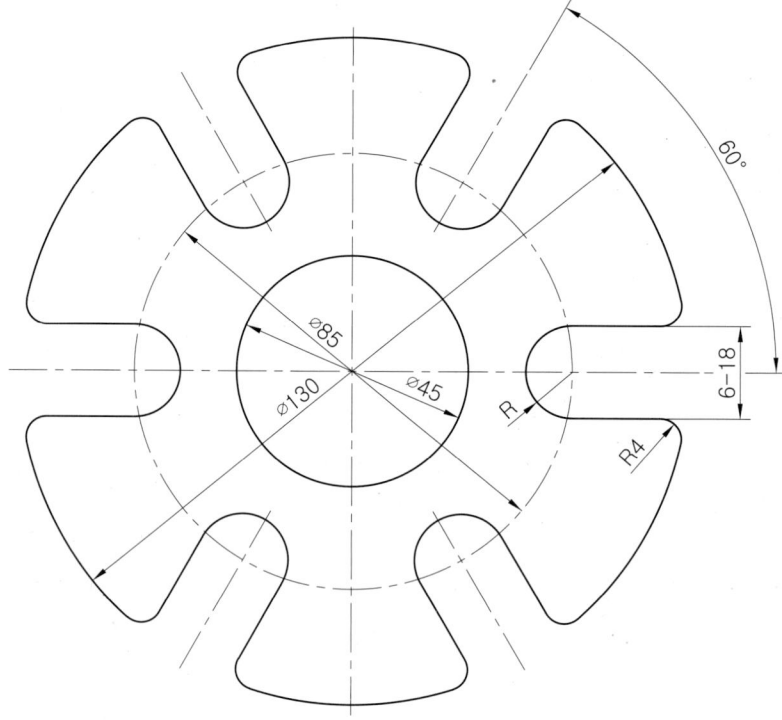

42

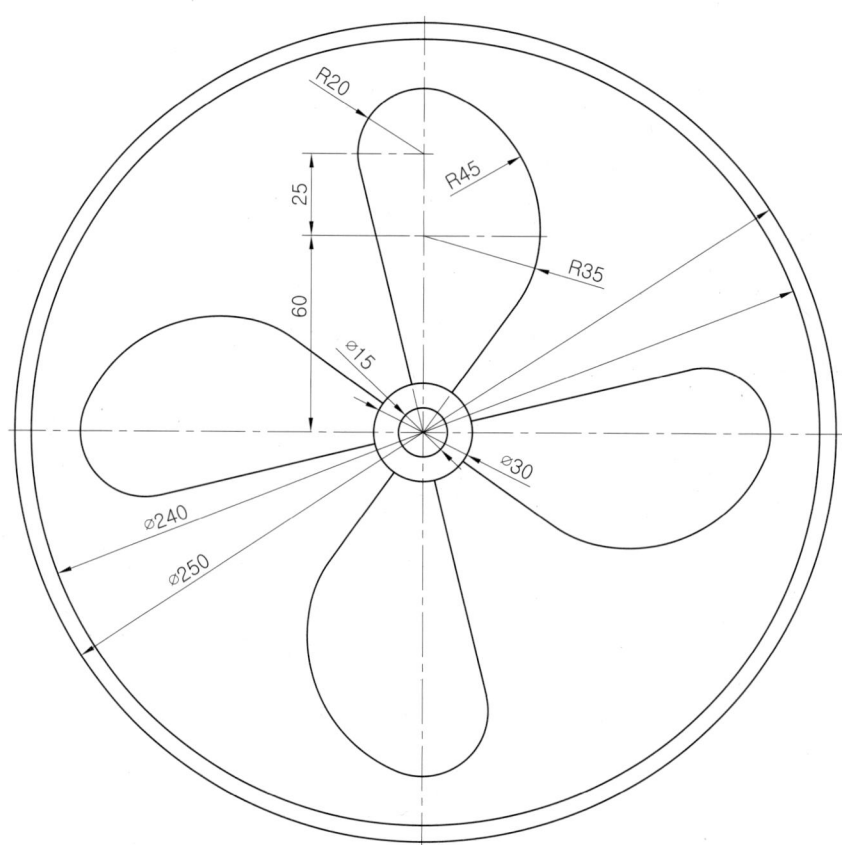

43

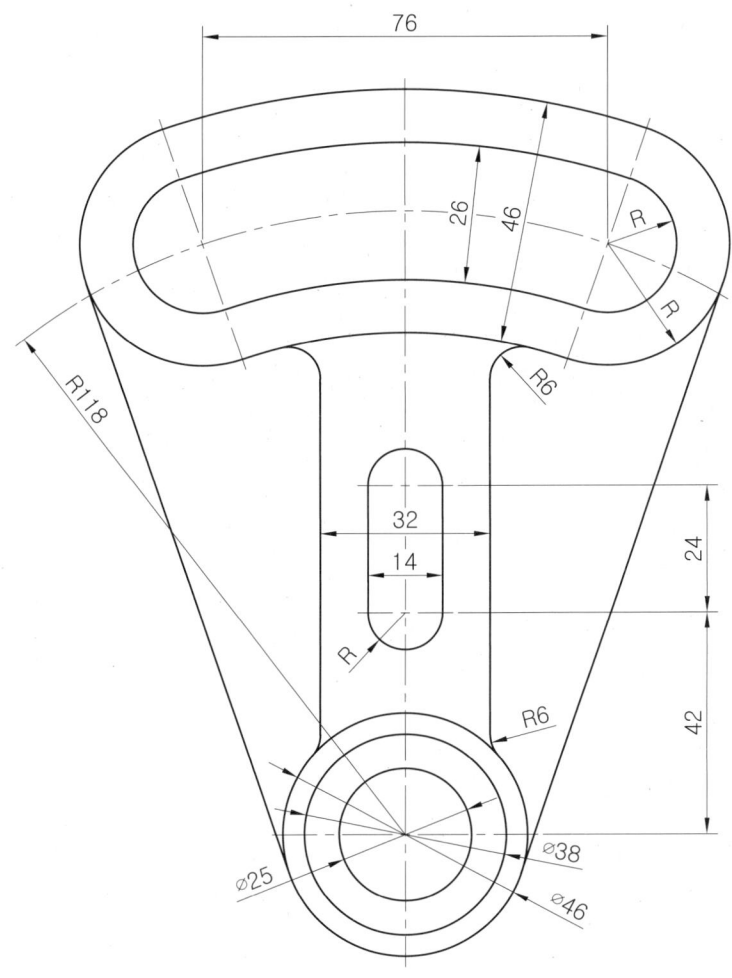

44

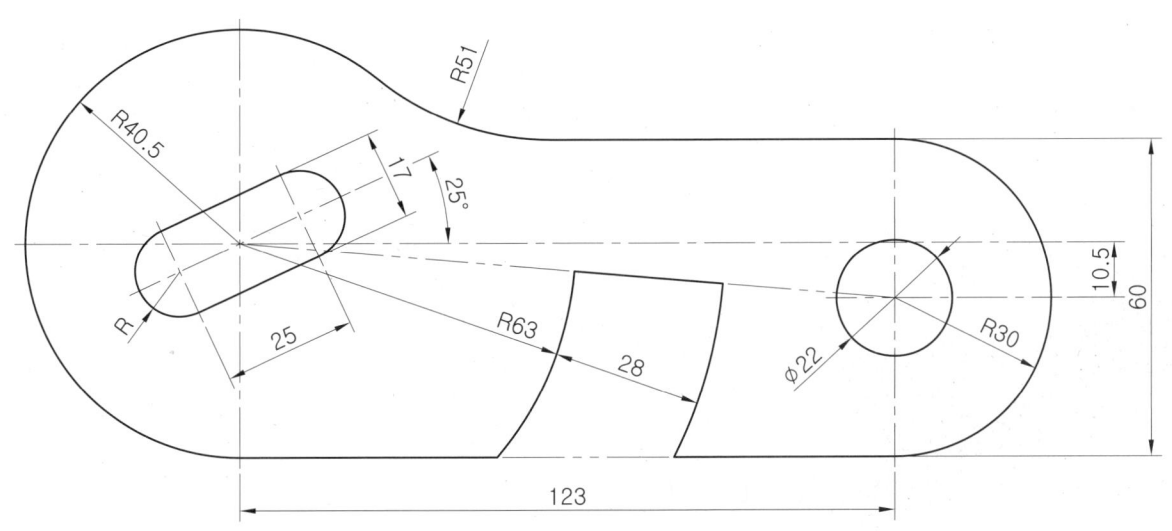

■ Chapter 1 기초 도형 작도

주어진 도형을 2D CAD 또는 3D CAD를 이용하여 작도하시오.

45

46

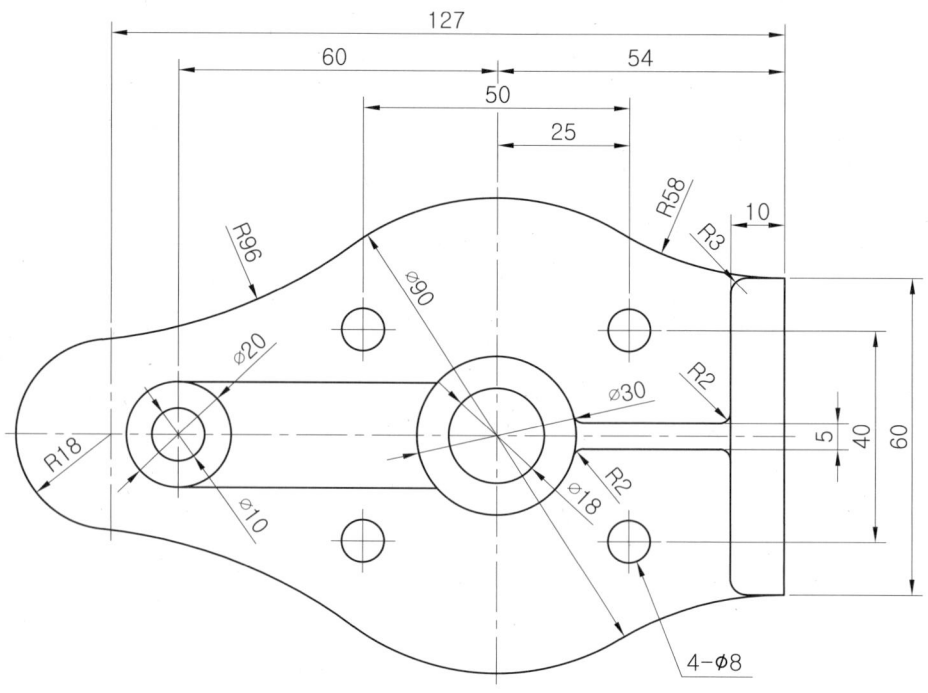

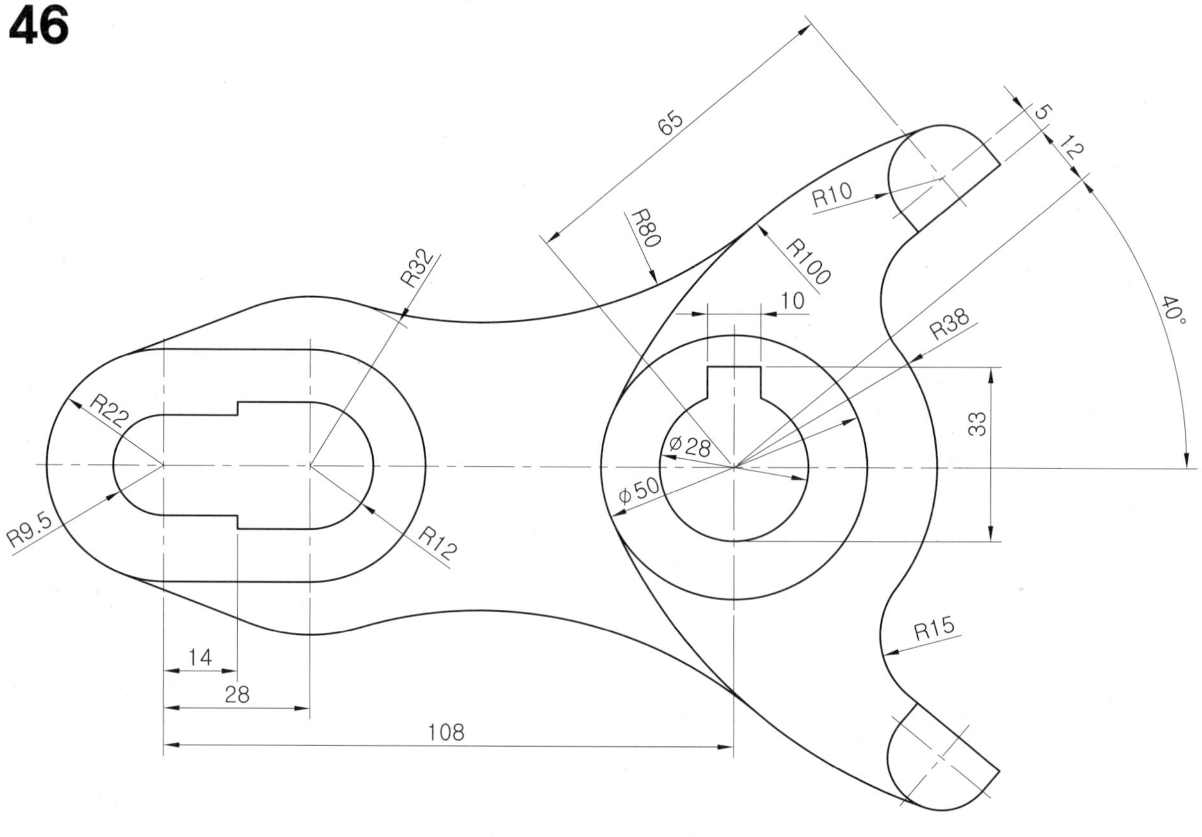

47

22
R23.5
R17
R44
⌀26
42°
R96
55
25
R
R71
26
⌀52
26
R
R25
R42
R25
R17
30
98

48

R95
R
R
40
18
R30
R12
30°
46
R95
15°
R
46
15°
R
2-ϕ17
30°
R12
R30
18
40
R
R
162

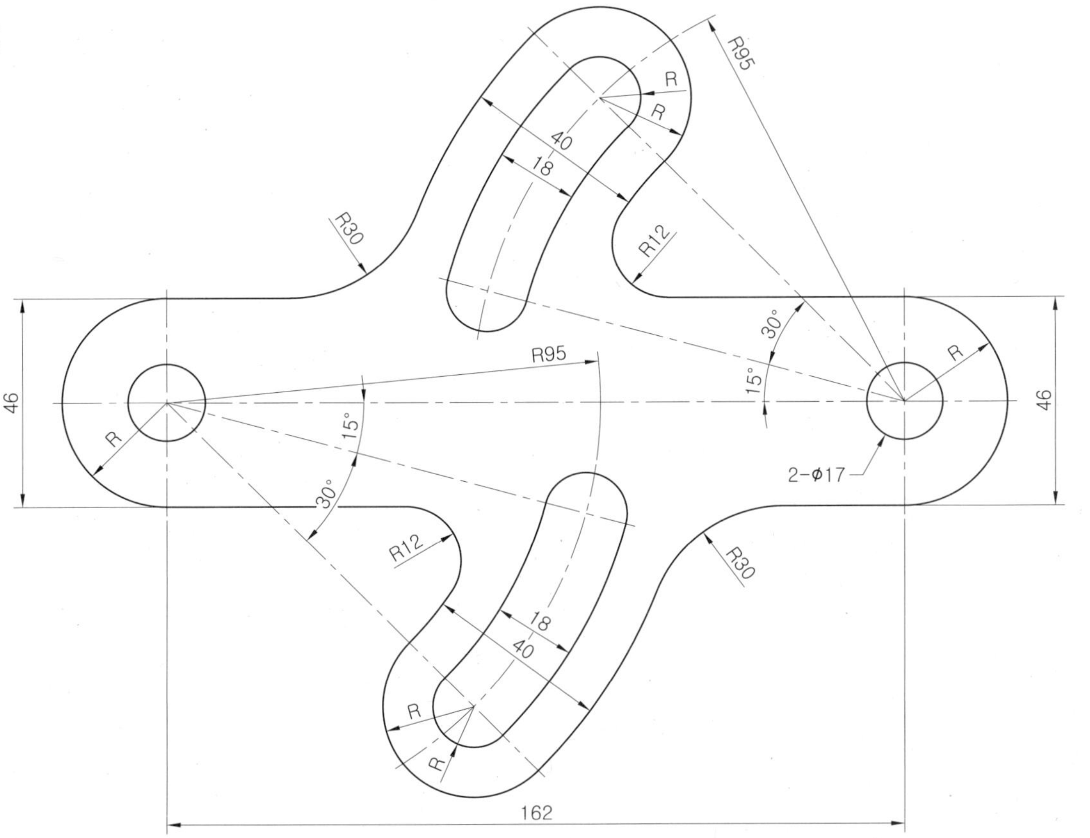

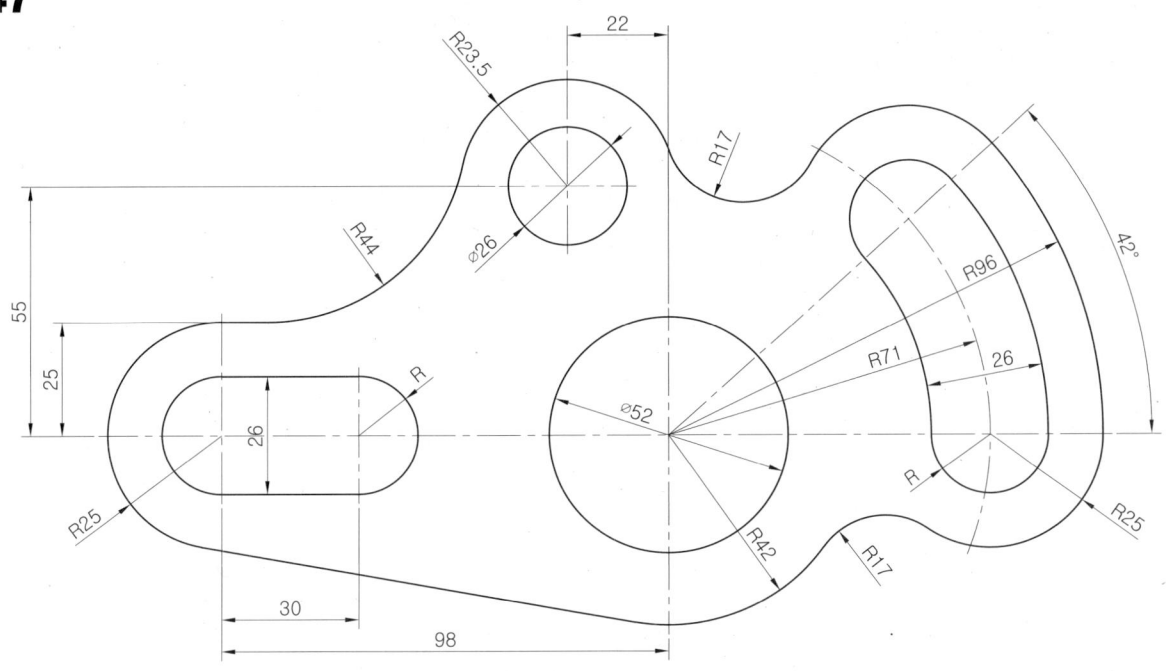

Chapter 2

초급 3D형상모델링과 정투상도 작도

3D형상모델링을 처음 시작하는 독자들을 위한 예제로 구성되어 있는 장 입니다. 학습자는 주어진 과제도면의 등각투상도를 이해하여 3D형상모델링을 한 다음 지시된 화살표를 정면도로 선택하여 정투상도 작도 훈련을 통해 3D CAD의 기능과 정투상도를 기준으로 투상도 배열하여 작성하는 훈련을 하기 바랍니다. (등각투상도의 눈금 간격은 10mm 입니다)

과제 도면 #1~6 ············· 38	풀이 도면 #23, 24 ············· 60
과제 도면 #7~12 ············· 39	풀이 도면 #25, 26 ············· 61
과제 도면 #13~18 ············· 40	풀이 도면 #27, 28 ············· 62
과제 도면 #19~24 ············· 41	풀이 도면 #29, 30 ············· 63
과제 도면 #25~30 ············· 42	풀이 도면 #31, 32 ············· 64
과제 도면 #31~36 ············· 43	풀이 도면 #33, 34 ············· 65
과제 도면 #37~42 ············· 44	풀이 도면 #35, 36 ············· 66
과제 도면 #43~48 ············· 45	풀이 도면 #37, 38 ············· 67
과제 도면 #49~54 ············· 46	풀이 도면 #39, 40 ············· 68
과제 도면 #55~60 ············· 47	풀이 도면 #41, 42 ············· 69
과제 도면 #61~66 ············· 48	풀이 도면 #43, 44 ············· 70
풀이 도면 #1, 2 ············· 49	풀이 도면 #45, 46 ············· 71
풀이 도면 #3, 4 ············· 50	풀이 도면 #47, 48 ············· 72
풀이 도면 #5, 6 ············· 51	풀이 도면 #49, 50 ············· 73
풀이 도면 #7, 8 ············· 52	풀이 도면 #51, 52 ············· 74
풀이 도면 #9, 10 ············· 53	풀이 도면 #53, 54 ············· 75
풀이 도면 #11, 12 ············· 54	풀이 도면 #55, 56 ············· 76
풀이 도면 #13, 14 ············· 55	풀이 도면 #57, 58 ············· 77
풀이 도면 #15, 16 ············· 56	풀이 도면 #59, 60 ············· 78
풀이 도면 #17, 18 ············· 57	풀이 도면 #61, 62 ············· 79
풀이 도면 #19, 20 ············· 58	풀이 도면 #63, 64 ············· 80
풀이 도면 #21, 22 ············· 59	풀이 도면 #65, 66 ············· 81

Chapter 2 초급 3D형상모델링과 정투상도 작도

주어진 등각투상도를 보고 3D 모델링한 다음 화살표 방향으로 본 모양을 정면도로 선택하여 제3각법으로 3면도를 제도하시오. (측면도는 제도자가 판단하여 선택할 것) 표시된 눈금의 간격은 10㎜임.

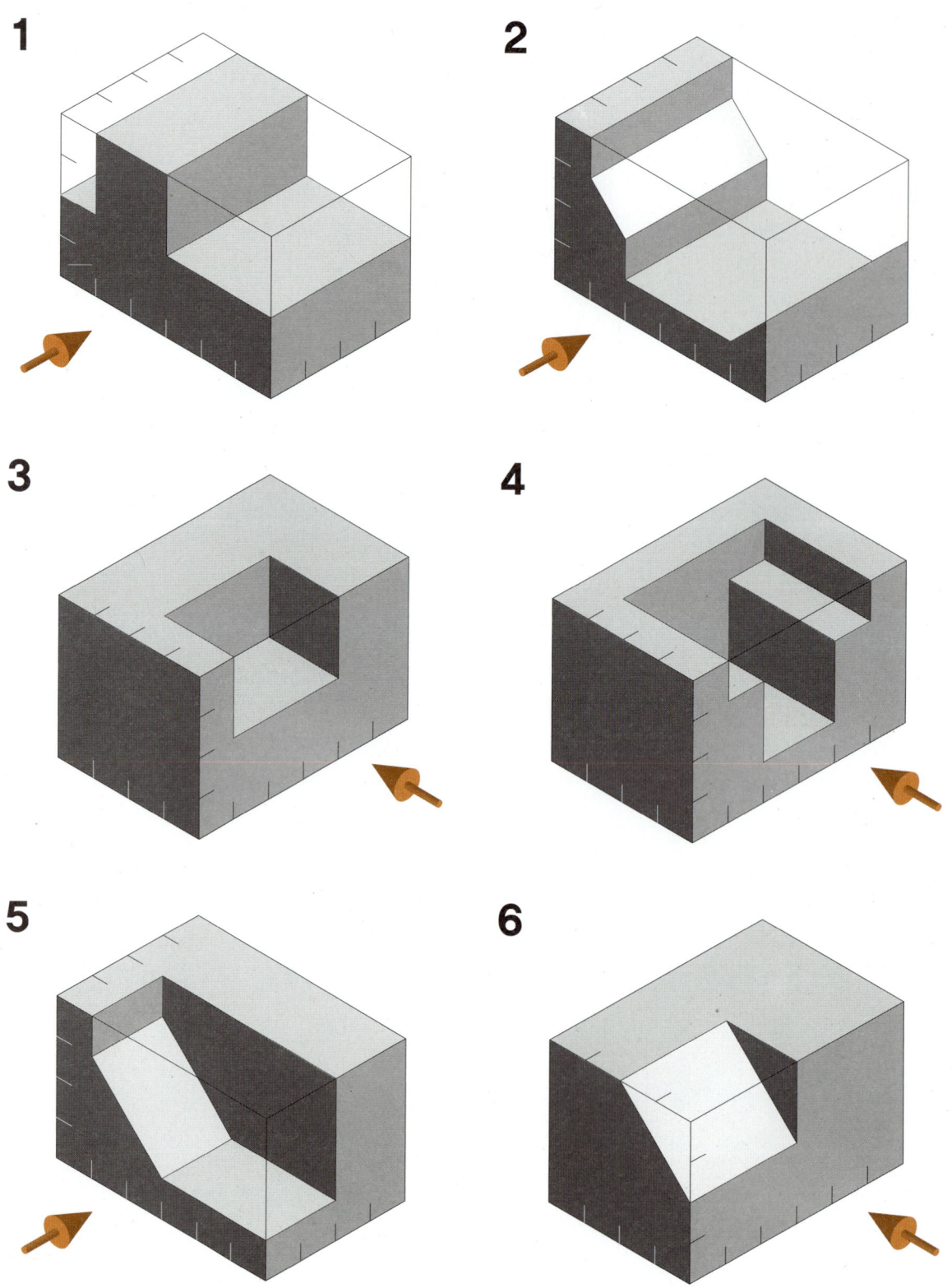

과제 도면

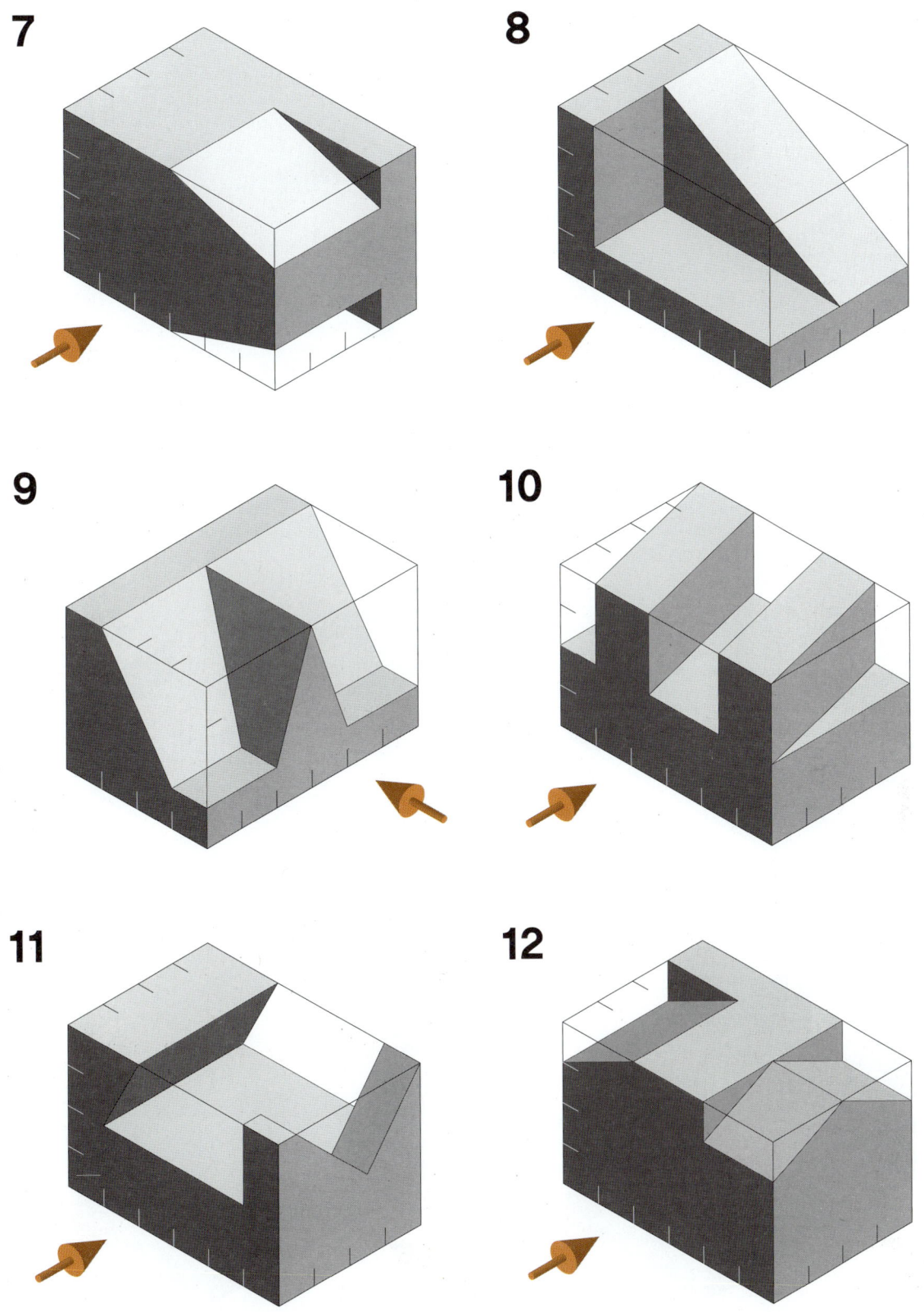

Chapter 2 초급 3D형상모델링과 정투상도 작도

주어진 등각투상도를 보고 3D 모델링한 다음 화살표 방향으로 본 모양을 정면도로 선택하여 제3각법으로 3면도를 제도하시오. (측면도는 제도자가 판단하여 선택할 것) 표시된 눈금의 간격은 10㎜임.

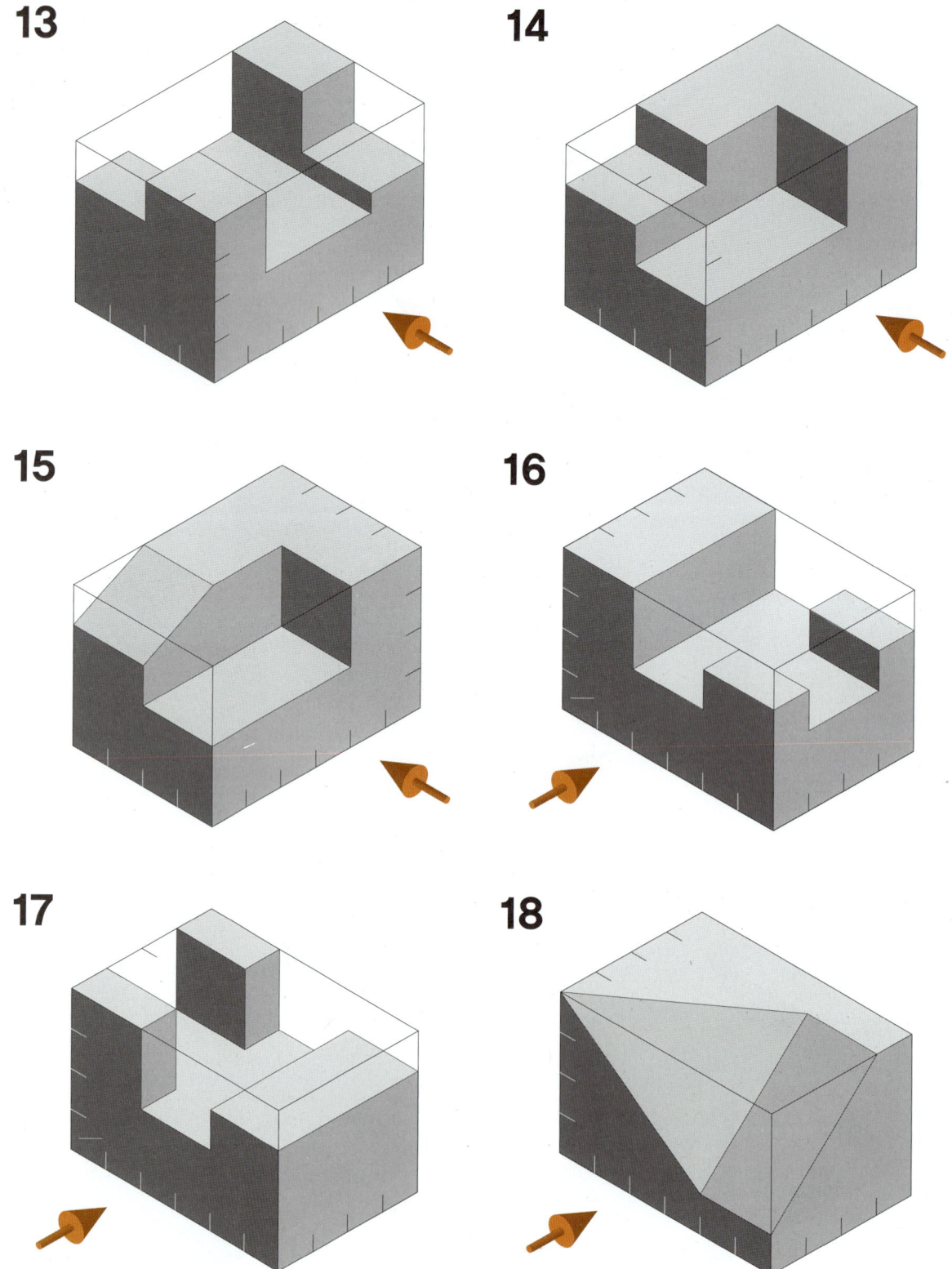

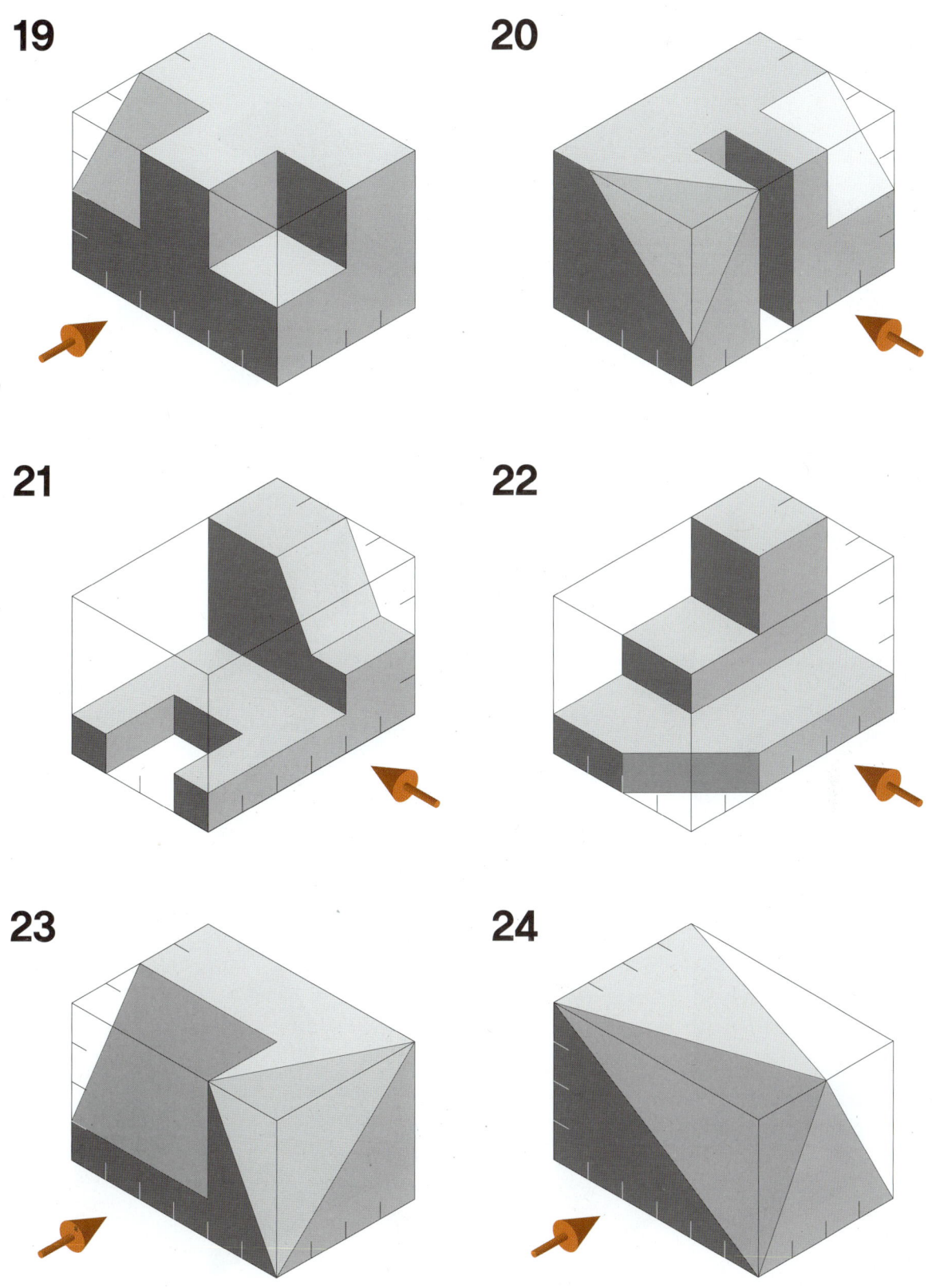

Chapter 2 초급 3D형상모델링과 정투상도 작도

주어진 등각투상도를 보고 3D 모델링한 다음 화살표 방향으로 본 모양을 정면도로 선택하여 제3각법으로 3면도를 제도하시오. (측면도는 제도자가 판단하여 선택할 것) 표시된 눈금의 간격은 10㎜임.

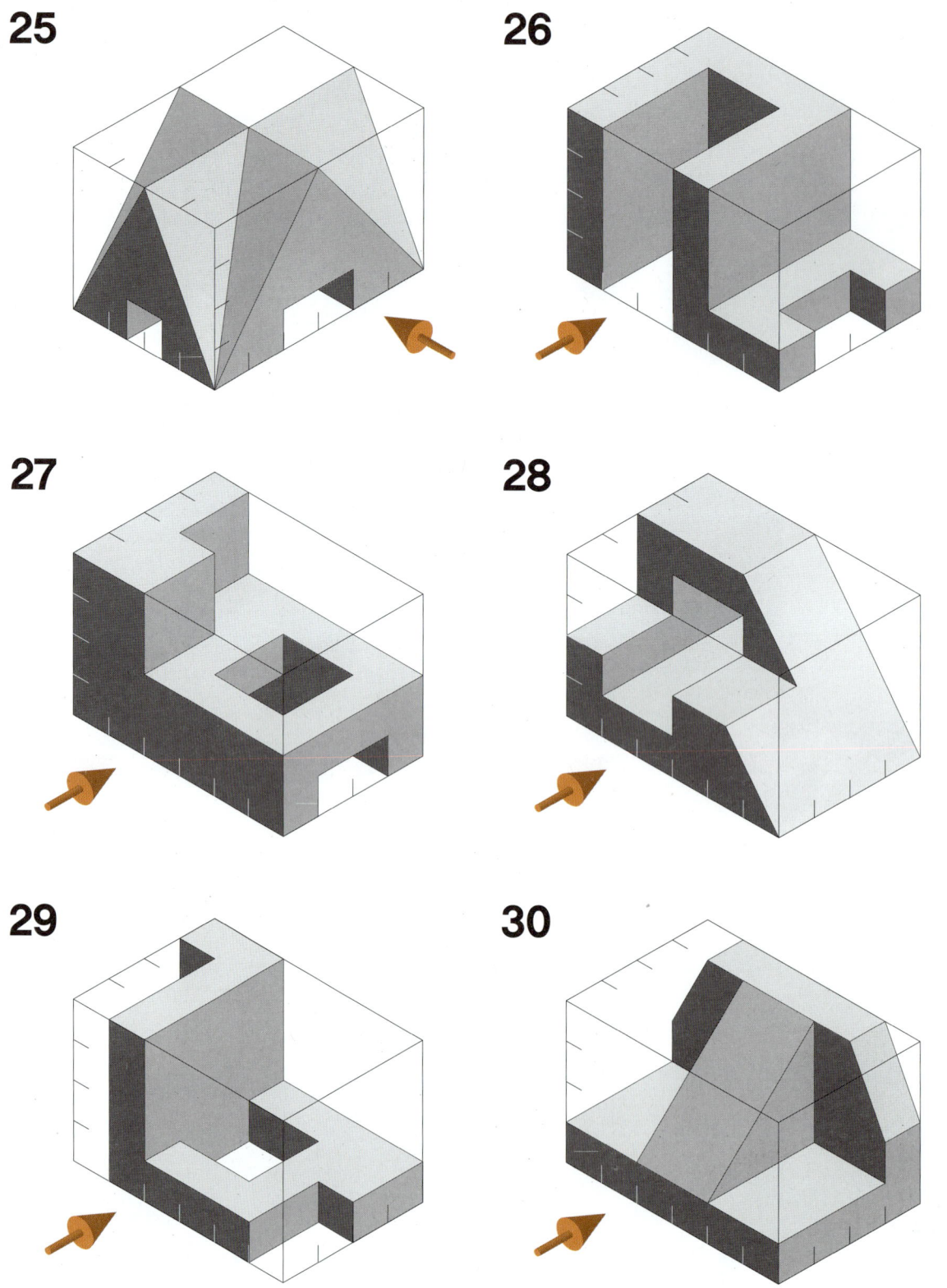

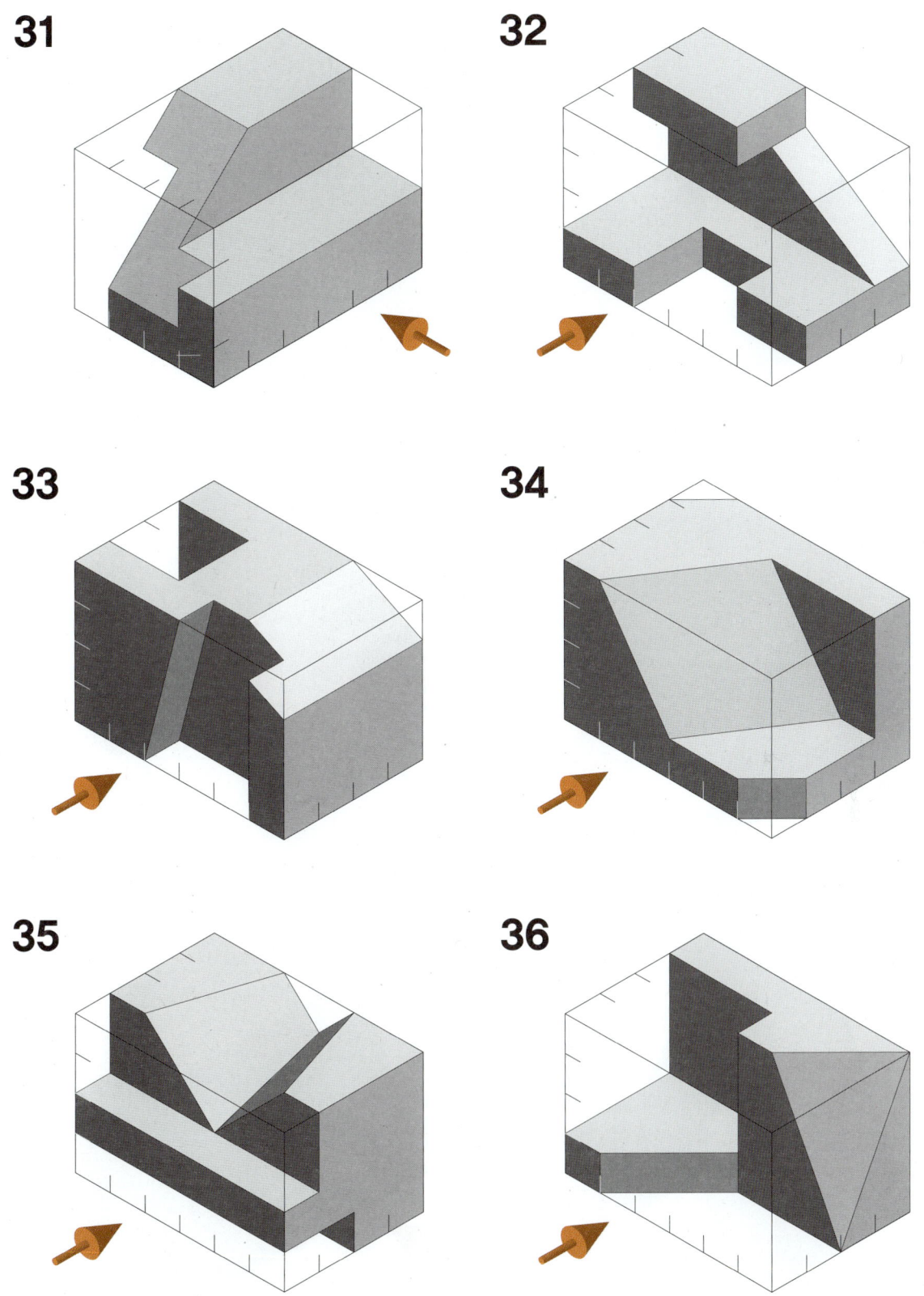

Chapter 2 초급 3D형상모델링과 정투상도 작도

주어진 등각투상도를 보고 3D 모델링한 다음 화살표 방향으로 본 모양을 정면도로 선택하여 제3각법으로 3면도를 제도하시오. (측면도는 제도자가 판단하여 선택할 것) 표시된 눈금의 간격은 10㎜임.

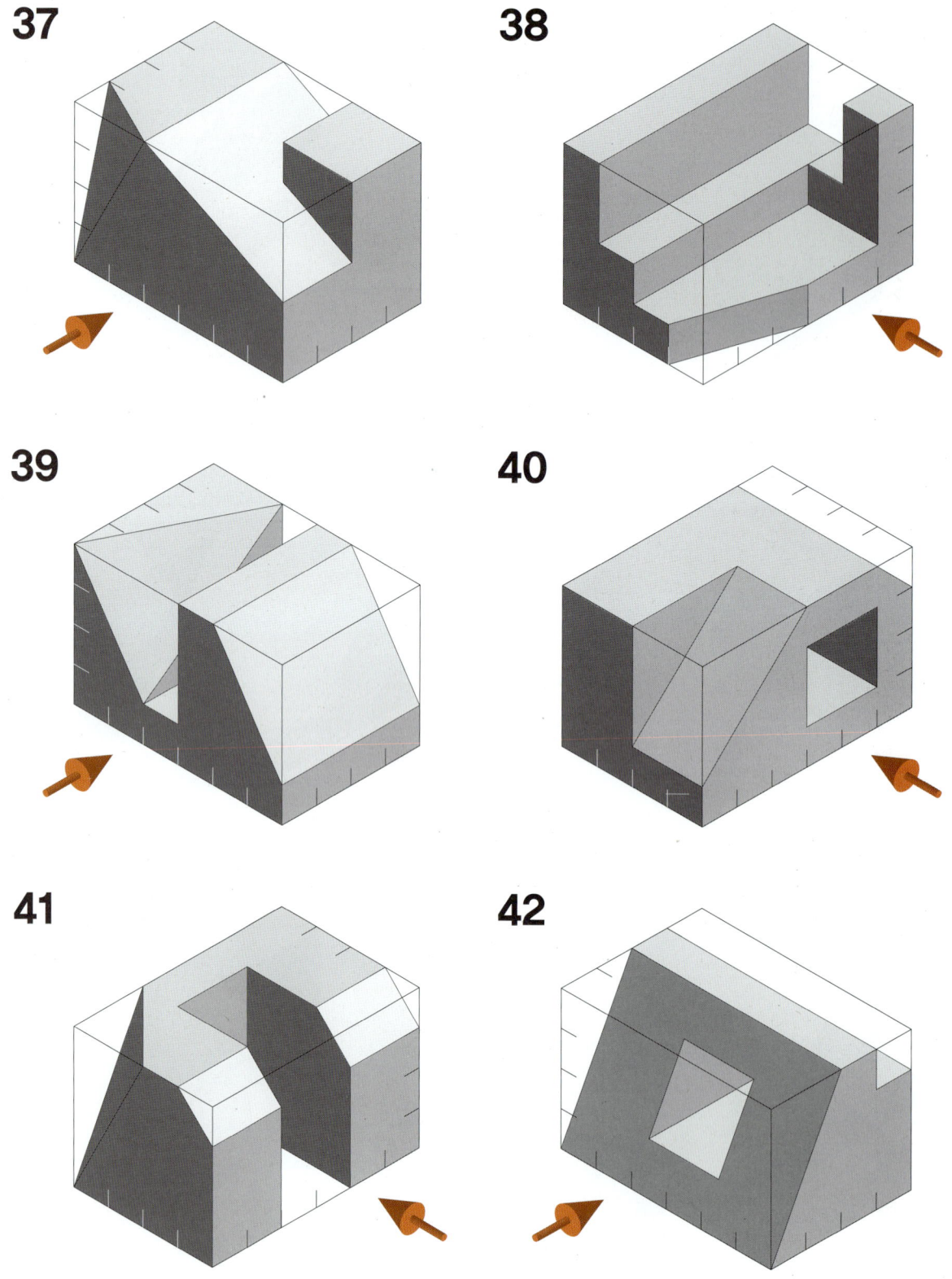

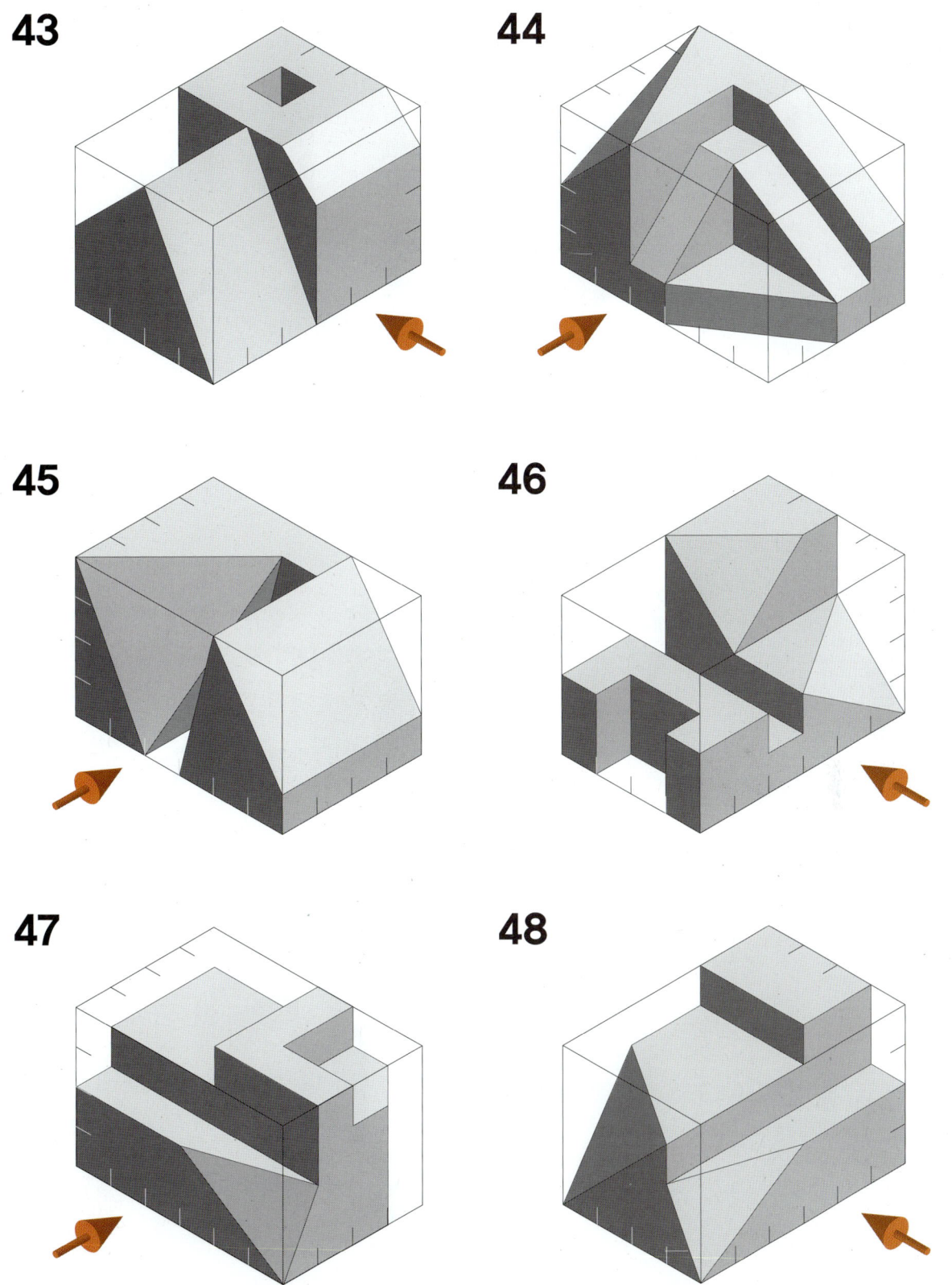

Chapter 2 초급 3D형상모델링과 정투상도 작도

주어진 등각투상도를 보고 3D 모델링한 다음 화살표 방향으로 본 모양을 정면도로 선택하여 제3각법으로 3면도를 제도하시오. (측면도는 제도자가 판단하여 선택할 것) 표시된 눈금의 간격은 10㎜임.

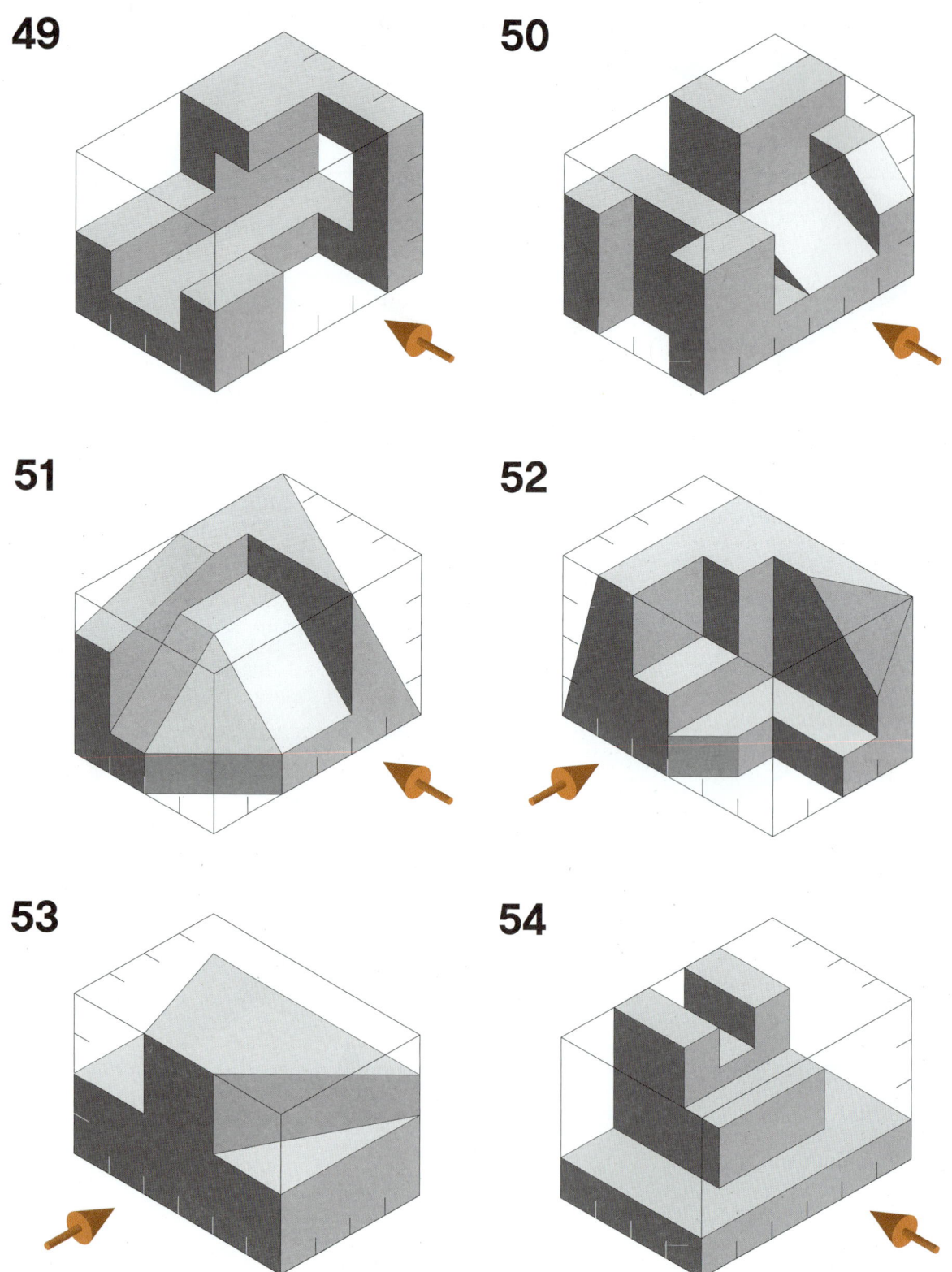

49 50 51 52 53 54

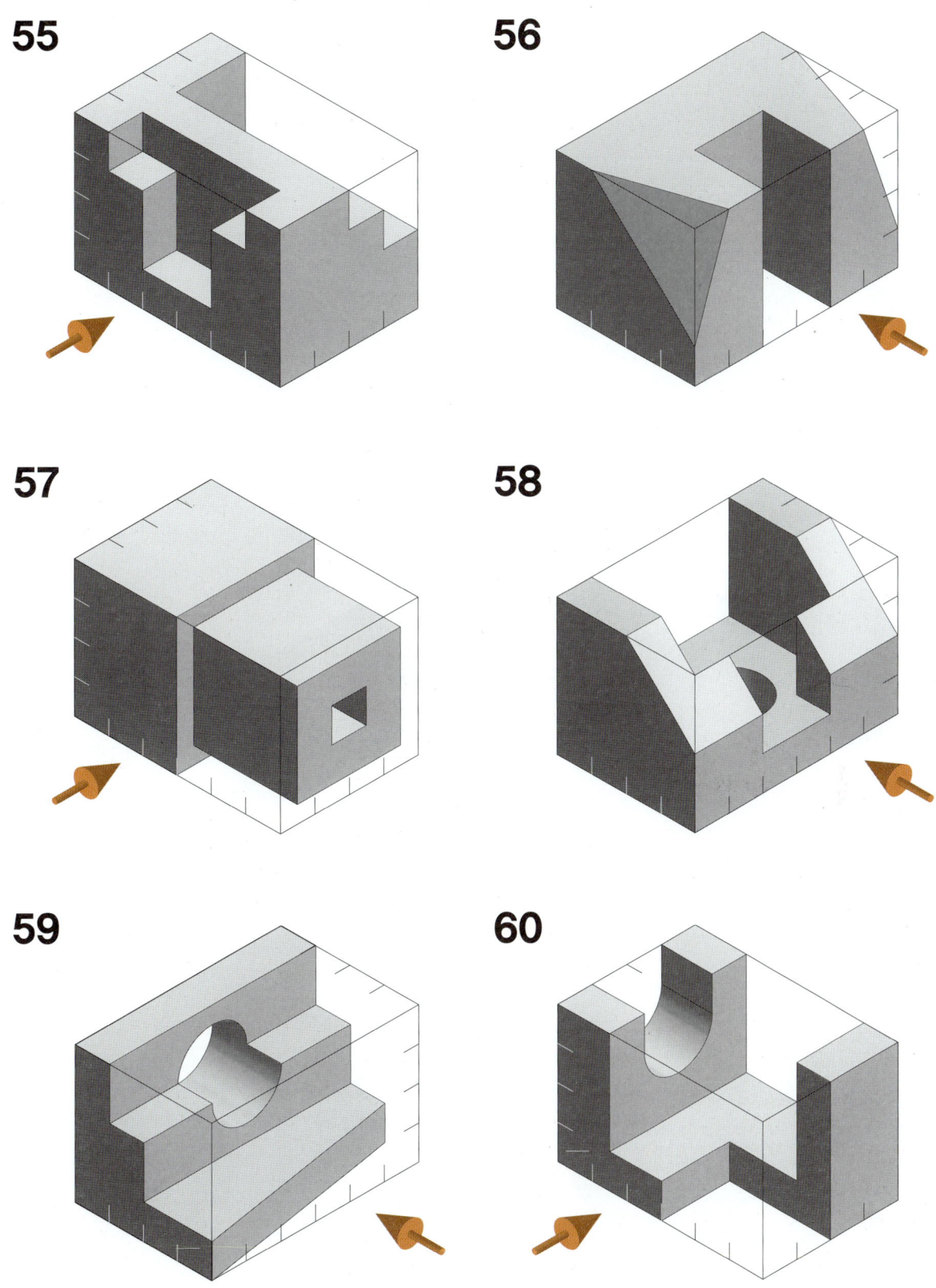

■ Chapter 2 초급 3D형상모델링과 정투상도 작도   과제 도면

주어진 등각투상도를 보고 3D 모델링한 다음 화살표 방향으로 본 모양을 정면도로 선택하여 제3각법으로 3면도를 제도하시오. (측면도는 제도자가 판단하여 선택할 것) 표시된 눈금의 간격은 10㎜임.

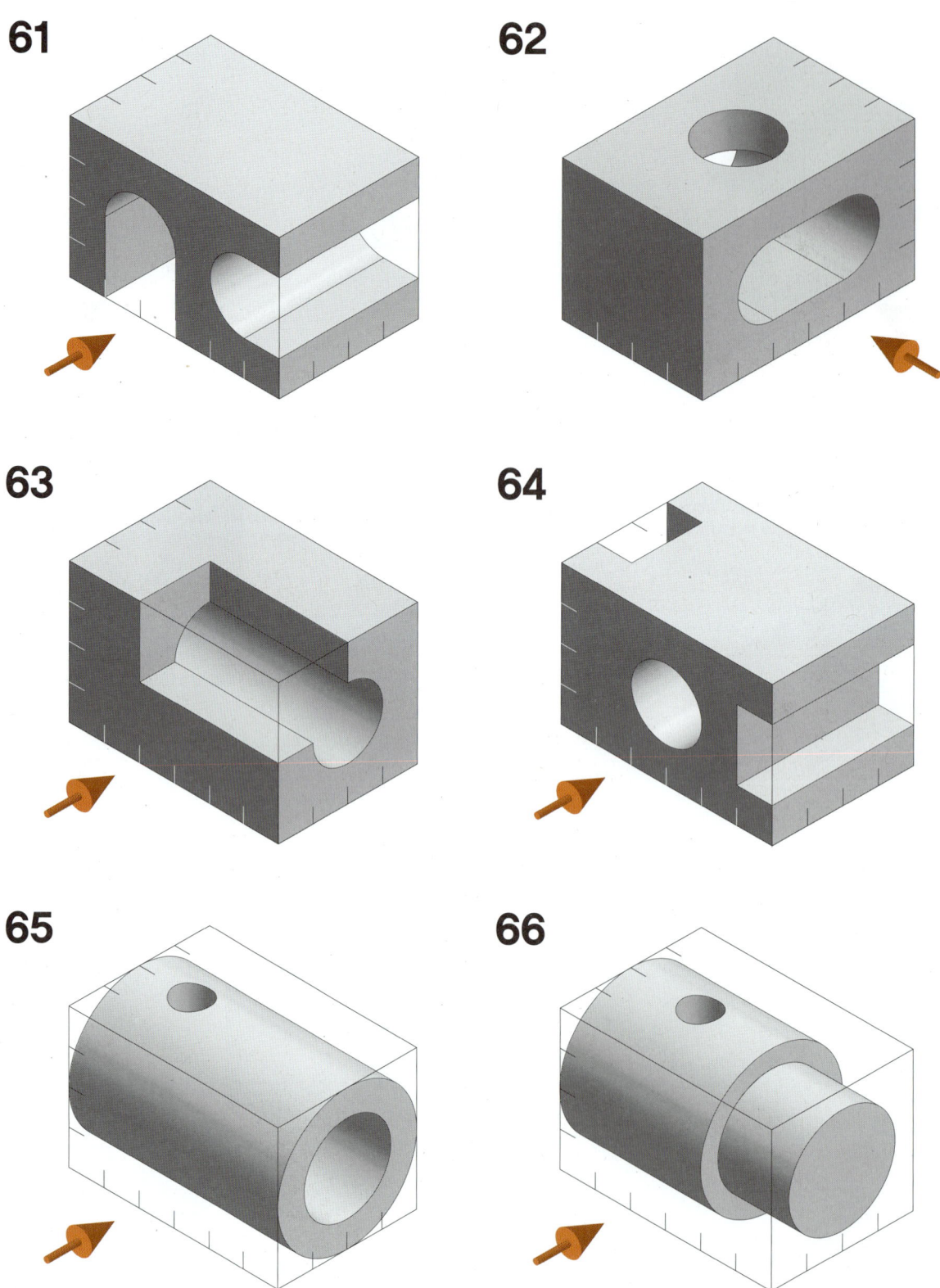

풀이 도면

1

2

3

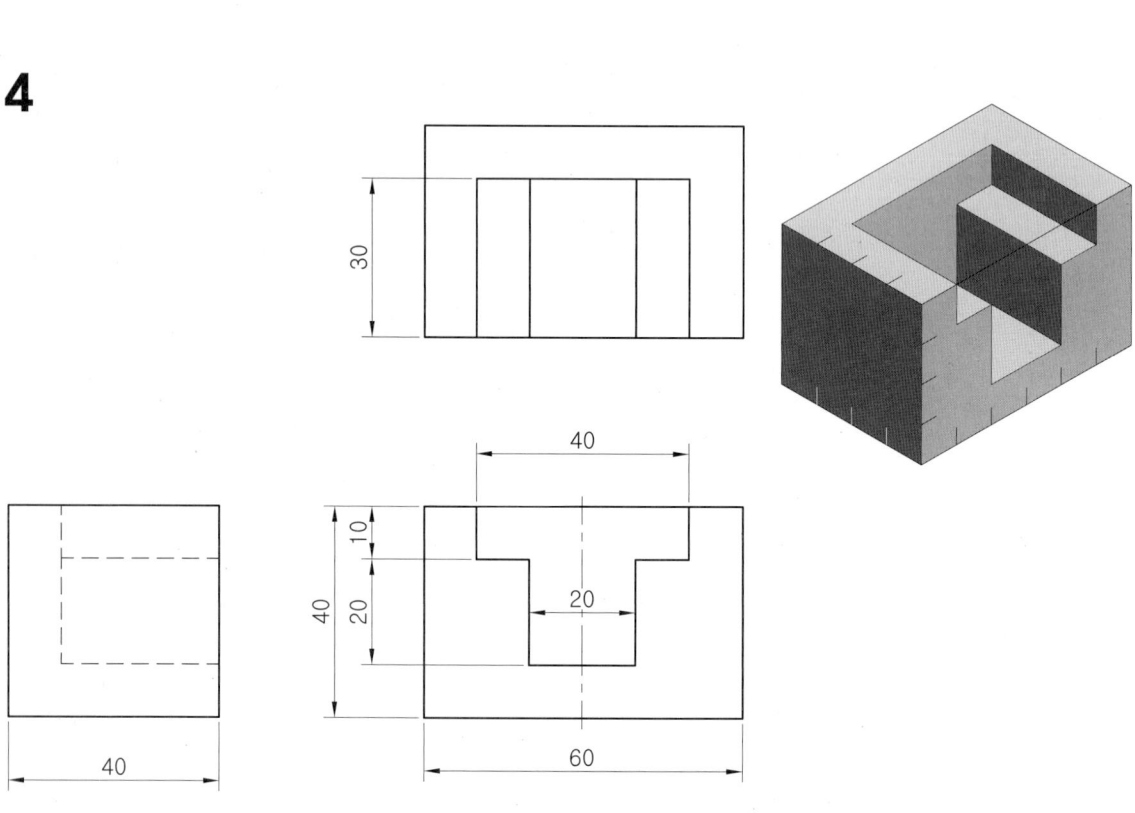

4

5

6

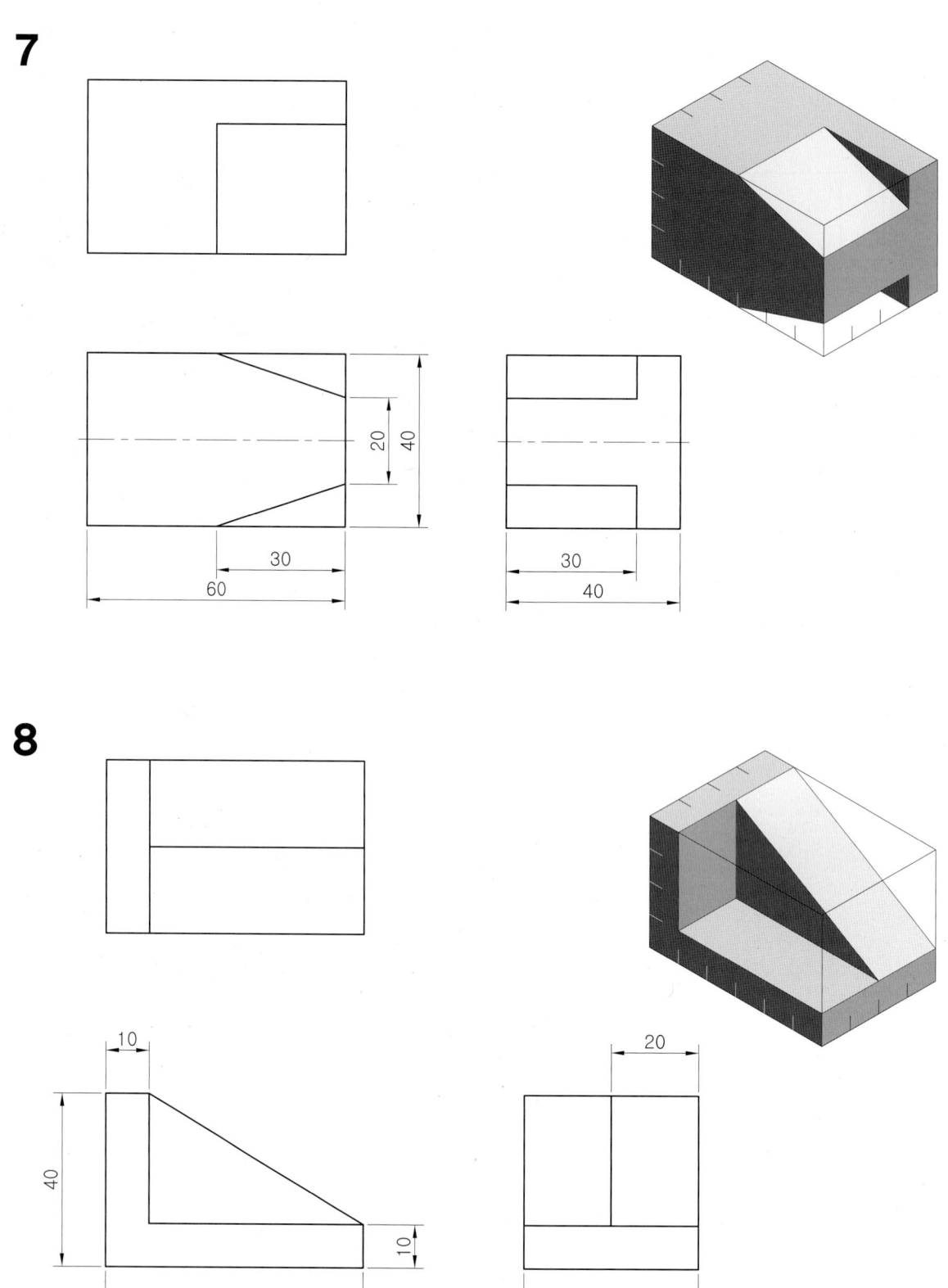

9

10

■ Chapter 2 초급 3D형상모델링과 정투상도 작도

11

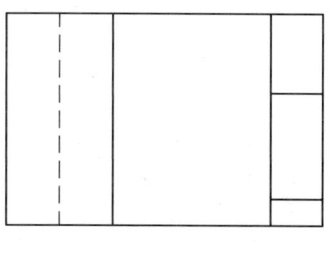
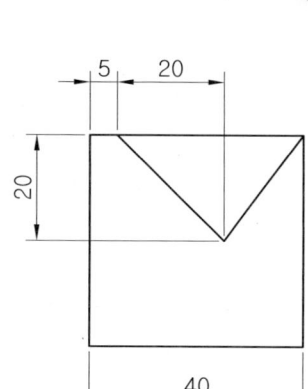
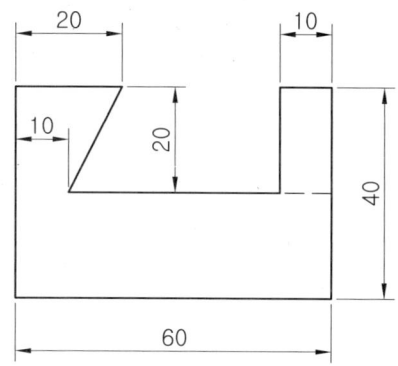

12

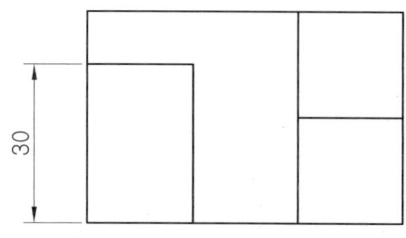
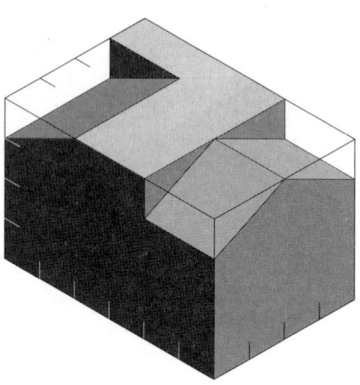
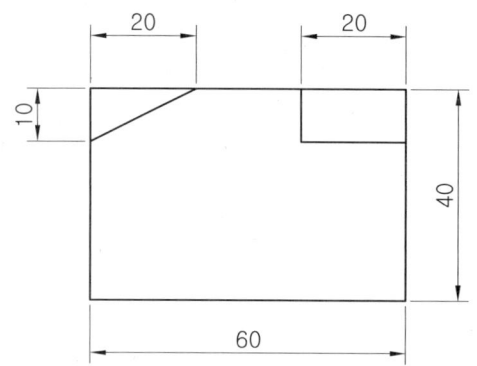
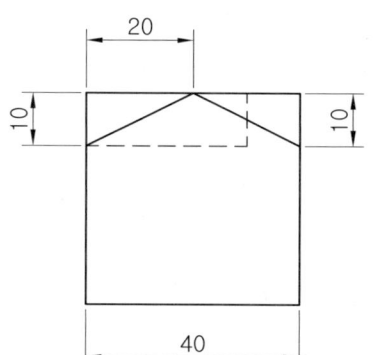

13

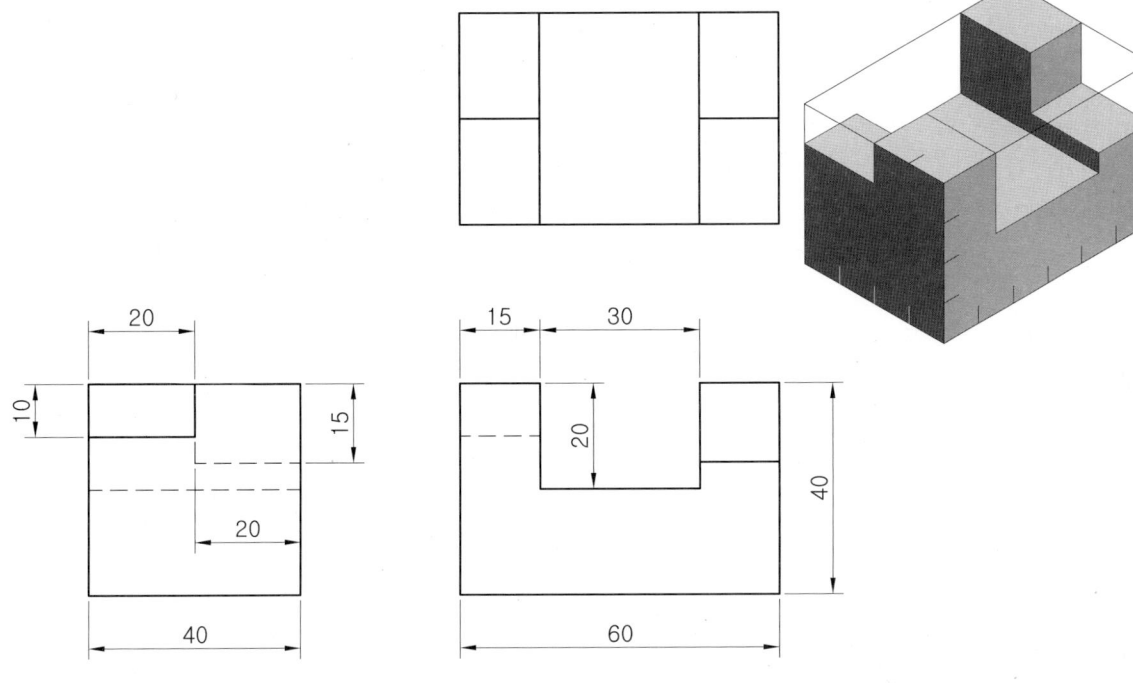

14

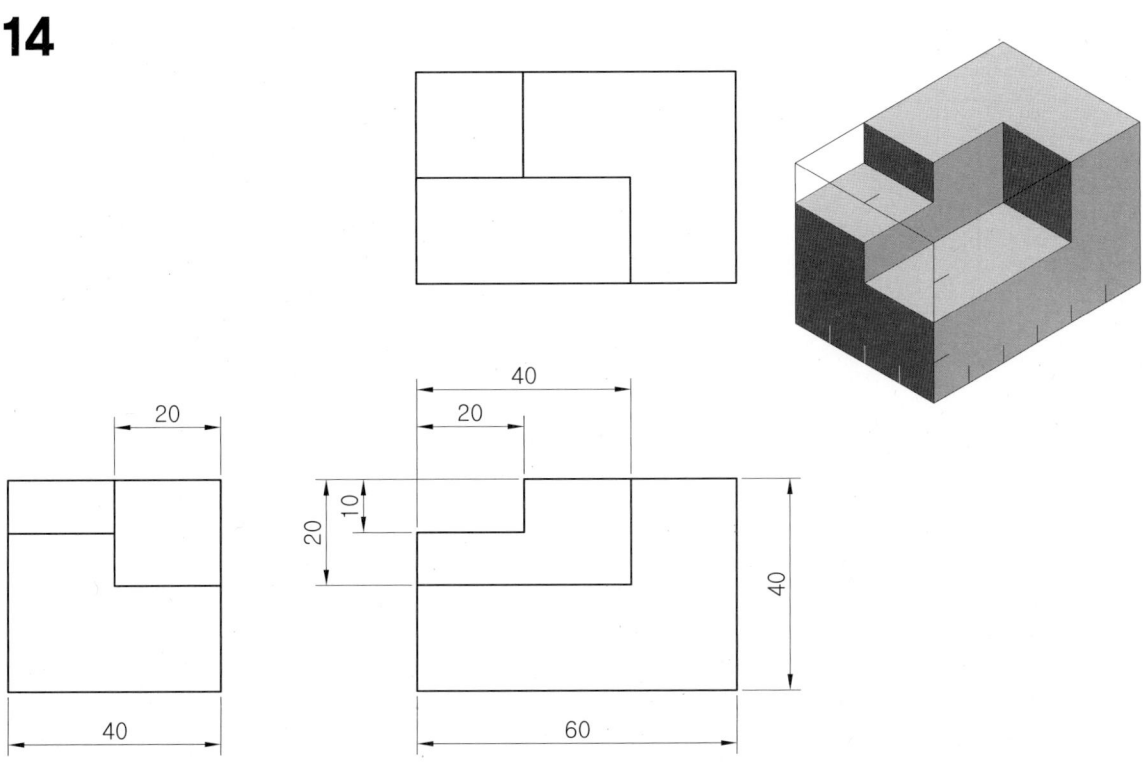

15

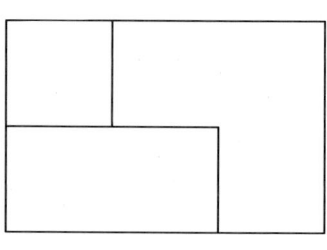
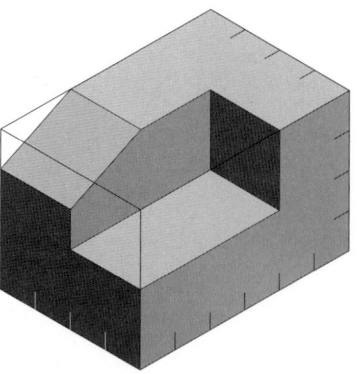
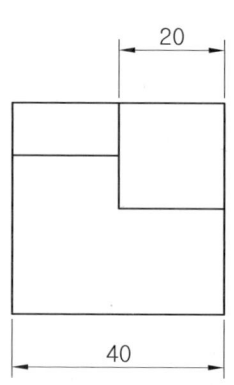
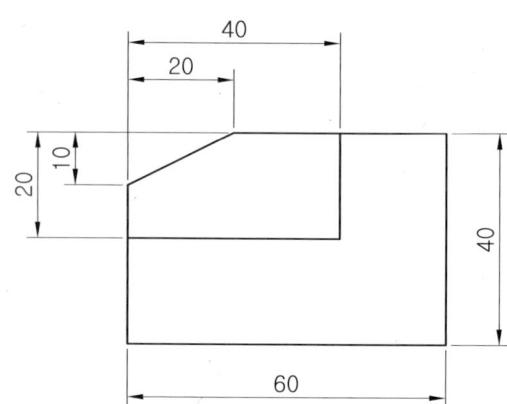

16

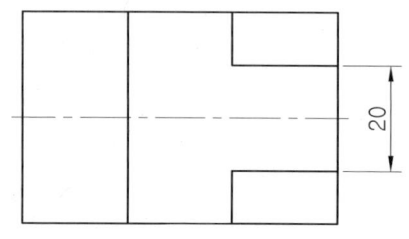

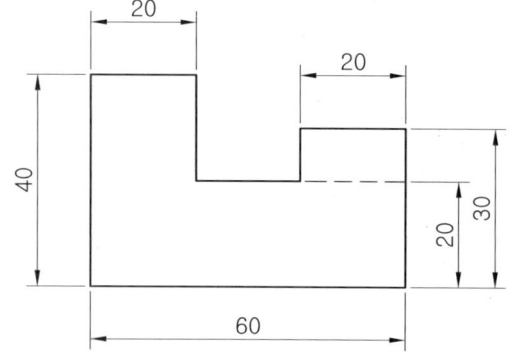
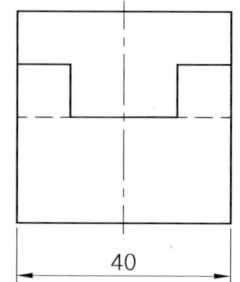

17

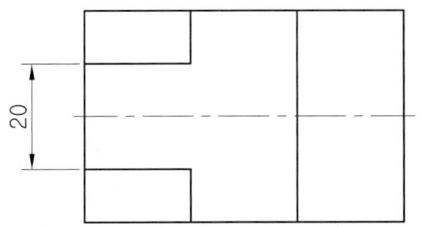
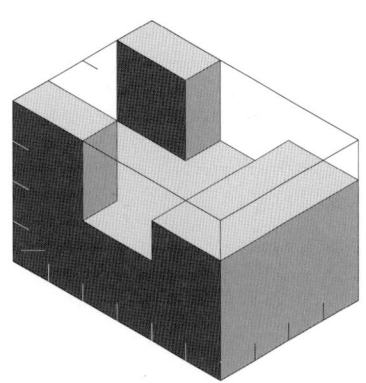
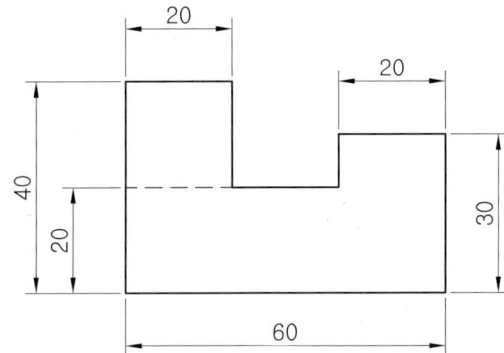
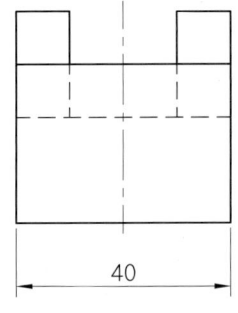

18

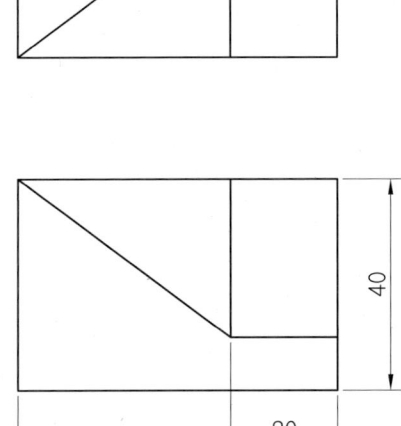
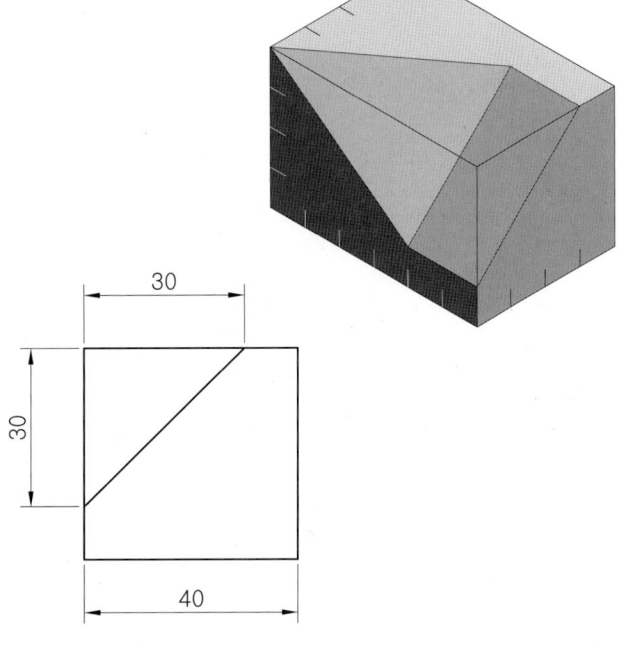

19

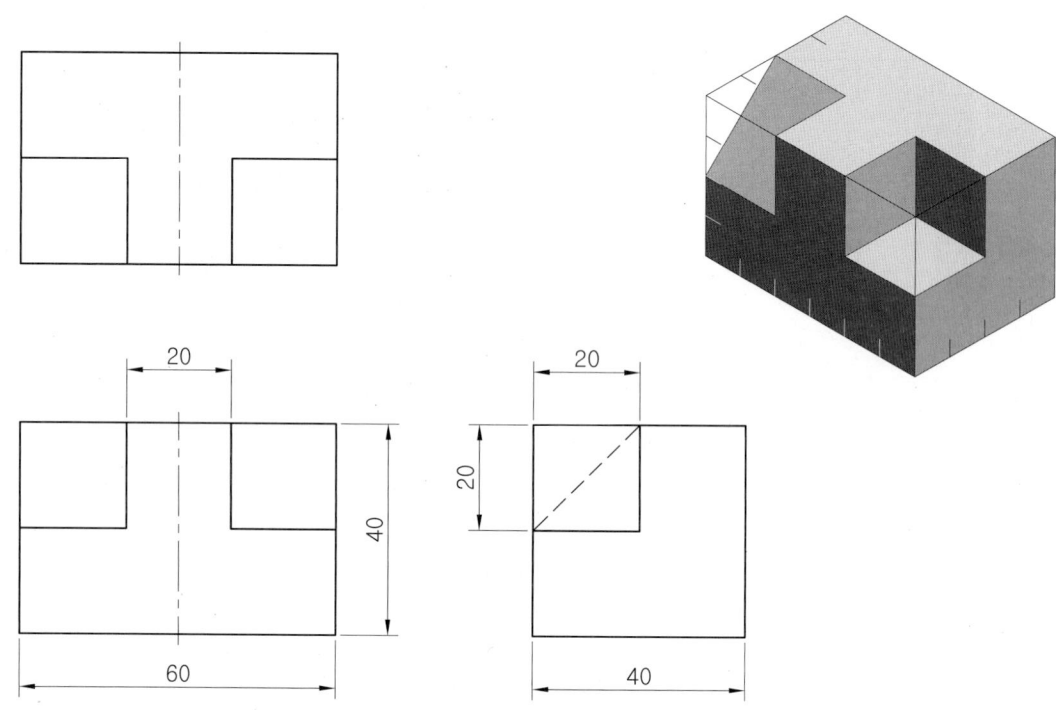

20

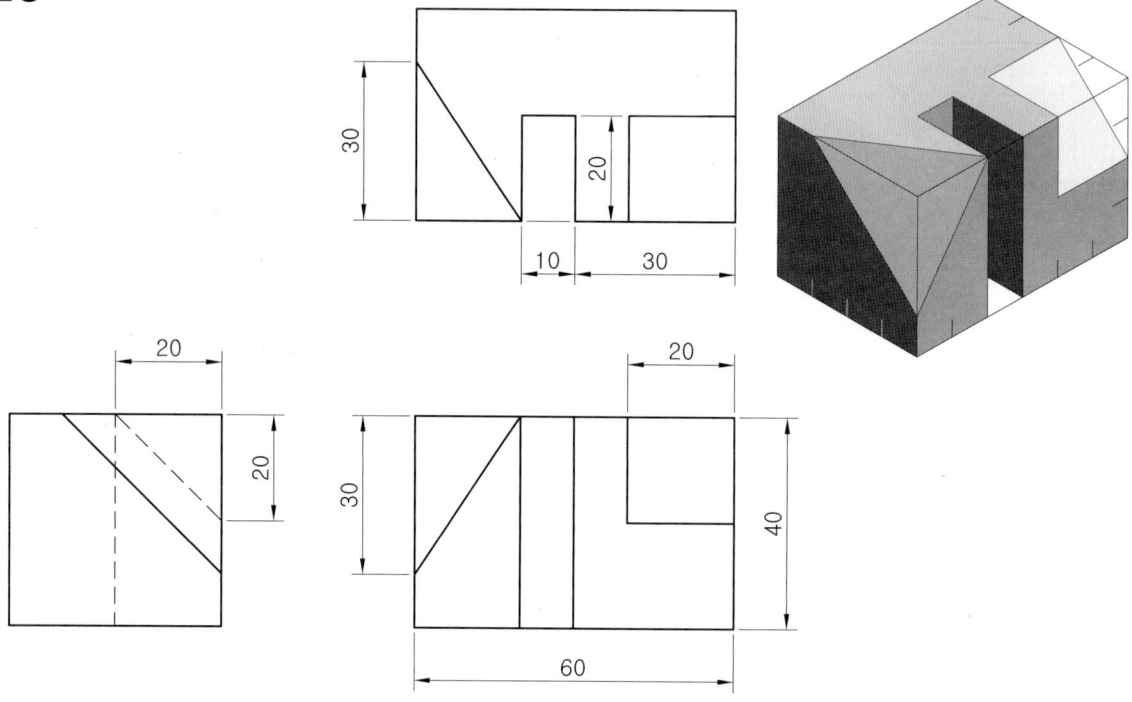

21

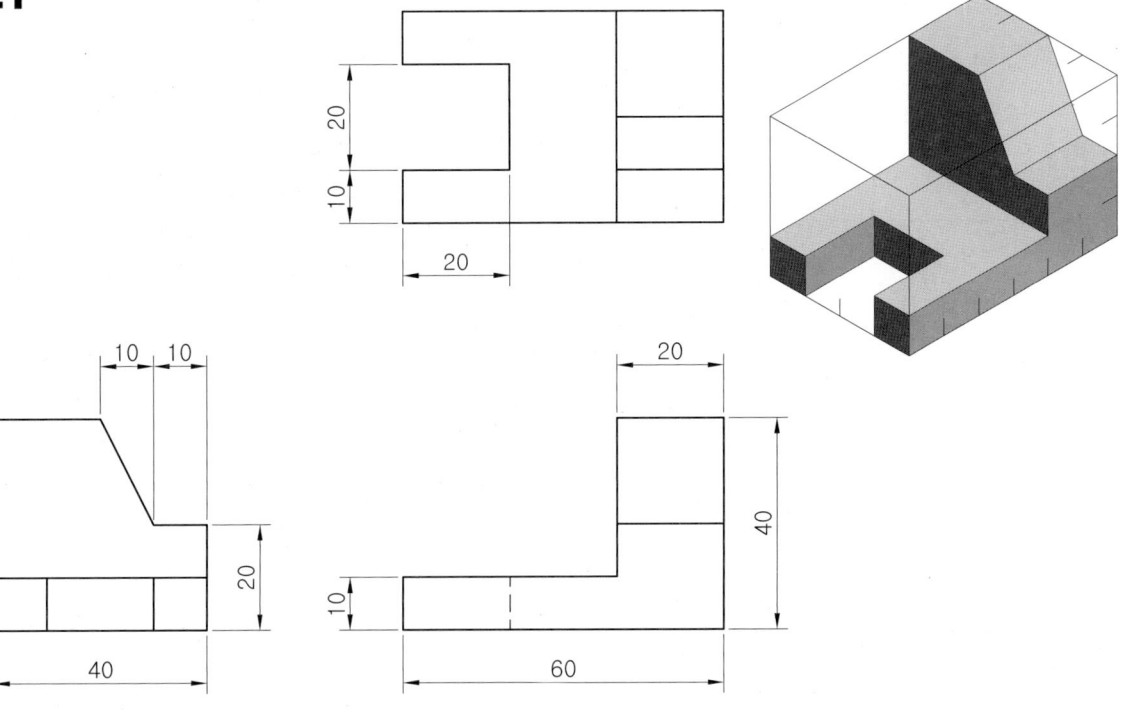

22

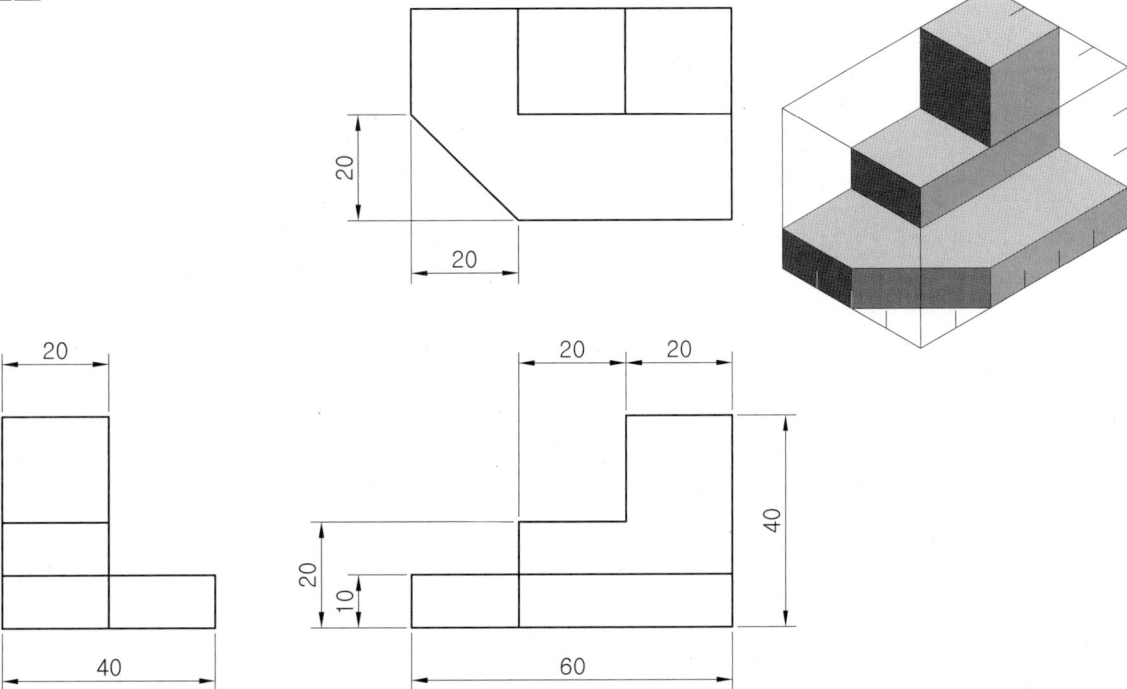

23

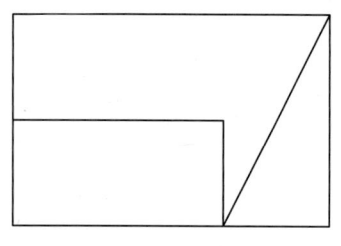
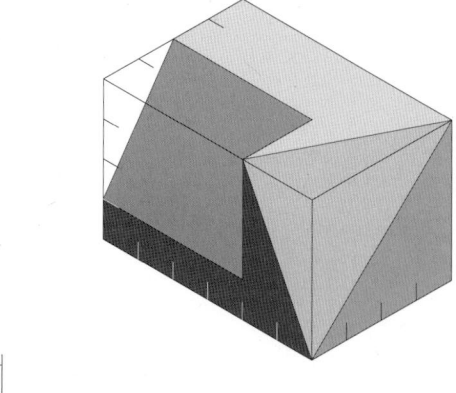
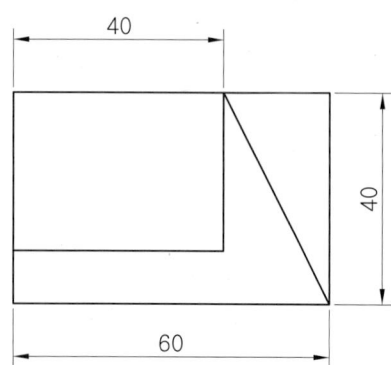

24

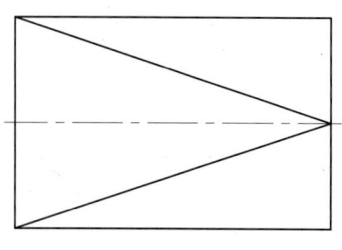
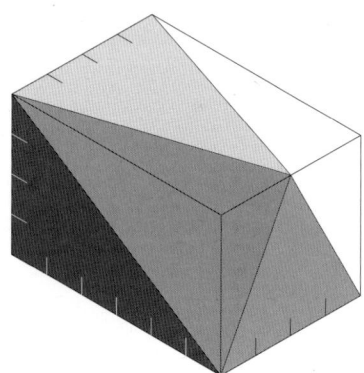
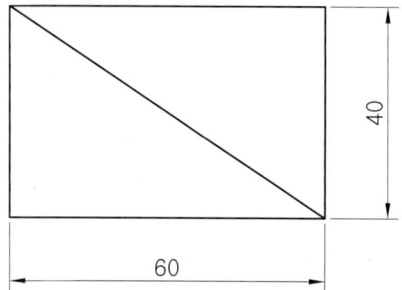
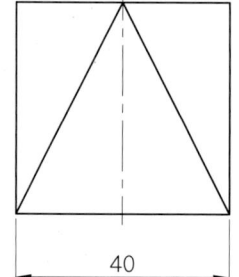

25

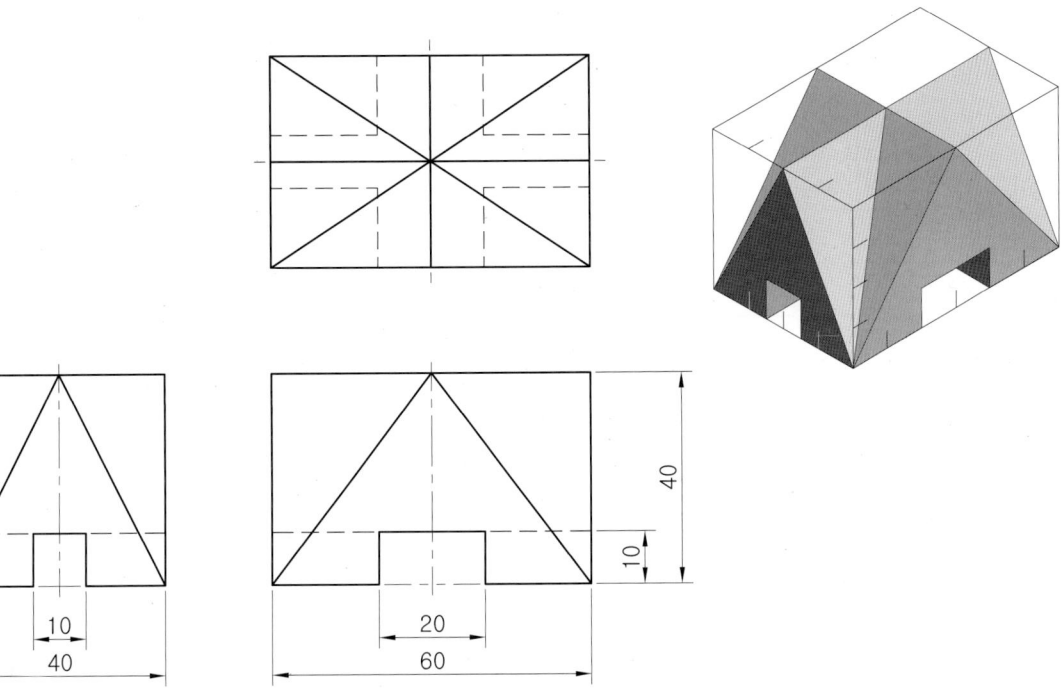

26

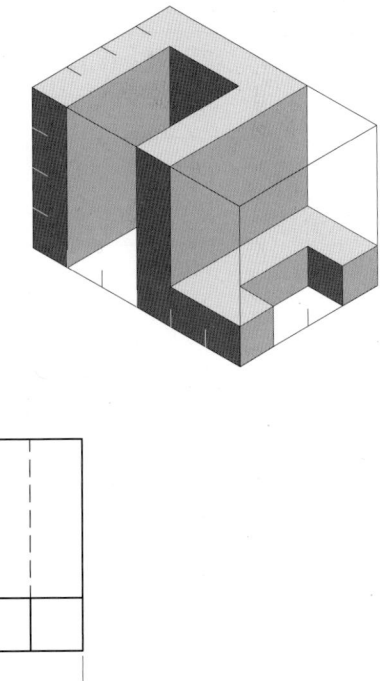

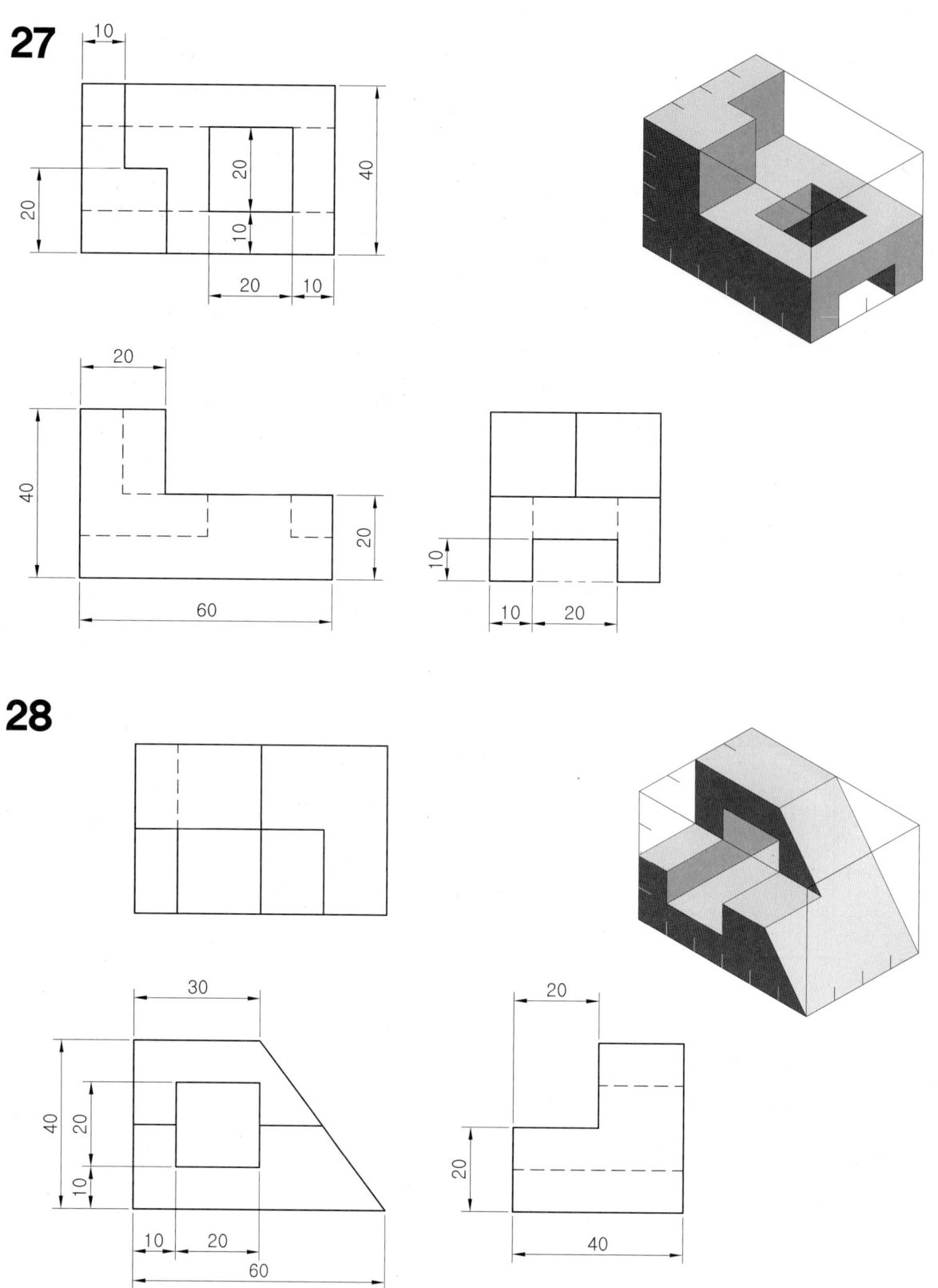

29

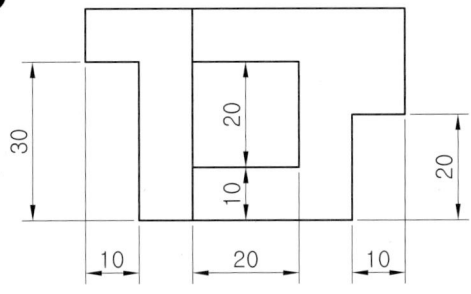

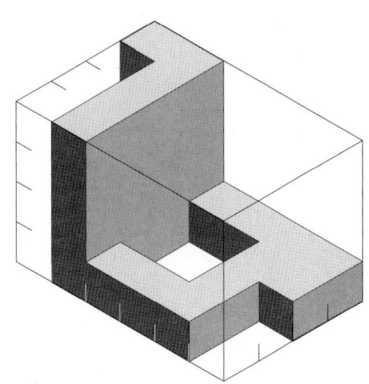

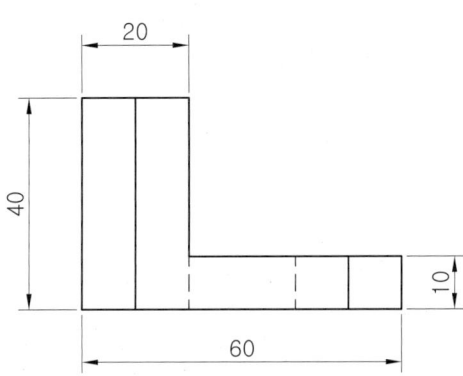

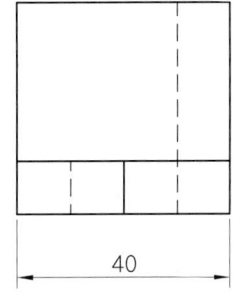

30

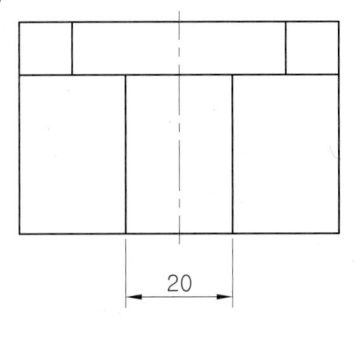

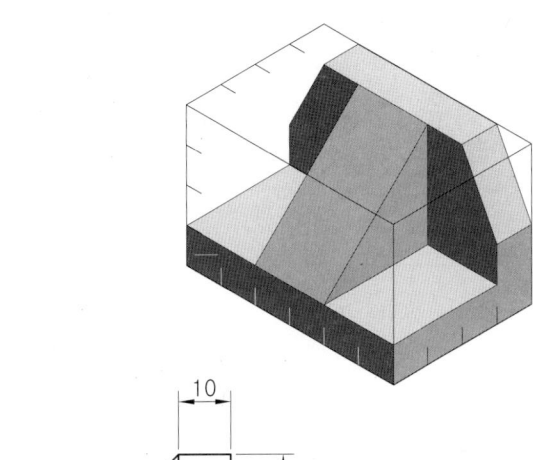

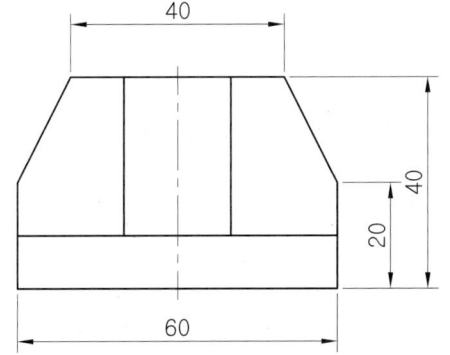

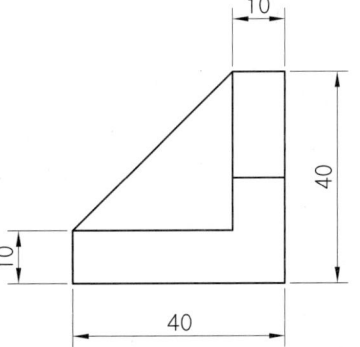

31

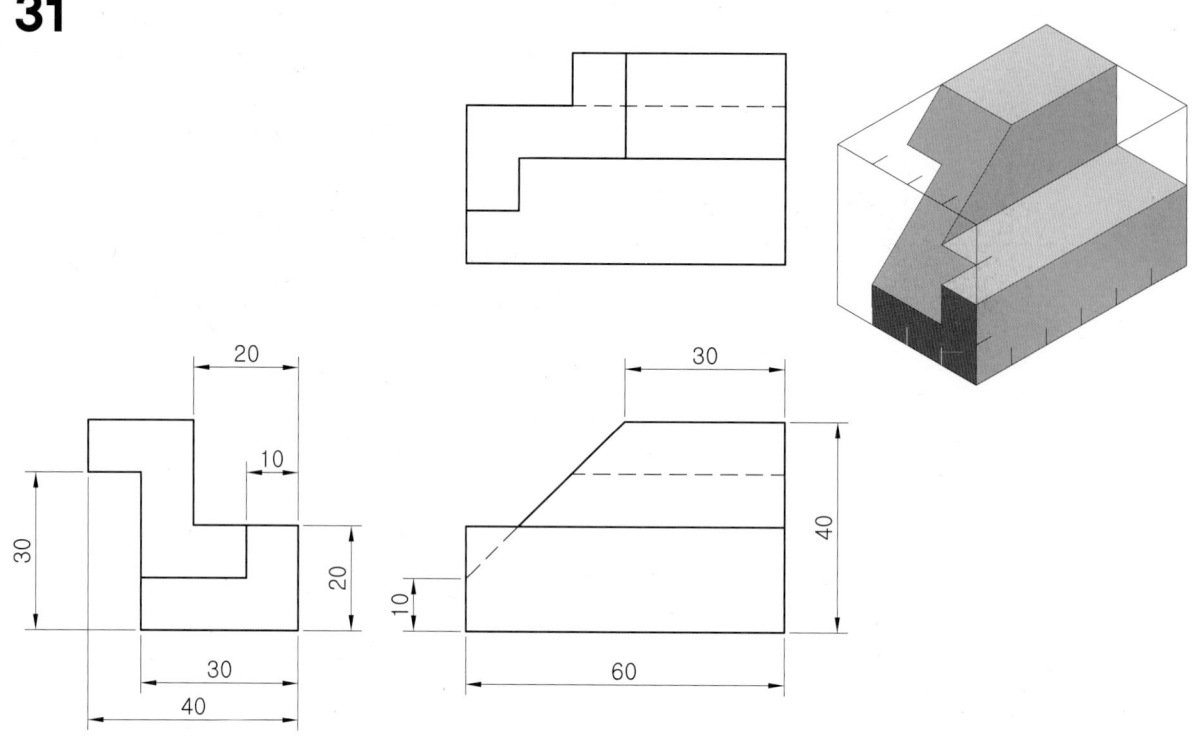

32

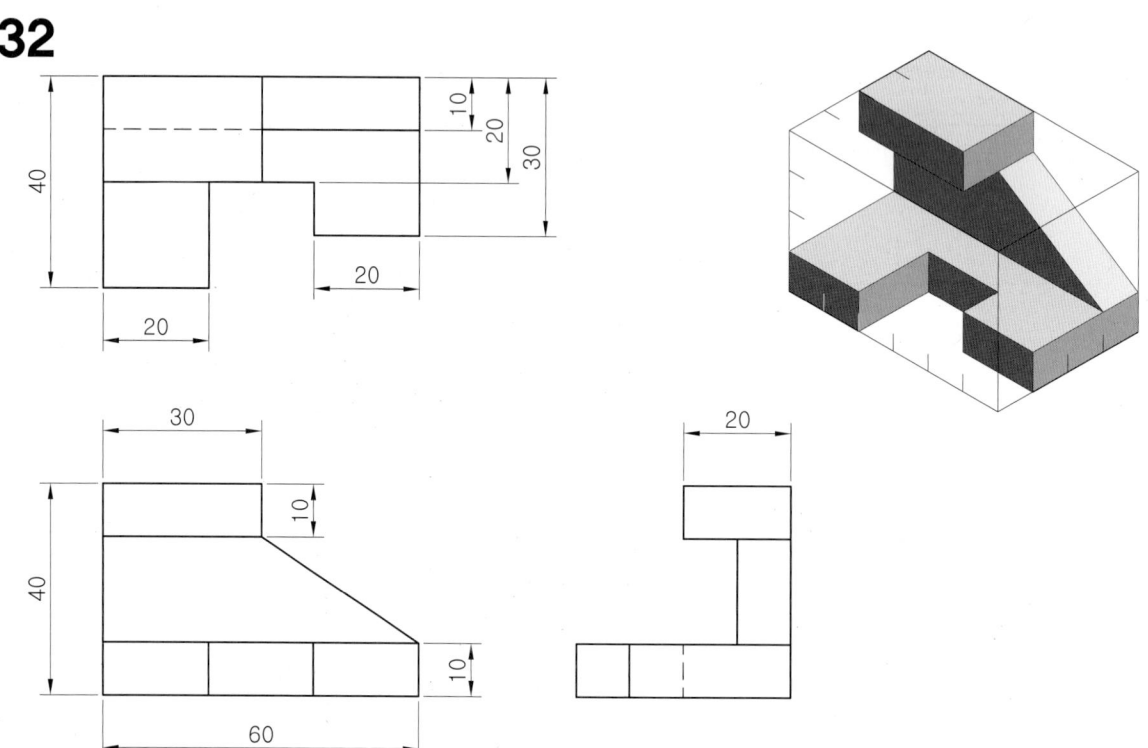

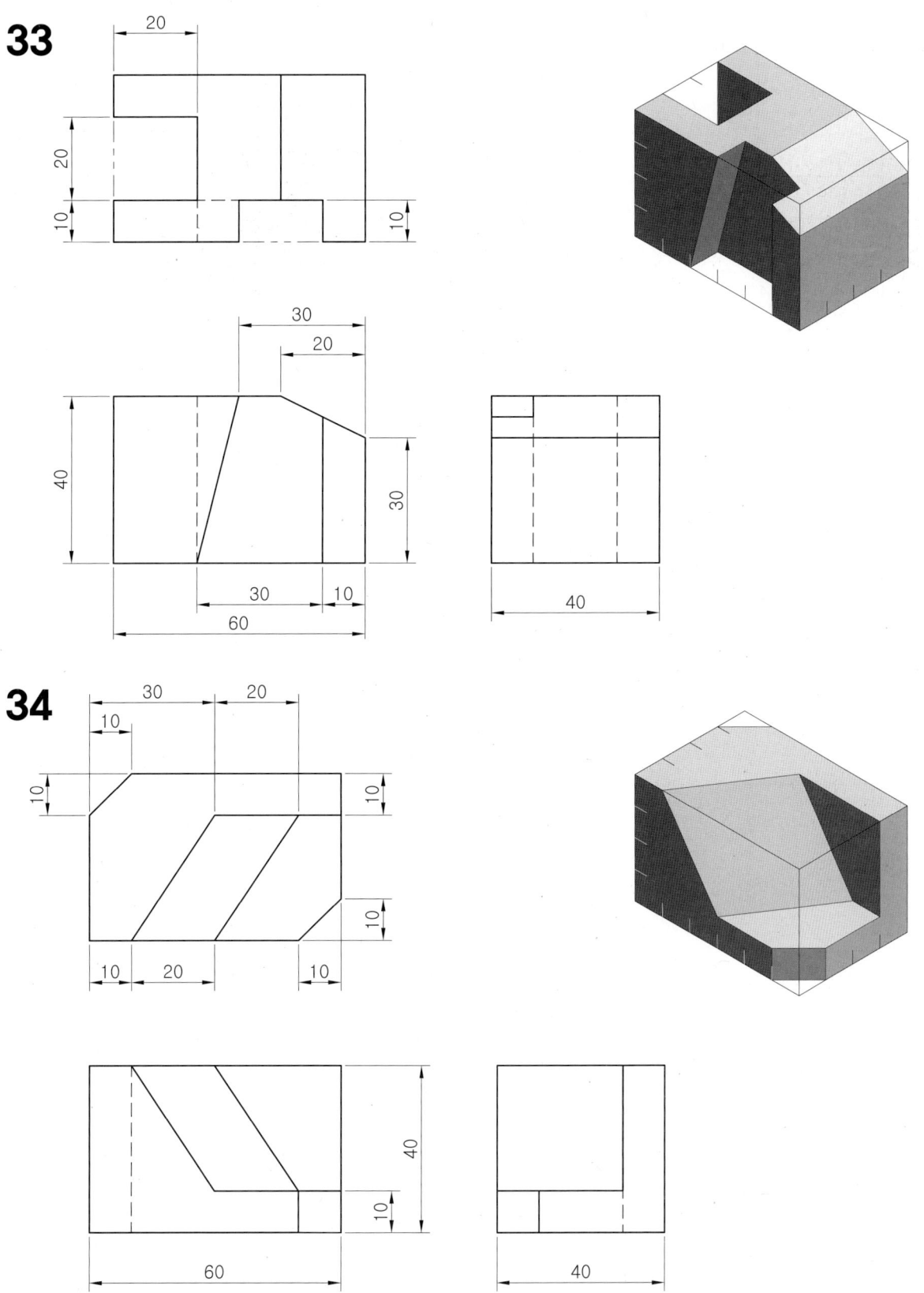

35

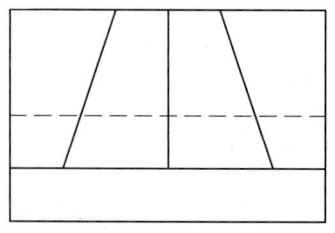
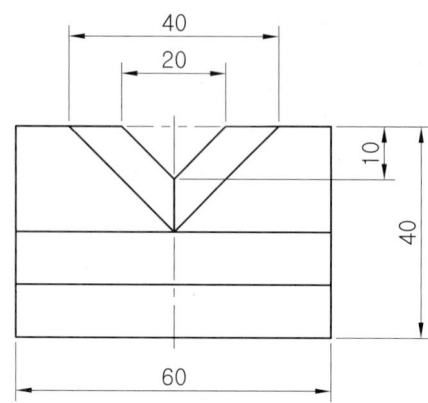
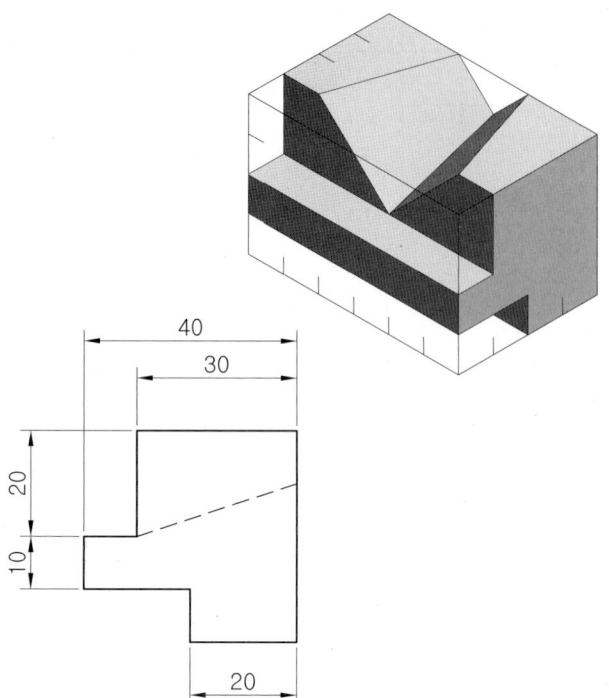

36

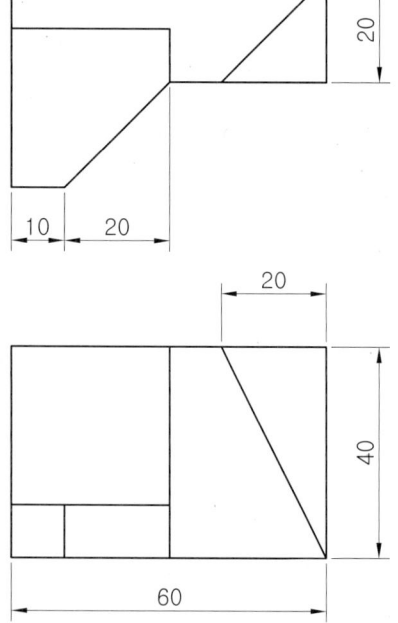
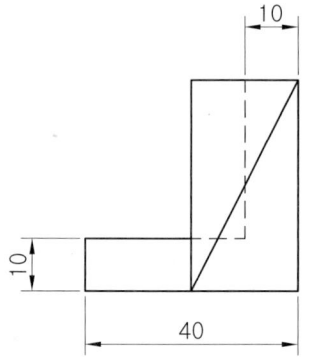
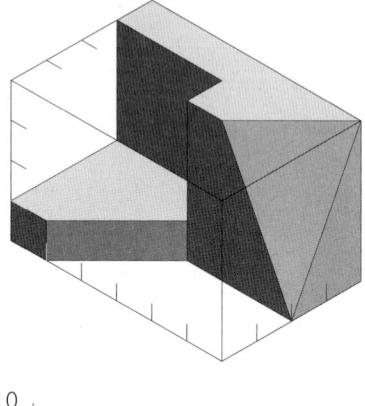

37

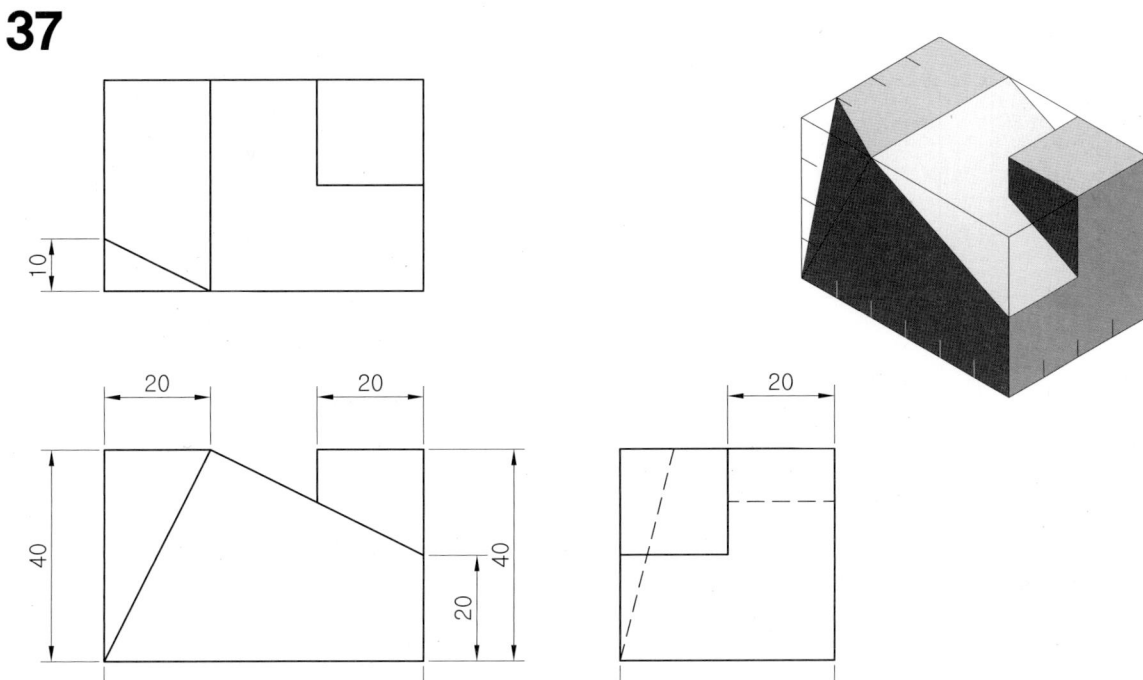

38

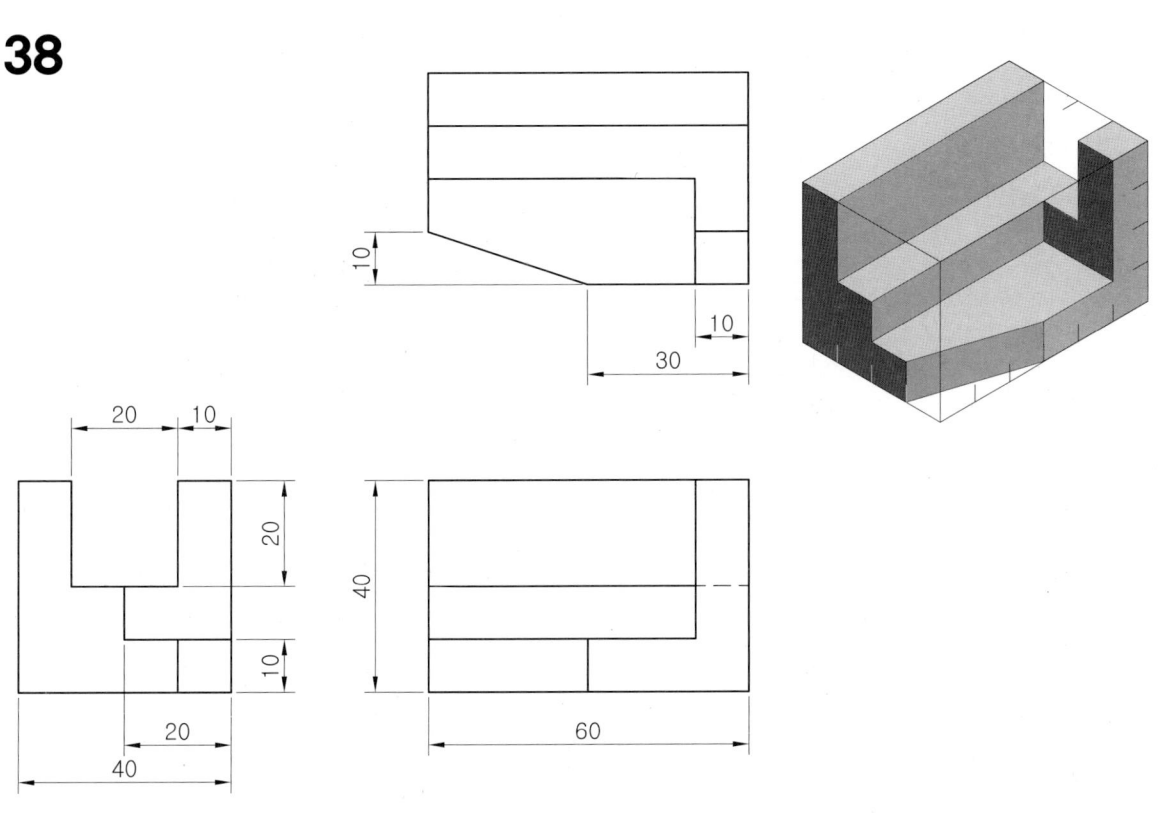

39

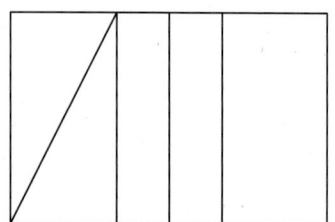
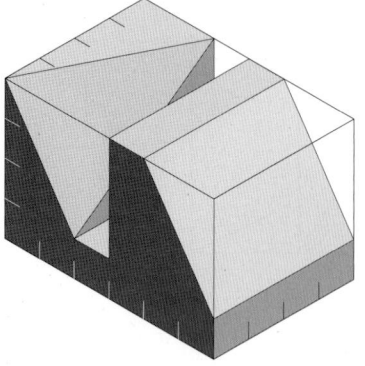
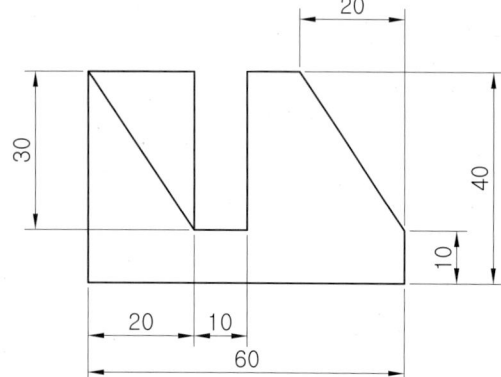
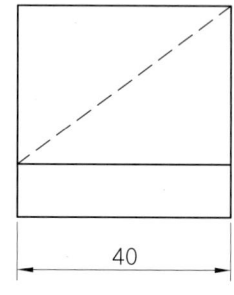

40

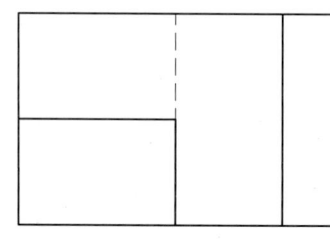
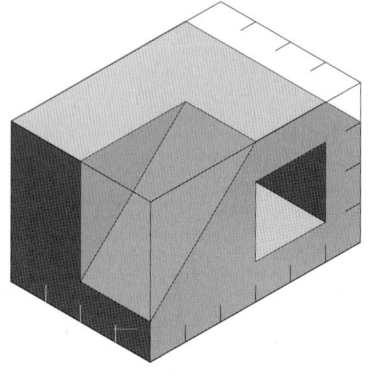
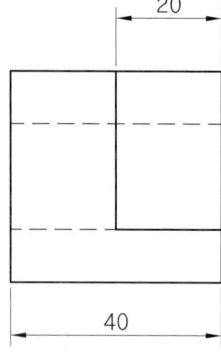
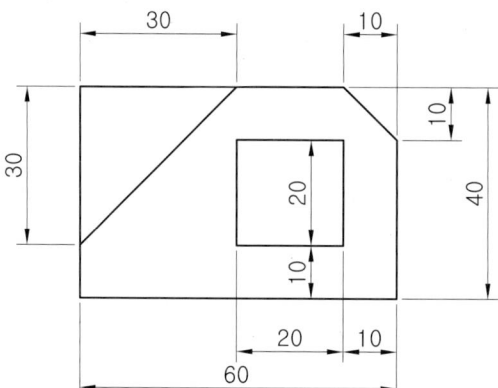

풀이 도면

41

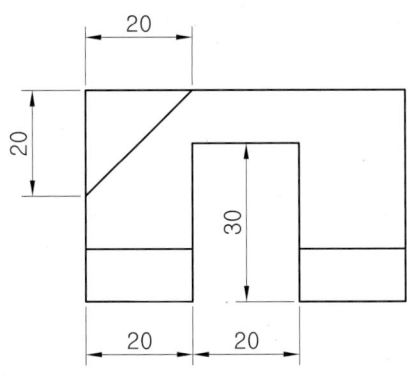
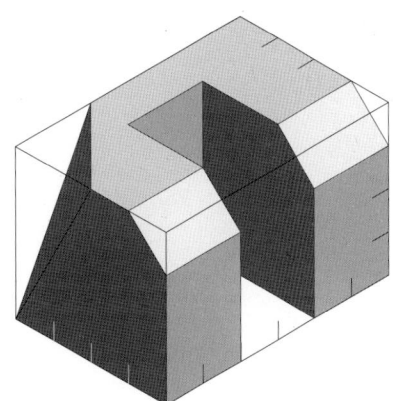
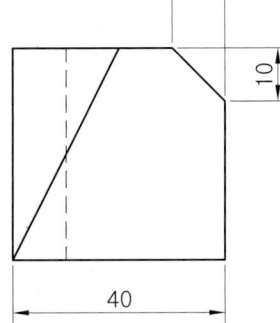
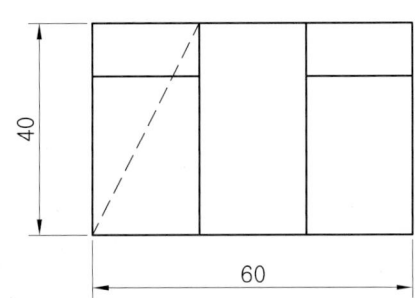

42

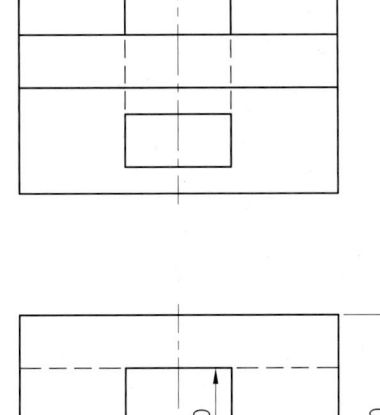
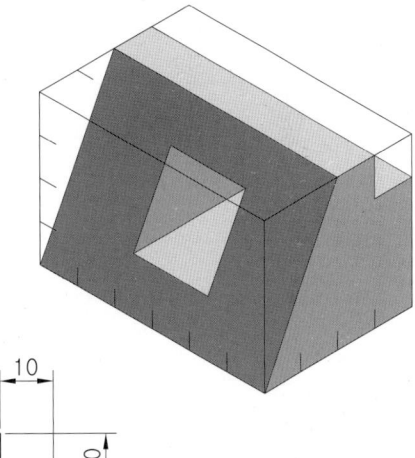

43

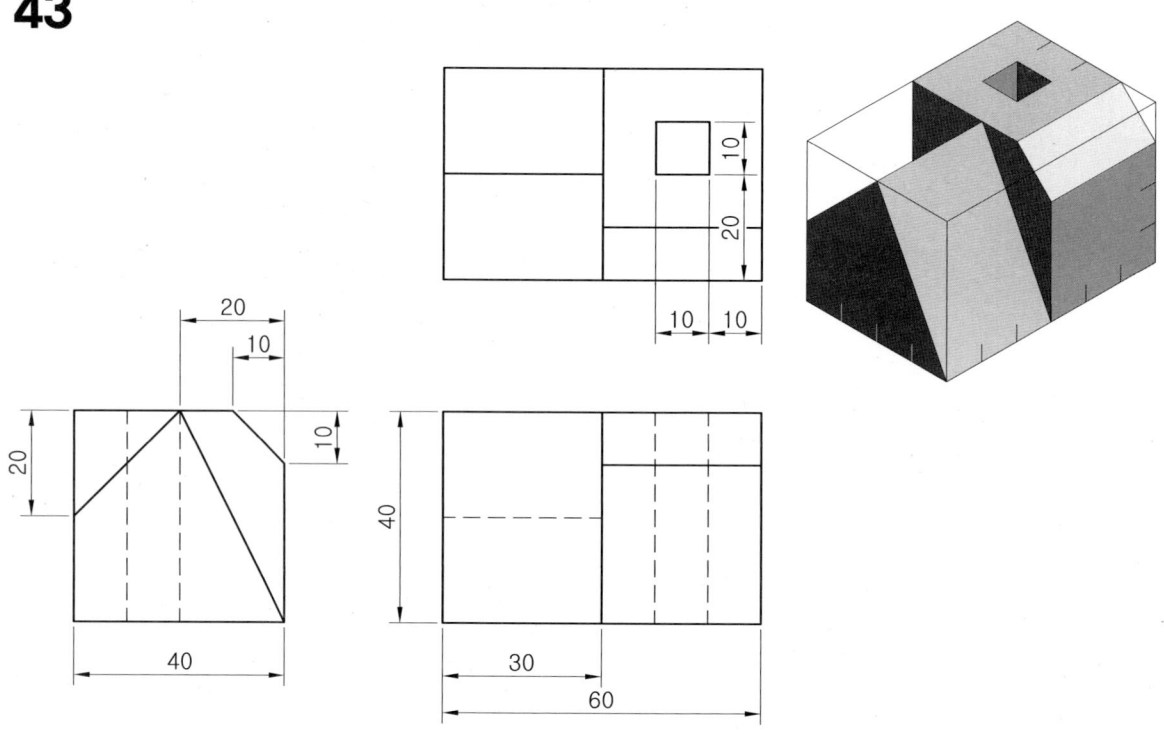

44

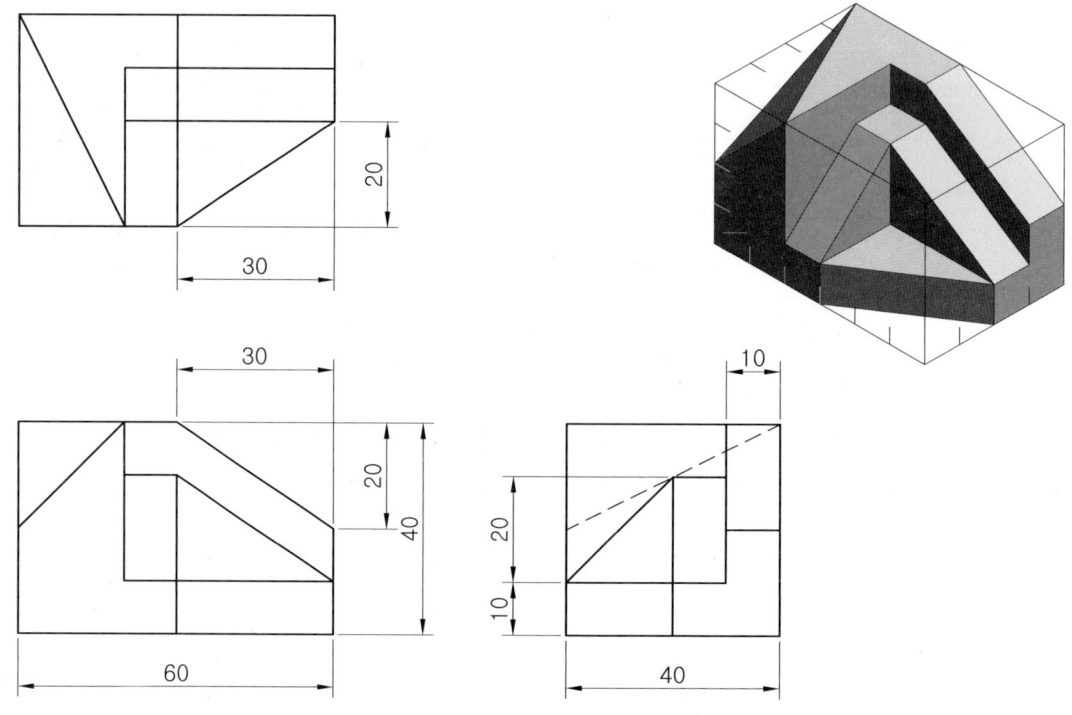

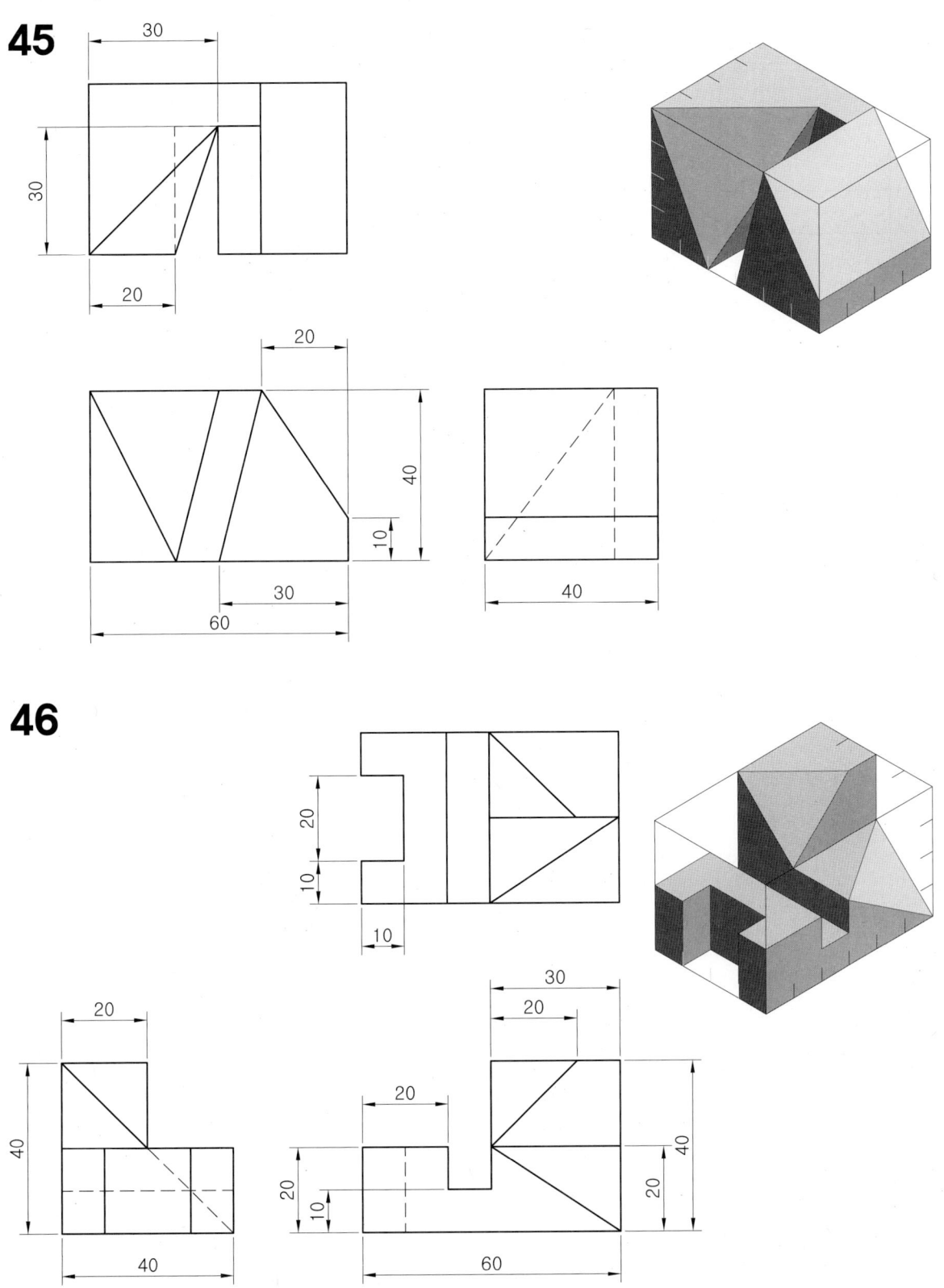

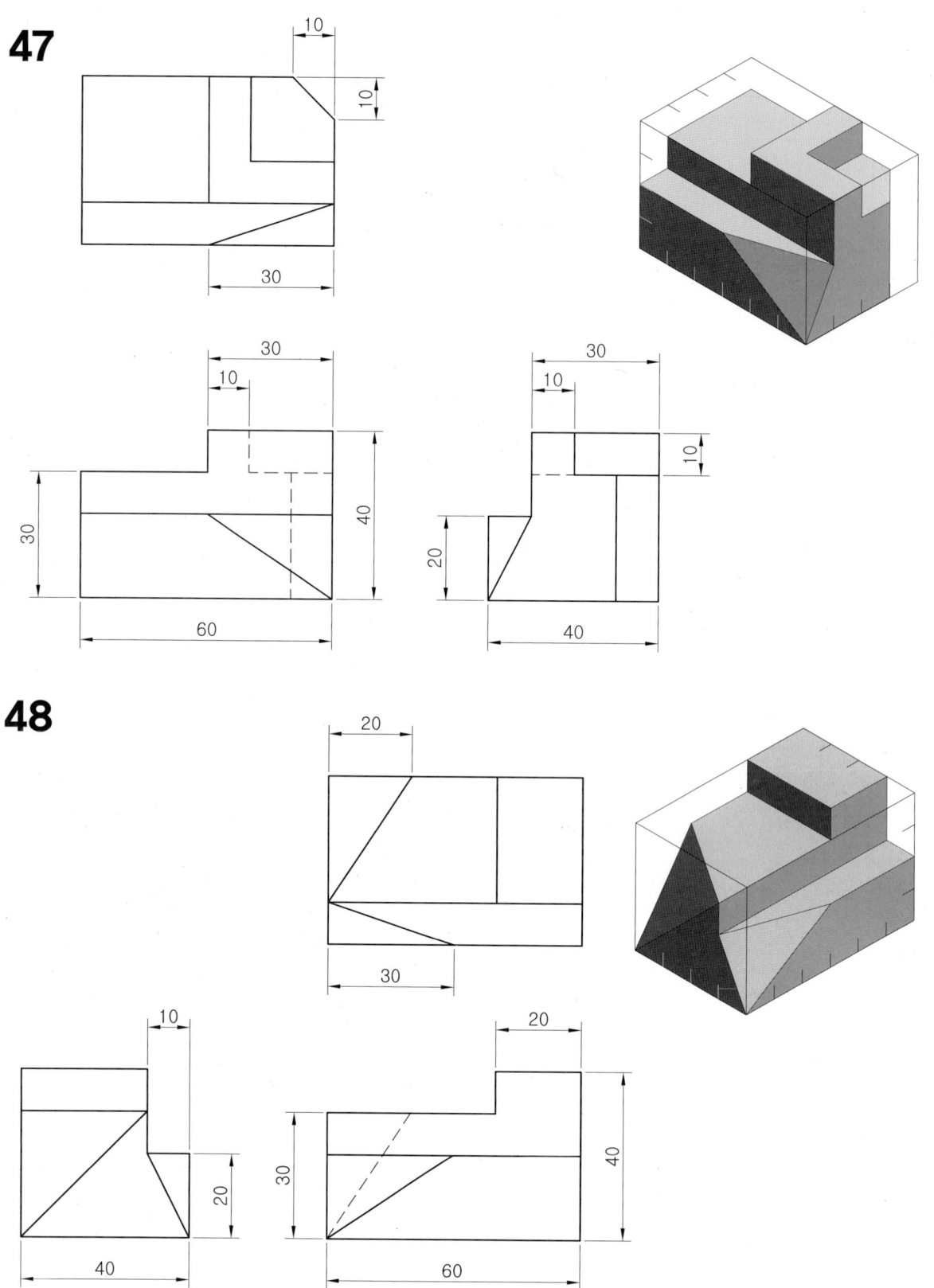

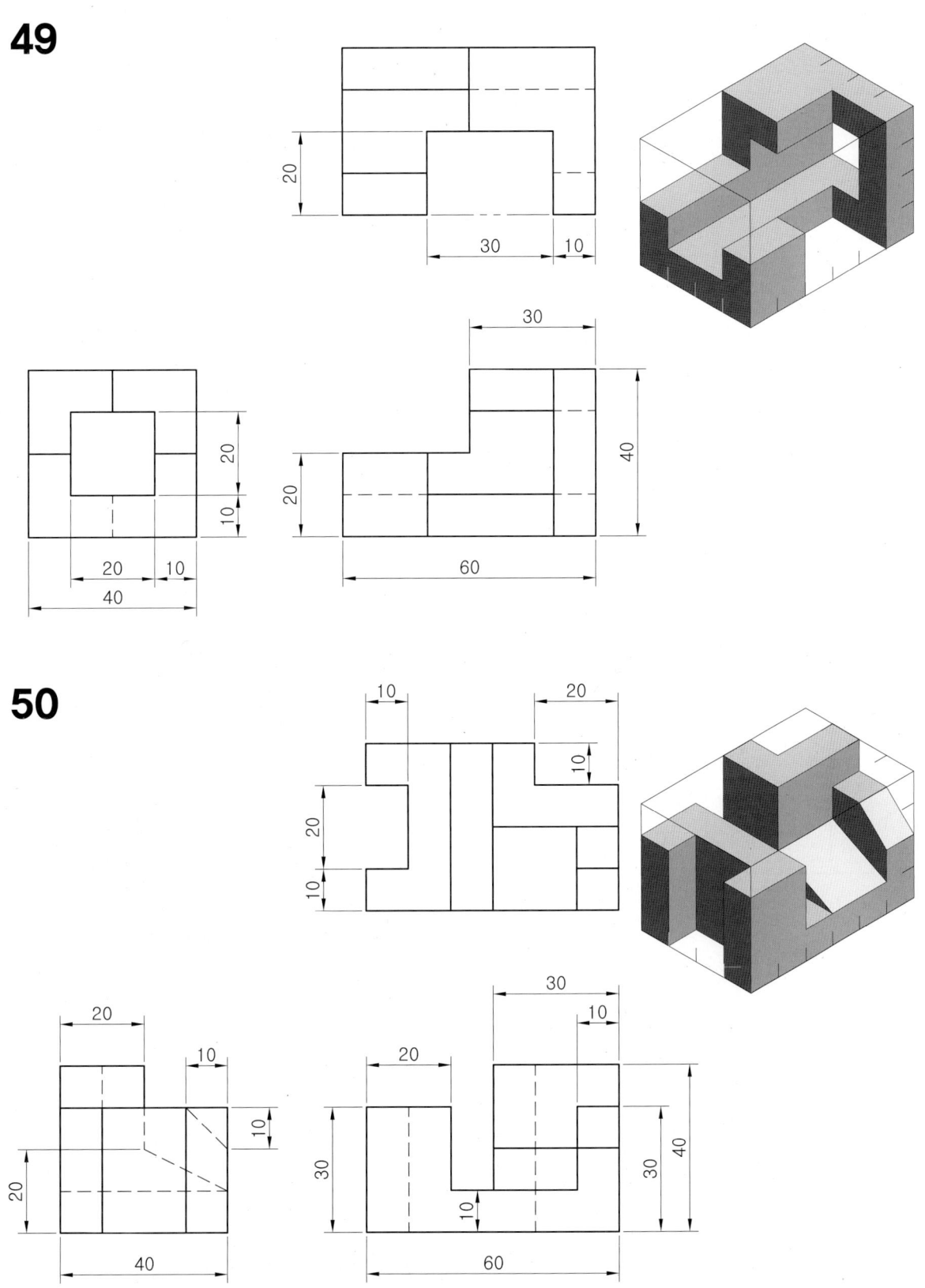

Chapter 2 초급 3D형상모델링과 정투상도 작도

51

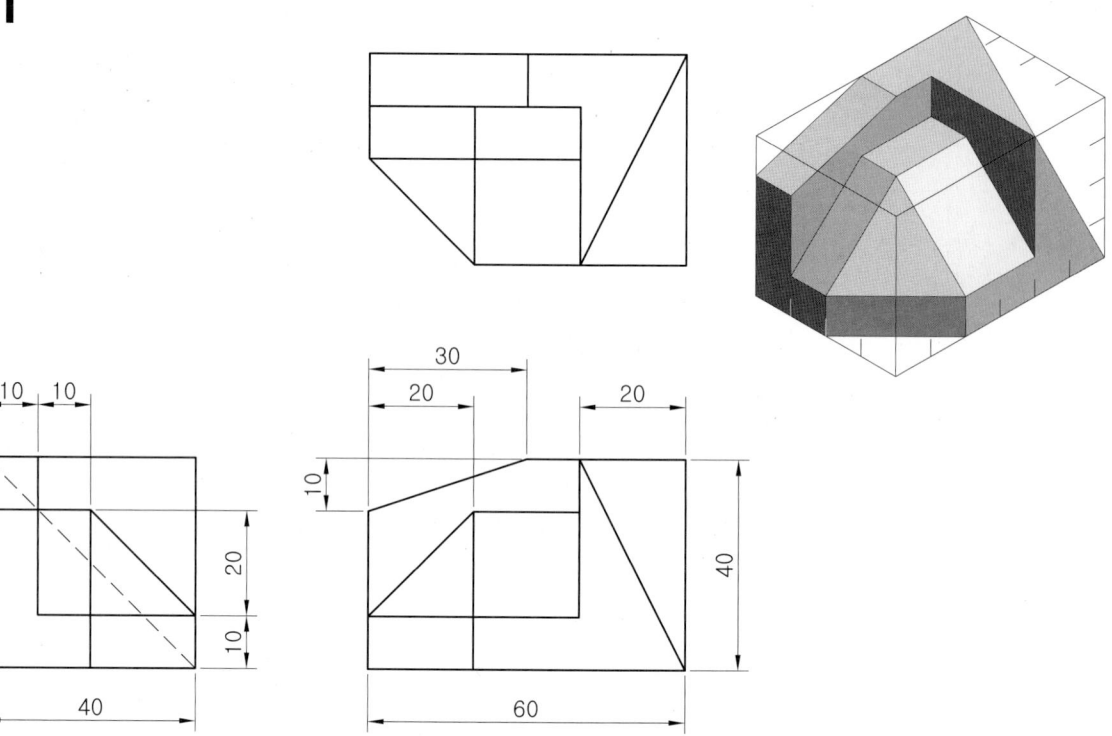

52

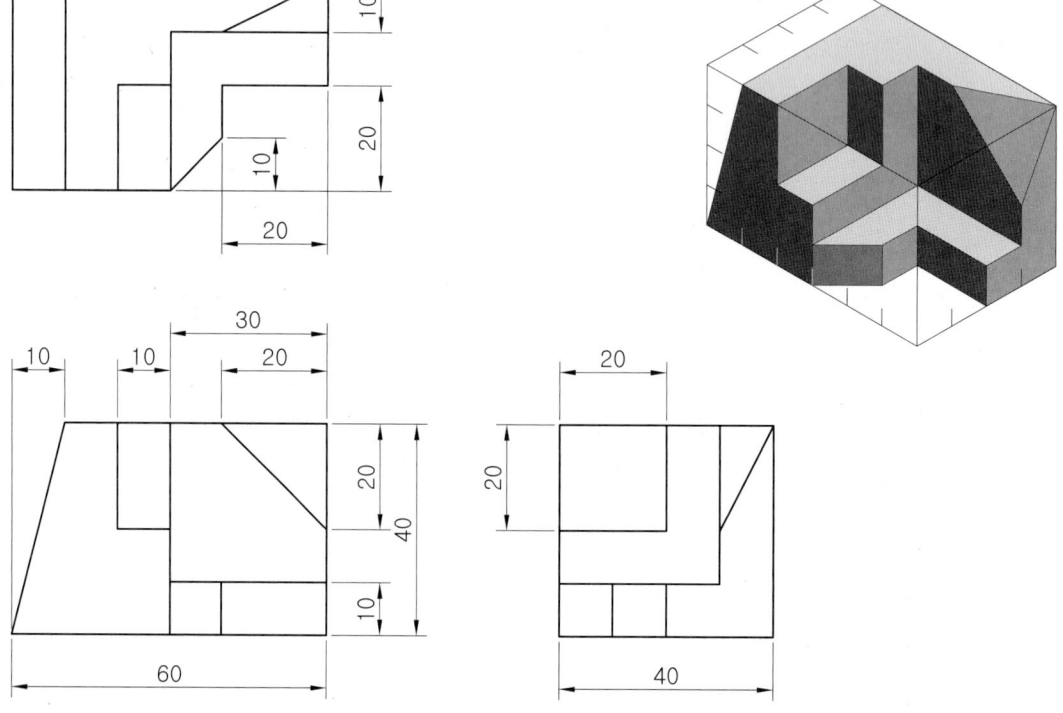

53

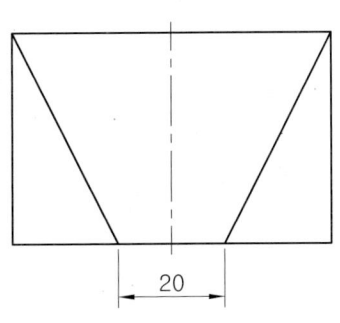
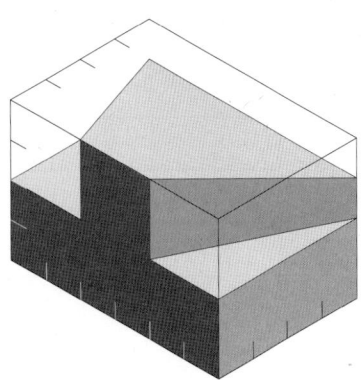
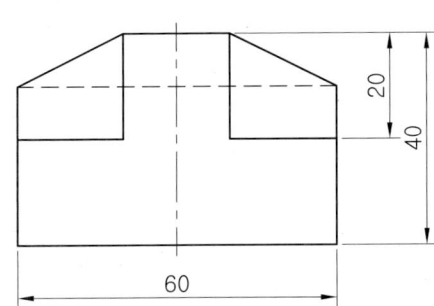
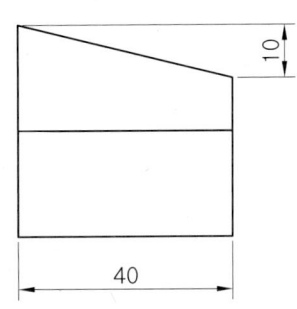

54

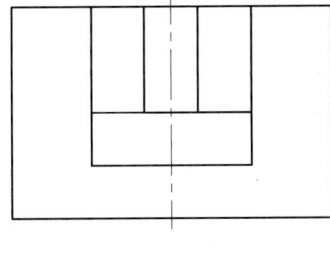
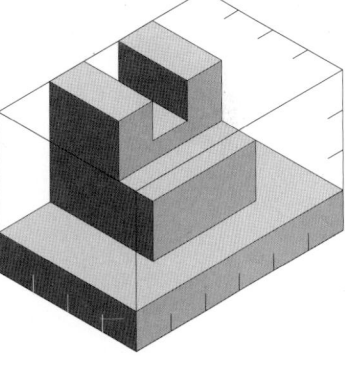
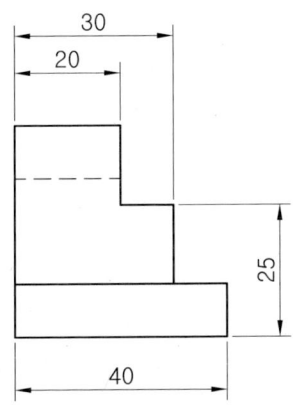
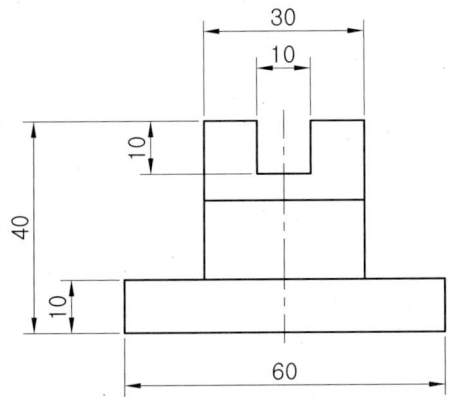

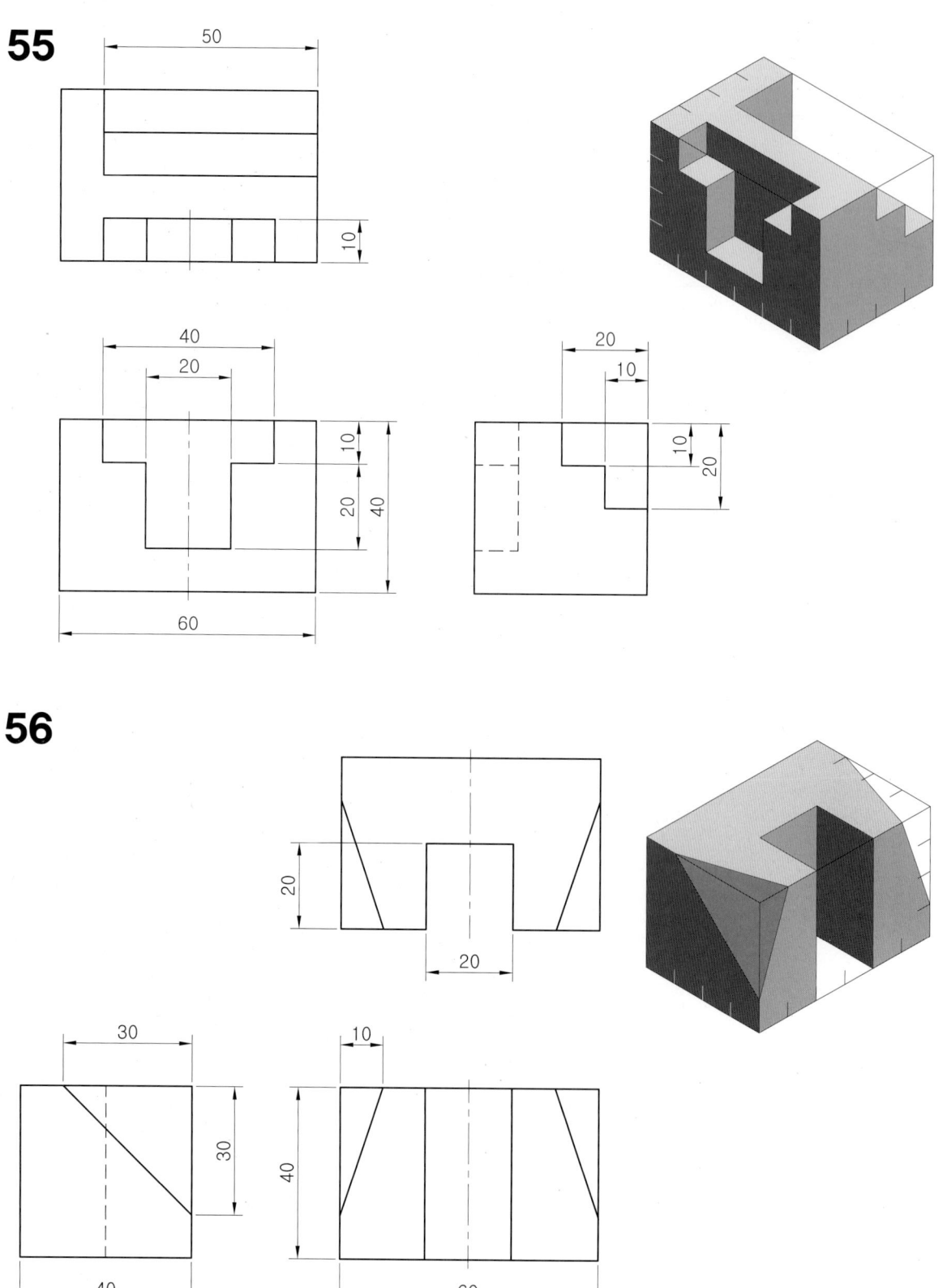

풀이 도면

57

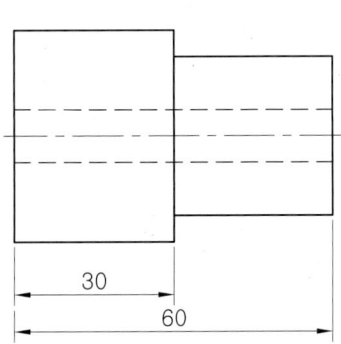
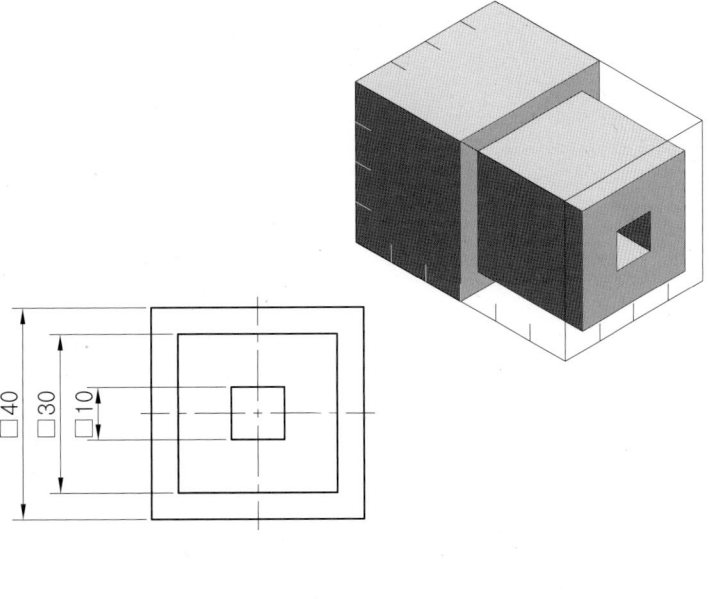

58

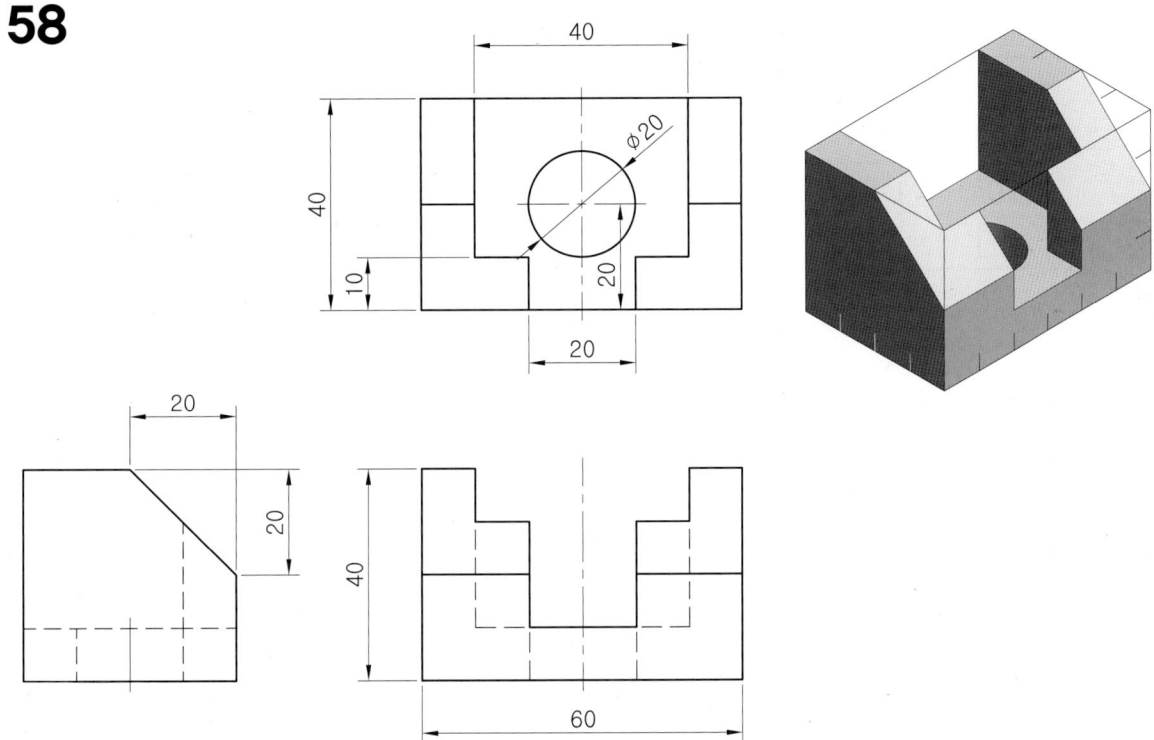

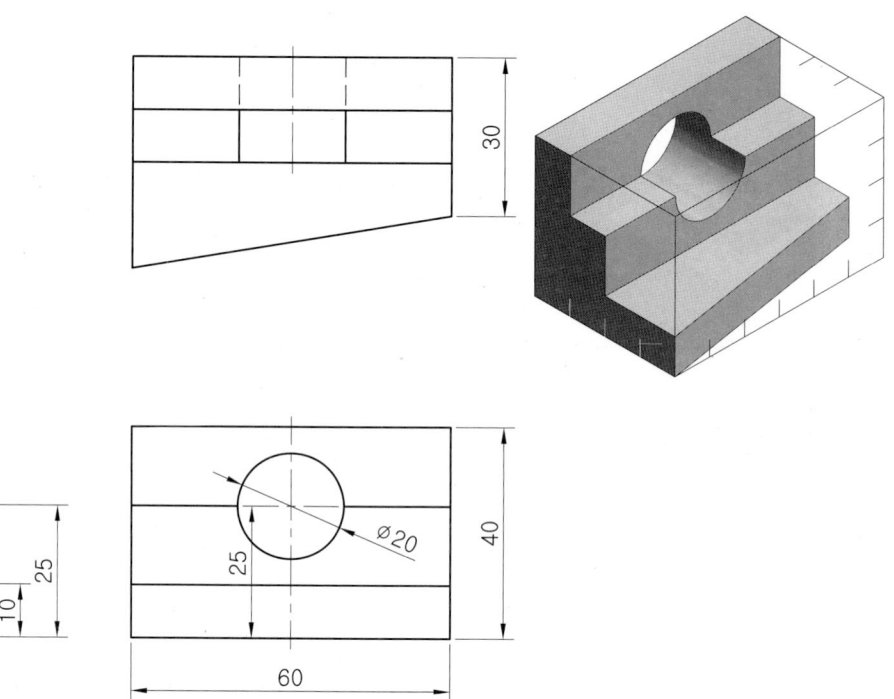

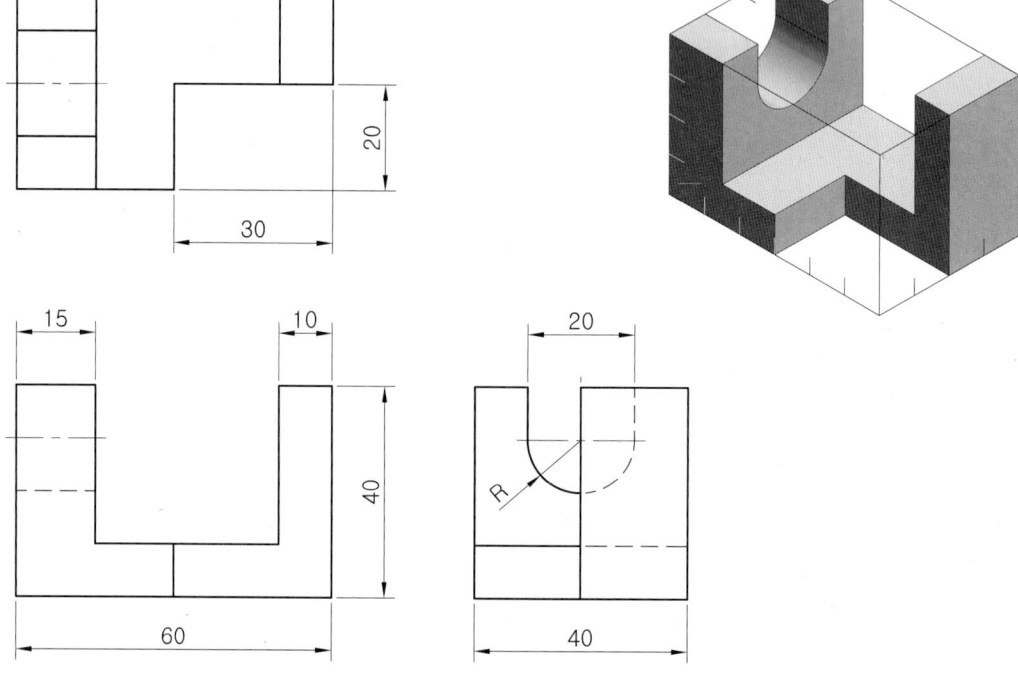

61

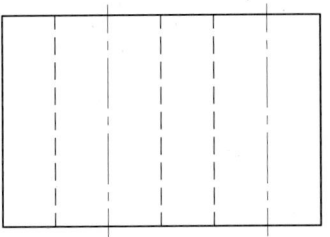
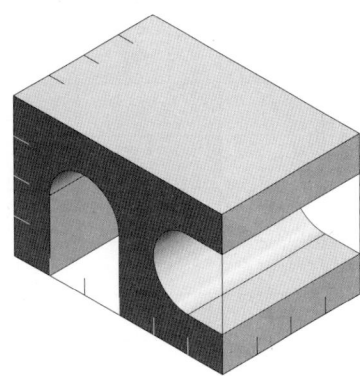
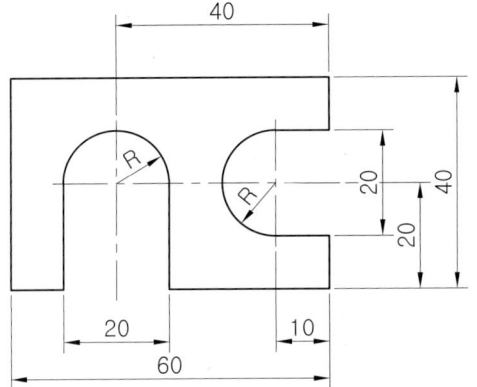
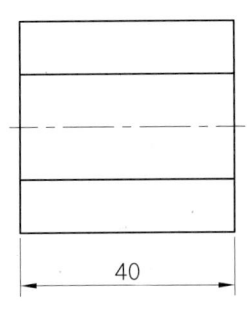

62

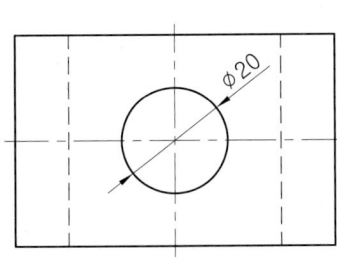
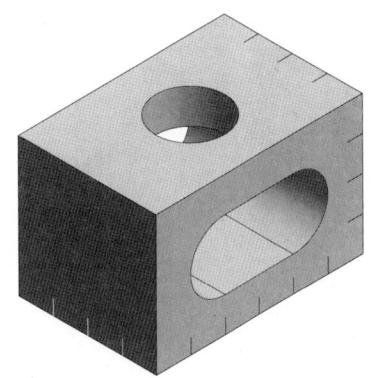
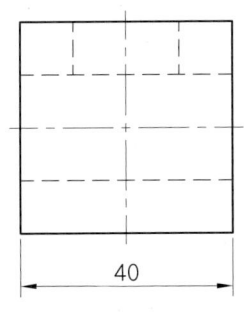
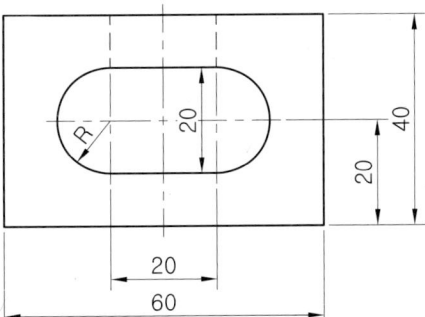

63

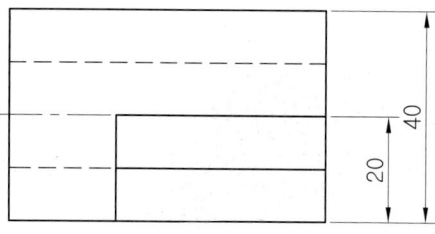
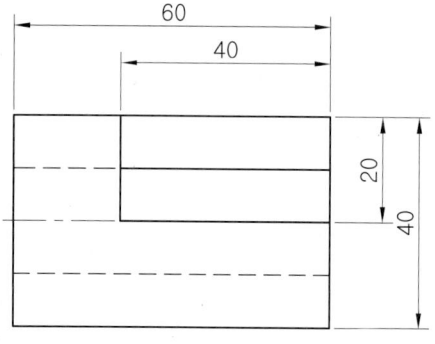
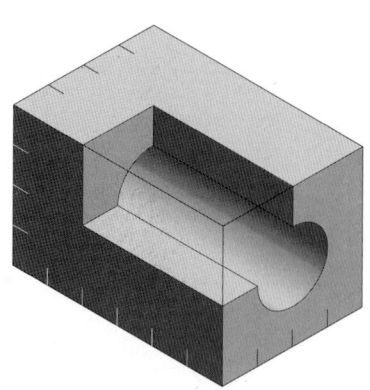
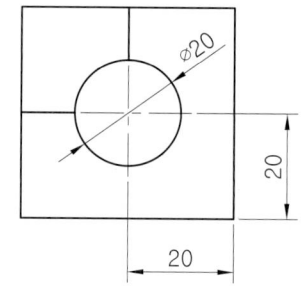

64

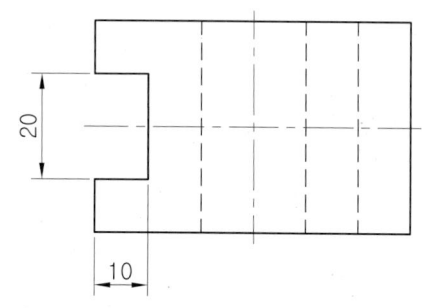

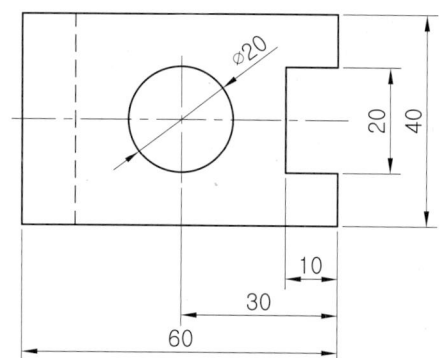
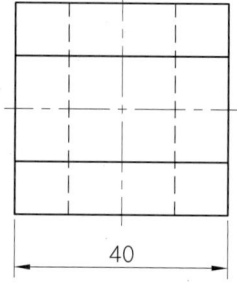

65

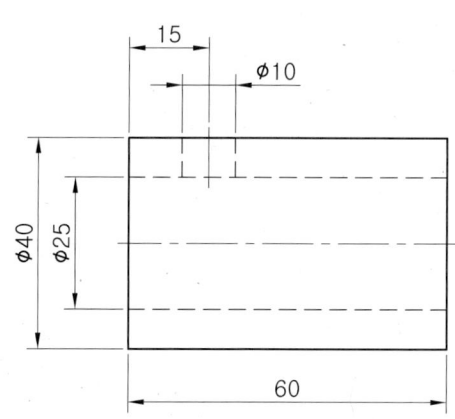
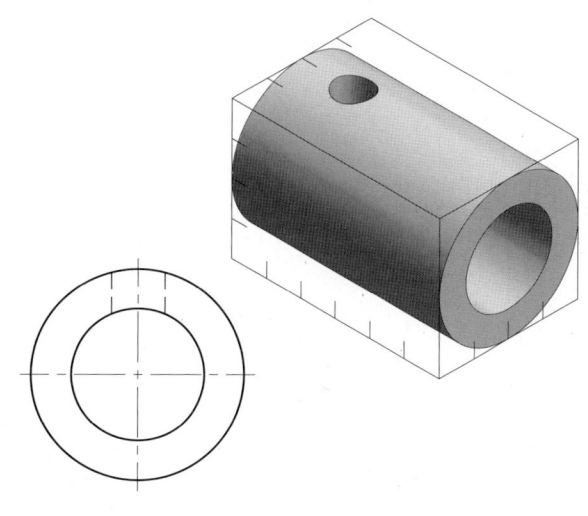

66

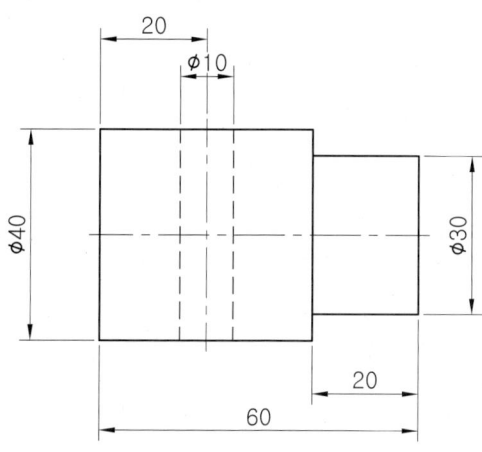
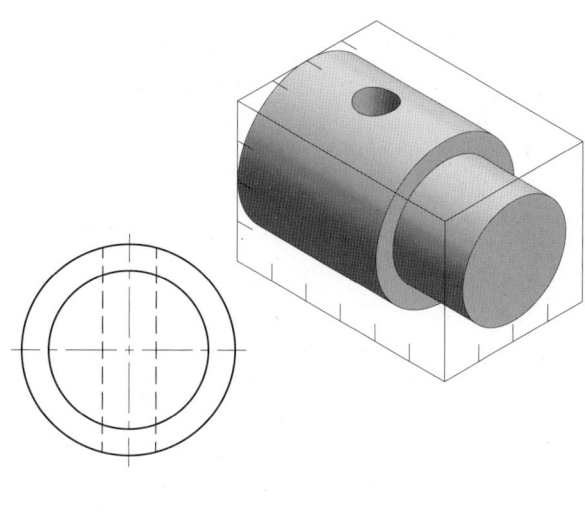

Chapter 3

중급 3D형상모델링과 2D도면작성

초급 3D형상모델링과 정투상도 작도 훈련이 충분이 이루어진 후 접근할 수 있는 중급 예제로 구성되어 있는 장 입니다. 학습자는 등각투상도를 보고 3D형상모델링 후 2D도면을 작성하는 훈련을 하기 바라며, 이 장 부터는 2D도면 작성시 정면도 및 각 투상도 배열은 직접 판단하여 훈련하면 됩니다.

과제 도면 #1~4 ··· 84
과제 도면 #5~8 ··· 85
과제 도면 #9~12 ··· 86
과제 도면 #13~16 ··· 87
과제 도면 #17~20 ··· 88
과제 도면 #21~24 ··· 89
과제 도면 #25~28 ··· 90
과제 도면 #29~32 ··· 91
풀이 도면 #1, 2 ··· 92
풀이 도면 #3, 4 ··· 93
풀이 도면 #5, 6 ··· 94
풀이 도면 #7, 8 ··· 95
풀이 도면 #9, 10 ··· 96
풀이 도면 #11, 12 ··· 97
풀이 도면 #13, 14 ··· 98
풀이 도면 #15, 16 ··· 99
풀이 도면 #17, 18 ··· 100
풀이 도면 #19, 20 ··· 101
풀이 도면 #21, 22 ··· 102
풀이 도면 #23, 24 ··· 103
풀이 도면 #25, 26 ··· 104
풀이 도면 #27, 28 ··· 105
풀이 도면 #29, 30 ··· 106
풀이 도면 #31, 32 ··· 107

Chapter 3 중급 3D형상모델링과 2D도면작성

주어진 등각투상도를 보고 3D 모델링한 다음 특징이 잘 나타나는 방향에서 본 모양을 정면도로 하여 2D 도면을 작성하시오.

1

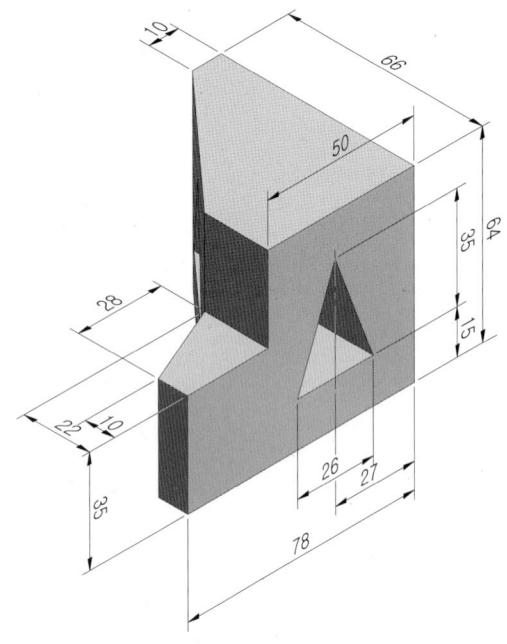

2

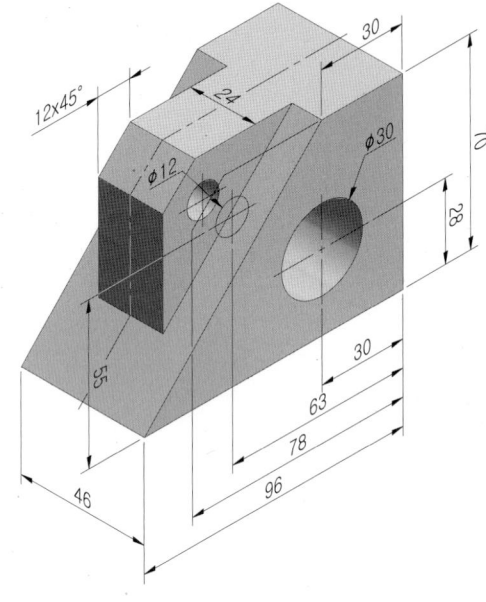

3

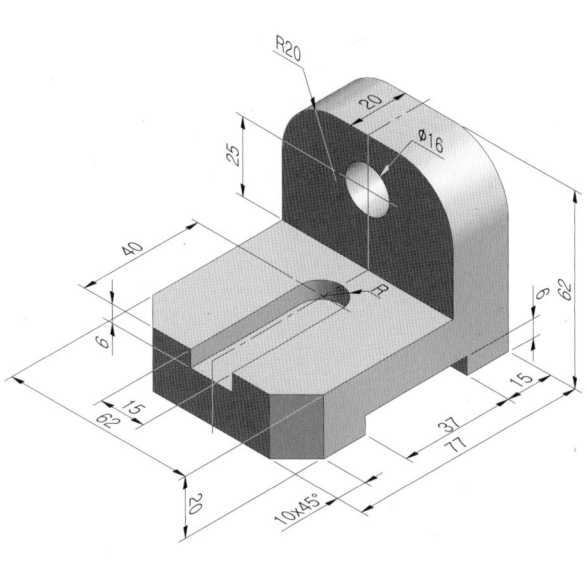

4

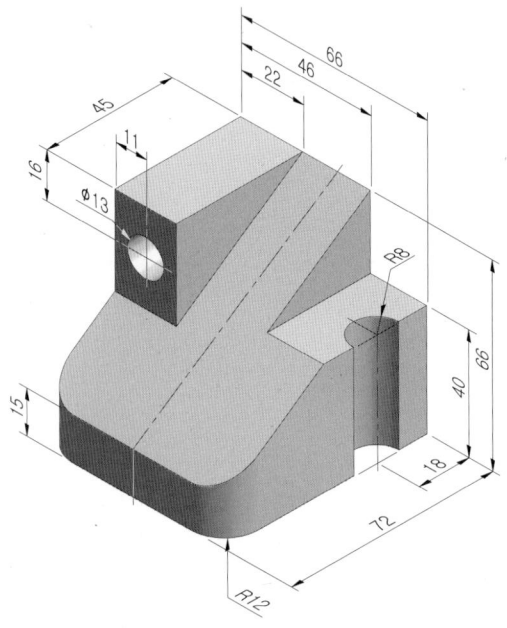

5

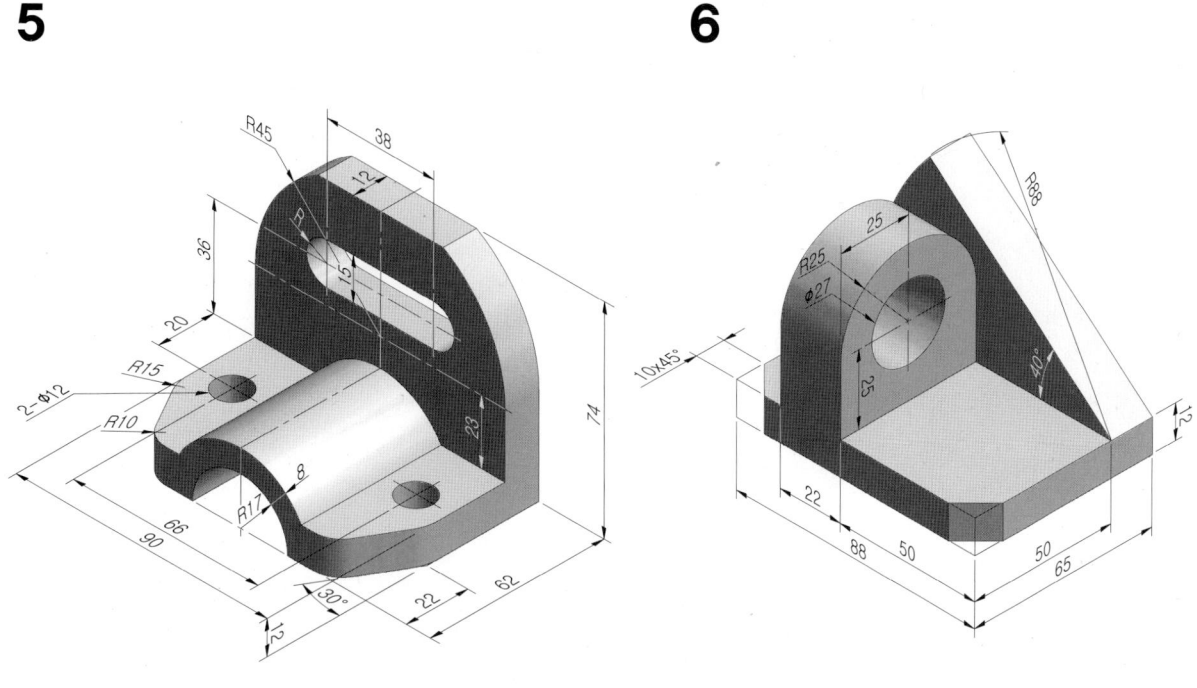

6

7

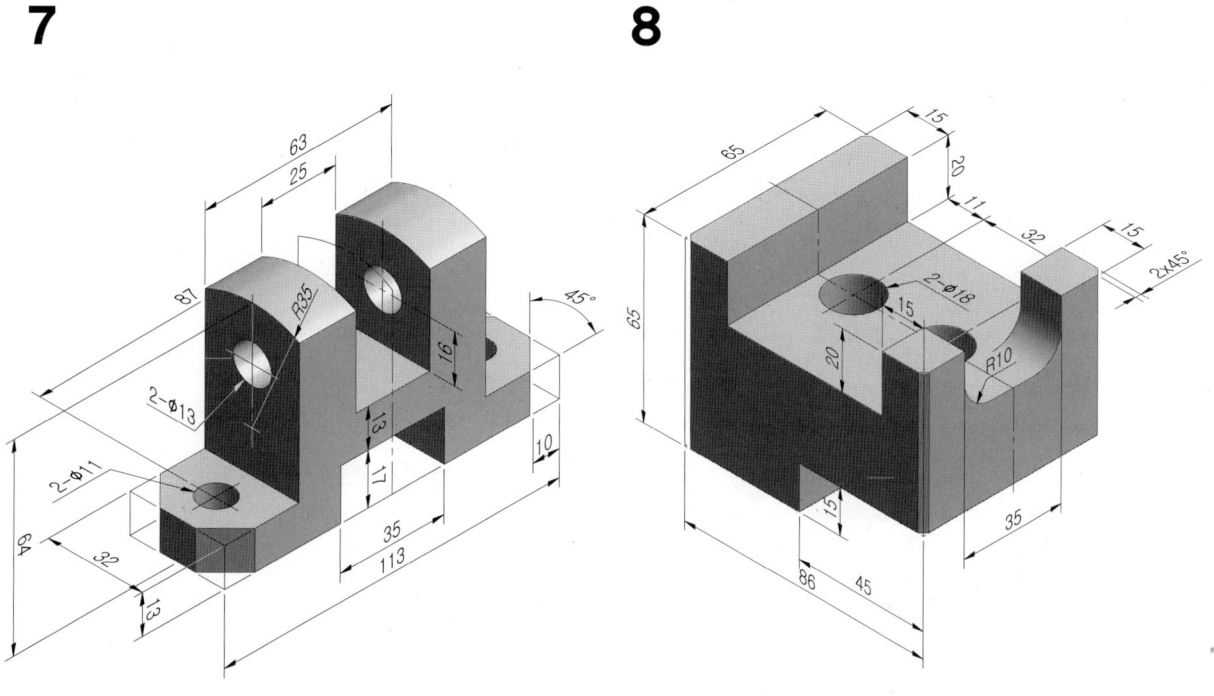

8

주어진 등각투상도를 보고 3D 모델링한 다음 특징이 잘 나타나는 방향에서 본 모양을 정면도로 하여 2D 도면을 작성하시오.

9

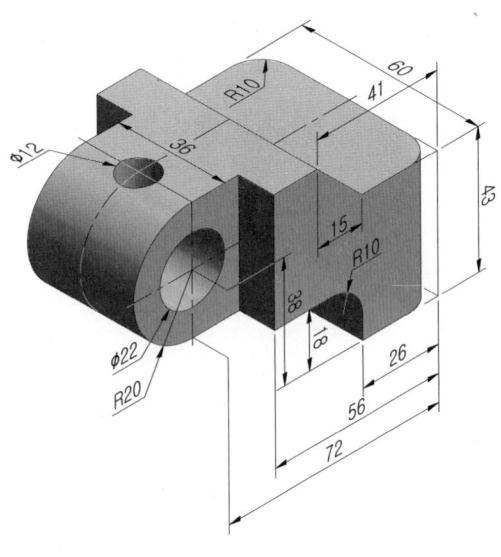

10

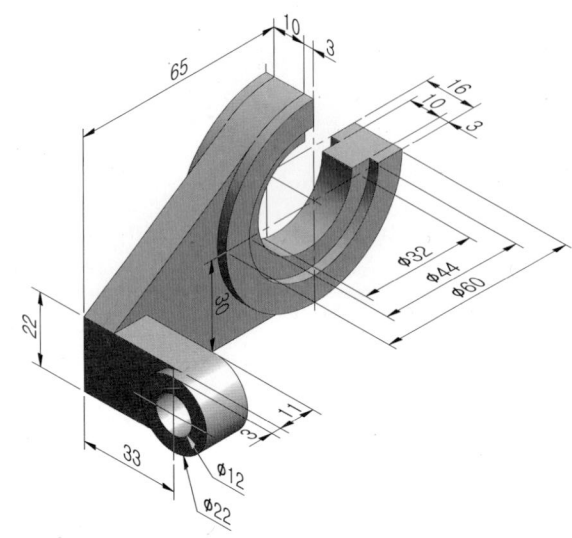

11

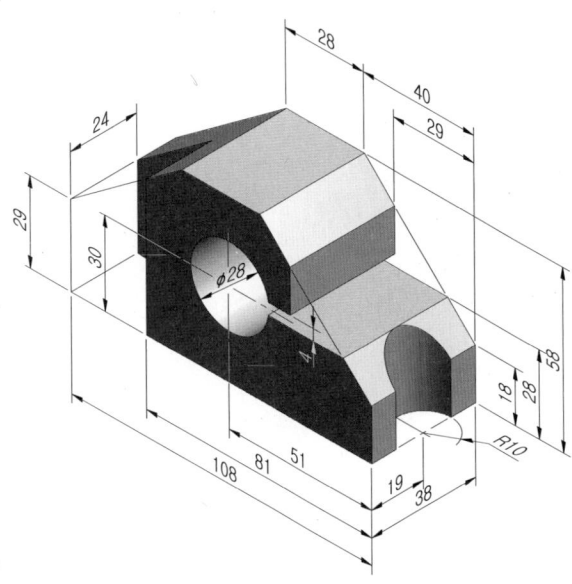

12

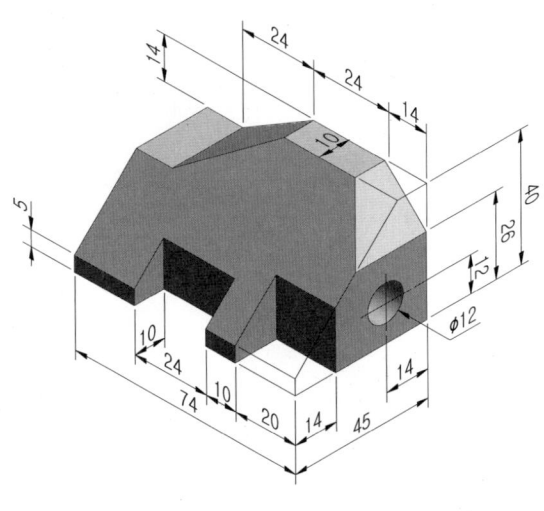

13

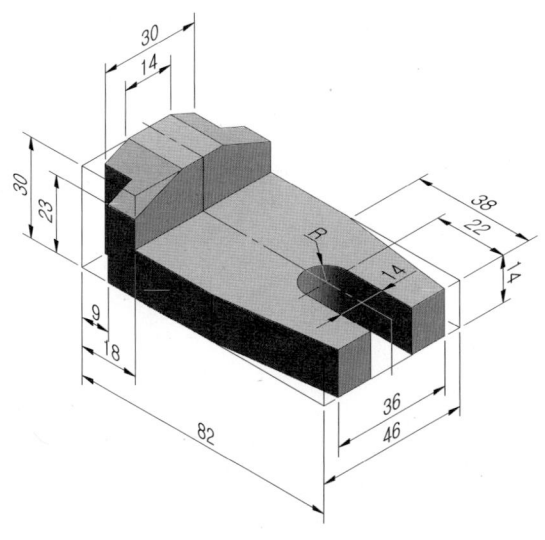

14

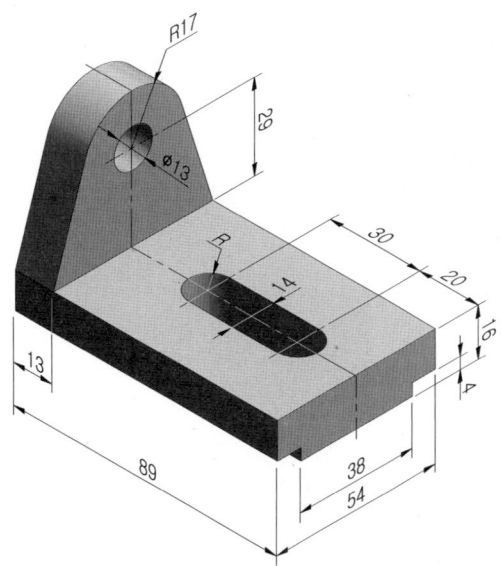

15

16

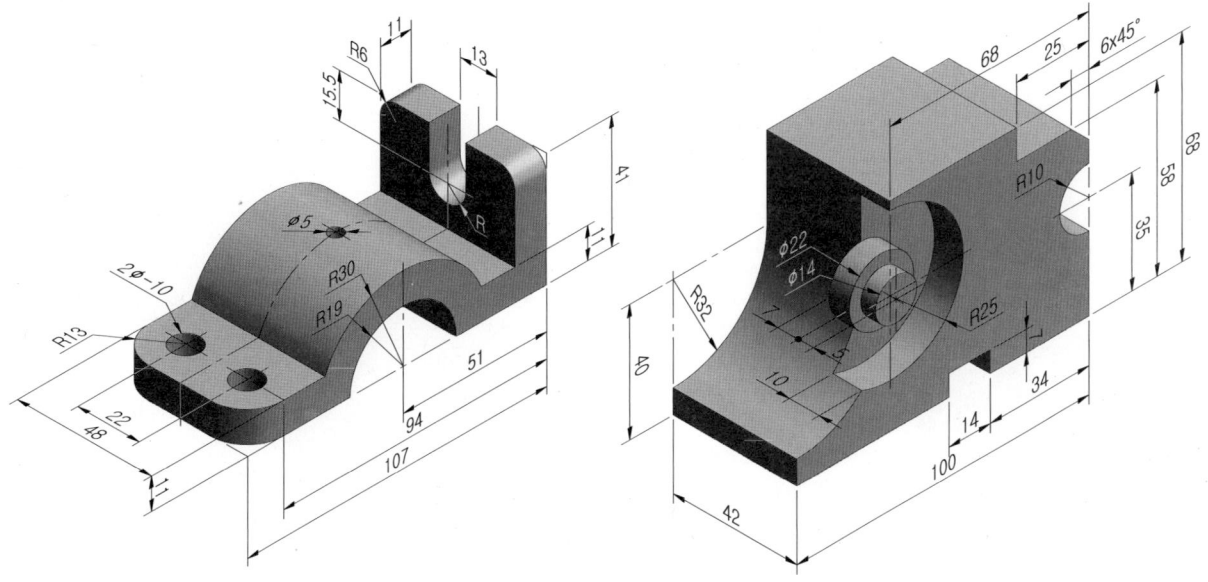

■ Chapter 3 중급 3D형상모델링과 2D도면작성

주어진 등각투상도를 보고 3D 모델링한 다음 특징이 잘 나타나는 방향에서 본 모양을 정면도로 하여 2D 도면을 작성하시오.

17

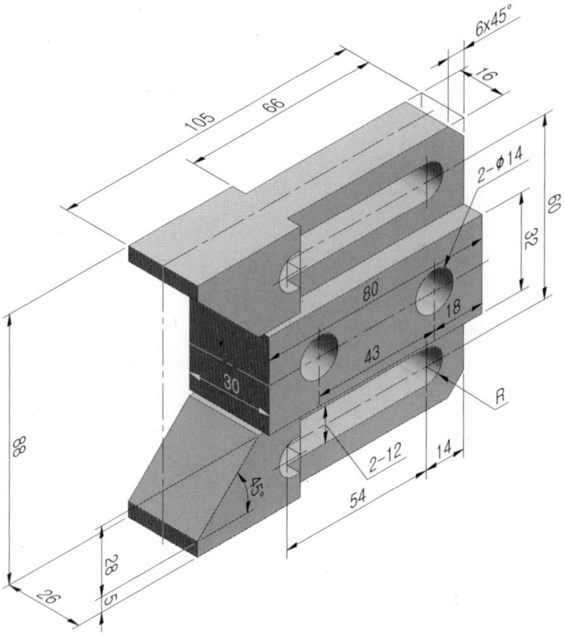

18

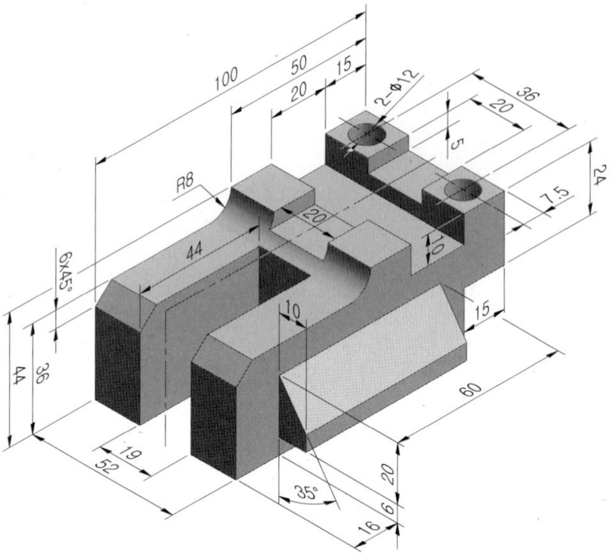

19

20

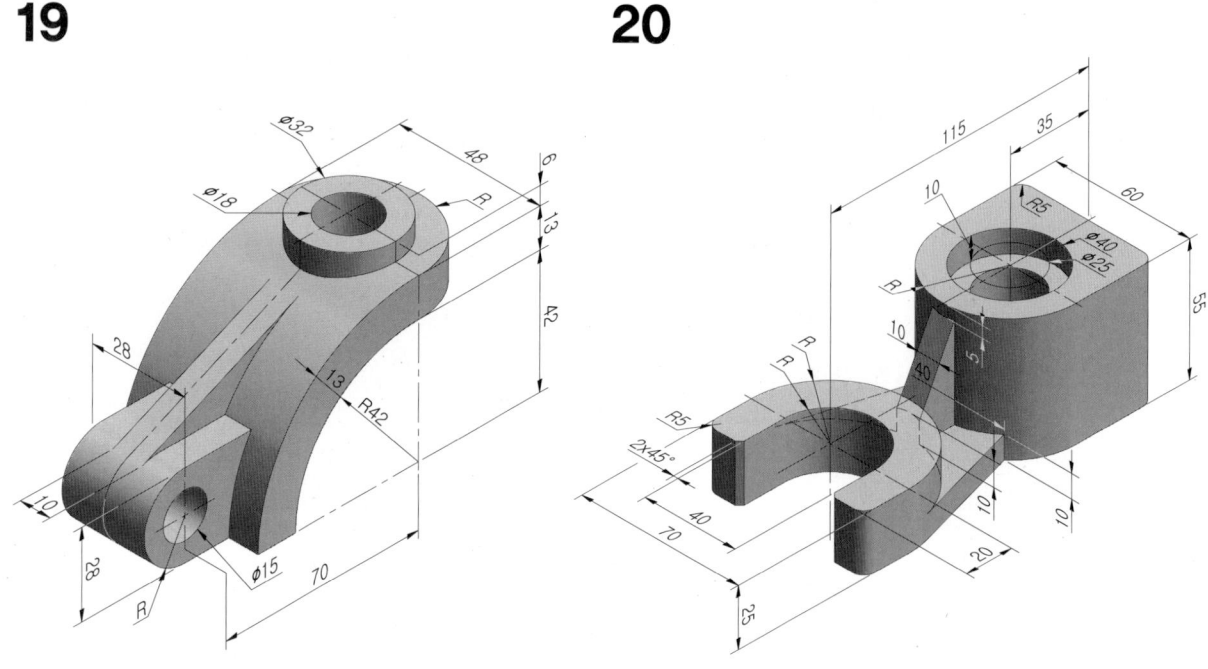

21

22

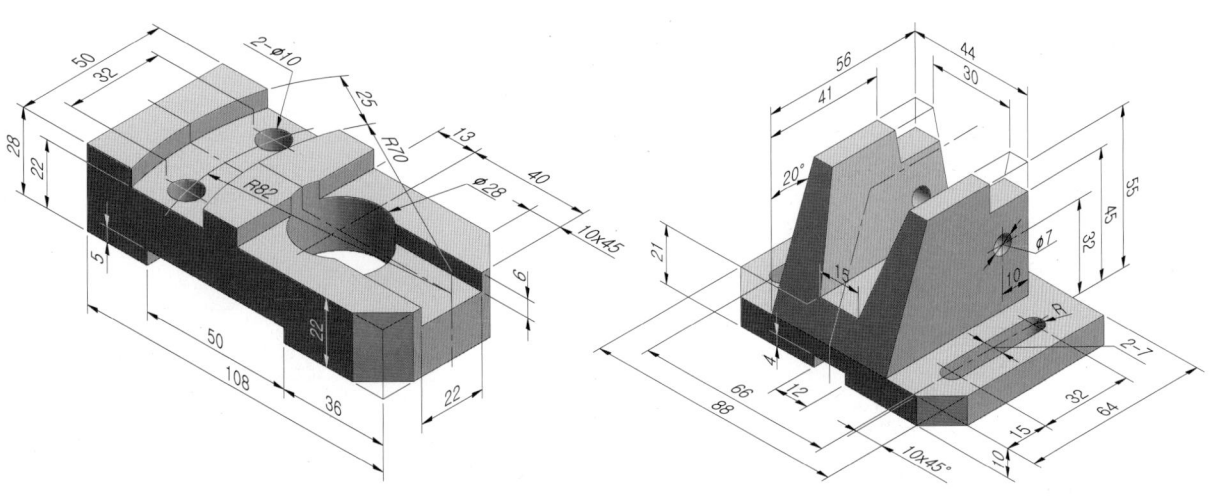

23

24

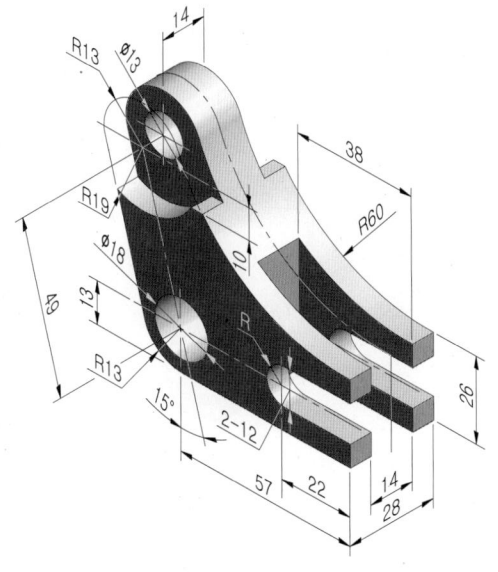

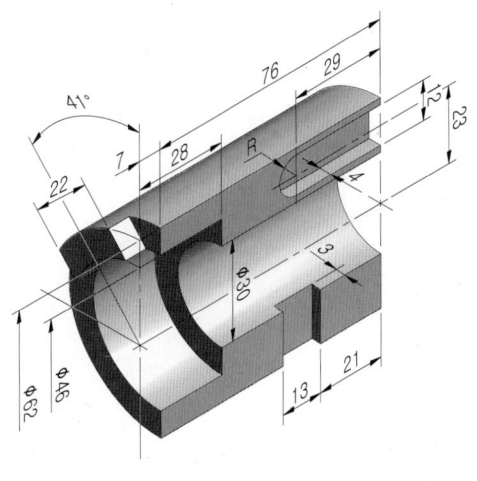

■ Chapter 3 중급 3D형상모델링과 2D도면작성

주어진 등각투상도를 보고 3D 모델링한 다음 특징이 잘 나타나는 방향에서 본 모양을 정면도로 하여 2D 도면을 작성하시오.

25

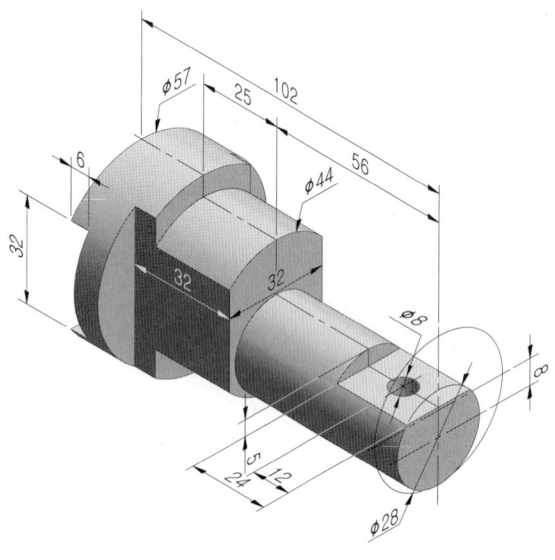

26

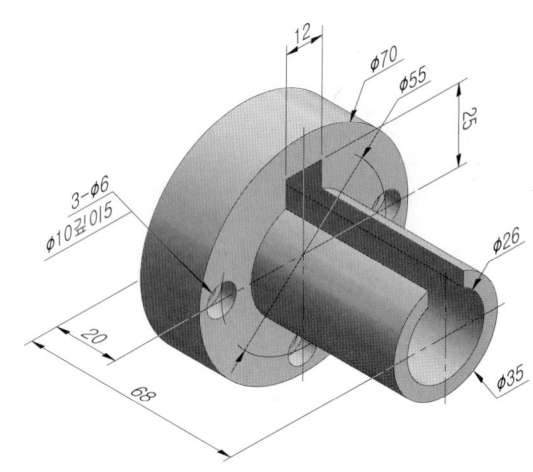

27

28

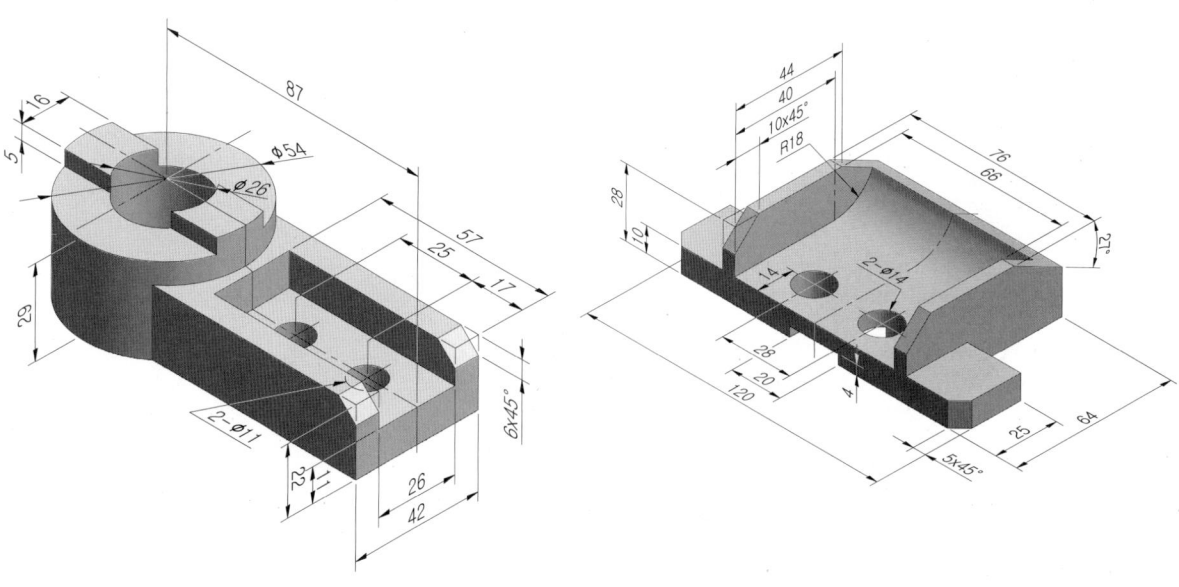

29

도시되고 지시없는 필렛과 라운드는 R2

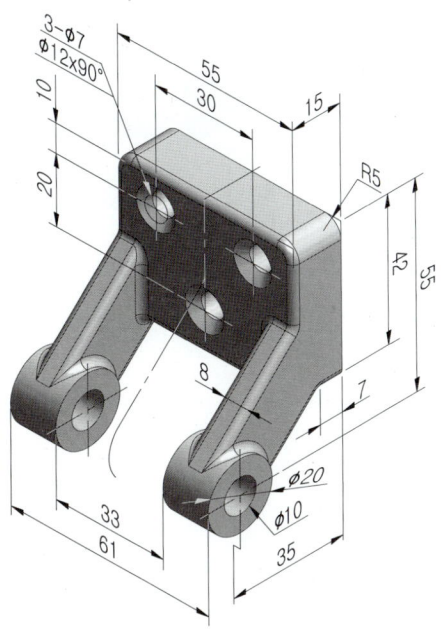

30

도시되고 지시없는 필렛과 라운드는 R2

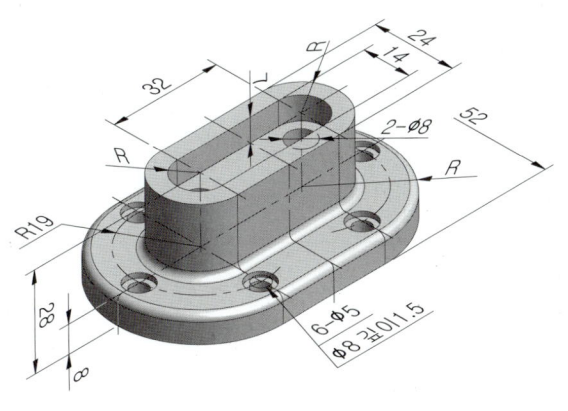

31

도시되고 지시없는 모떼기는 1x45°

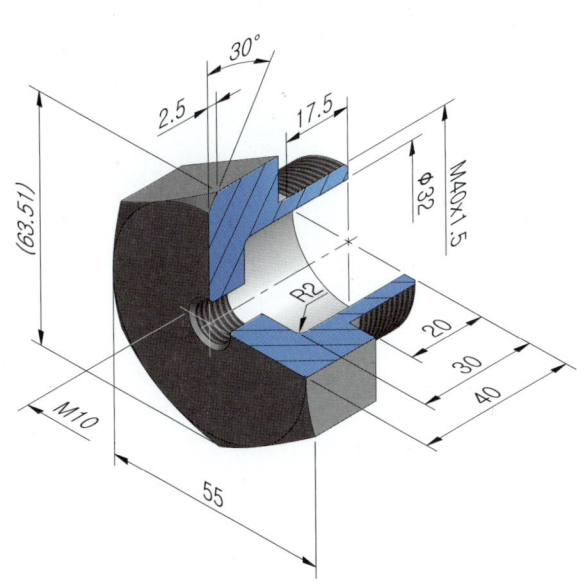

32

도시되고 지시없는 필렛과 라운드는 R2

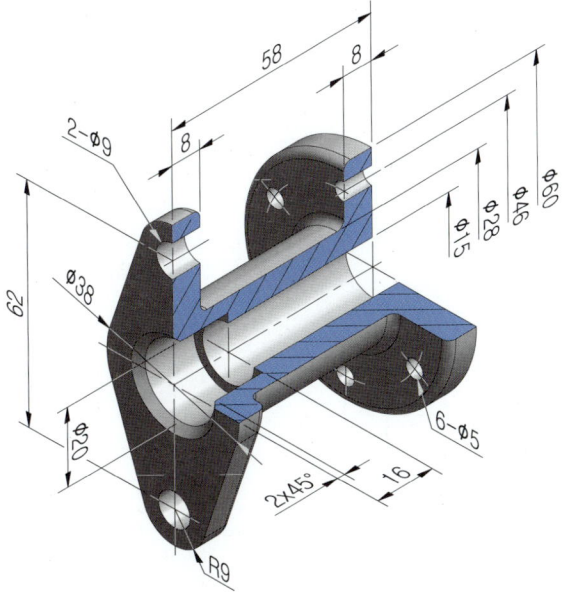

Chapter 3 중급 3D형상모델링과 2D도면작성

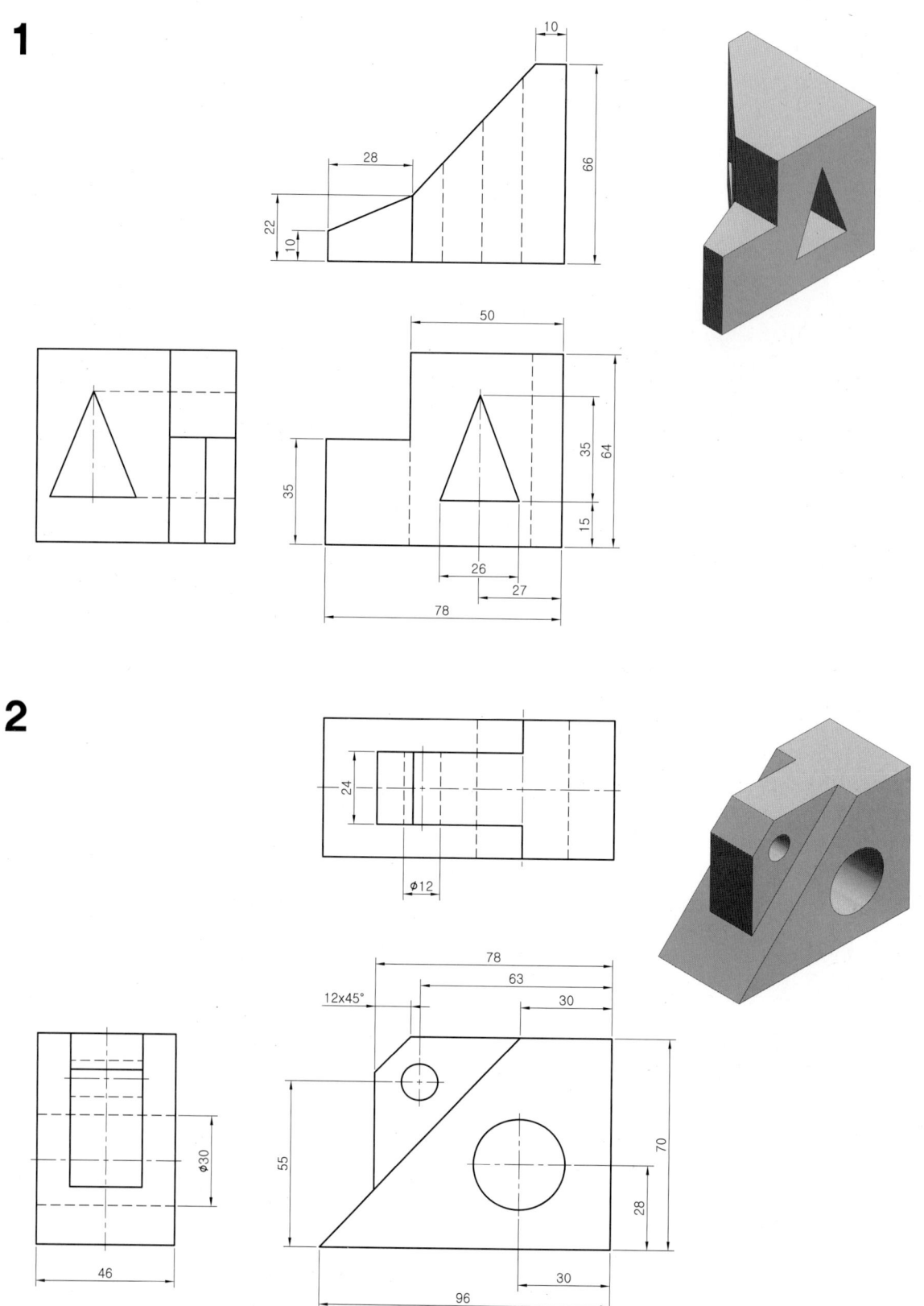

풀이 도면

3

4

2D도면작성 및 3D형상모델링 훈련도집

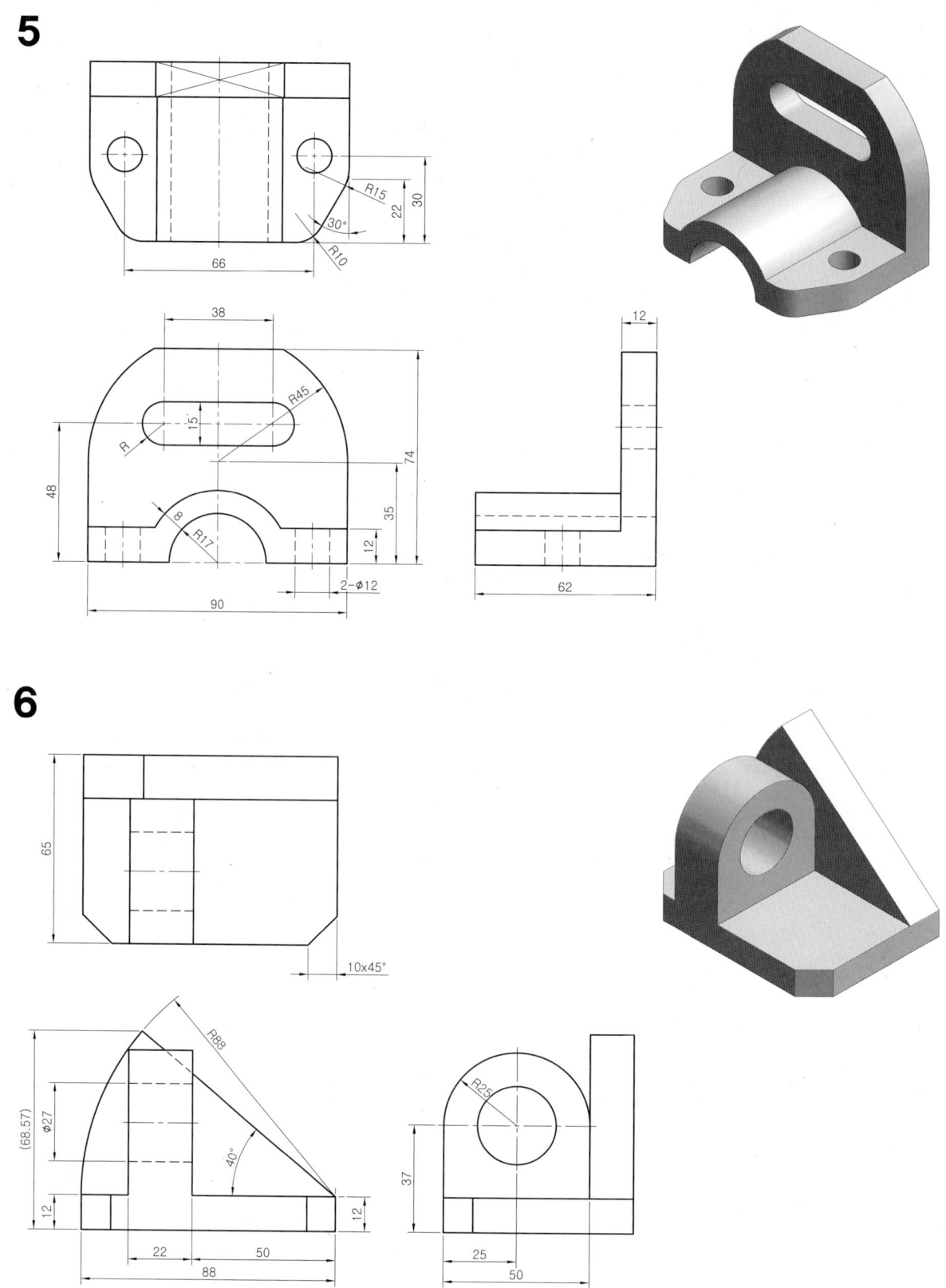

7

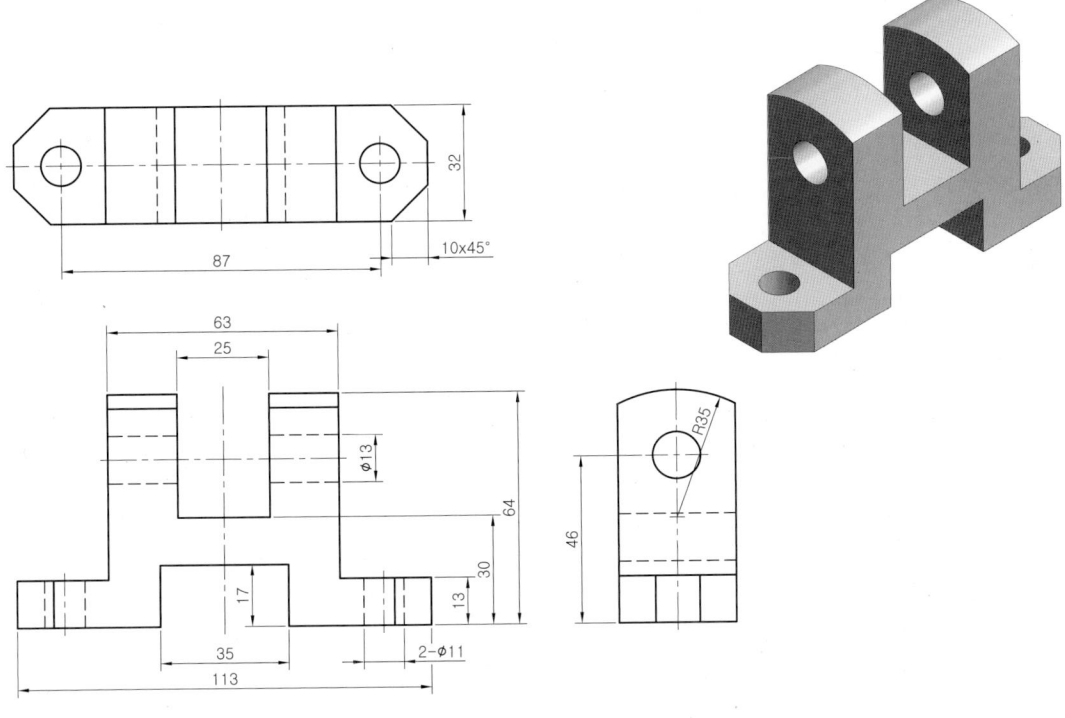

8

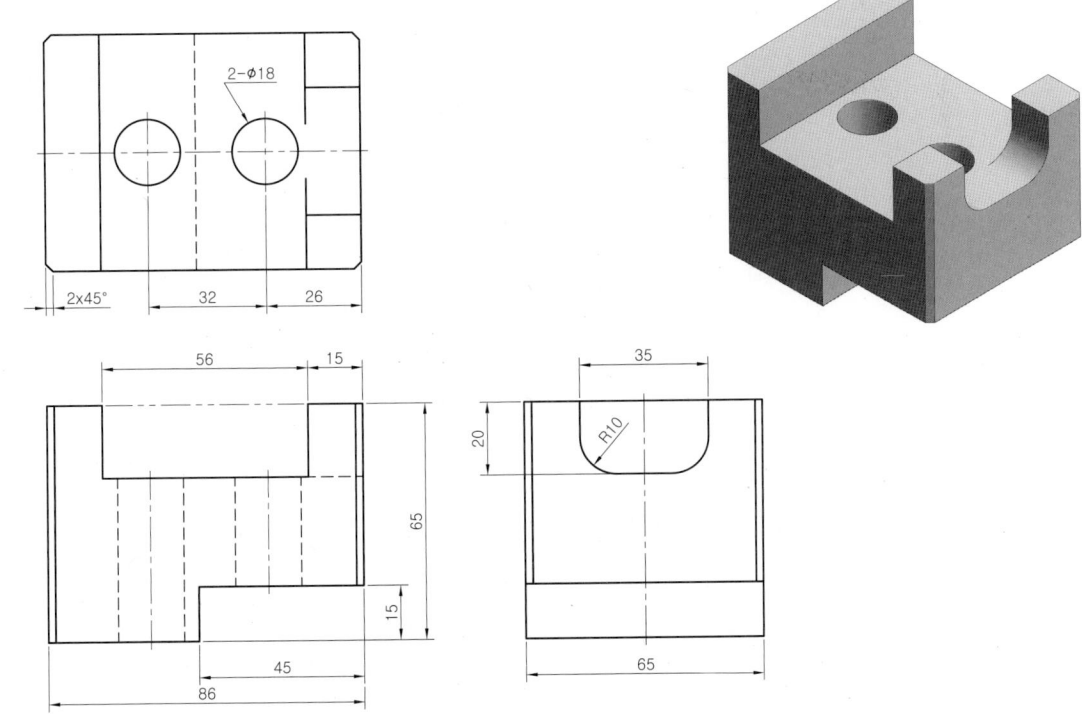

■ Chapter 3 중급 3D형상모델링과 2D도면작성

9

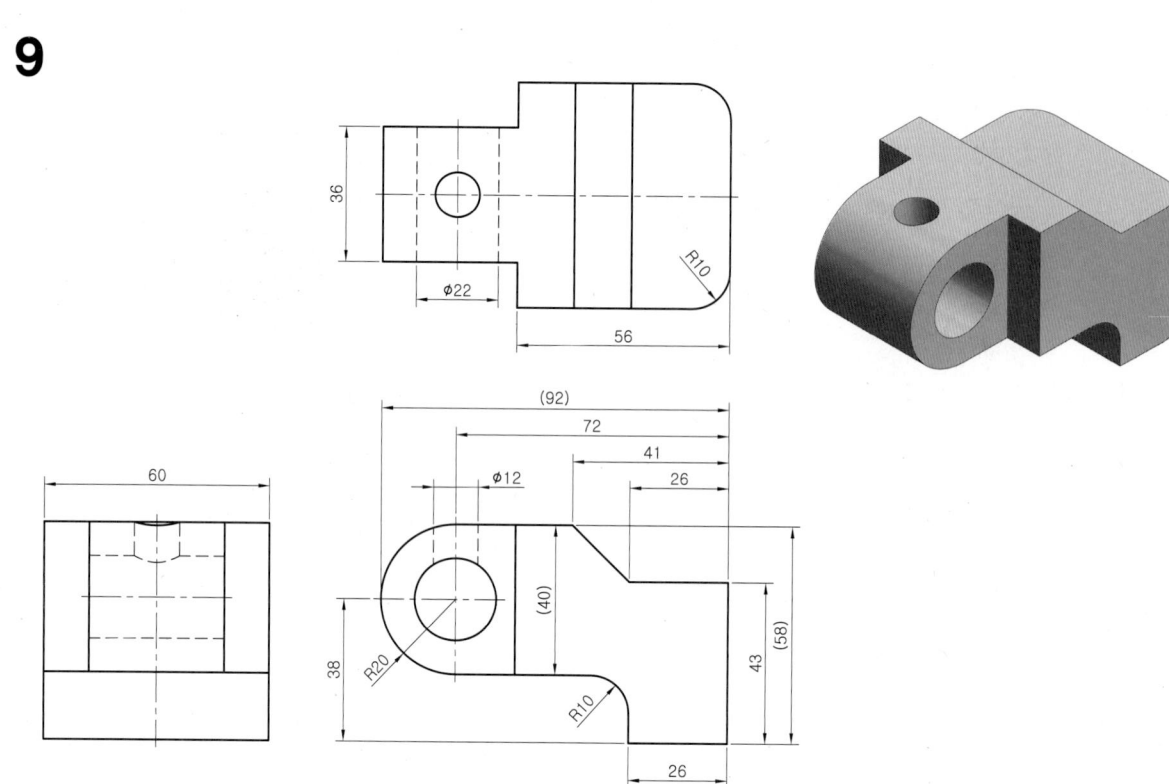

10

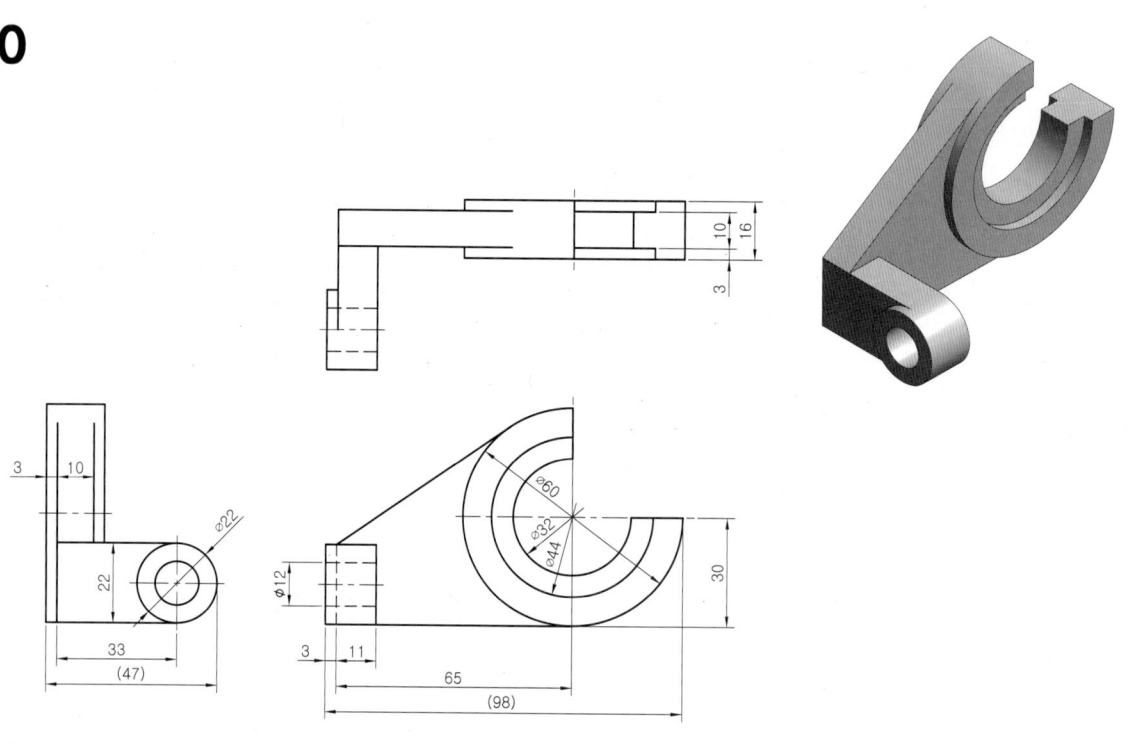

11

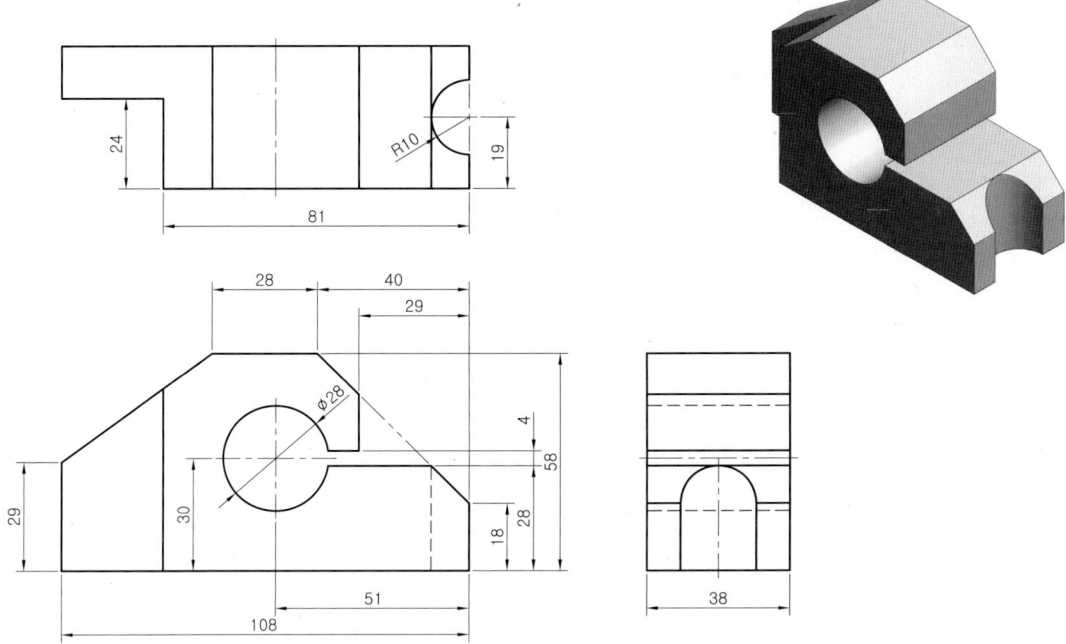

12

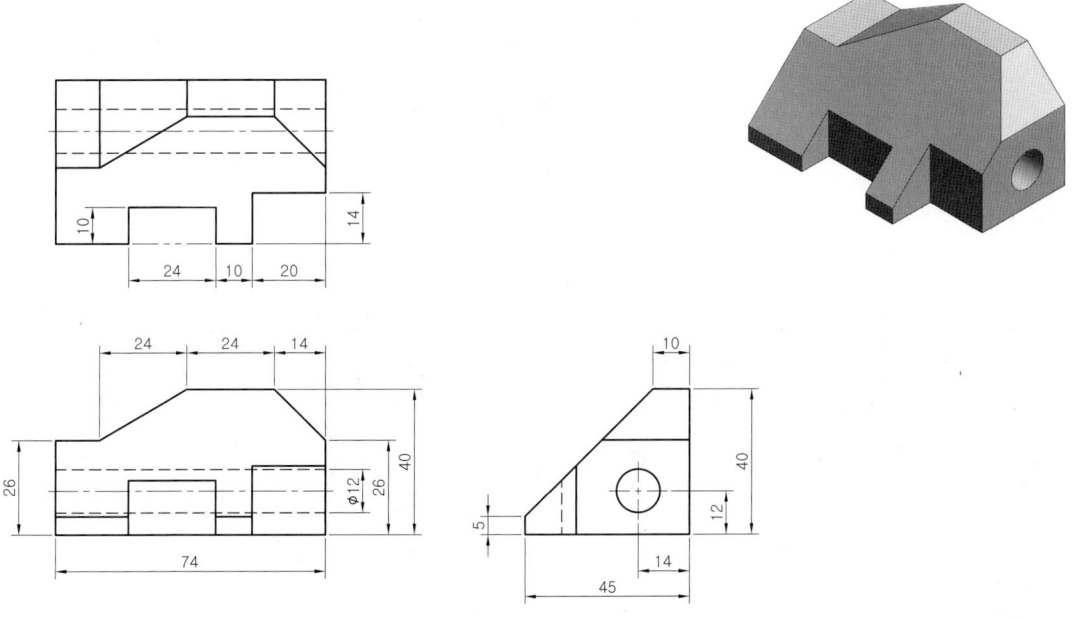

13

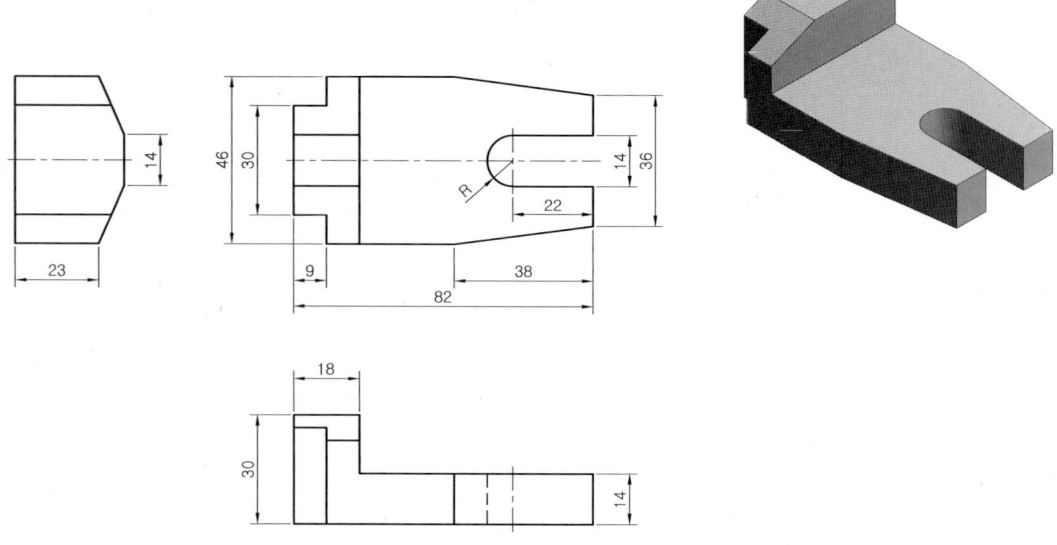

14

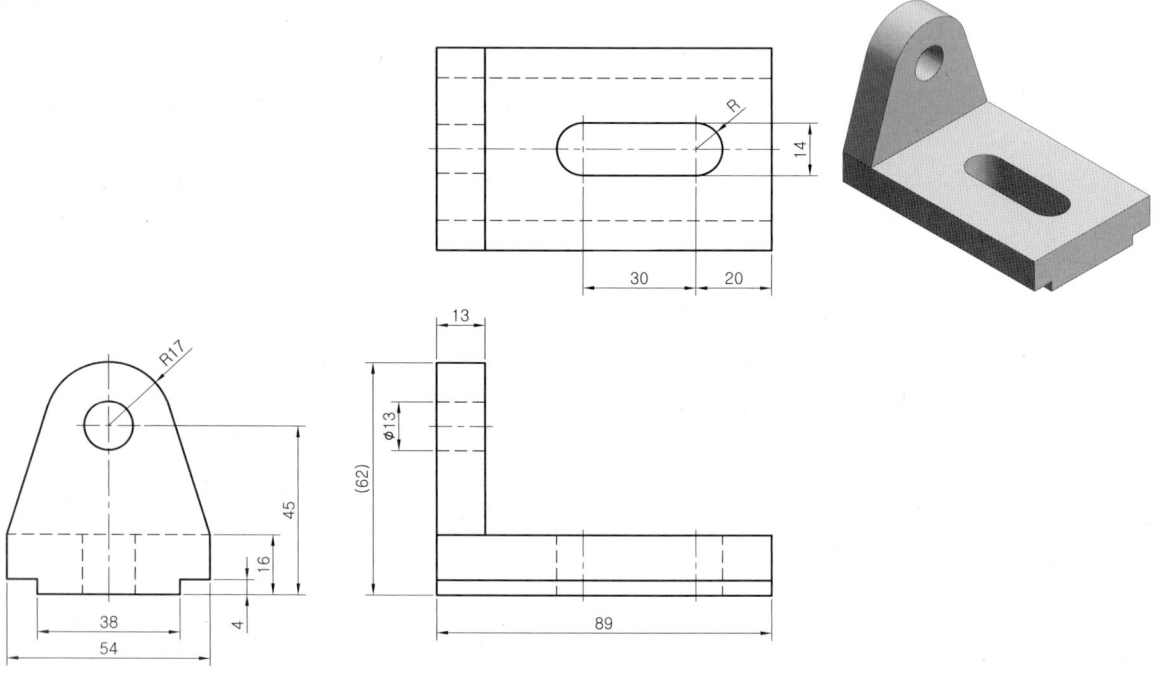

15

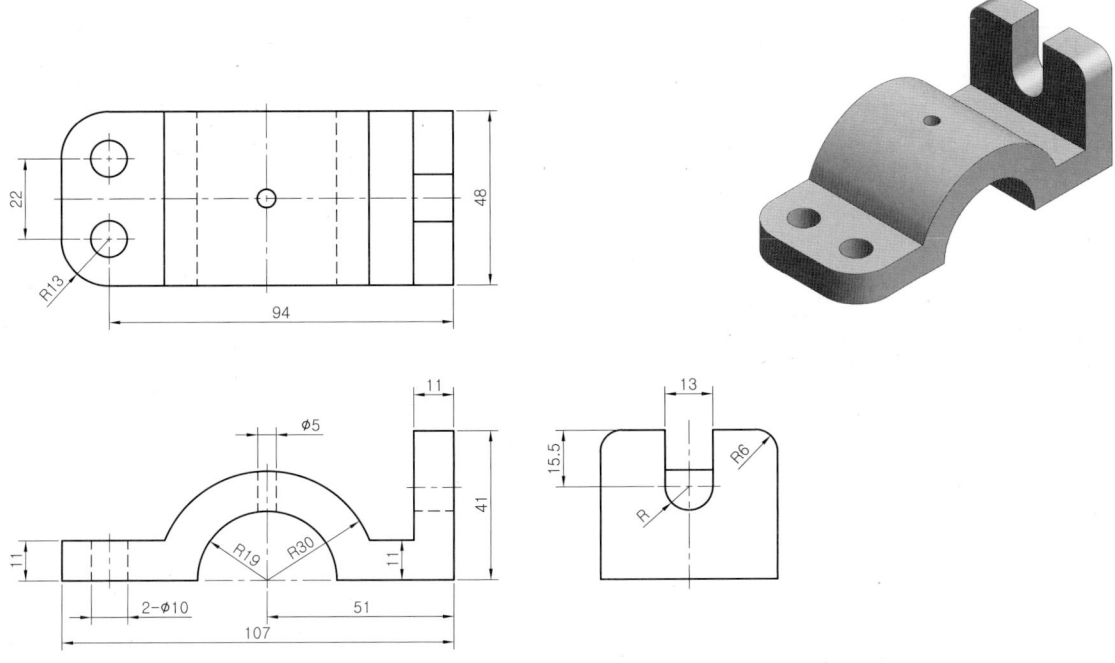

16

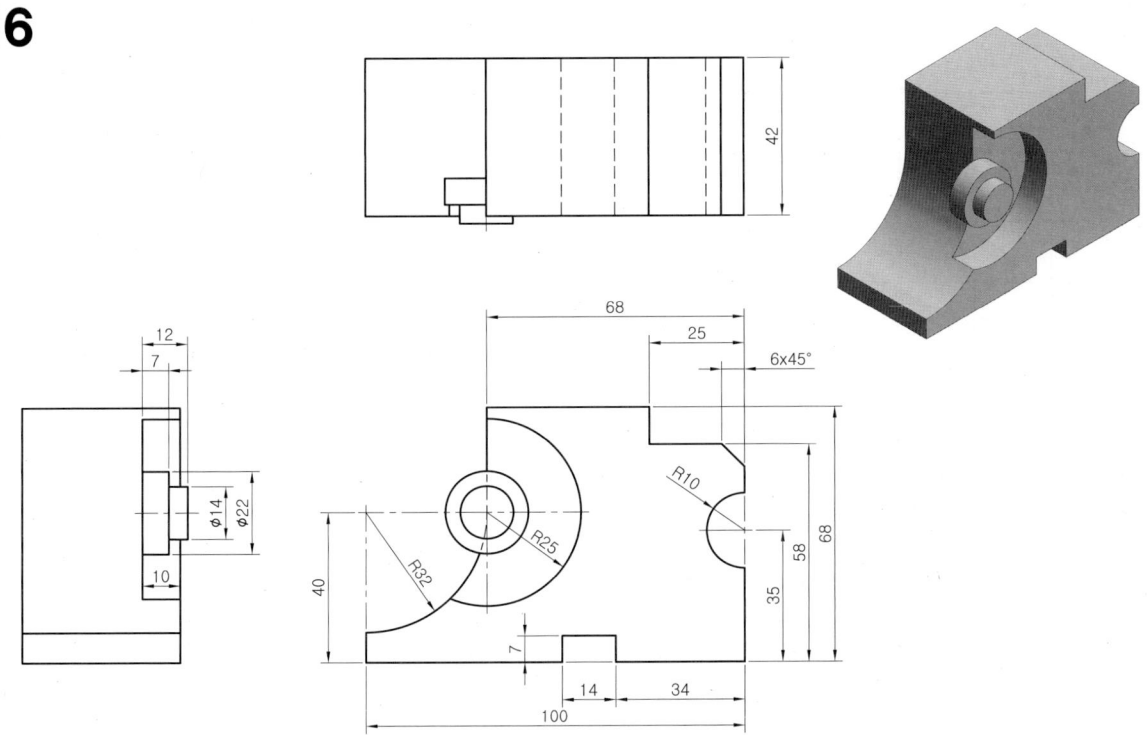

Chapter 3 중급 3D형상모델링과 2D도면작성

17

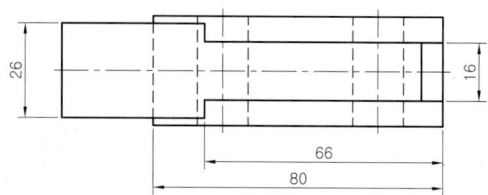
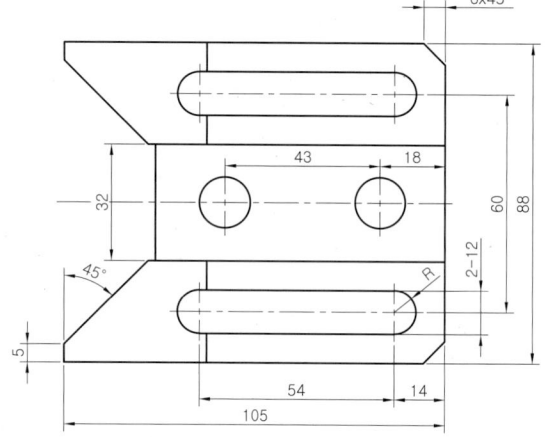
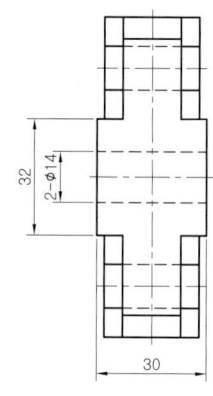
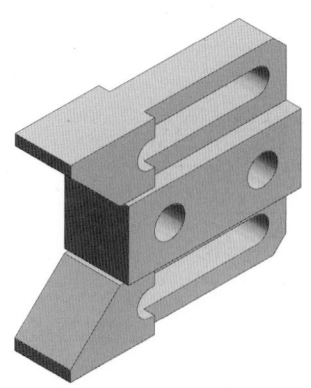

18

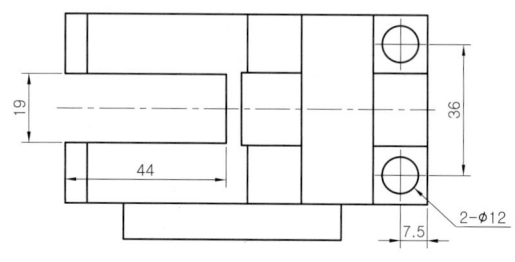
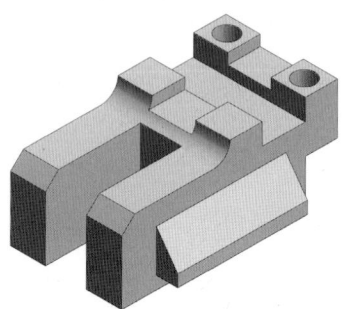
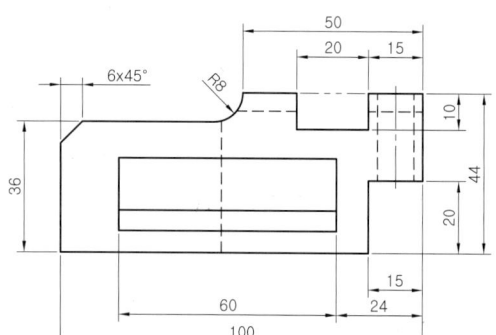
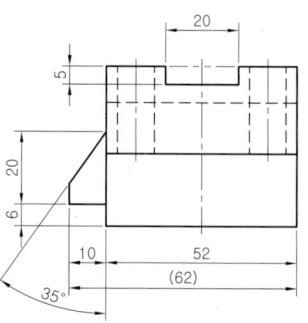

19

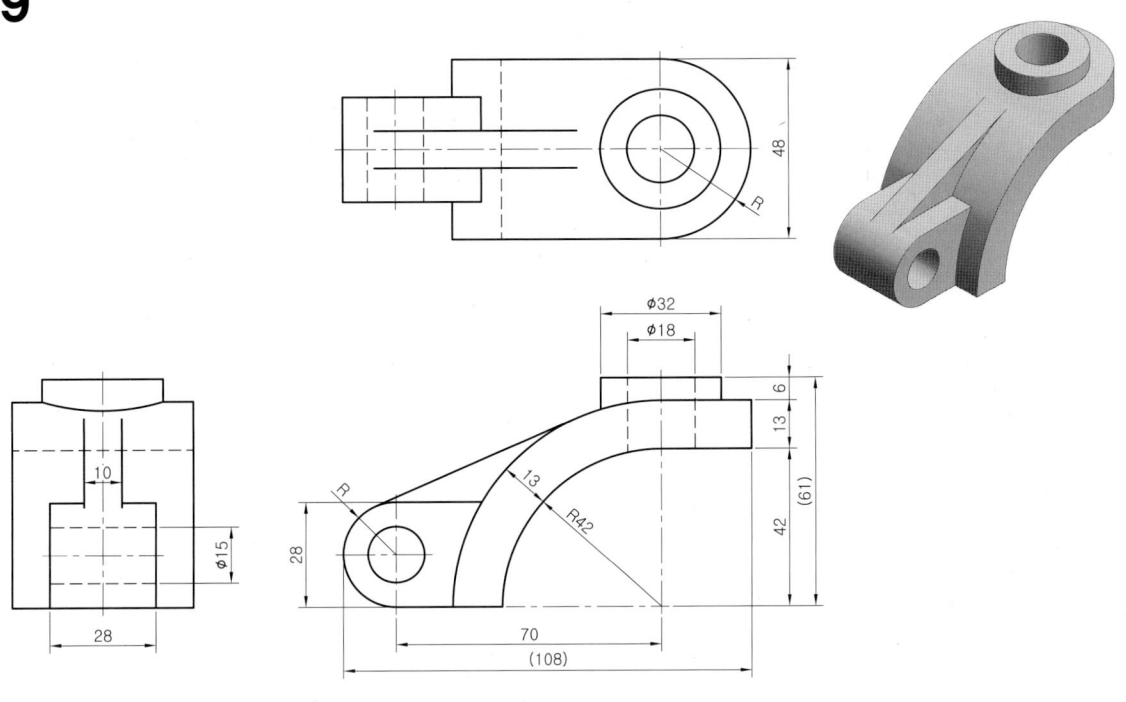

20

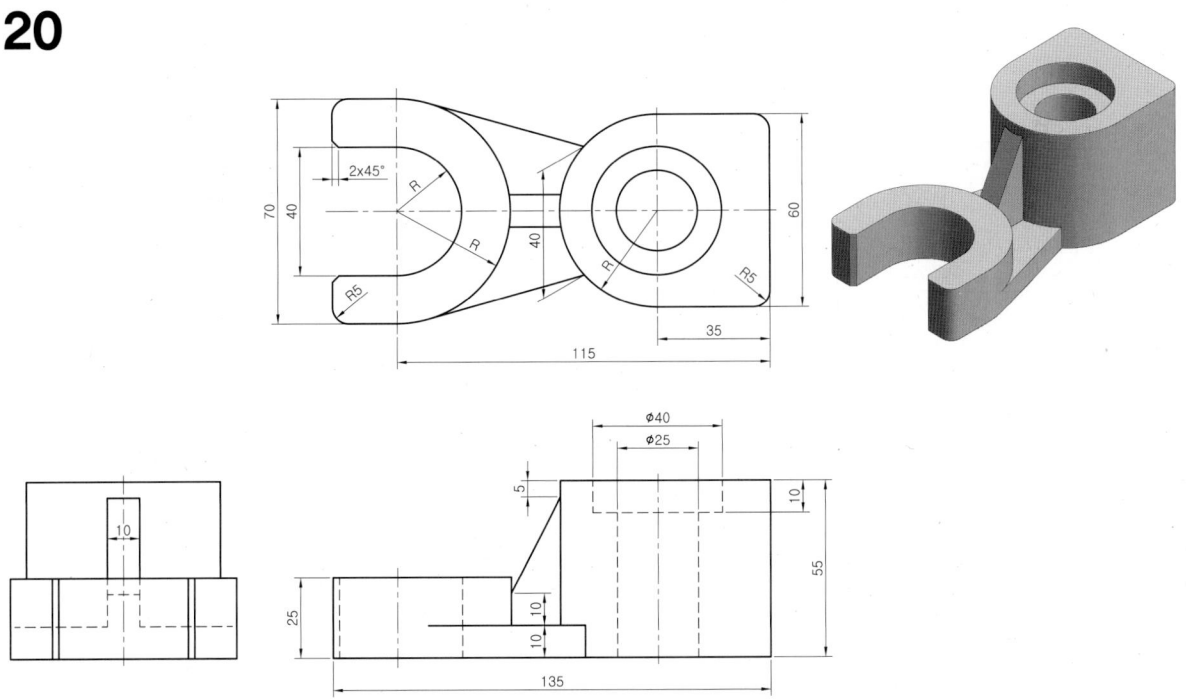

21

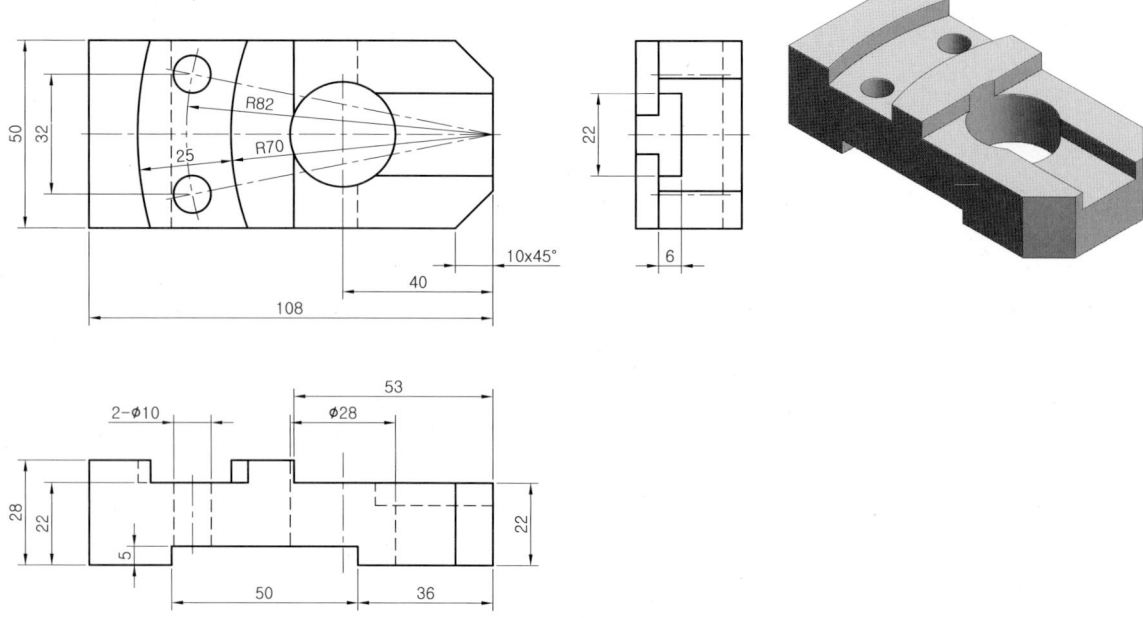

22

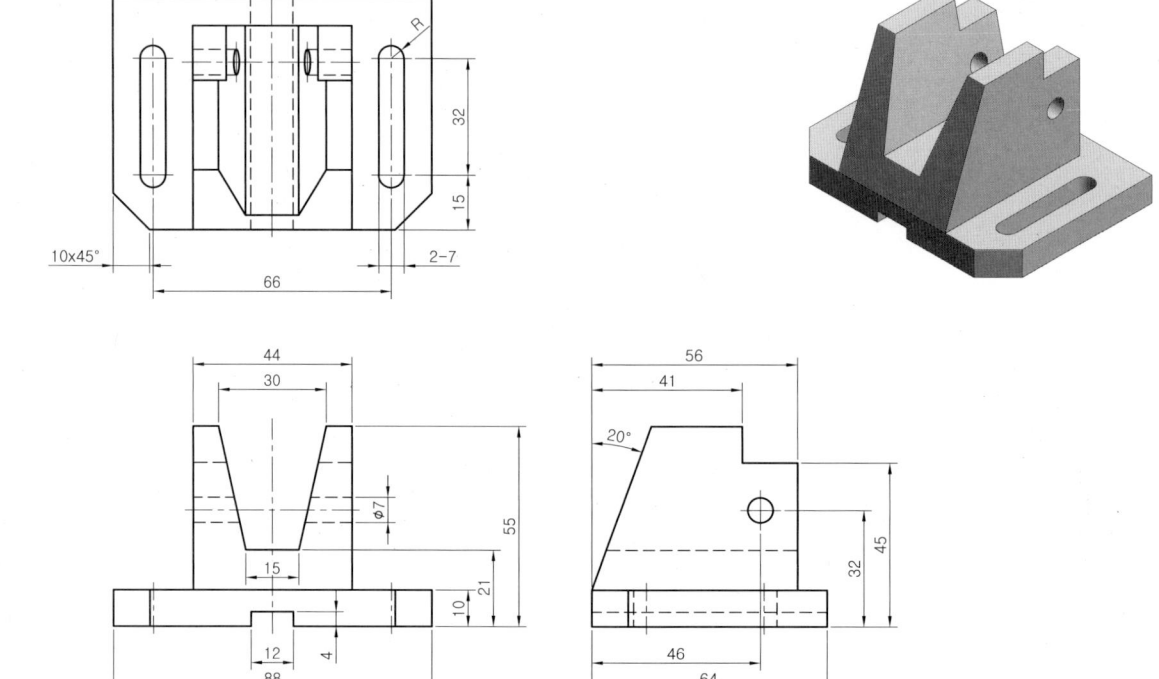

23

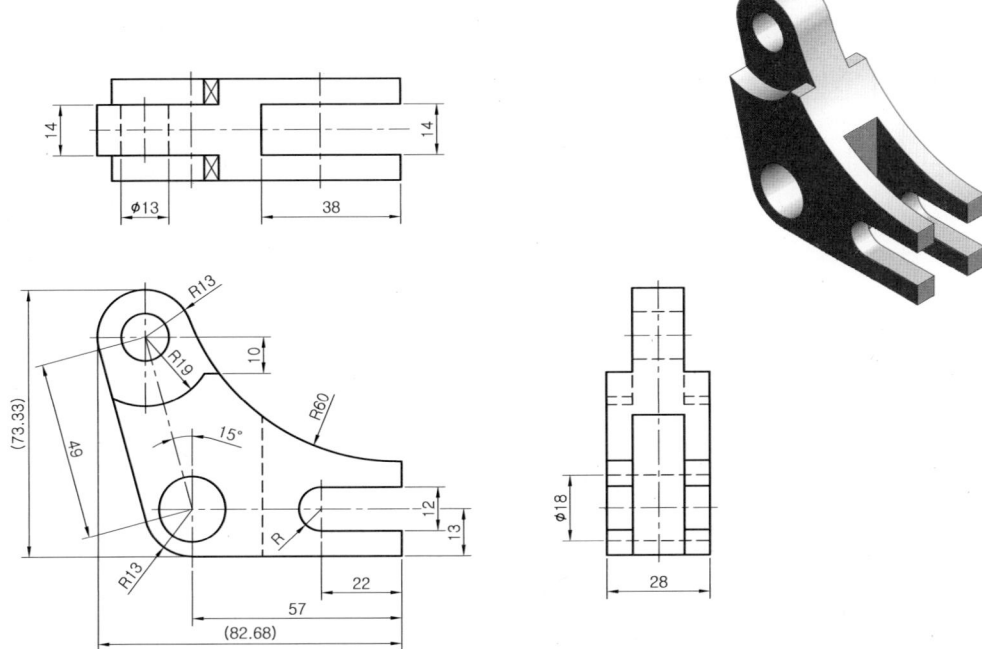

24

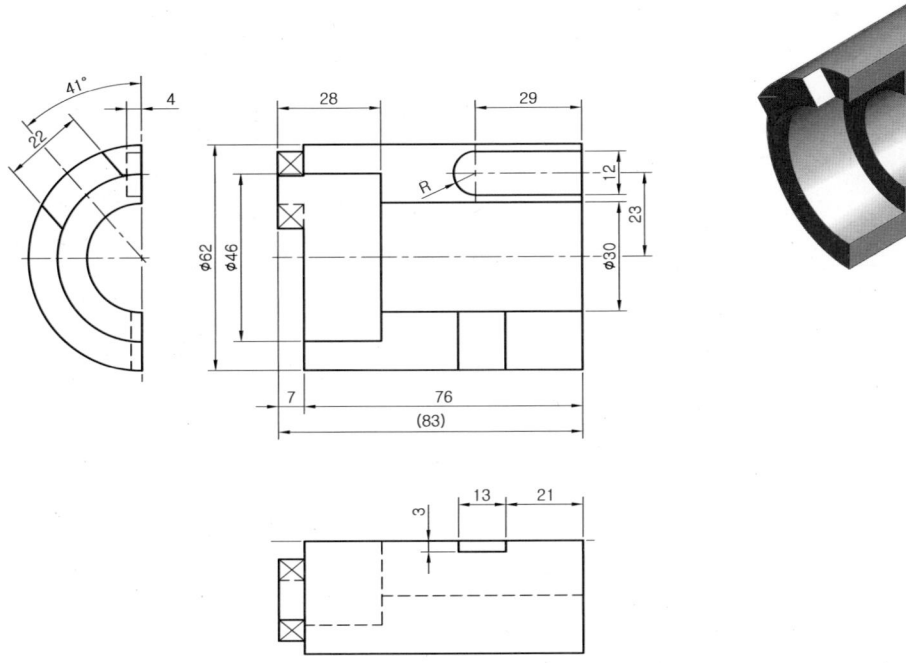

25

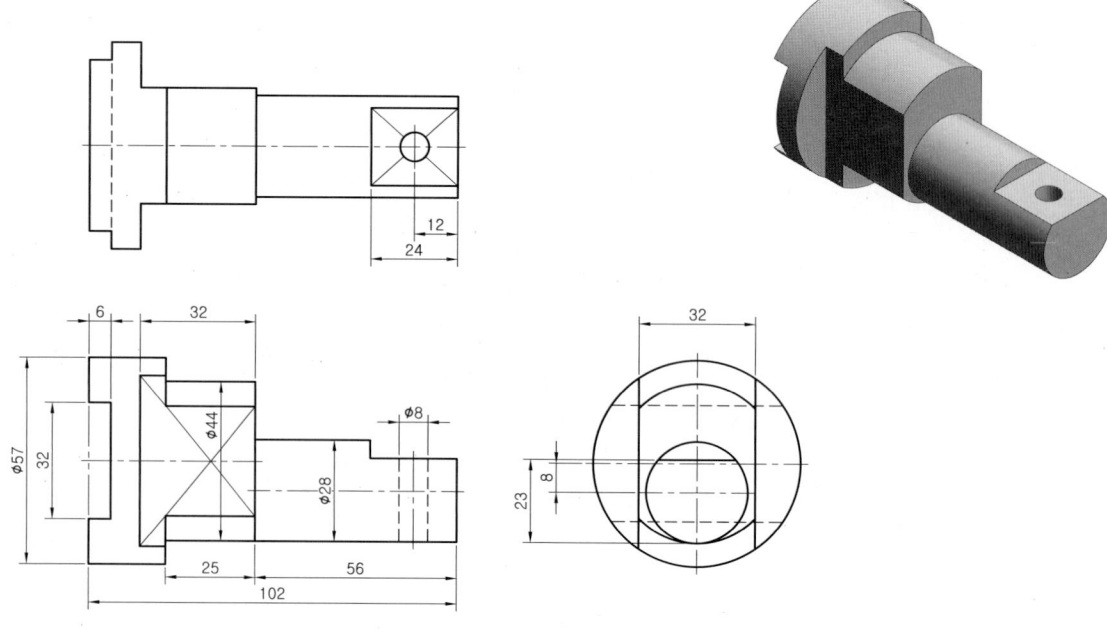

26

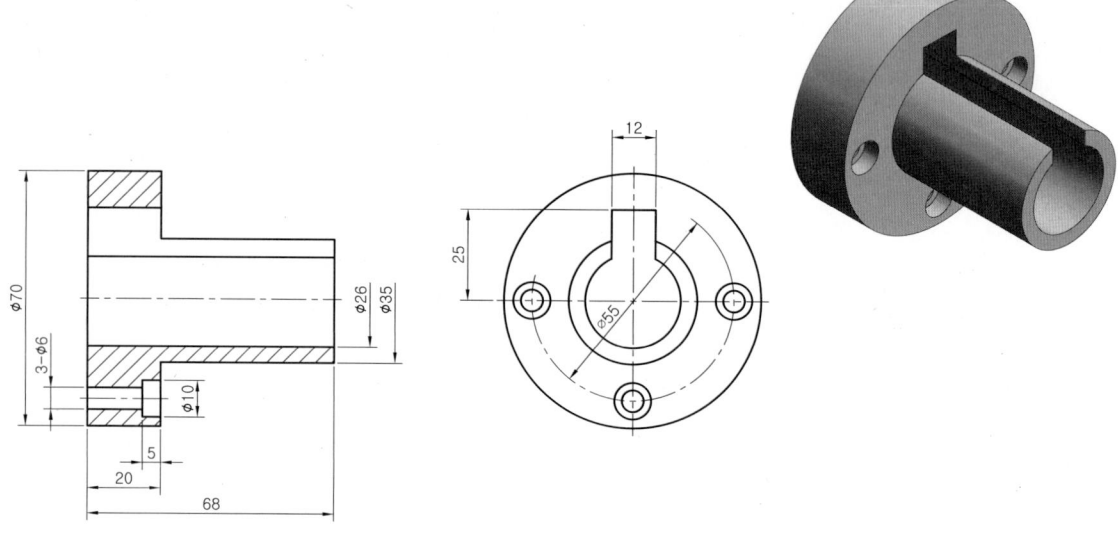

27

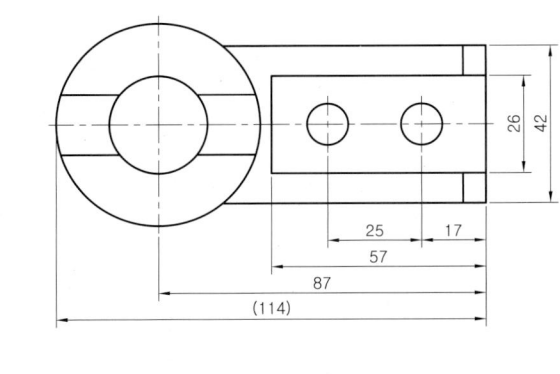
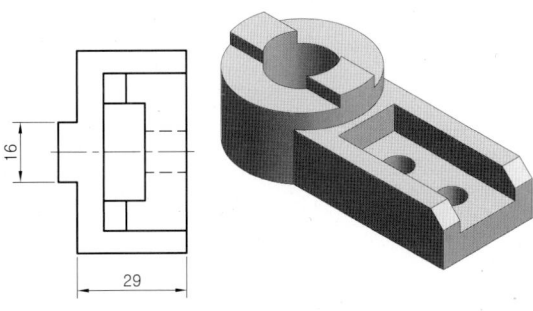
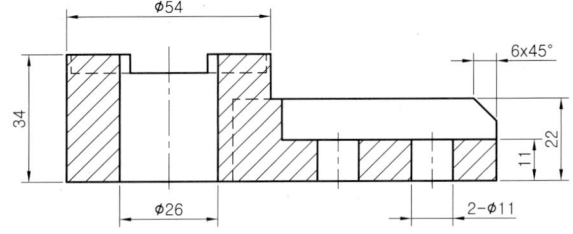

28

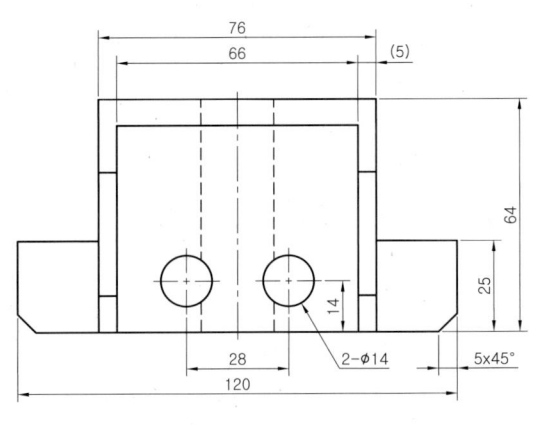
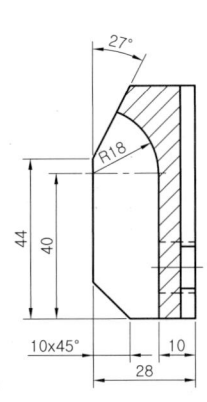
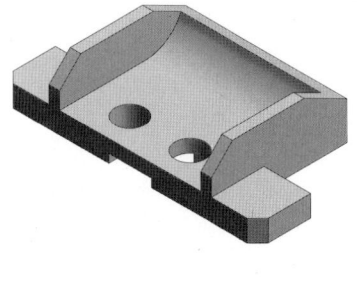
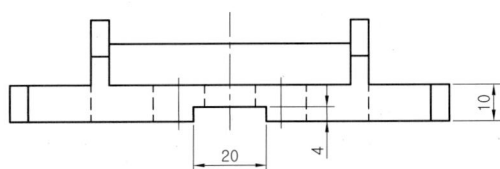

Chapter 3 중급 3D형상모델링과 2D도면작성

29 도시되고 지시없는 필렛과 라운드는 R2

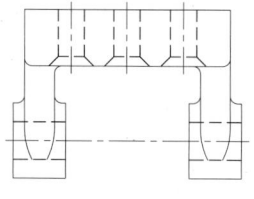
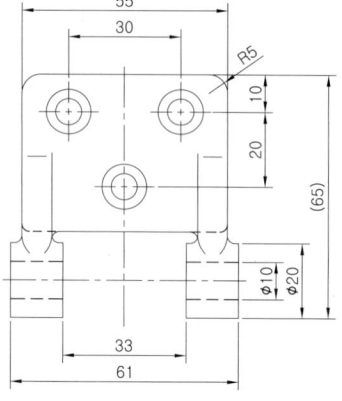
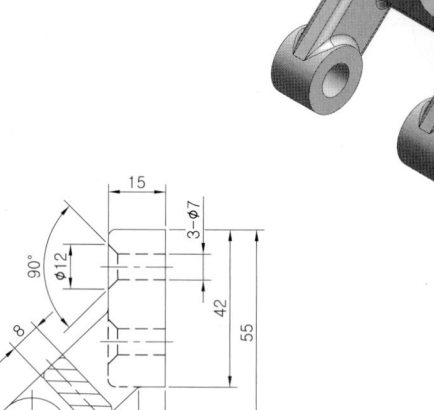

30

도시되고 지시없는 필렛과 라운드는 R2

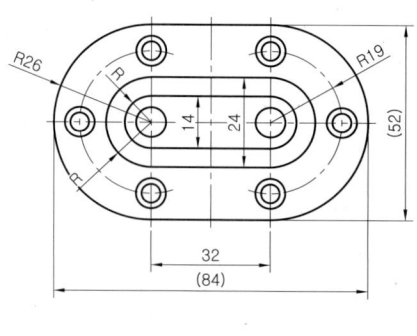
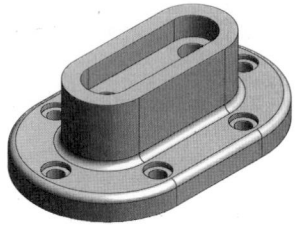
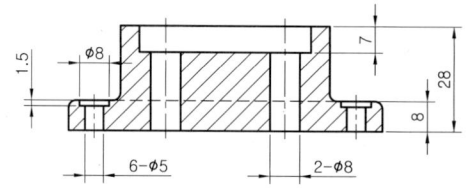

31

도시되고 지시없는 모떼기는 1x45°

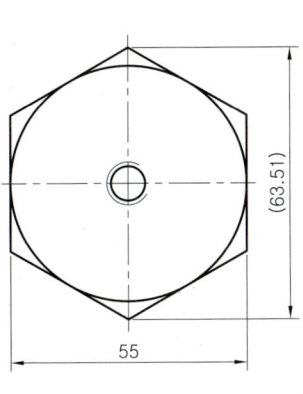
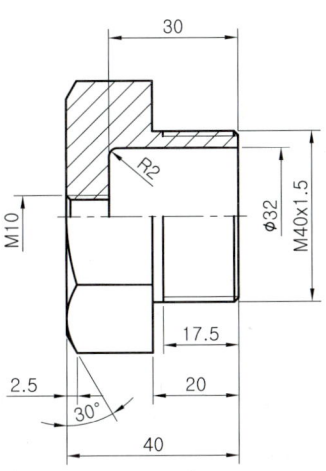
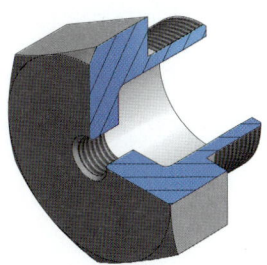

32

도시되고 지시없는 필렛과 라운드는 R2

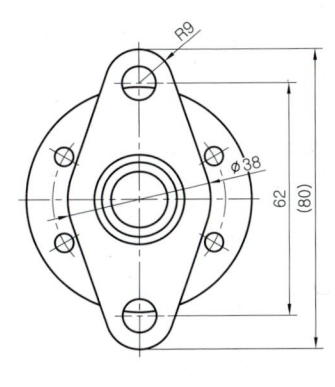
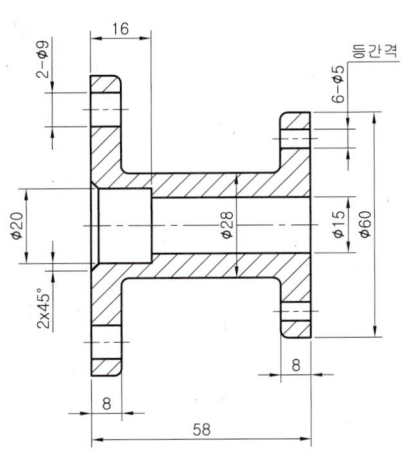
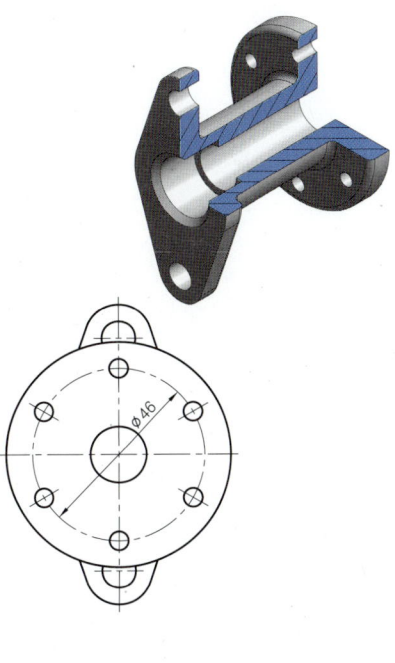

Chapter 4

심화 3D형상모델링과 2D도면작성

기능검정 실기 시험을 준비하기 전 단계로 기계 부품 2D도면과 형상을 이해하는데 참고할 등각투상도가 배치된 예제로 구성되어 있는 장 입니다. 학습자는 주어진 도면을 보고 3D형상모델링과 2D도면작성 훈련을 통해 실기 시험 과제를 하기 위한 훈련을 할 수 있습니다.

1. V-벨트풀리 110
2. 플랜지-1 111
3. 본체 112
4. 브라켓-1 113
5. 축 지지대 114
6. 스윙 브라켓 115
7. 커버 116
8. 서포트-1 117
9. 컬럼 118
10. 서포트-2 119
11. 파이프 브라켓 120
12. 베어링 하우징 121
13. 브라켓-2 122
14. 픽쳐 베이스 123
15. 플랜지-2 124
16. 컨트롤 브라켓 125

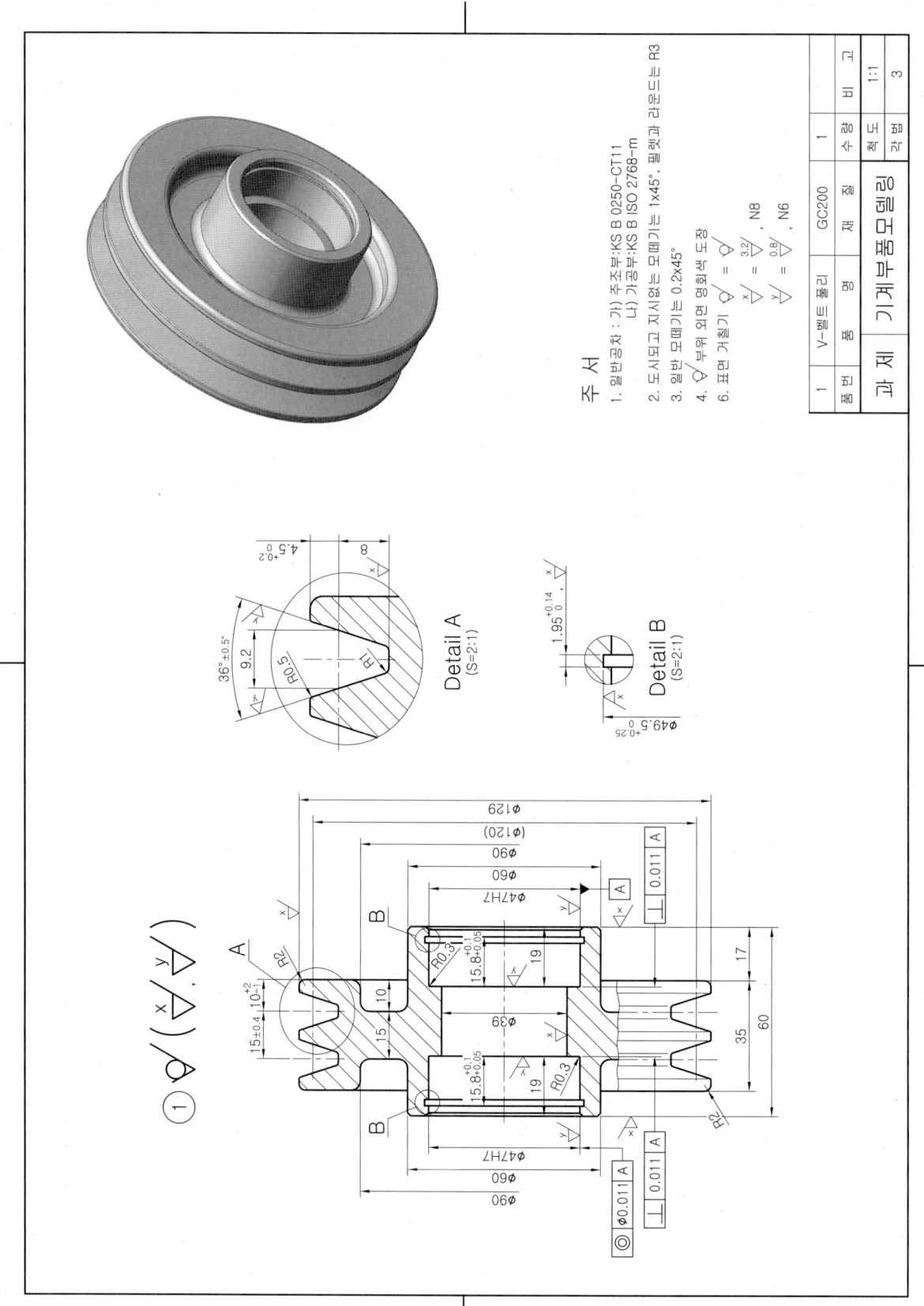

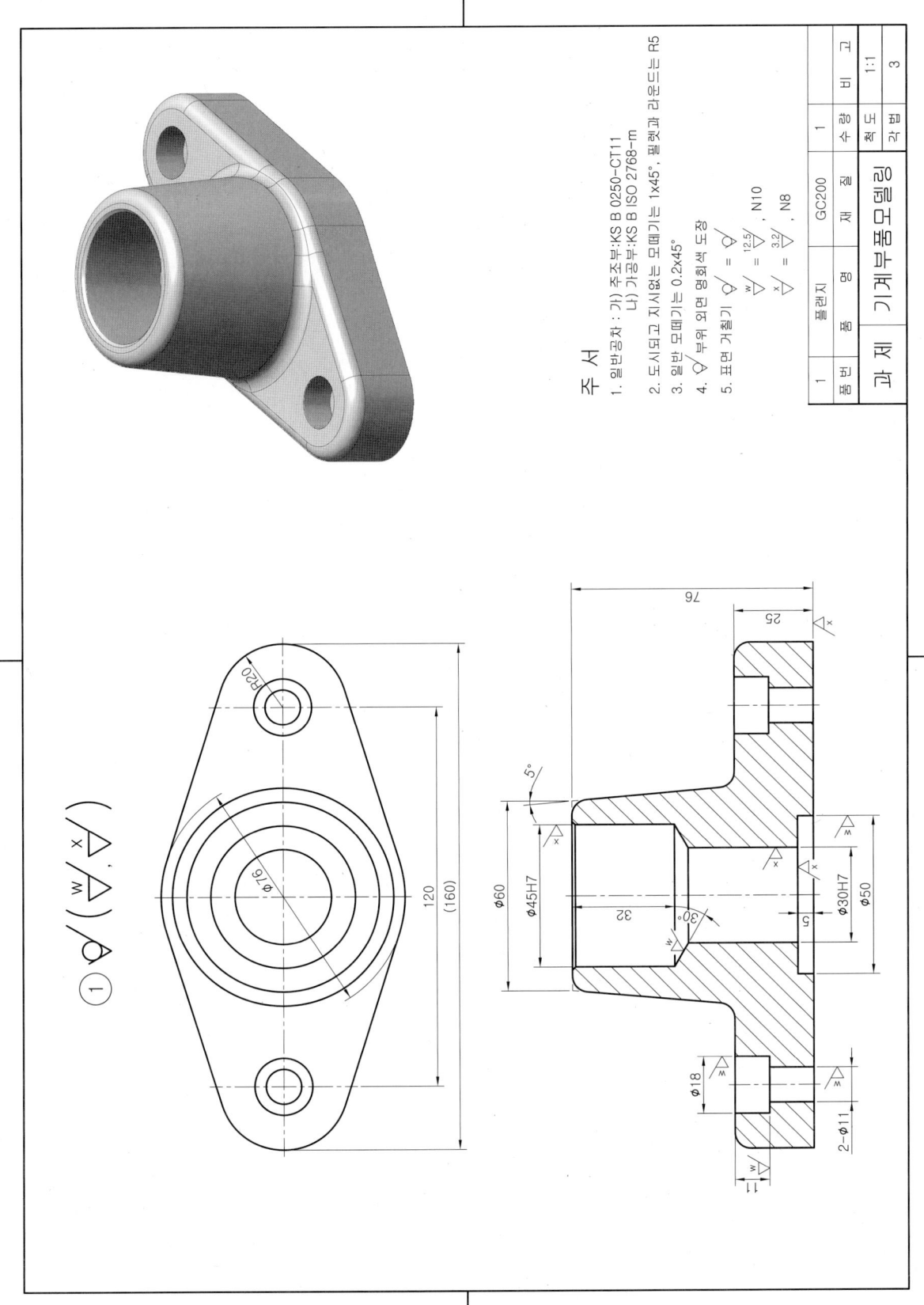

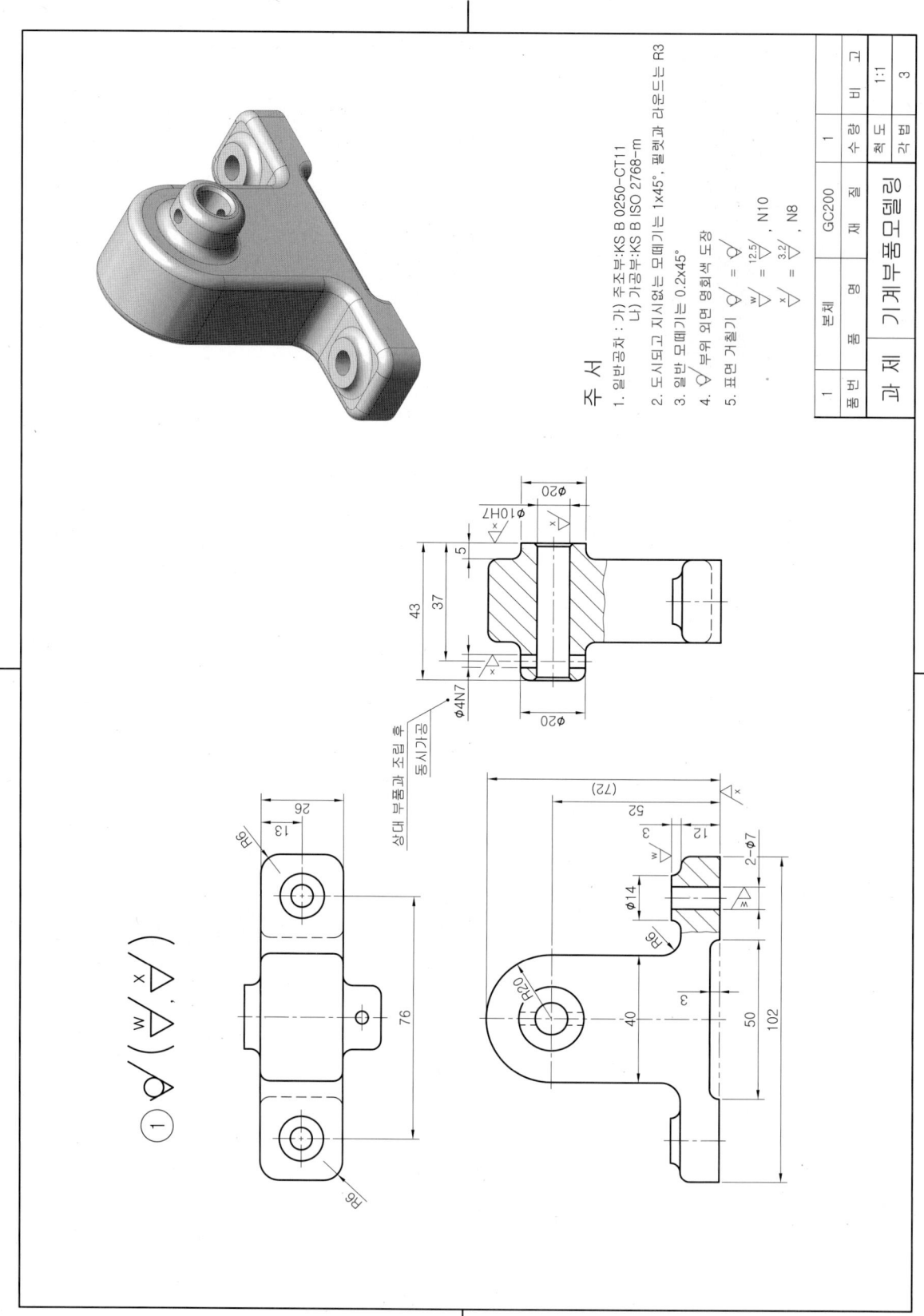

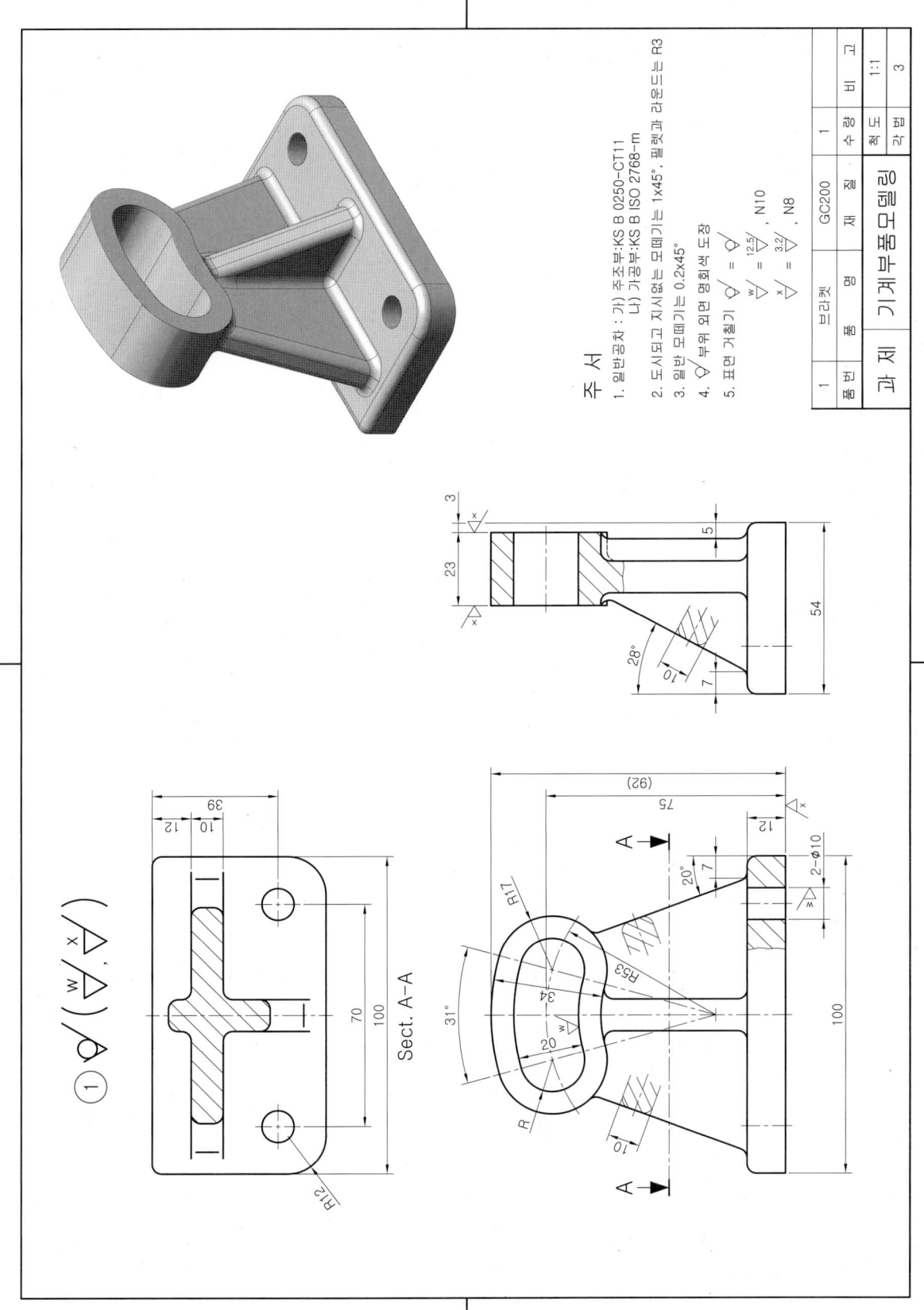

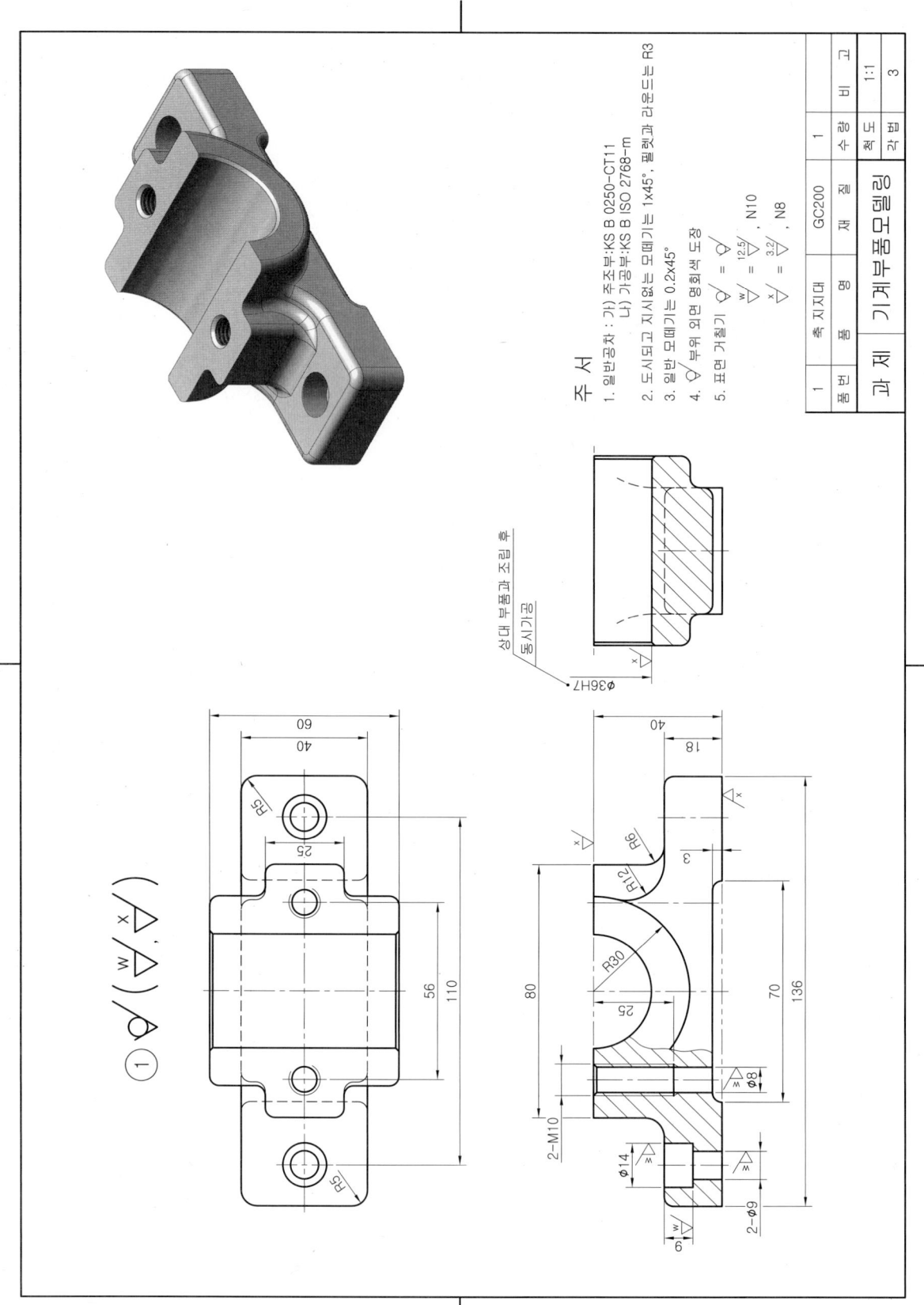

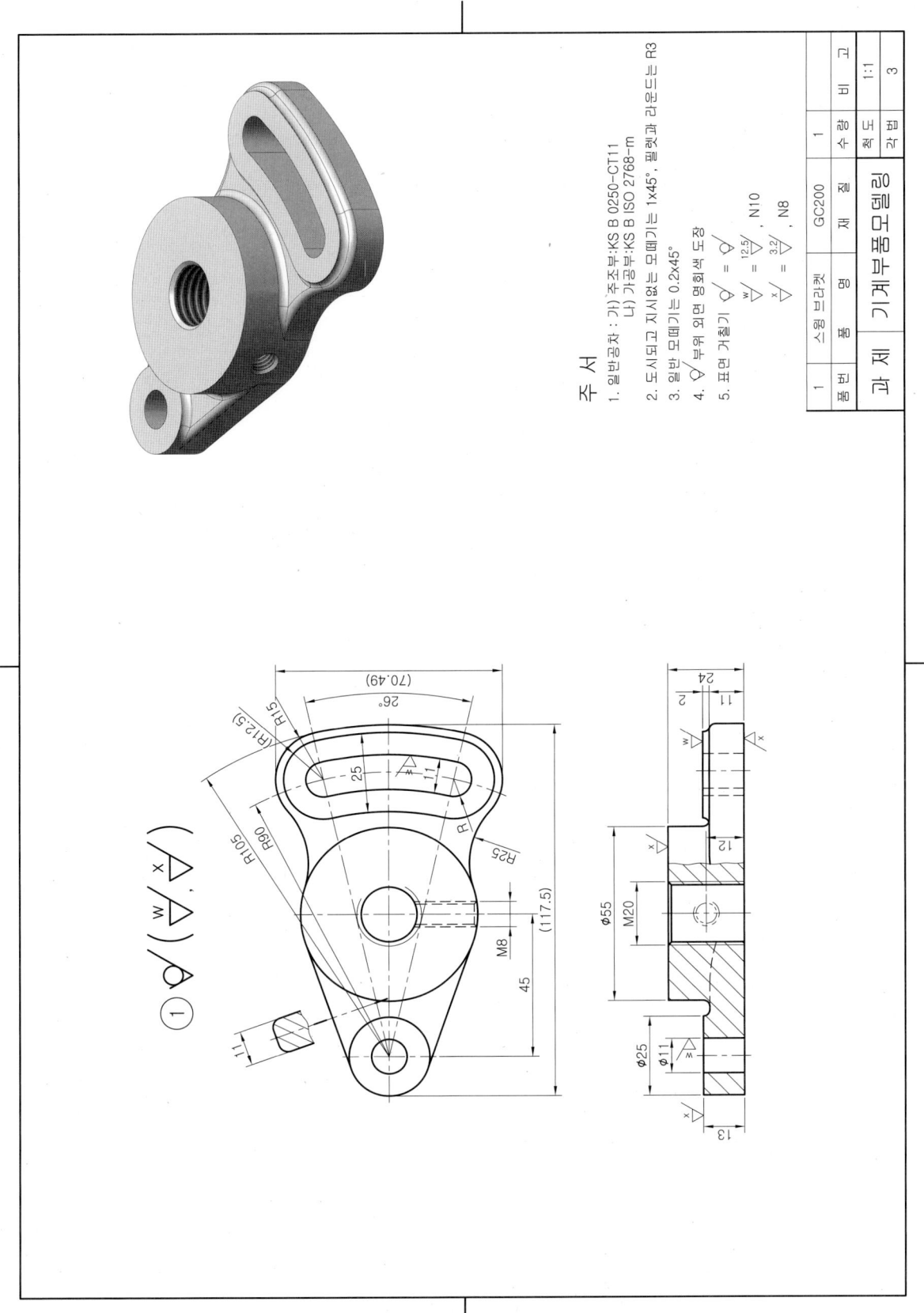

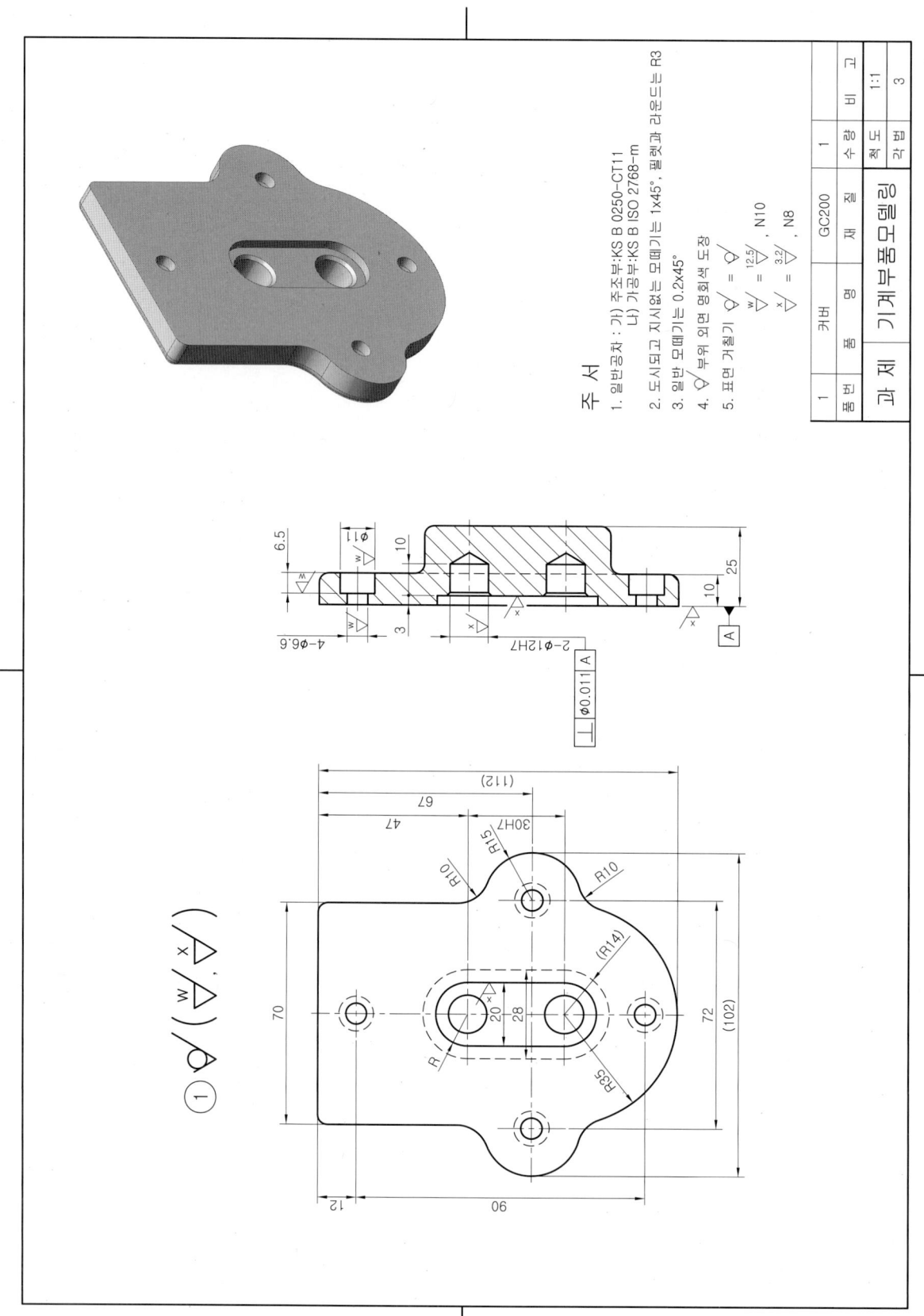

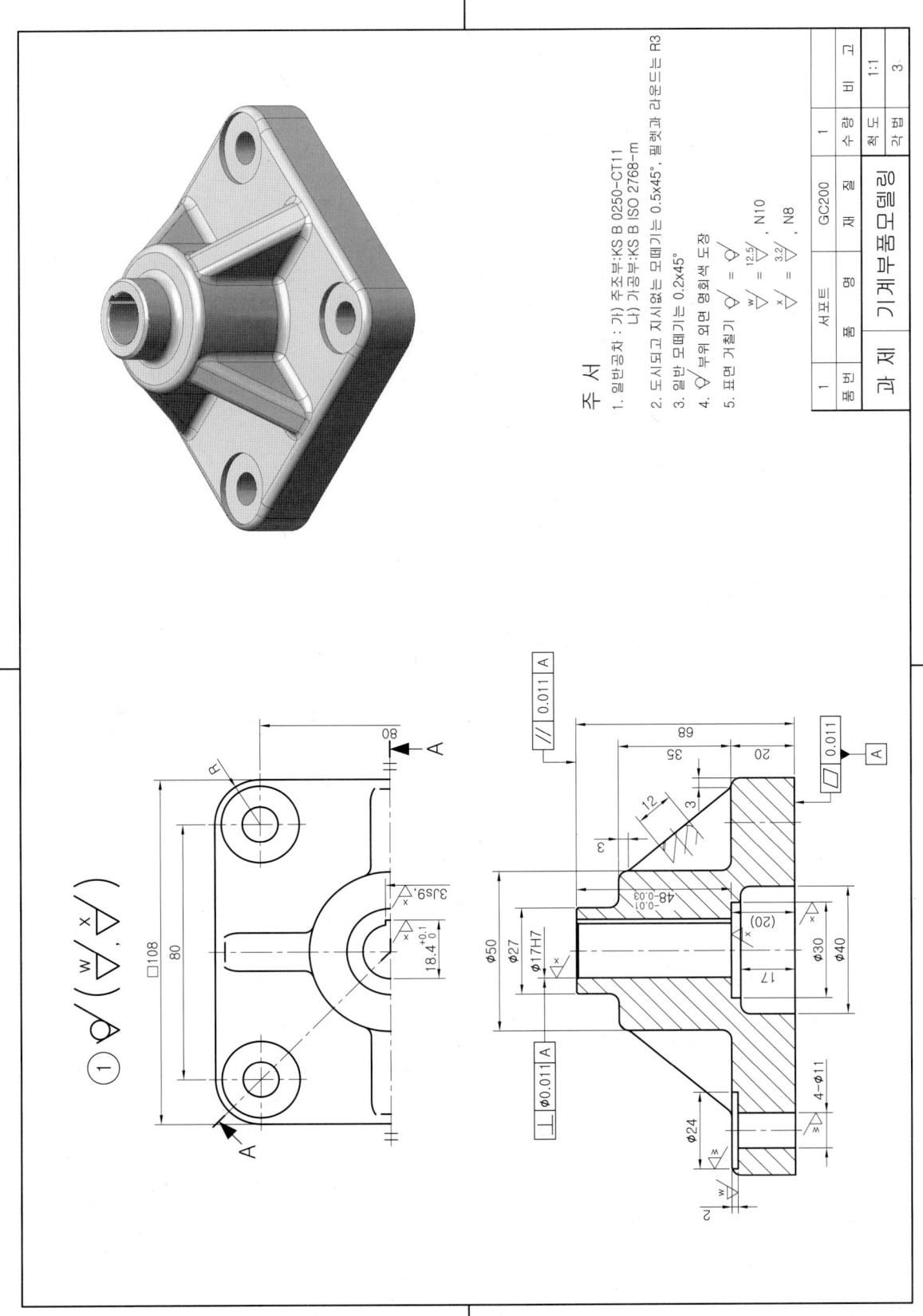

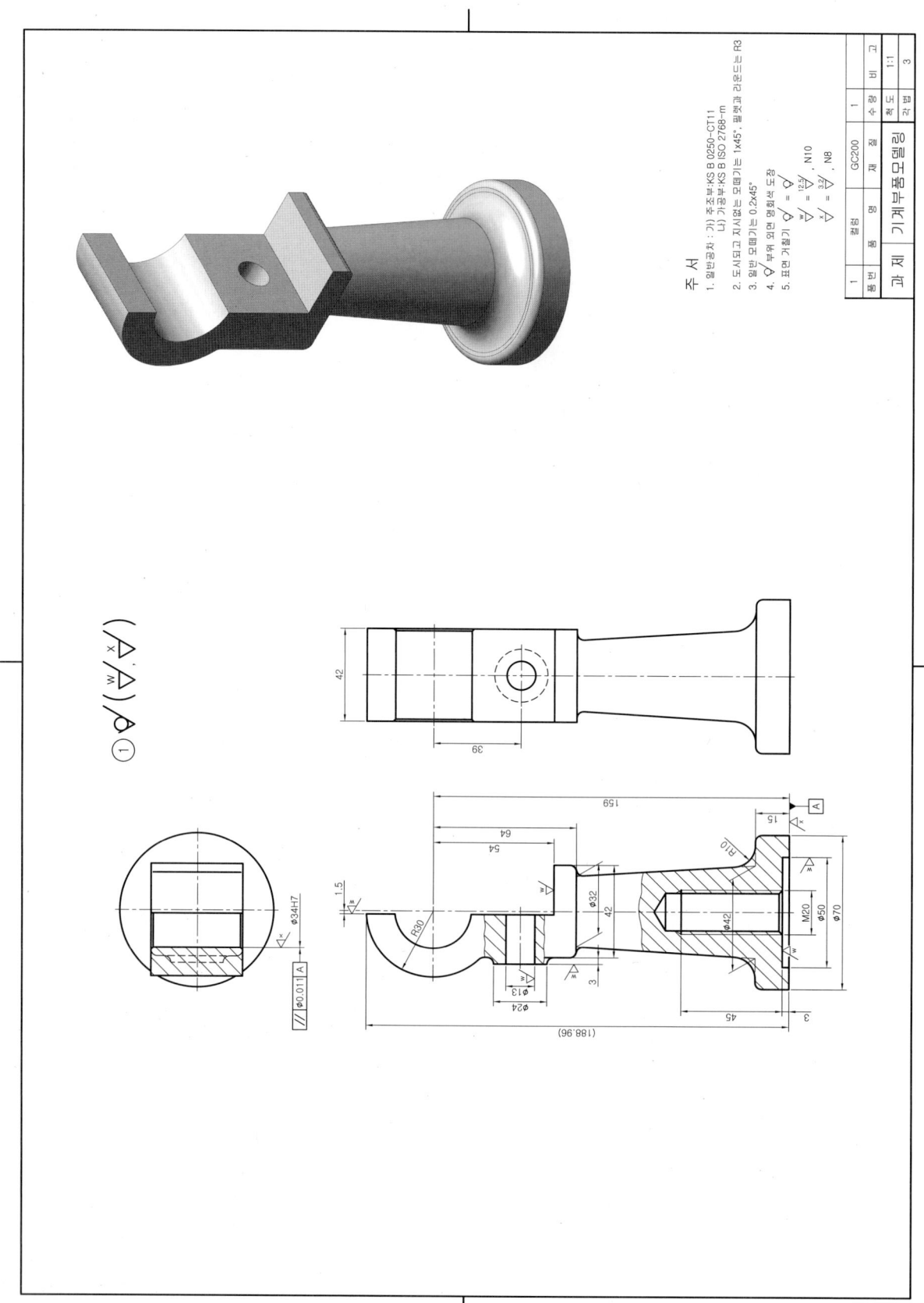

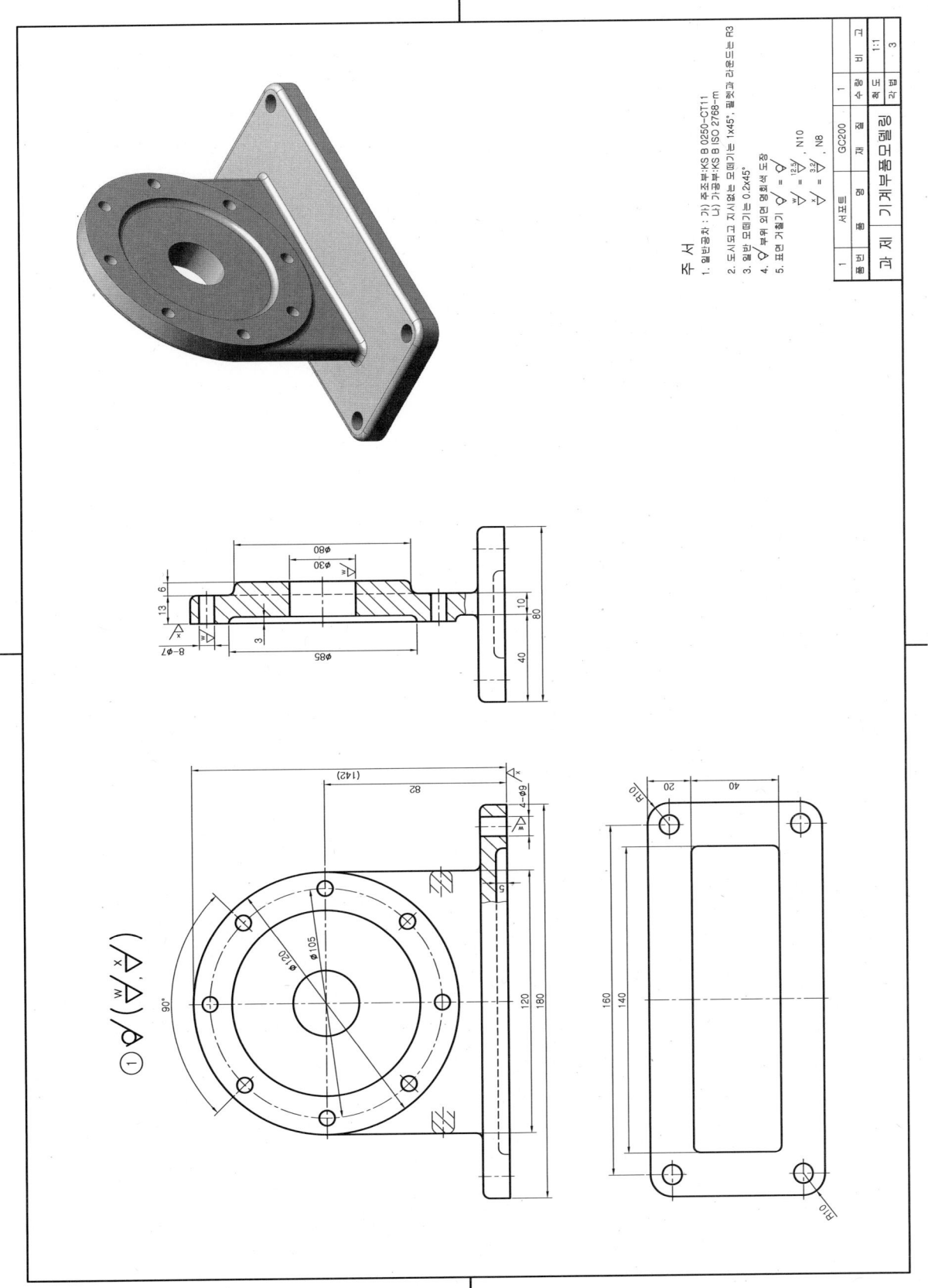

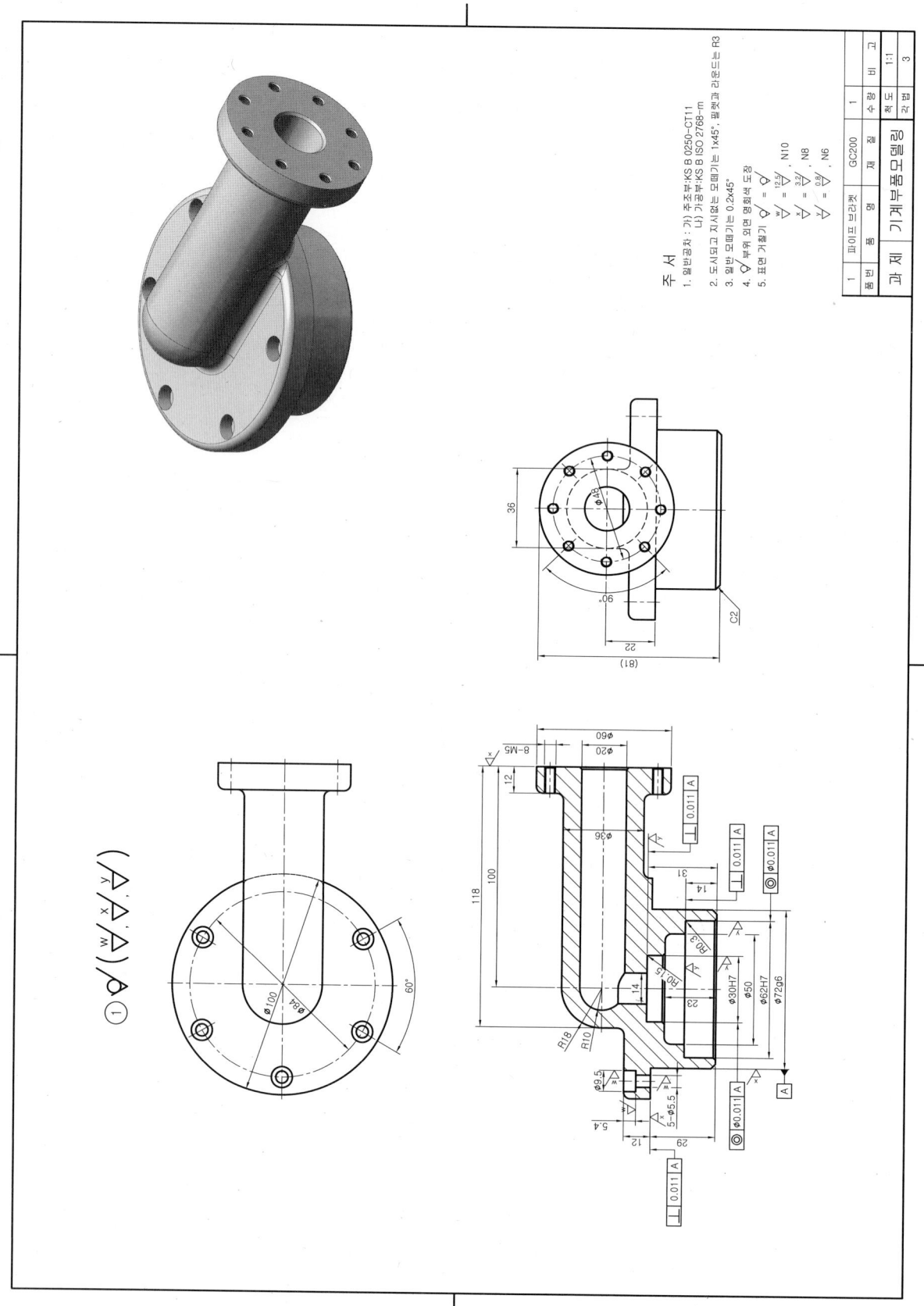

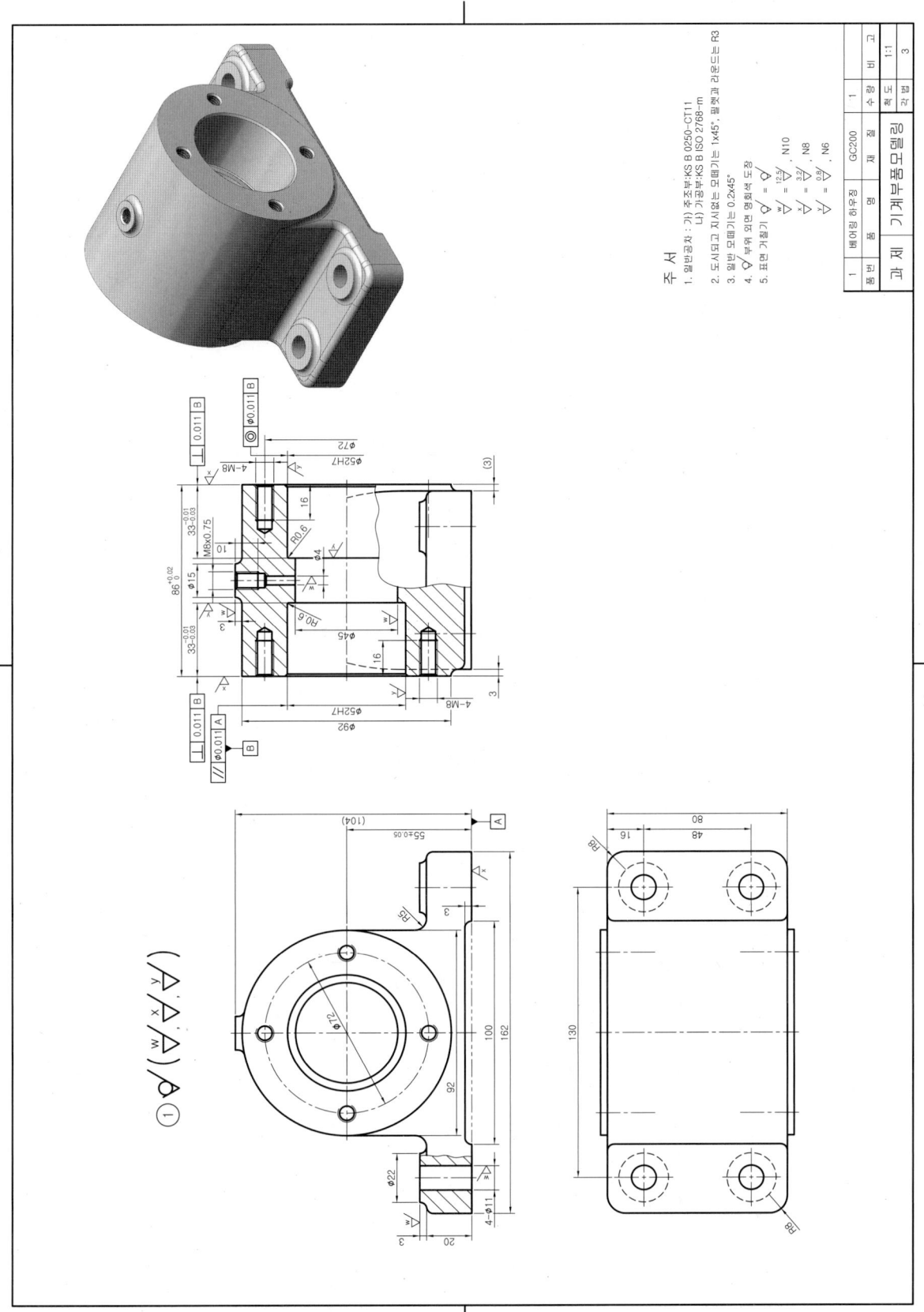

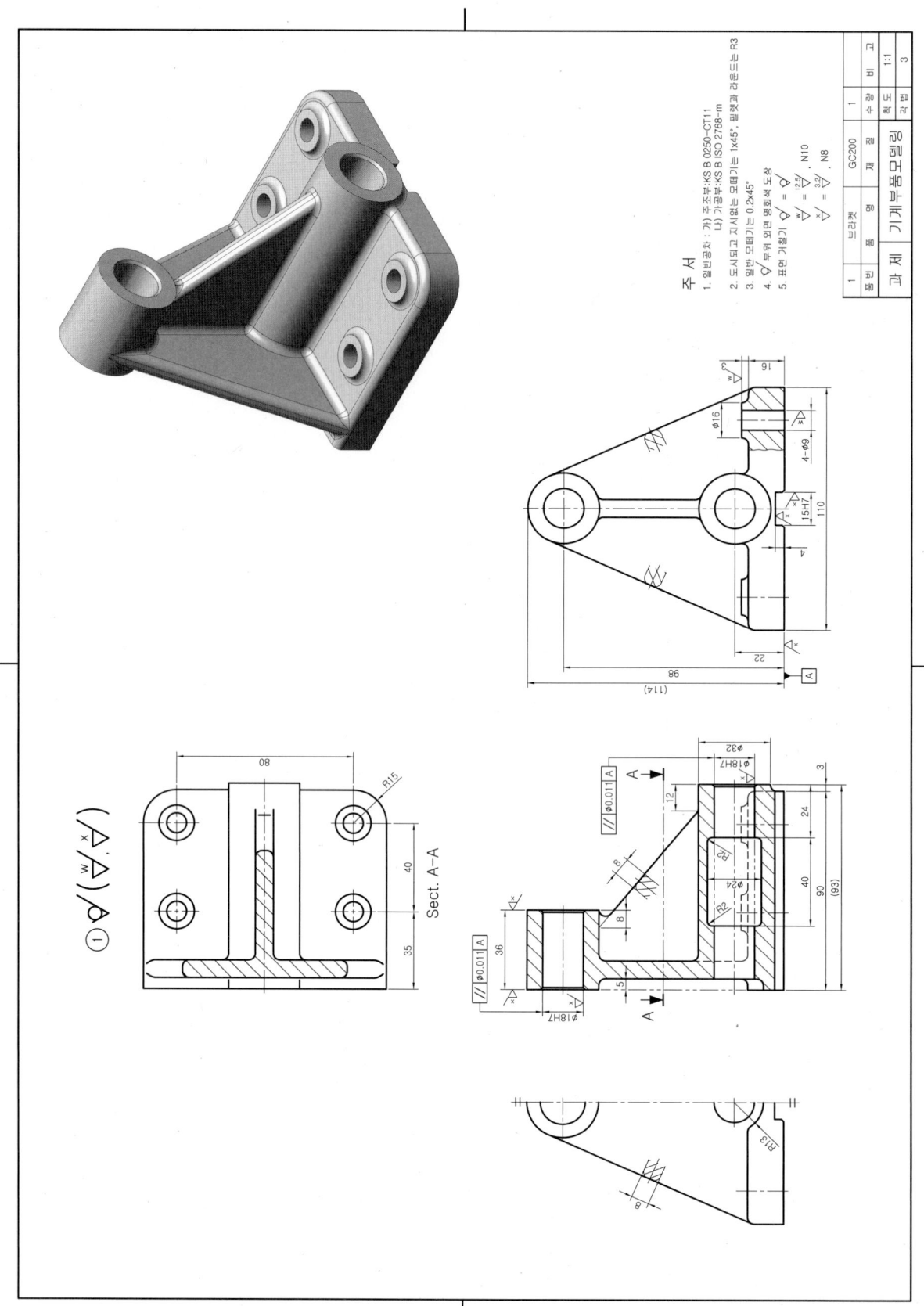

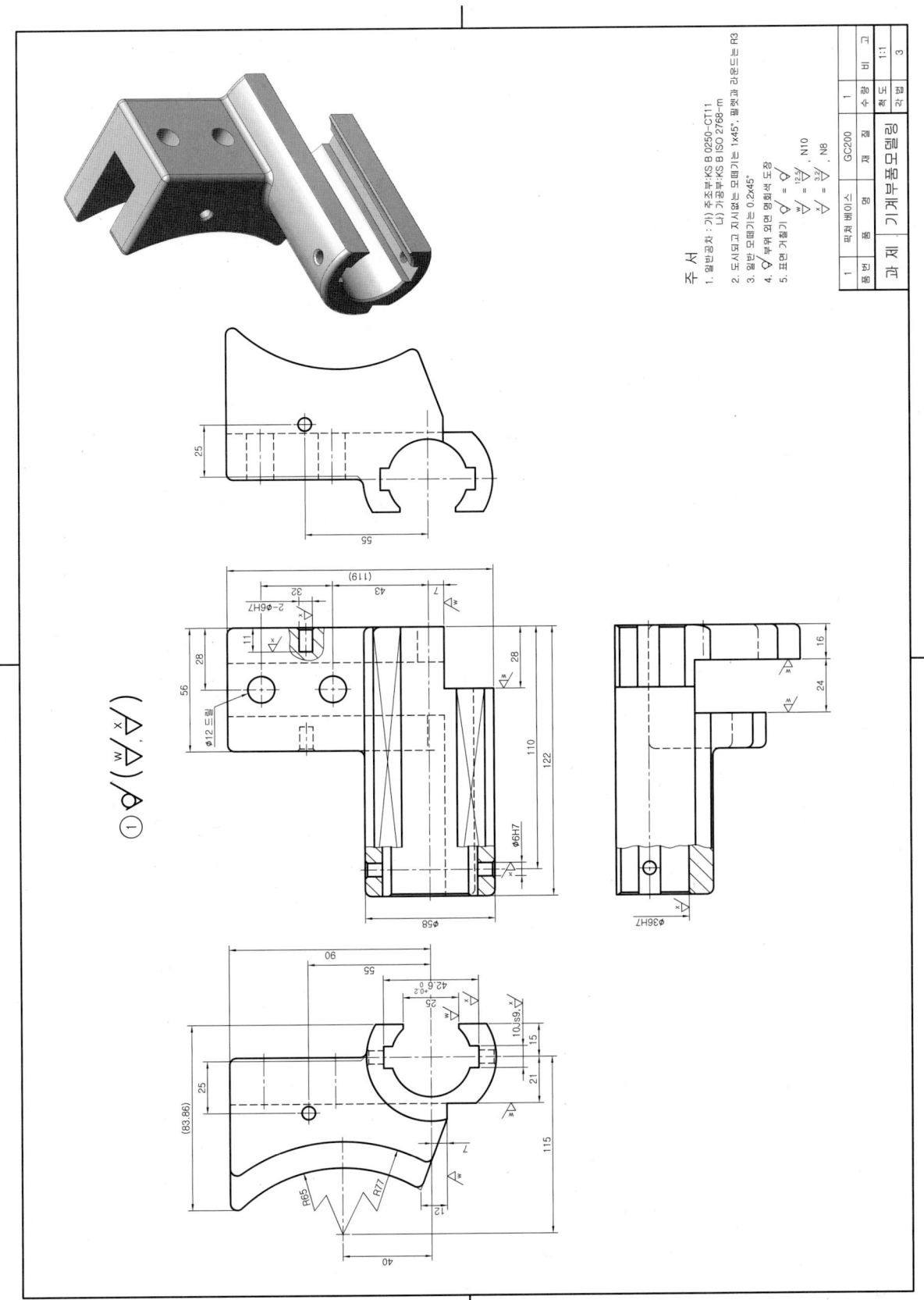

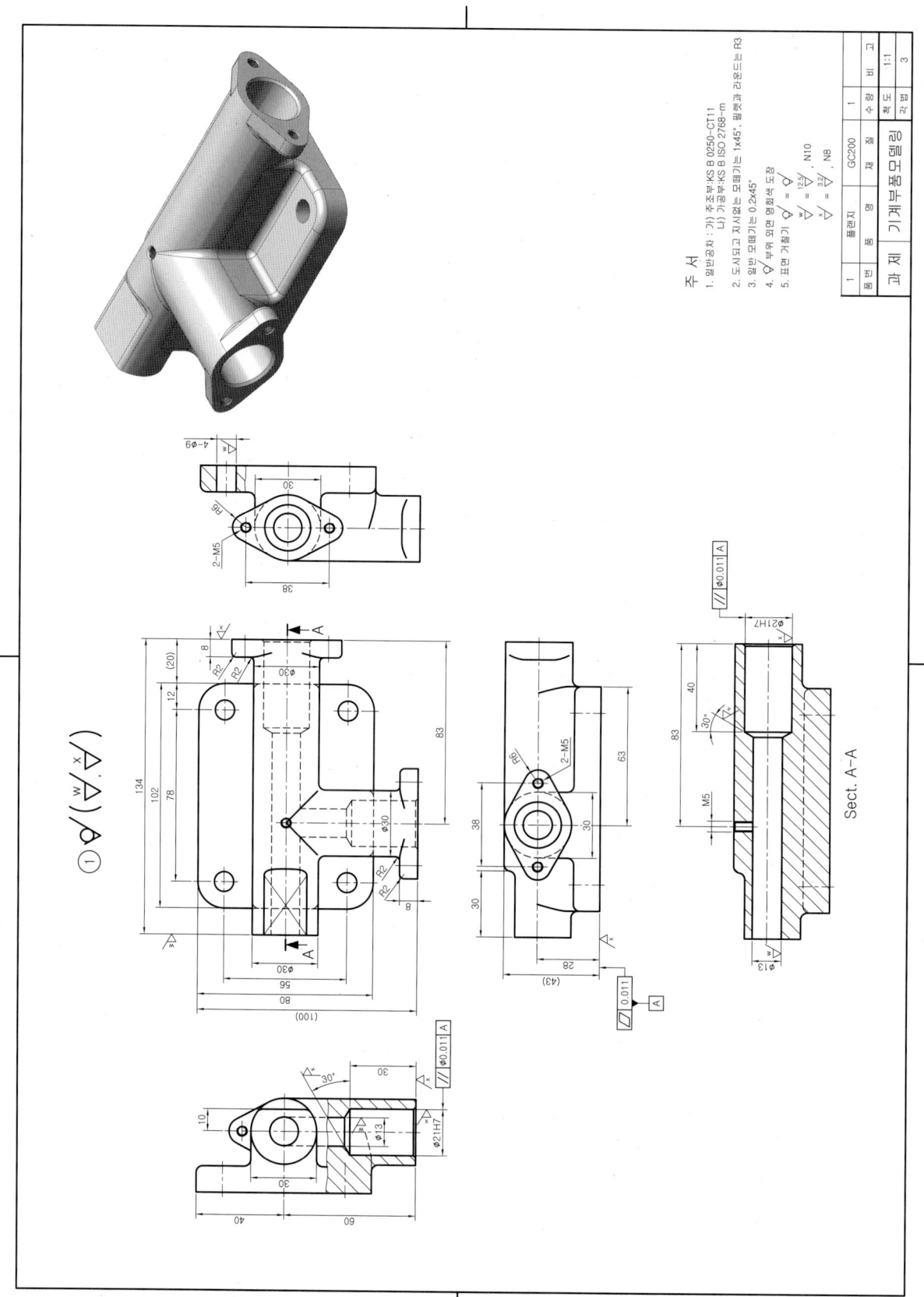

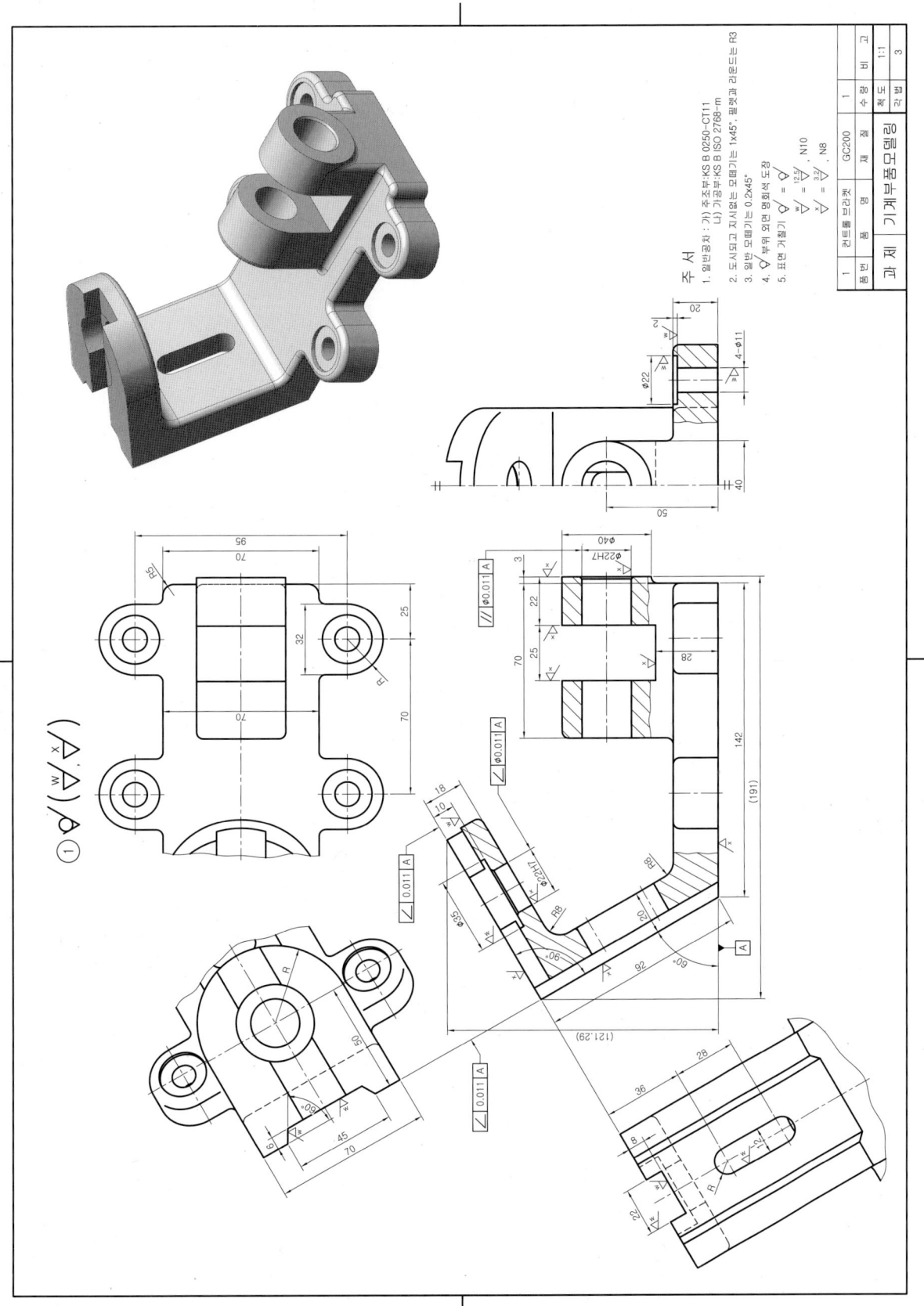

Chapter 5

전산응용기계제도(CAD)
2D도면작성과 3D형상 모델링 실습

전산응용기계제도(CAD) 및 컴퓨터응용기계설계제도 분야의 과목은 단순히 도면을 그리는법만 이해하면 되는 것이 아닙니다. 조립도를 보고 도면해독을 하여 장치의 기능과 구조를 파악하고 KS규격에 의거하여 누구나 도면을 이해할 수 있도록 정해진 규칙에 따라 부품도를 작성해야 합니다.

따라서 제작가능한 도면을 작성하기 위해서 제도자는 기계제도법 이외에 기계재료와 열처리, 기계가공, 제작조립 등에 관련된 지식도 함께 갖추어야 합니다.

참고사항

1. 각 과제도면의 조립도에는 작도해야하는 부품에만 품번 표기를 하였으며 그 외의 부품이나 기계요소(볼트, 핀, 키...) 등에는 별도의 품번 표기를 하지 않았습니다.
조립도, 2D 부품도와 3D 등각조립도, 등각분해도의 순으로 구성하였으며, 등각분해도에는 해당 기계요소에 대한 품명과 수량을 나타내었으니 도면해독시에 참고하시기 바랍니다.

2. 2D 부품도에 끼워맞춤공차는 기계요소(베어링, 오일실, 키 등)가 조립되는 부분을 제외하고 일반적으로 구멍 H7, 축 미끄럼 부 g6, 고정 부 h6 공차를 규제하였고, 억지끼워맞춤부는 구멍 H7, 축은 p6 공차로 규제하였습니다.

3. 기타 평행핀, 오일실, 부시, 오링, 베어링 끼워맞춤 부 등은 KS규격에 준한 치수기입 및 공차를 규제하였습니다.

4. 기하공차는 기준길이에 따른 IT 등급별 공차와 관계없이 0.011 로 일괄 규제하였으며, 수험자가 판단하여 기능에 따른 기준길이별 IT5~6급 공차값을 적용하여 도면을 작도하여도 무방합니다.

5. 조립도의 기능과 관련된 부품별 기계재료의 올바른 이해와 선정을 돕기 위하여 3D 등각조립도 상에 부품명과 기계재료명(단, 재료기호는 2D 부품도 참조)을 표기하였습니다.

1. 슬라이더-1 .... **128**
2. 슬라이더-2 .... **132**
3. 동력전달장치-1 .... **136**
4. 슬라이더-3 .... **140**
5. 쇼크업소버 **144**
6. 에어척 **148**
7. 동력변환장치 **152**
8. 클램프-1 .... **156**
9. 클램프-2 .... **160**
10. 아이들러 **164**

1. 슬라이더-1   과제도면

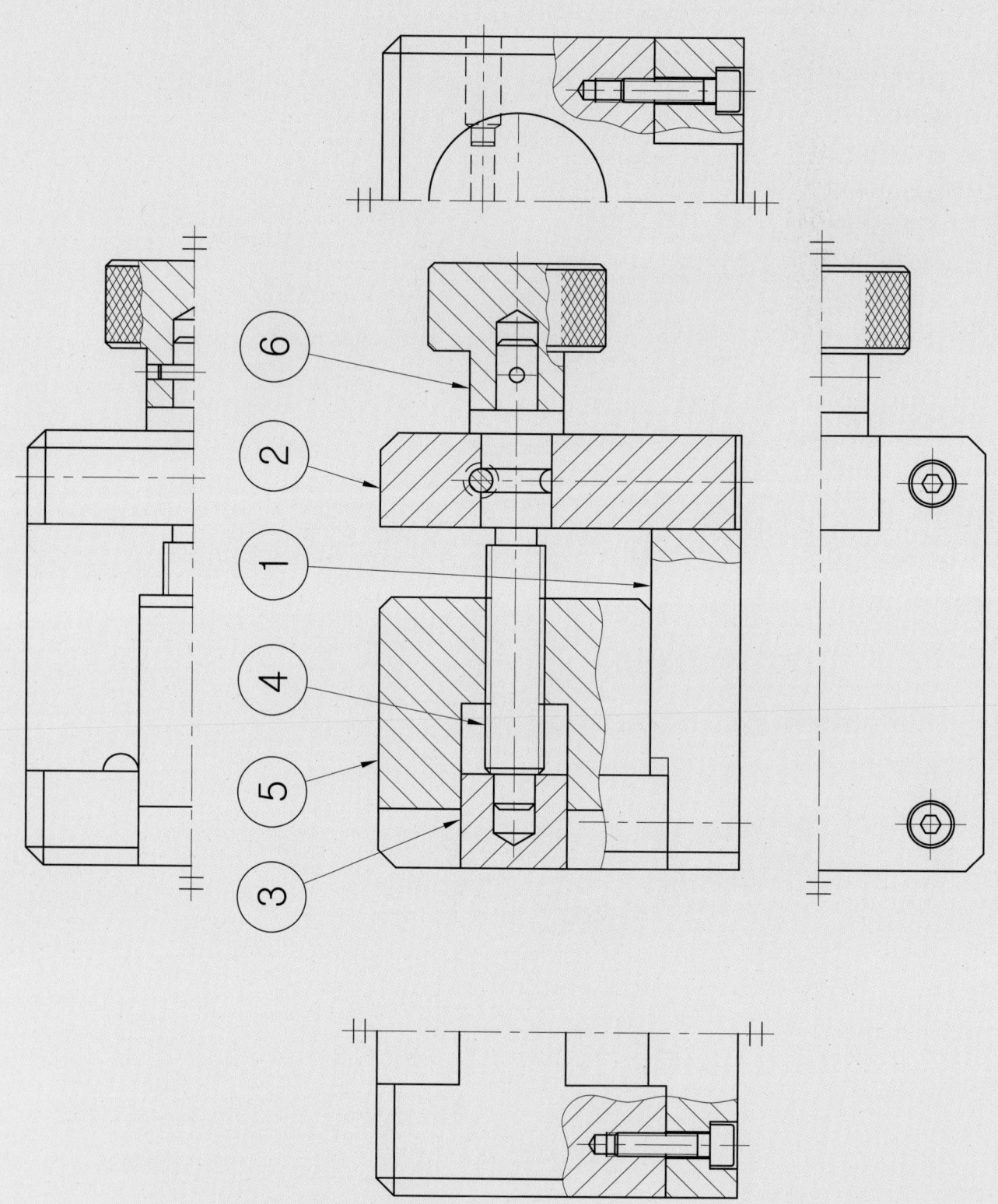

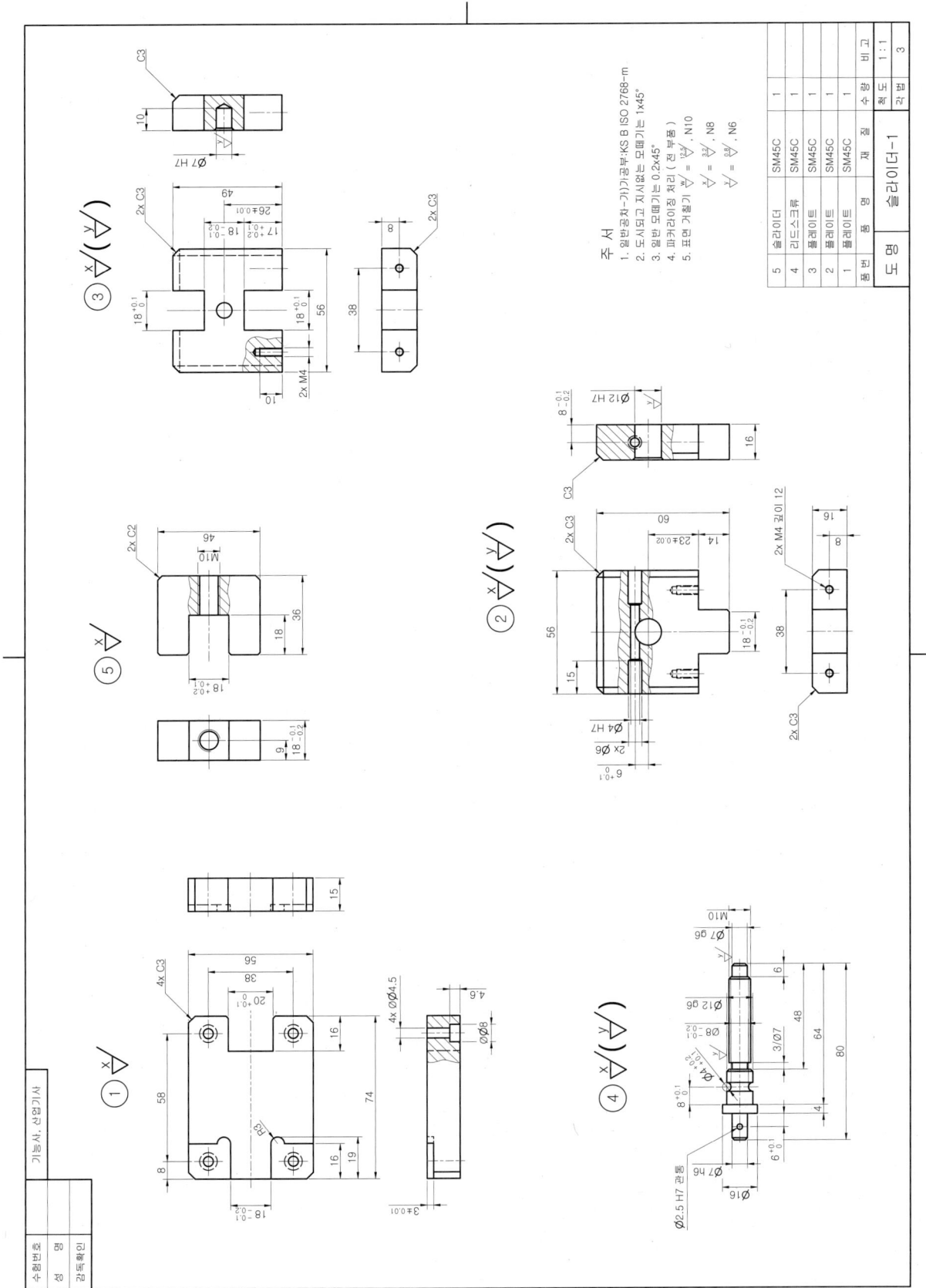

1. 슬라이더-1

등각 분해도 예제 도면

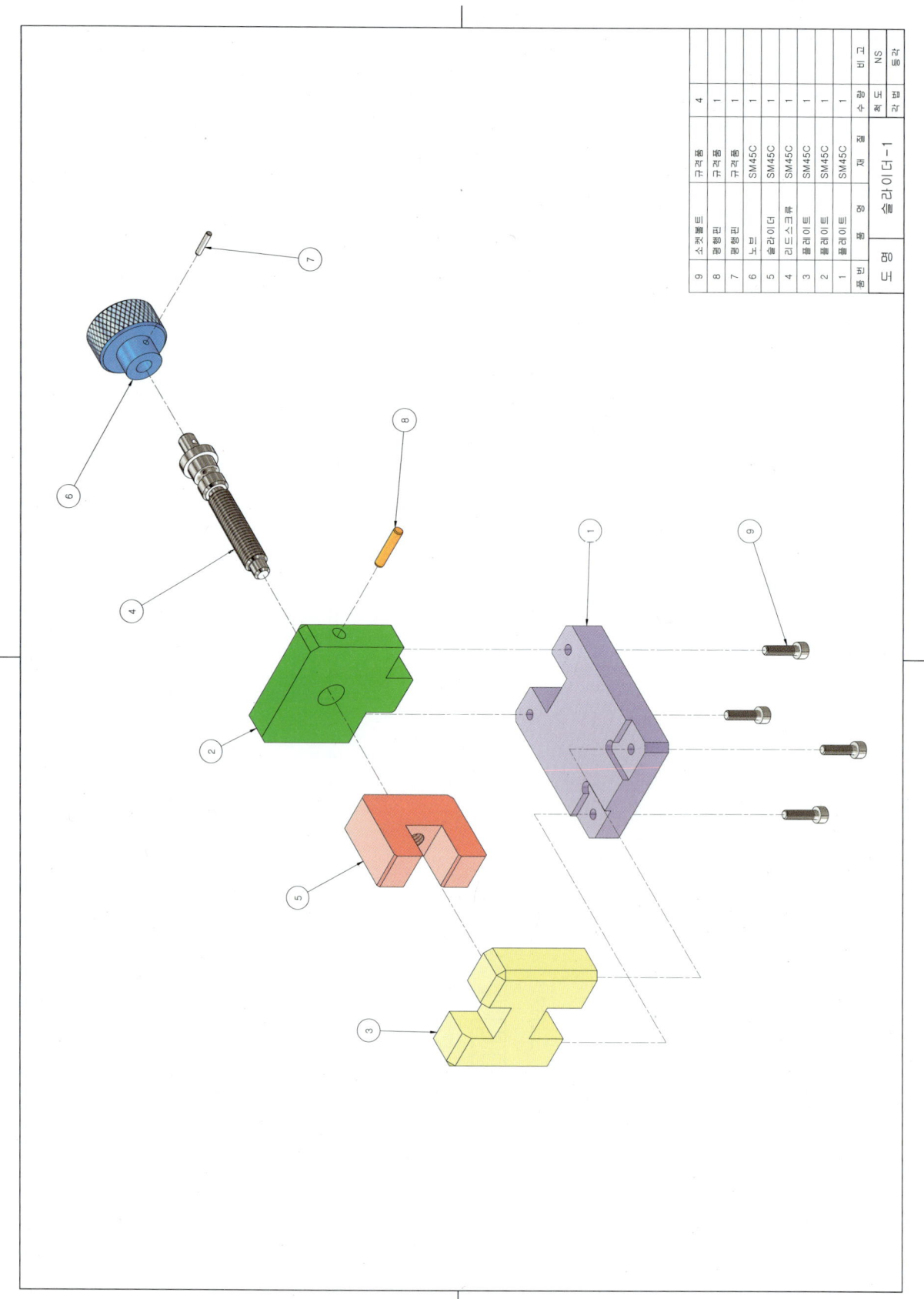

1. 슬라이더-1

등각 조립도 예제 도면

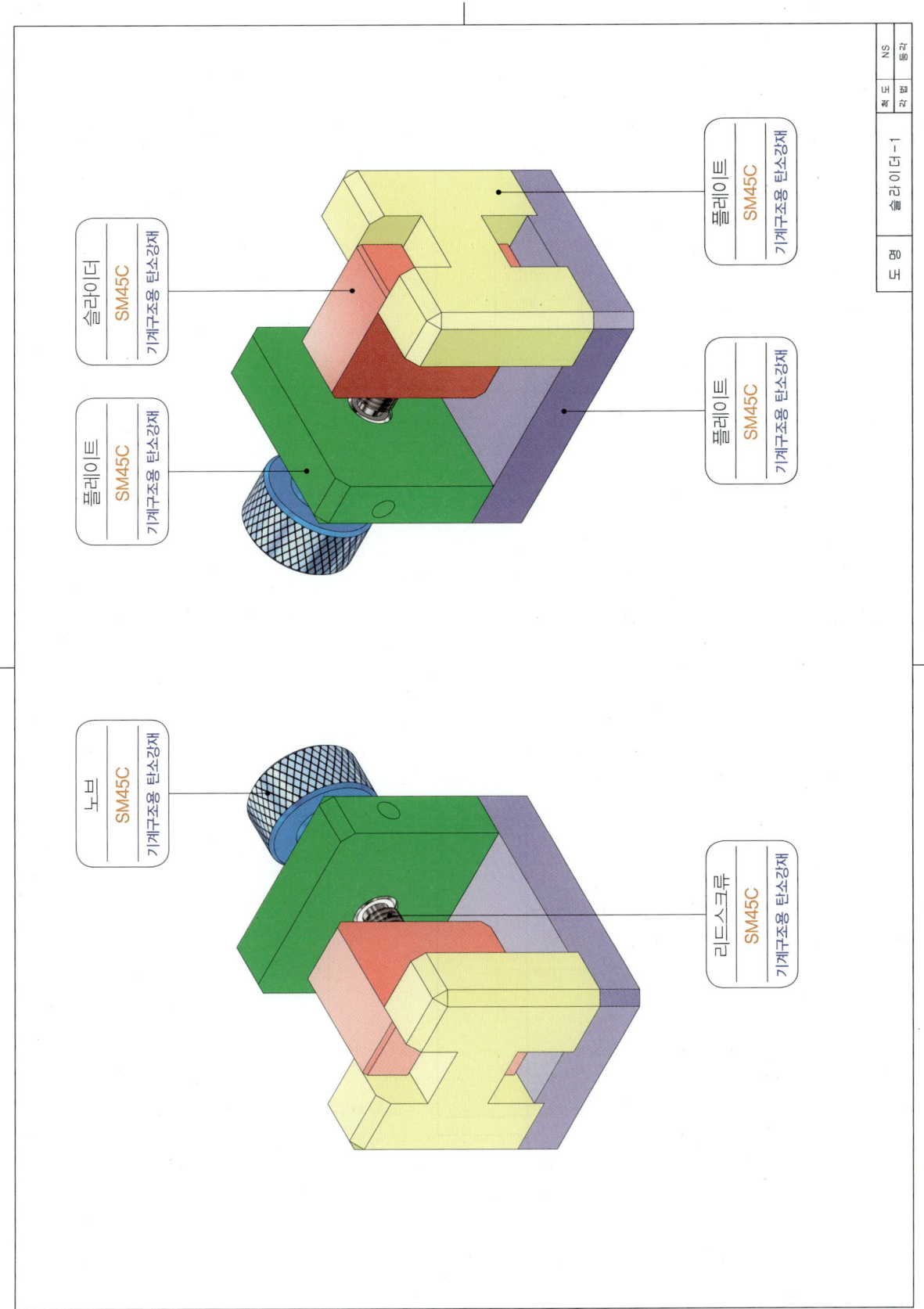

2. 슬라이더-2

과제도면

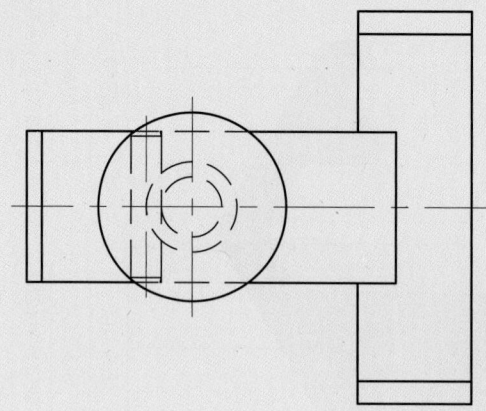
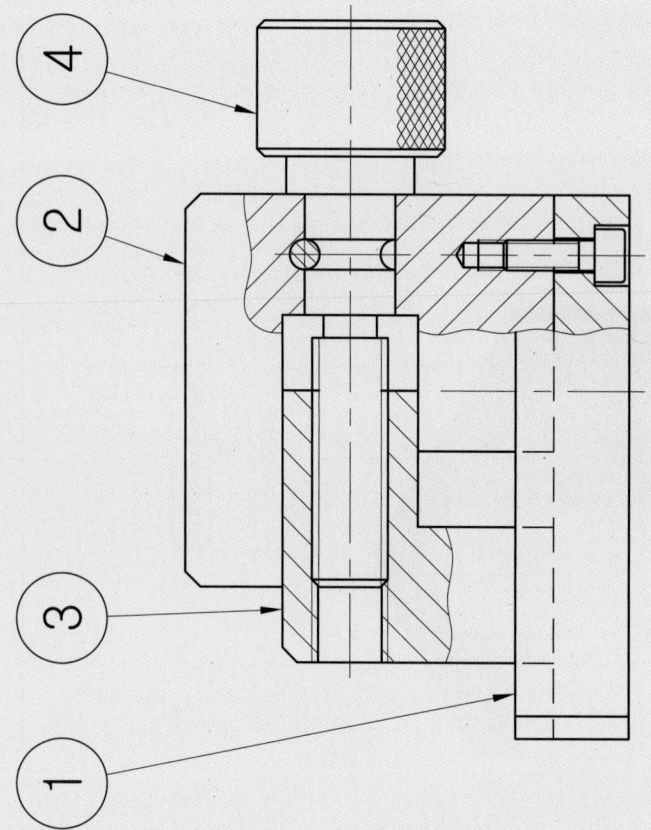
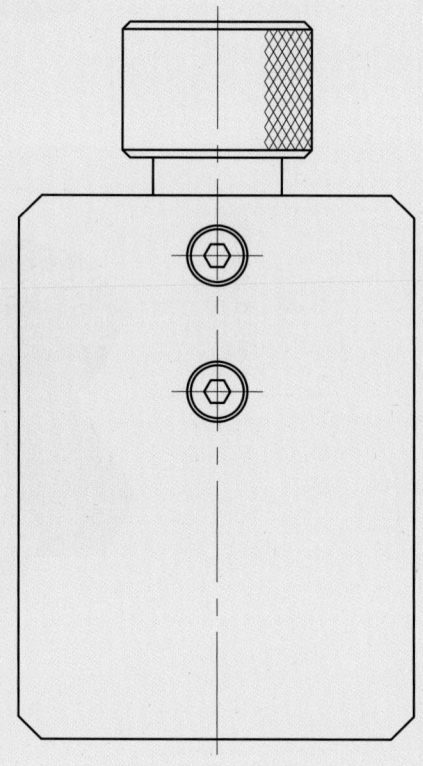

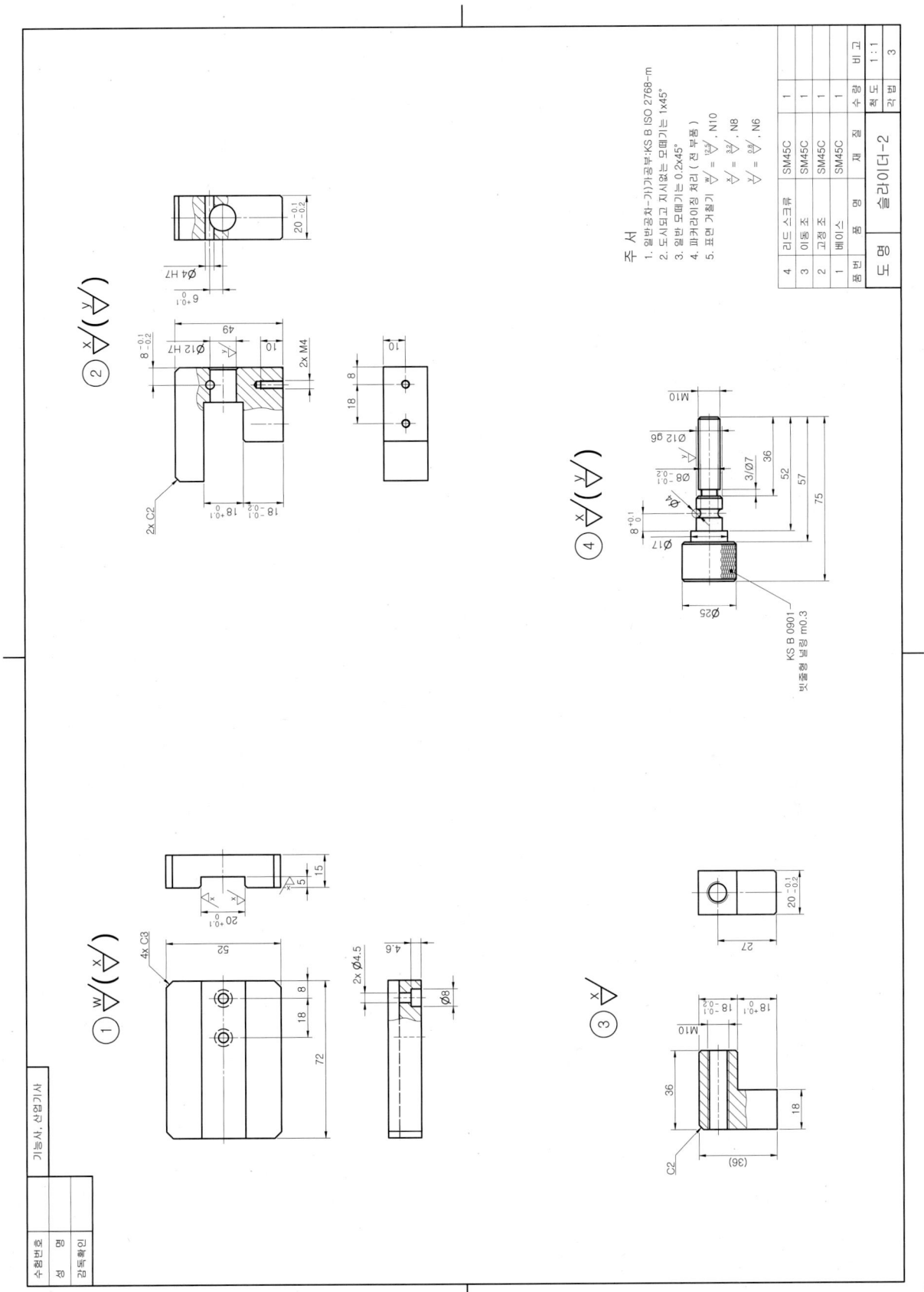

2. 슬라이더-2

등각 분해도 예제 도면

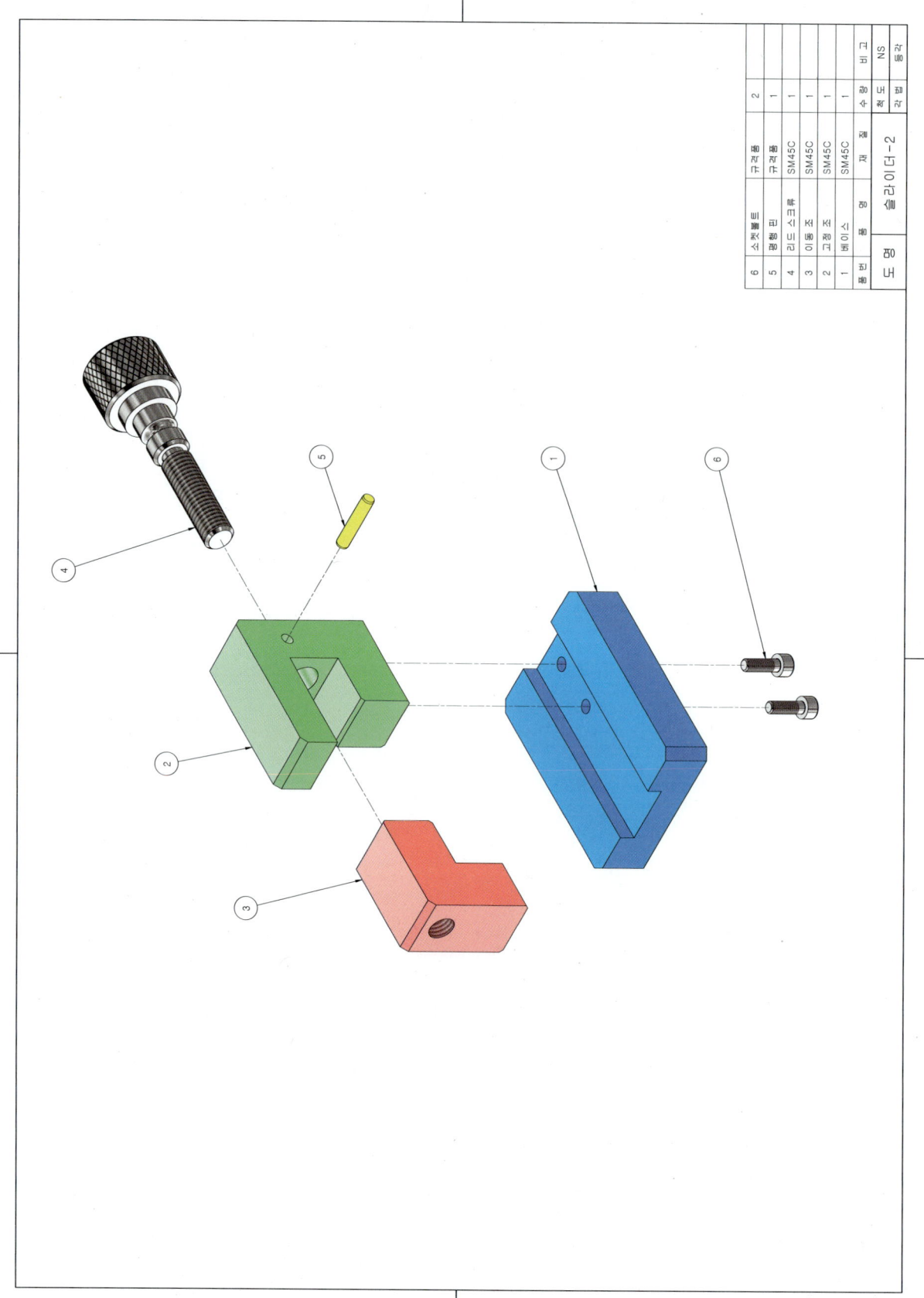

2. 슬라이더-2

등각 조립도 예제 도면

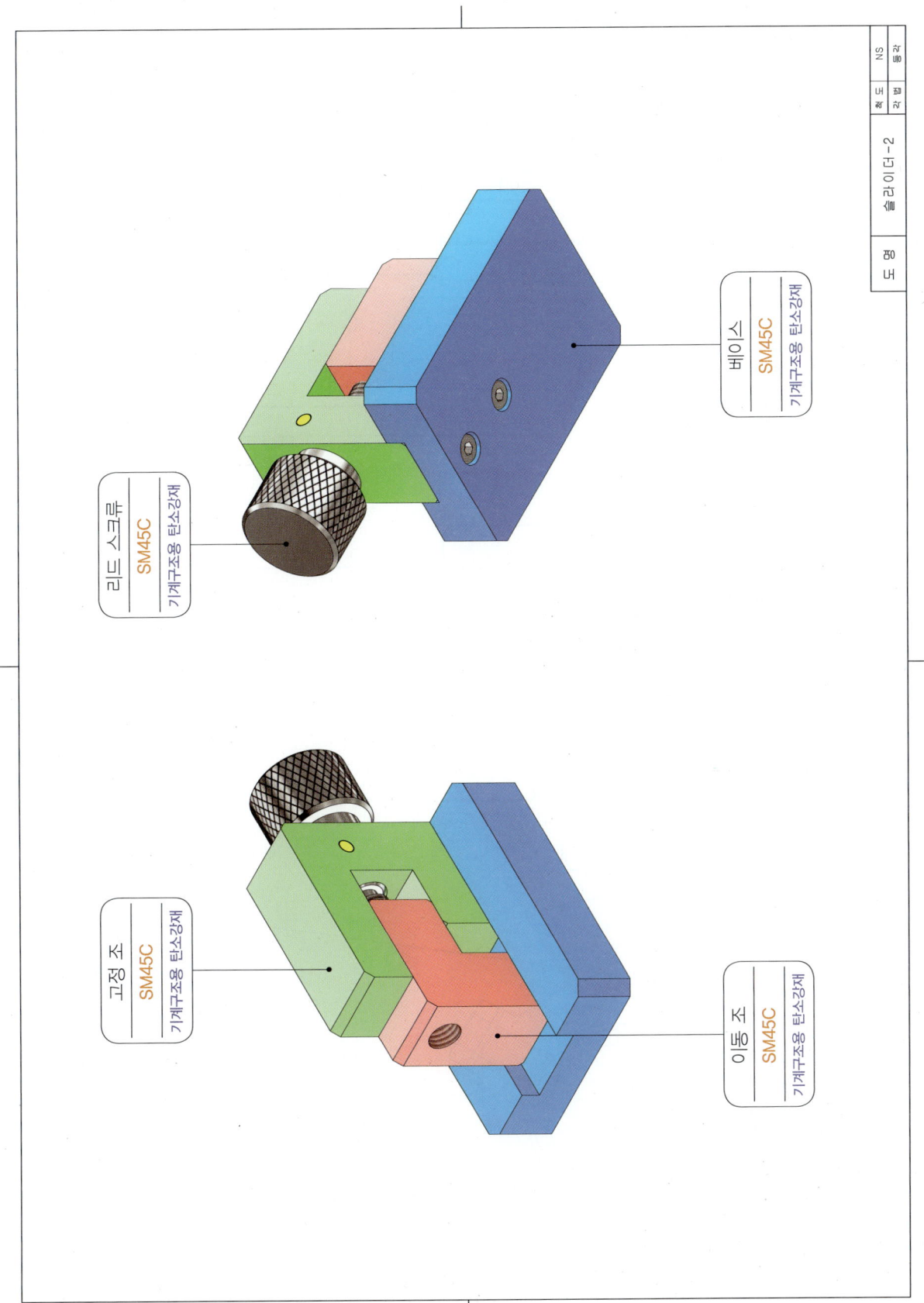

3. 동력전달장치-1 과제도면

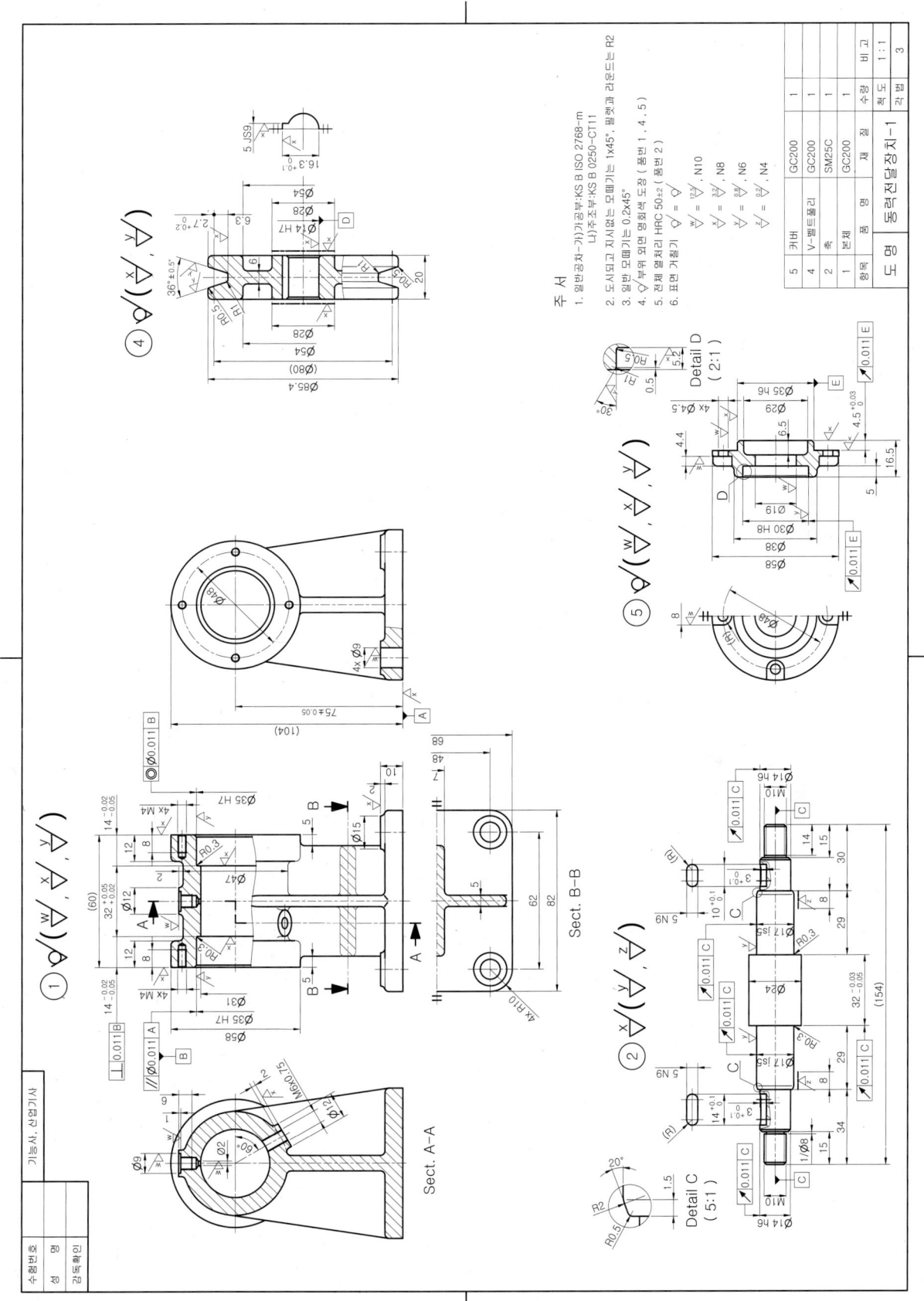

3. 동력전달장치-1

등각 분해도 예제 도면

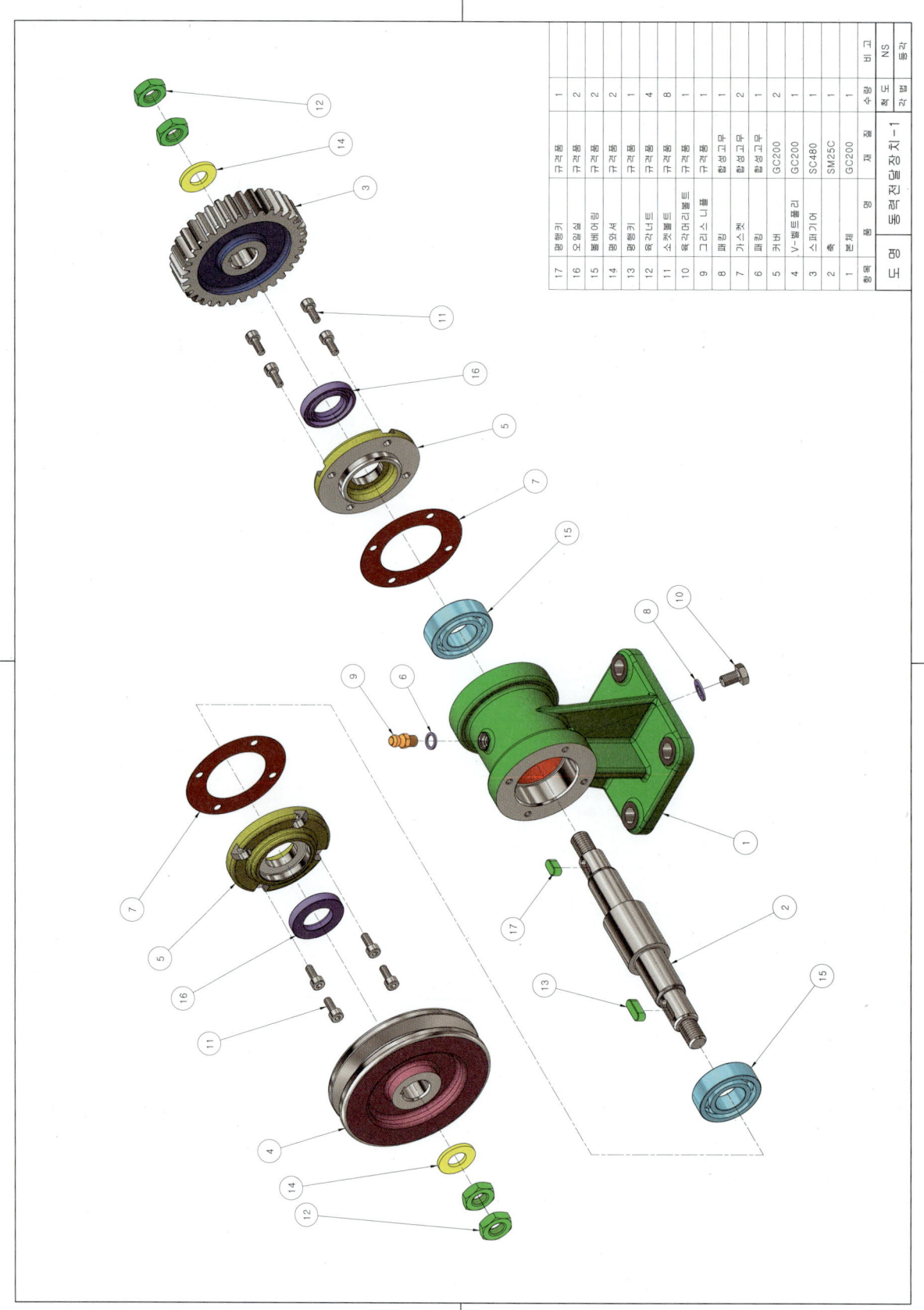

3. 동력전달장치-1

등각 조립도 예제 도면

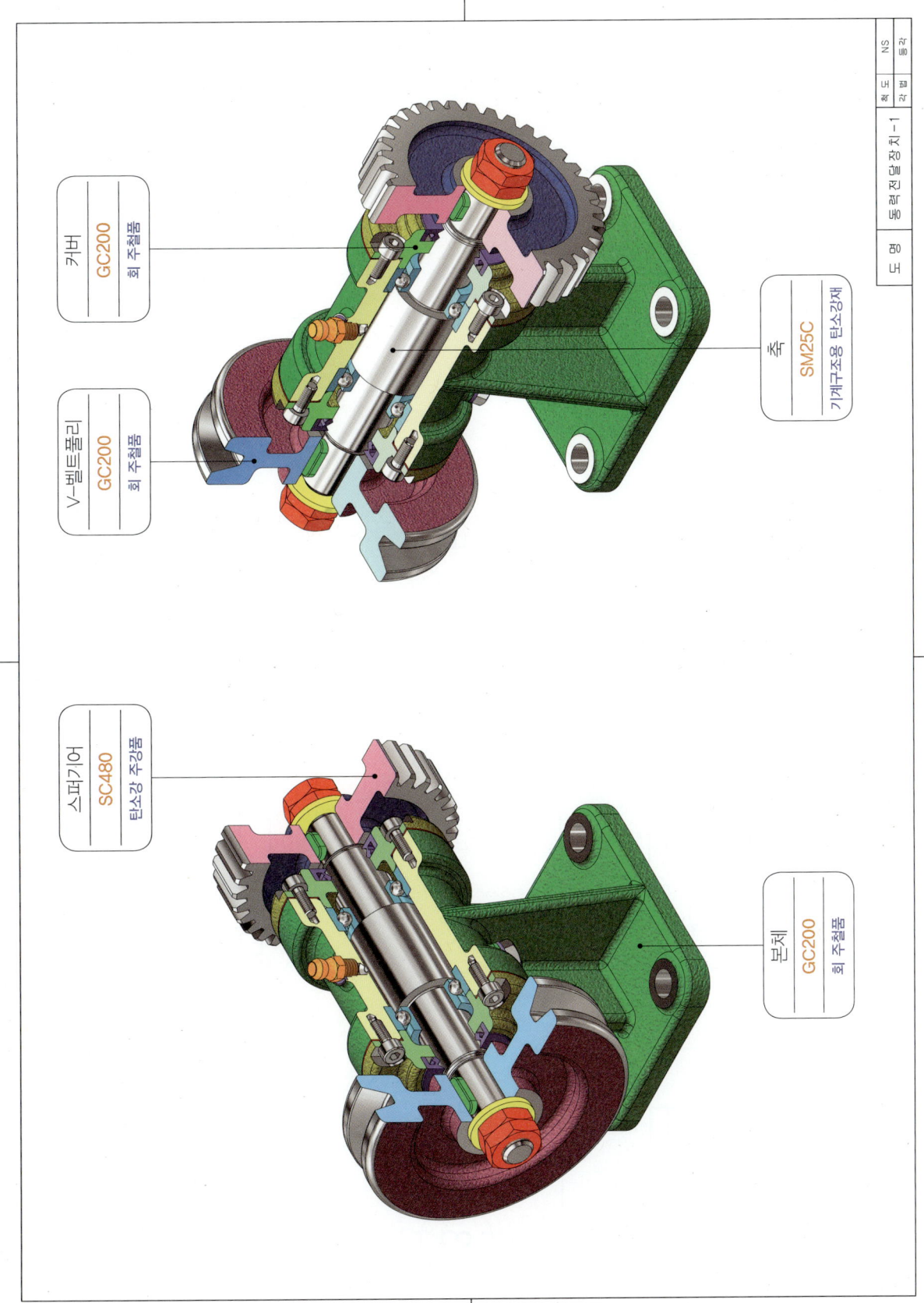

4. 슬라이더-3 과제도면

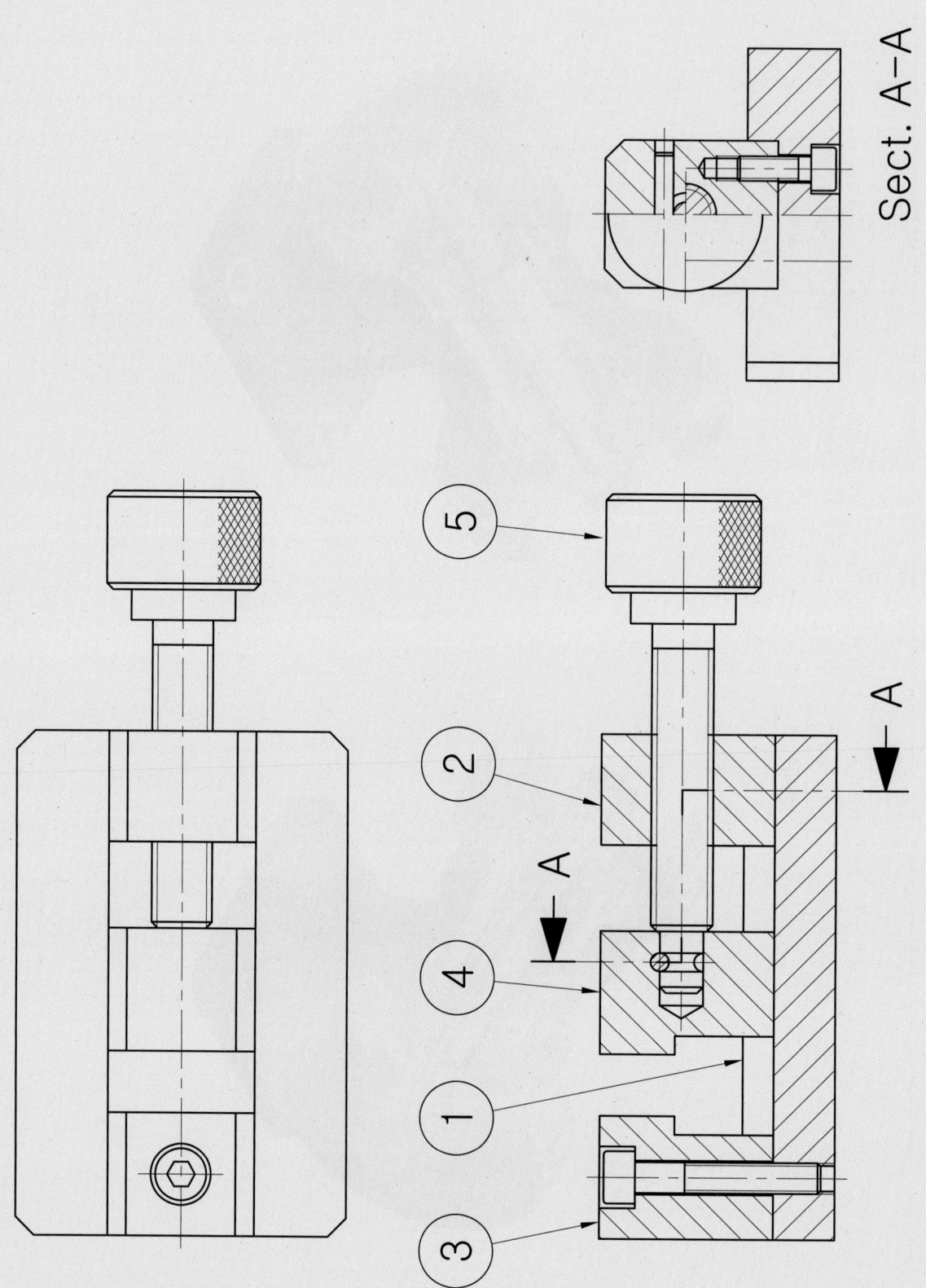

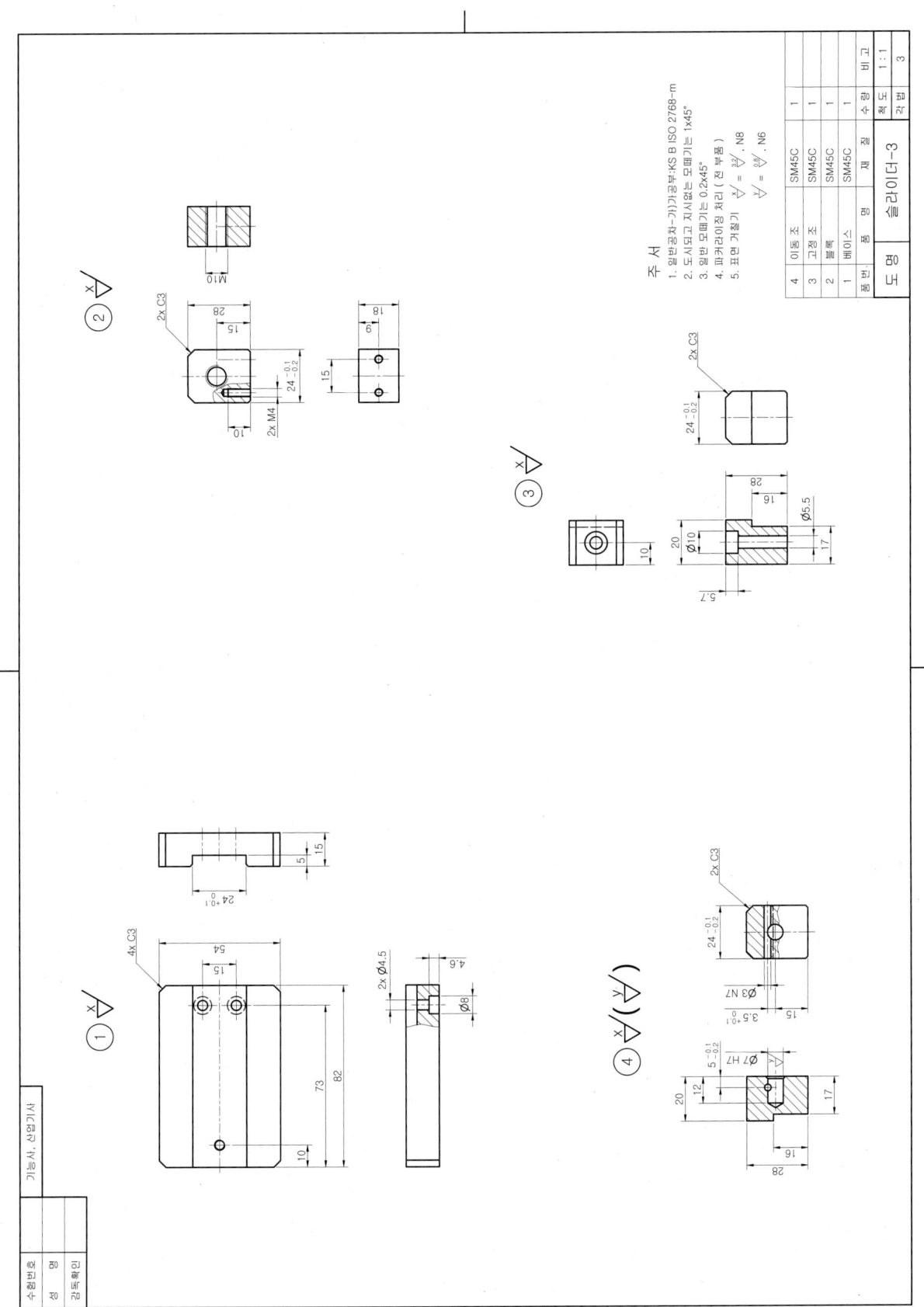

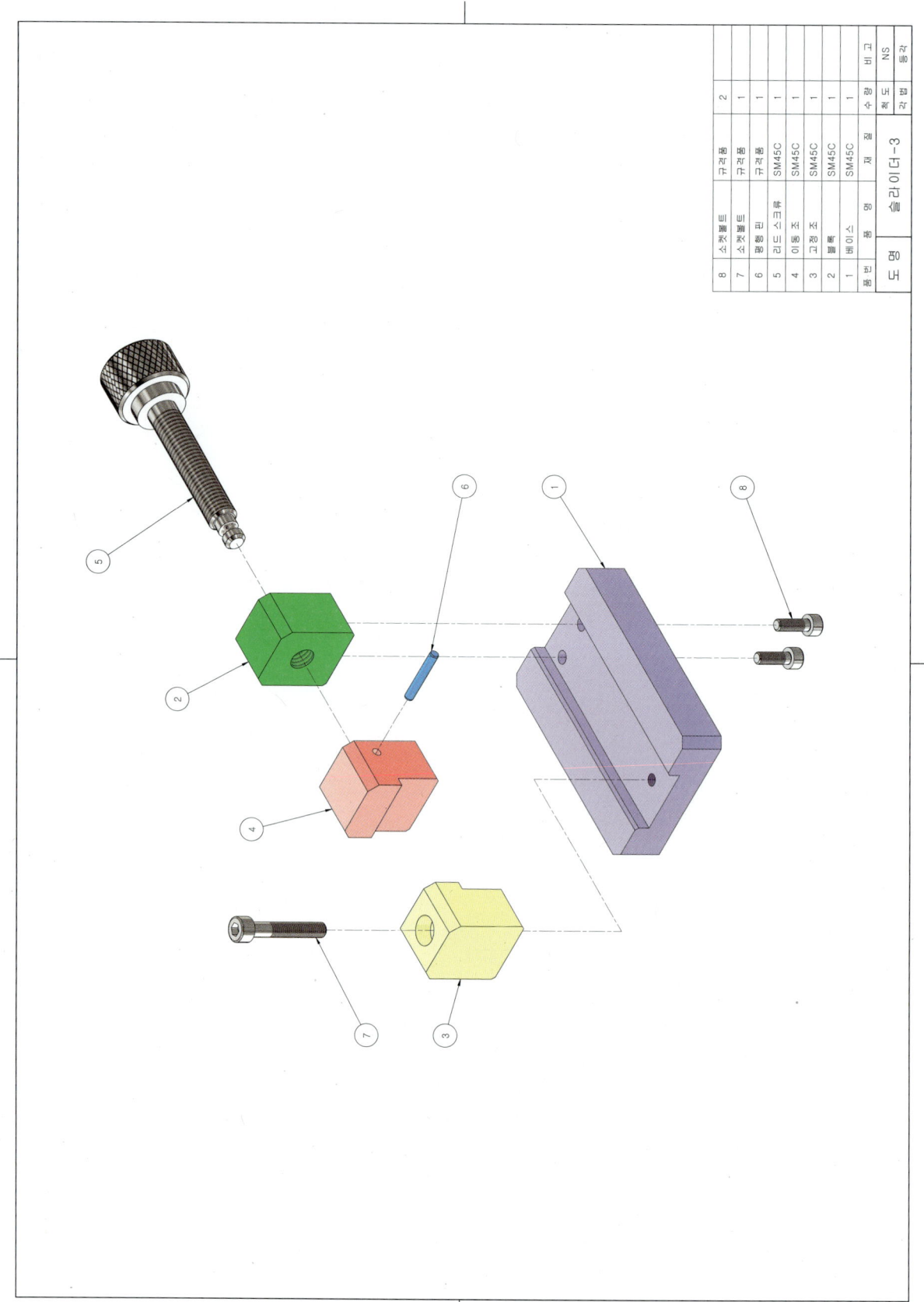

4. 슬라이더-3

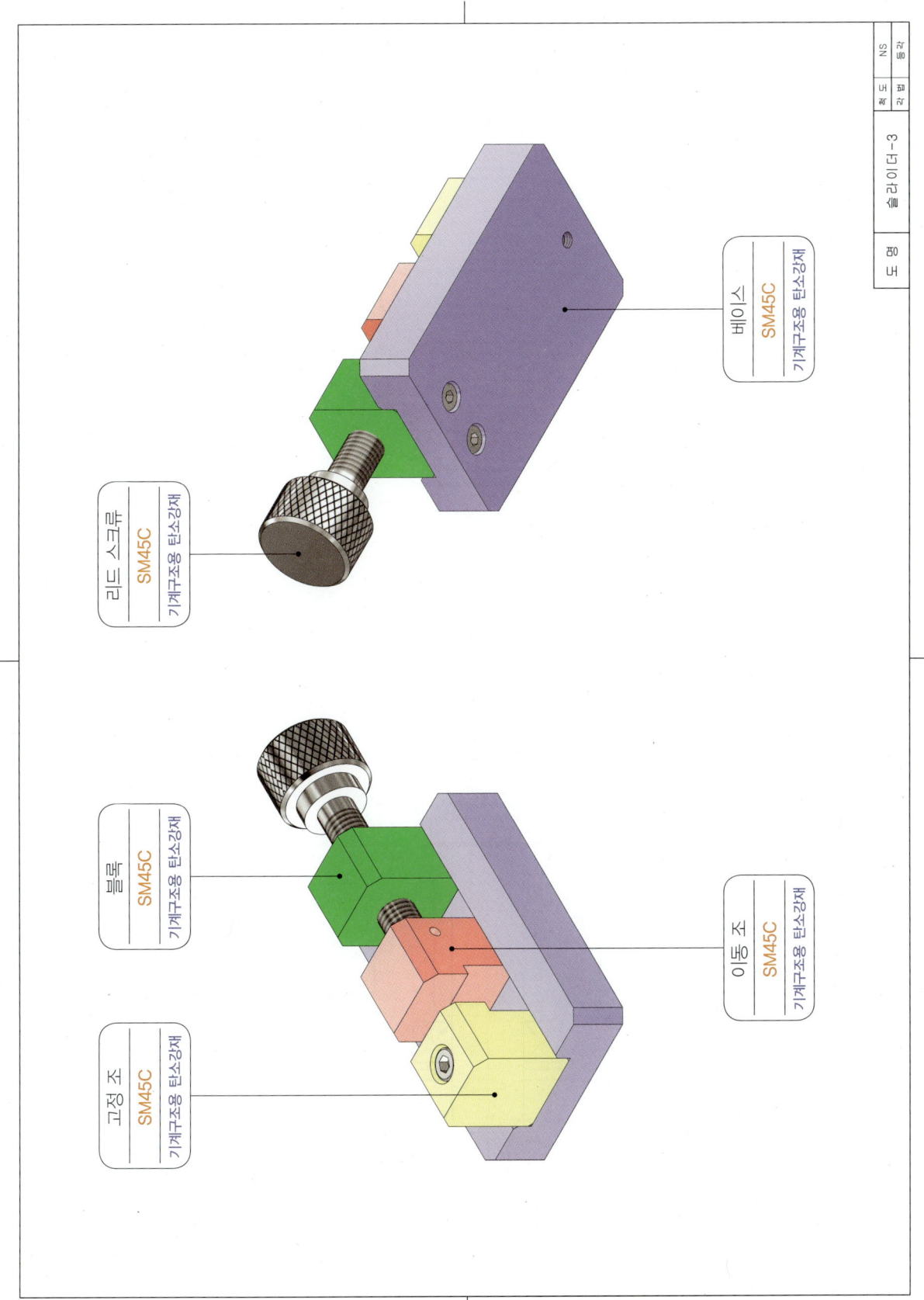

5. 쇼크업소버

과제도면

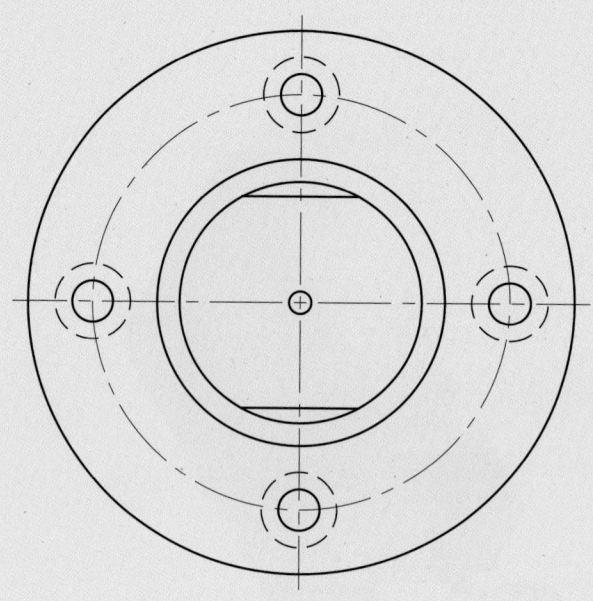

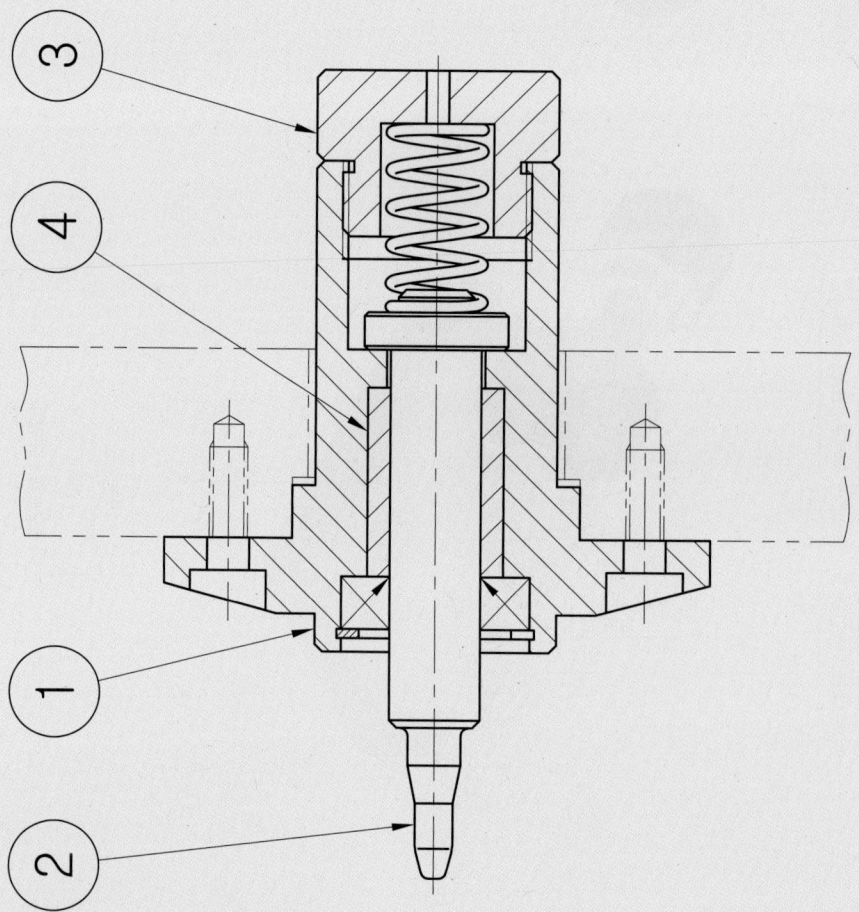

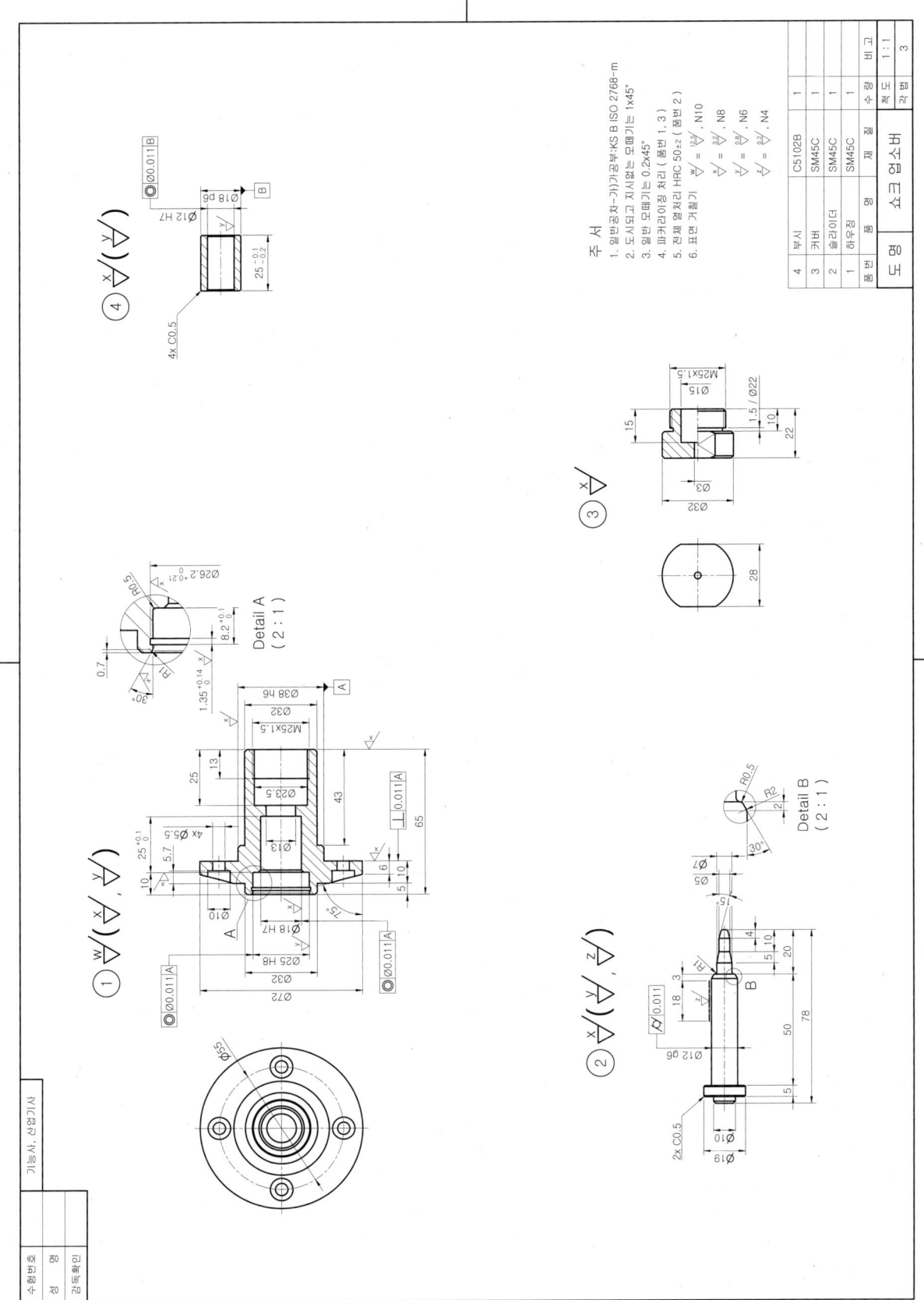

5. 쇼크업소버

등각 분해도 예제 도면

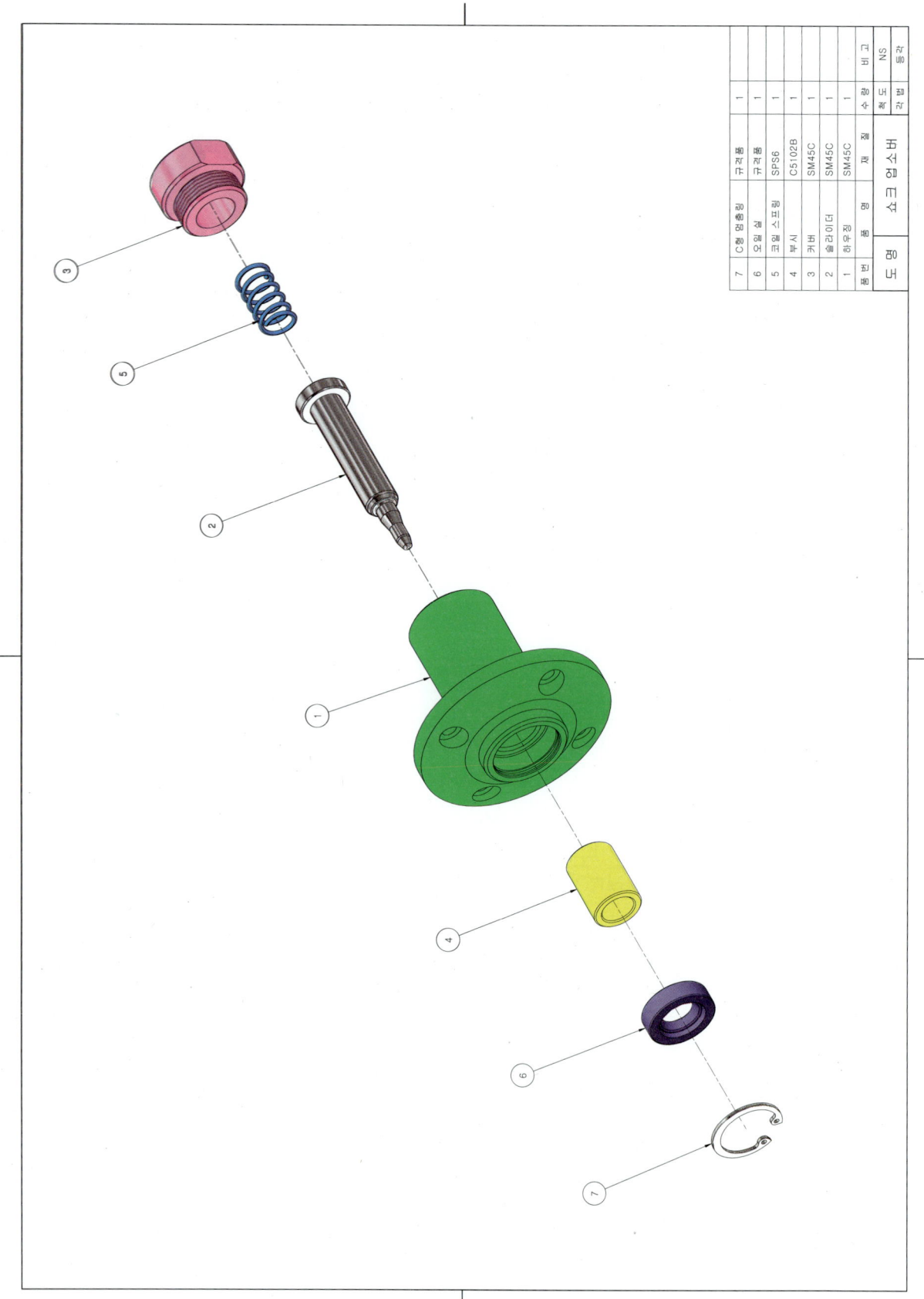

품번	품명	재질	수량	비고
1	하우징	SM45C	1	
2	실린더	SM45C	1	
3	커버	C5102B	1	
4	부시	SM45C	1	
5	코일스프링	SPS6	1	
6	오일실	규격품	1	
7	C형 멈춤링	규격품	1	

품명: 쇼크업소버

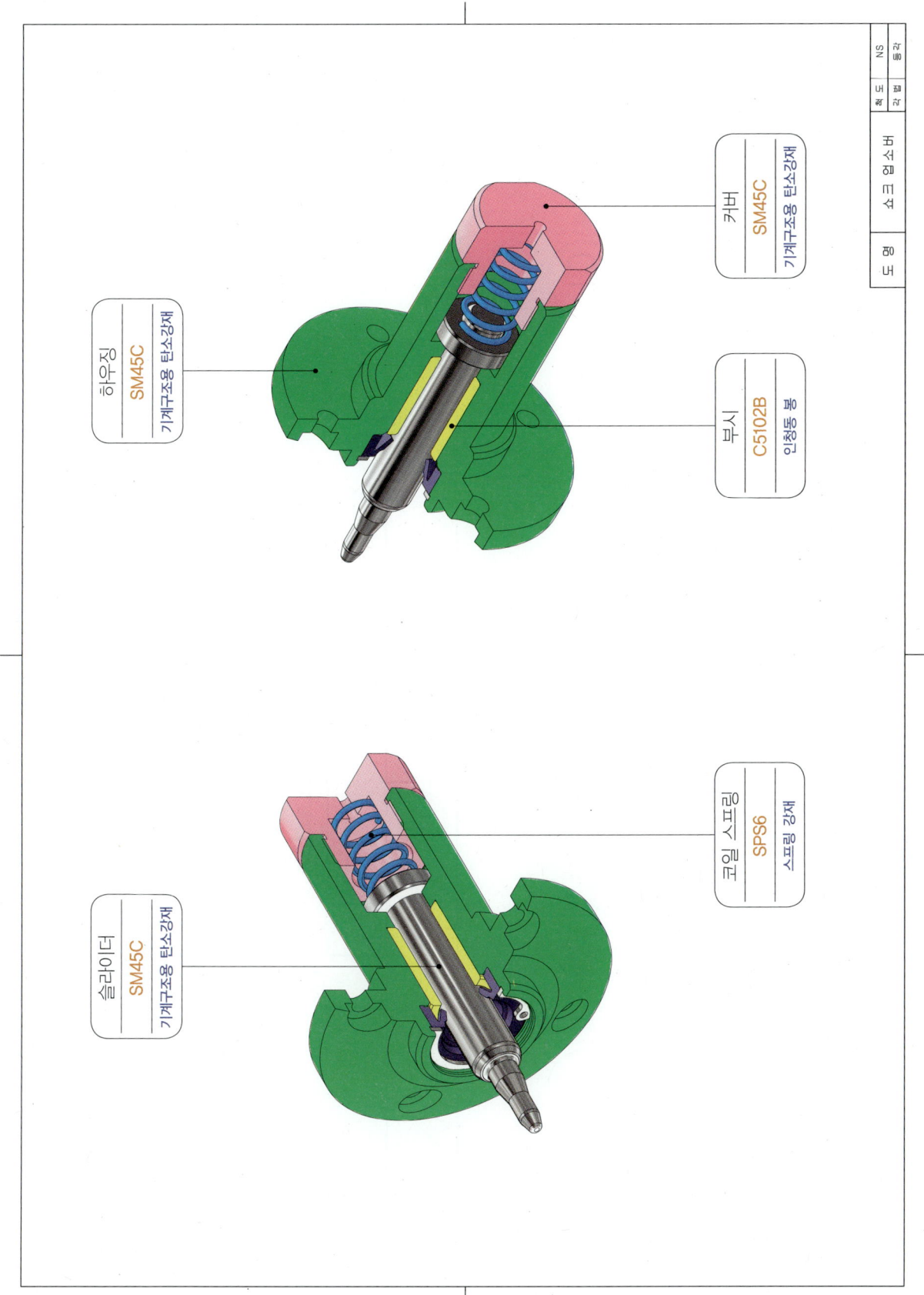

6. 에어척 과제도면

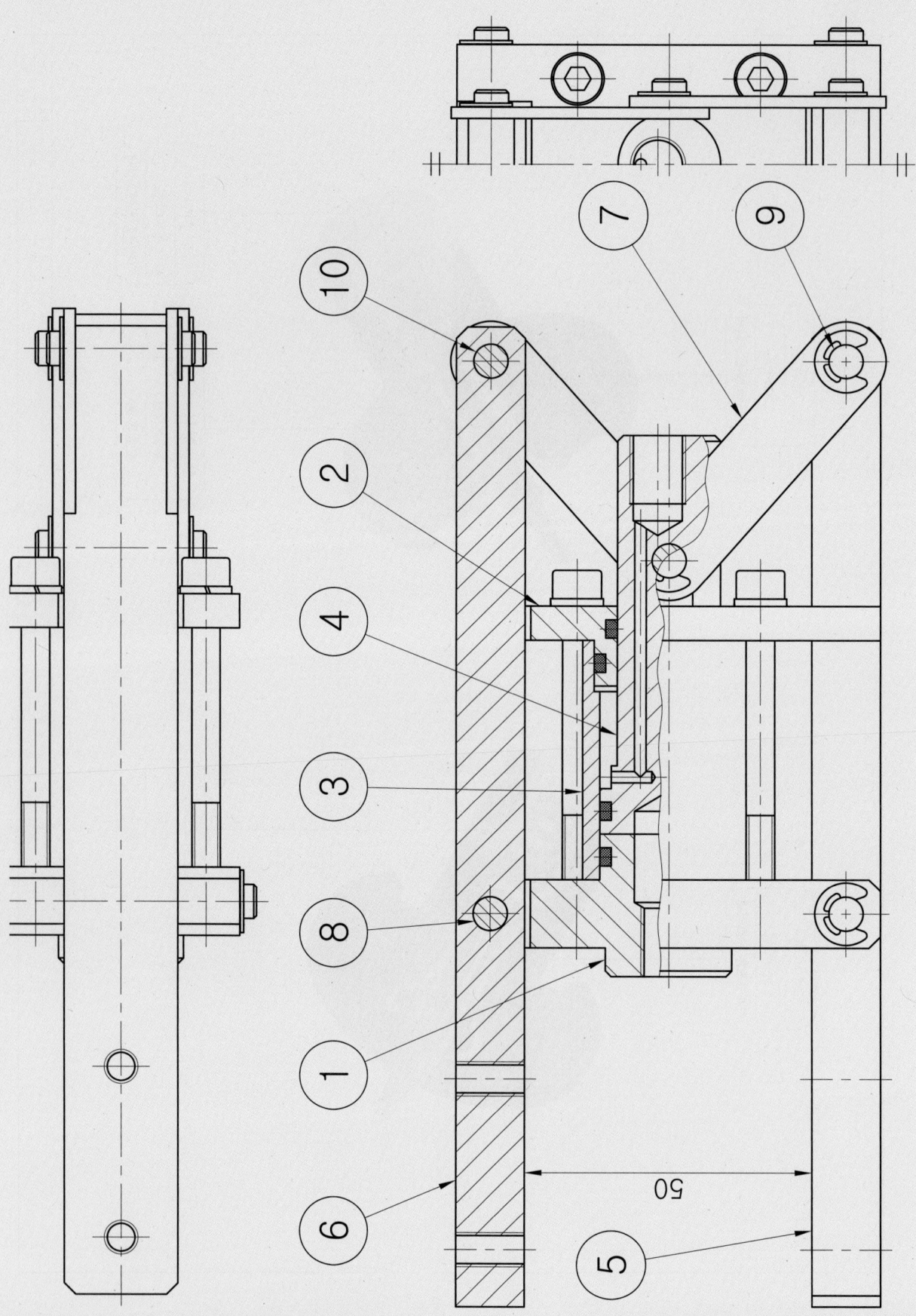

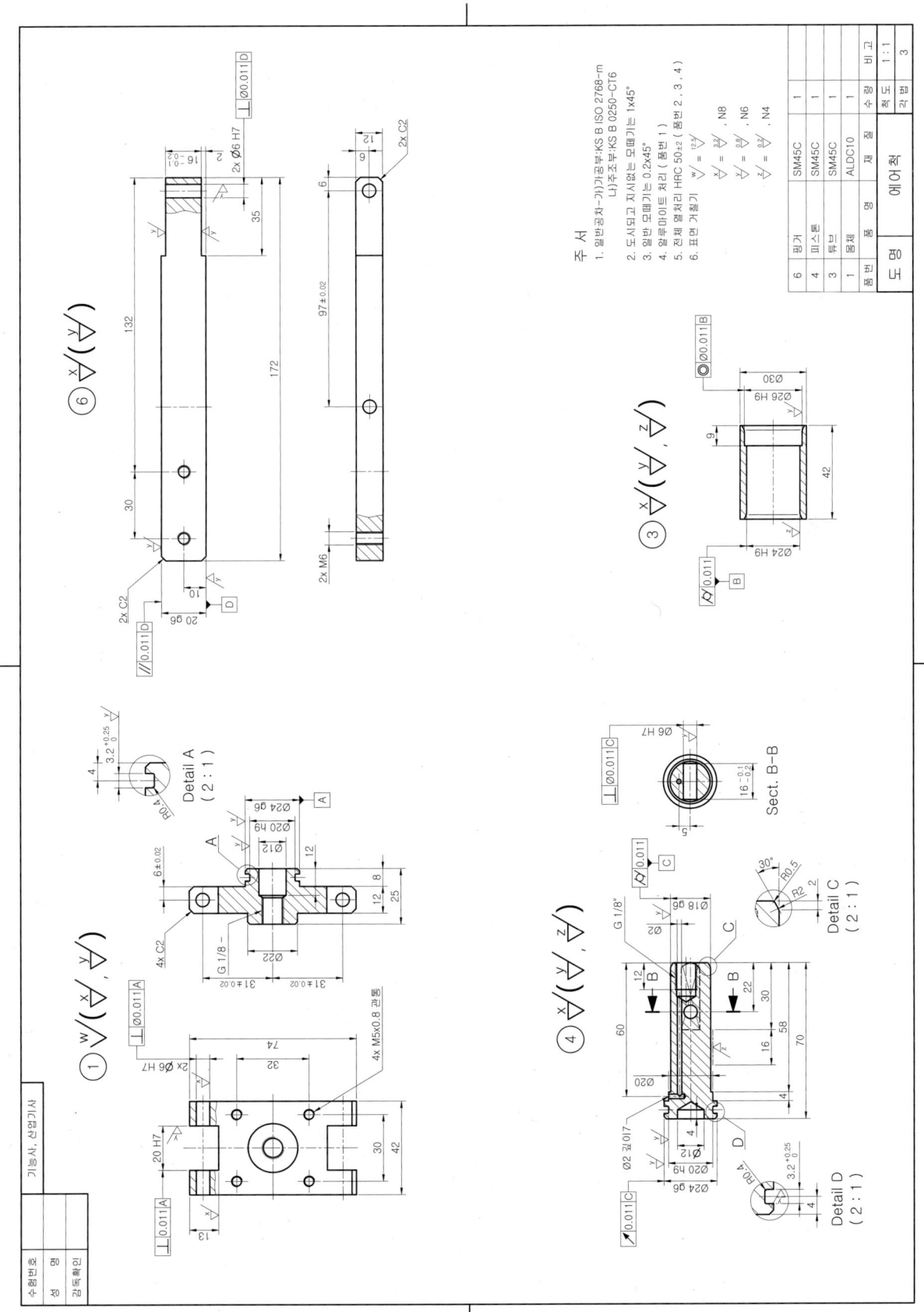

6. 에어척

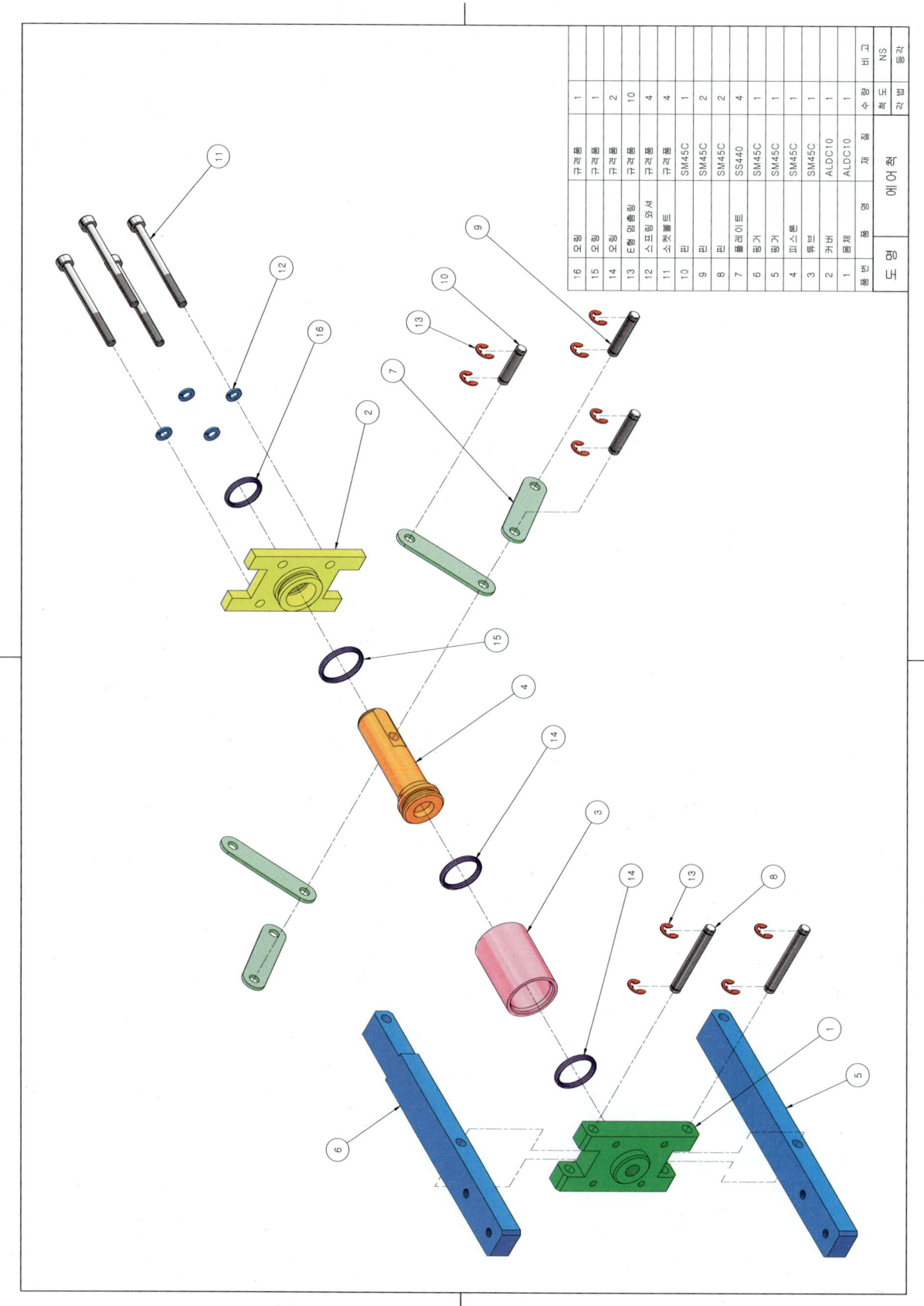

6. 에어척

등각 조립도 예제 도면

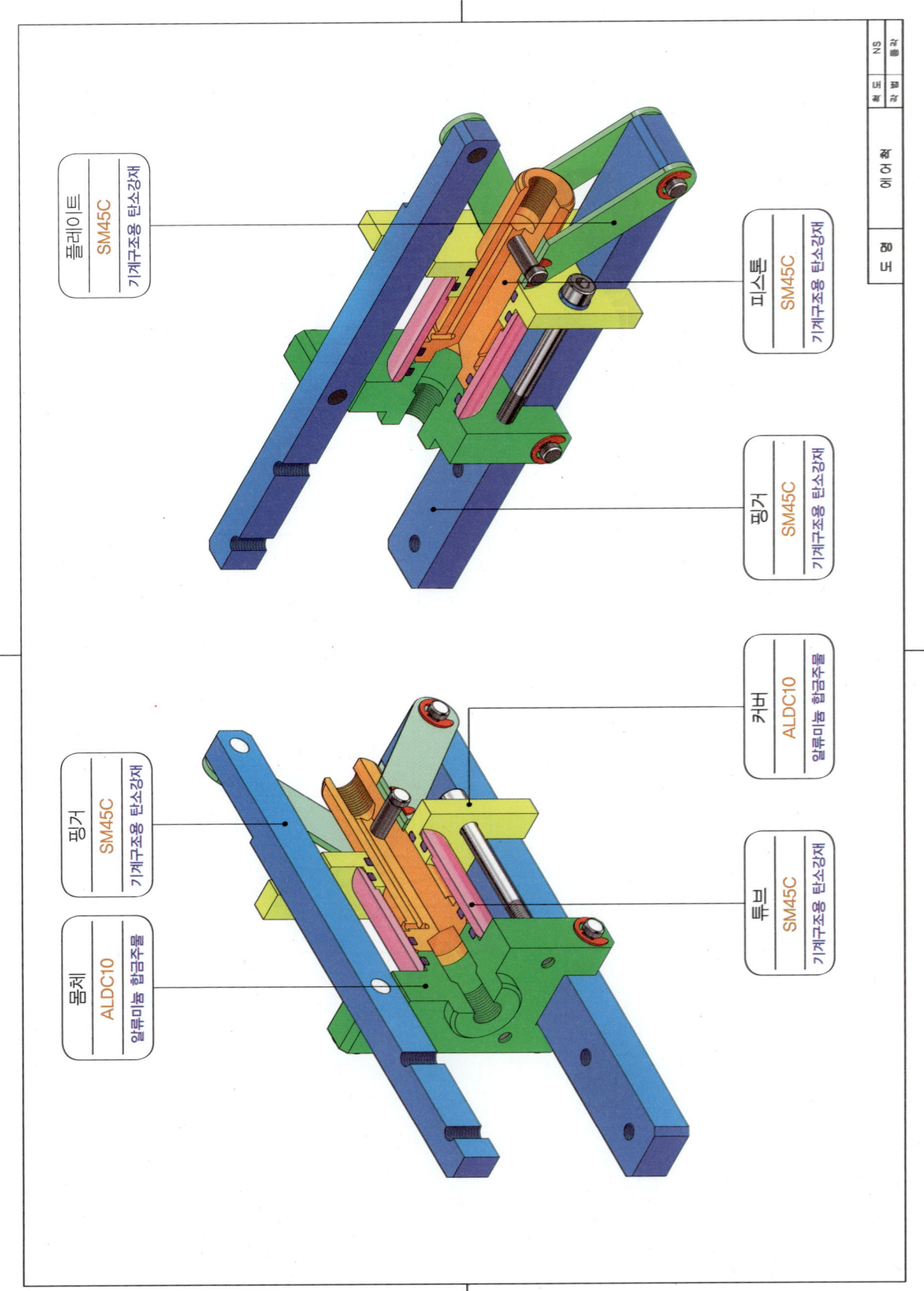

7. 동력변환장치

과제도면

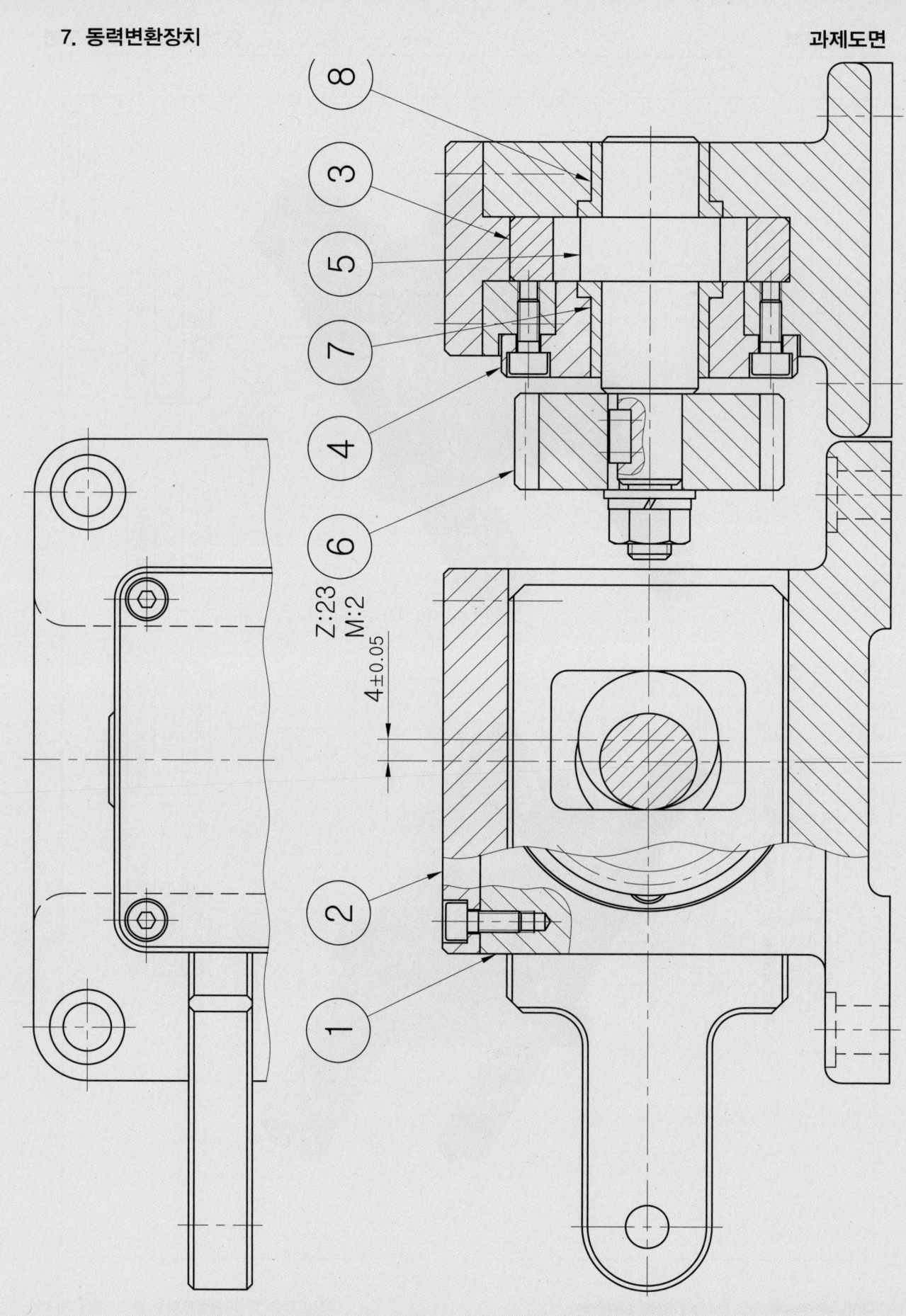

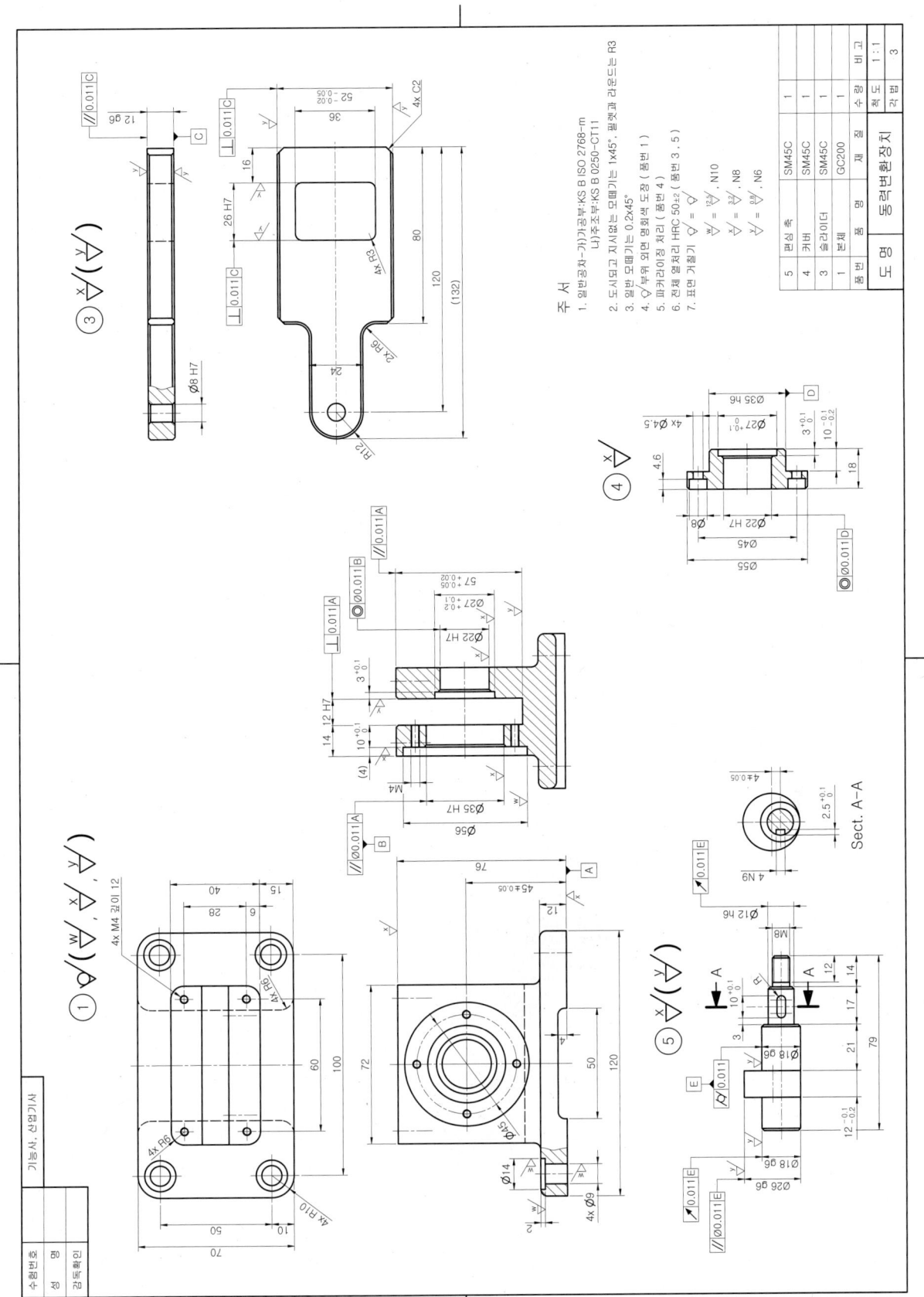

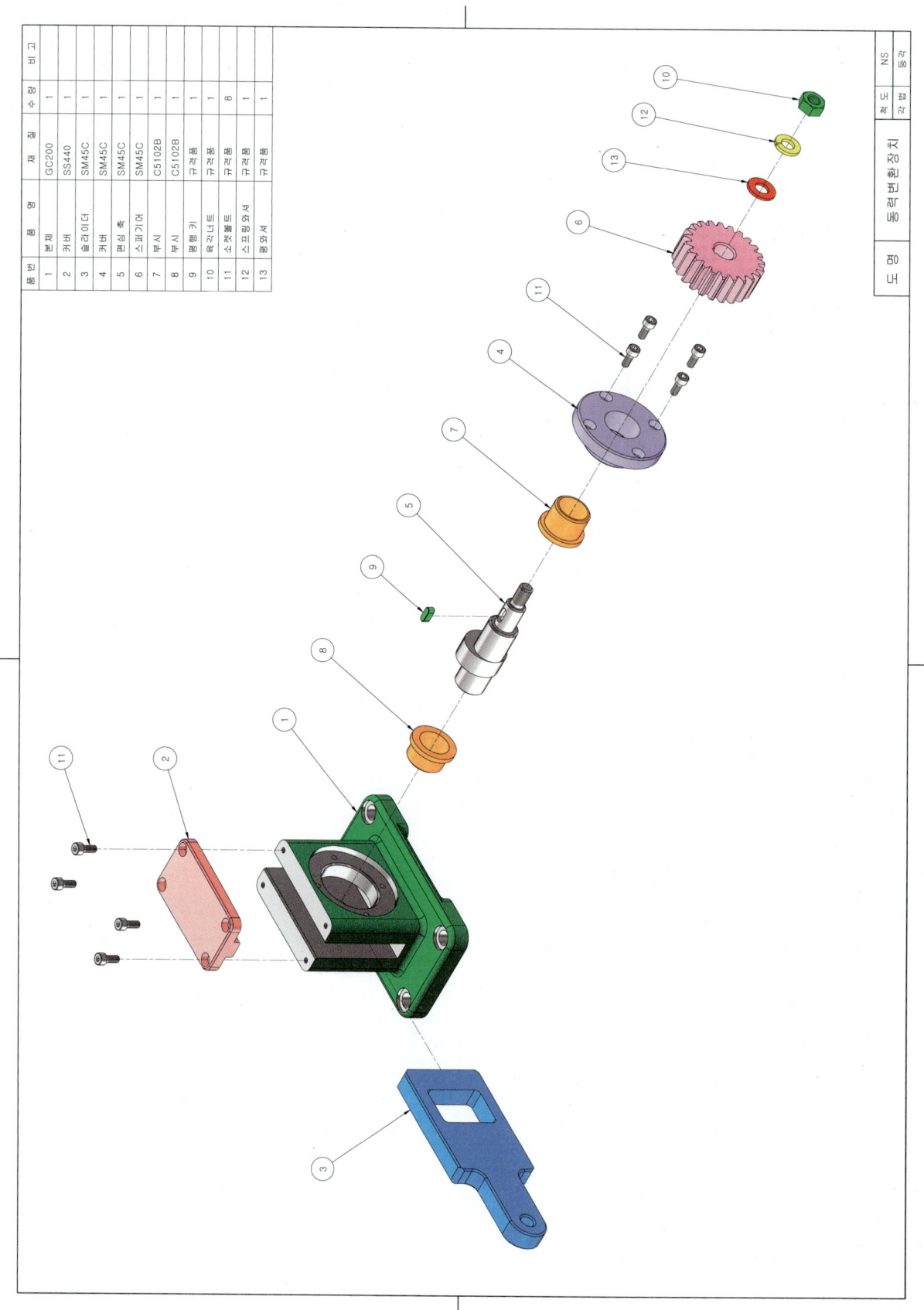

7. 동력변환장치

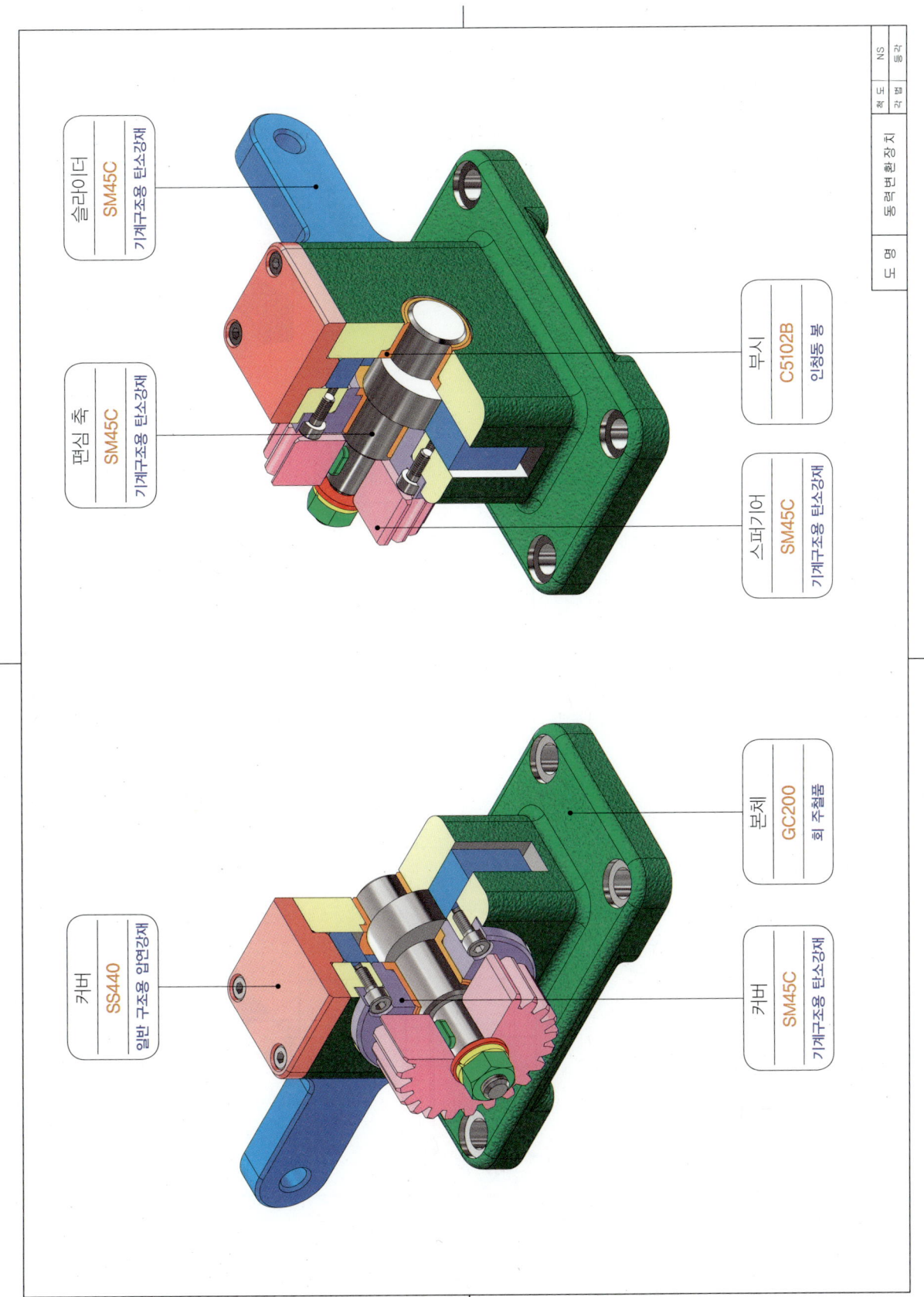

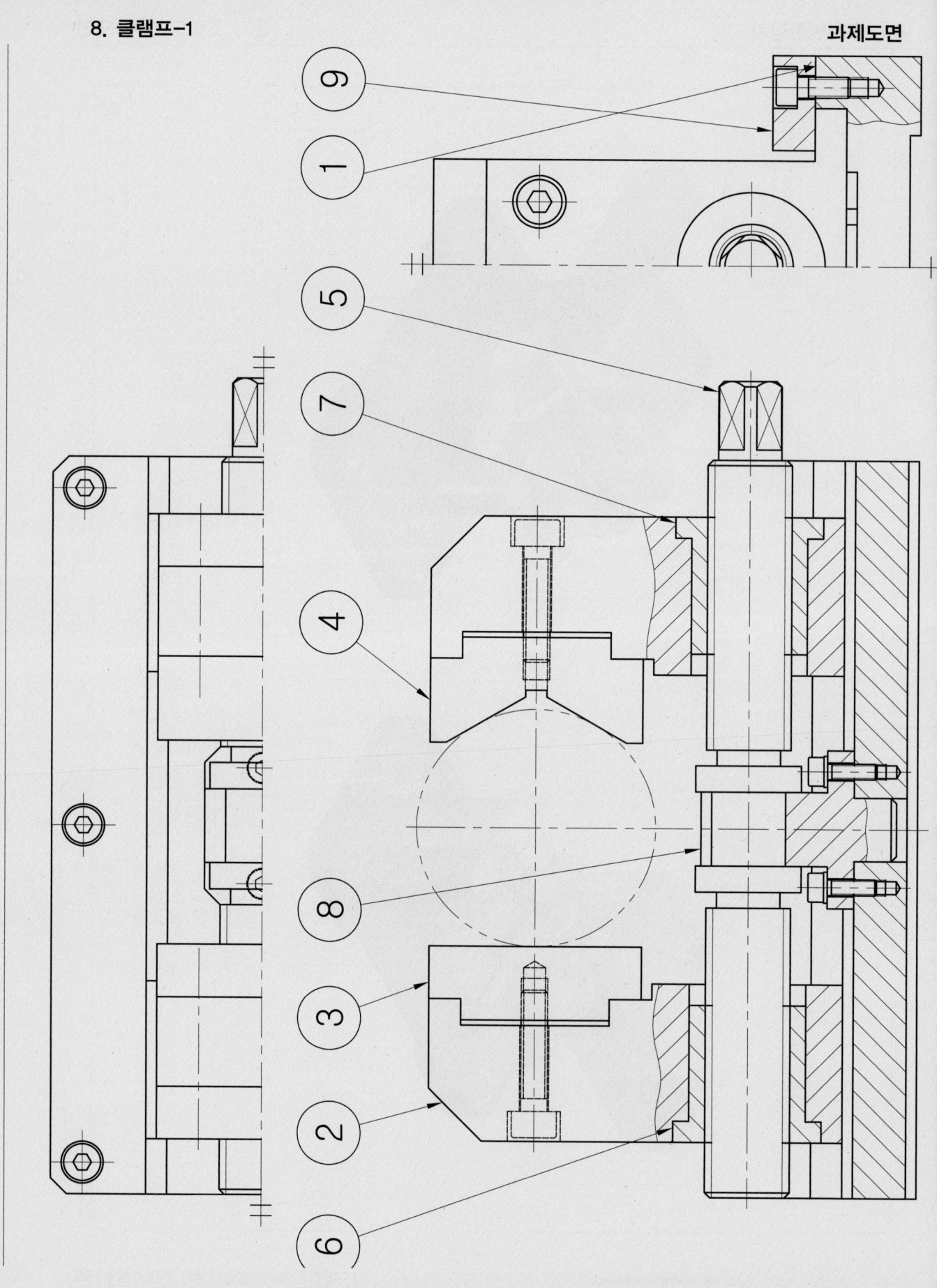

8. 클램프-1

과제도면

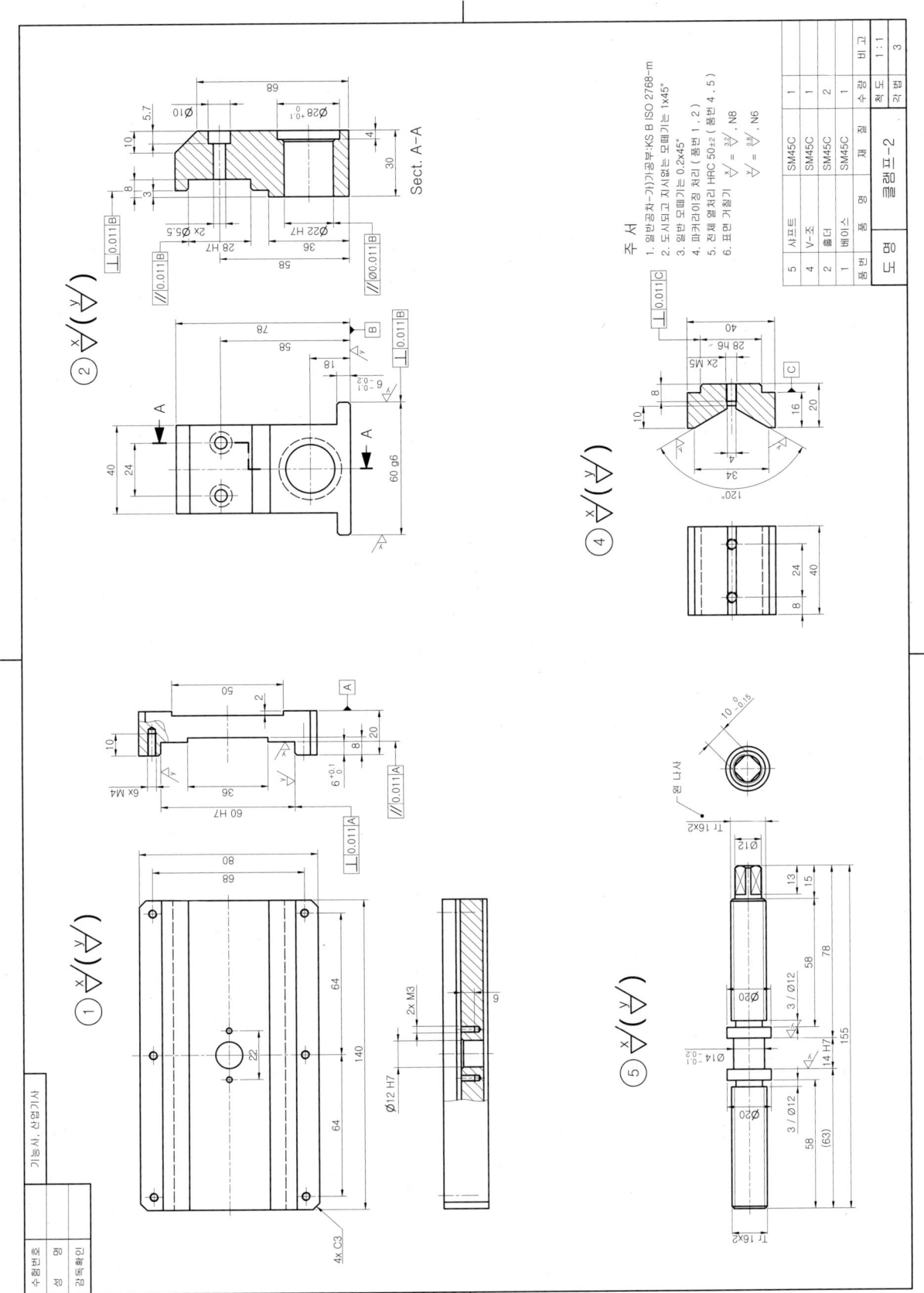

8. 클램프-1

등각 분해도 예제 도면

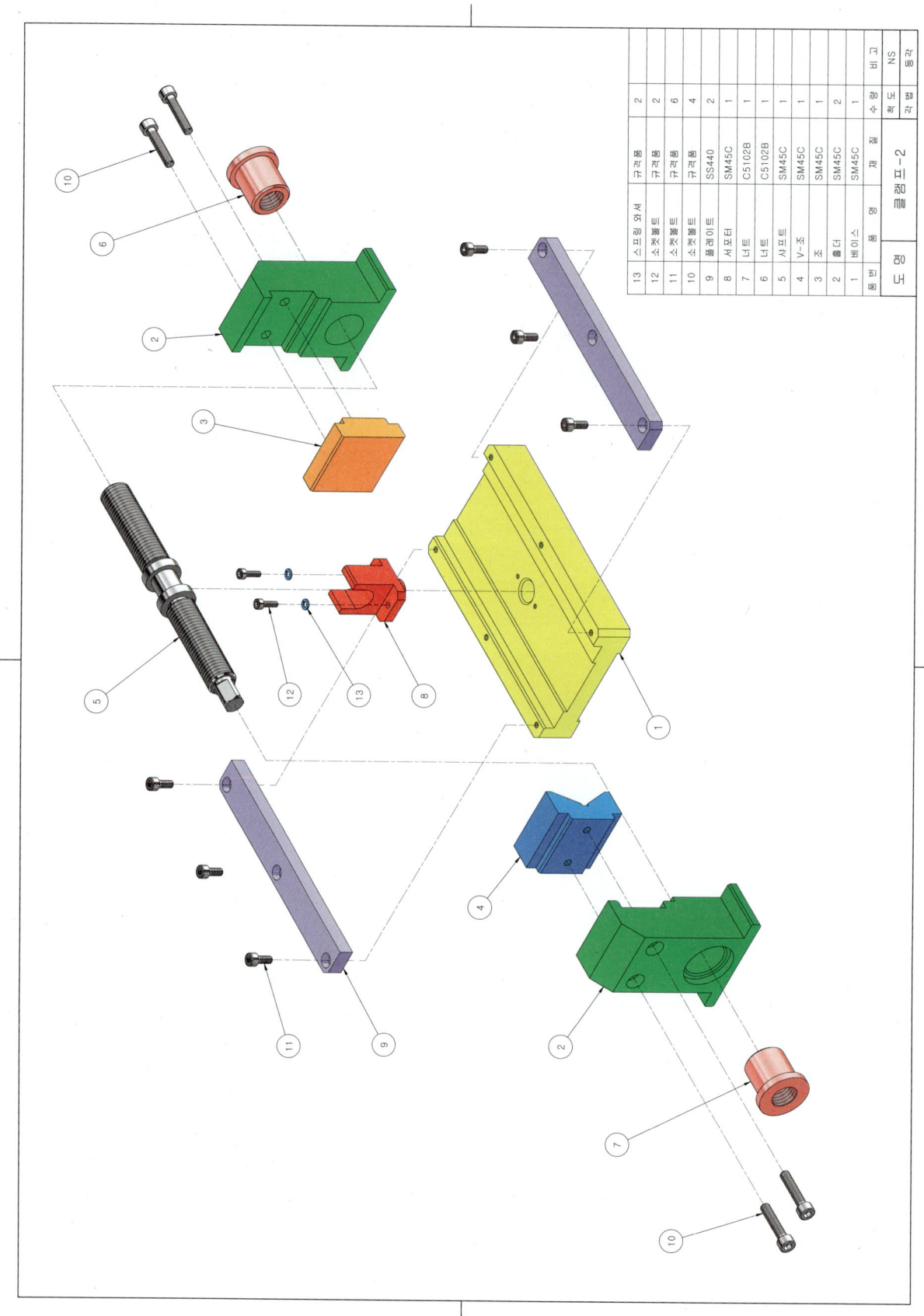

8. 클램프-1

등각 조립도 예제 도면

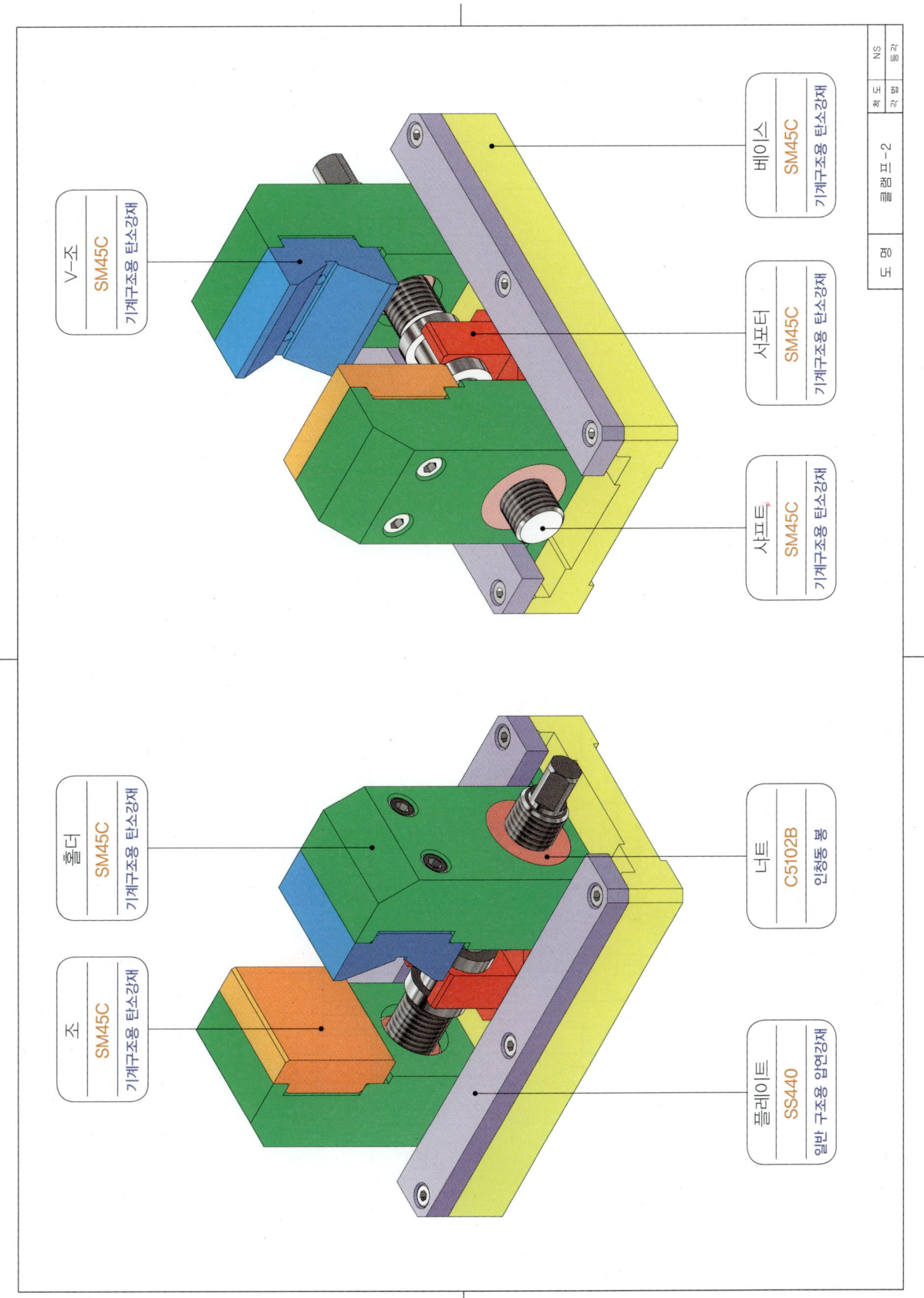

9. 클램프-2   과제도면

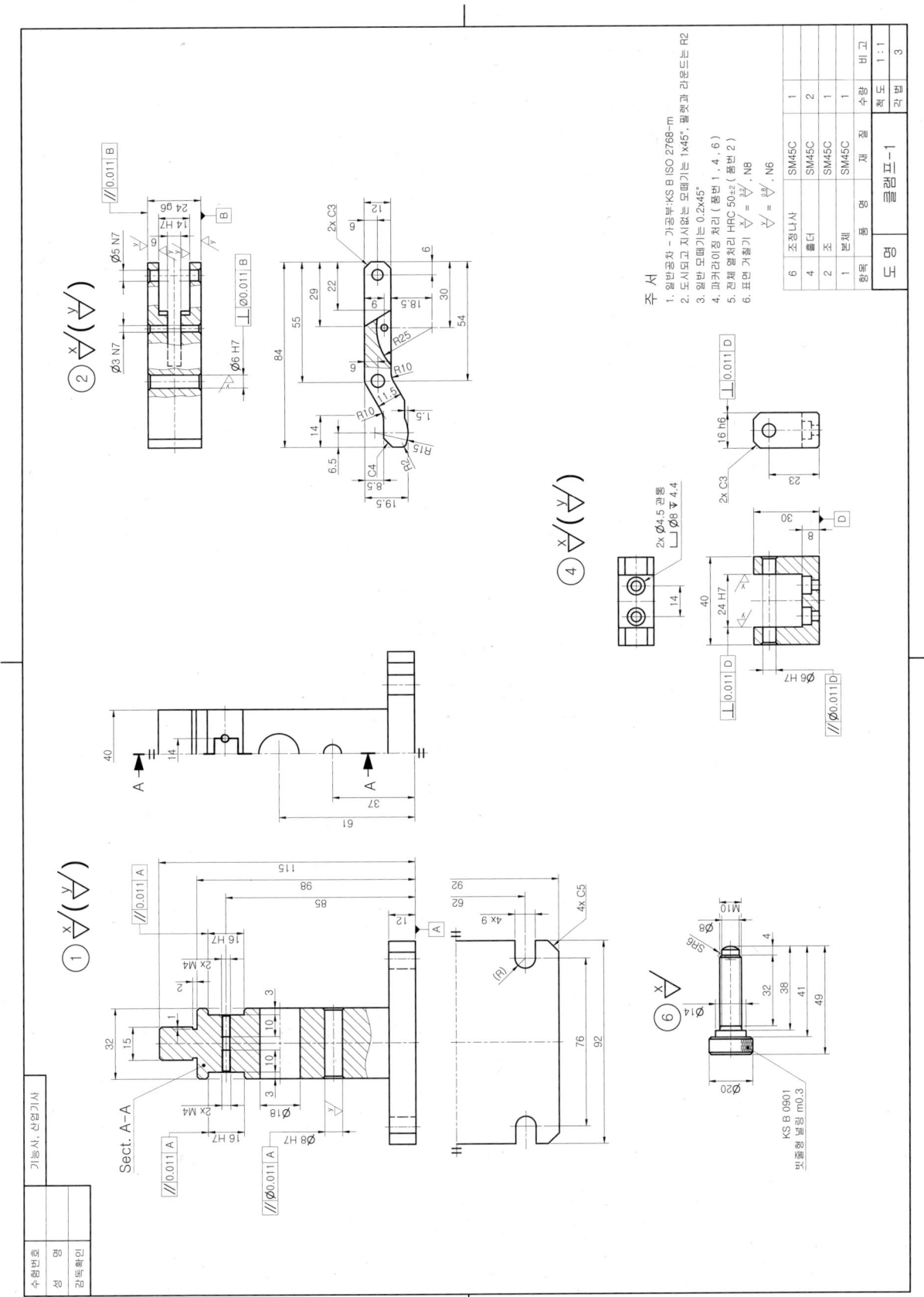

9. 클램프-2

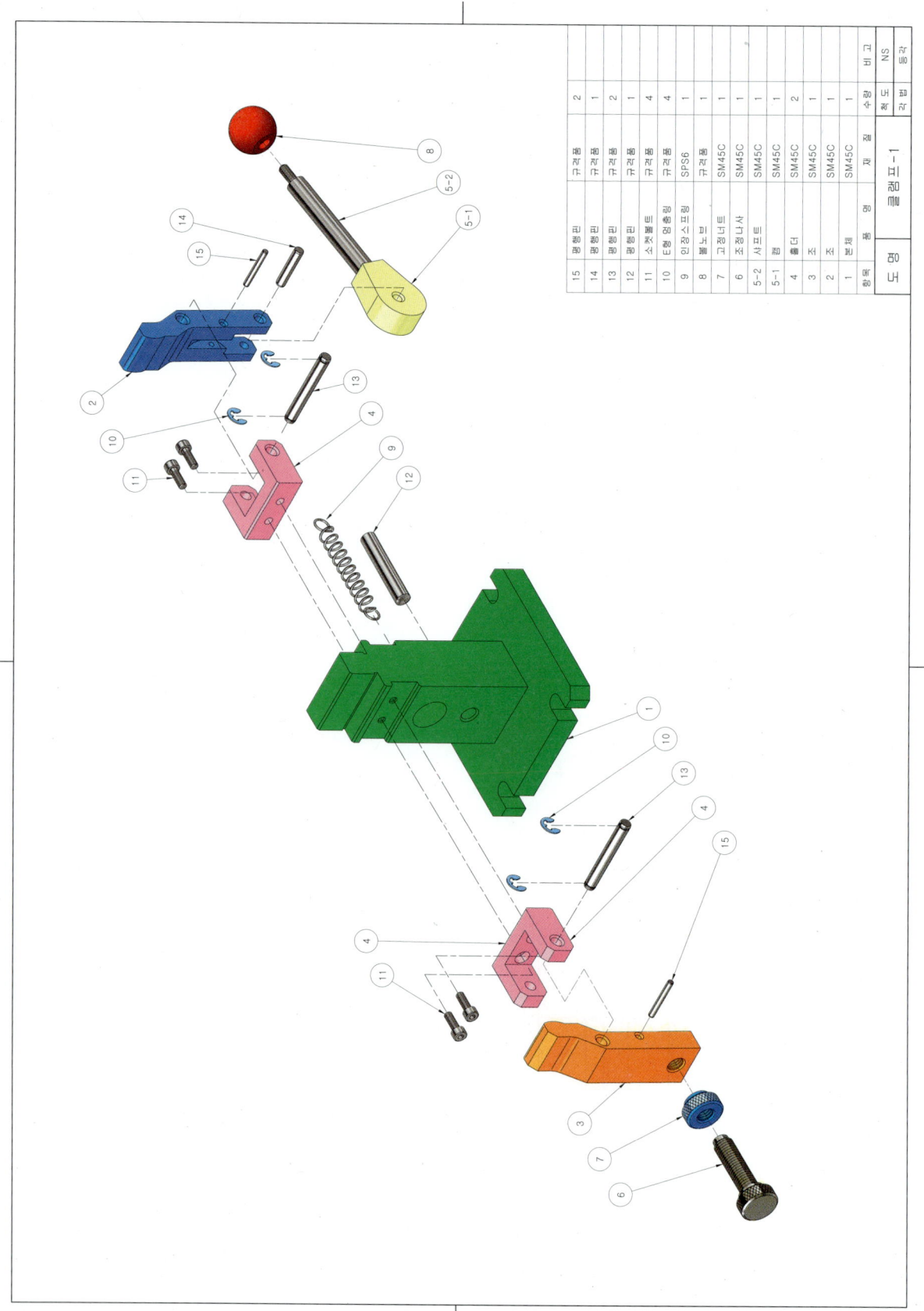

9. 클램프-2

등각 조립도 예제 도면

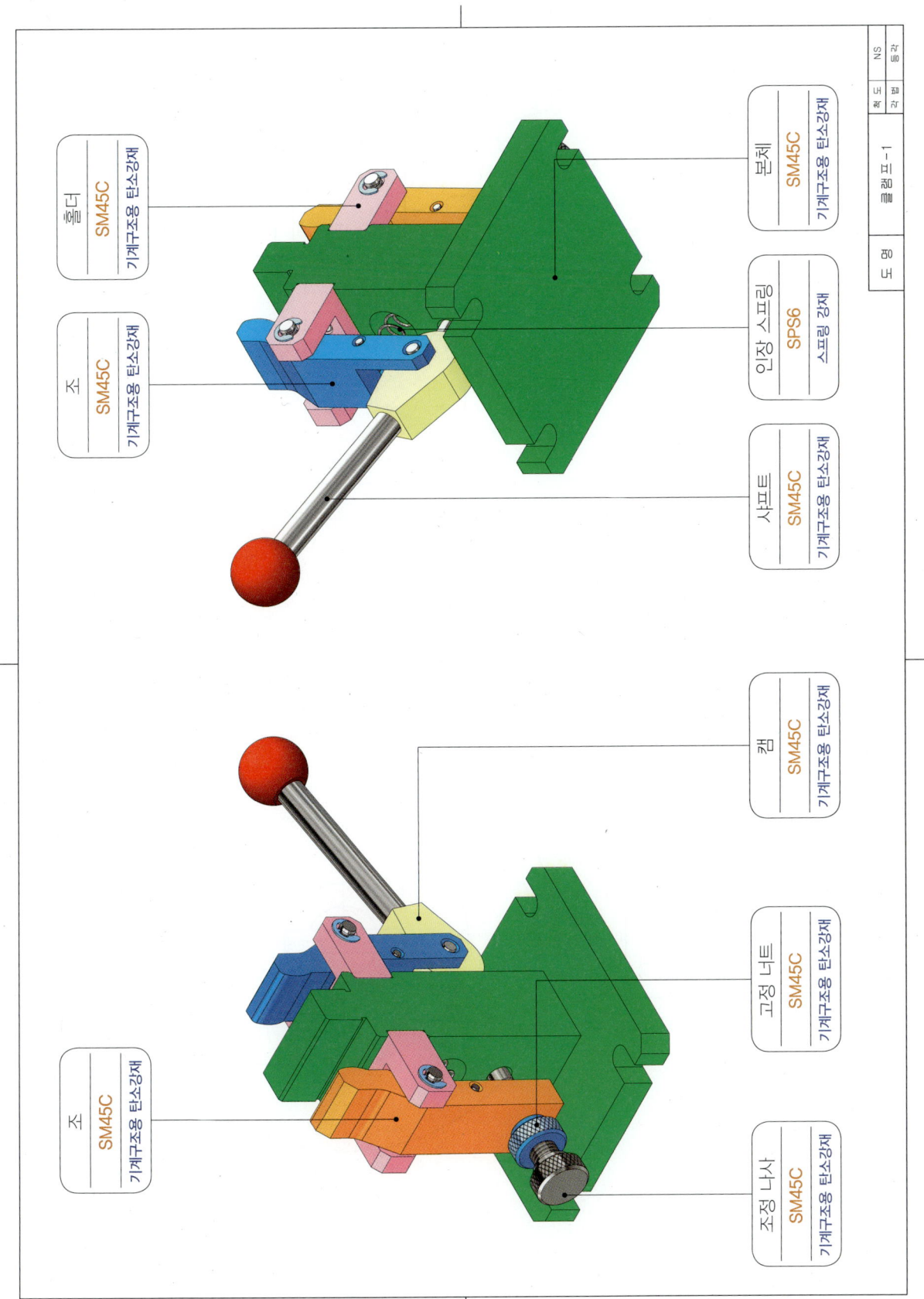

10. 아이들러 과제도면

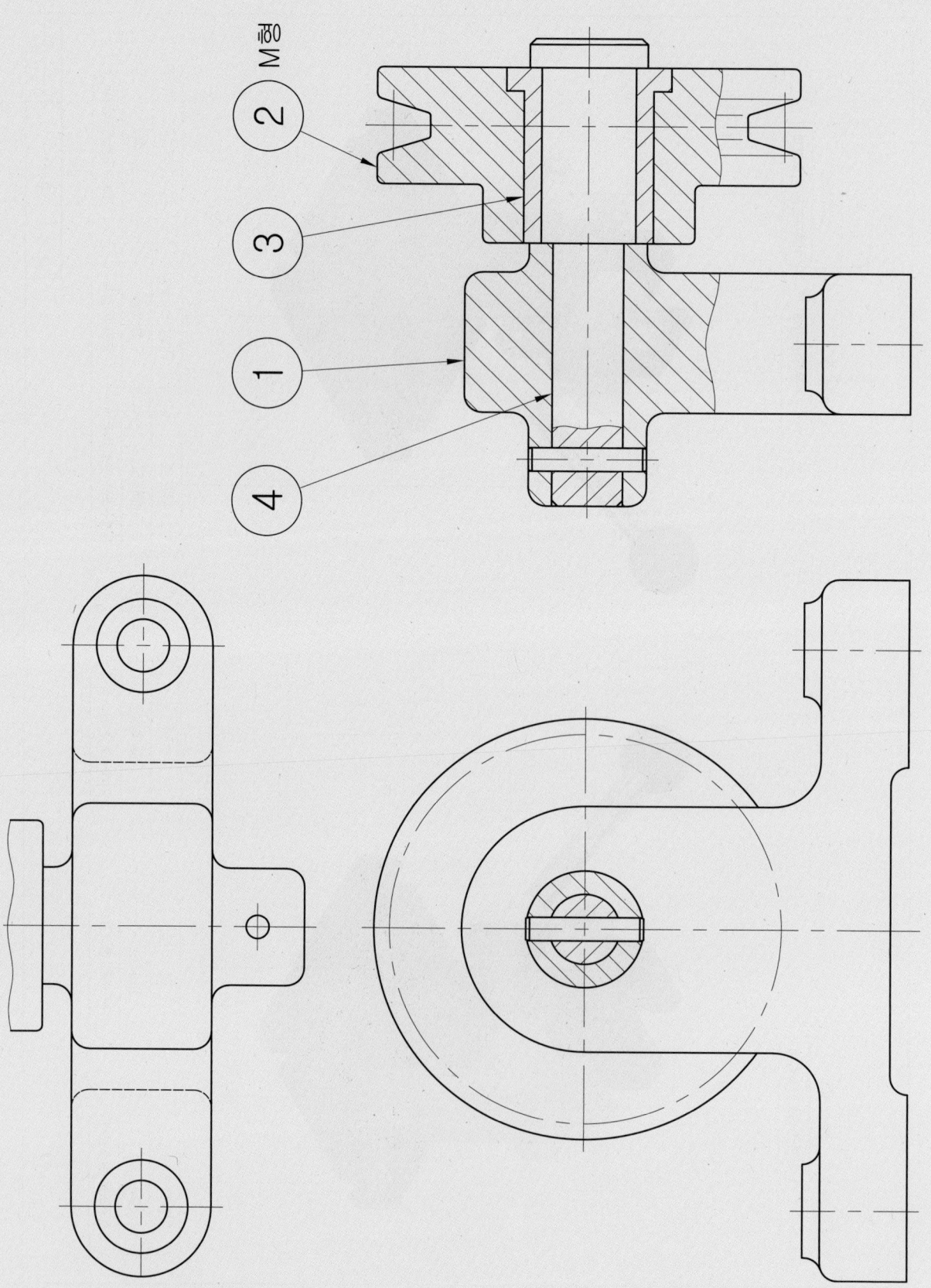

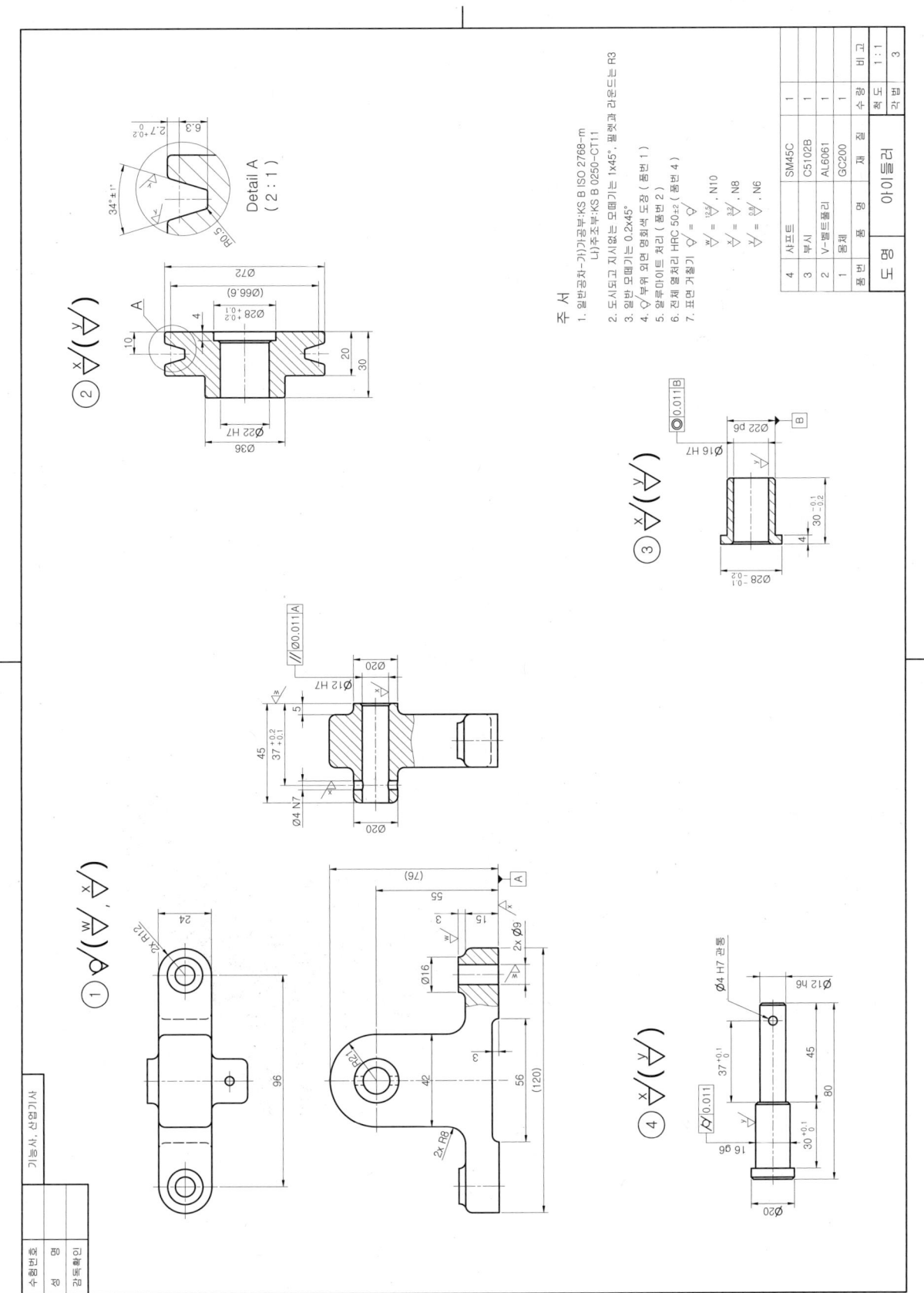

10. 아이들러

등각 분해도 예제 도면

품번	품명	재질	수량	비고
1	본체	GC200	1	
2	V-벨트풀리	AL6061	1	
3	부시	C5102B	1	
4	샤프트	SM45C	1	
5	평행핀		1	NS

10. 아이들러

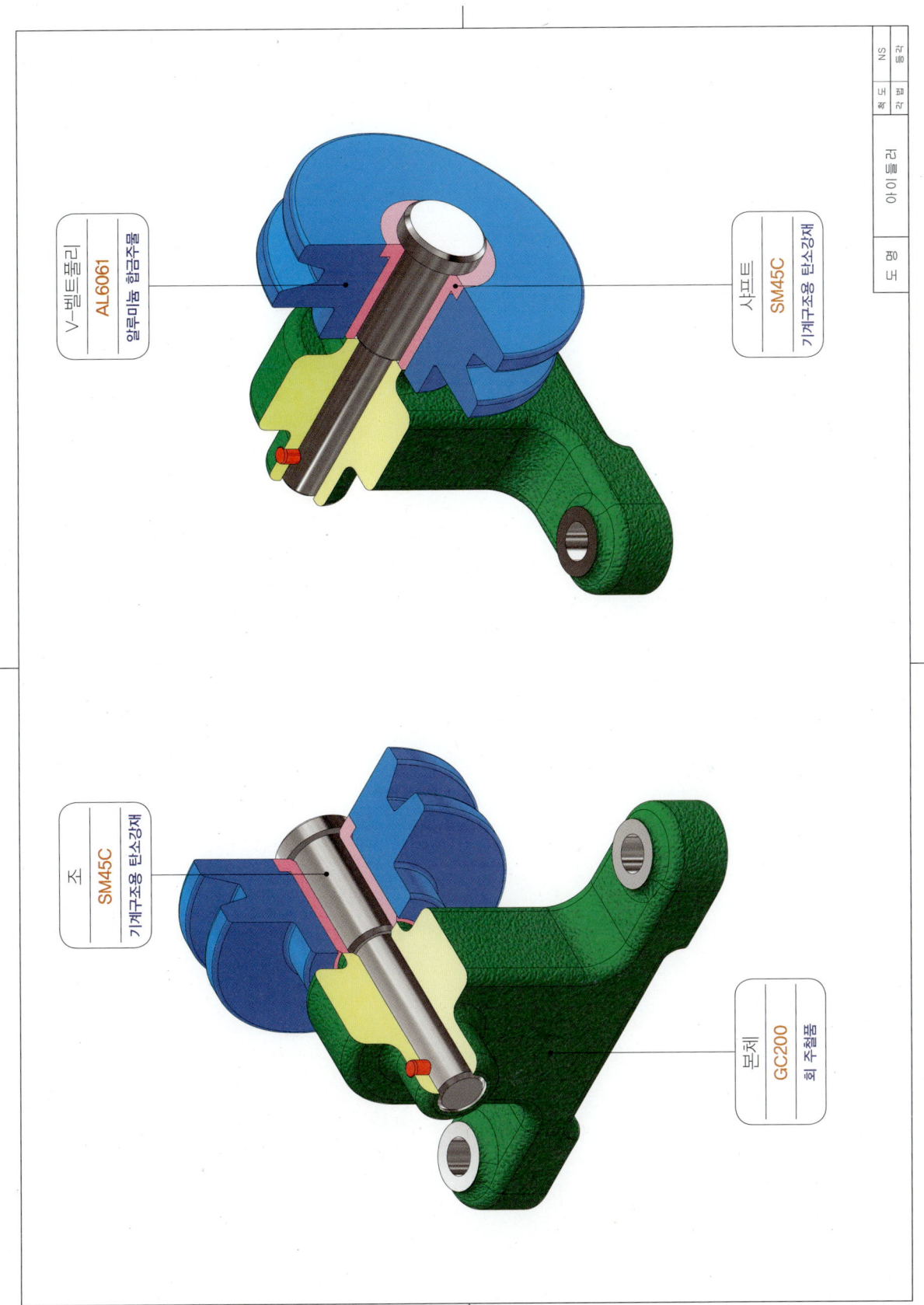

Chapter 6

기능검정 실기 도면 예제 풀이

전산응용기계제도기능사 또는 기계설계산업기사 실기 시험에서 출제 빈도가 높은 과제 도면들을 엄선하여 수록 하였습니다. 각 과제별로 과제 도면을 포함하여 제출해야 하는 부품도 풀이 예제도면과 등각 투상도 예제 도면이 수록되어 있으며 수험생들이 과제를 이해하는데 도움을 드리고자 등각 분해도 및 조립도 예제 도면까지 포함하여 구성되어 있습니다.

참고사항

1. 전산응용기계제도기능사와 기계설계산업기사의 각 요구사항을 보면 윤곽선에 대한 내용이 다른 것을 확인할 수 있습니다. 본서는 산업기사를 기준으로 윤곽선을 작도하였으며, 수험자는 응시하는 시험에 따라 지시된 요구사항을 적용하여 도면을 작도하기 바랍니다.

2. 각 과제도면에 2D부품도와 3D등각투상도 부품 번호를 표기 하였습니다. 표기된 부품의 작도한 경우 참고 도면과 비교하여 학습할 수 있습니다.

3. 2D 부품도에 끼워맞춤공차는 기계요소(베어링, 오일실, 키 등)가 조립되는 부분을 제외하고 일반적으로 구멍 H7, 축 미끄럼 부 g6, 고정 부 h6 공차를 규제하기도 하지만 구멍 H7과 축 h6의 공차 하한 값이 0 이므로 조립하기가 쉽지 않기 때문에 본서에서는 구멍 H7, 축은 미끄럼 부 고정 부 구분없이 g6 공차를 일괄적으로 규제하였습니다.

4. 스퍼기어 외경에 대한 공차는 일반공차로 규제했을 경우 +로 가공될 우려가있어 h6공차를 규제하였습니다.

5. 기하공차는 IT공차와 관계없이 0.011 로 일괄 규제하였으며, 수험자가 판단하여 IT5~6급 공차를 적용하여 도면을 작도하길 바랍니다.

6. 기능사의 렌더링 등각투상도나 산업기사의 3차원 모델링도는 실선으로 처리하거나 렌더링 처리(음영 처리) 하여도 관계 없으나 산업기사에서는 렌더링 처리 했을 경우 단면부에 해칭을 하지 않아야 합니다.

1. 동력전달장치-1 … 170
2. 동력전달장치-2 … 176
3. 동력전달장치-3 … 182
4. 기어박스 … 188
5. V-벨트 전동장치 … 194
6. 축 받침 장치 … 200
7. 평 벨트 전동장치 … 206
8. 피벗 베어링 하우징 … 212
9. 편심왕복장치 … 218
10. 래크와 피니언 구동장치 … 224
11. 아이들러 … 230
12. 스퍼기어 감속기 … 236
13. 기어펌프-1 … 242
14. 기어펌프-2 … 248
15. 기어펌프-3 … 254
16. 오일기어펌프 … 260
17. 바이스 … 266
18. 드릴지그-1 … 272
19. 드릴지그-2 … 278
20. 드릴지그-3 … 284
21. 드릴지그-4 … 290
22. 드릴지그-5 … 296
23. 드릴지그-6 … 302
24. 리밍지그-1 … 308
25. 리밍지그-2 … 314
26. 클램프-1 … 320
27. 클램프-2 … 326
28. 에어척-1 … 332
29. 에어척-2 … 338
30. 에어척-3 … 344

1. 동력전달장치-1

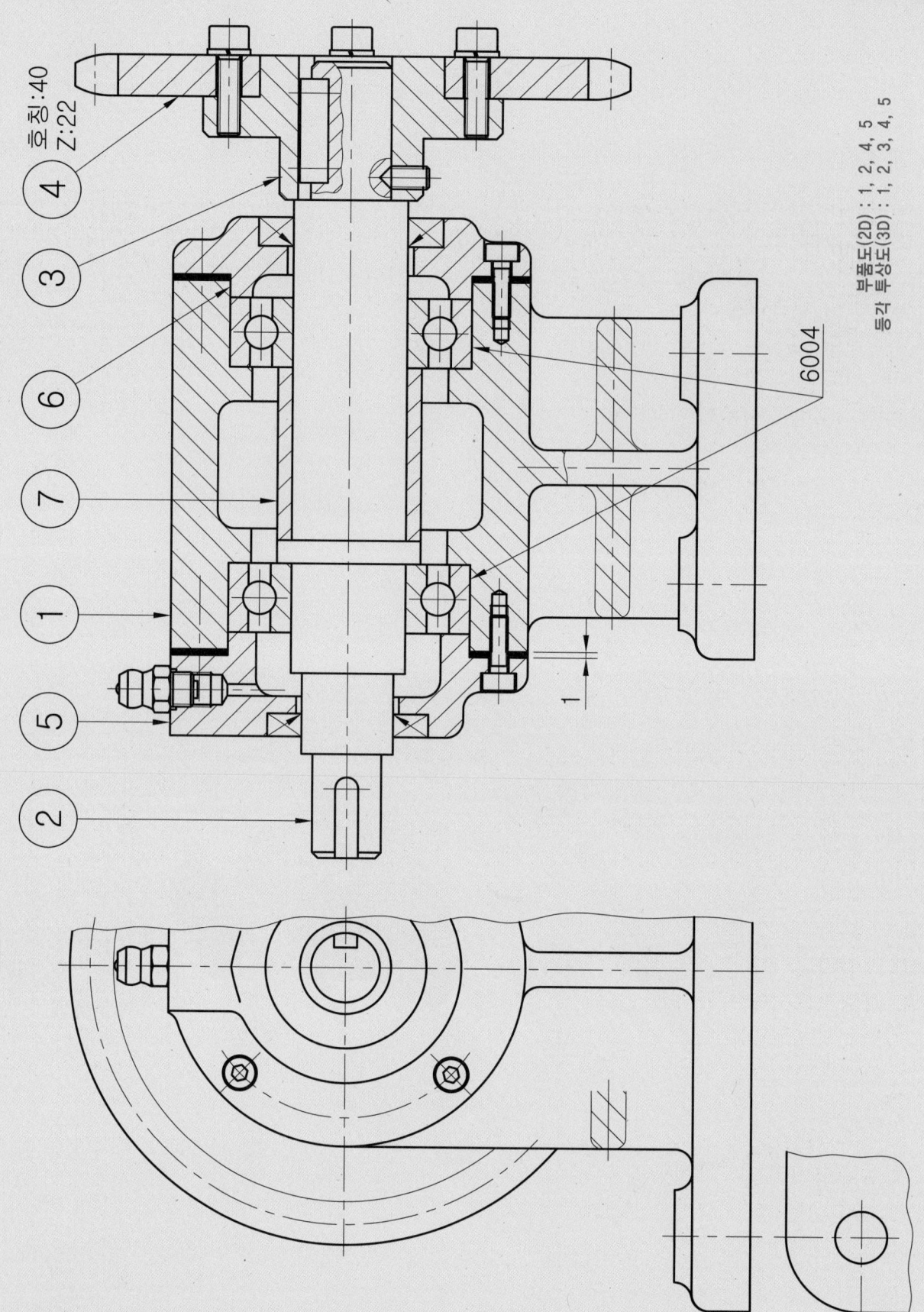

1. 동력전달장치-1

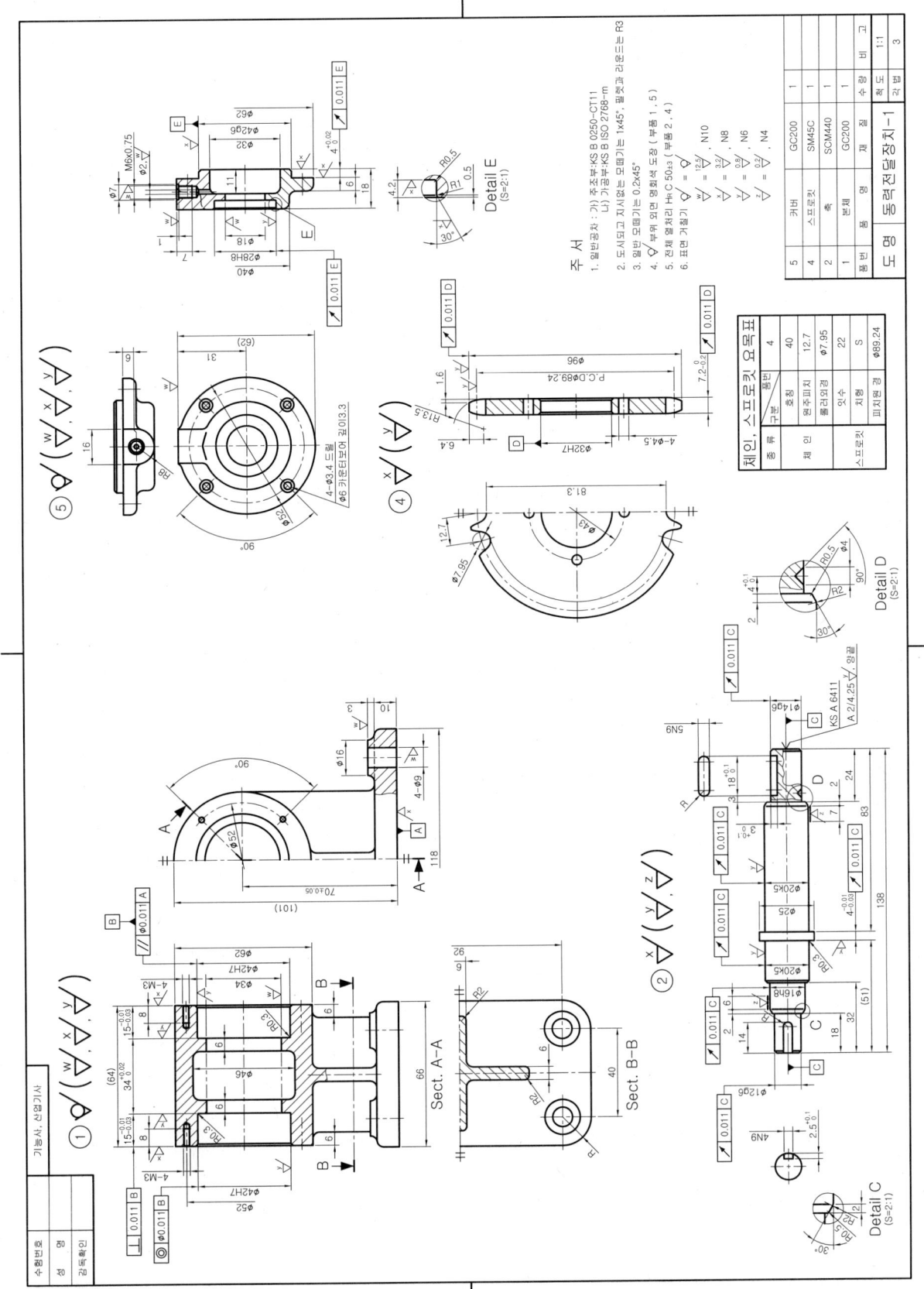

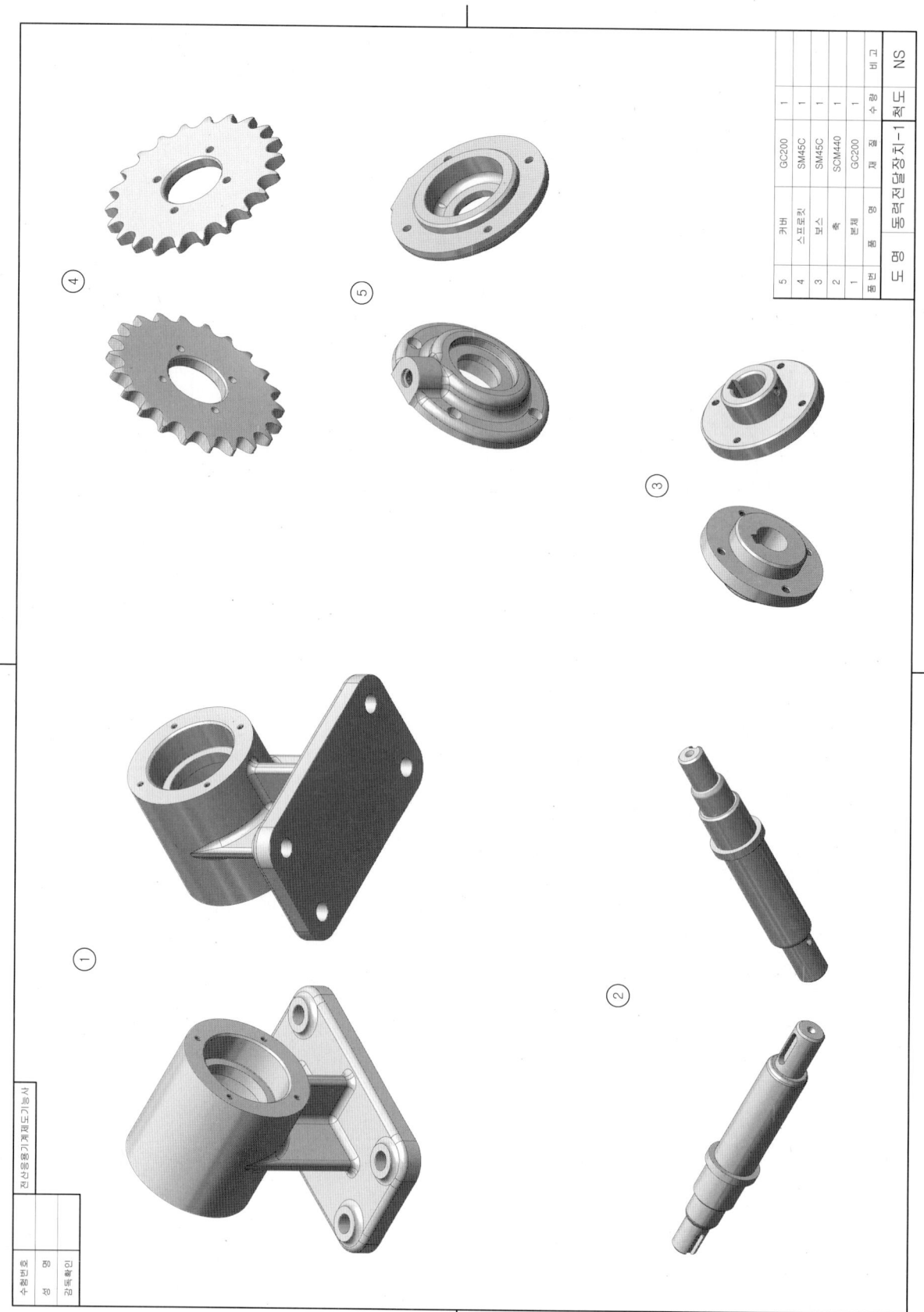

1. 동력전달장치-1

기계설계산업기사 3차원 모델링도 예제 도면

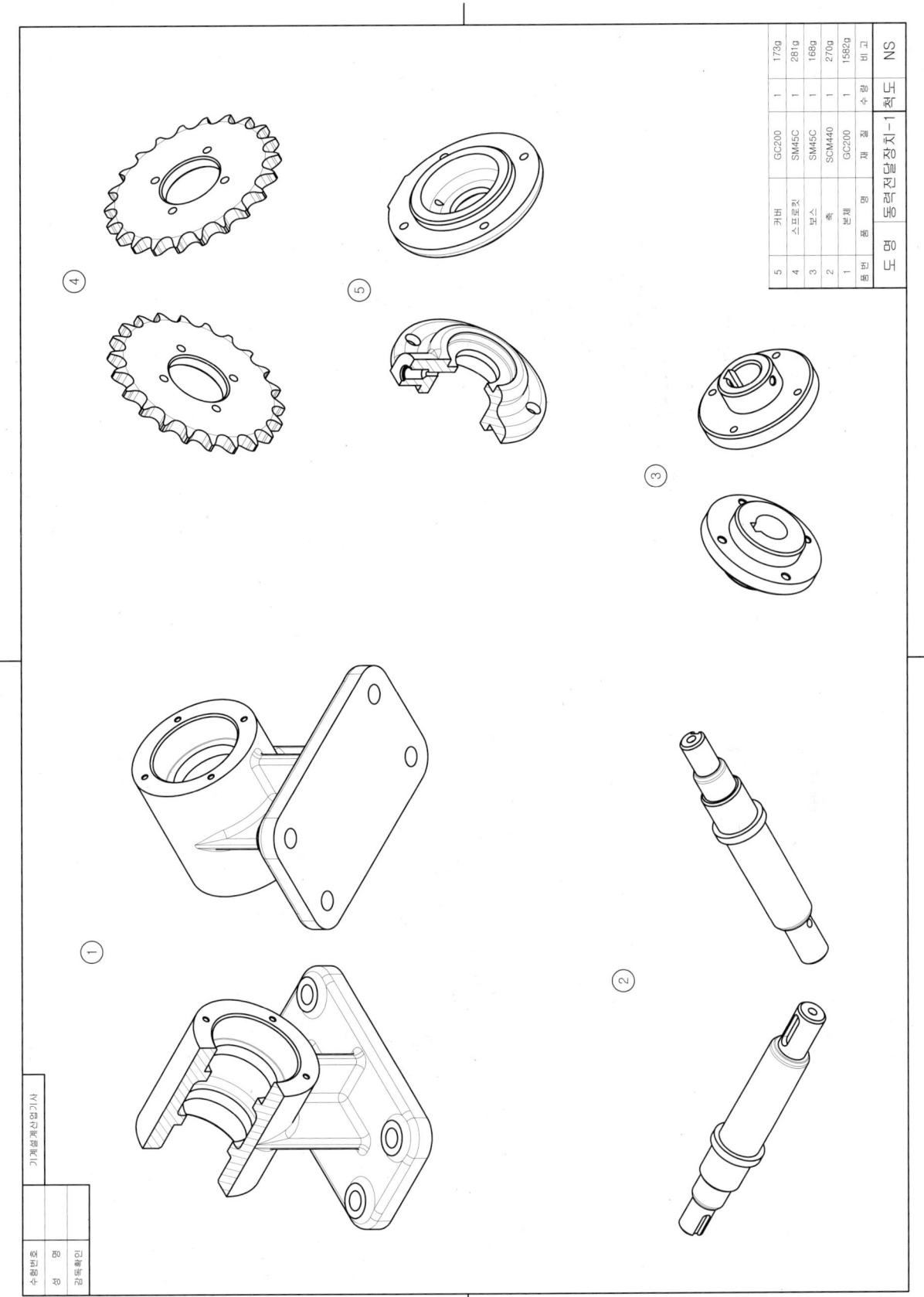

1. 동력전달장치-1

등각 분해도 예제 도면

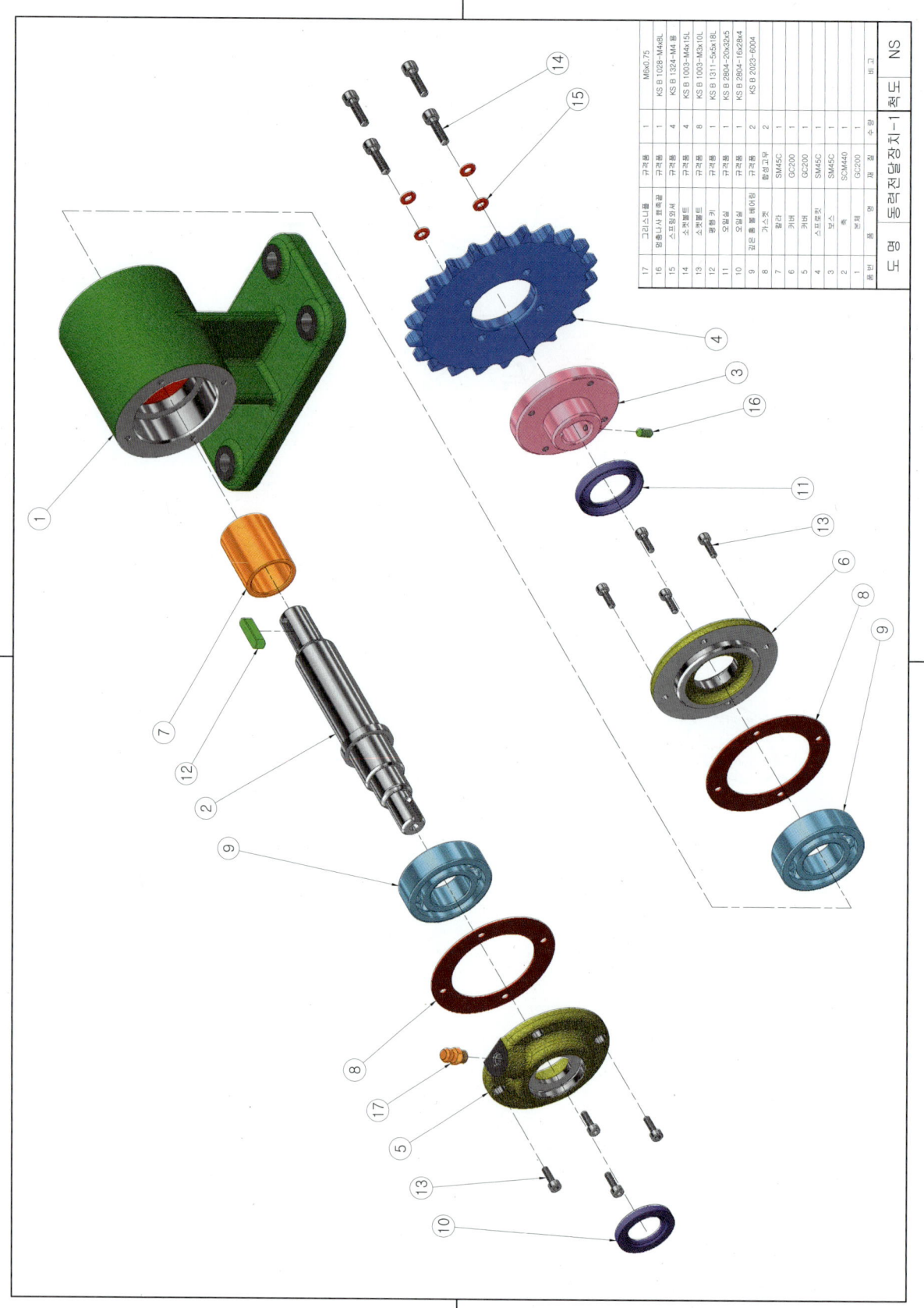

1. 동력전달장치-1

등각 조립도 예제 도면

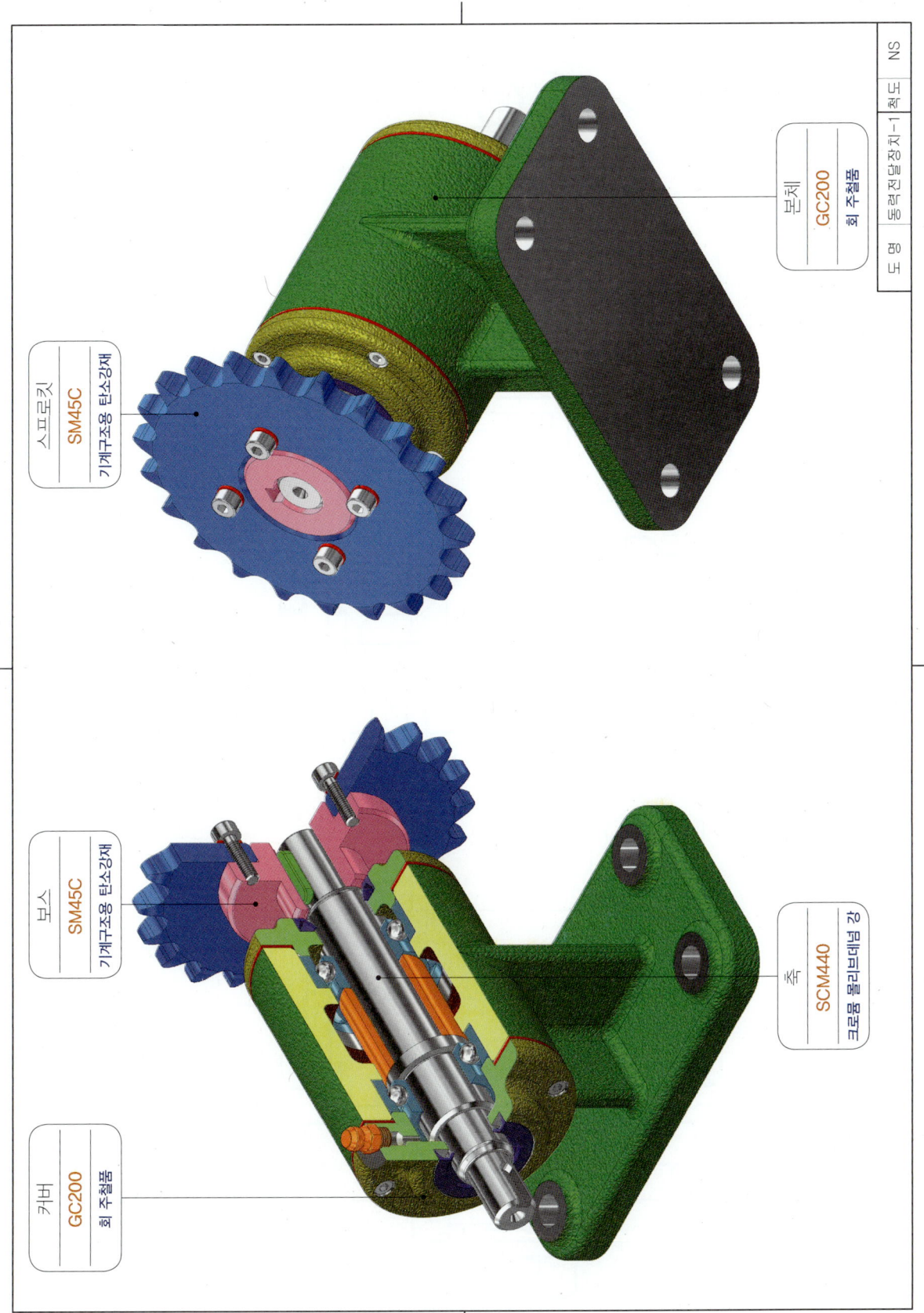

2. 동력전달장치-2

과제 도면

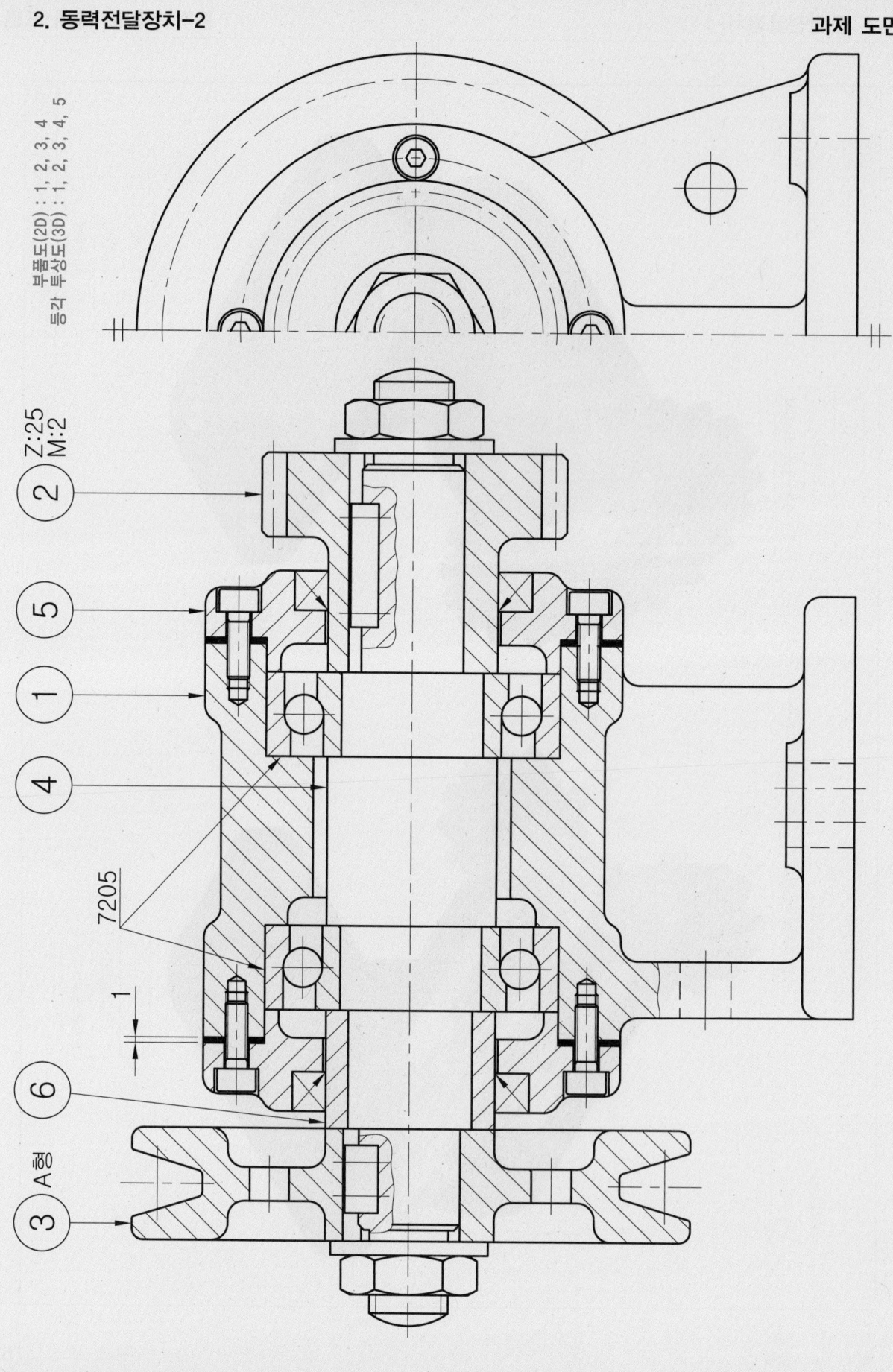

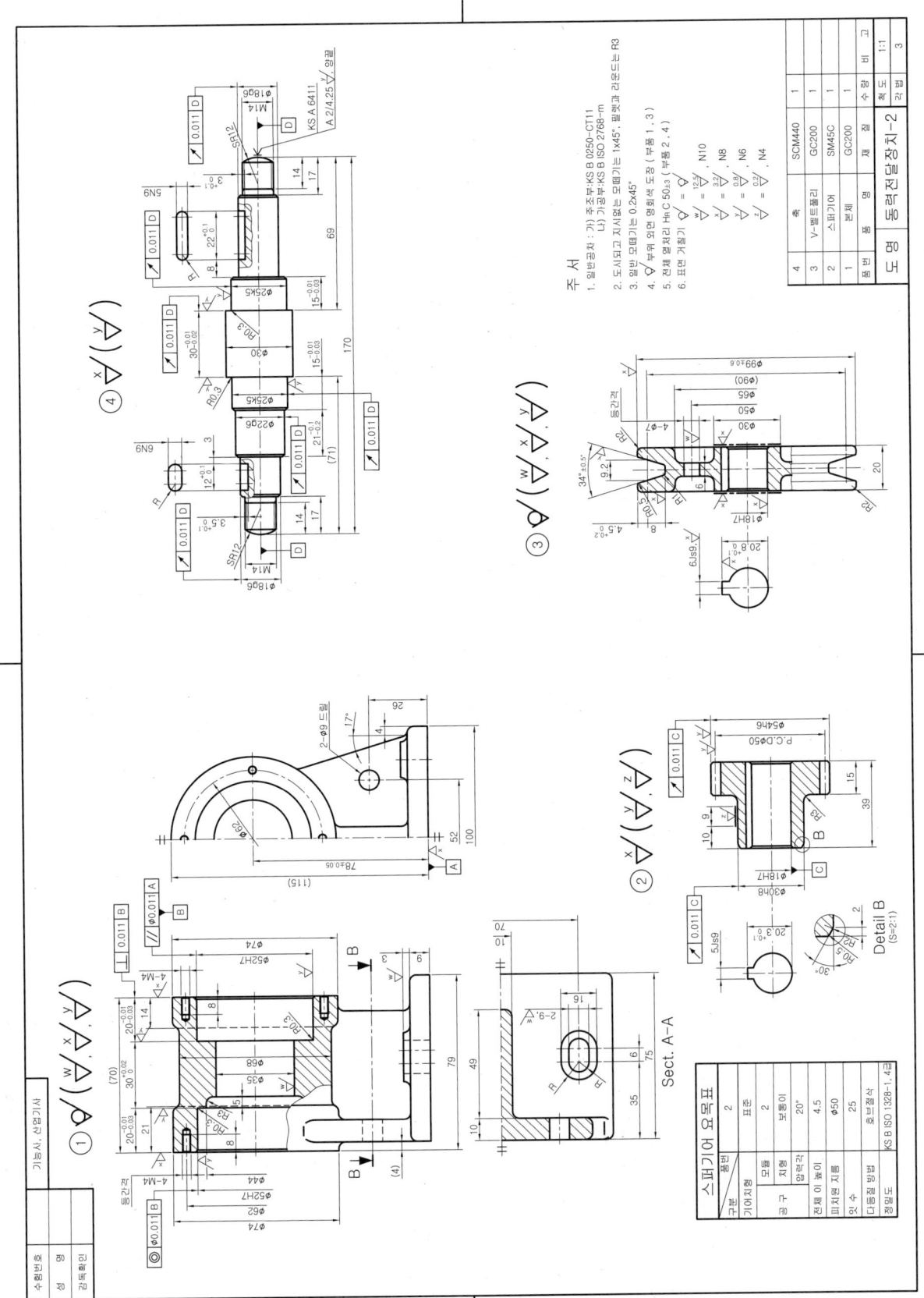

2. 동력전달장치-2

전산응용기계제도기능사 렌더링 등각 투상도 예제 도면

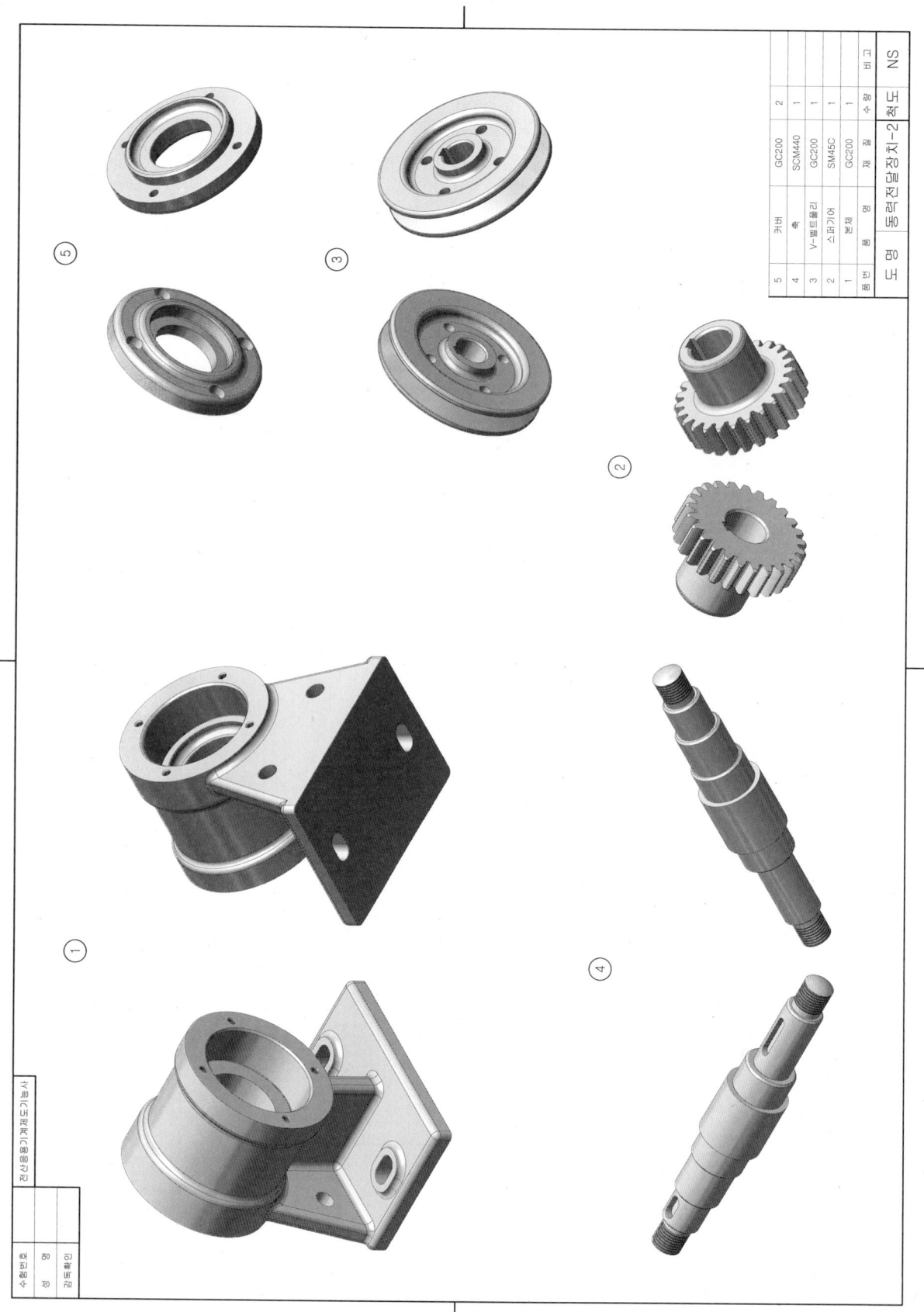

2. 동력전달장치-2

기계설계산업기사 3차원 모델링도 예제 도면

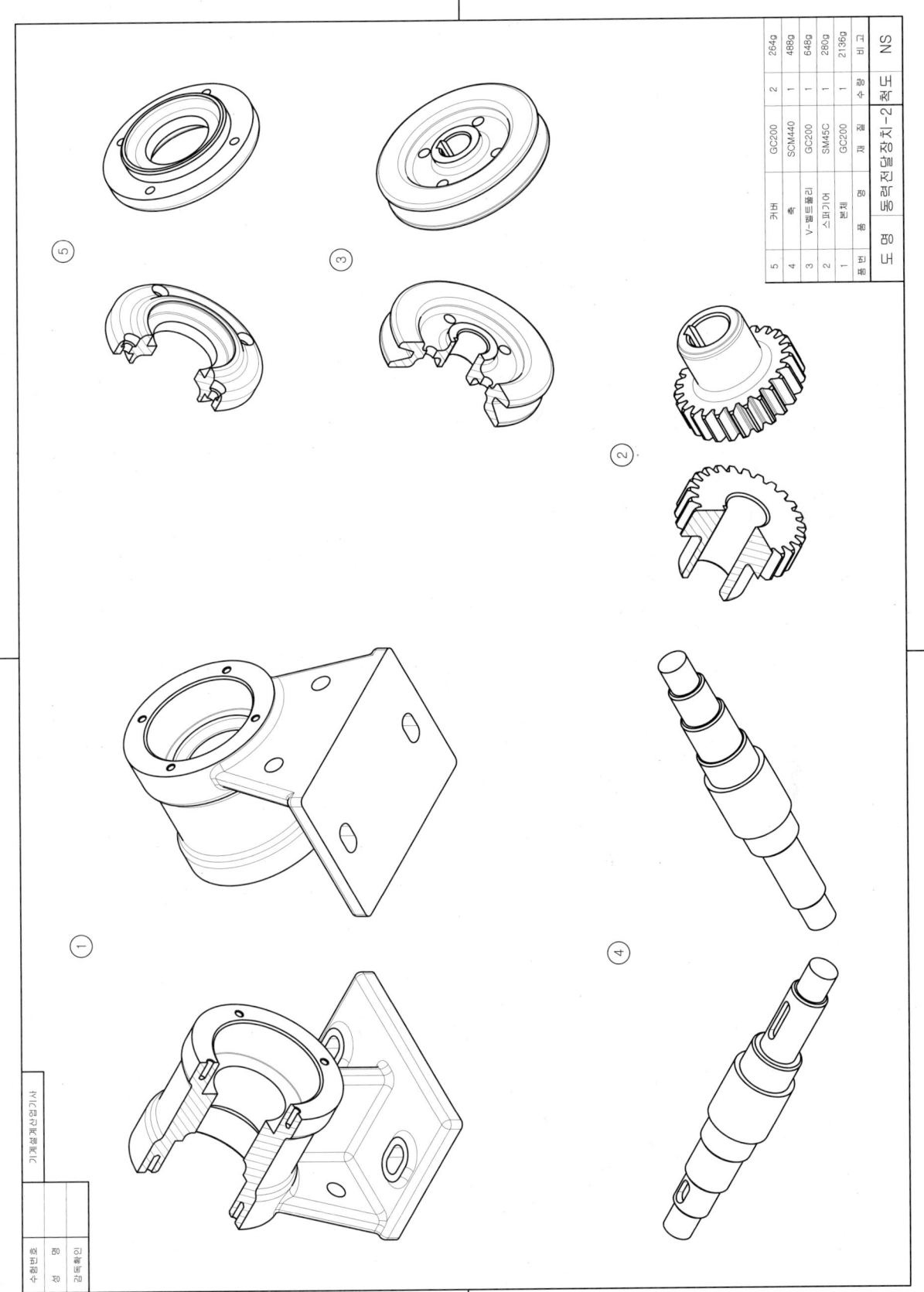

품번	품명	재질	수량	비고
5	커버	GC200	2	264g
4	축	SCM440	1	488g
3	V-벨트풀리	GC200	1	648g
2	스퍼기어	SM45C	1	280g
1	본체	GC200	1	2136g

동력전달장치-2 척도 NS

2. 동력전달장치-2

등각 분해도 예제 도면

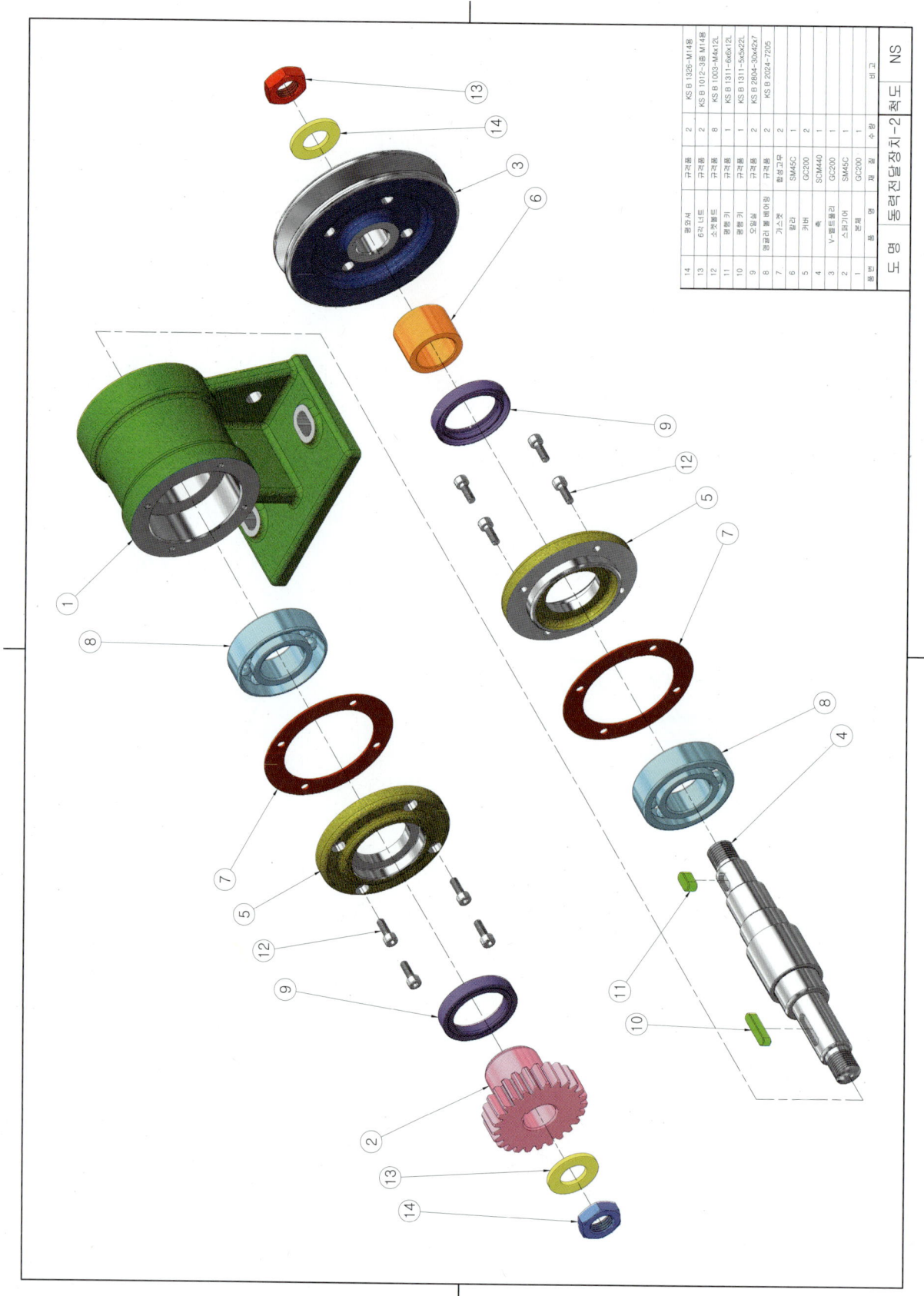

2. 동력전달장치-2

등각 조립도 예제 도면

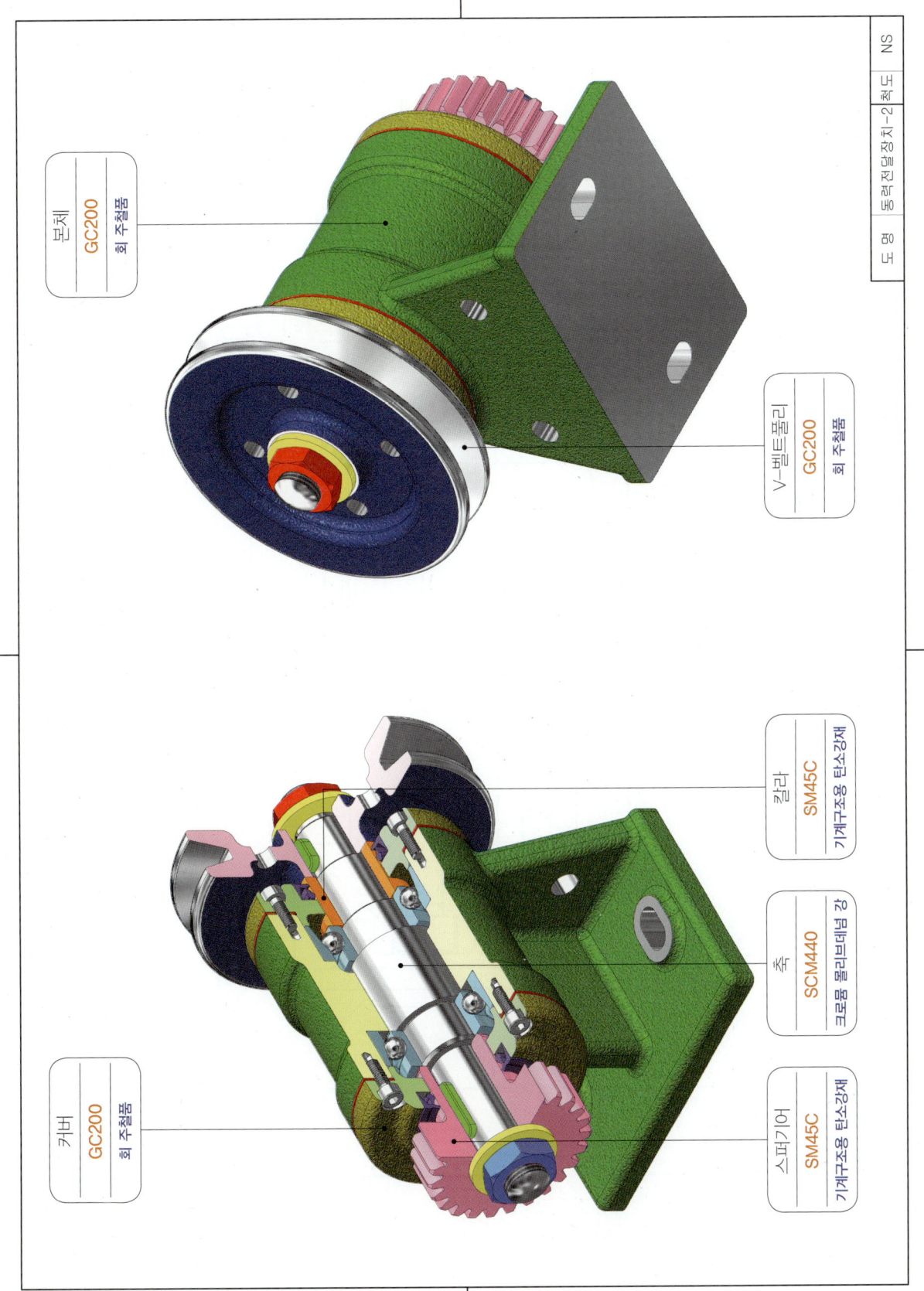

3. 동력전달장치-3   과제 도면

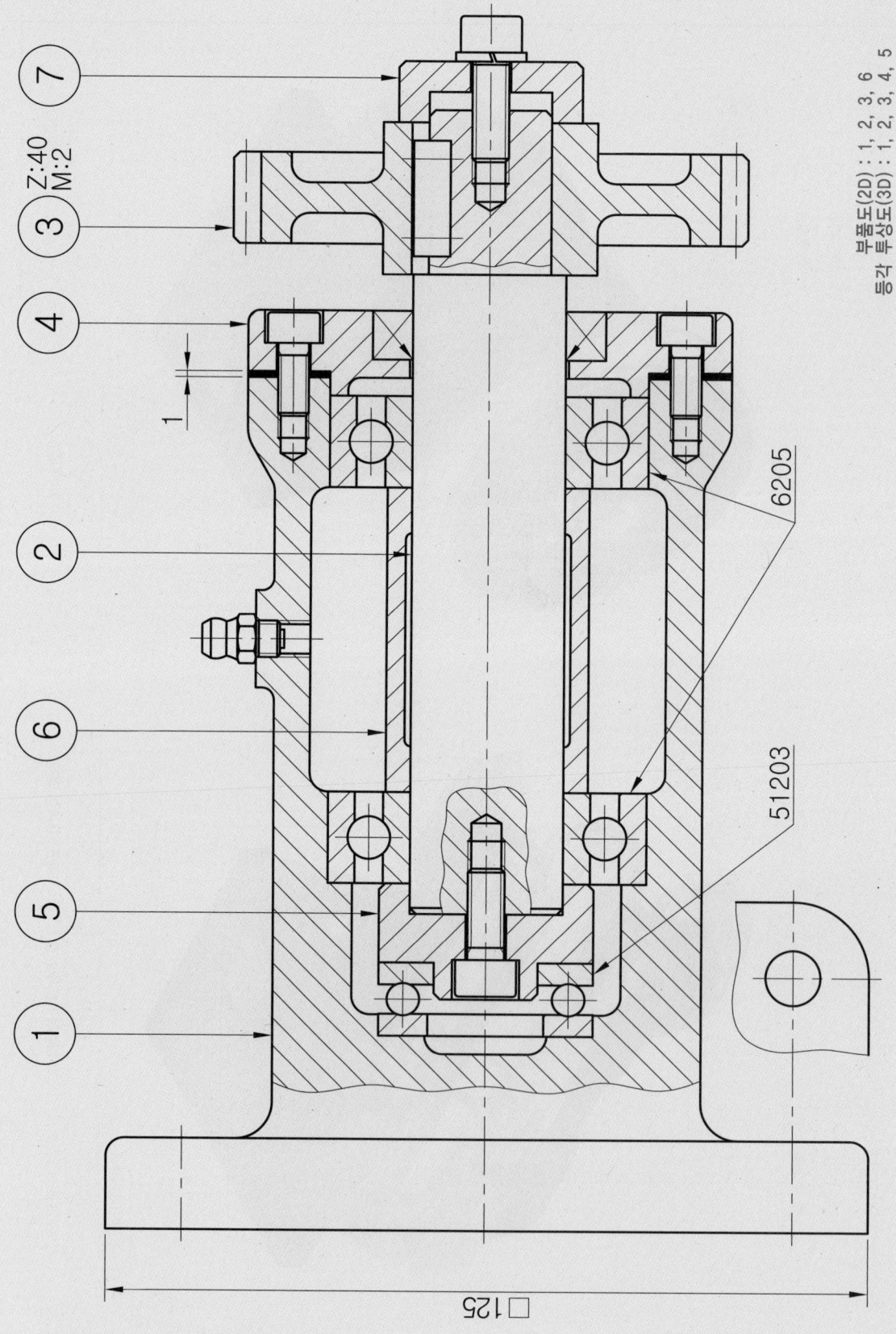

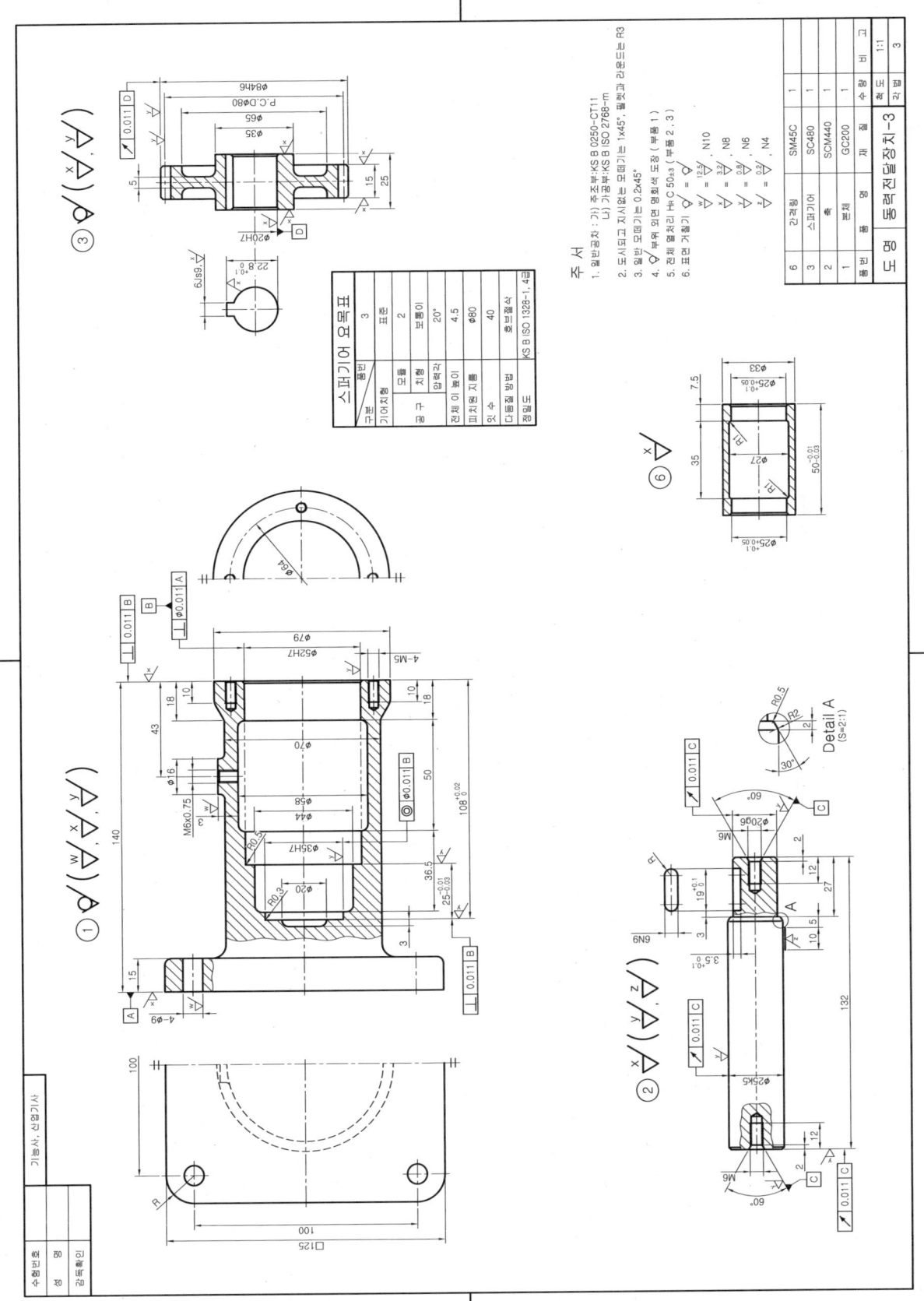

■ 3. 동력전달장치-3

전산응용기계제도기능사 렌더링 등각 투상도 예제 도면

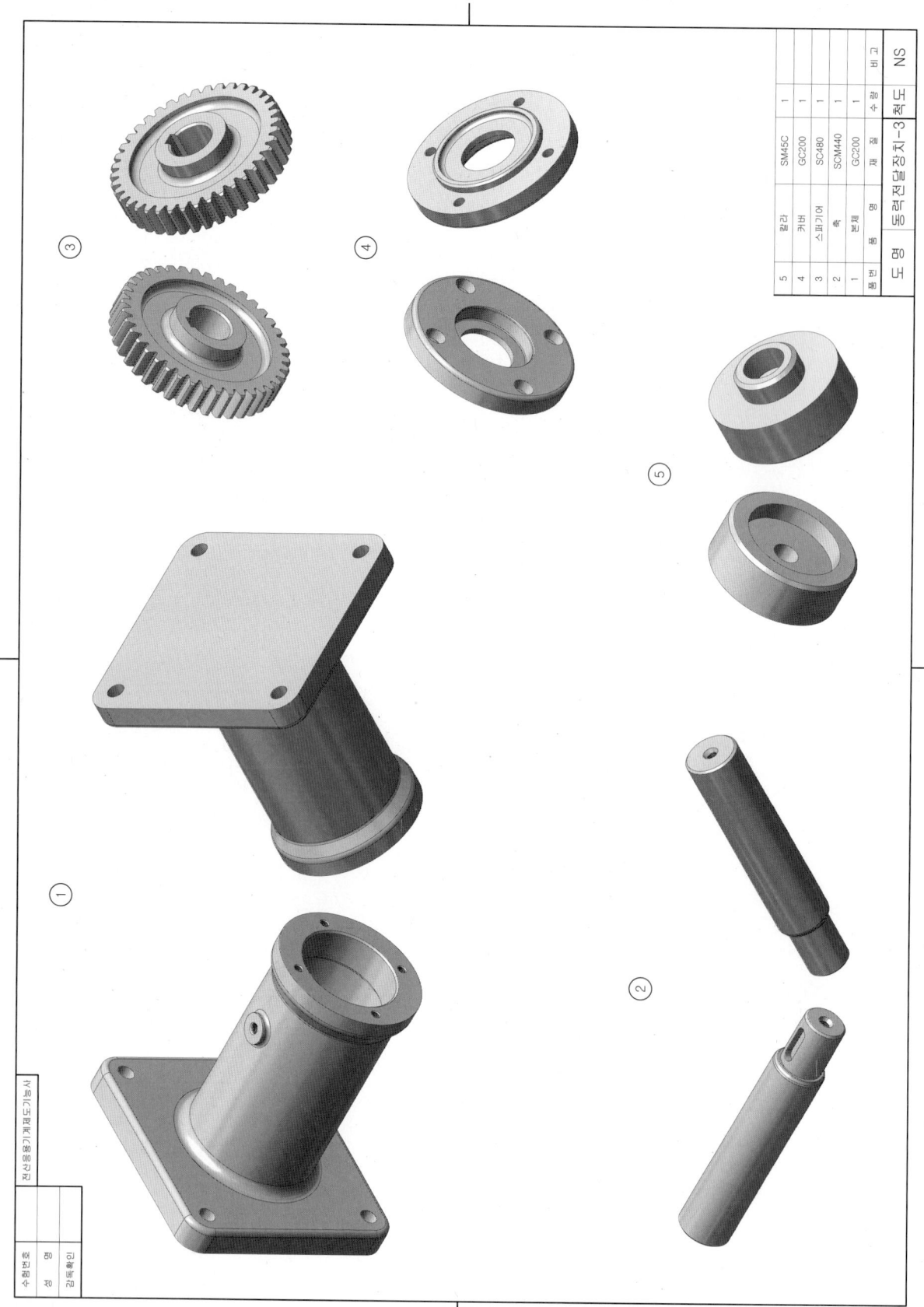

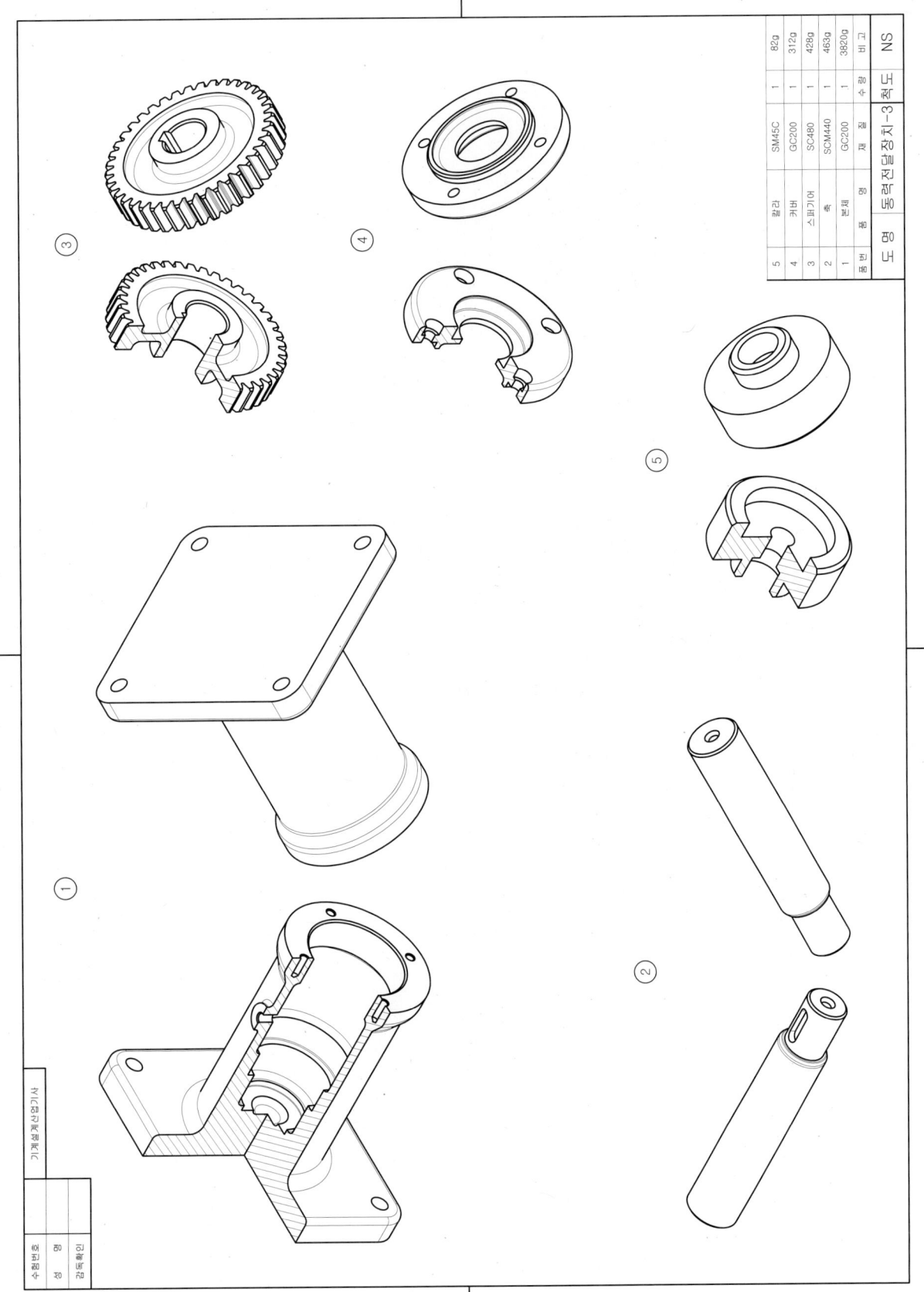

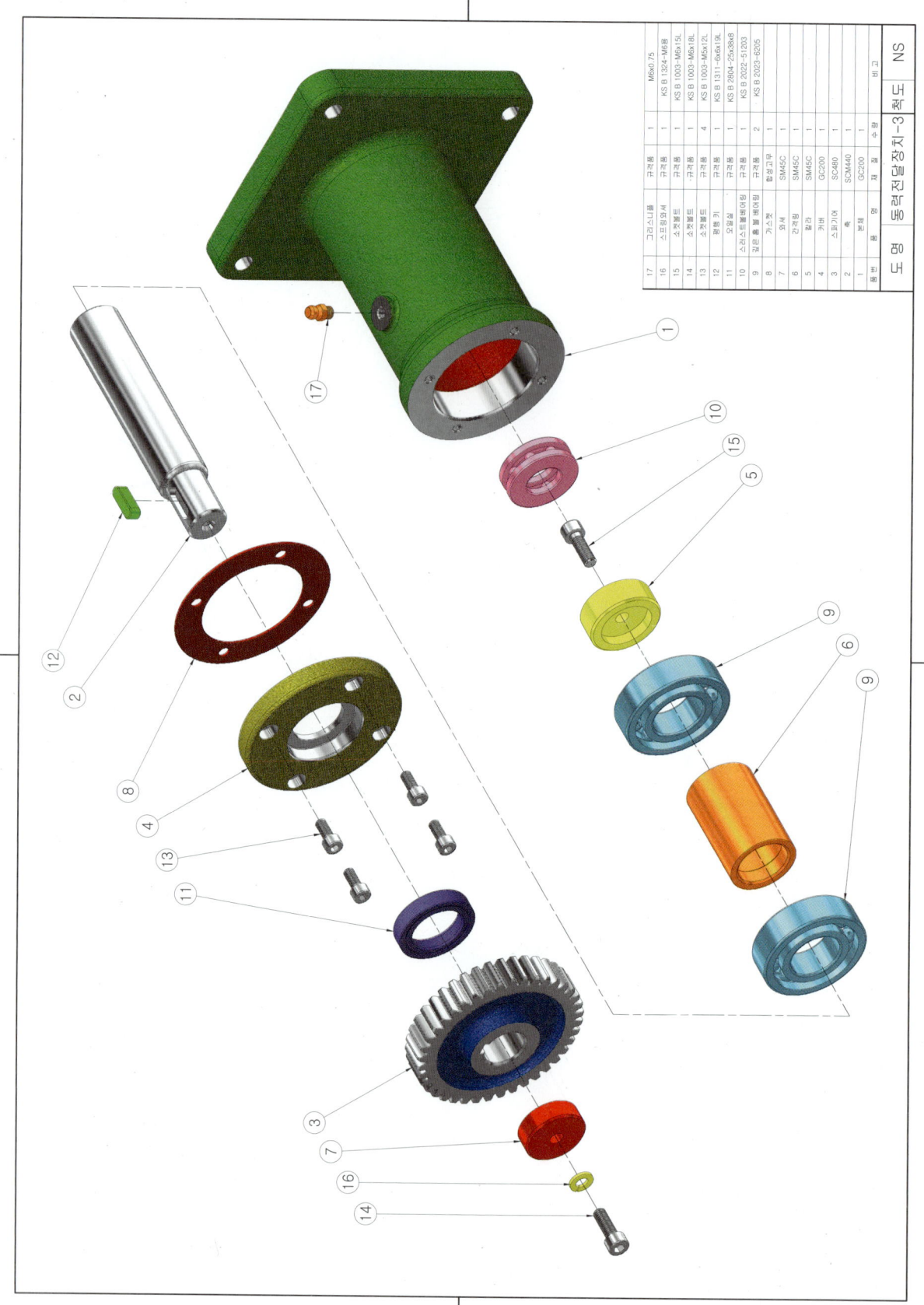

3. 동력전달장치-3

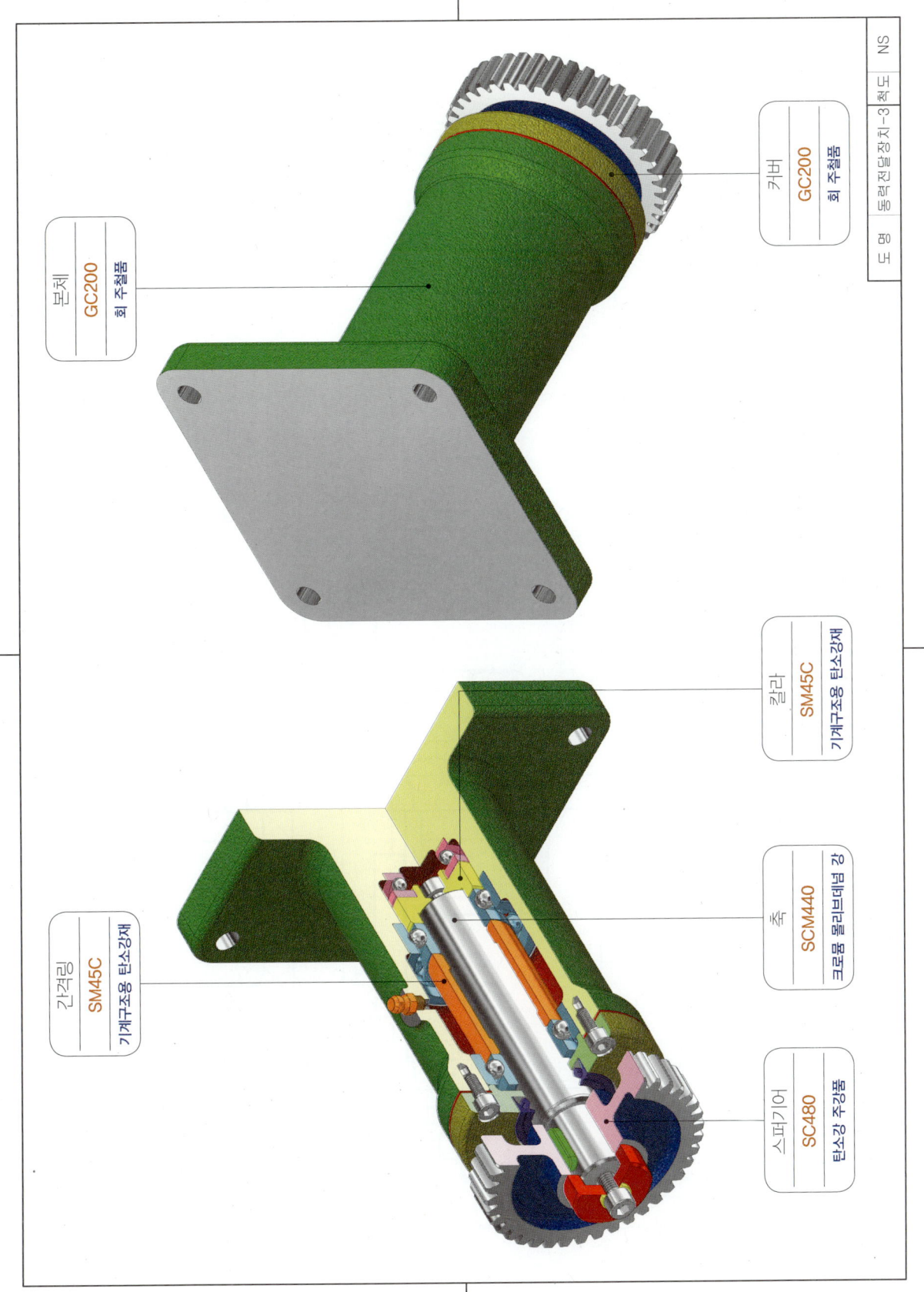

4. 기어박스

과제 도면

부품도(2D) : 1, 3, 4, 5
등각투상도(3D) : 1, 2, 3, 4

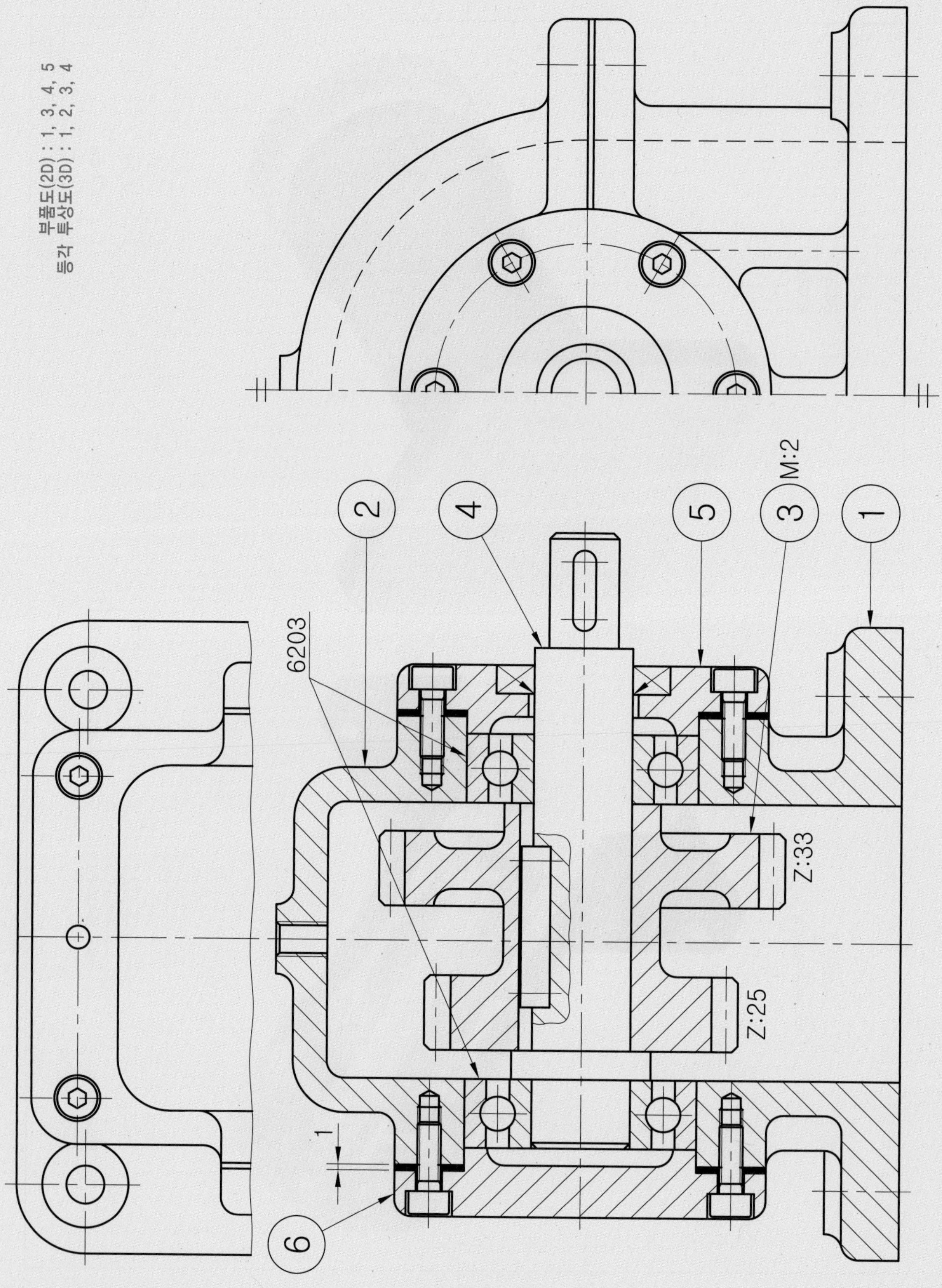

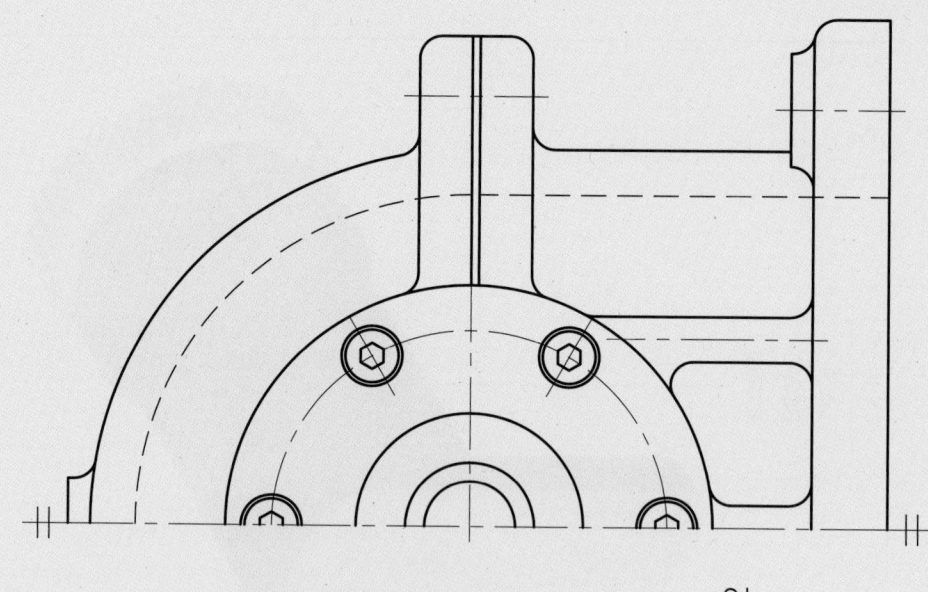

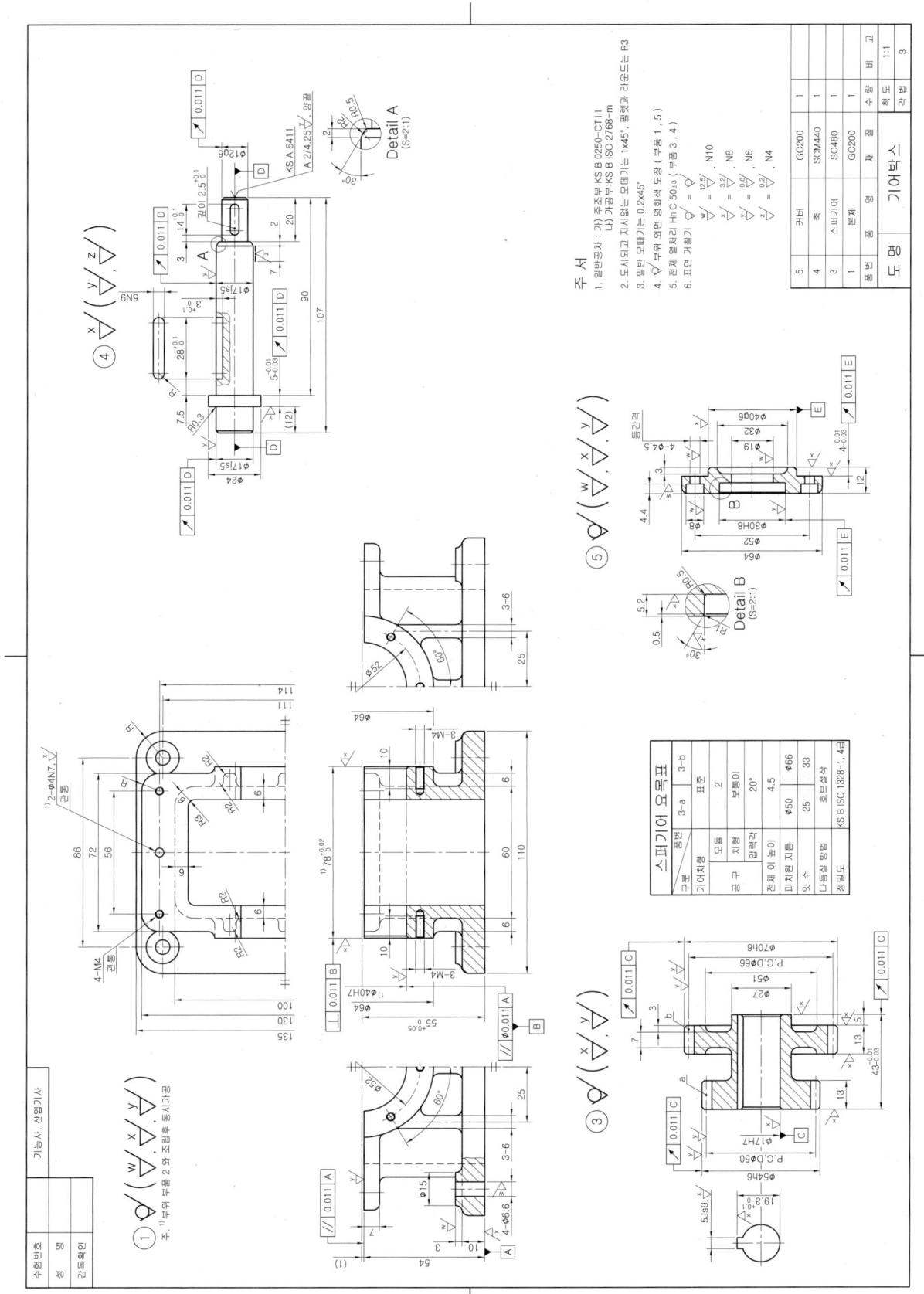

■ 4. 기어박스

전산응용기계제도기능사 렌더링 등각 투상도 예제 도면

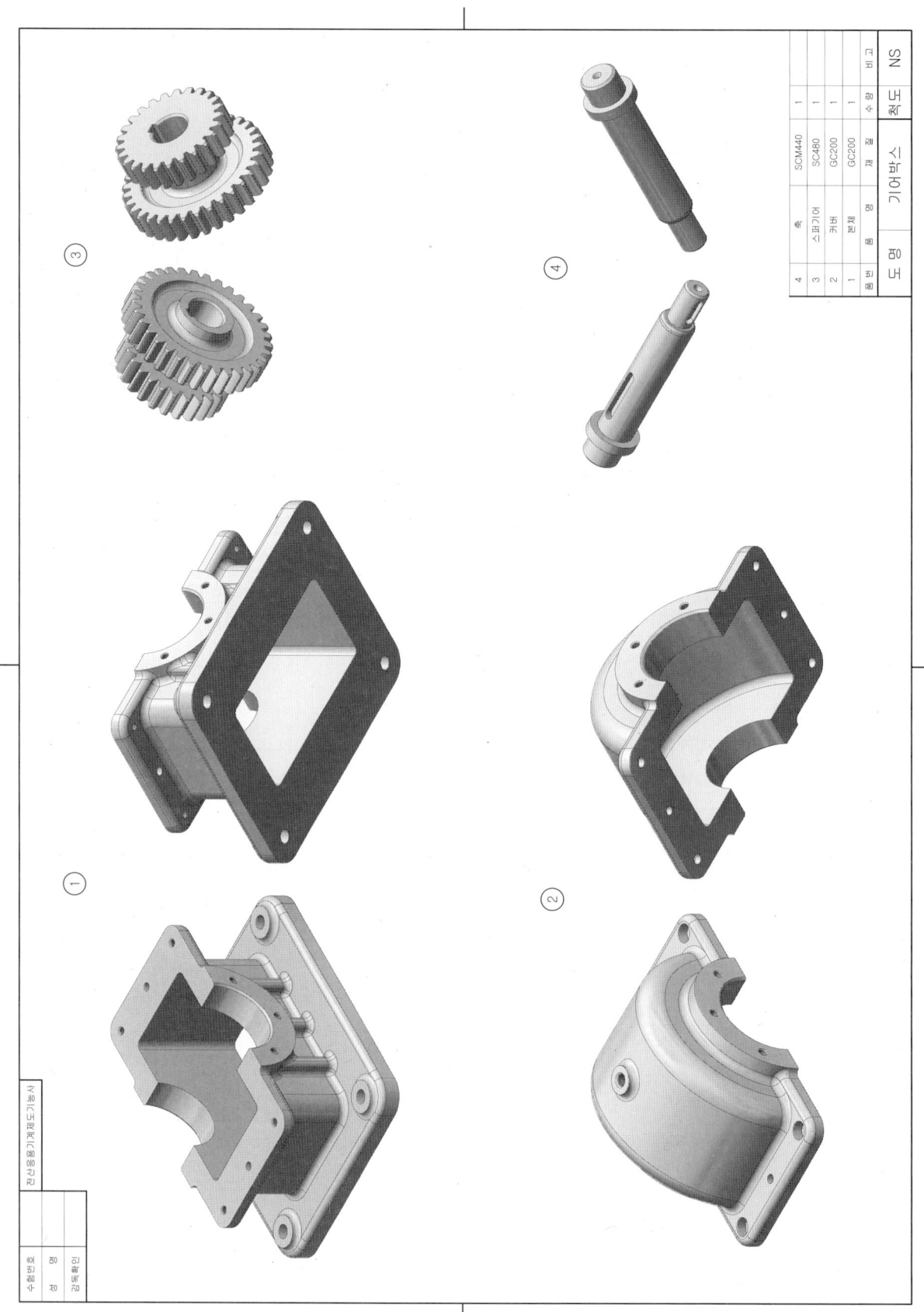

4. 기어박스

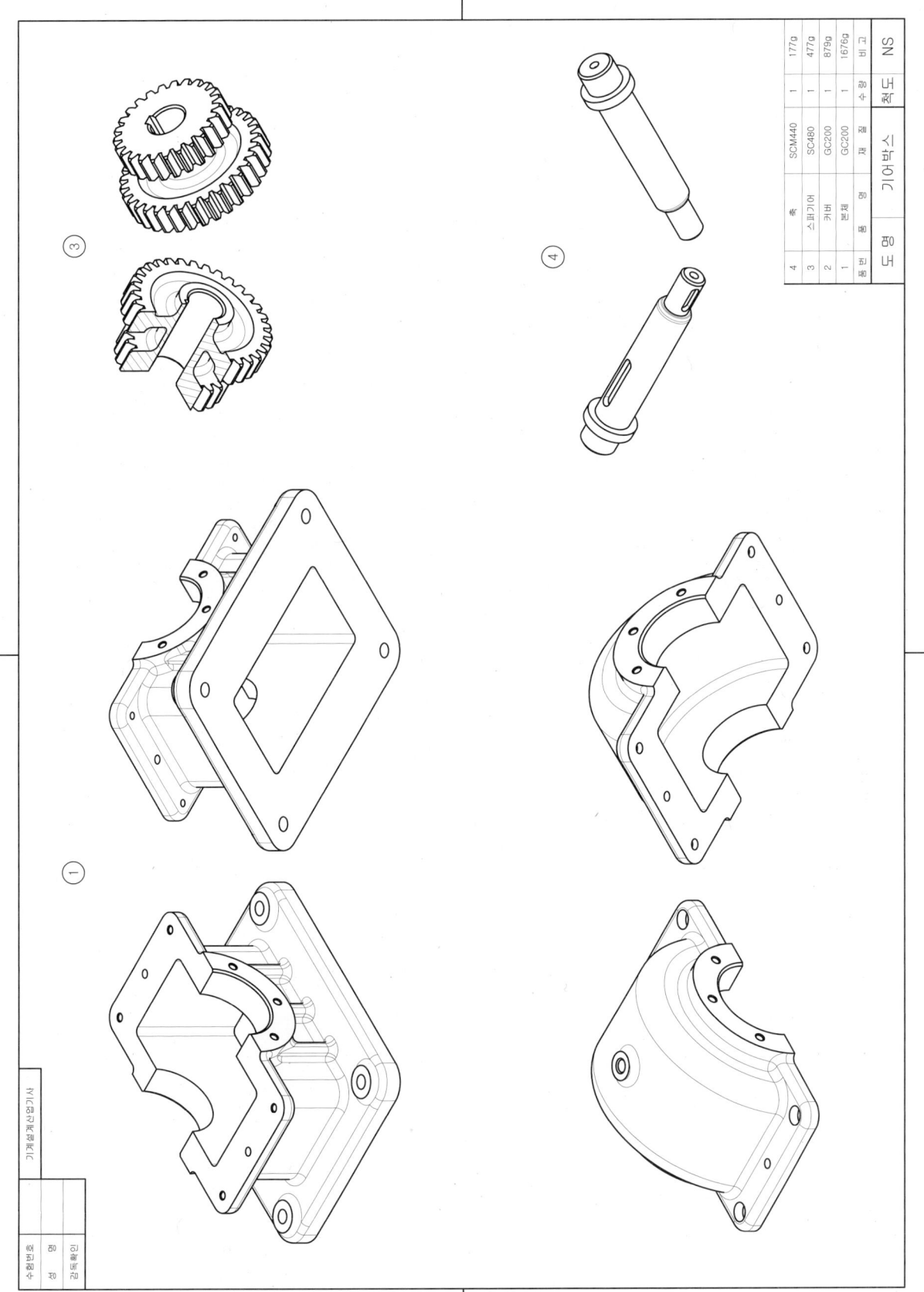

4. 기어박스

등각 분해도 예제 도면

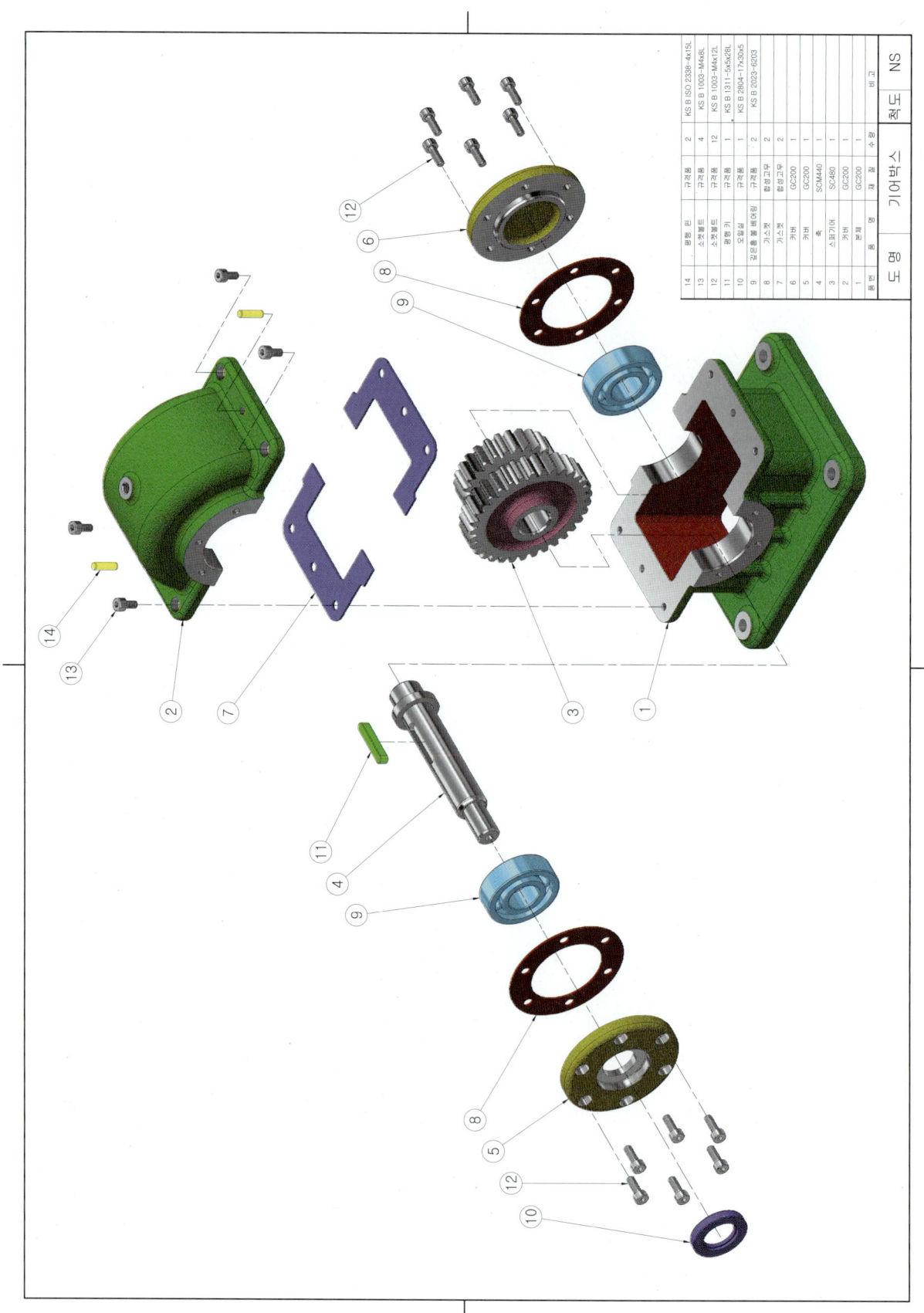

■ 4. 기어박스 등각 조립도 예제 도면

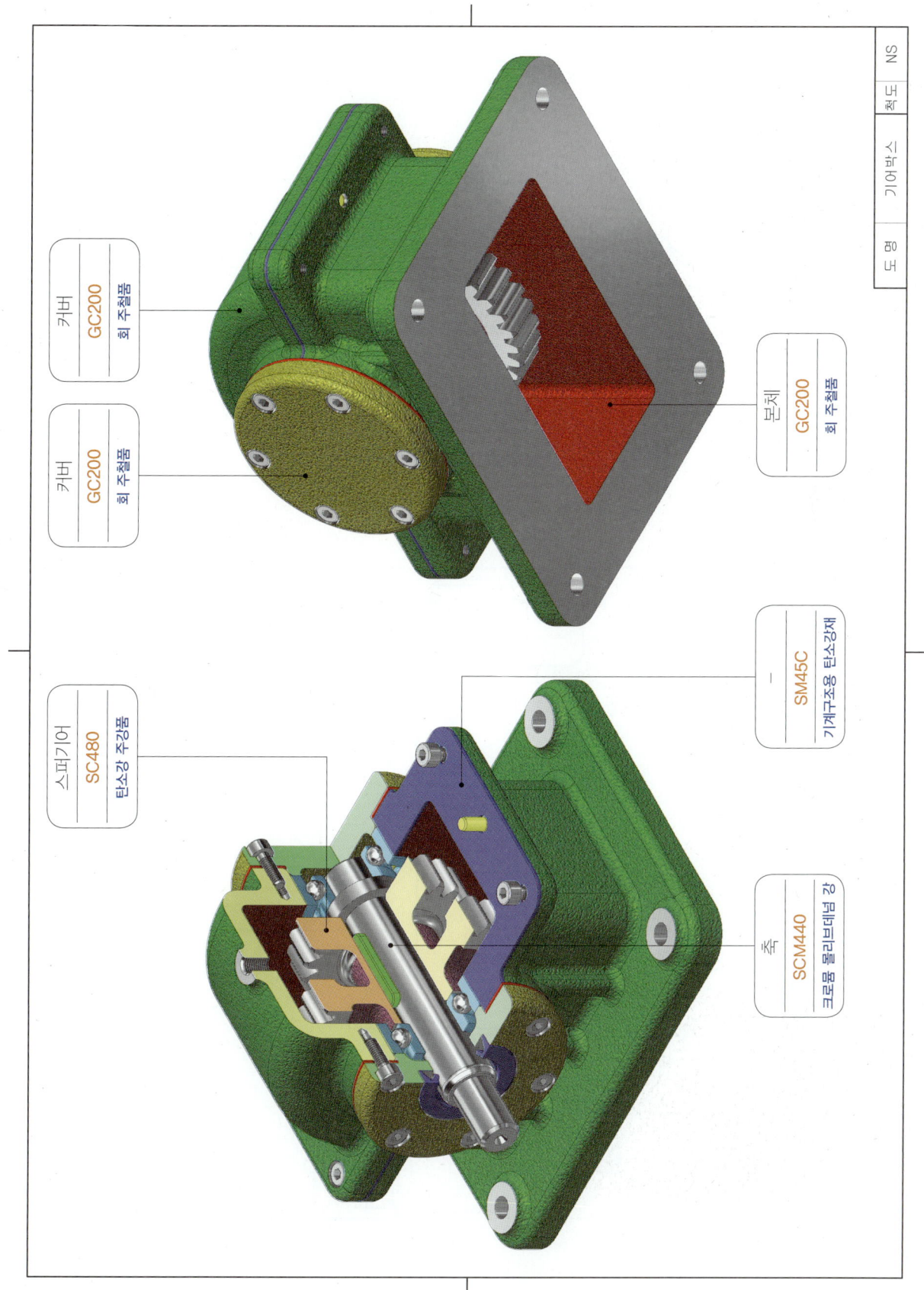

5. V-벨트 전동장치

과제 도면

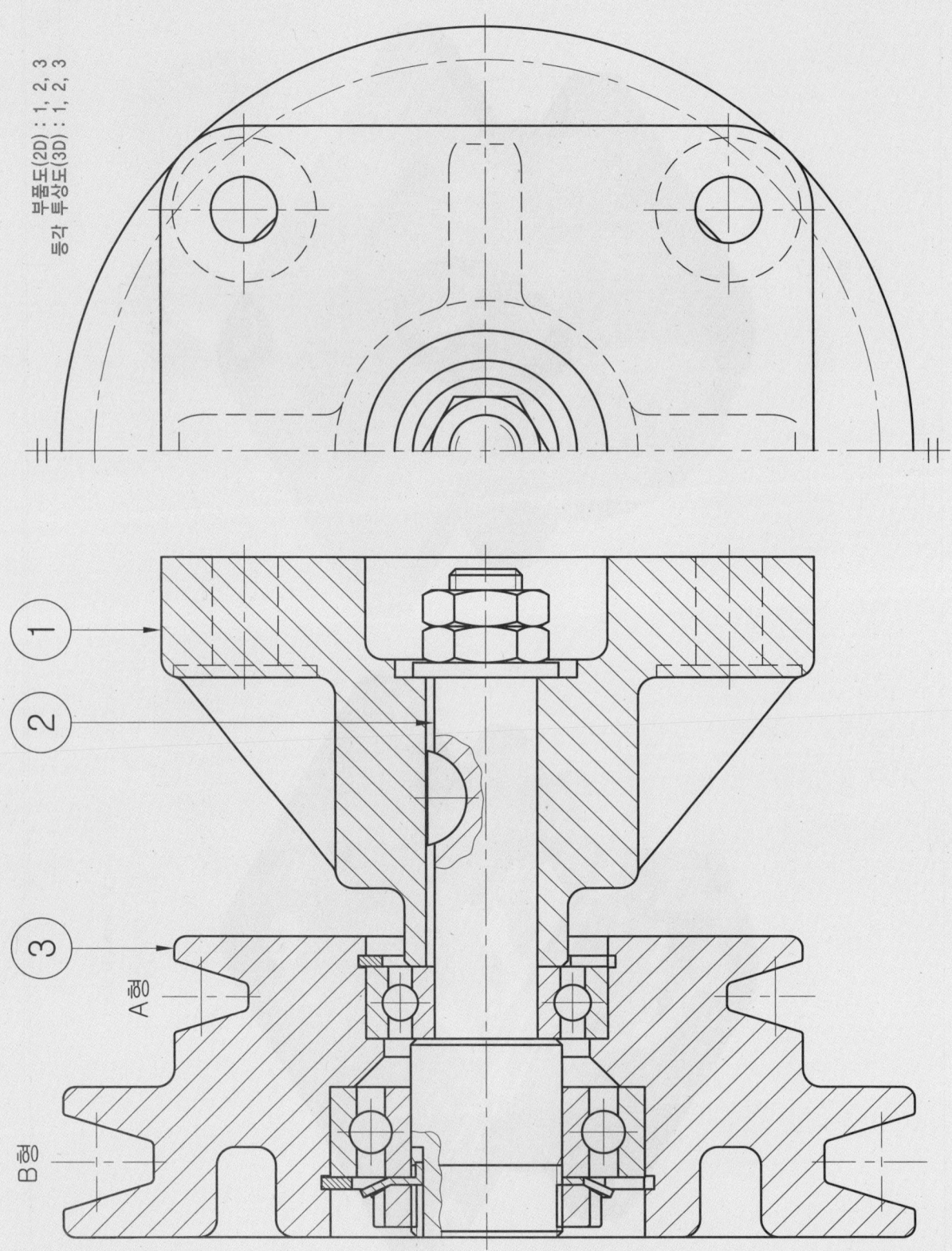

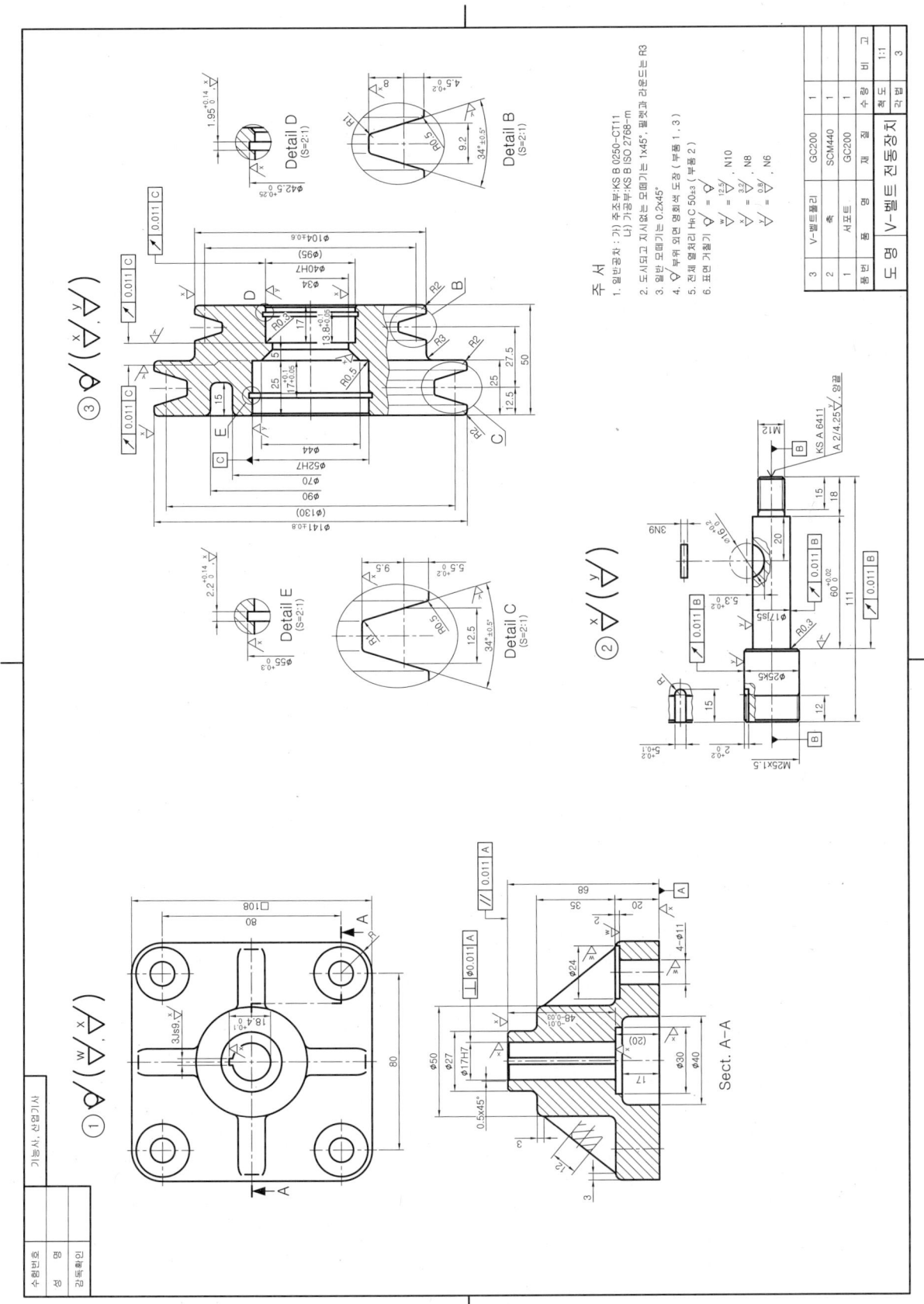

5. V-벨트 전동장치

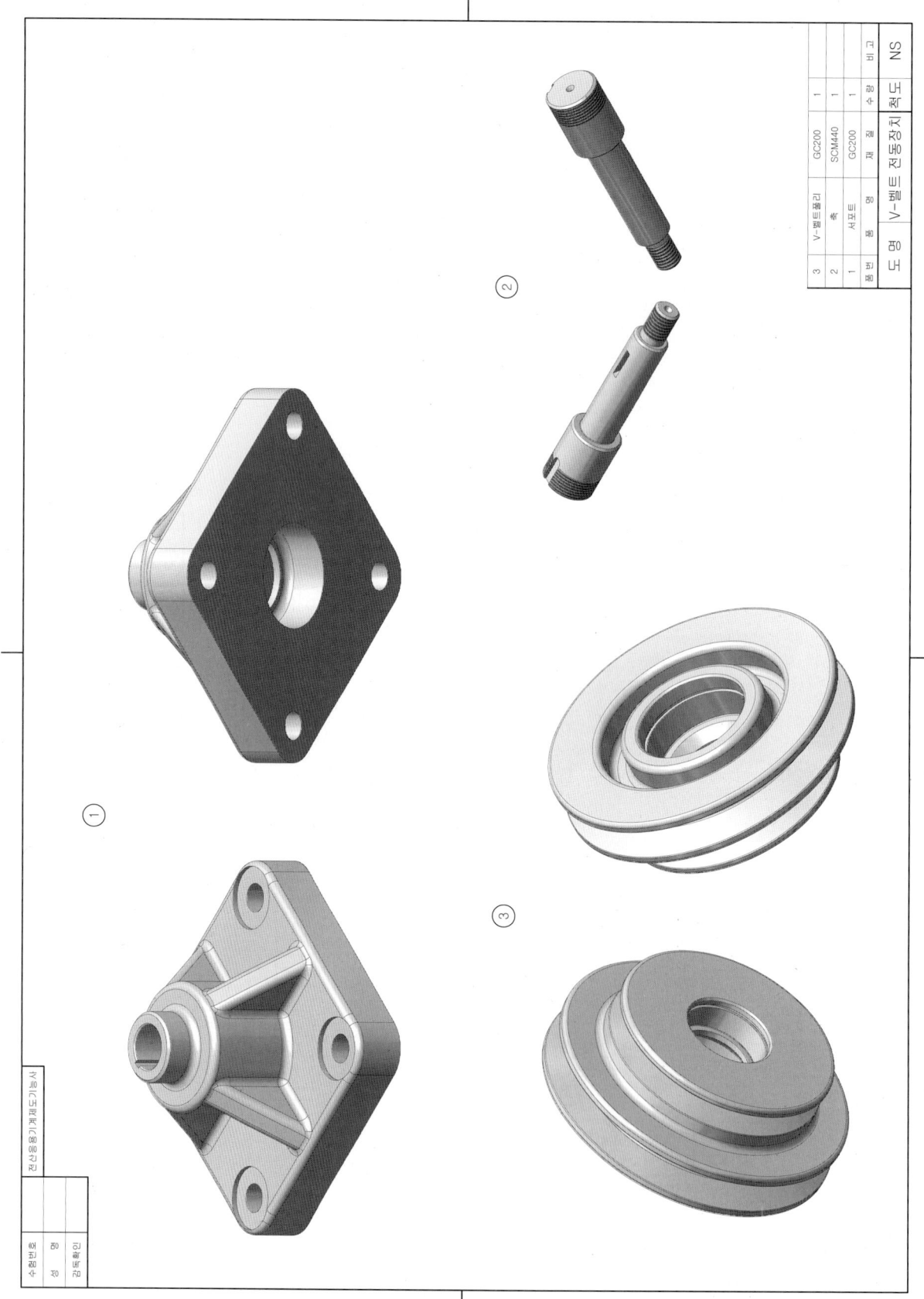

5. V-벨트 전동장치

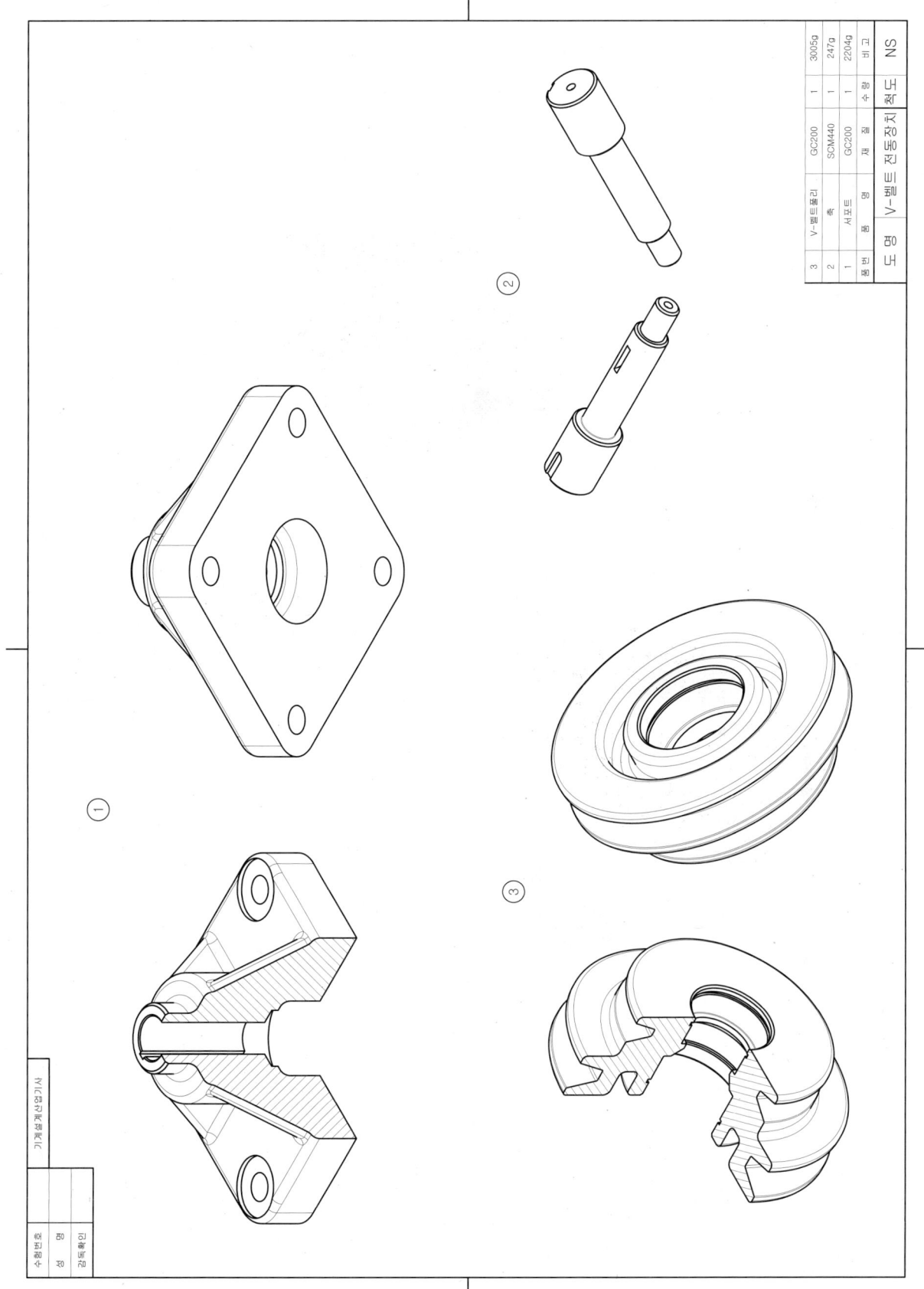

5. V-벨트 전동장치

등각 분해도 예제 도면

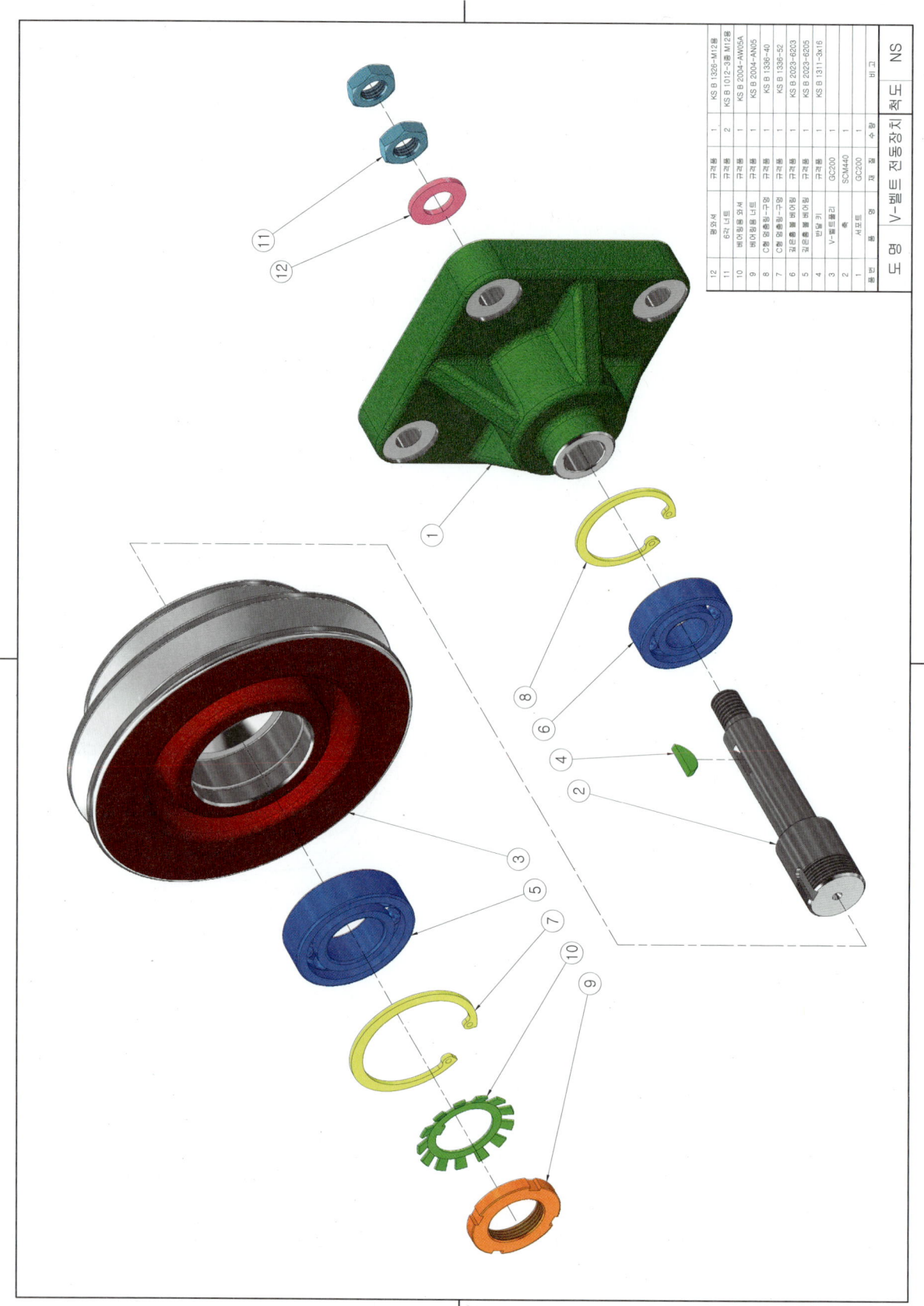

5. V-벨트 전동장치

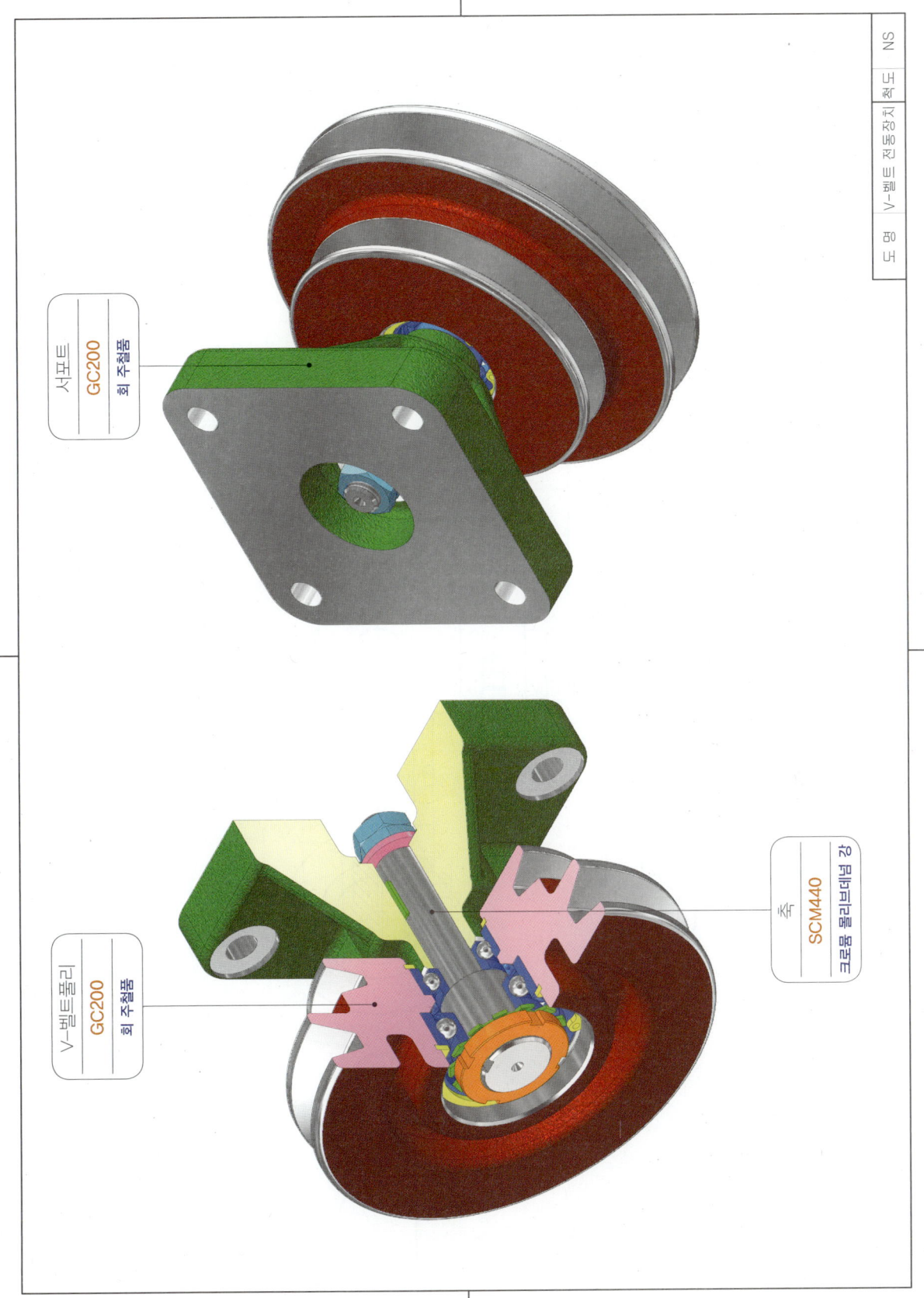

6. 축 받침 장치

과제 도면

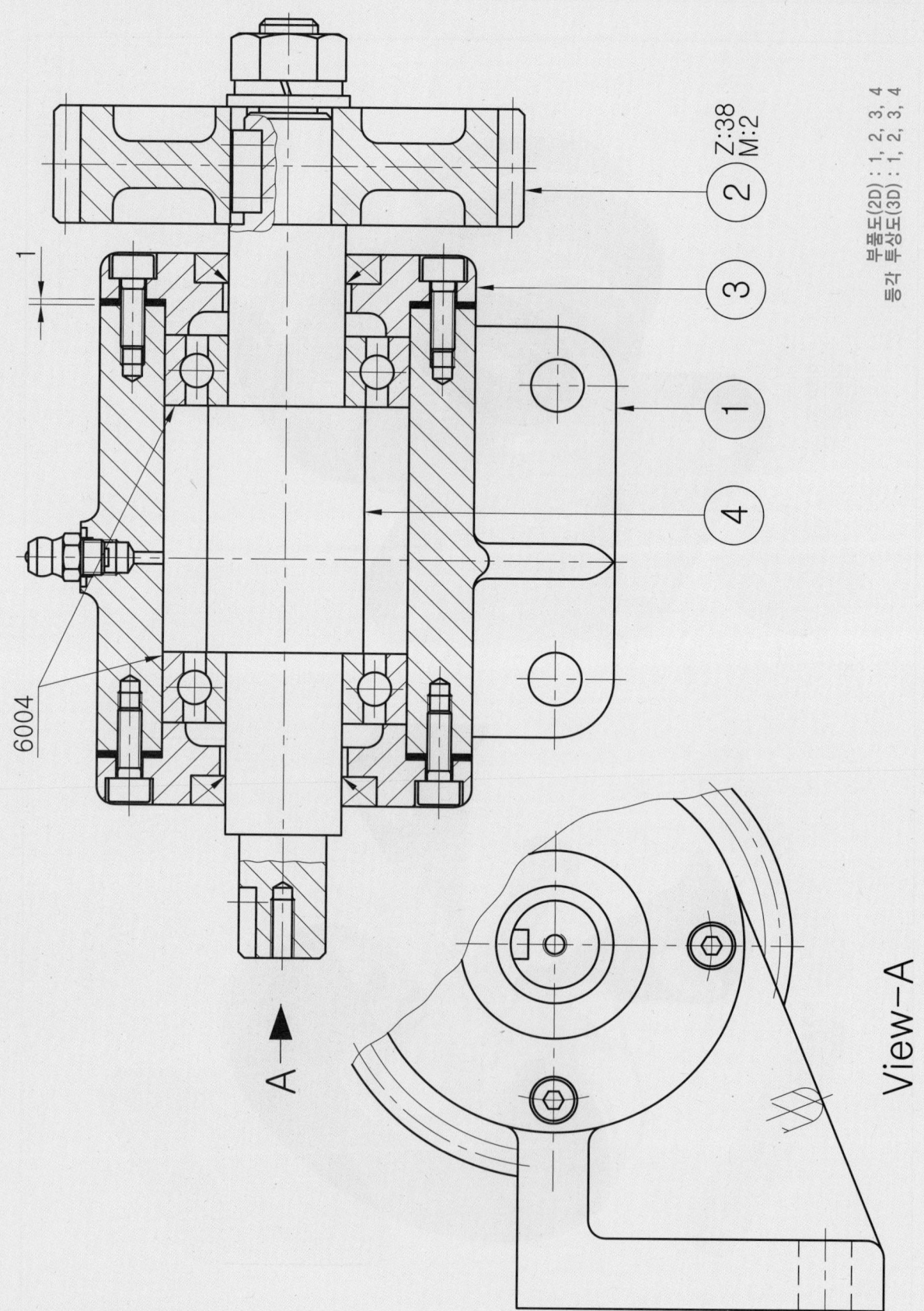

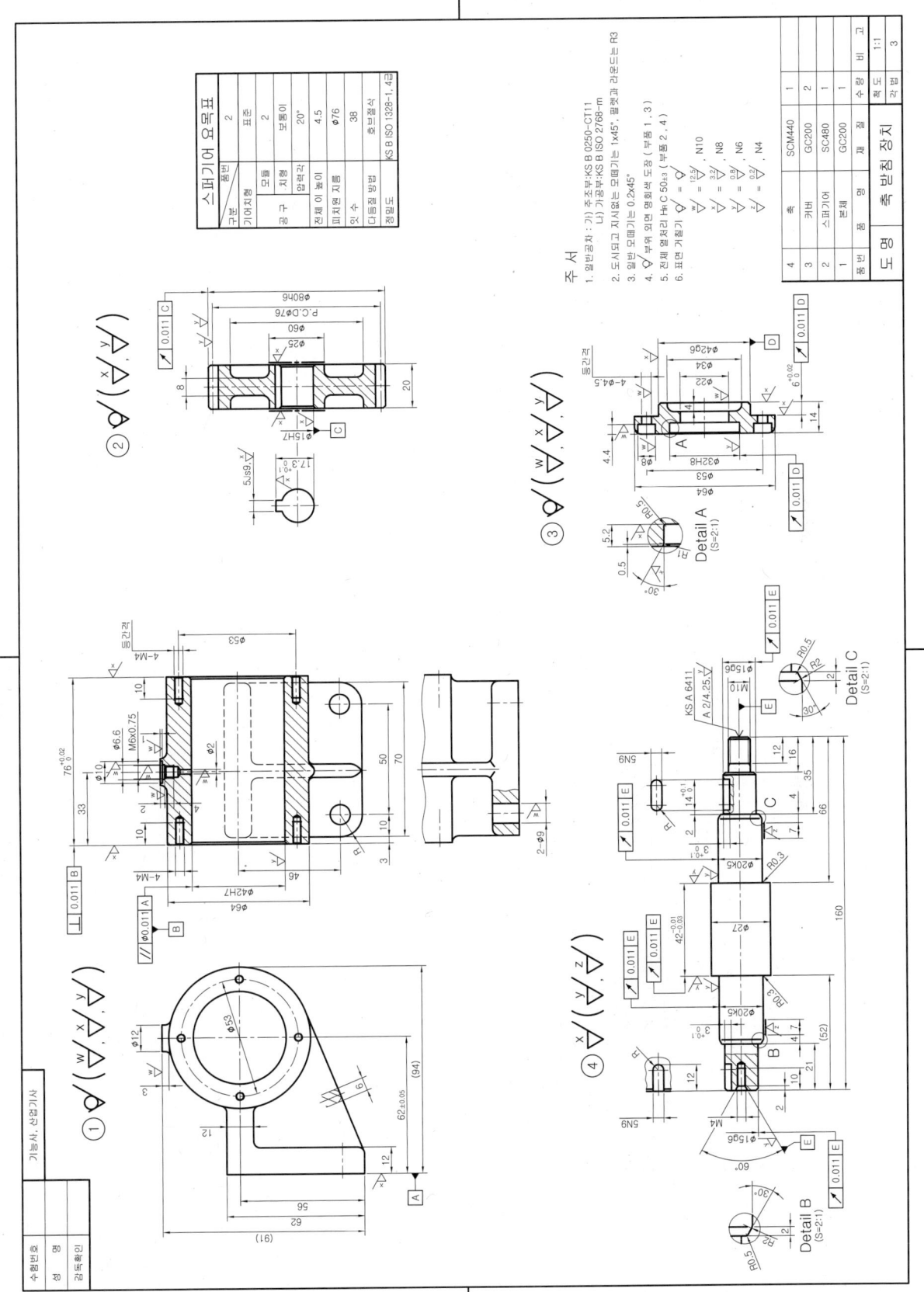

6. 축 받침 장치

전산응용기계제도기능사 렌더링 등각 투상도 예제 도면

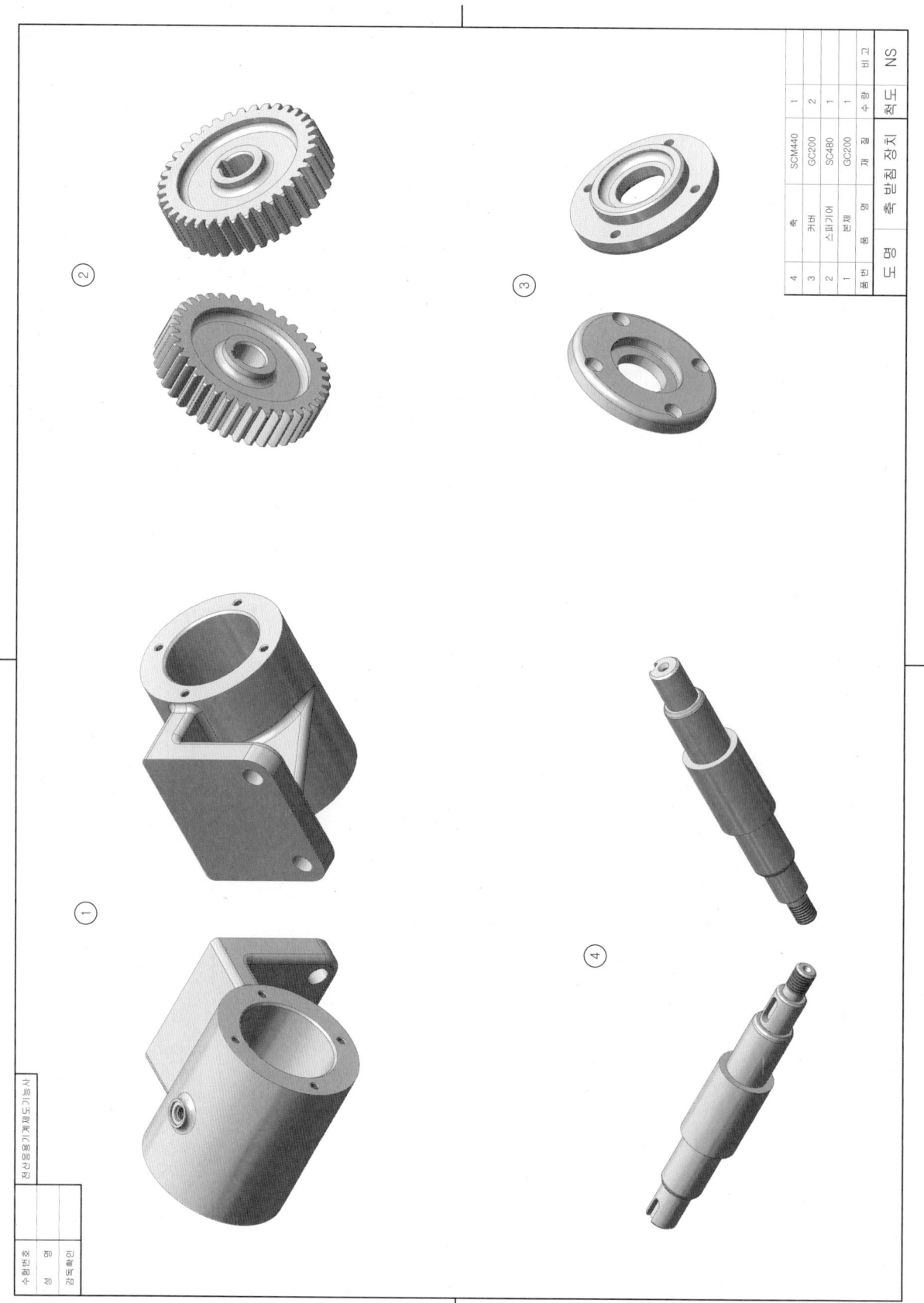

6. 축 받침 장치

기계설계산업기사 3차원 모델링도 예제 도면

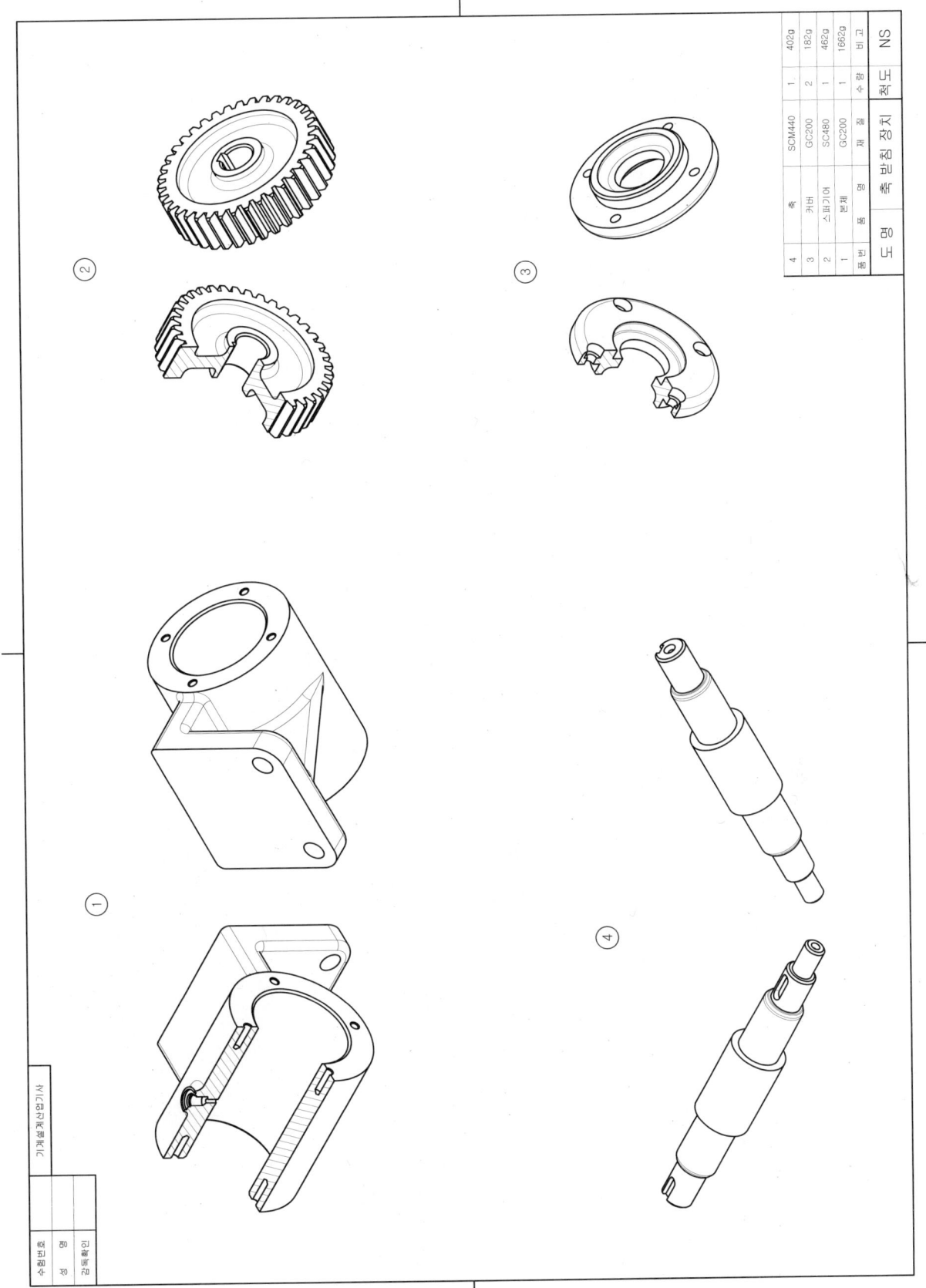

6. 축 받침 장치

등각 분해도 예제 도면

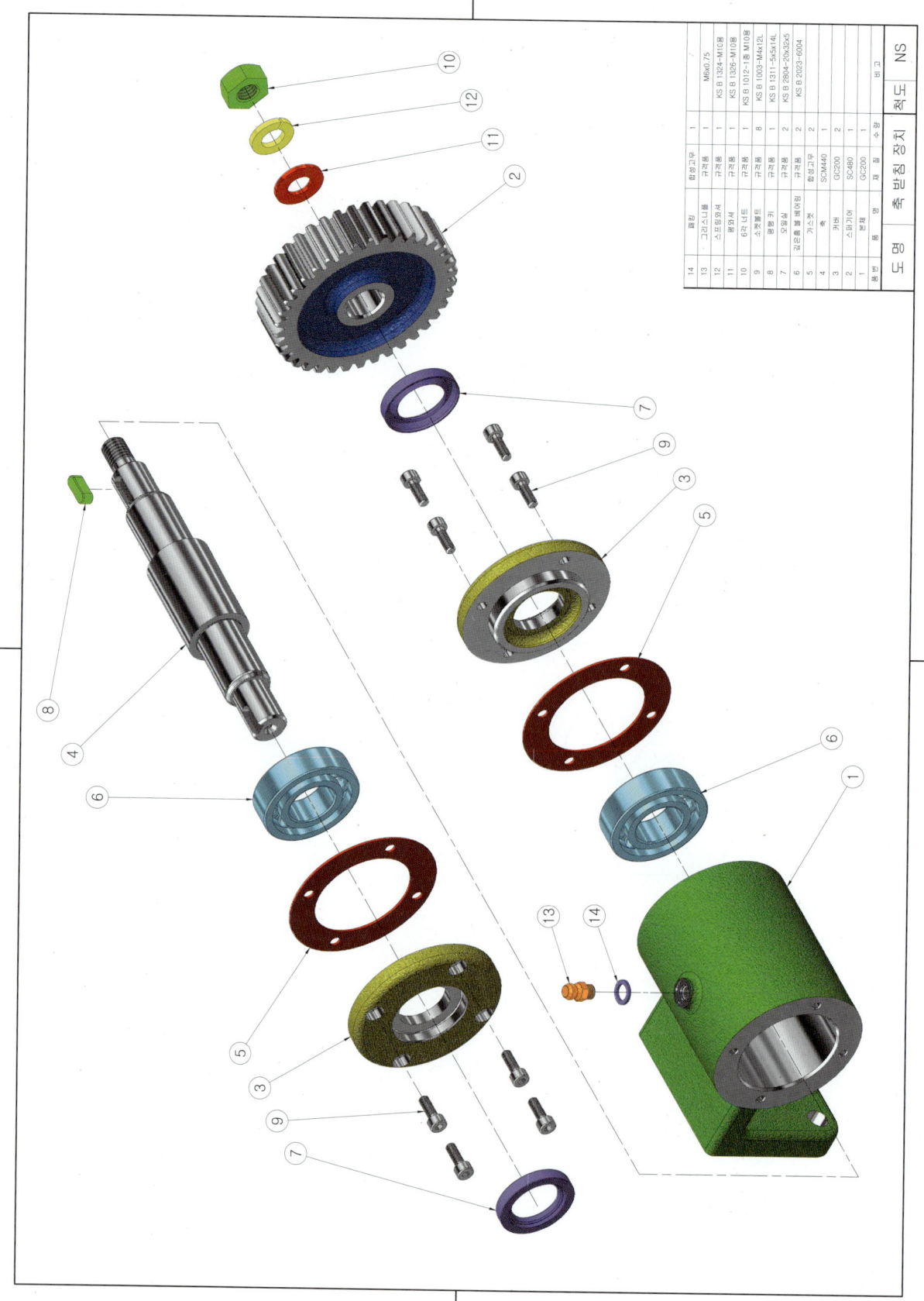

6. 축 받침 장치

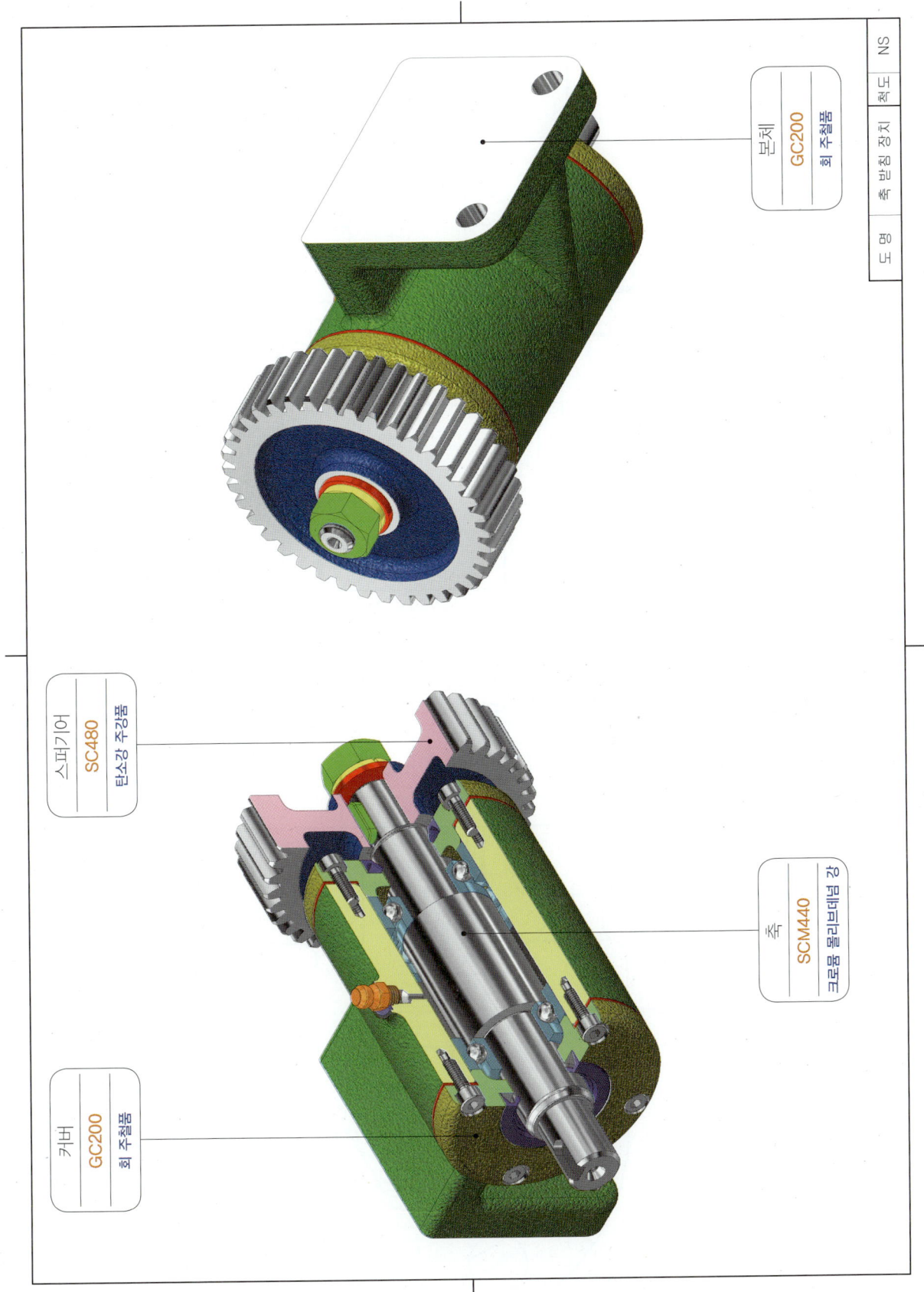

7. 평 벨트 전동장치

과제 도면

부품도(2D) : 1, 2, 3, 4
등각투상도(3D) : 1, 2, 3, 4, 5

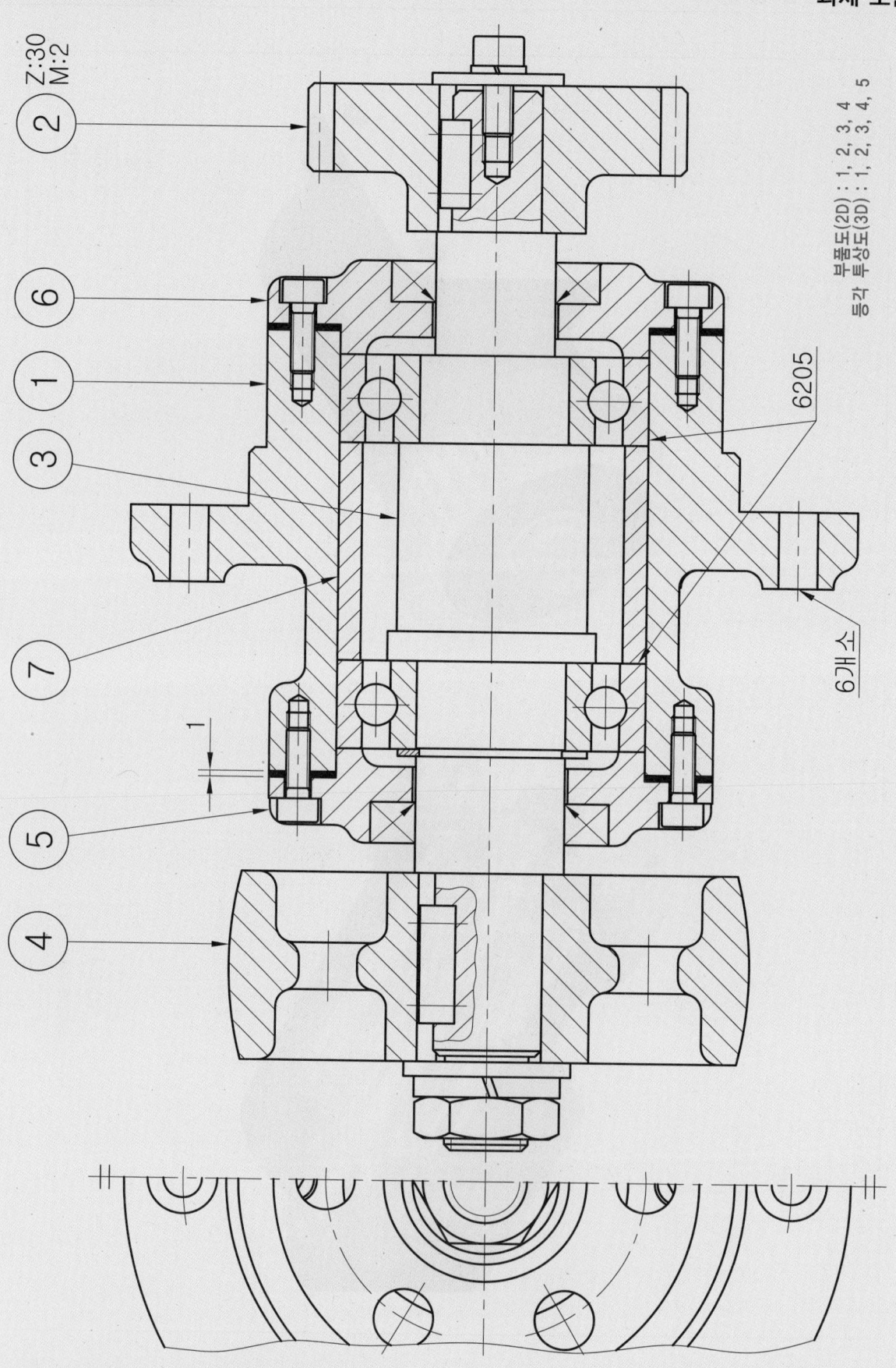

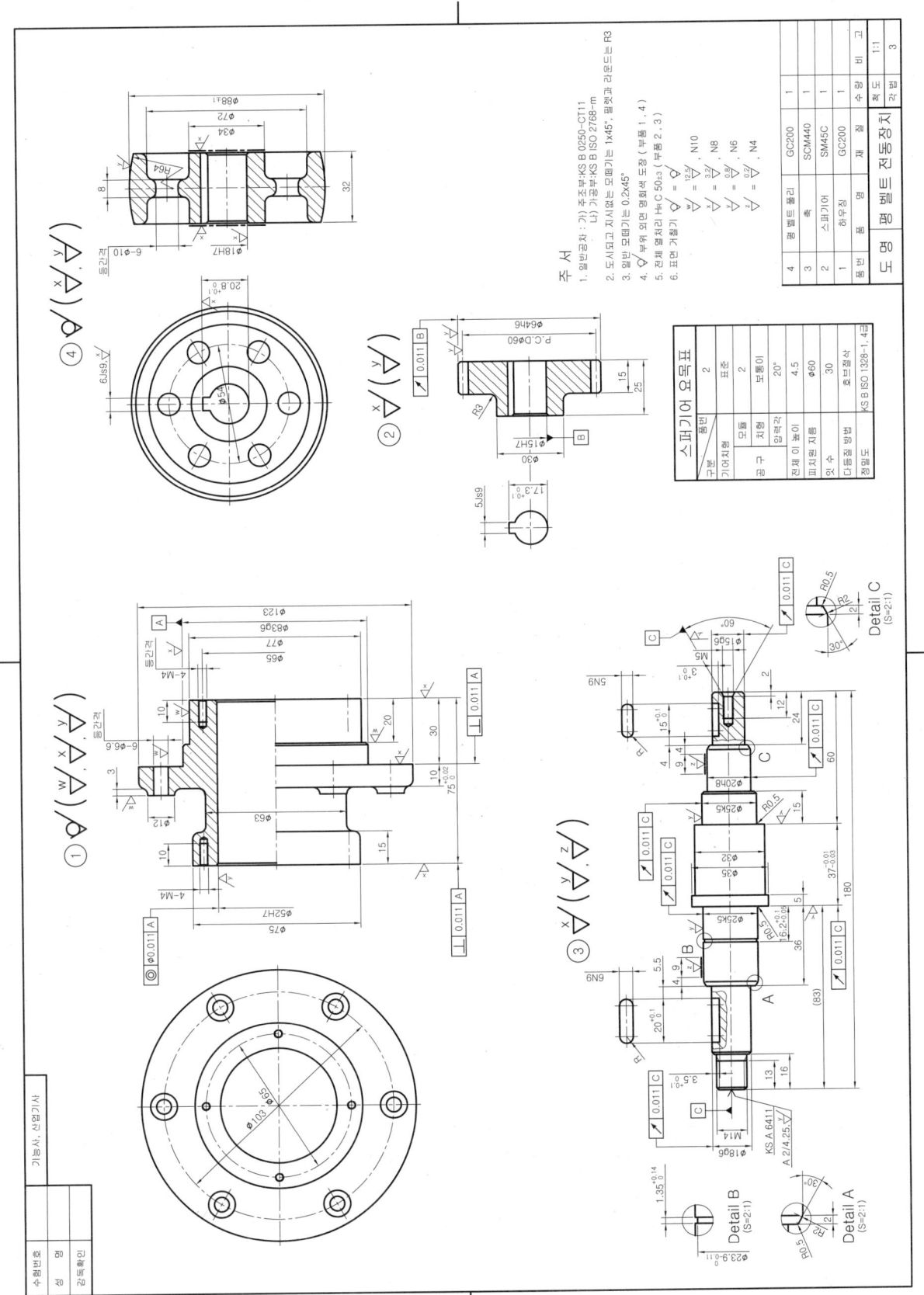

7. 평 벨트 전동장치

전산응용기계제도기능사 렌더링 등각 투상도 예제 도면

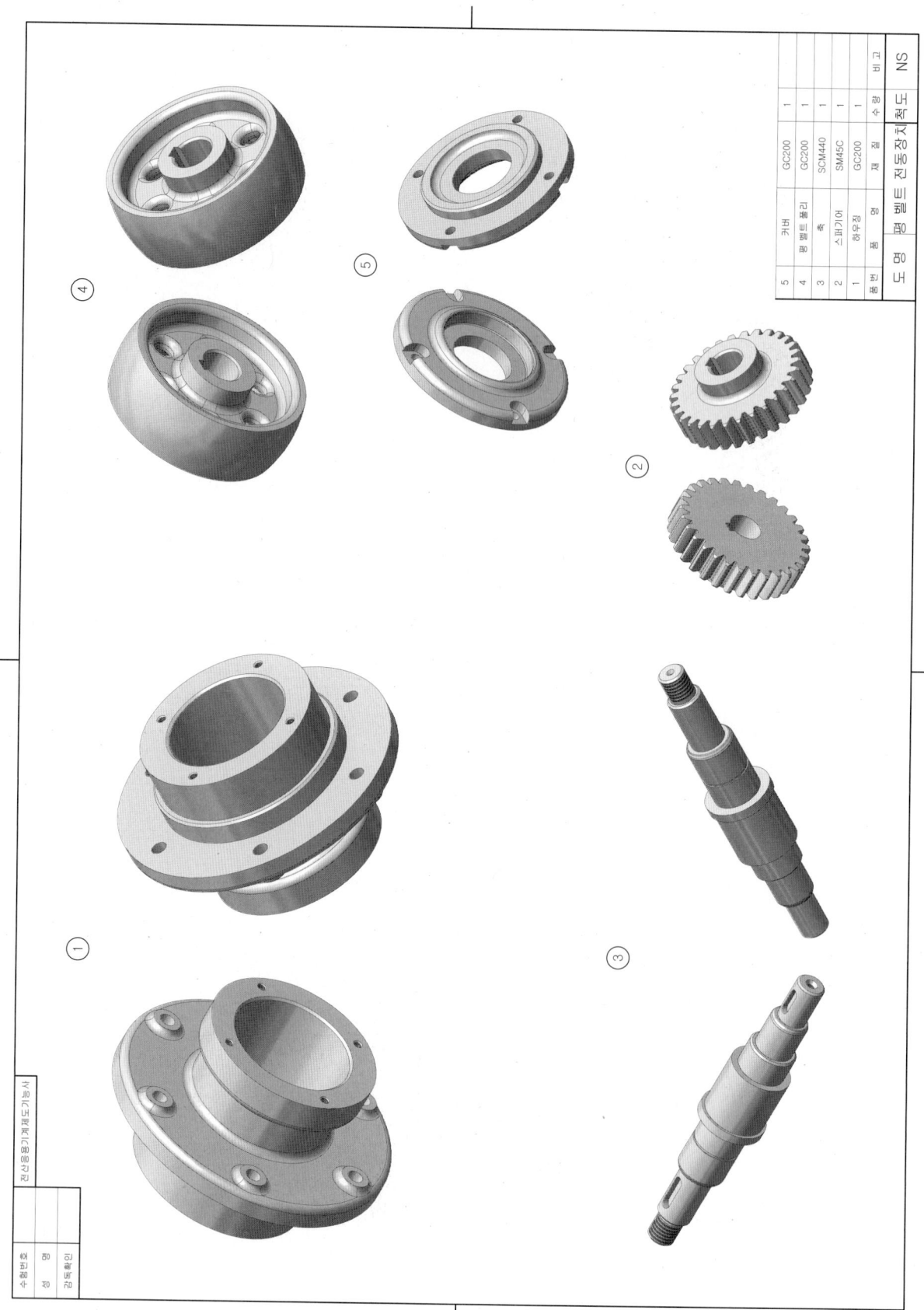

7. 평 벨트 전동장치

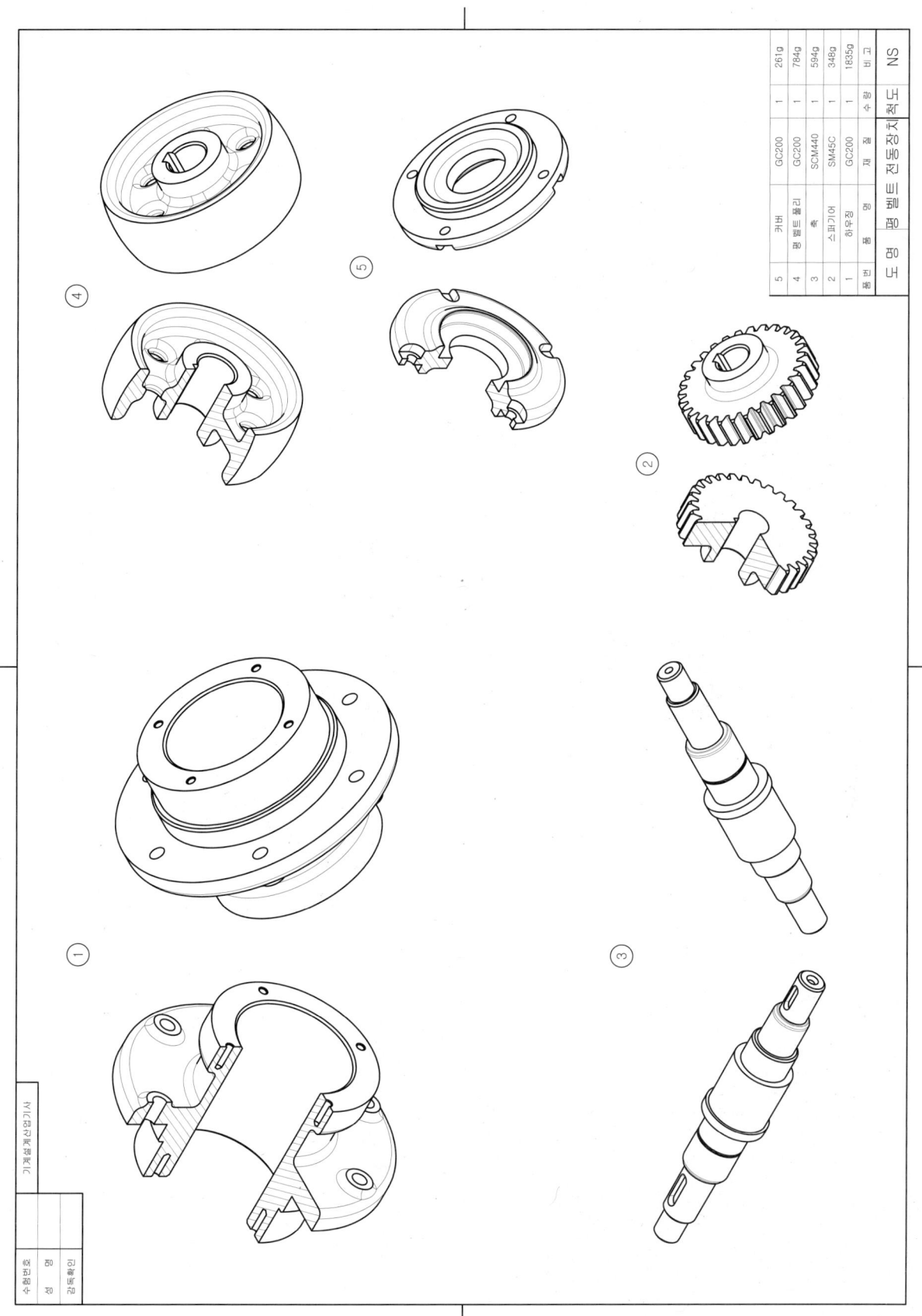

7. 평 벨트 전동장치

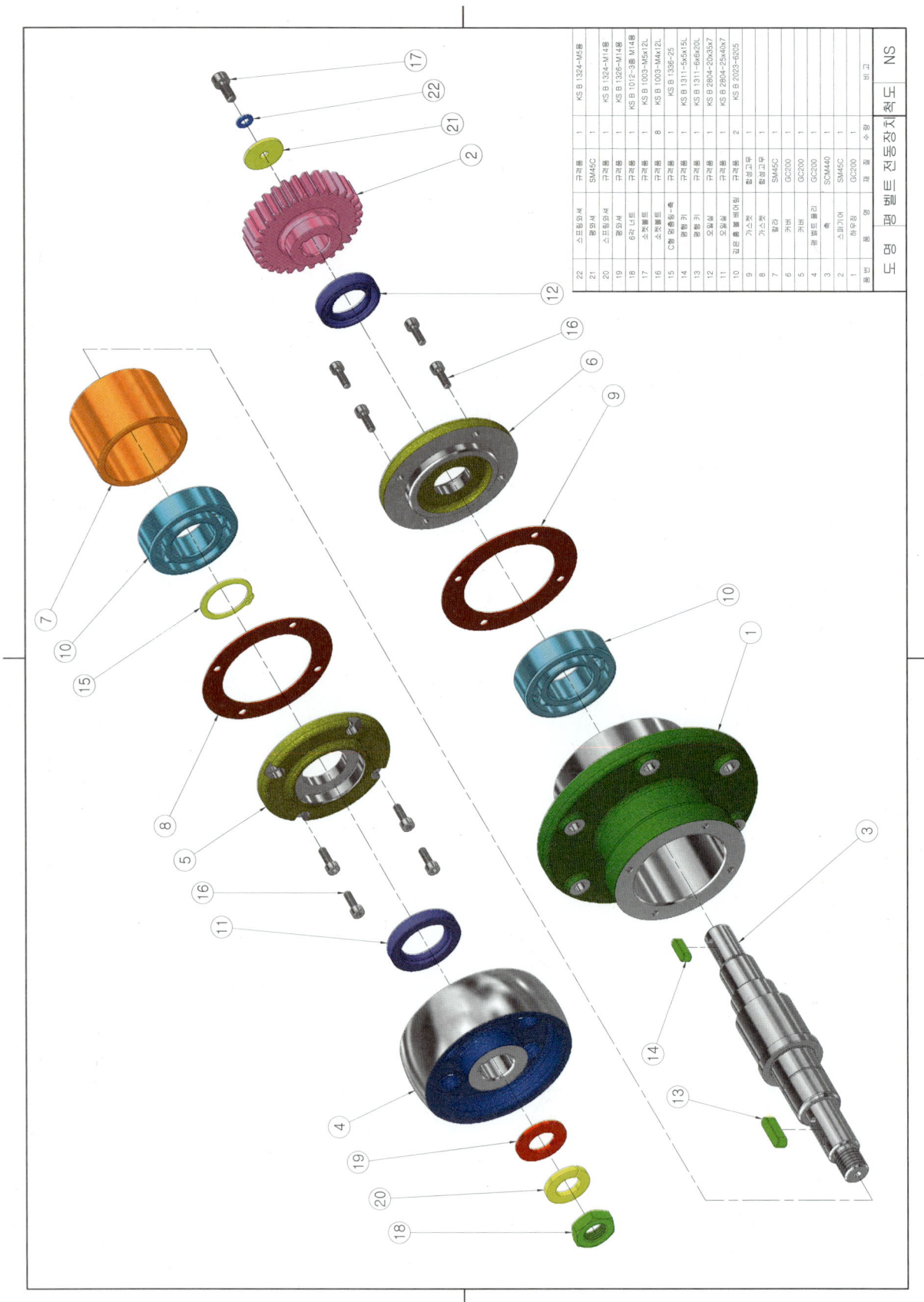

■ 7. 평 벨트 전동장치

등각 조립도 예제 도면

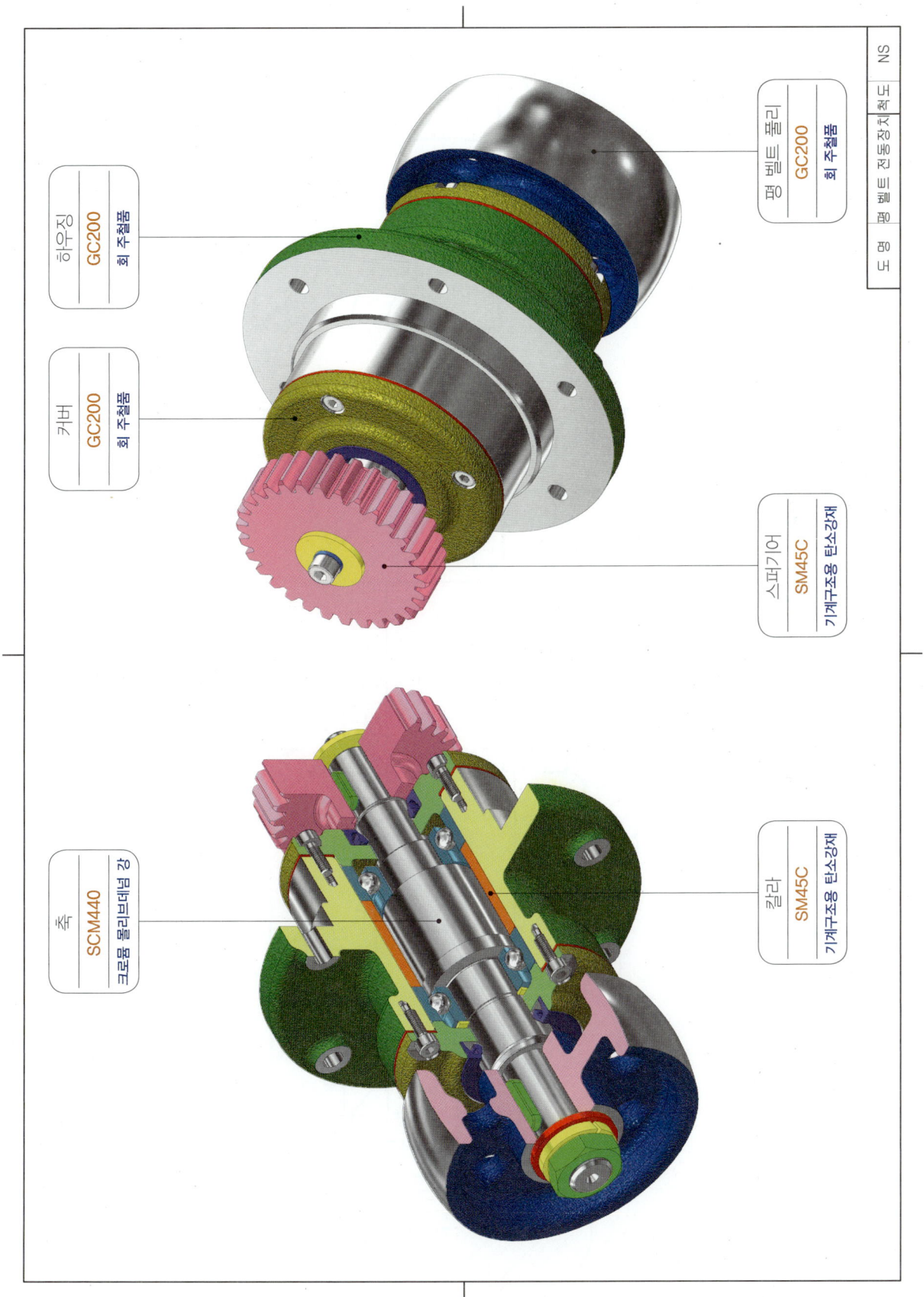

8. 피벗 베어링 하우징

과제 도면

부품도(2D) : 1, 2, 3, 5
등각투상도(3D) : 1, 2, 3, 4, 5

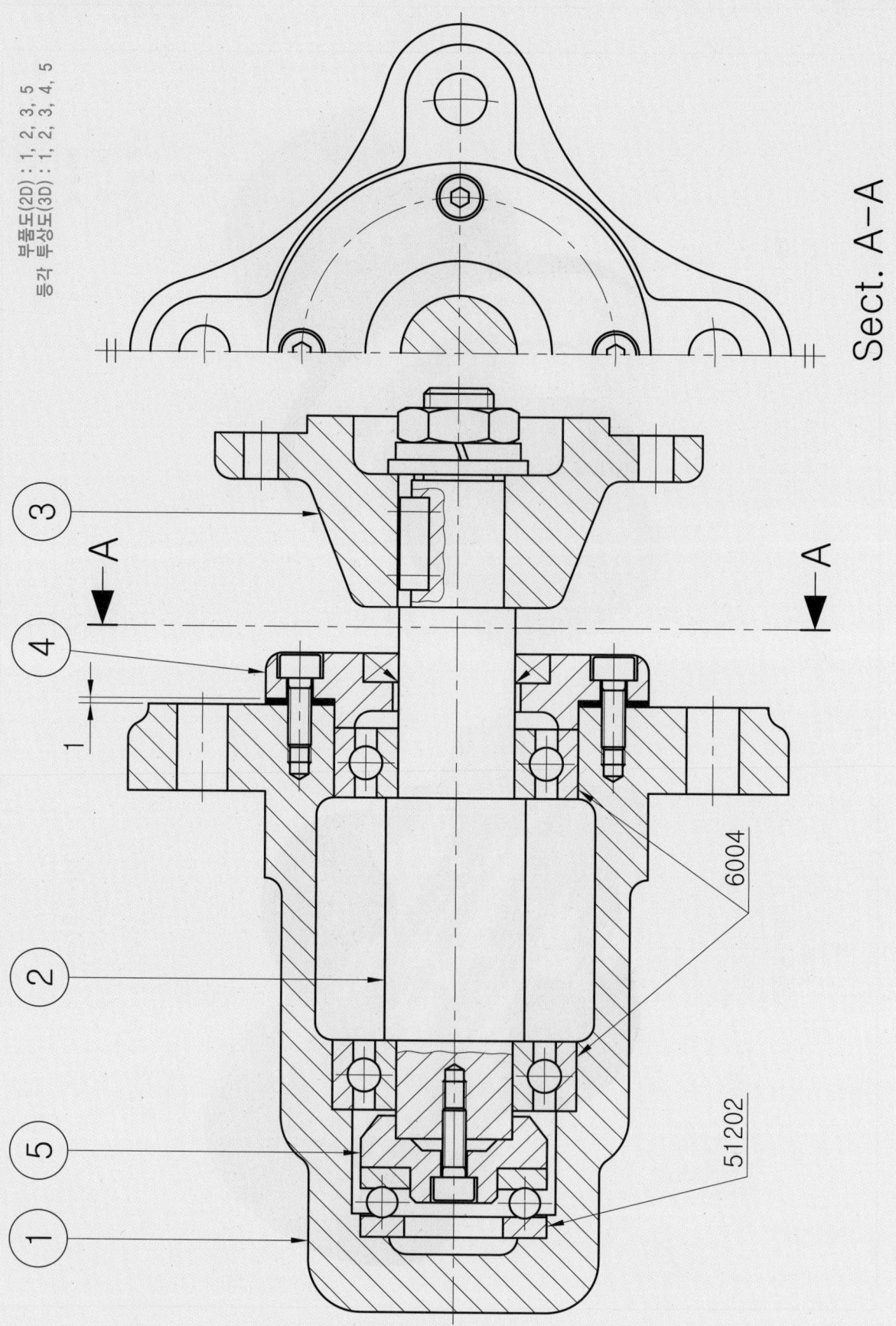

Sect. A-A

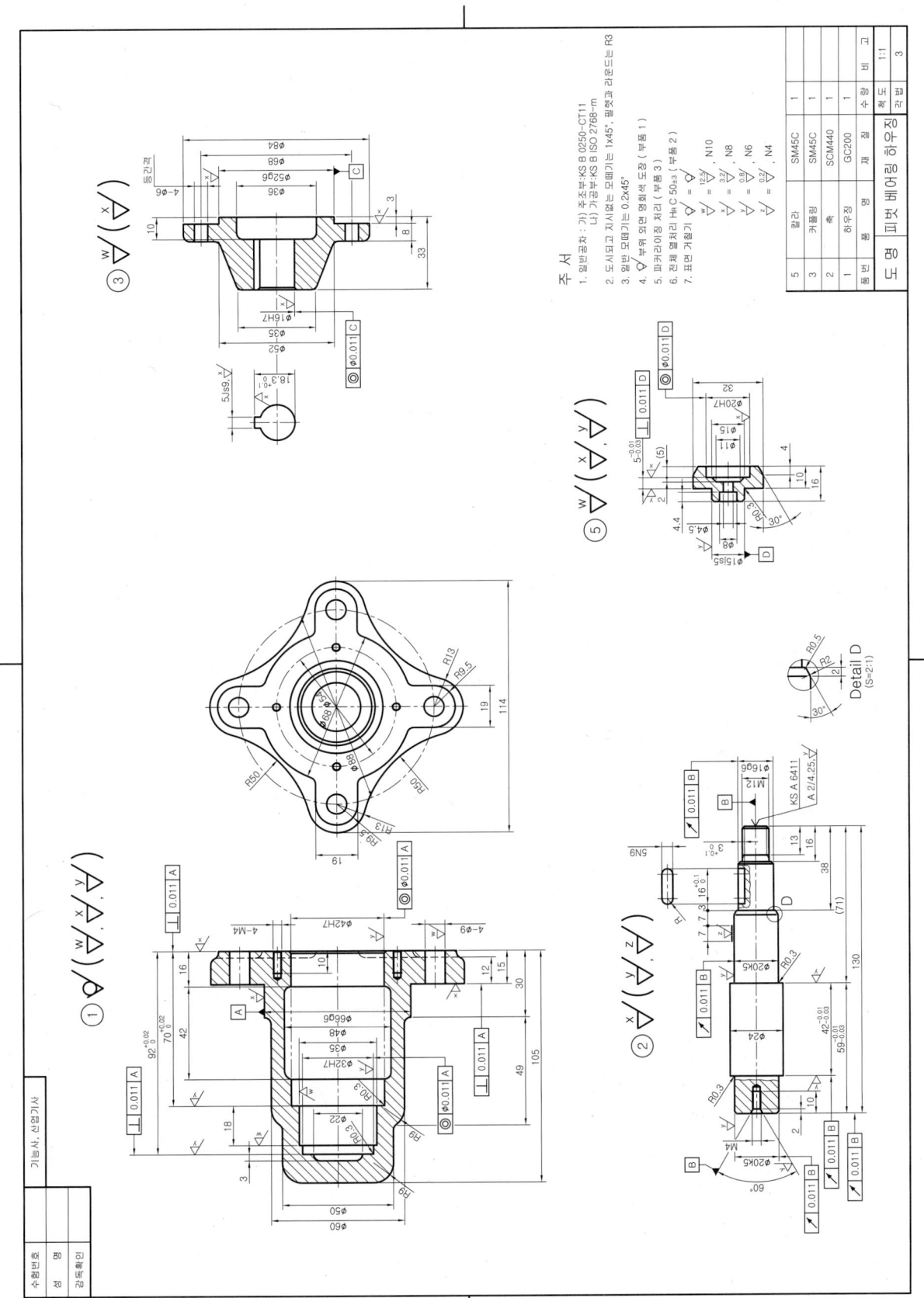

8. 피벗 베어링 하우징

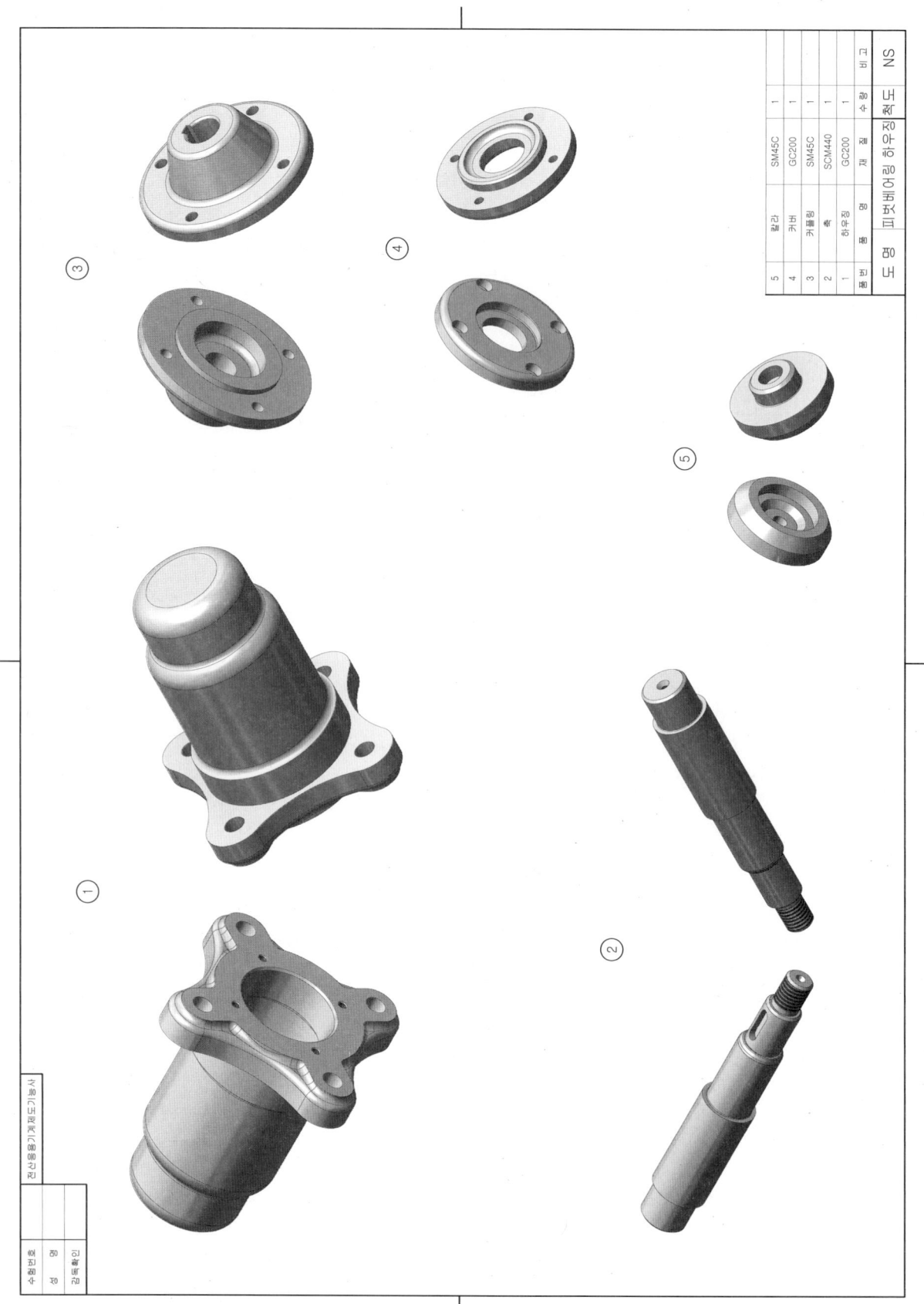

8. 피벗 베어링 하우징

기계설계산업기사 3차원 모델링도 예제 도면

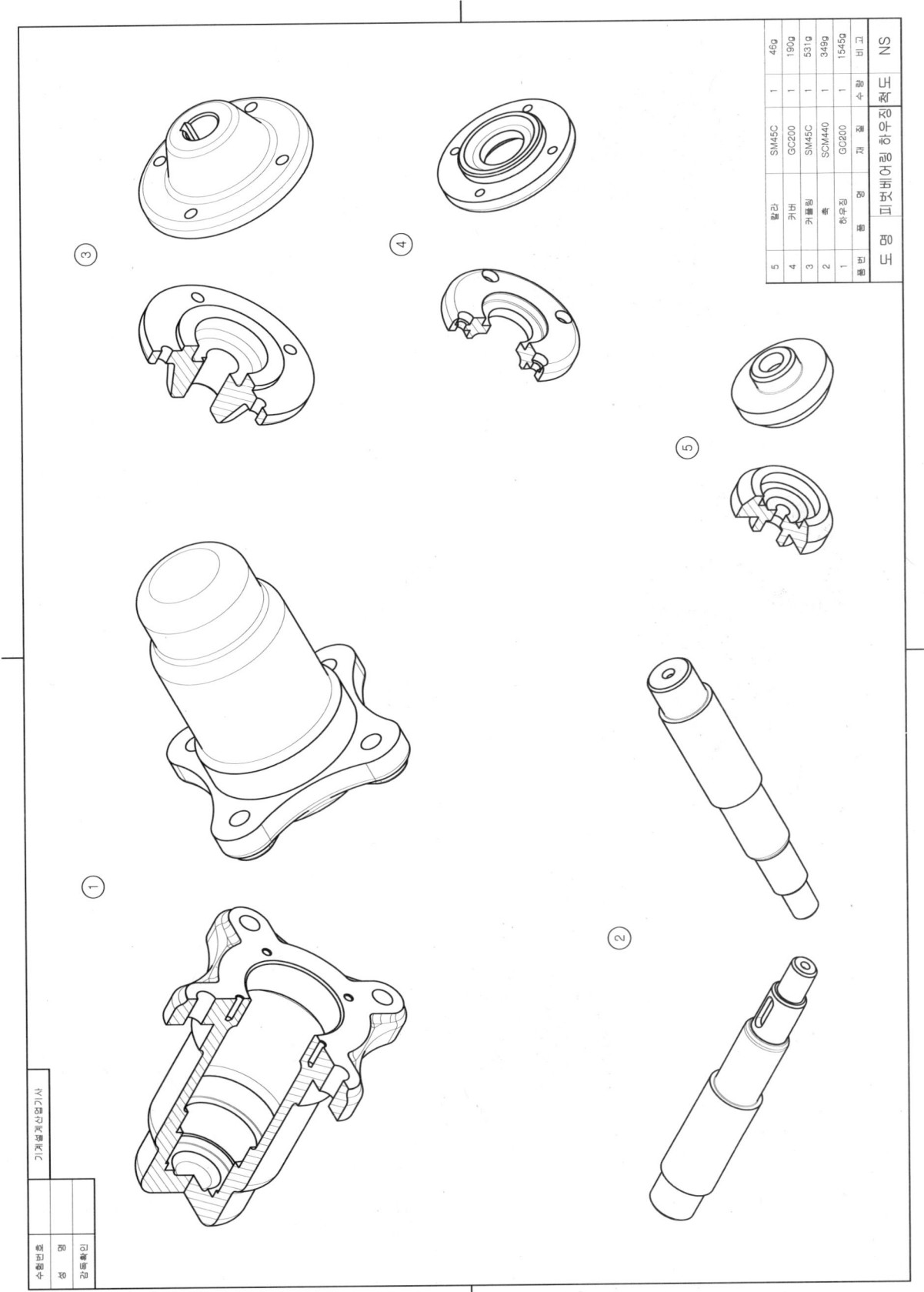

8. 피벗 베어링 하우징

등각 분해도 예제 도면

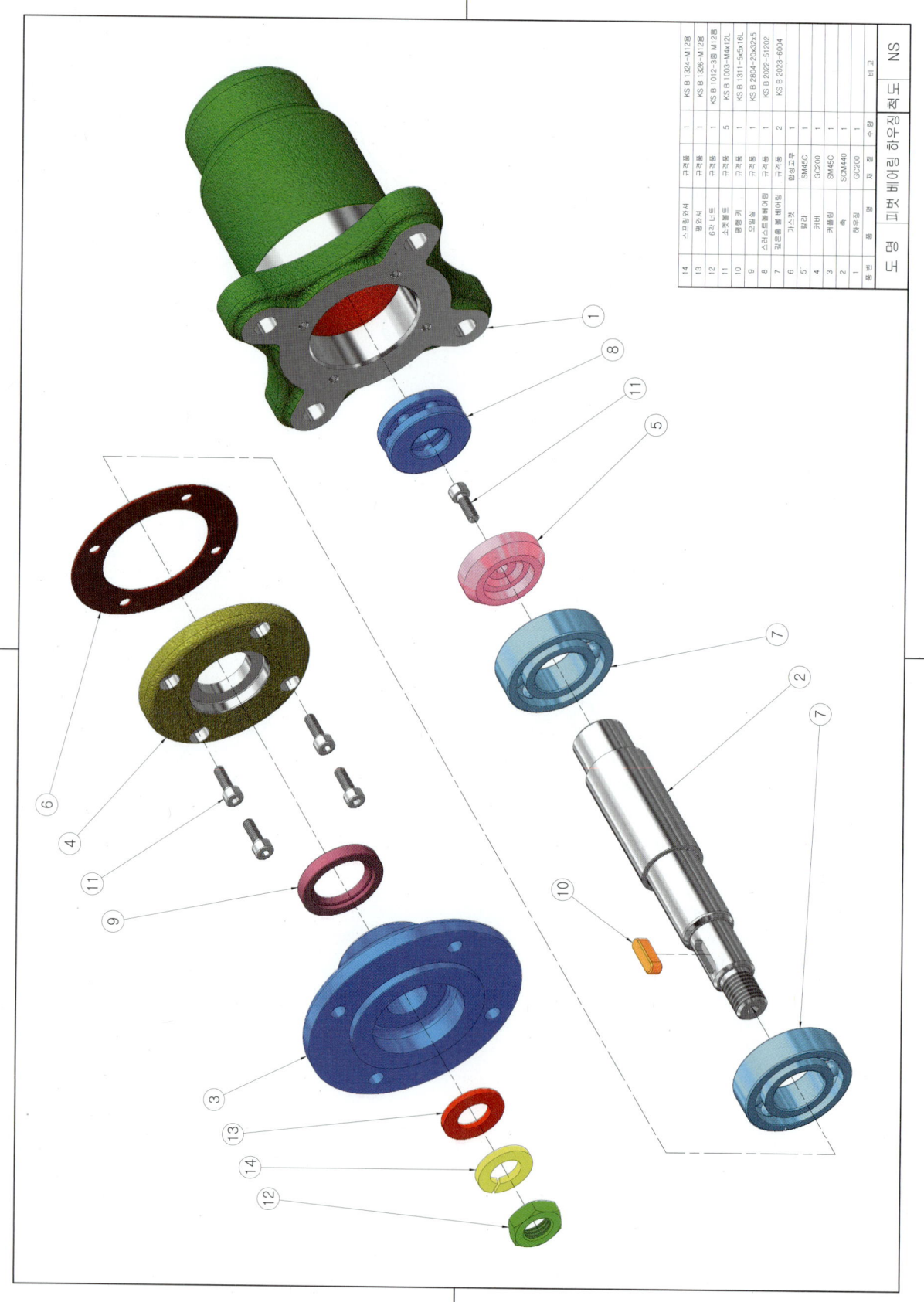

8. 피벗 베어링 하우징

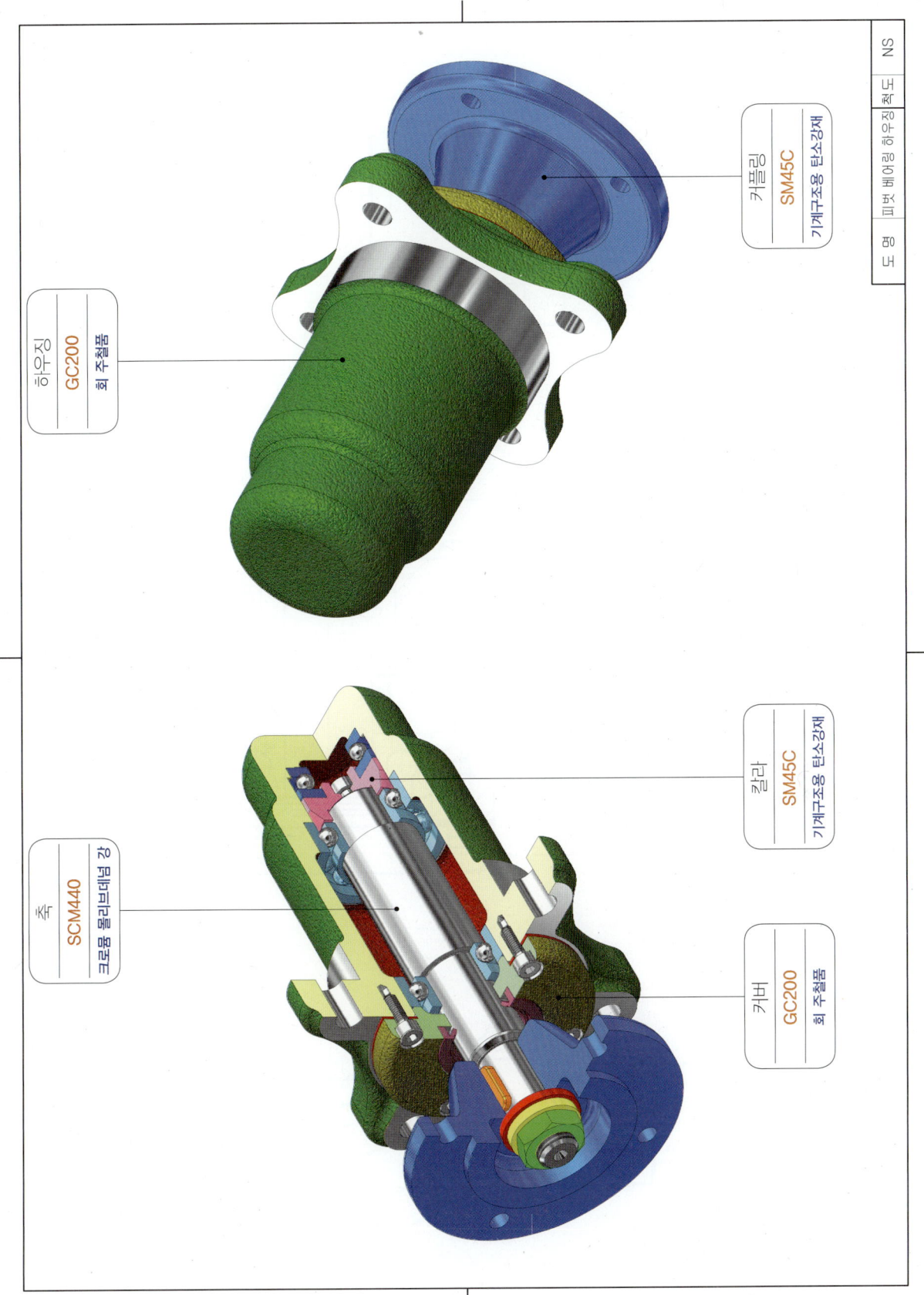

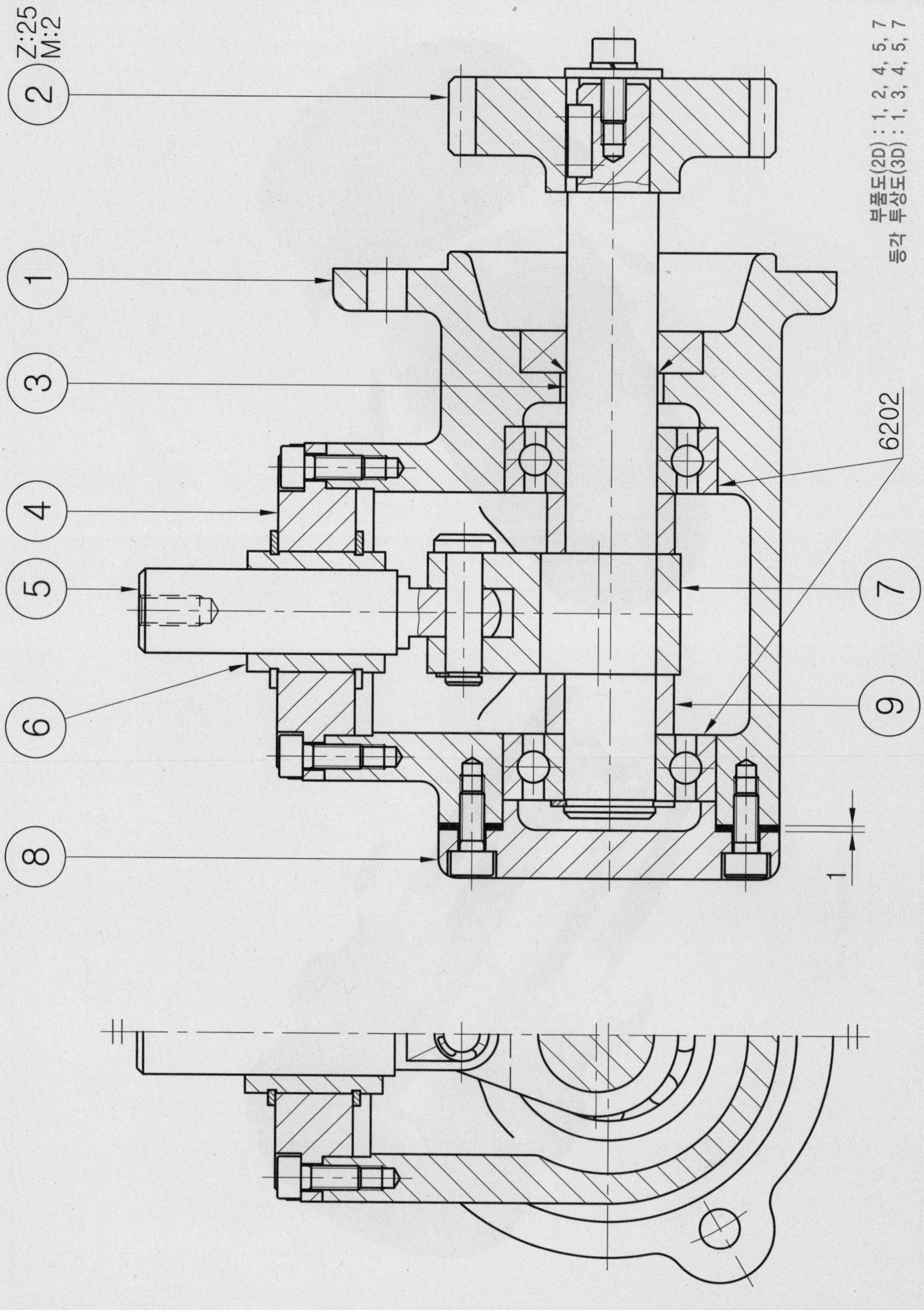

9. 편심왕복장치

과제 도면

부품도(2D) : 1, 2, 4, 5, 7
등각투상도(3D) : 1, 3, 4, 5, 7

Z:25
M:2

6202

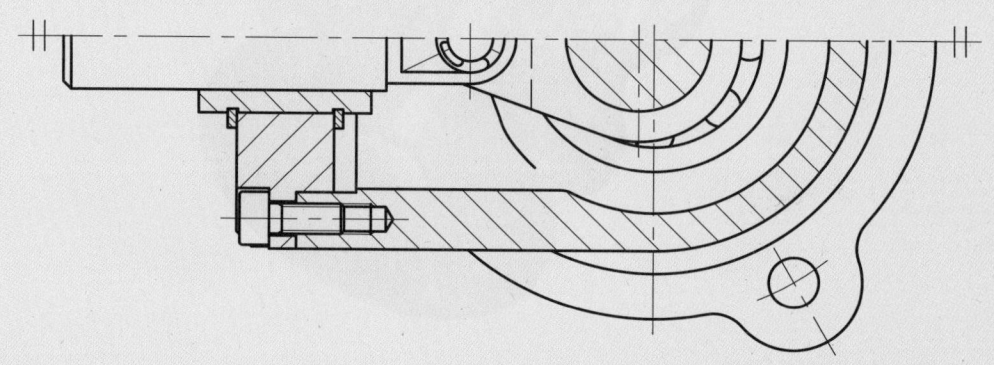

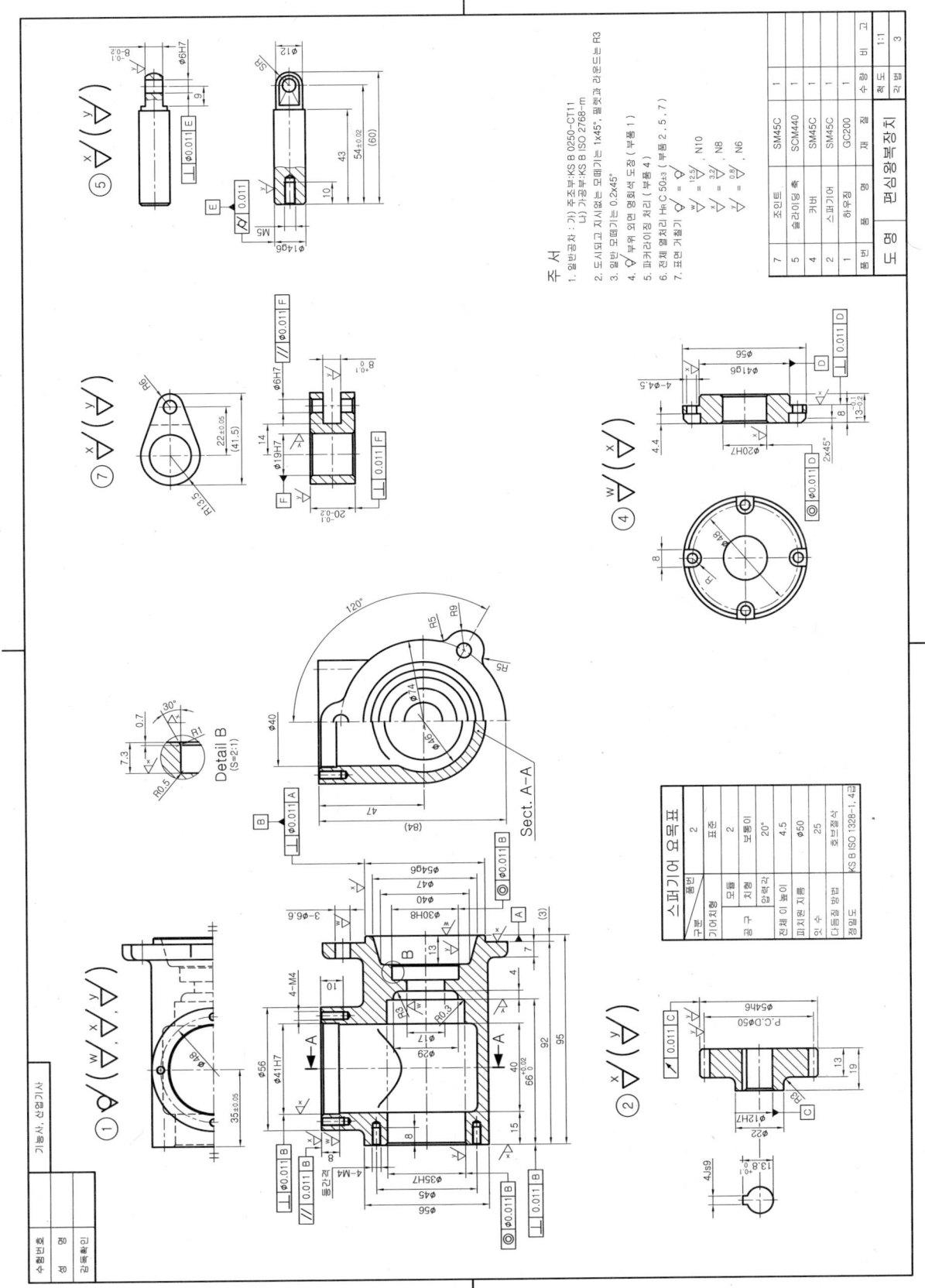

9. 편심왕복장치

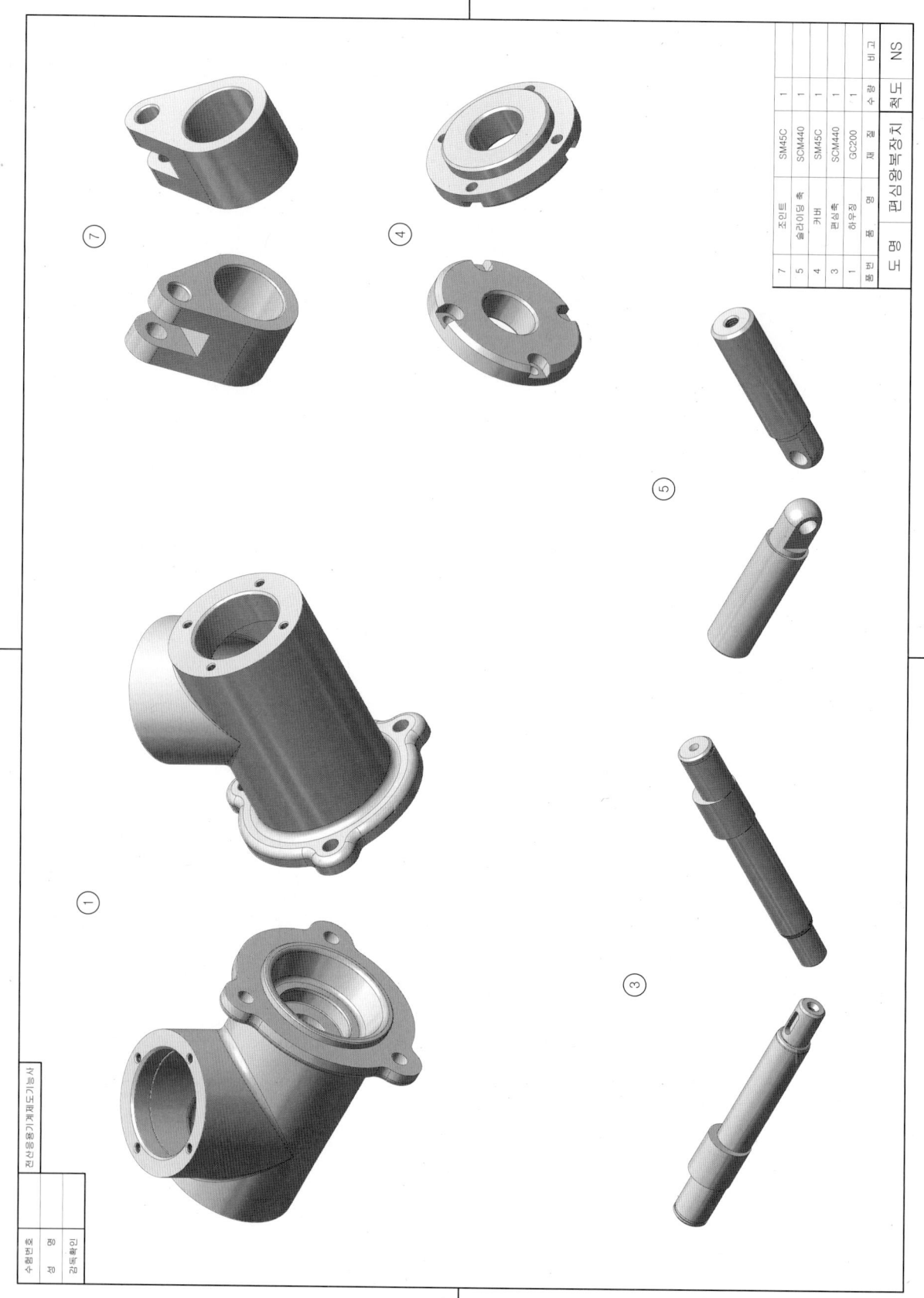

9. 편심왕복장치

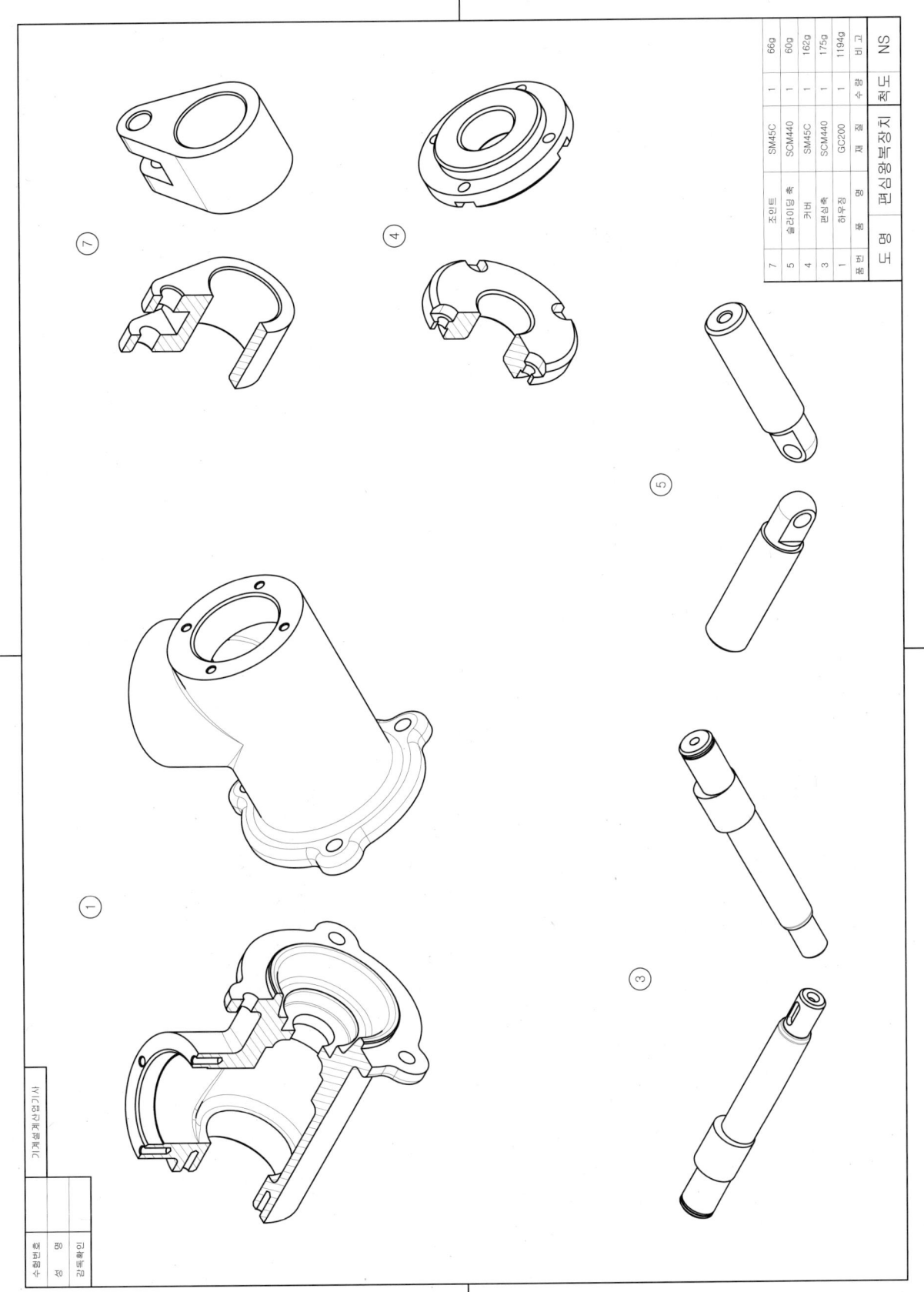

7	조인트	SM45C	1	66g
5	슬라이딩축	SCM440	1	60g
4	커버	SM45C	1	162g
3	편심축	SCM440	1	175g
1	하우징	GC200	1	1194g
품번	품명	재질	수량	비고

도명: 편심왕복장치
척도: NS

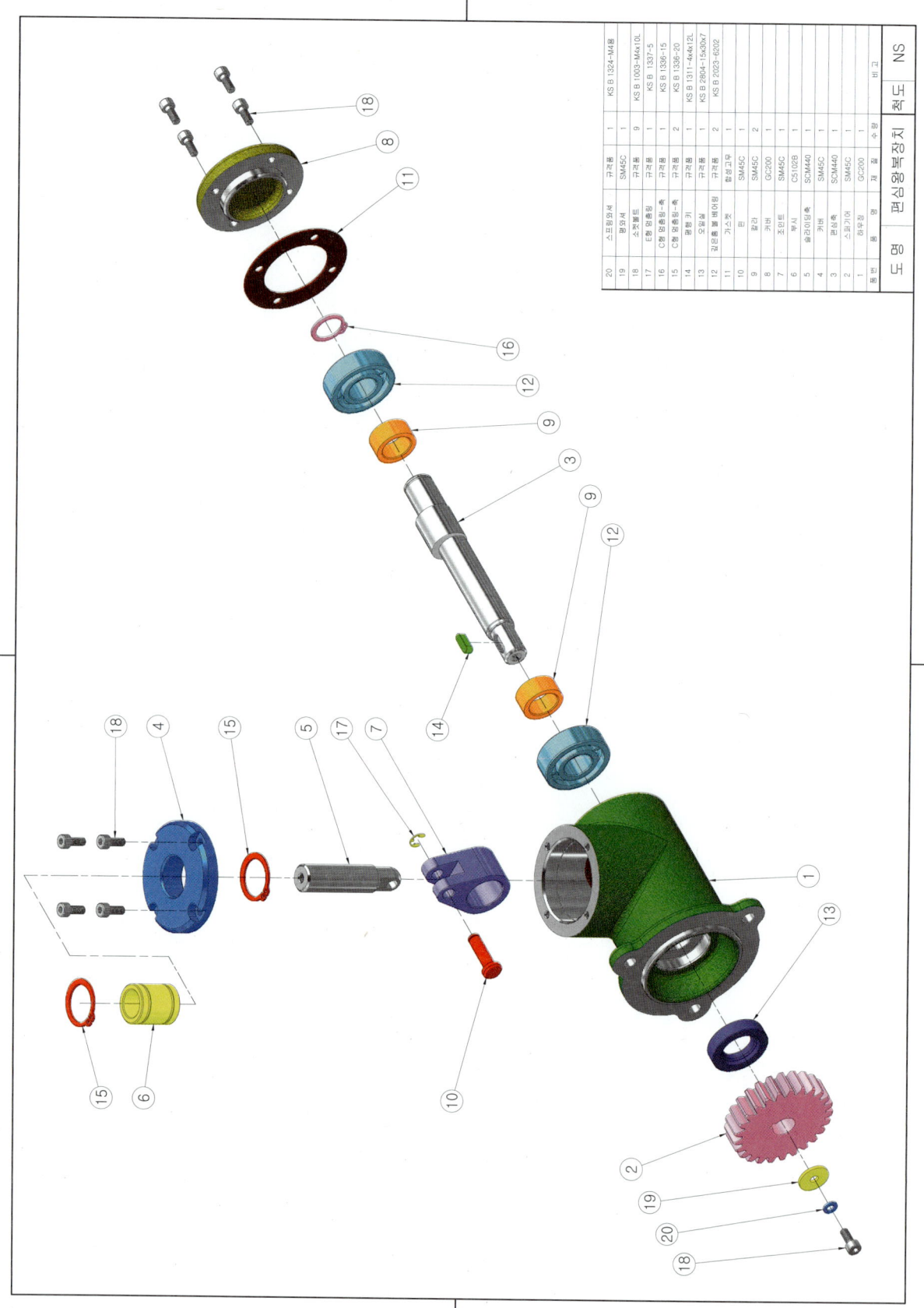

9. 편심왕복장치

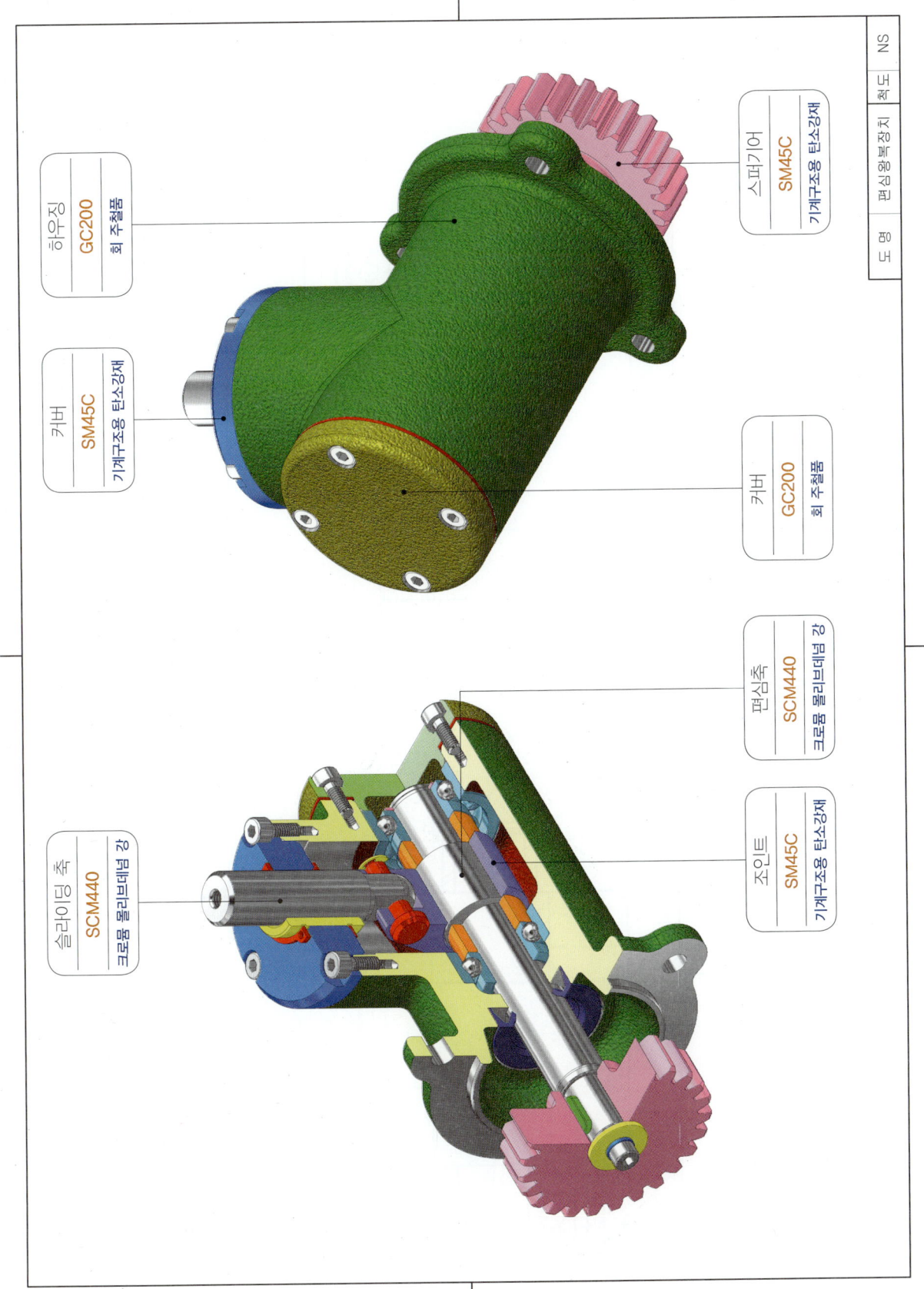

10. 래크와 피니언 구동장치

과제 도면

부품도(2D) : 1, 2, 3, 4, 5
등각투상도(3D) : 1, 2, 3, 4, 5

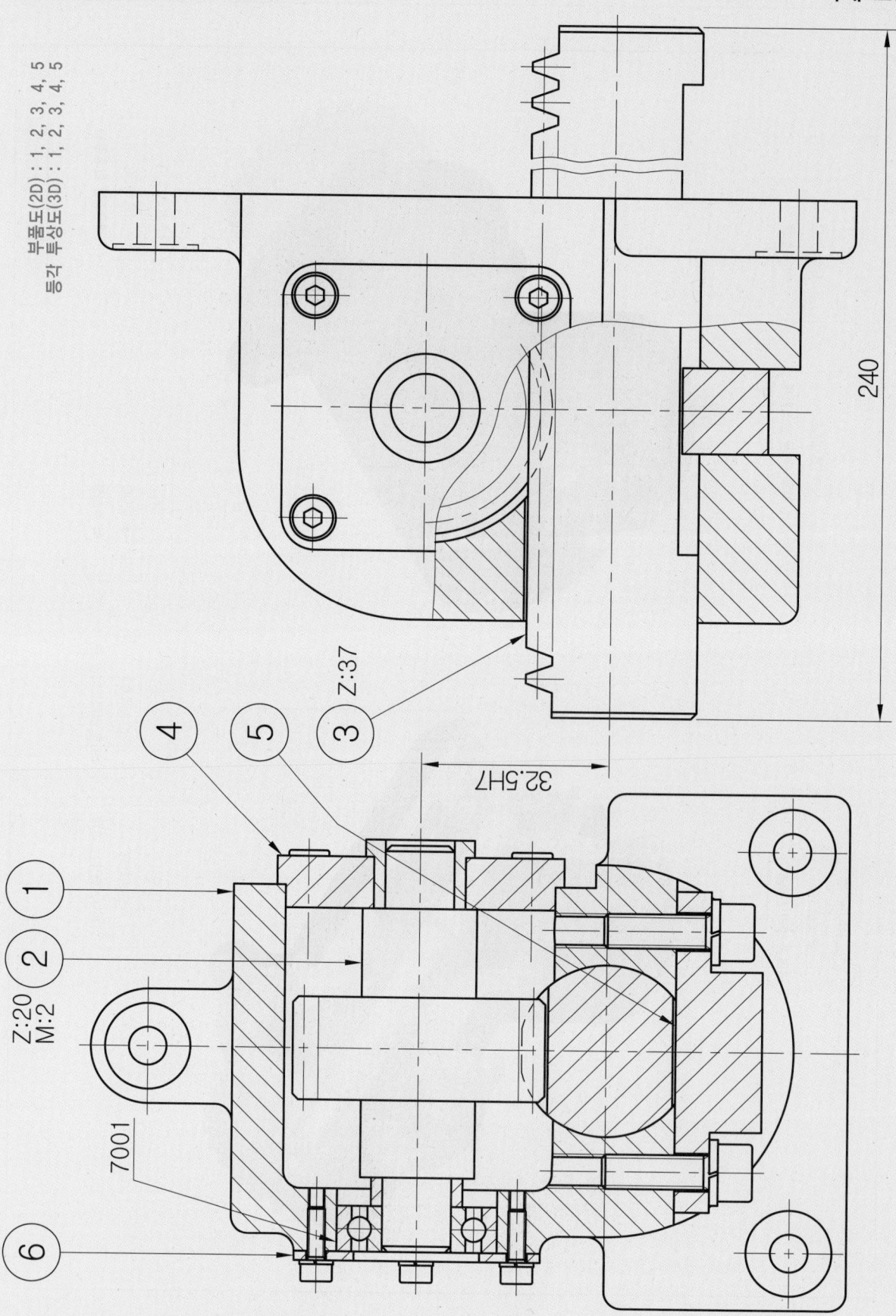

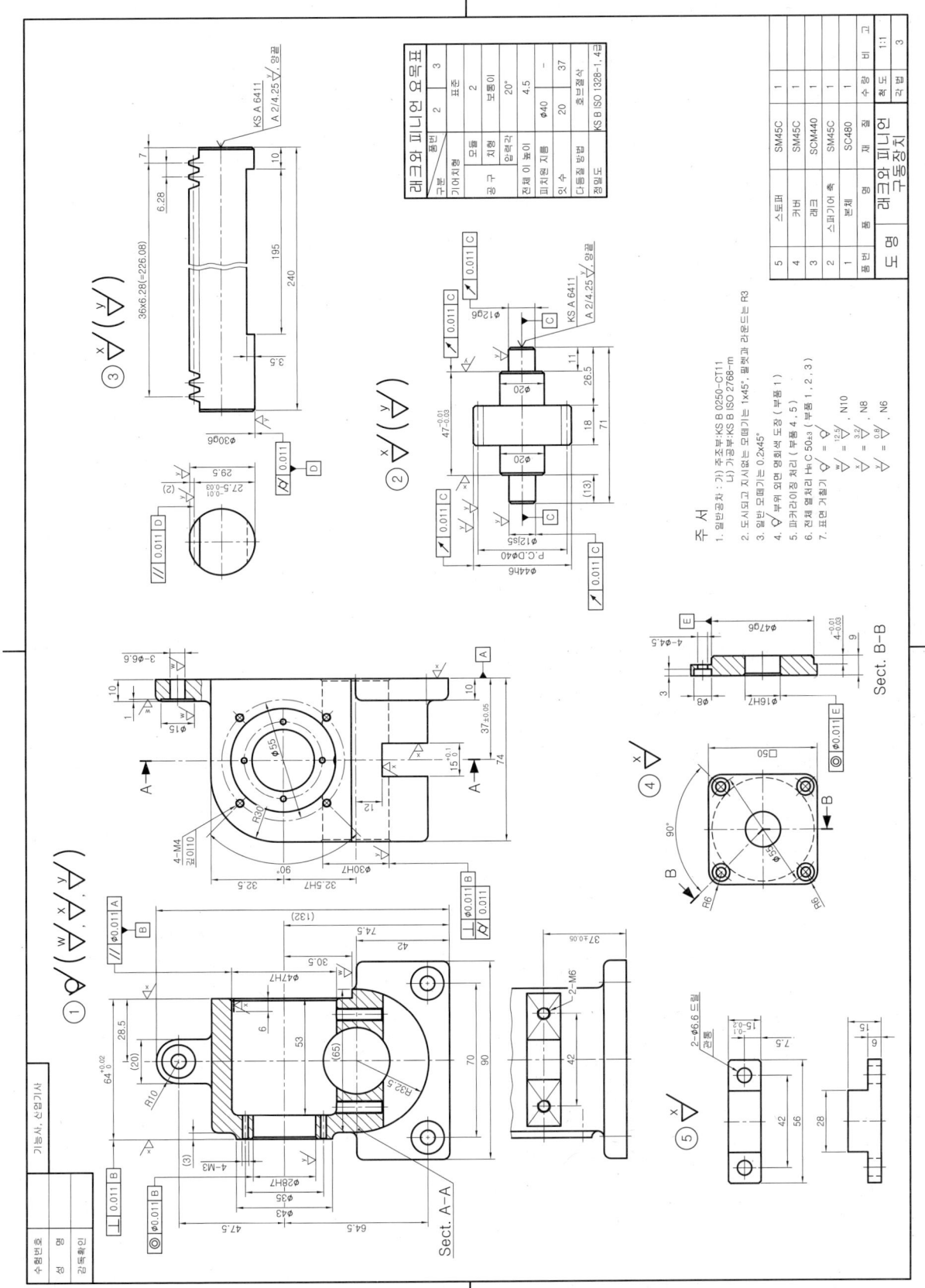

■ 10. 래크와 피니언 구동장치   전산응용기계제도기능사 렌더링 등각 투상도 예제 도면

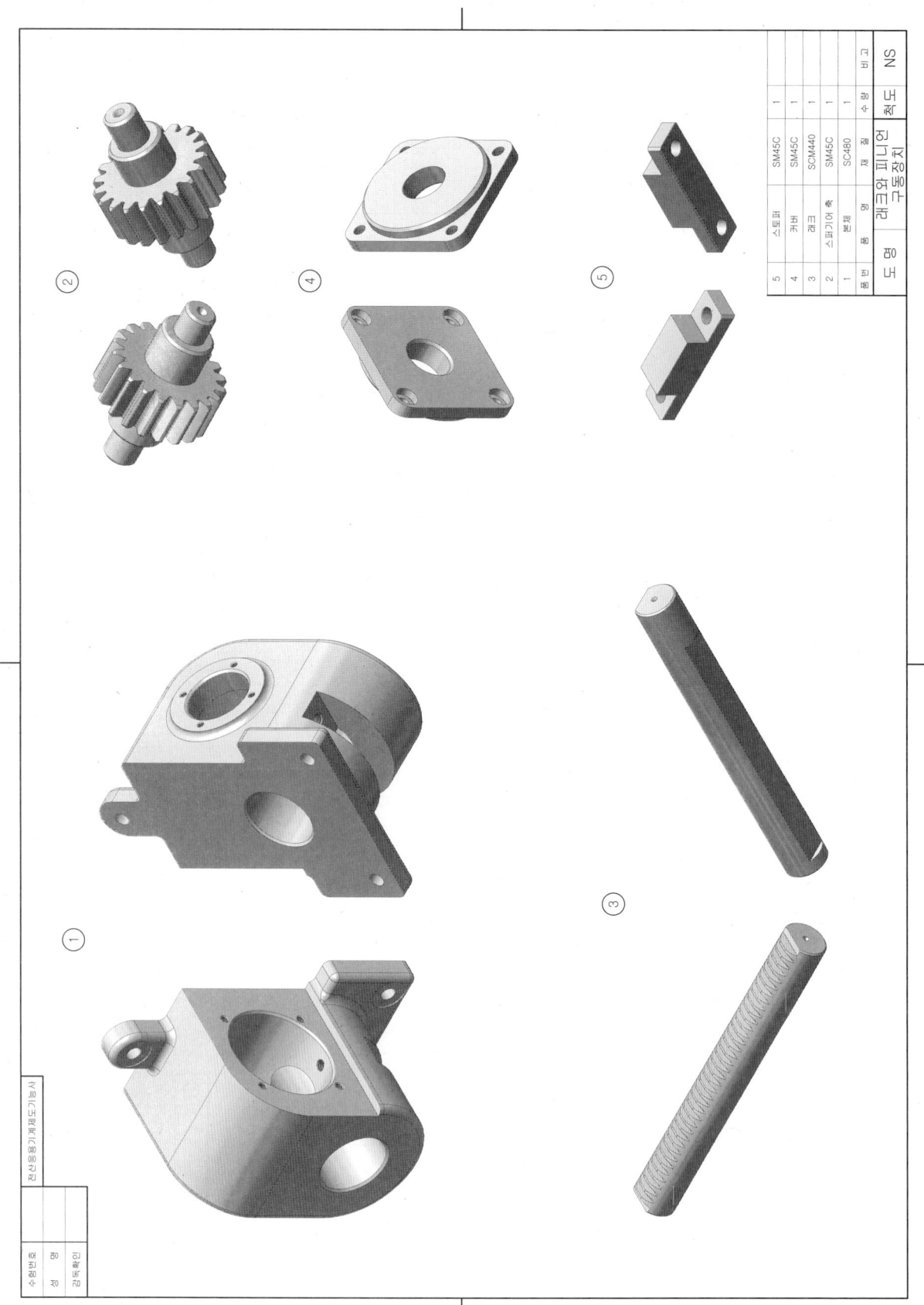

10. 래크와 피니언 구동장치

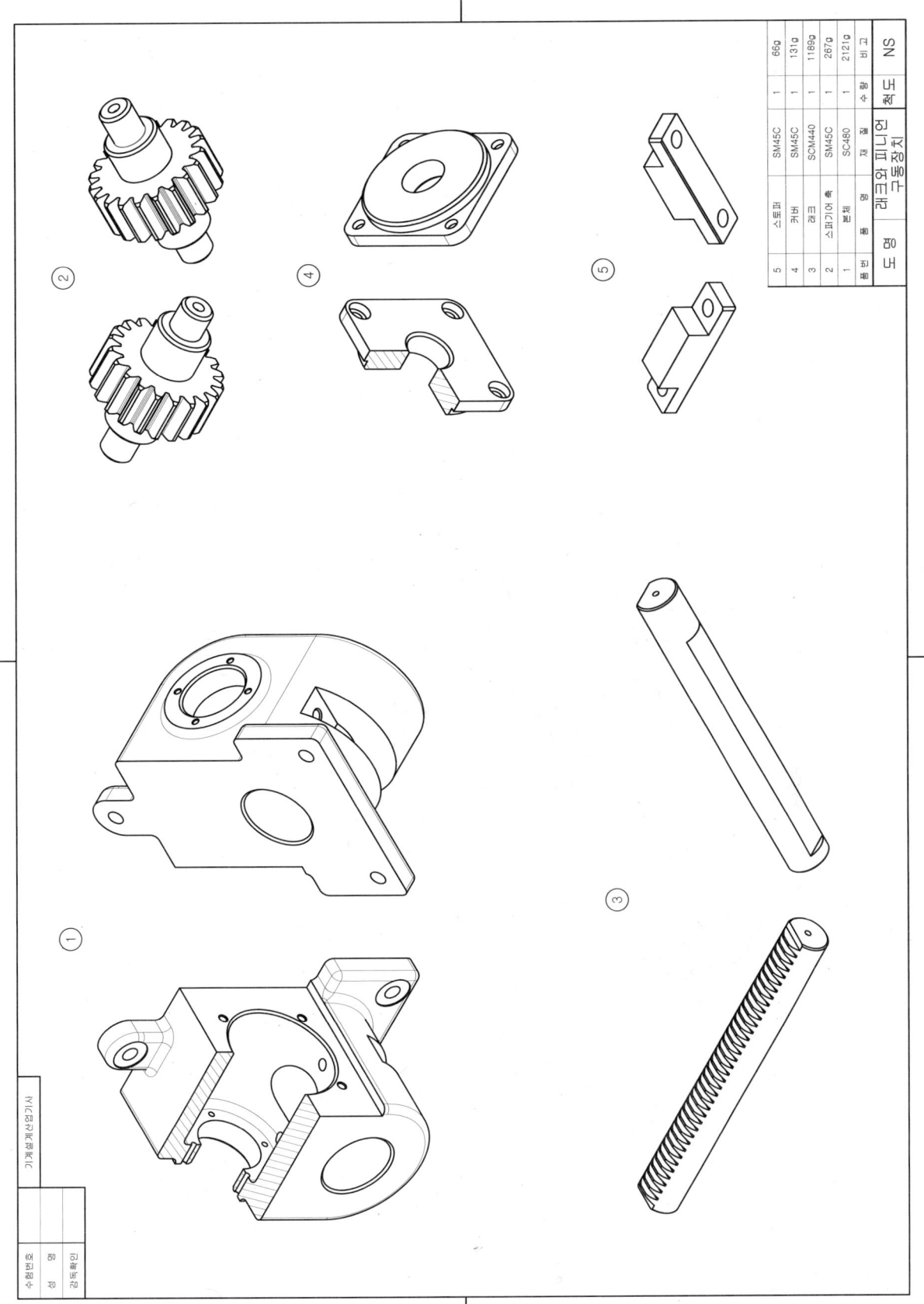

10. 래크와 피니언 구동장치

등각 분해도 예제 도면

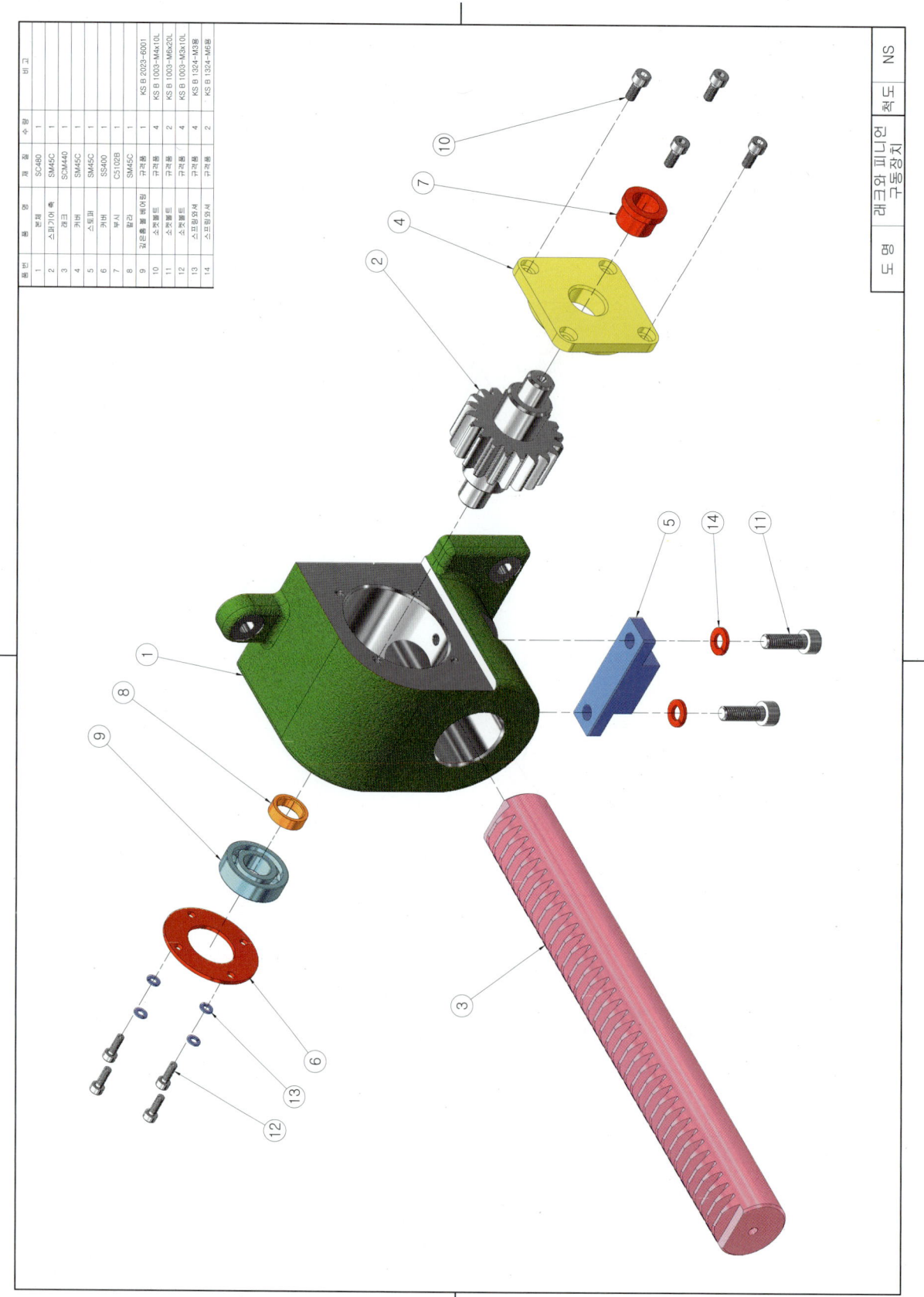

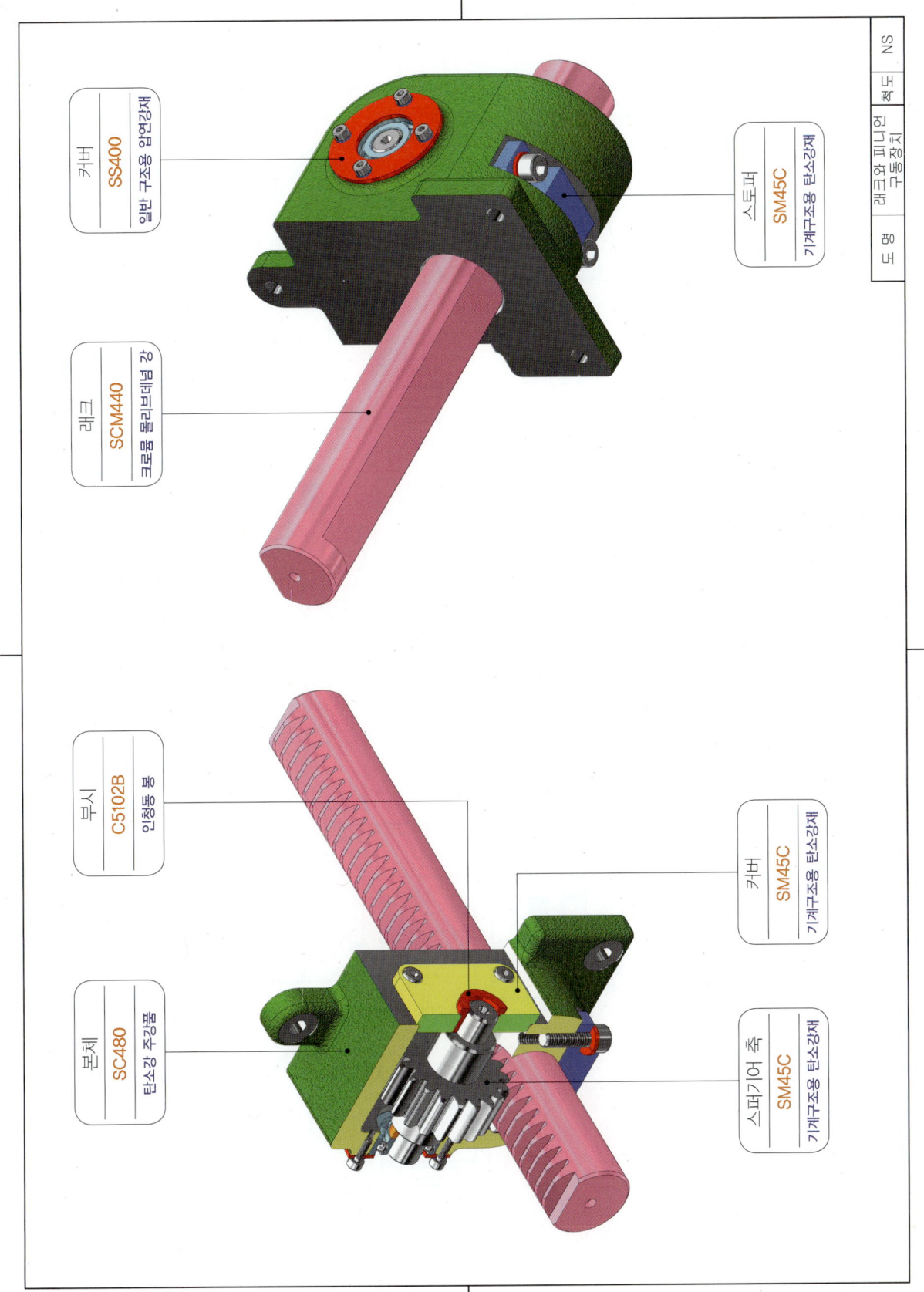

11. 아이들러

과제 도면

부품도(2D) : 1, 2, 3, 4
등각투상도(3D) : 1, 2, 3, 4

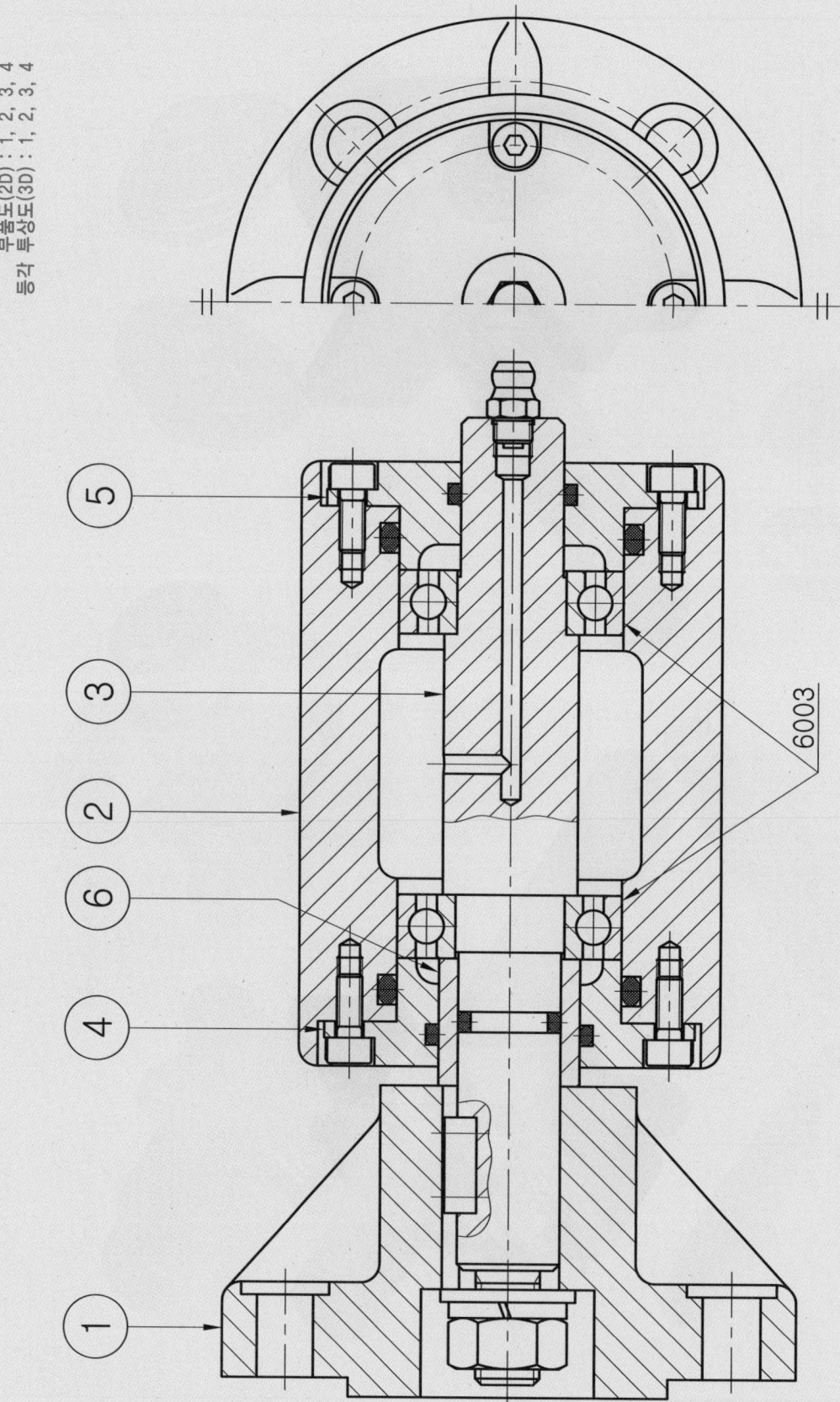

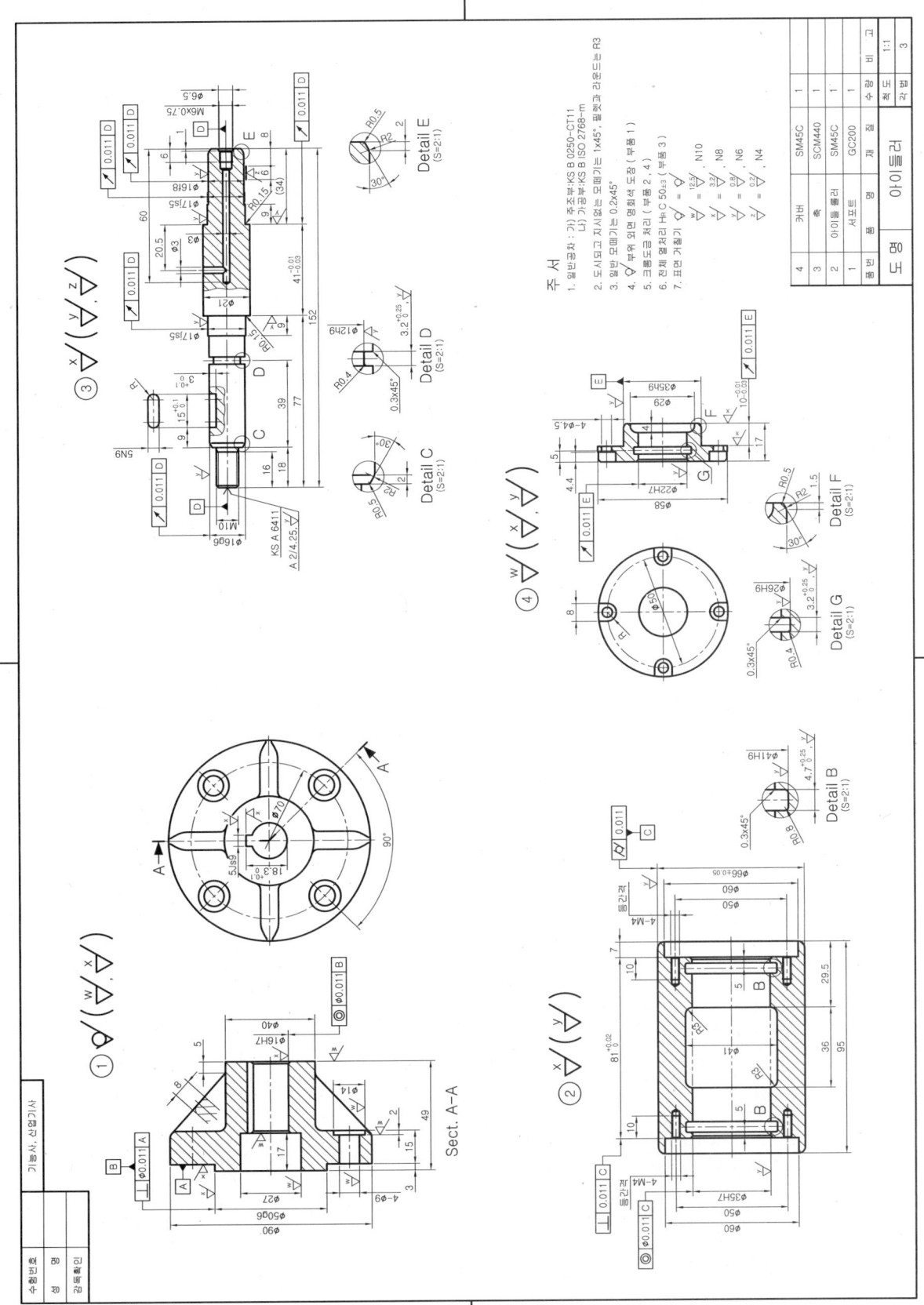

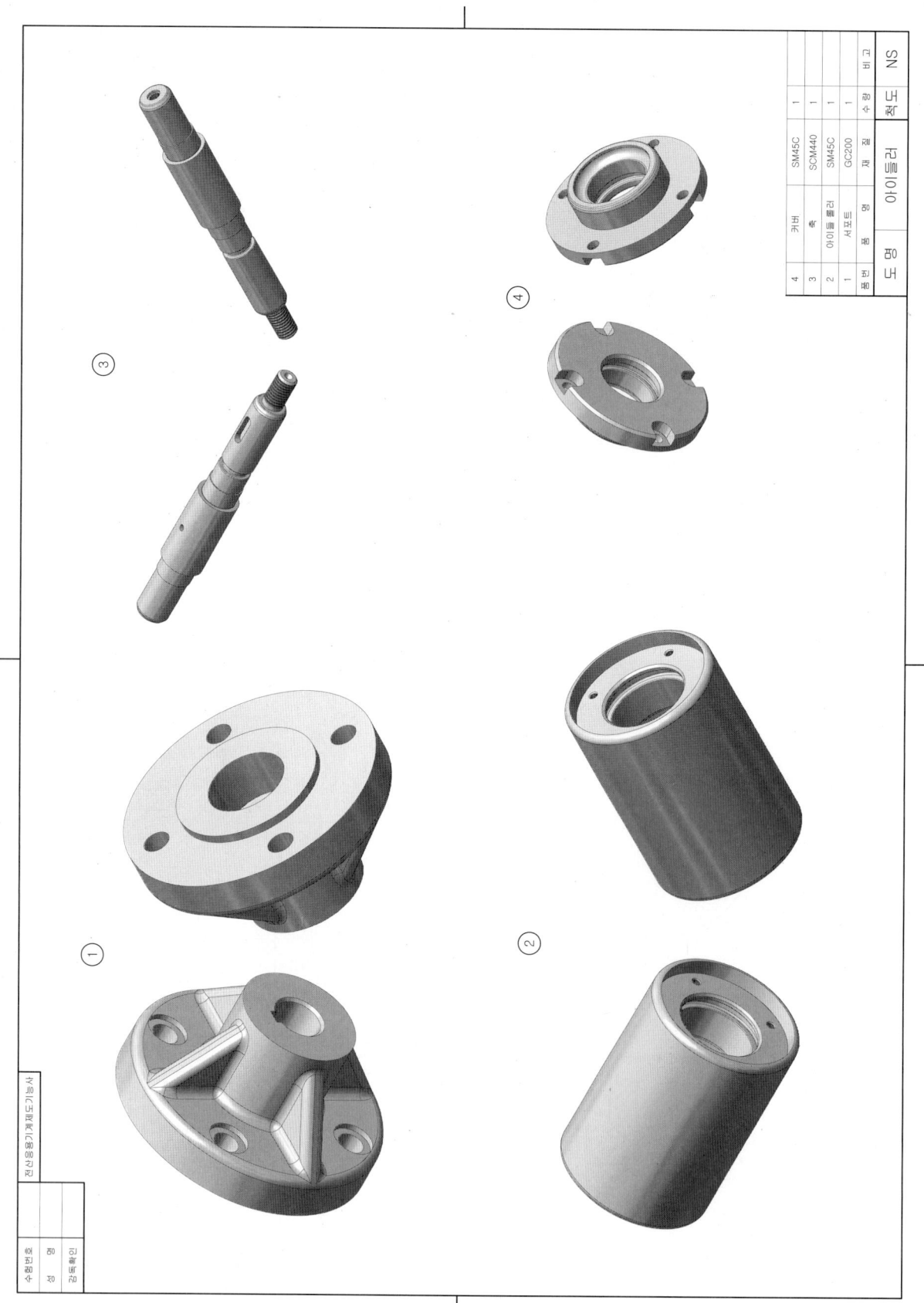

11. 아이들러

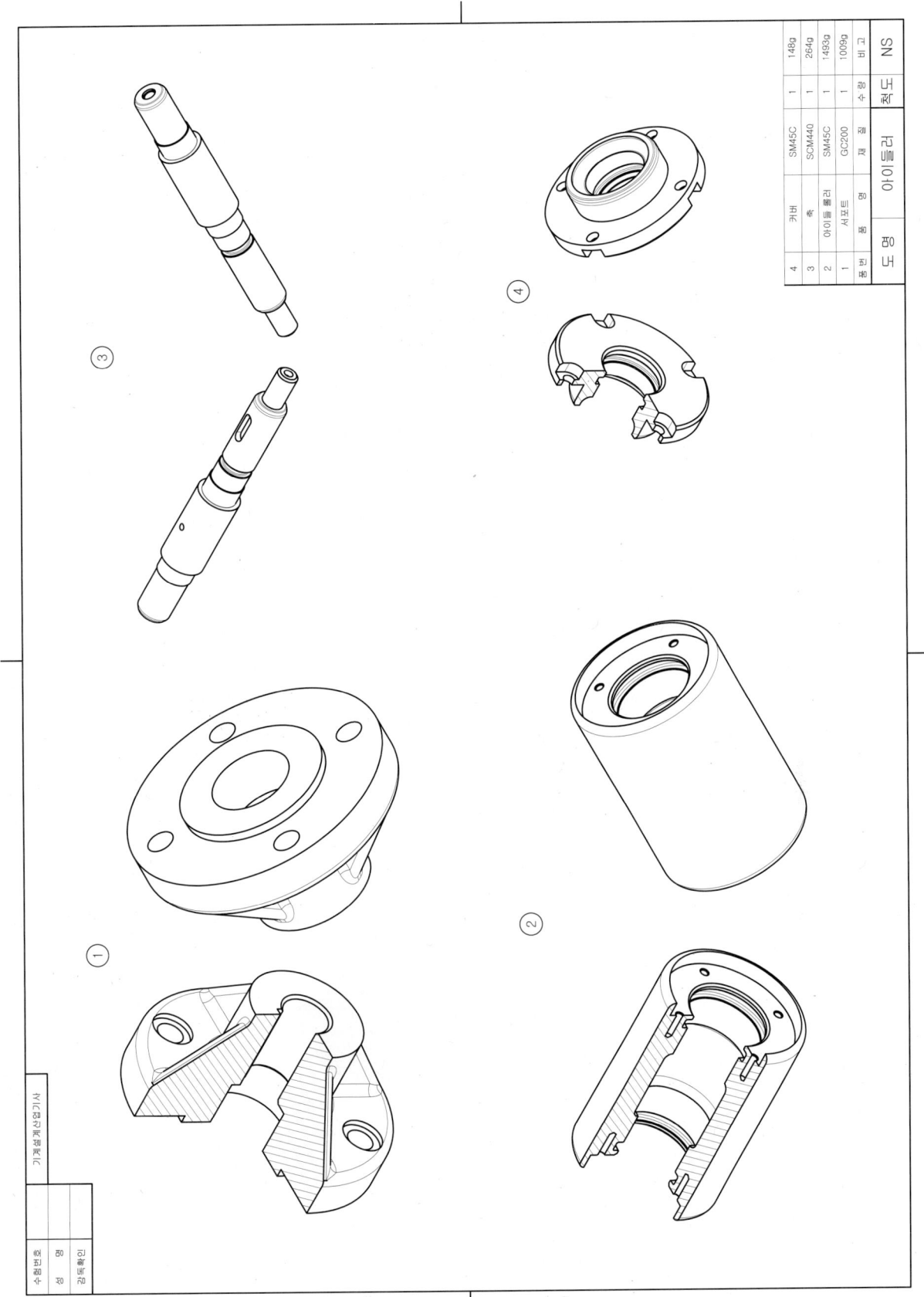

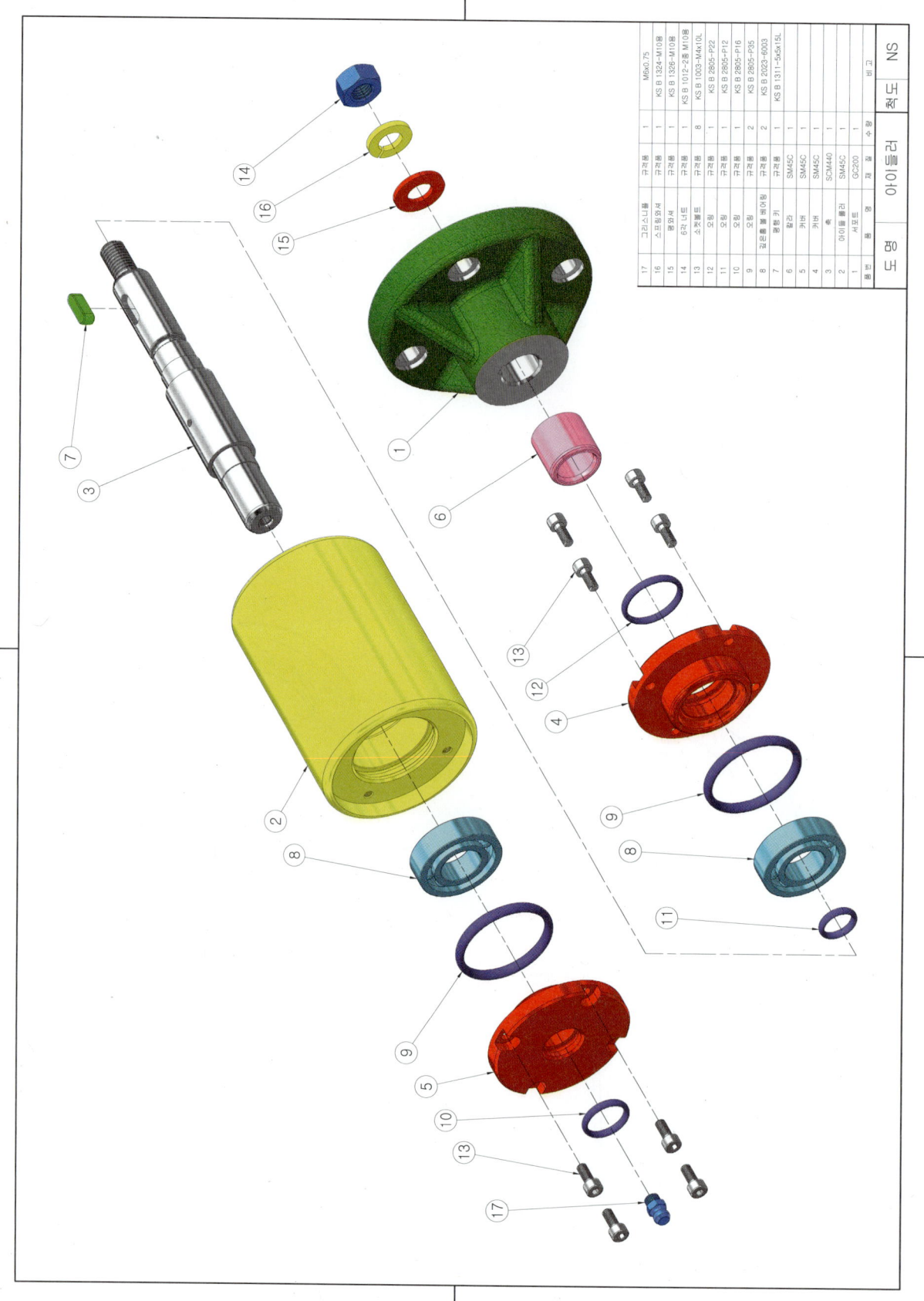

11. 아이들러

등각 조립도 예제 도면

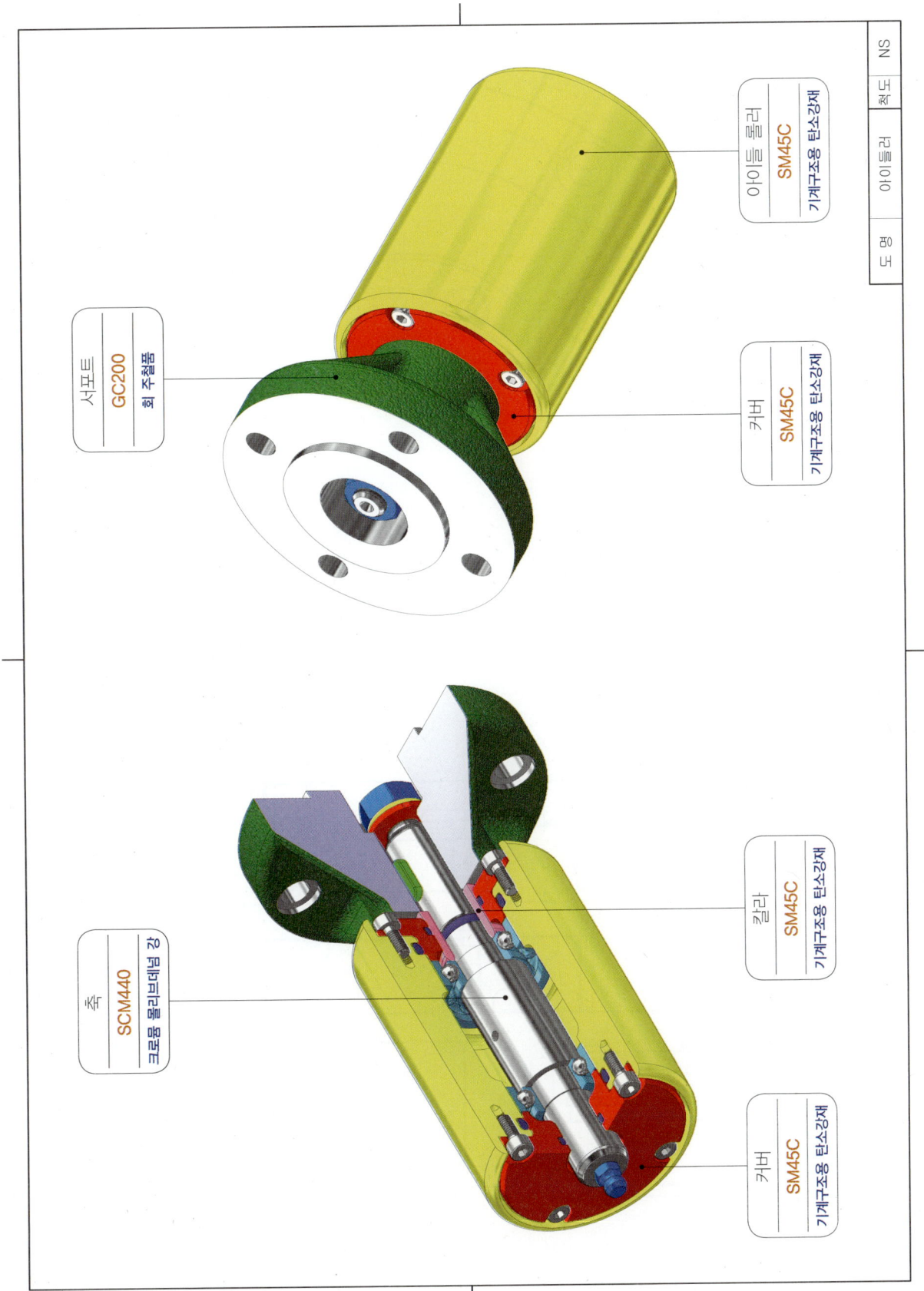

12. 스퍼기어 감속기

과제 도면

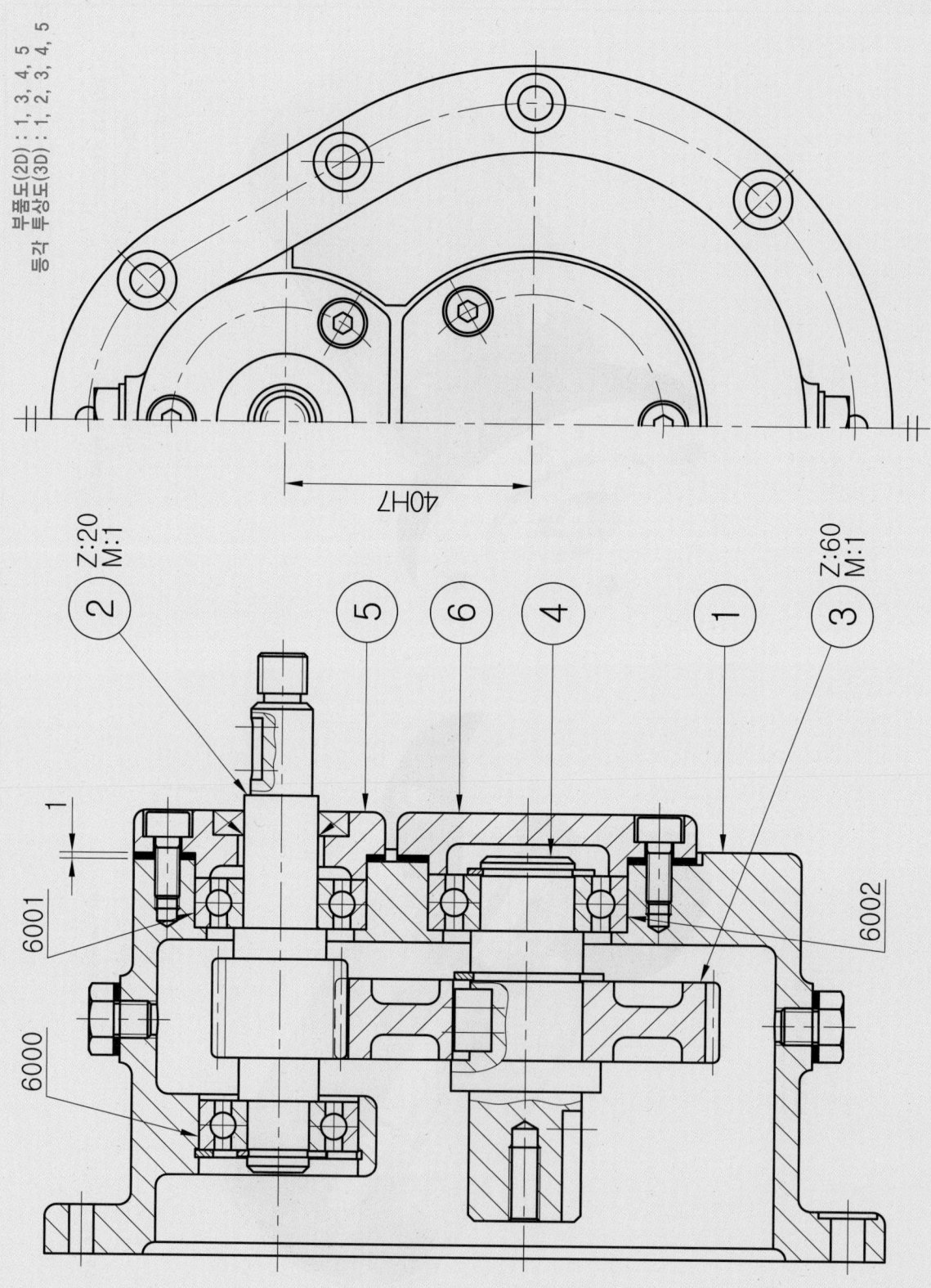

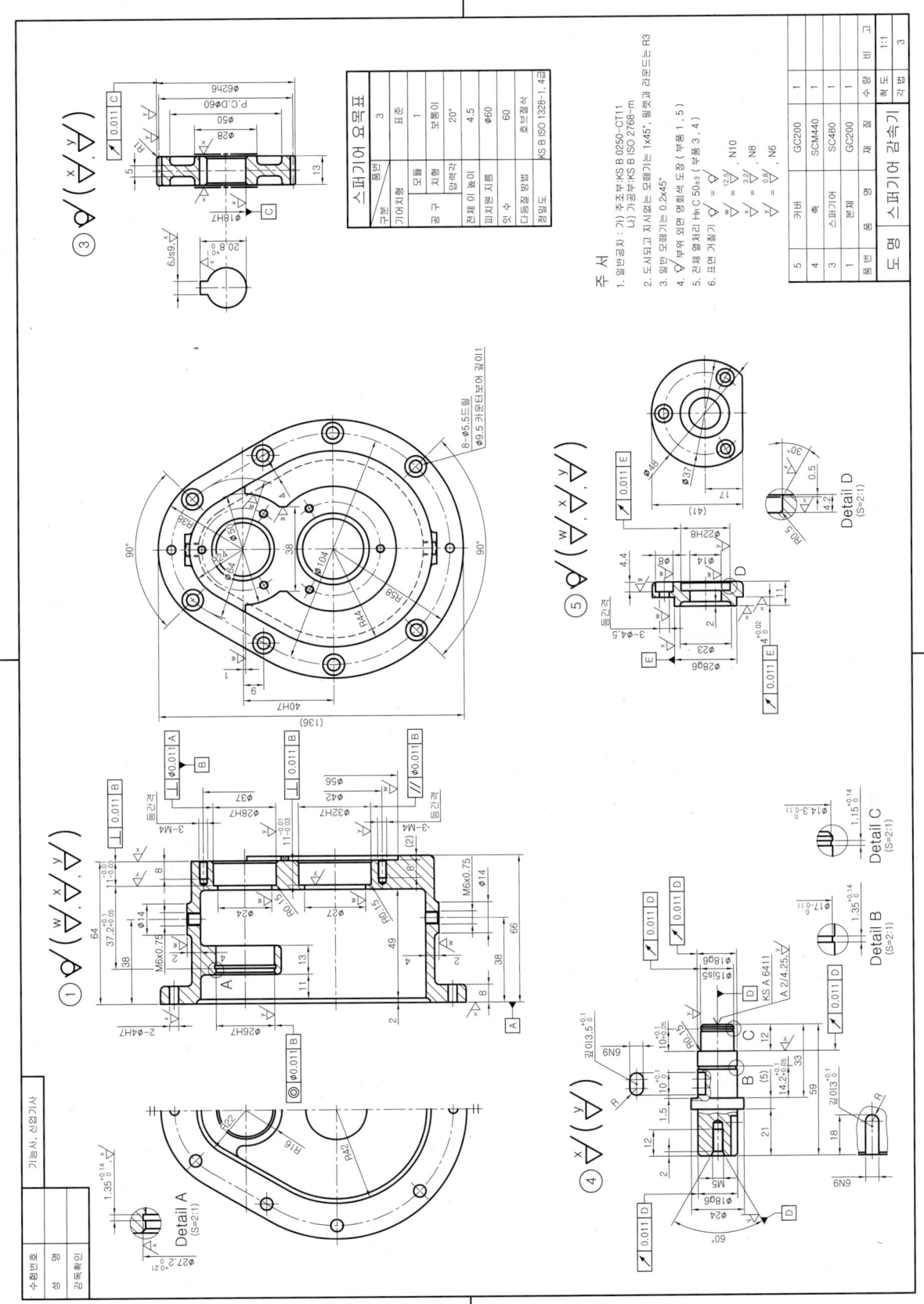

12. 스퍼기어 감속기

전산응용기계제도기능사 렌더링 등각 투상도 예제 도면

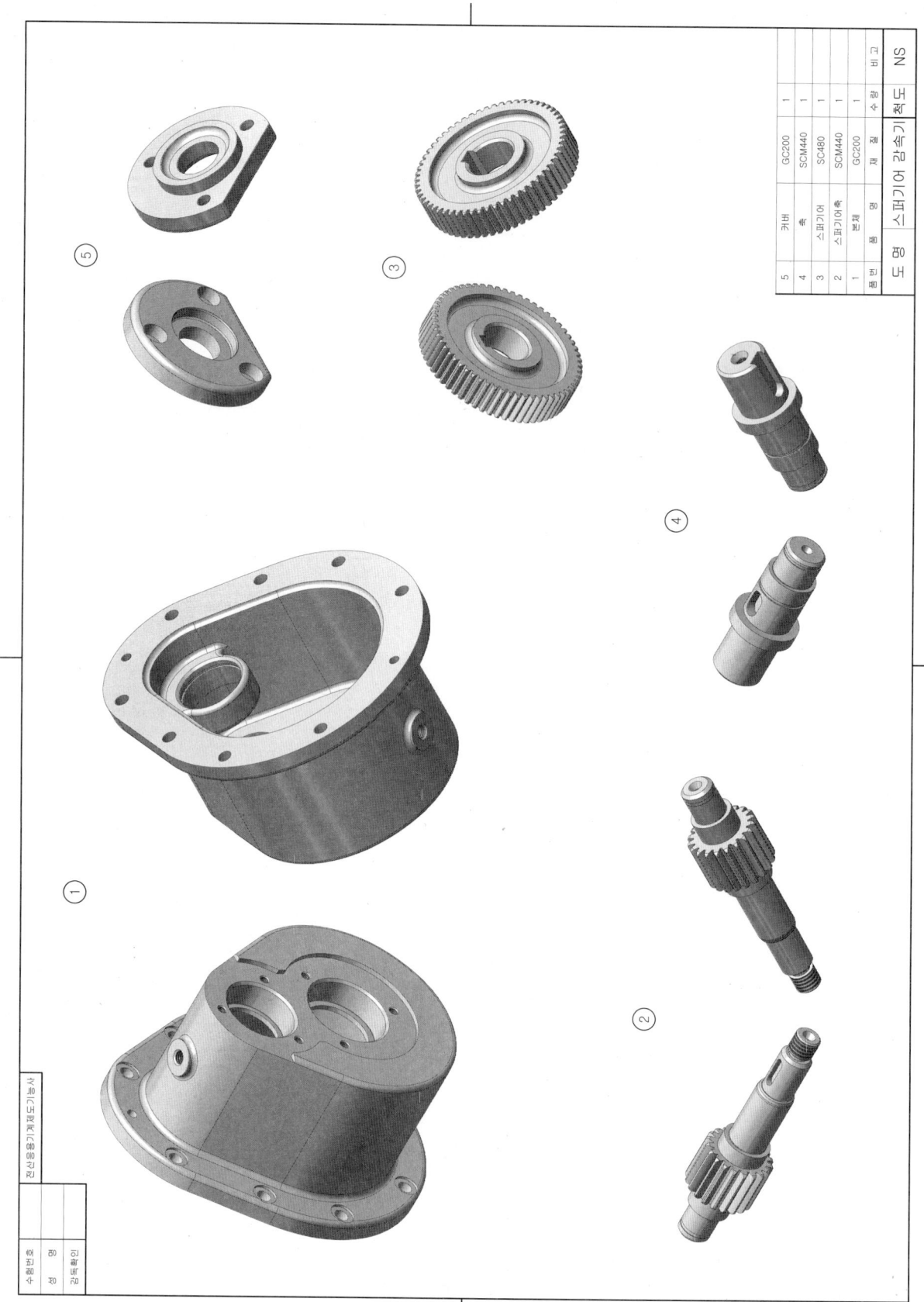

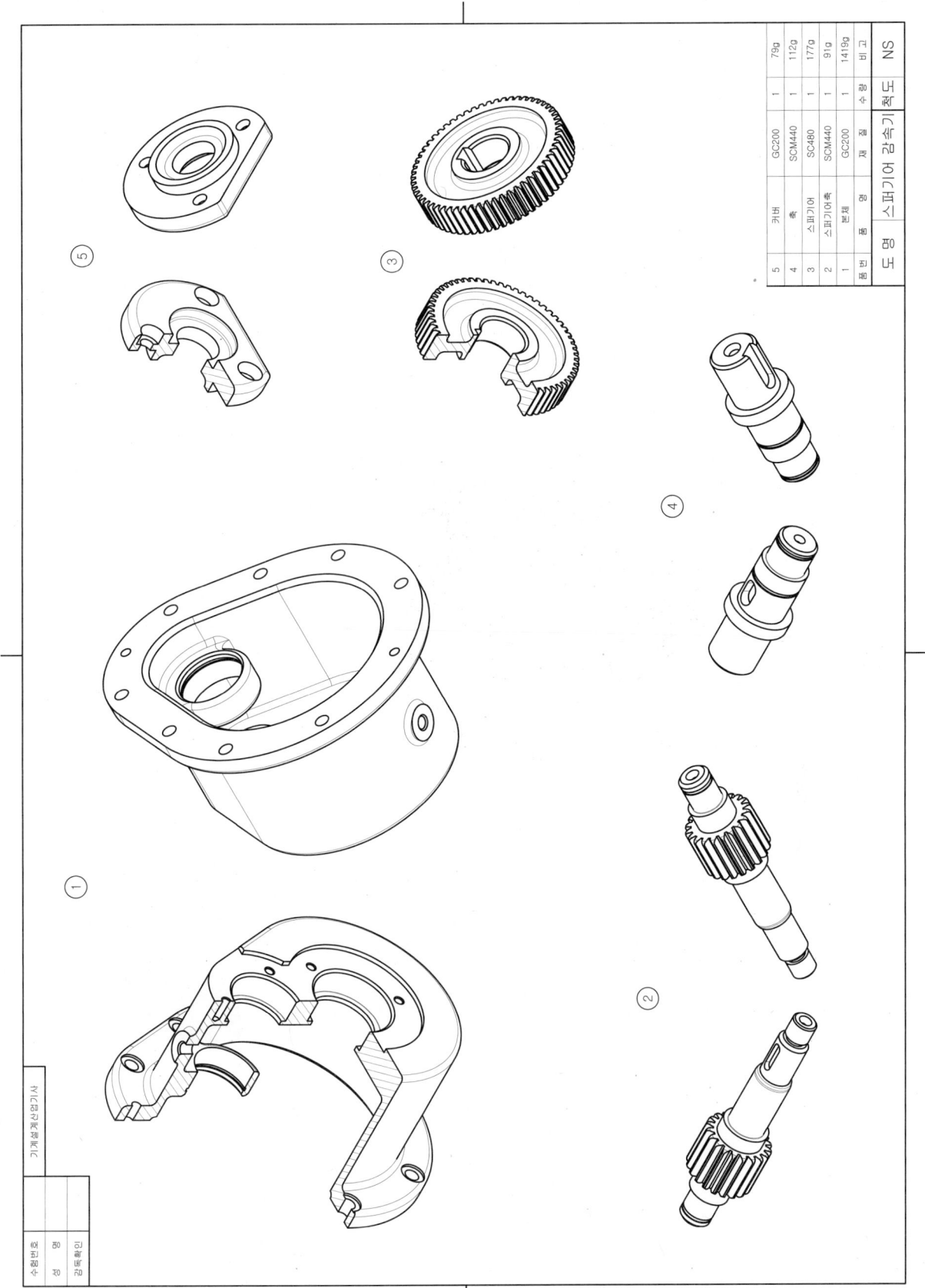

12. 스퍼기어 감속기

등각 분해도 예제 도면

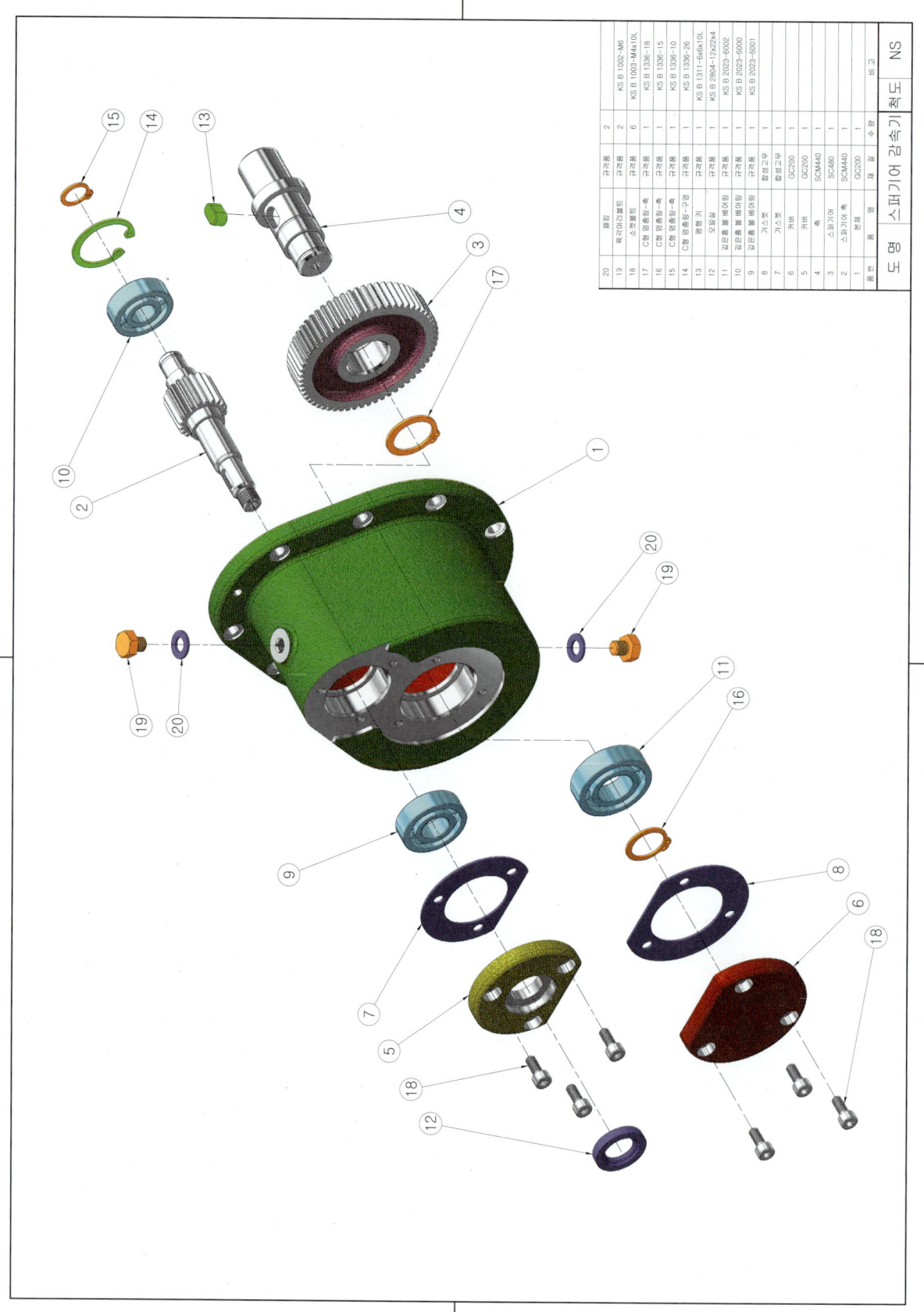

12. 스퍼기어 감속기

등각 조립도 예제 도면

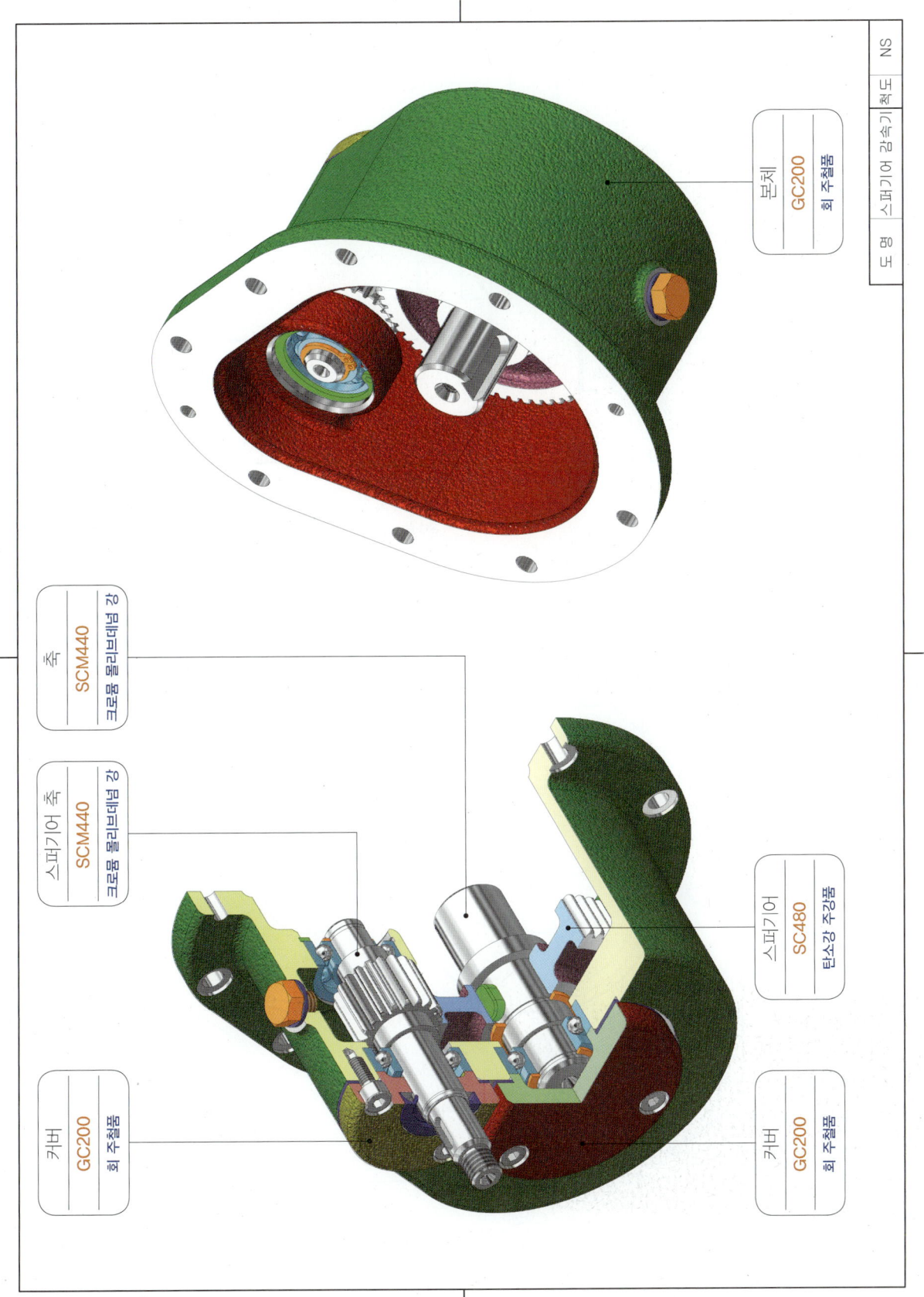

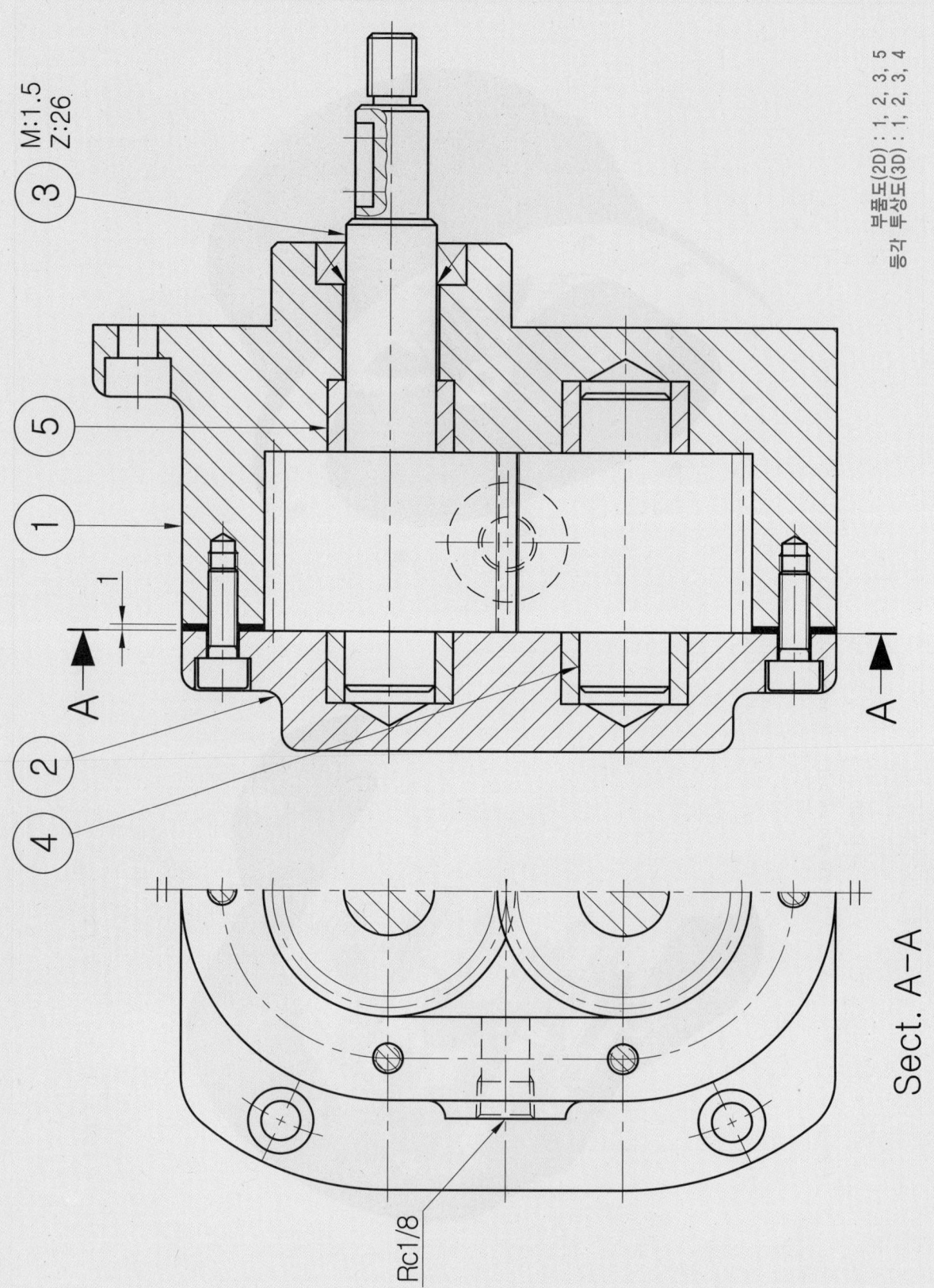

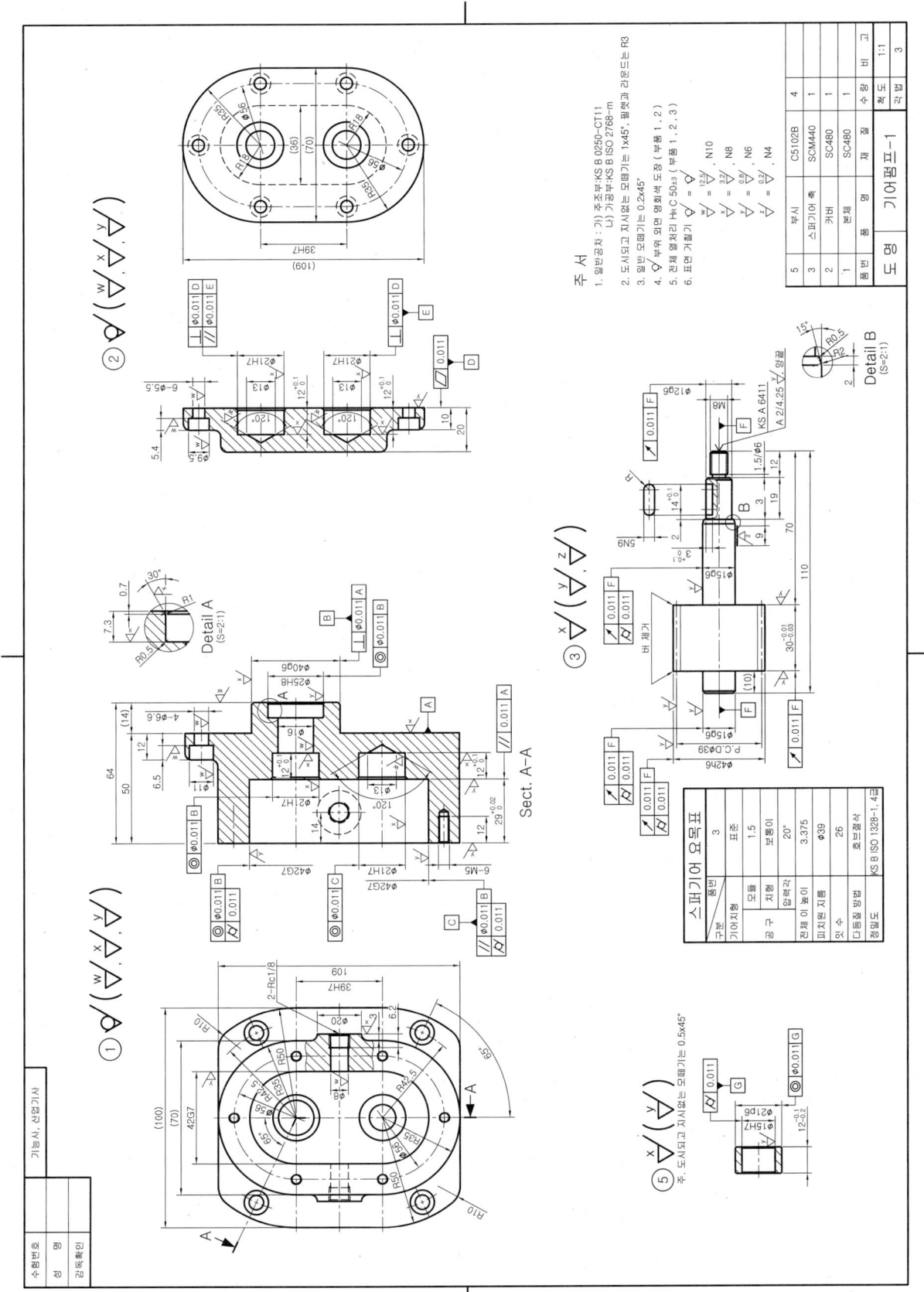

13. 기어펌프-1

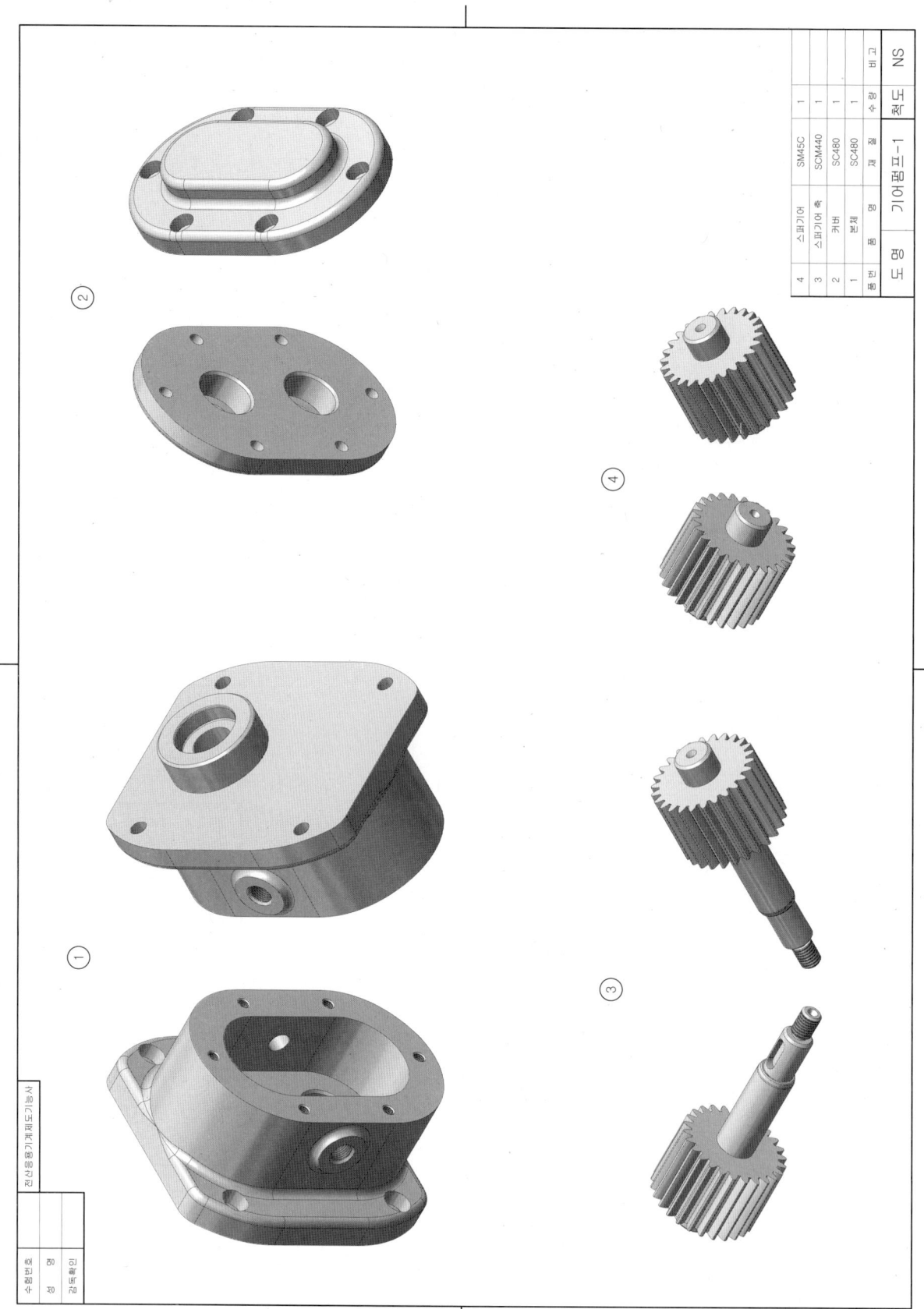

■ 13. 기어펌프-1

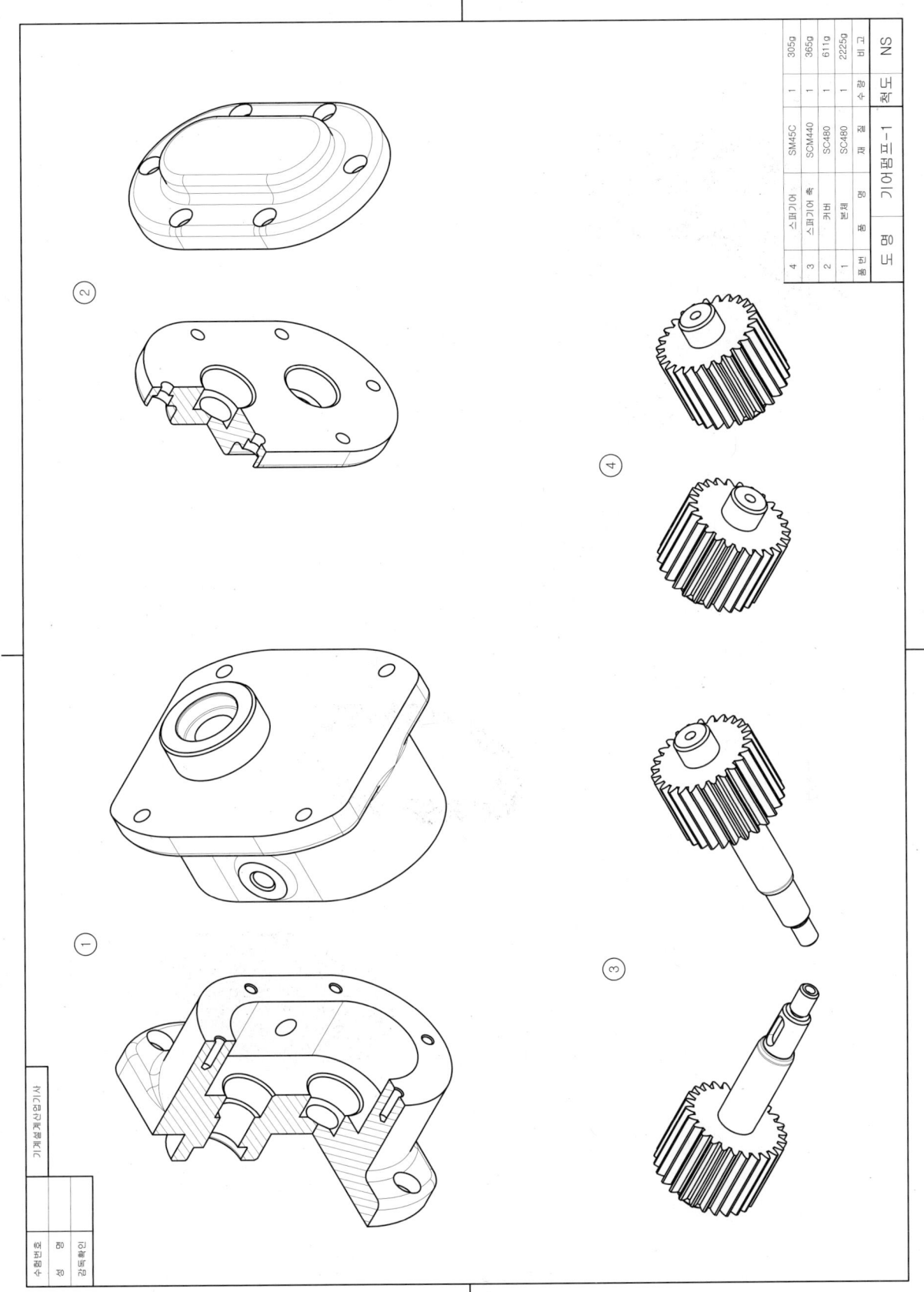

13. 기어펌프-1

등각 분해도 예제 도면

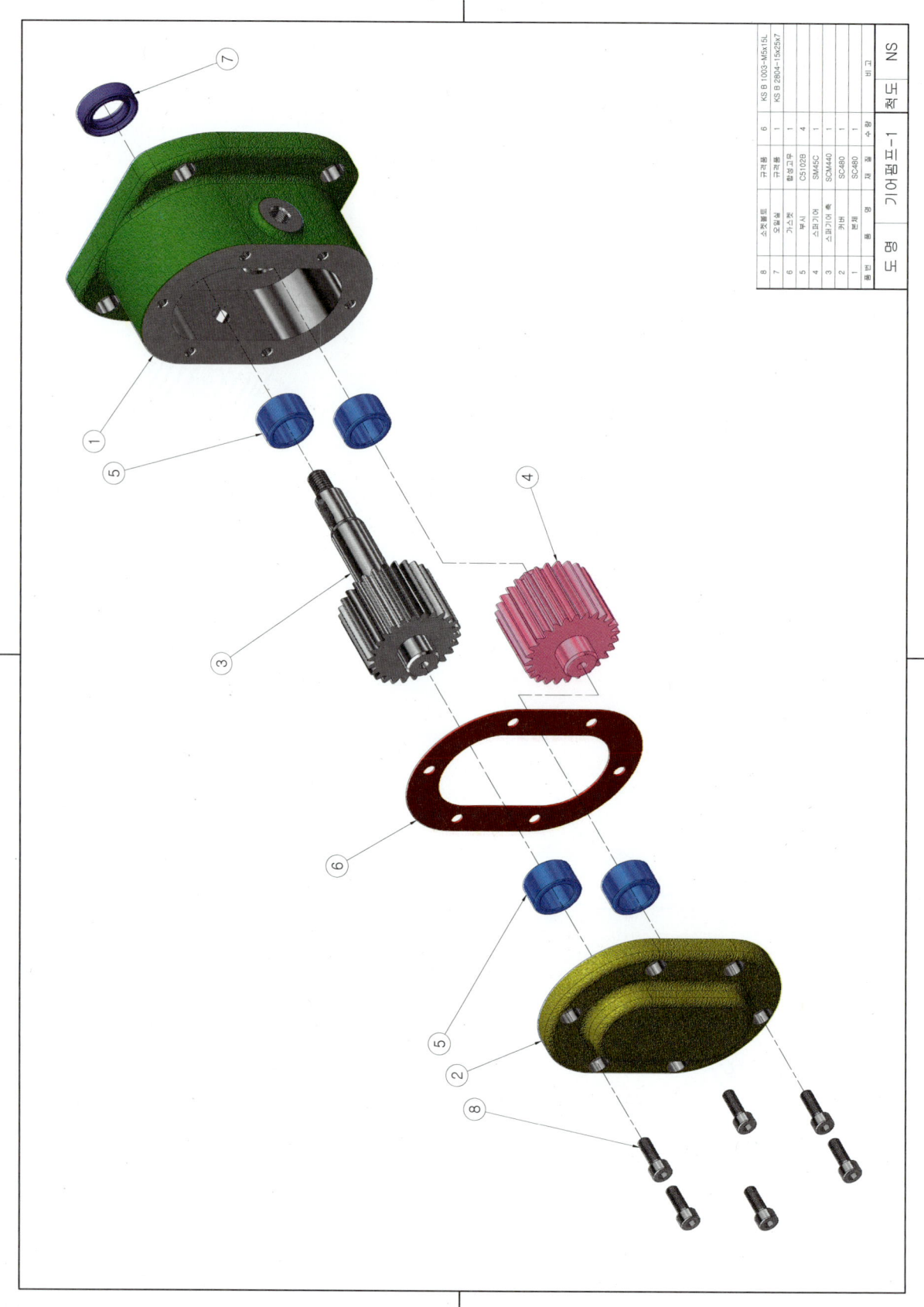

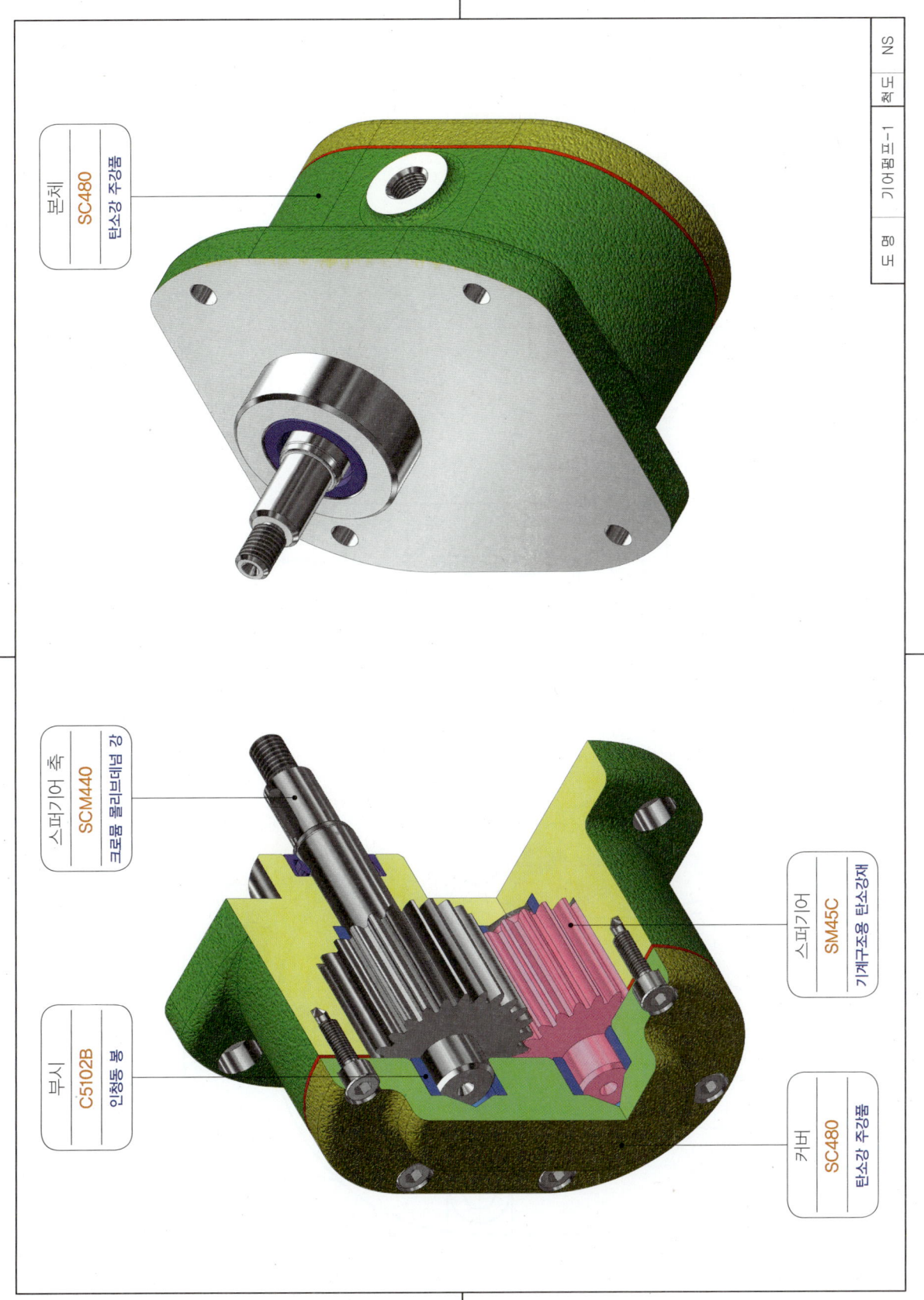

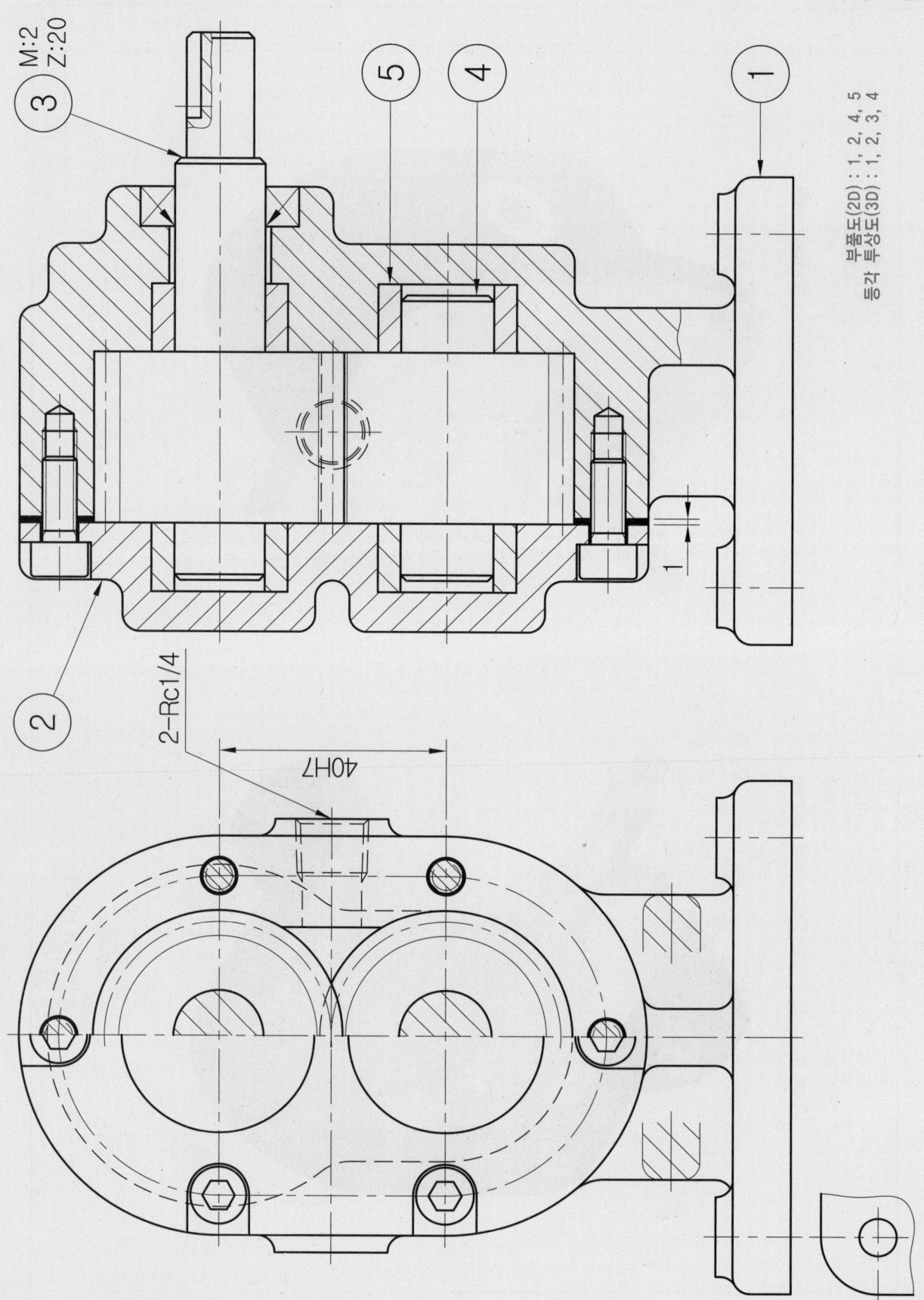

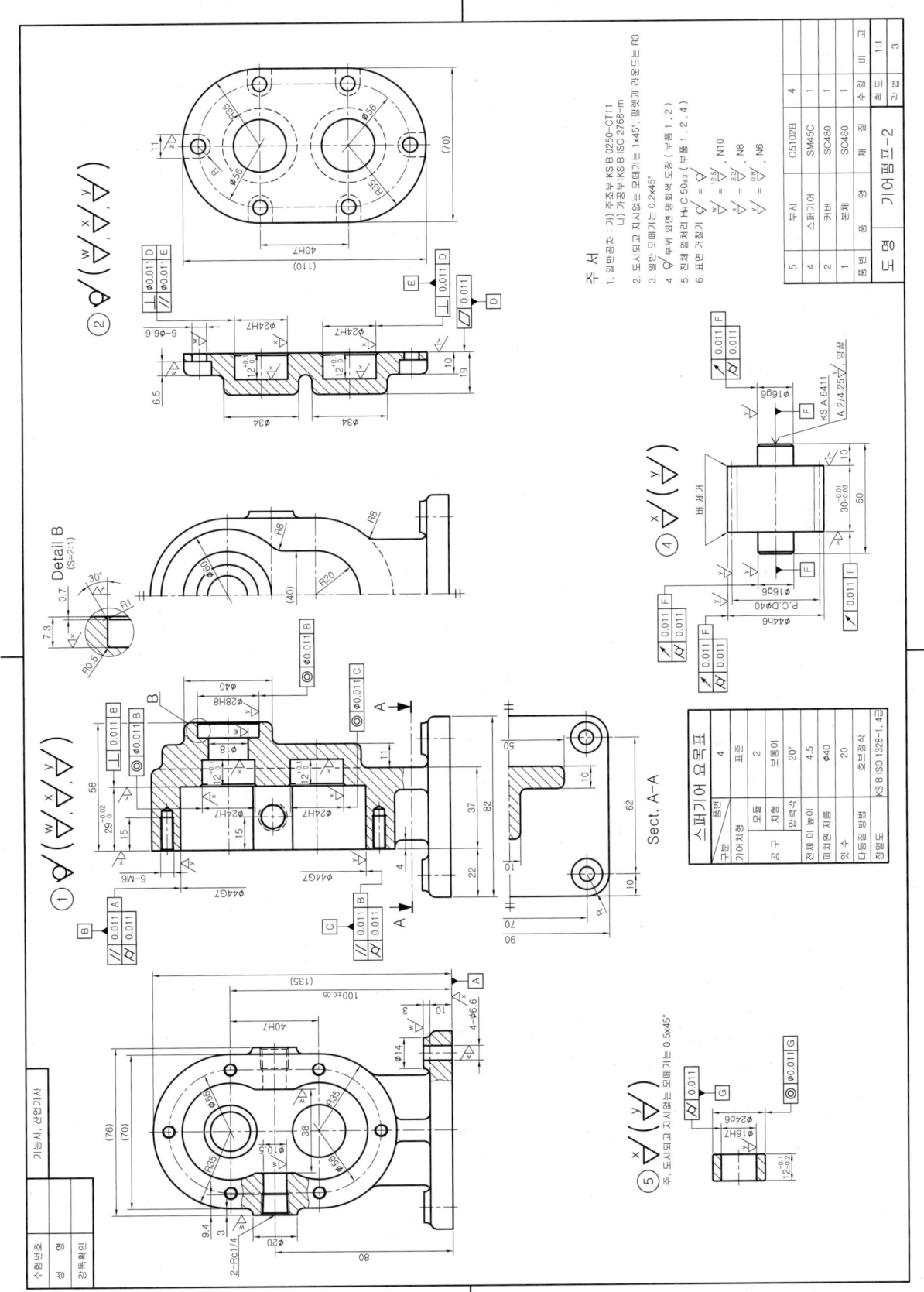

14. 기어펌프-2

전산응용기계제도기능사 렌더링 등각 투상도 예제 도면

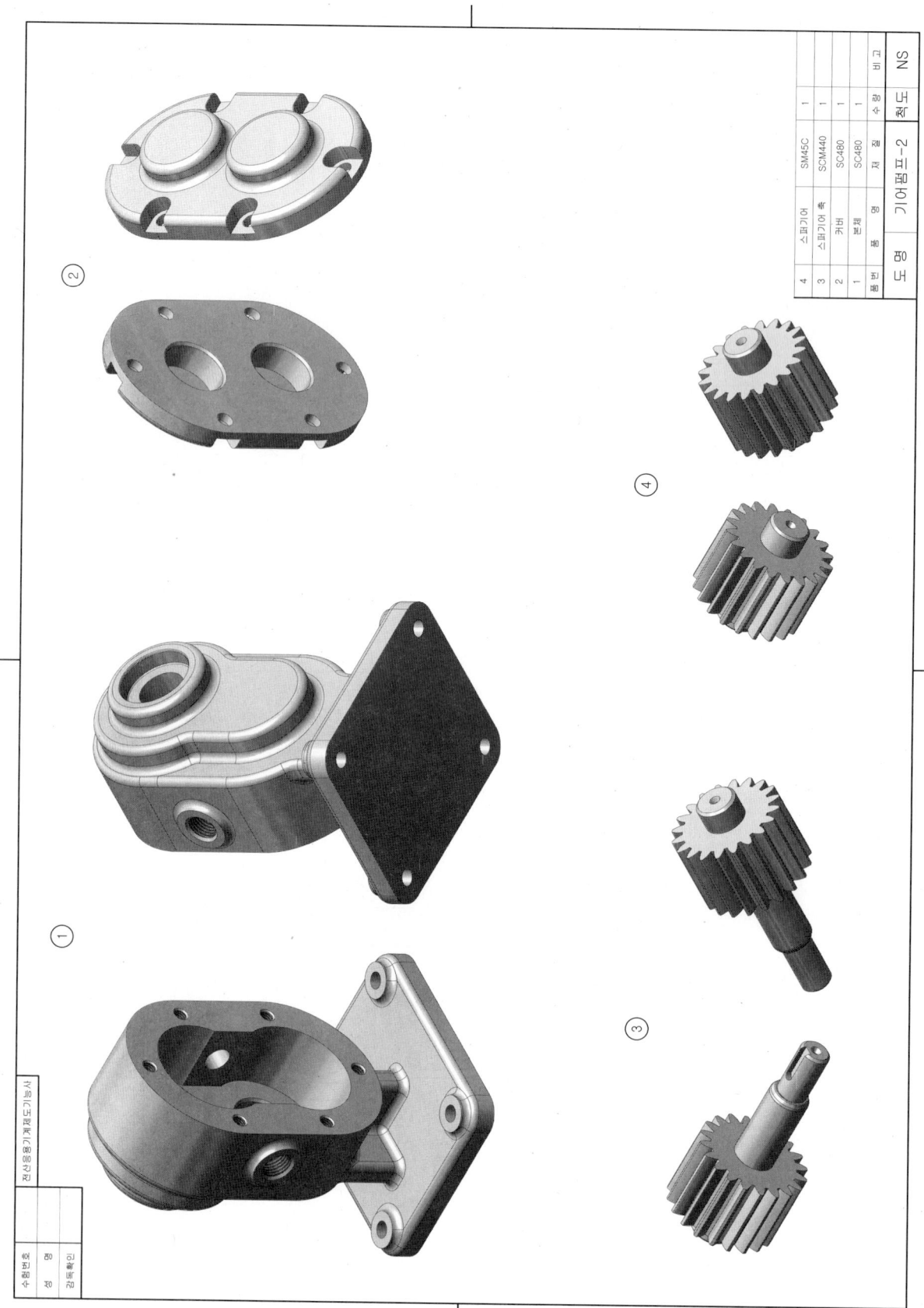

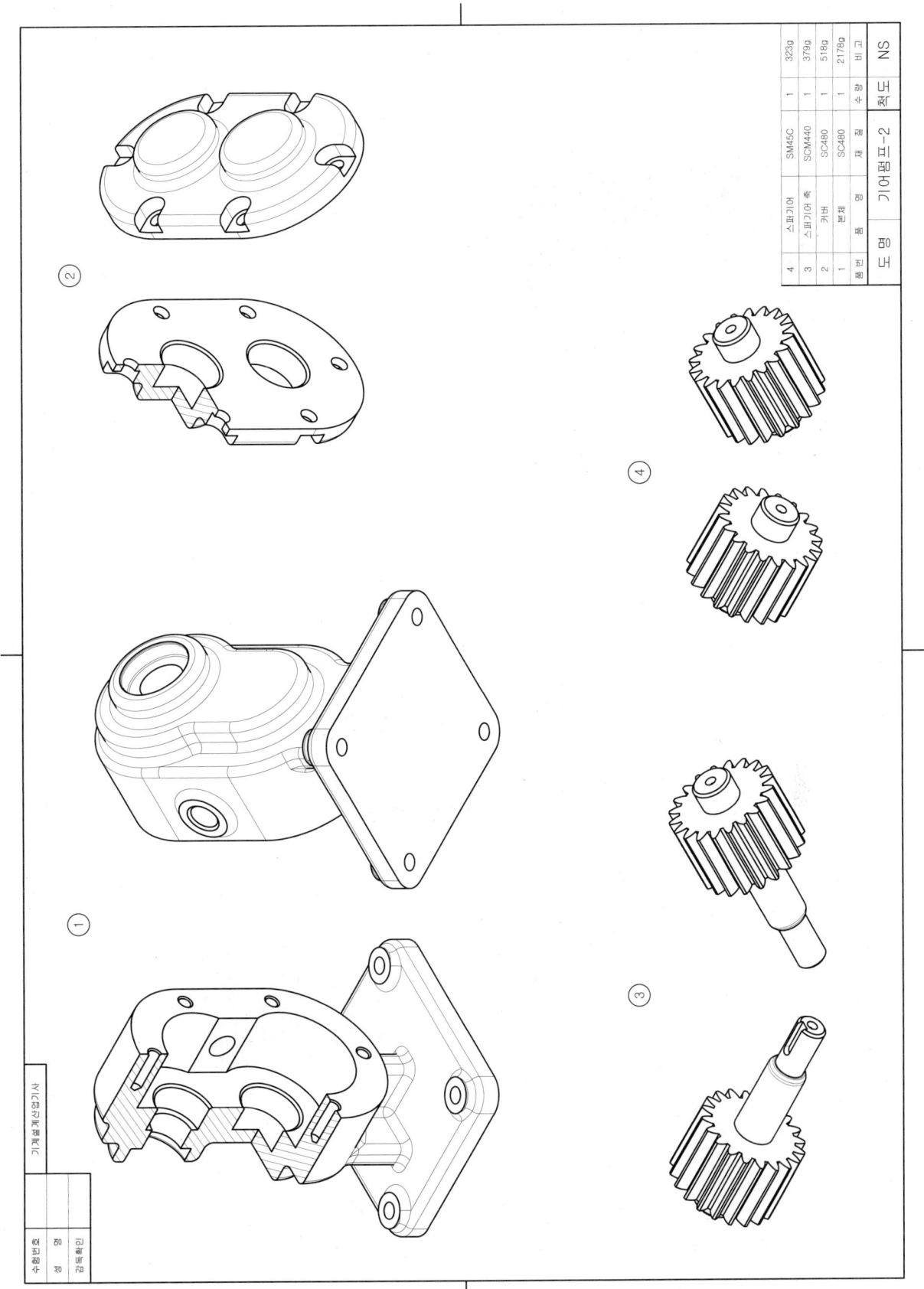

14. 기어펌프-2

등각 분해도 예제 도면

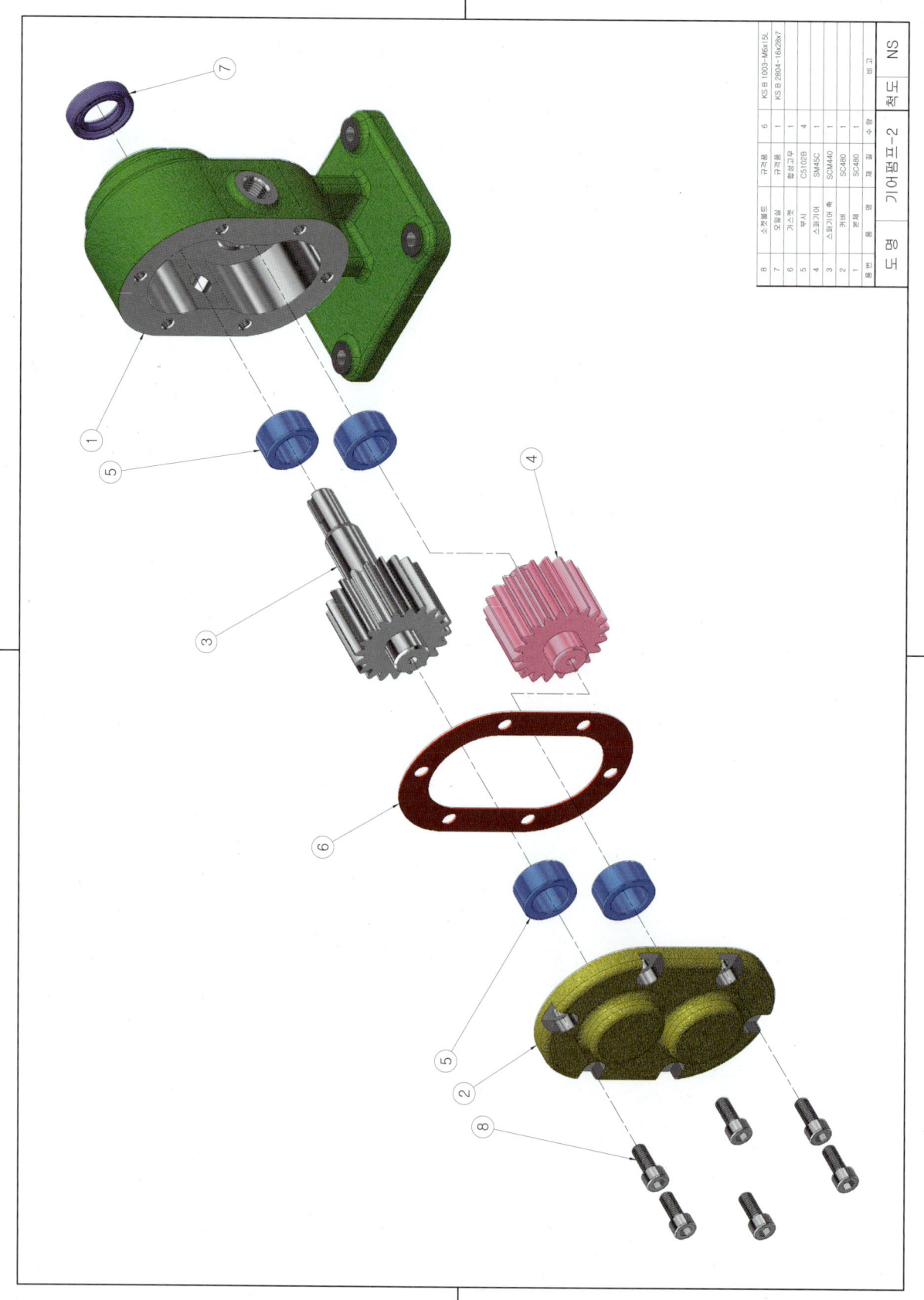

품번	품명	재질	수량	비고
1	본체	SC480	1	
2	커버	SC480	1	
3	스퍼기어 축	SCM440	1	
4	스퍼기어	SM45C	1	
5	부시	C5102B	4	
6	가스켓	합성고무	1	KS B 2804-16x28x7
7	오일실	구입품	1	
8	소켓볼트	구입품	6	KS B 1003-M6x15L

도명: 기어펌프-2 척도: NS

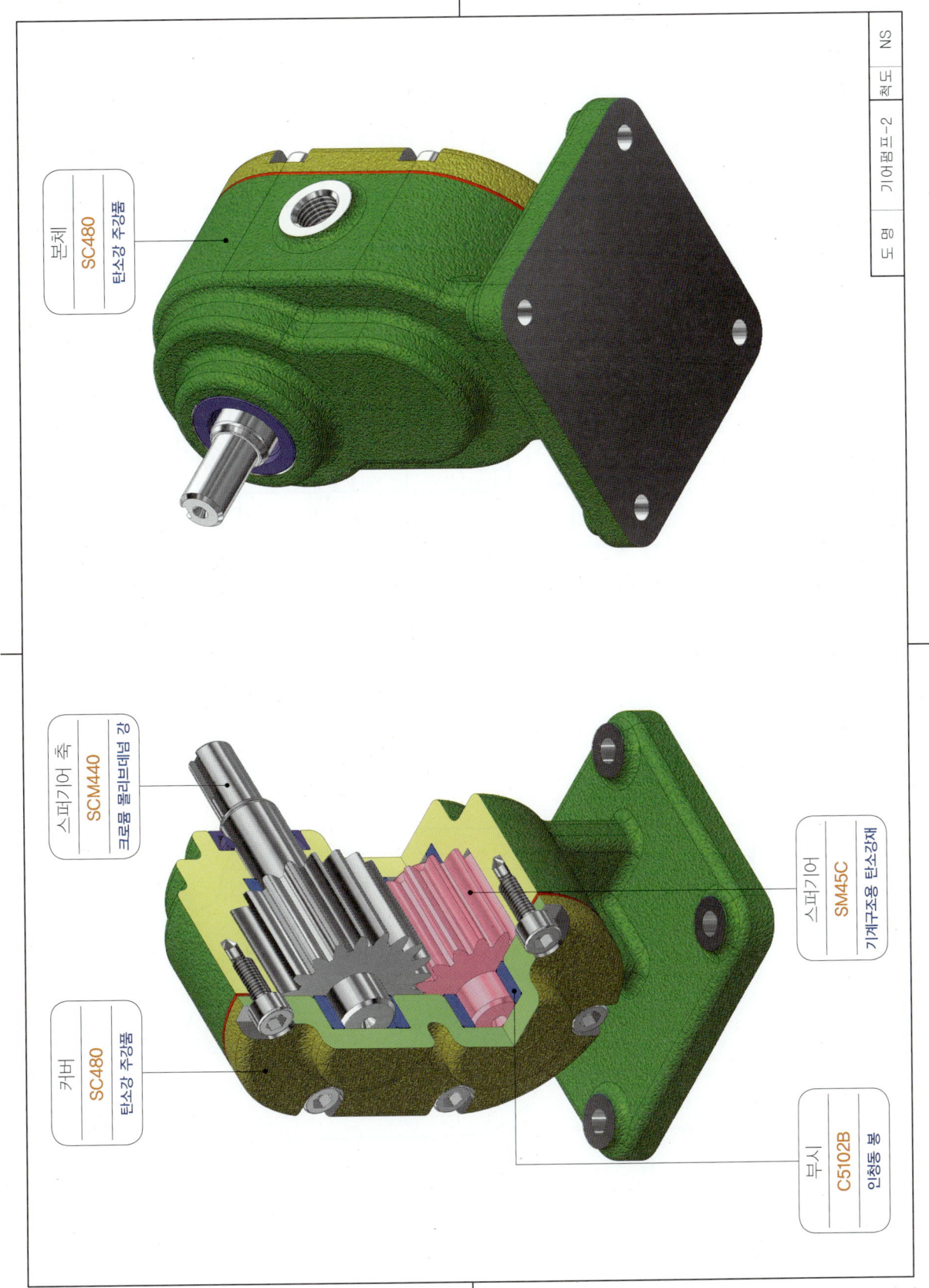

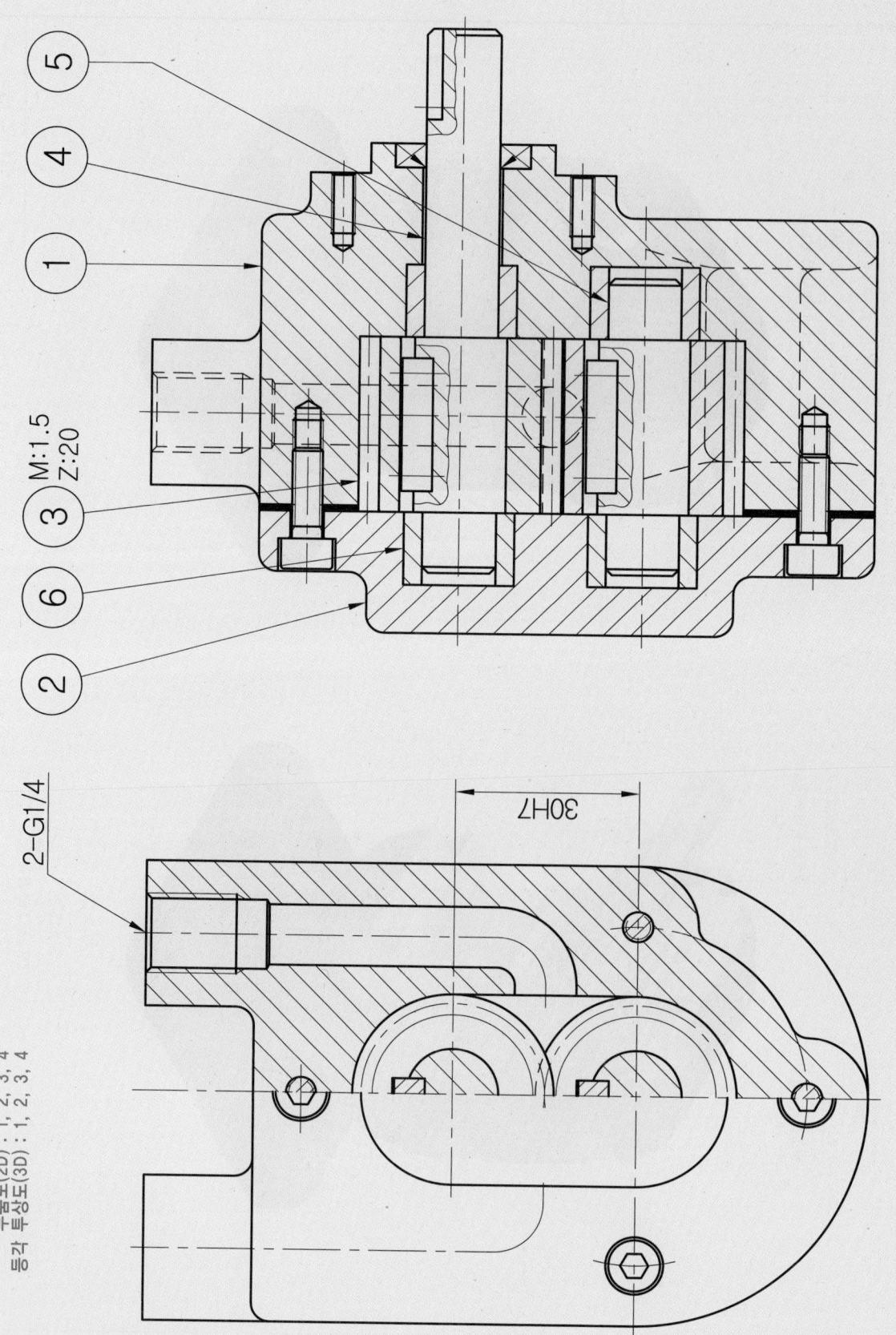

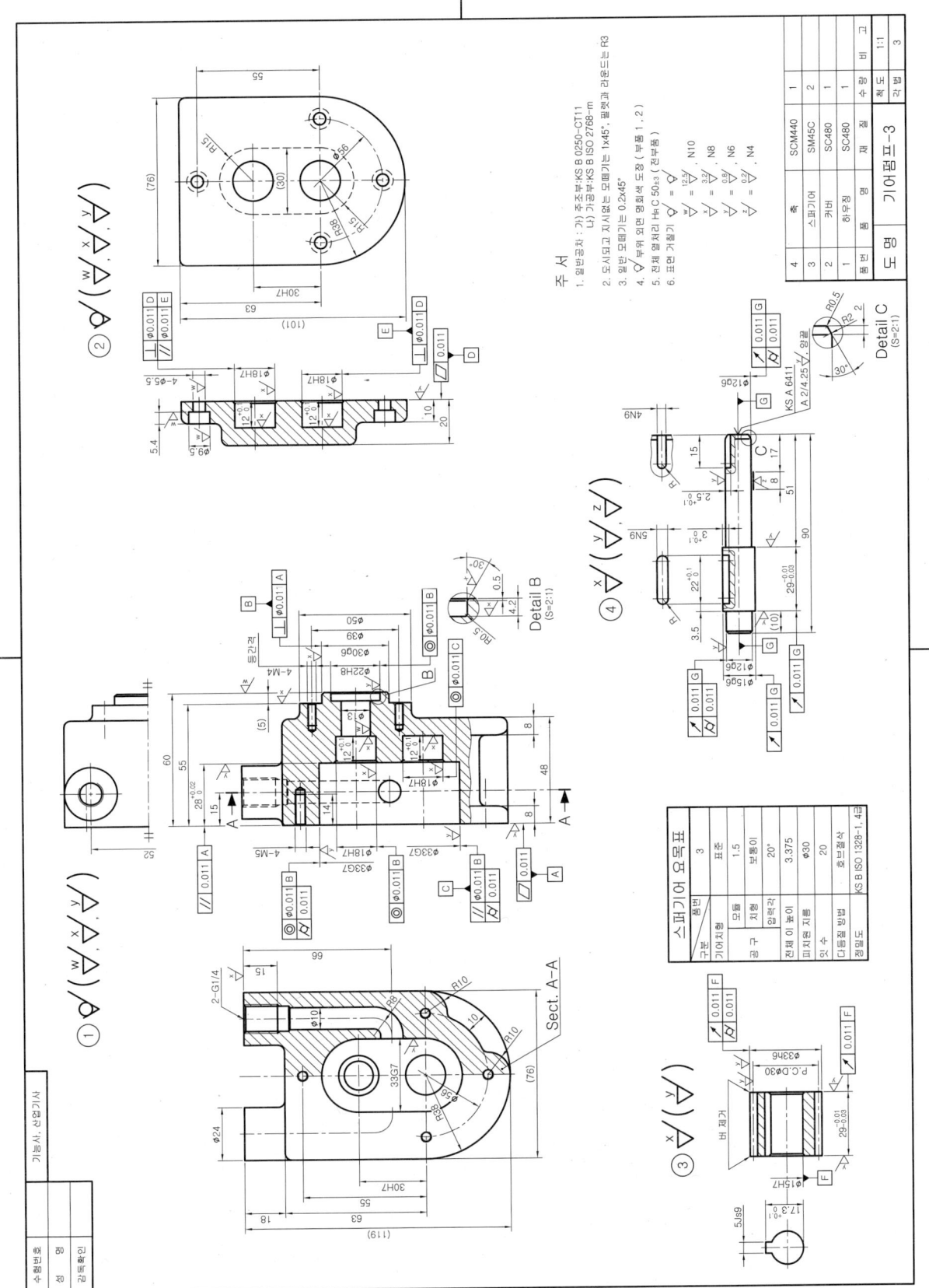

15. 기어펌프-3

전산응용기계제도기능사 렌더링 등각 투상도 예제 도면

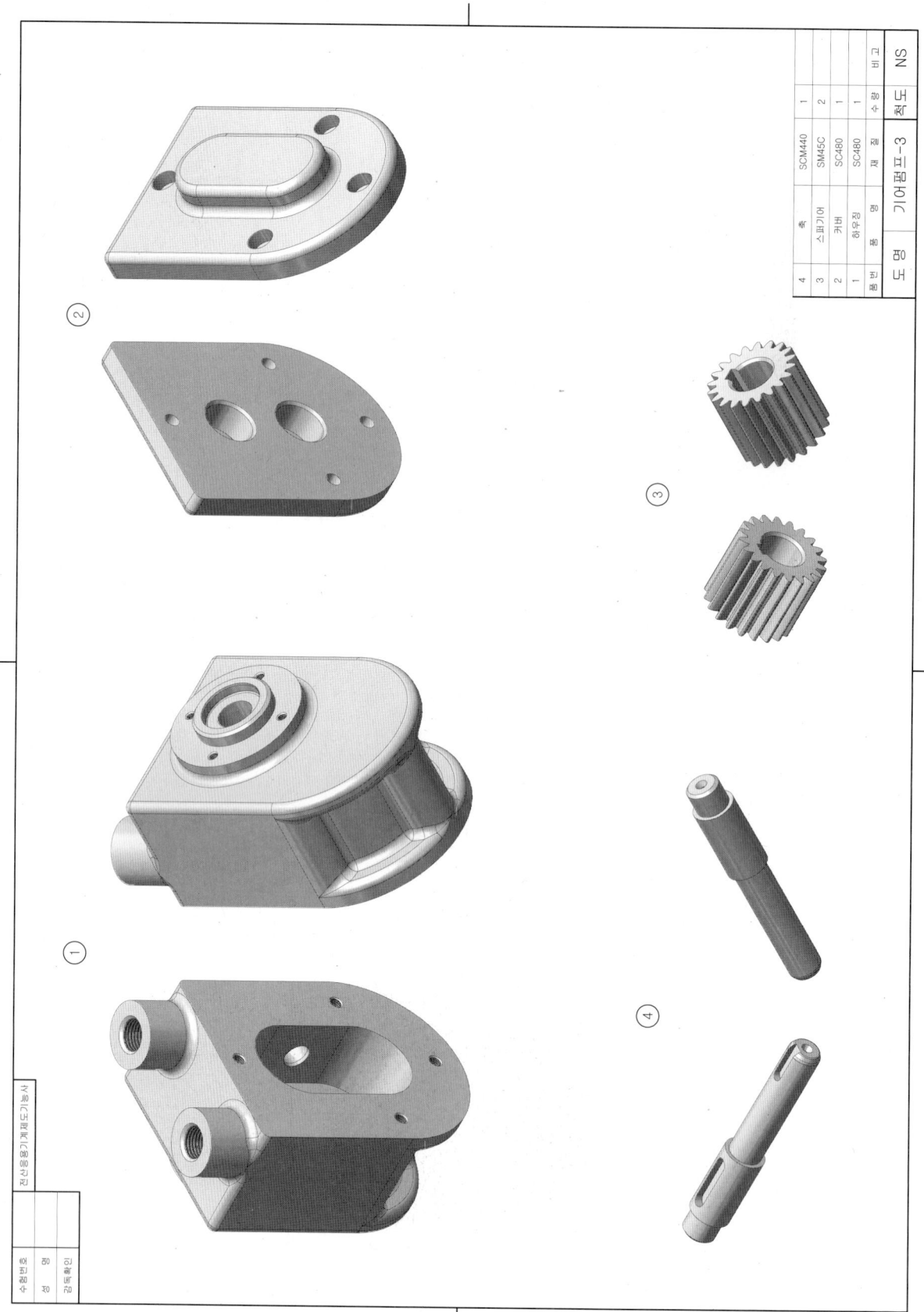

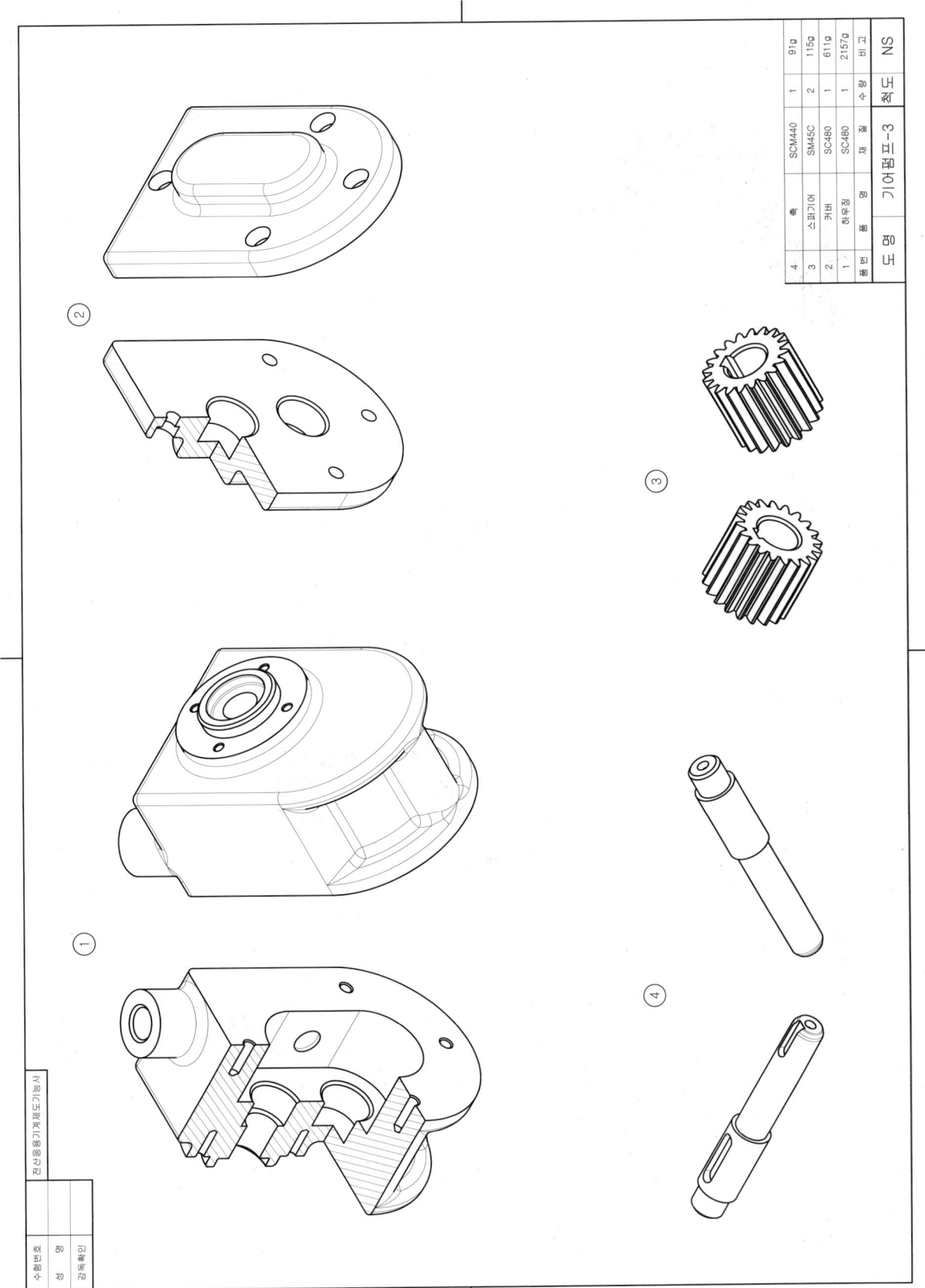

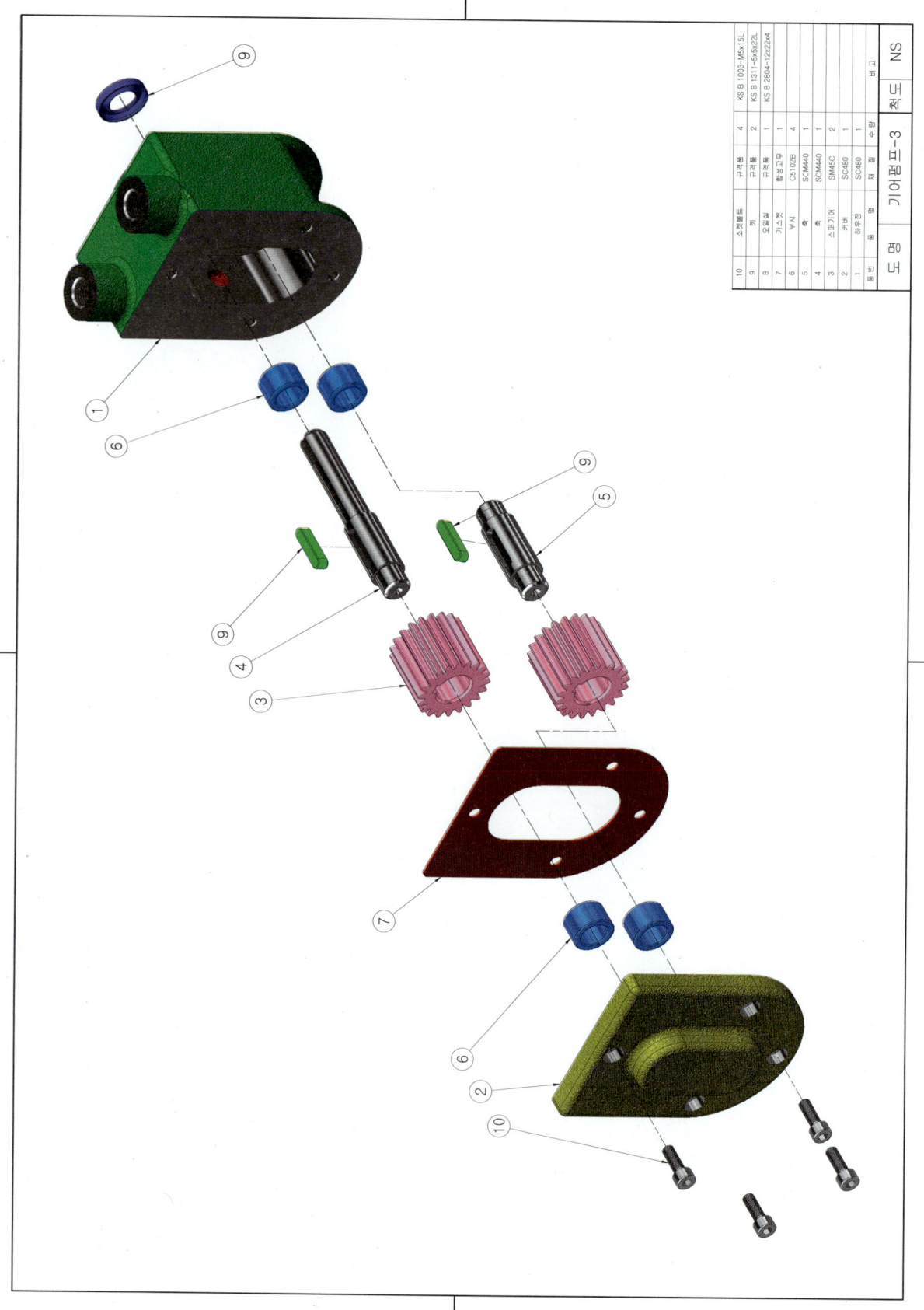

15. 기어펌프-3

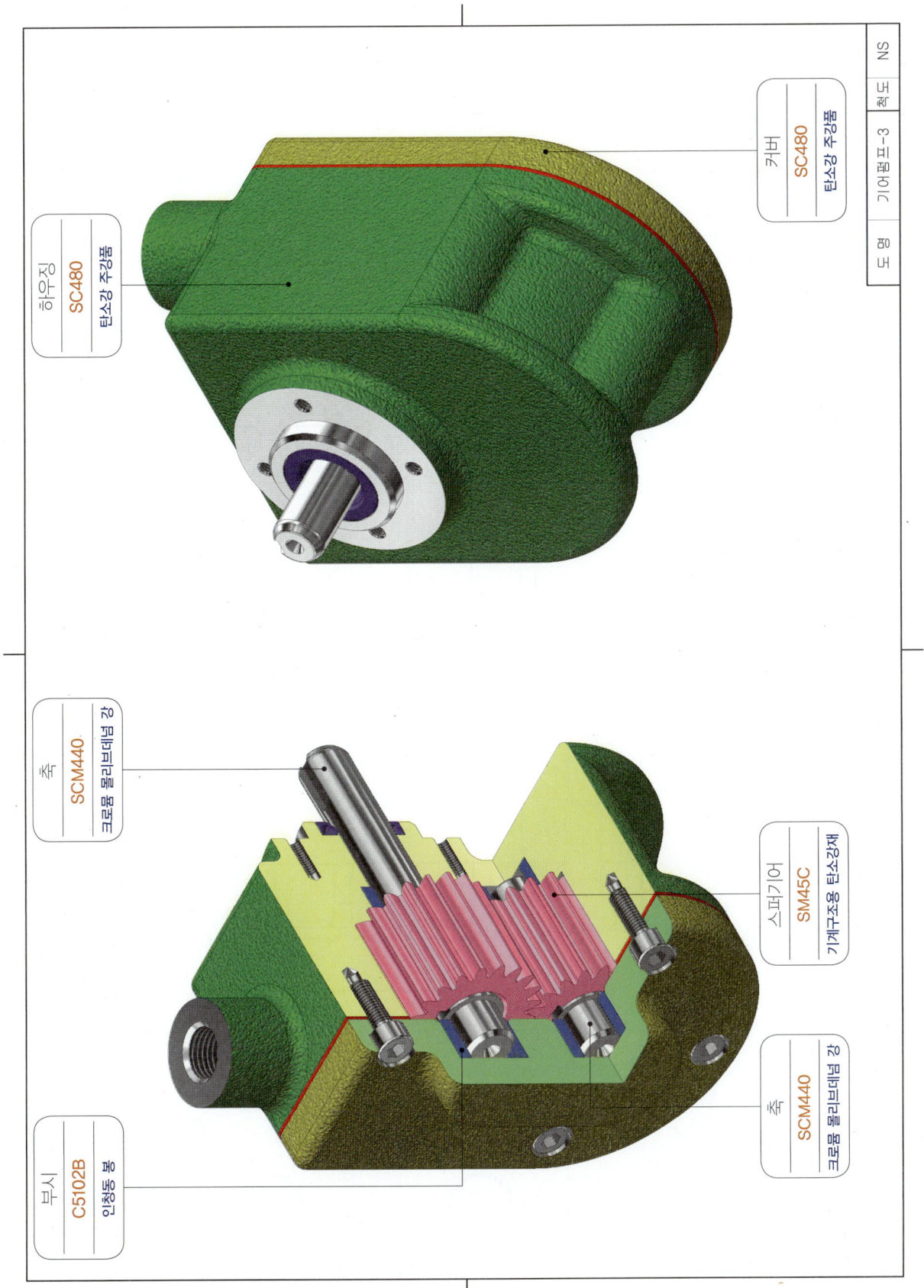

16. 오일기어펌프

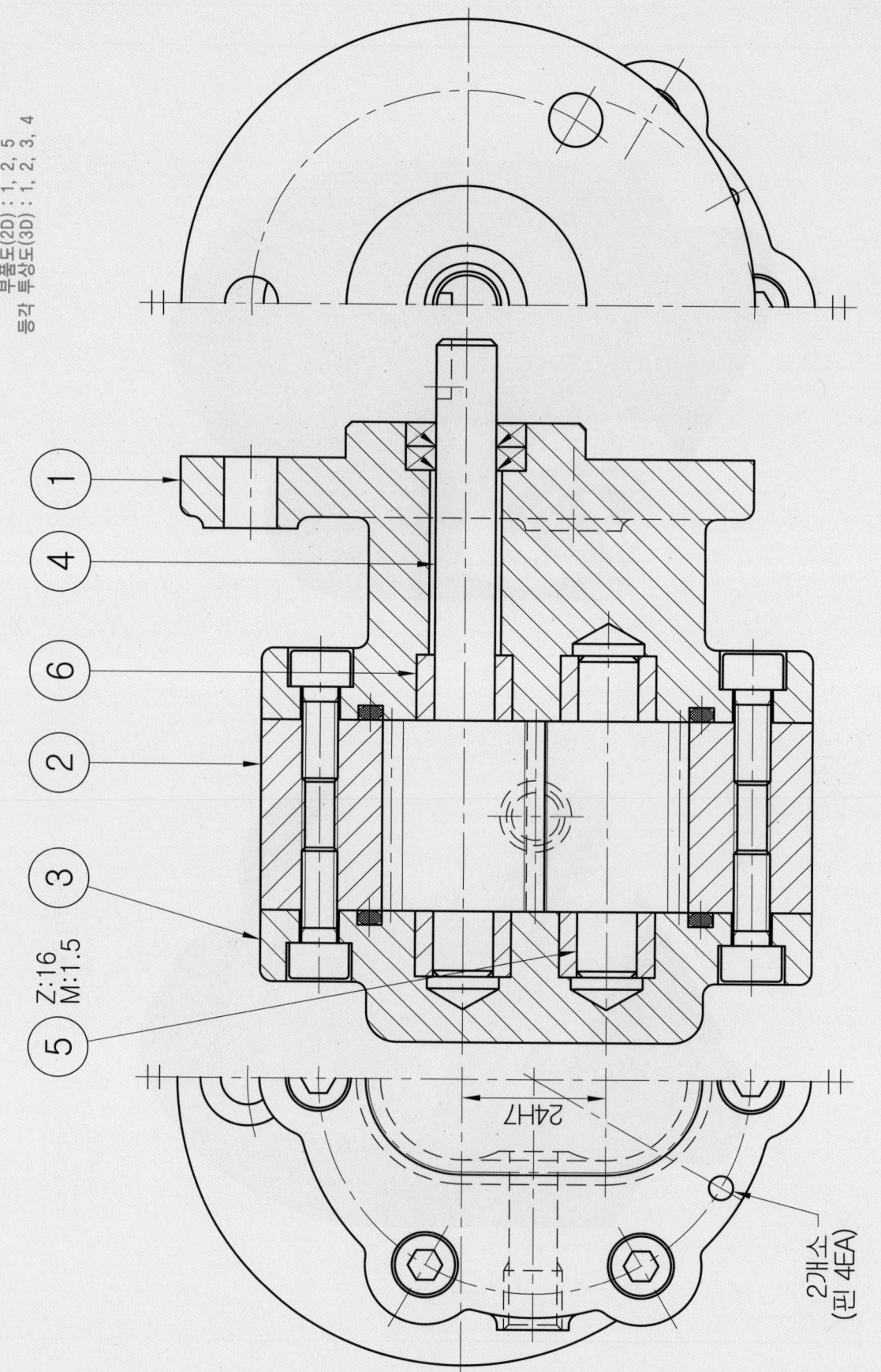

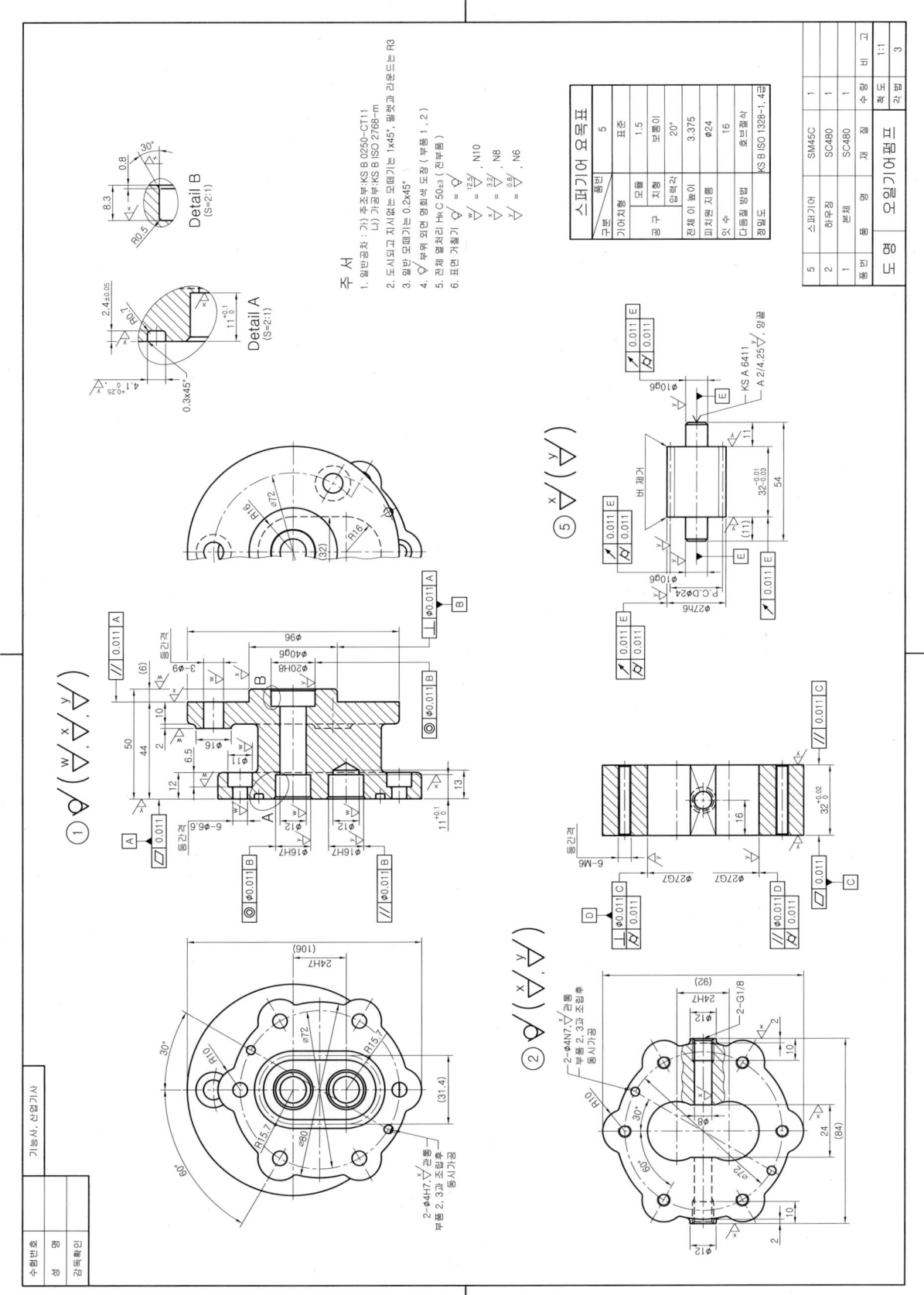

16. 오일기어펌프

전산응용기계제도기능사 렌더링 등각 투상도 예제 도면

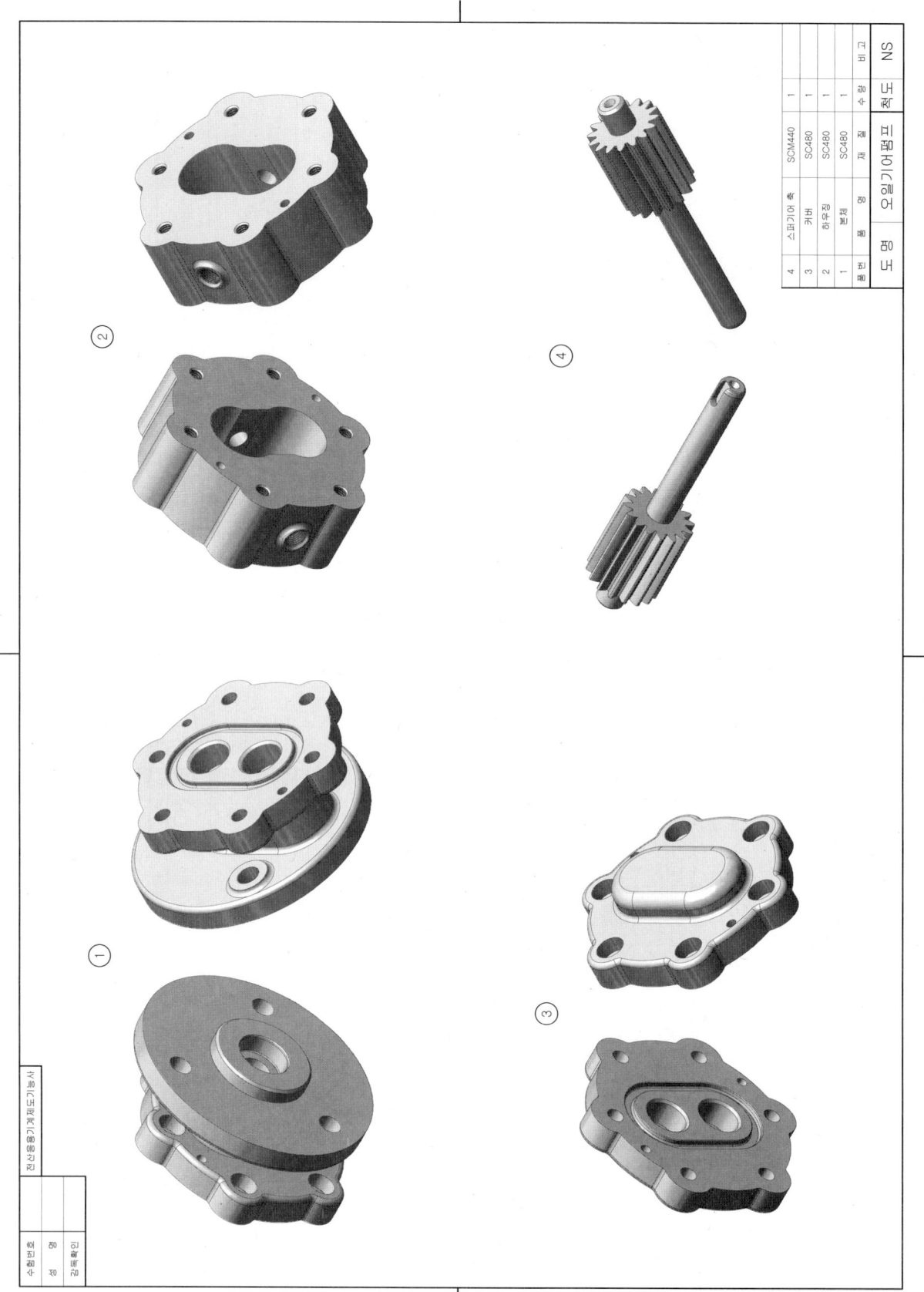

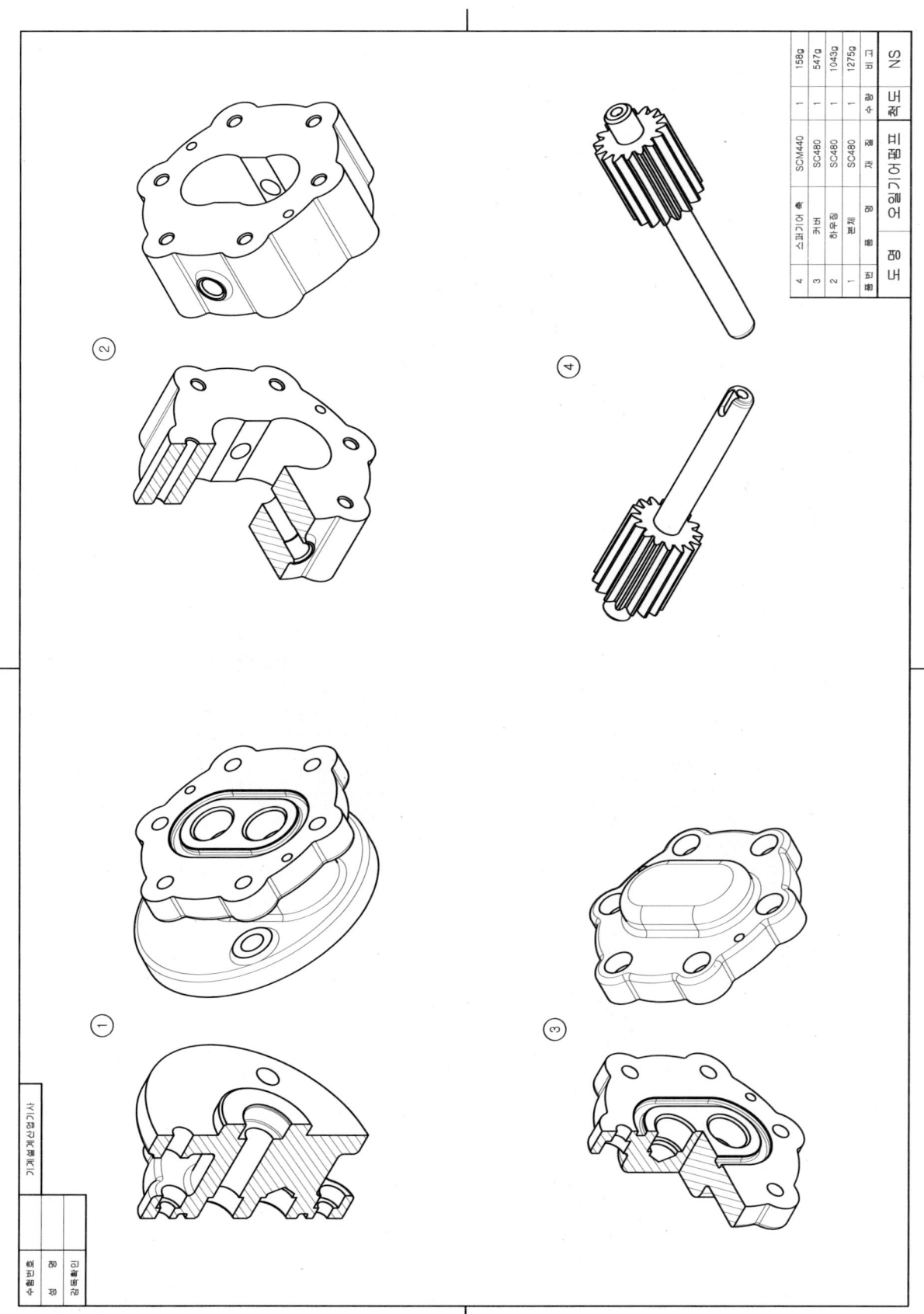

16. 오일기어펌프

등각 분해도 예제 도면

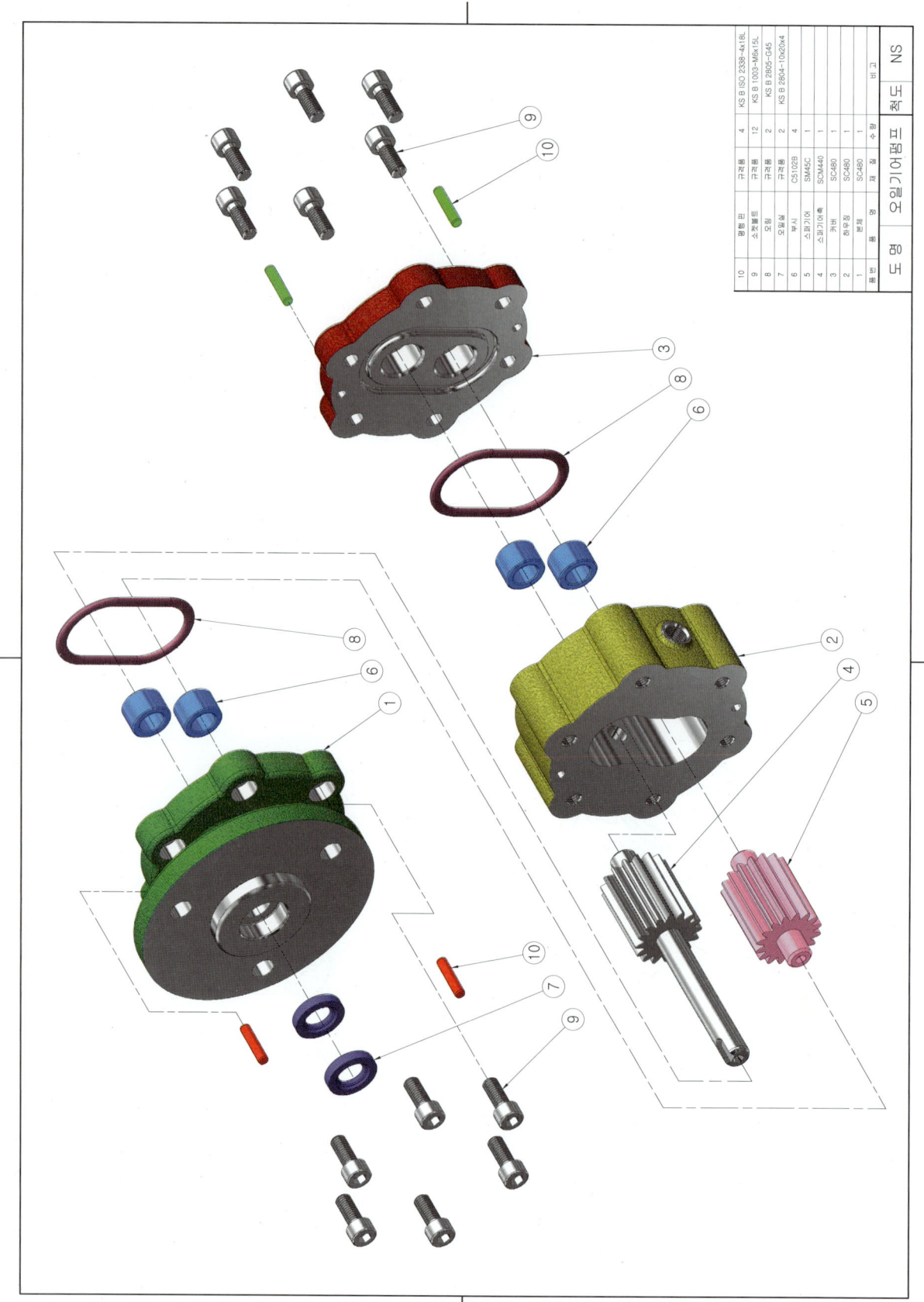

16. 오일기어펌프

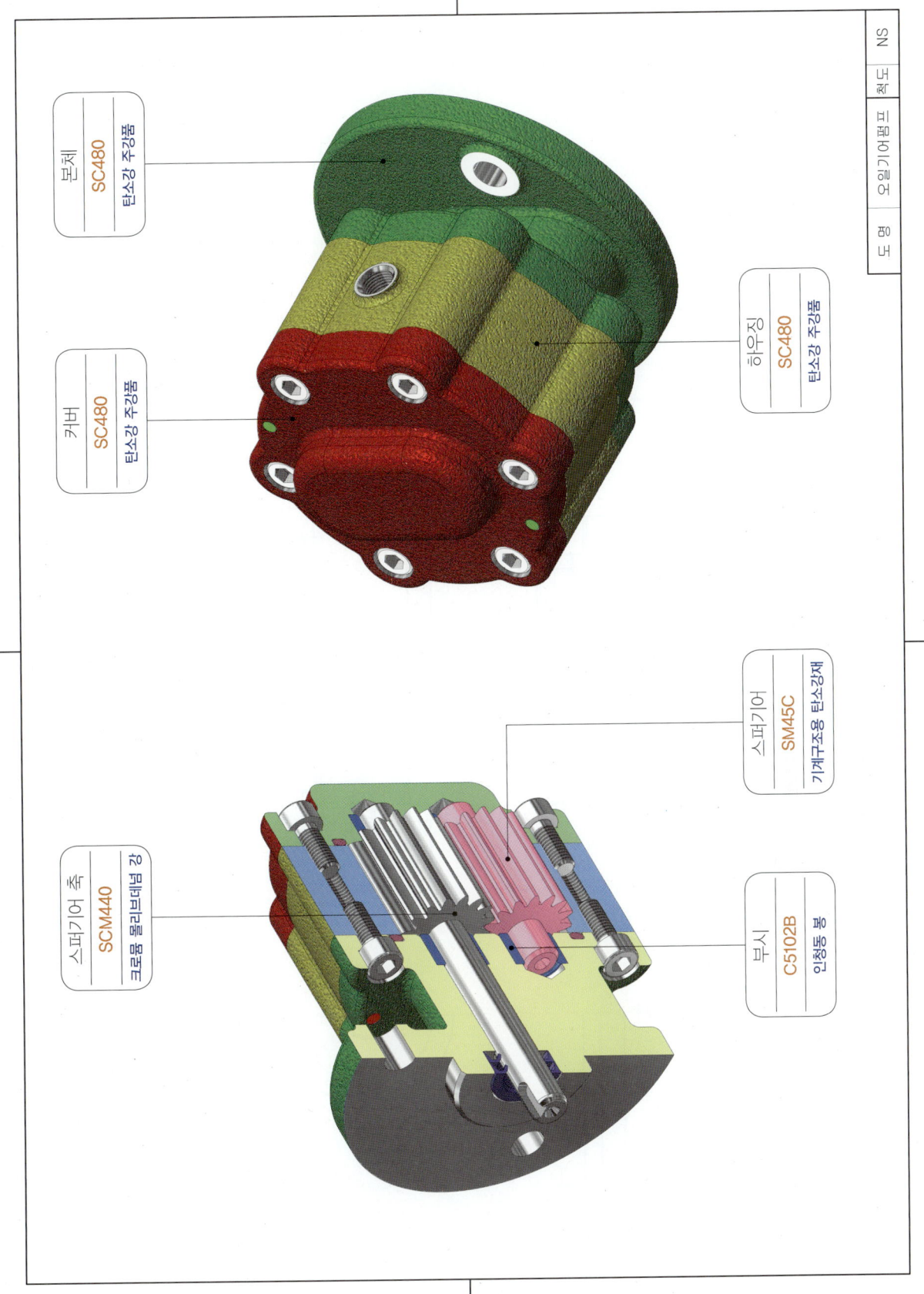

17. 바이스

과제 도면

부품도(2D) : 1, 2, 3, 5
등각투상도(3D) : 1, 2, 3, 4, 5

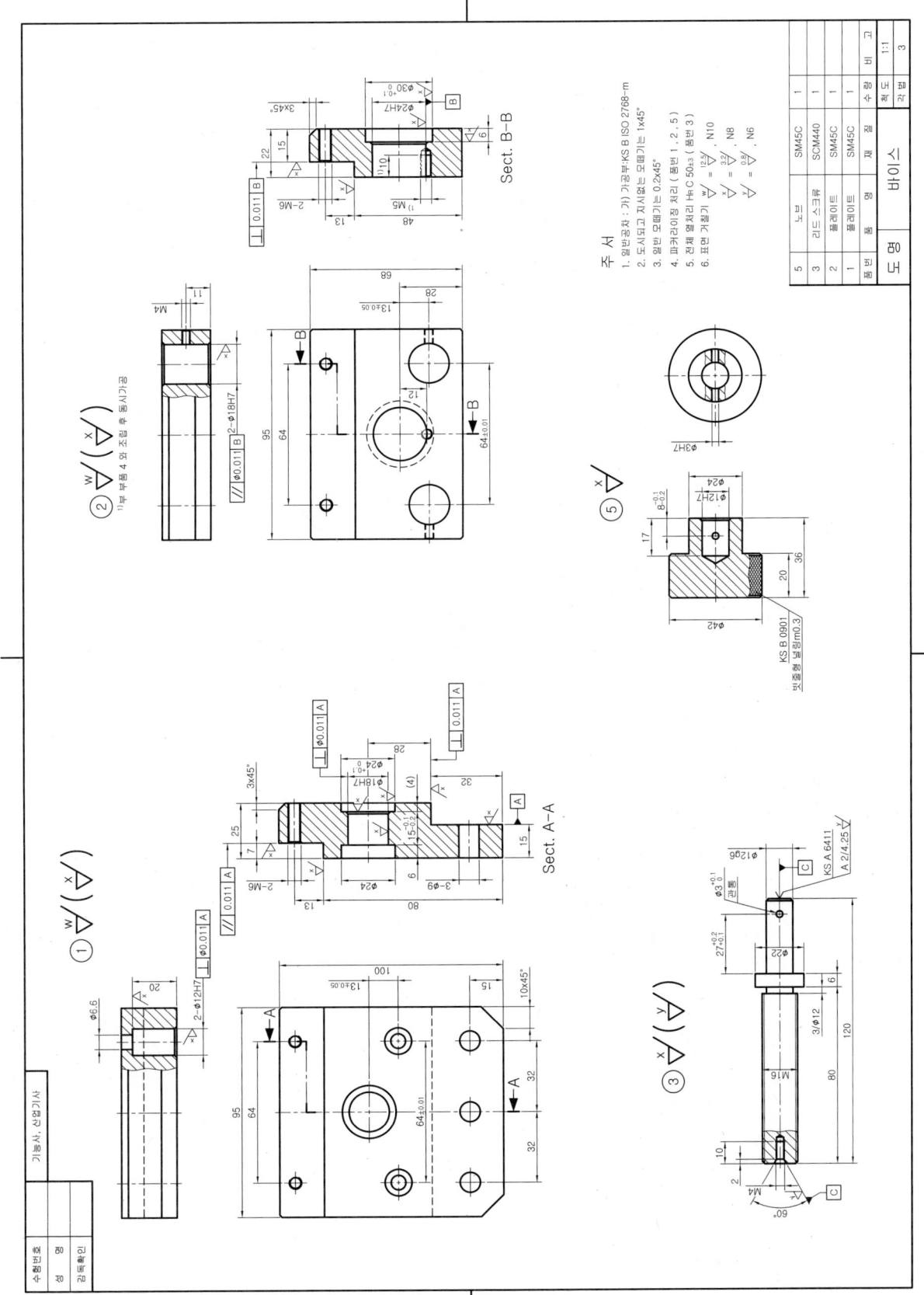

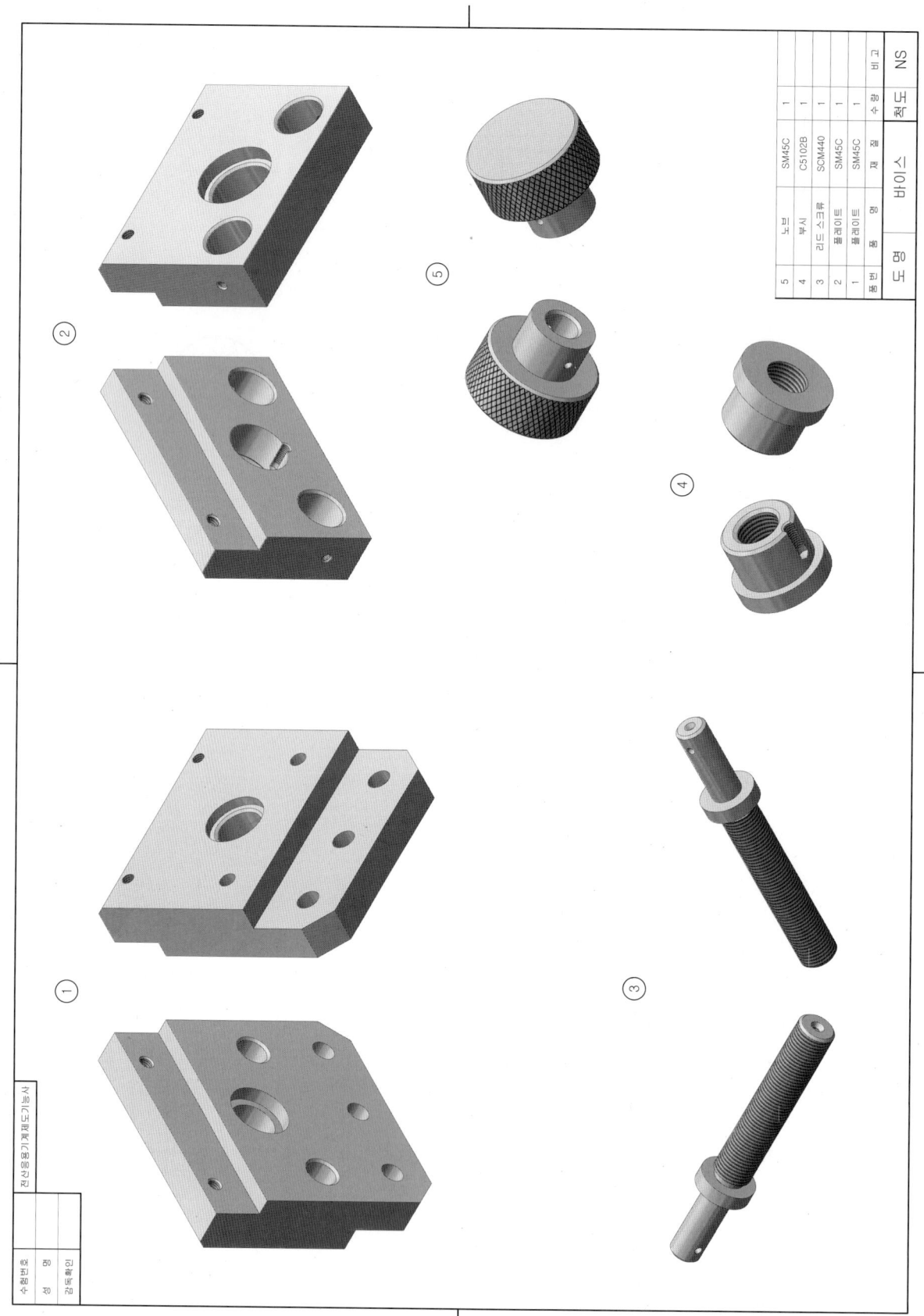

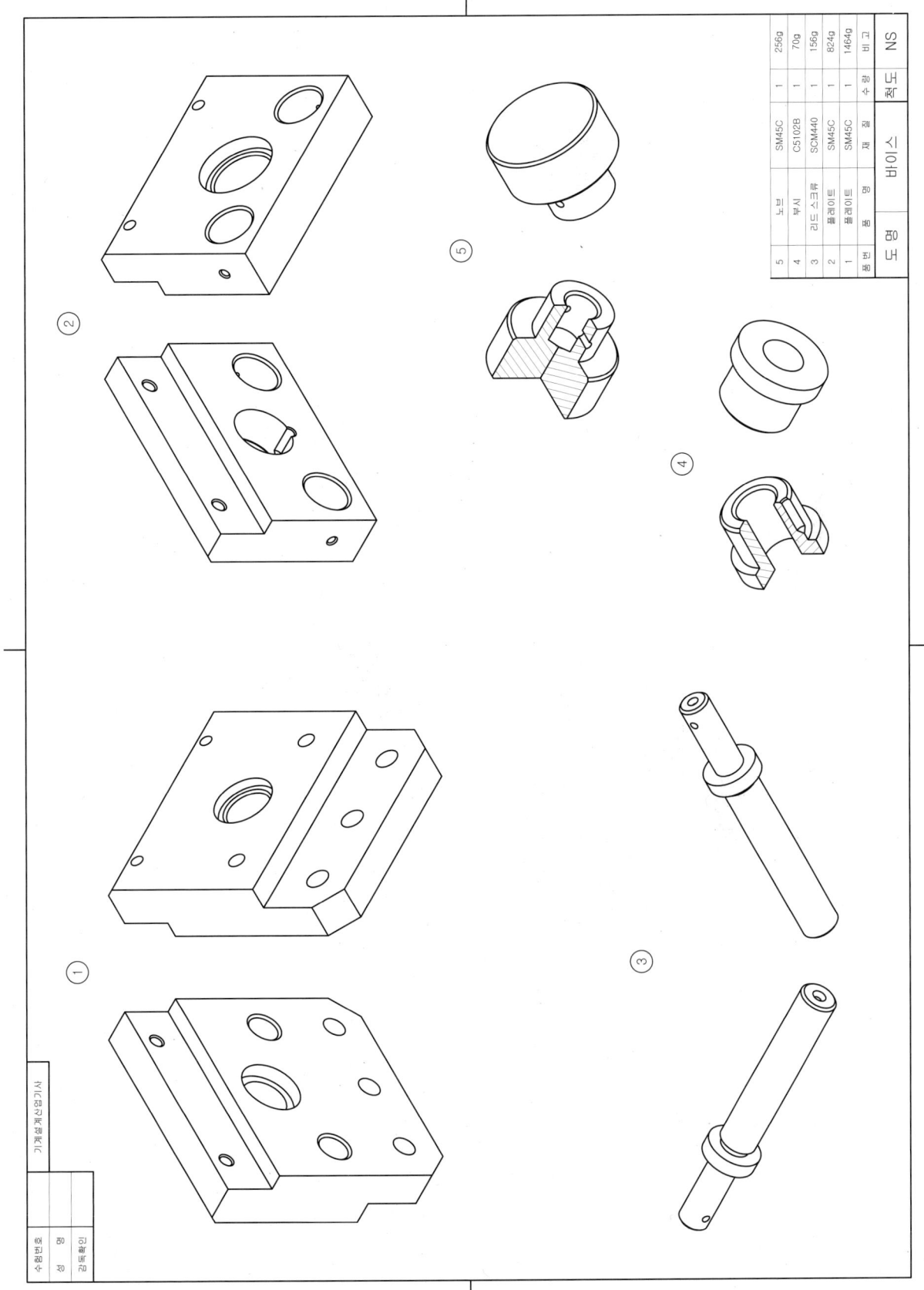

17. 바이스

등각 분해도 예제 도면

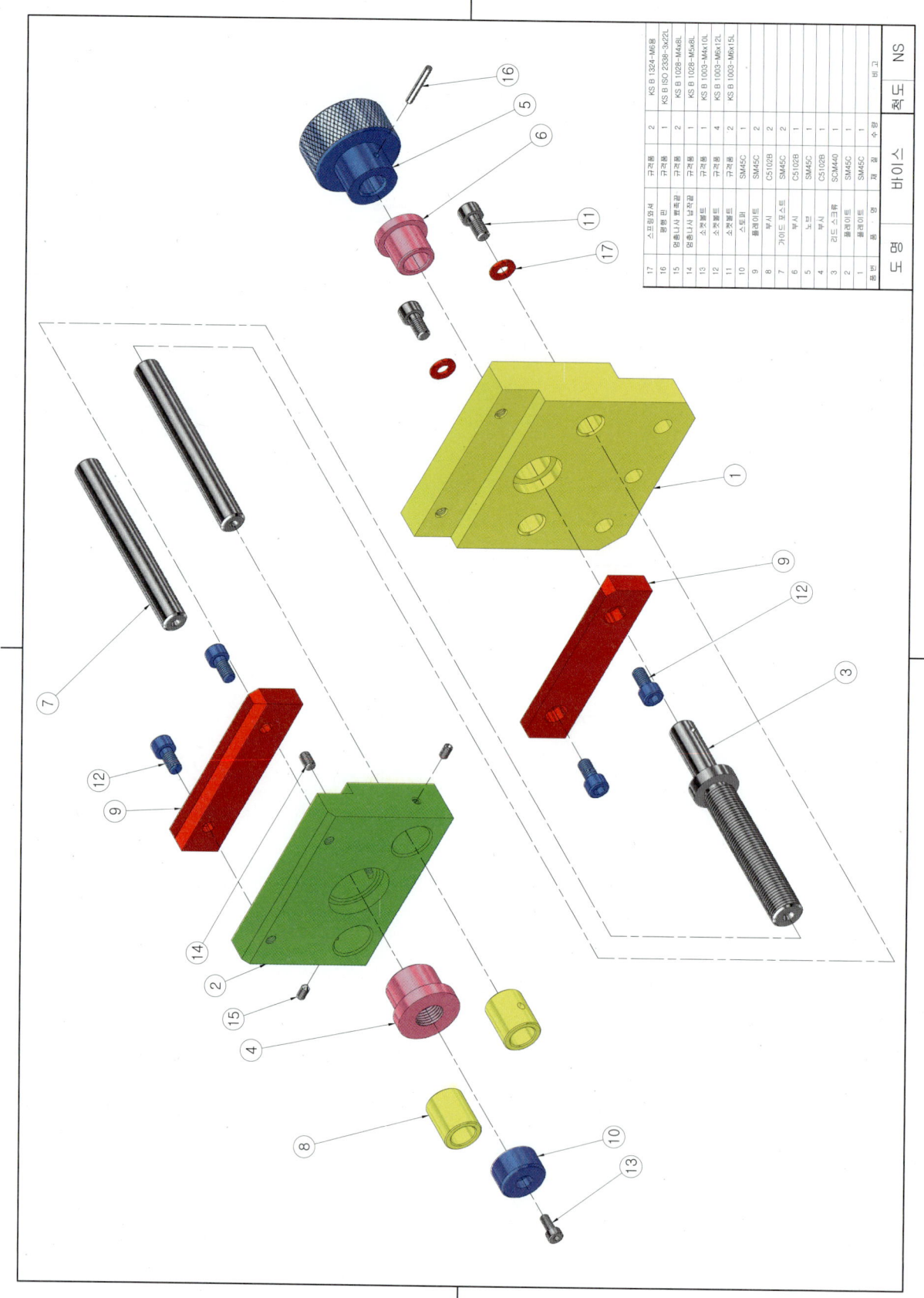

17. 바이스

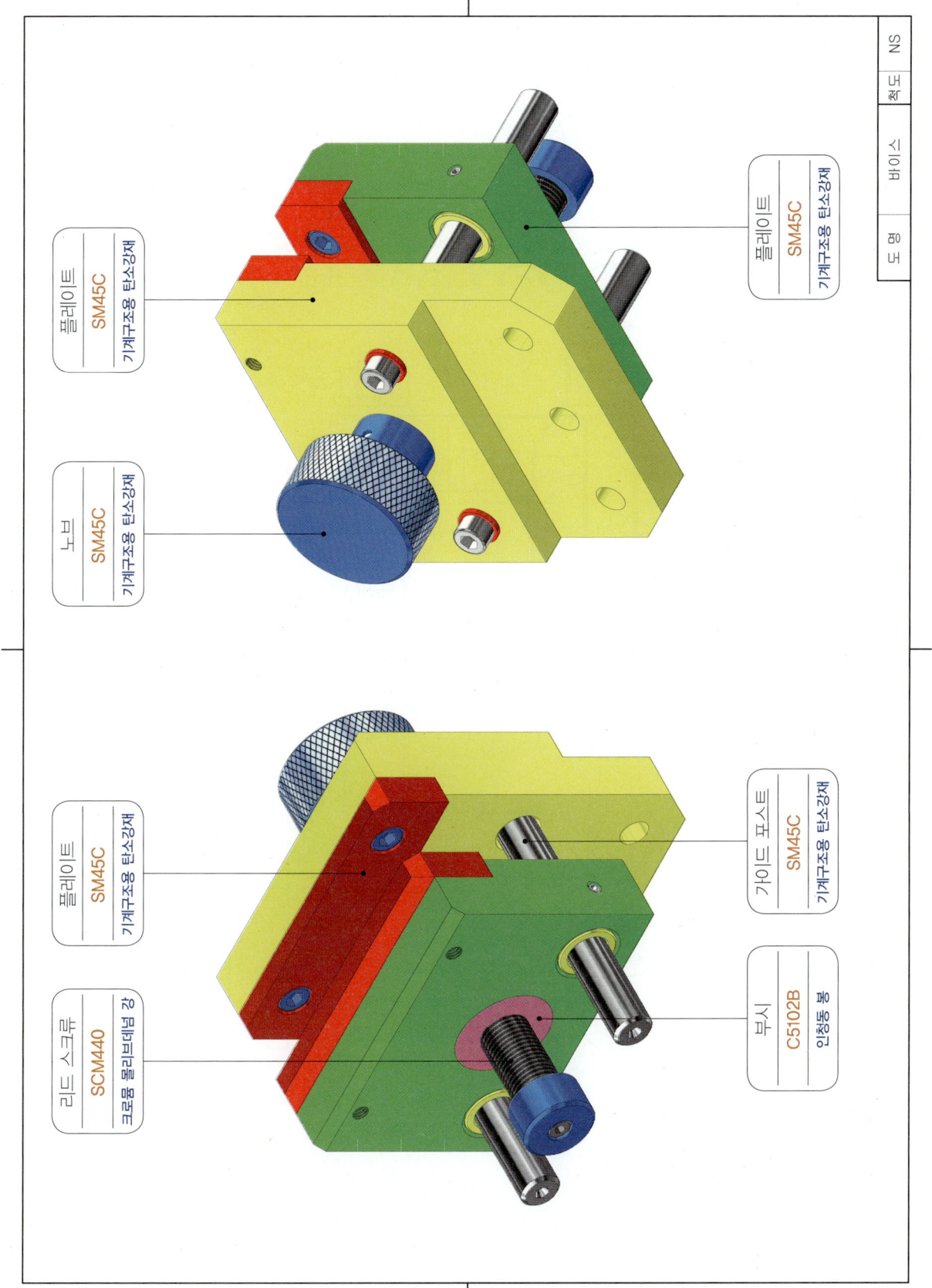

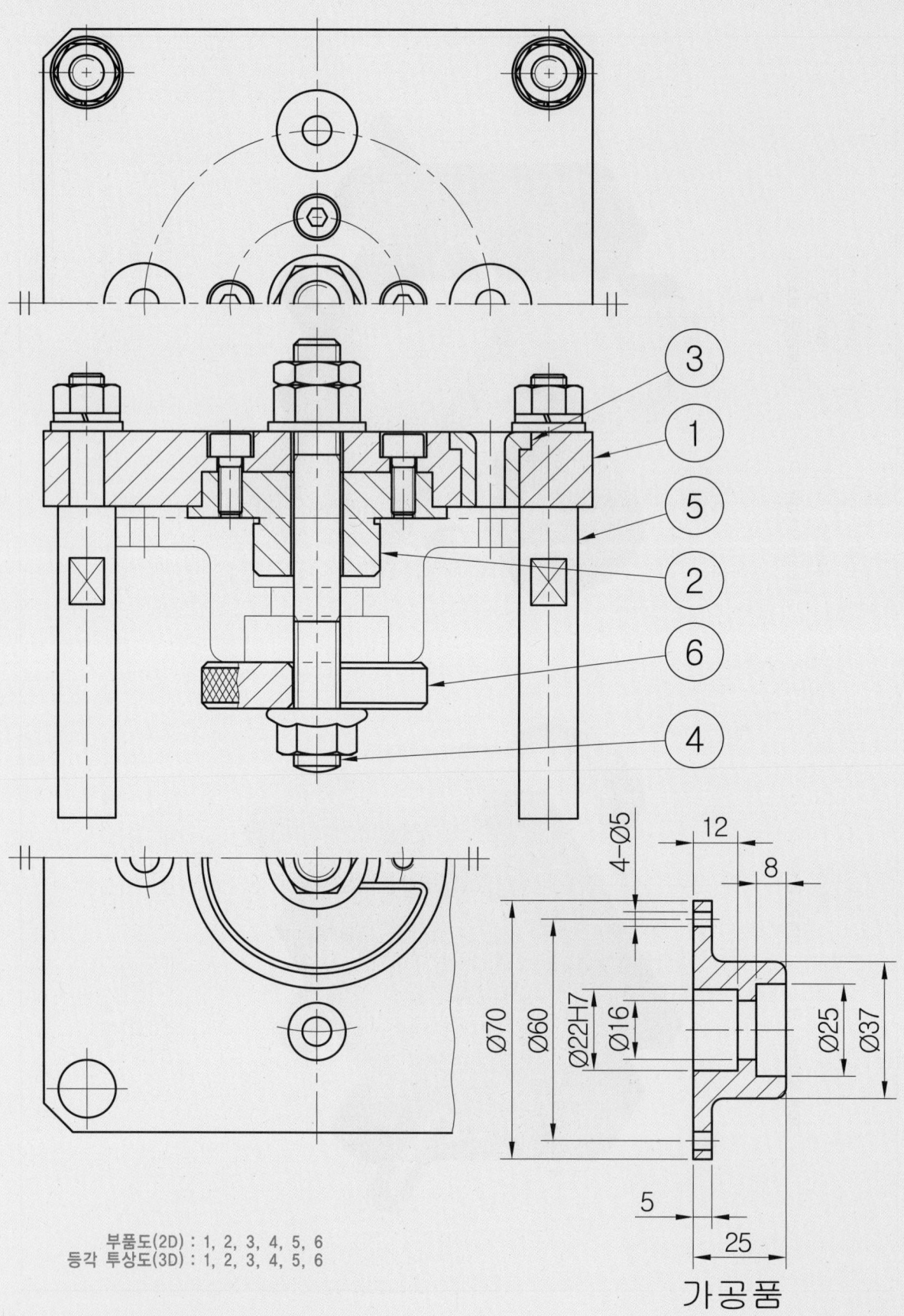

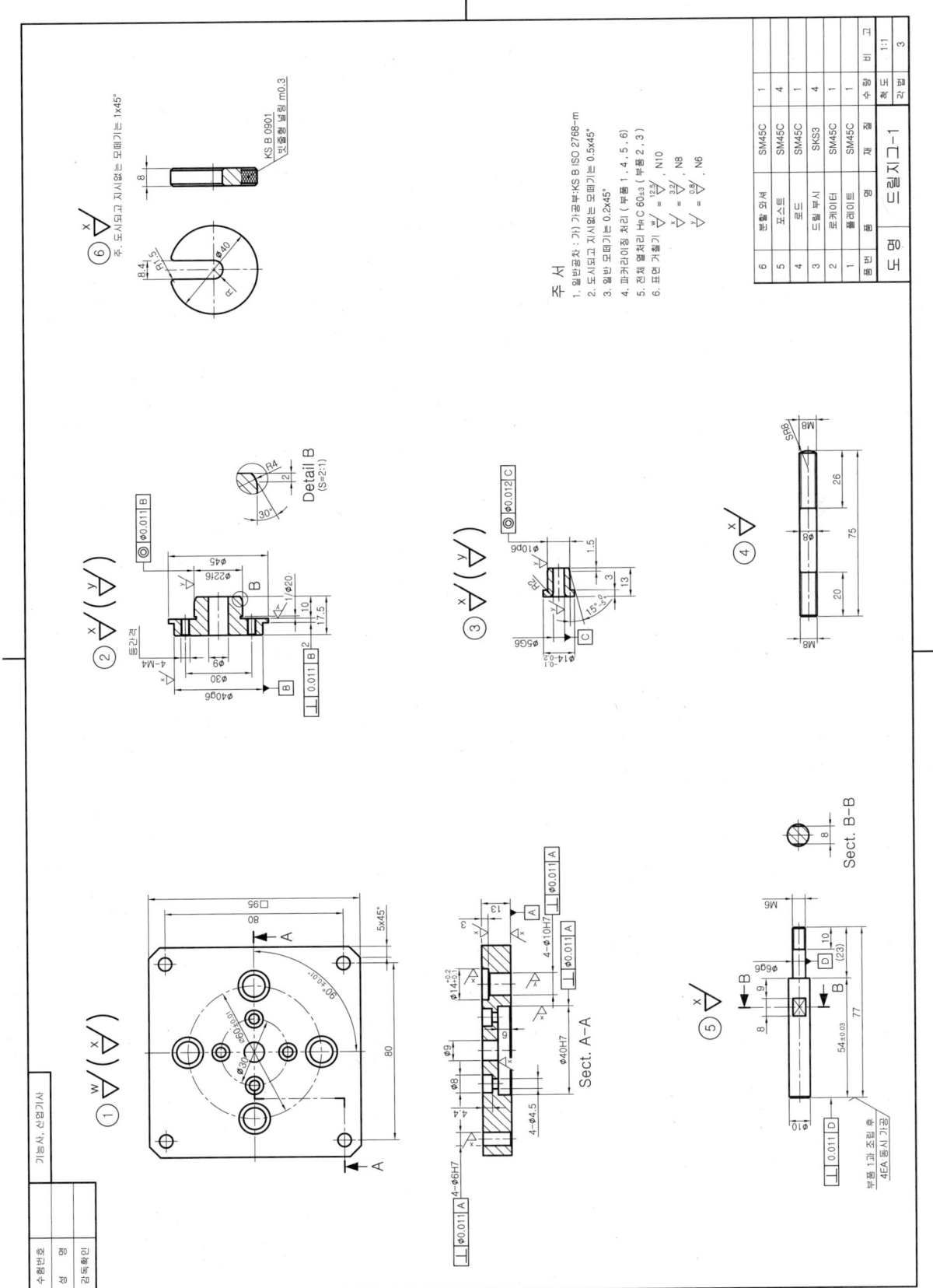

18. 드릴지그-1

전산응용기계제도기능사 렌더링 등각 투상도 예제 도면

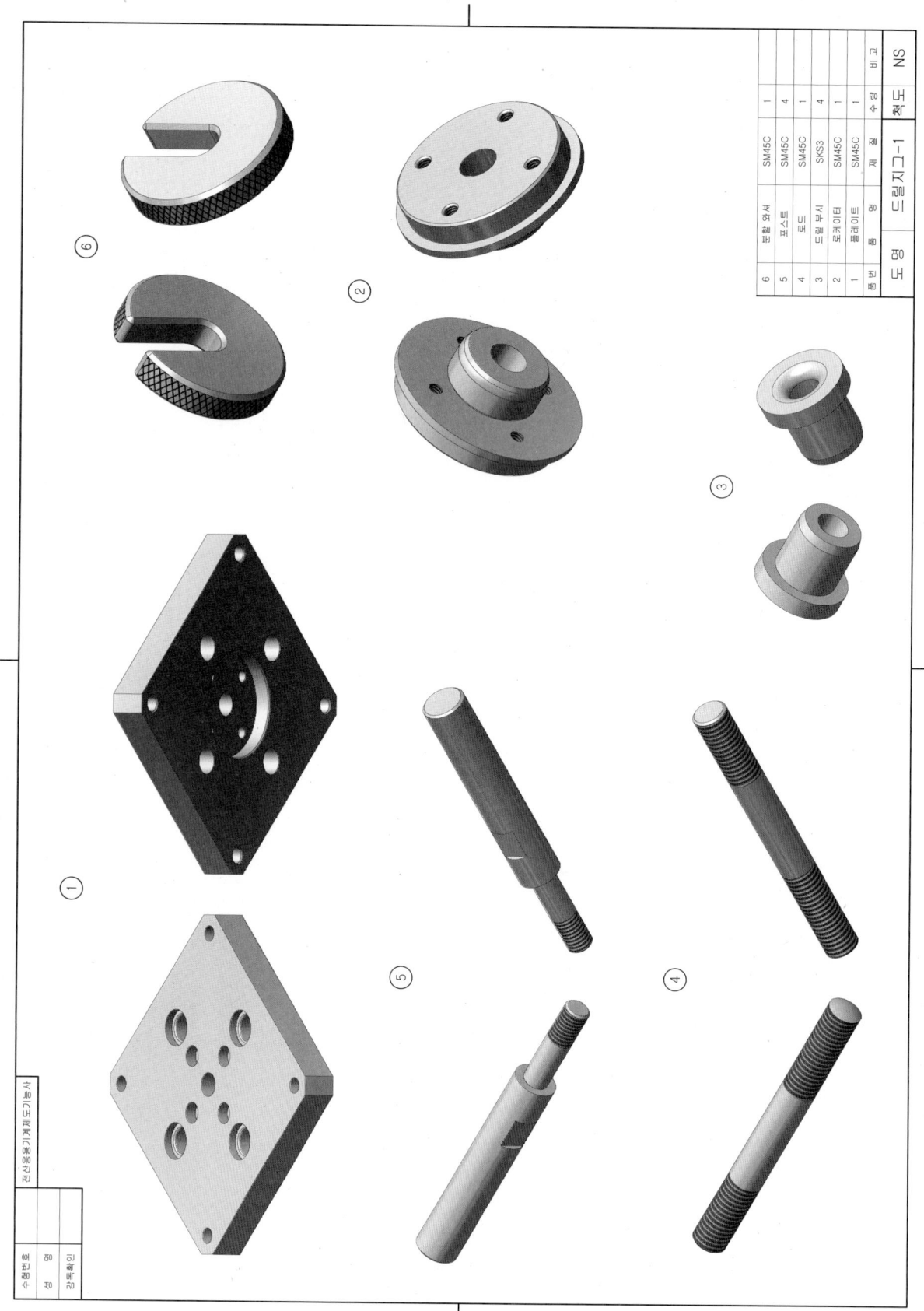

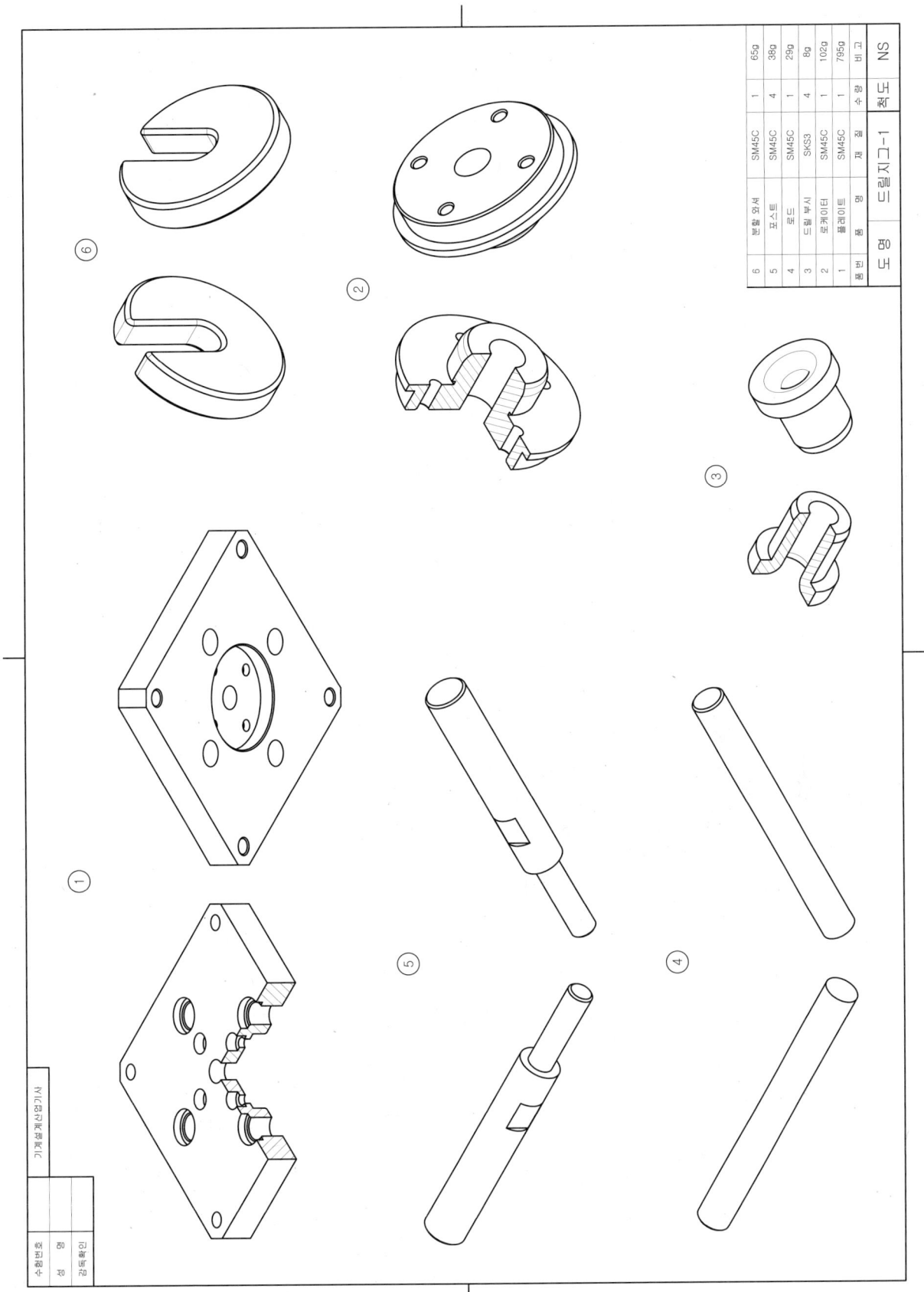

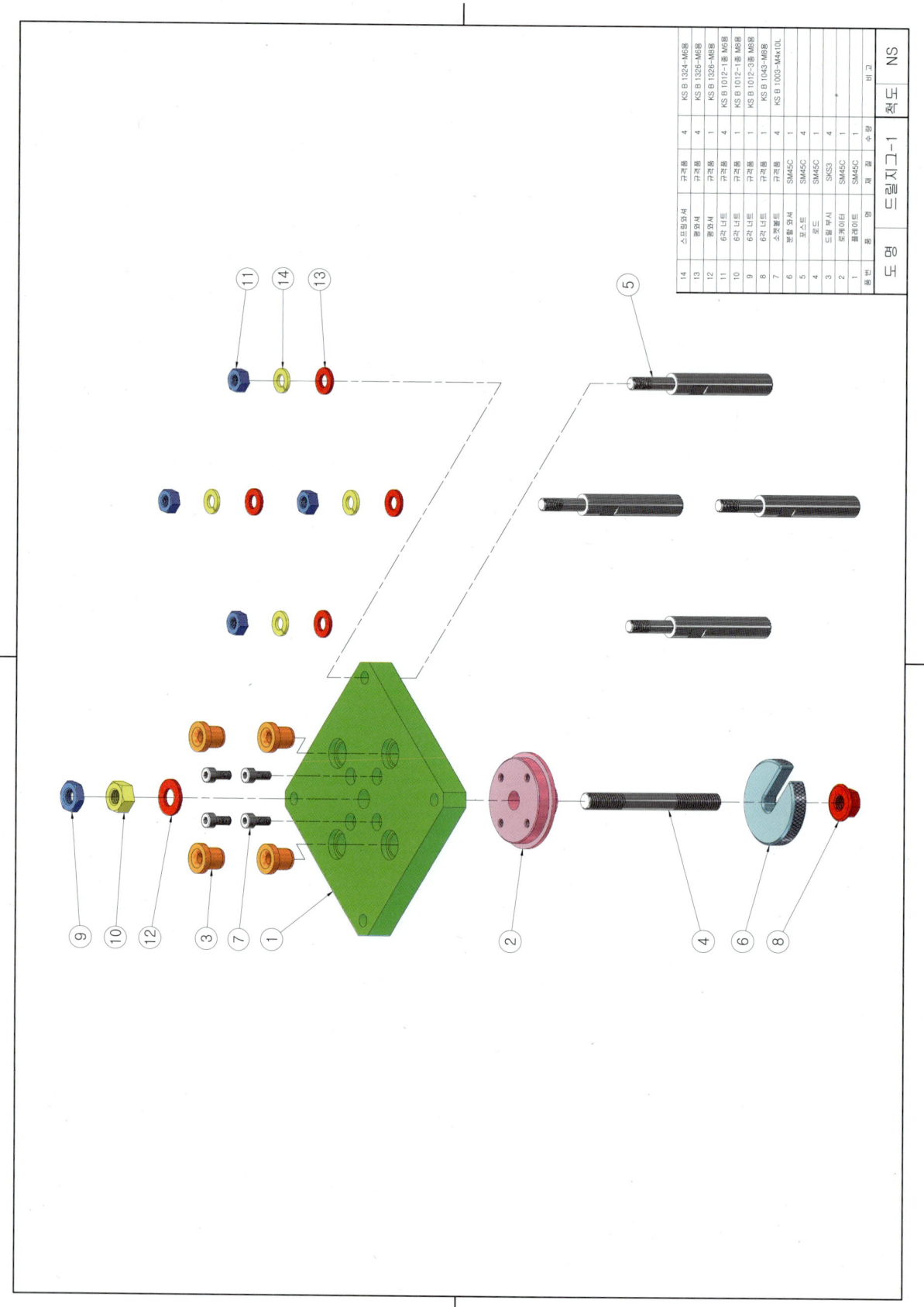

18. 드릴지그-1

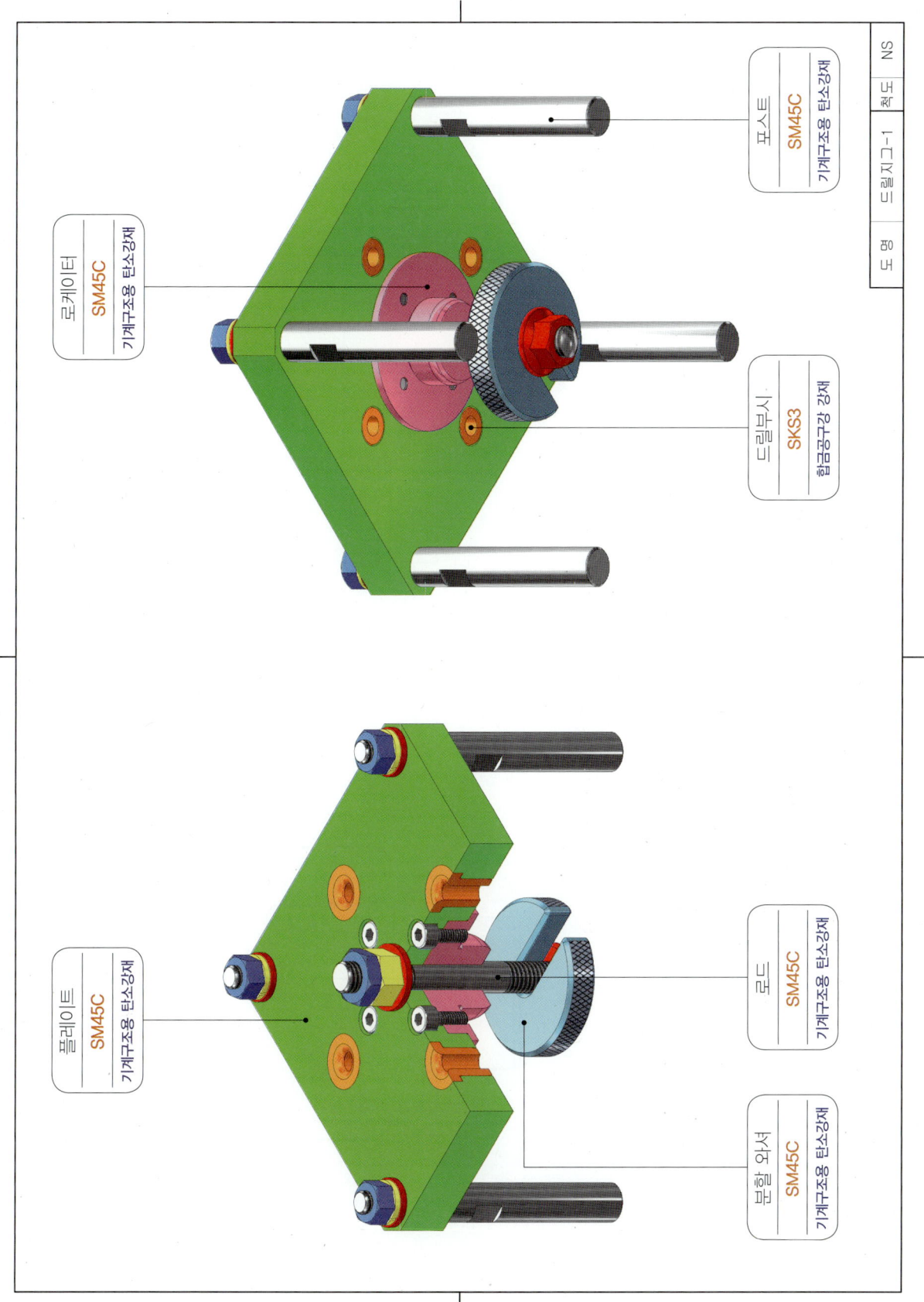

19. 드릴지그-2

과제 도면

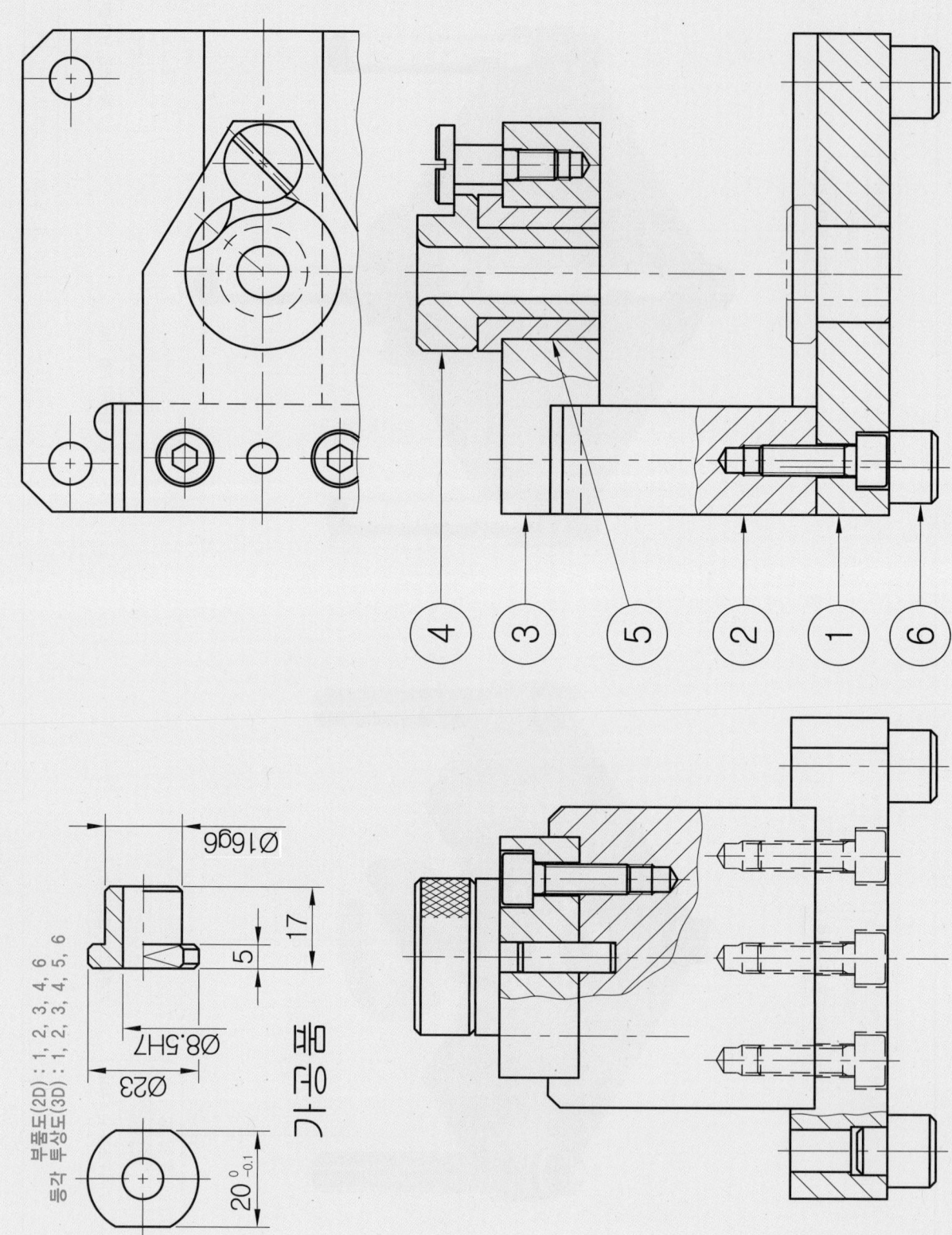

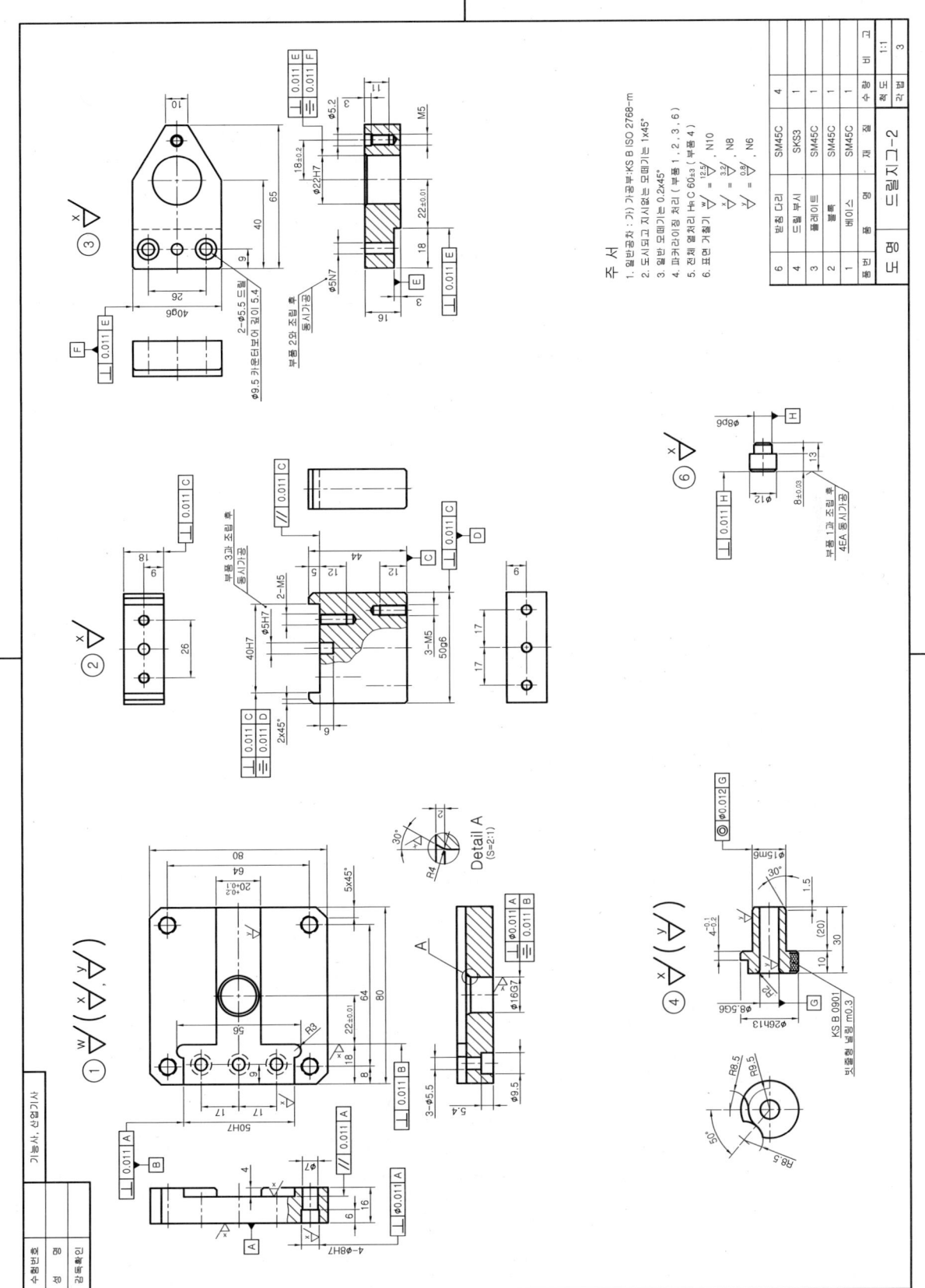

19. 드릴지그-2

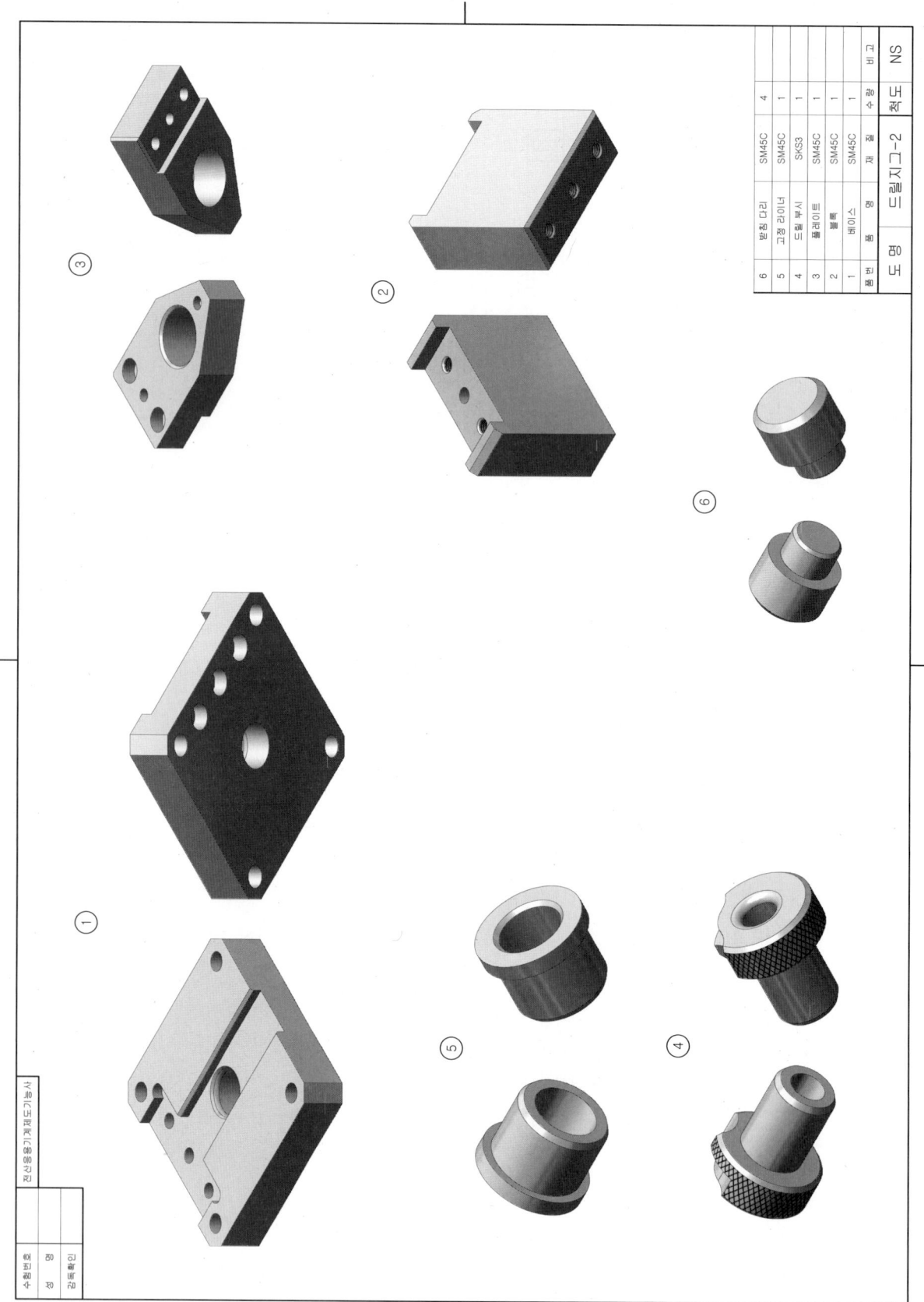

19. 드릴지그-2

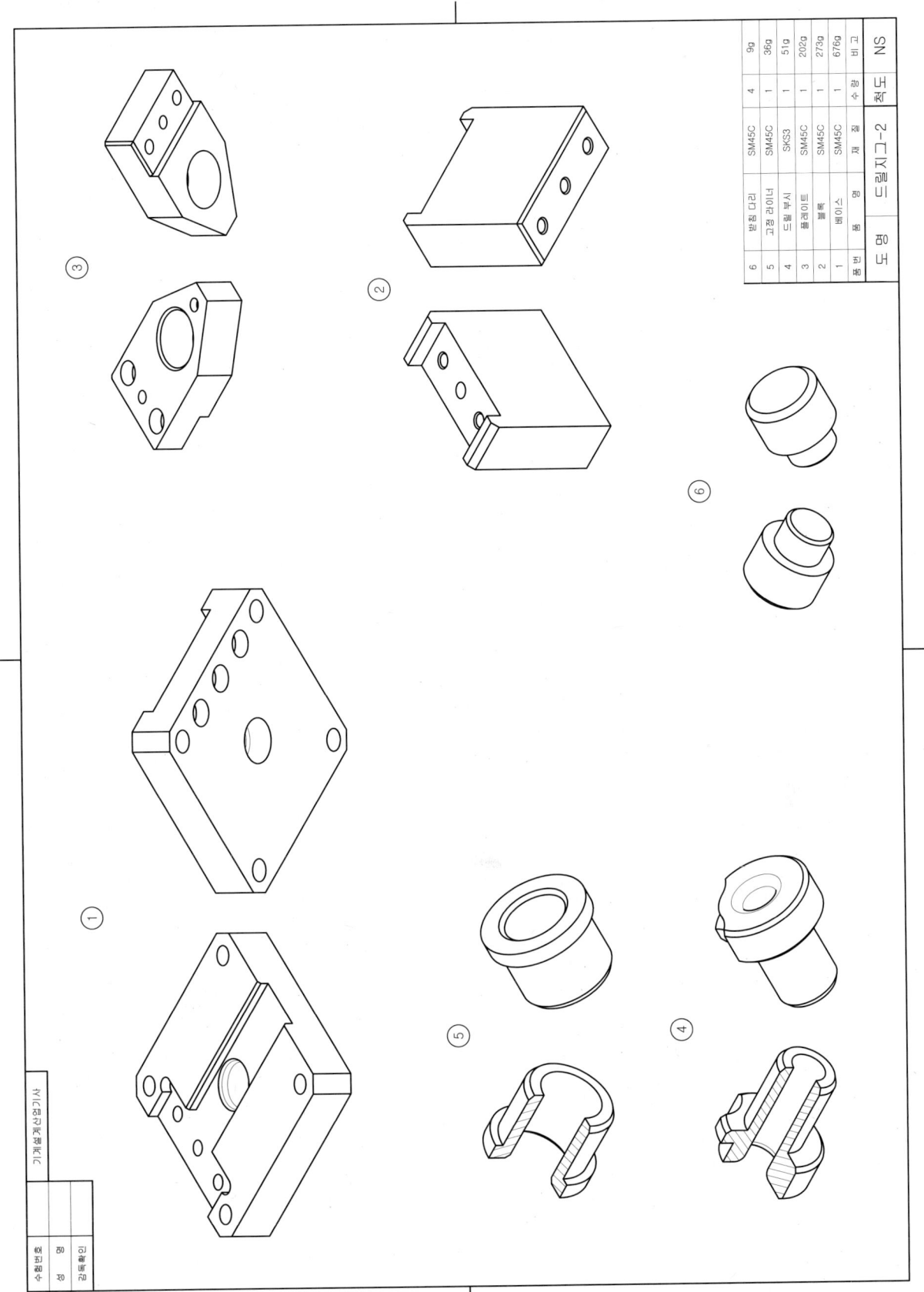

19. 드릴지그-2

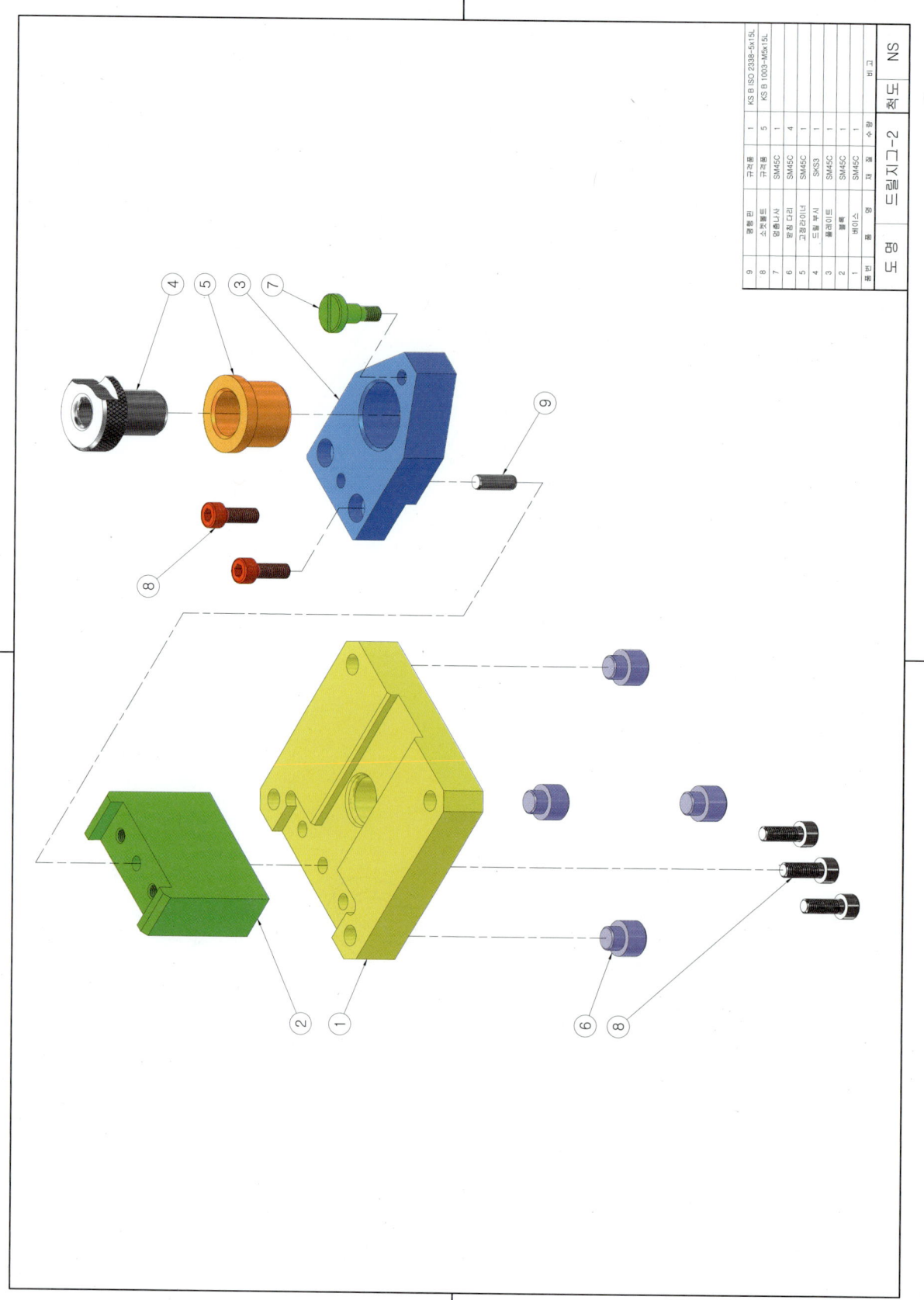

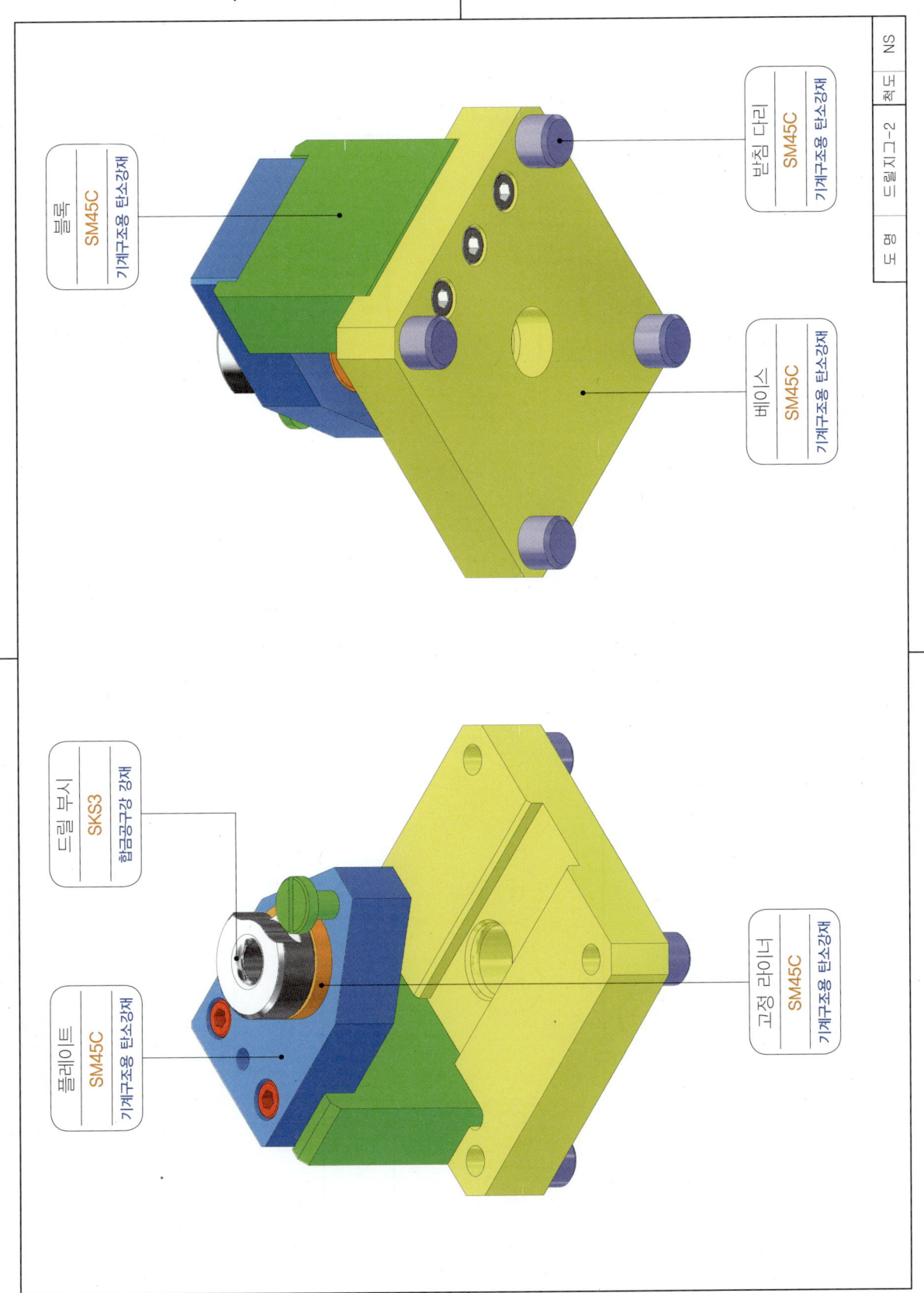

20. 드릴지그-3

과제 도면

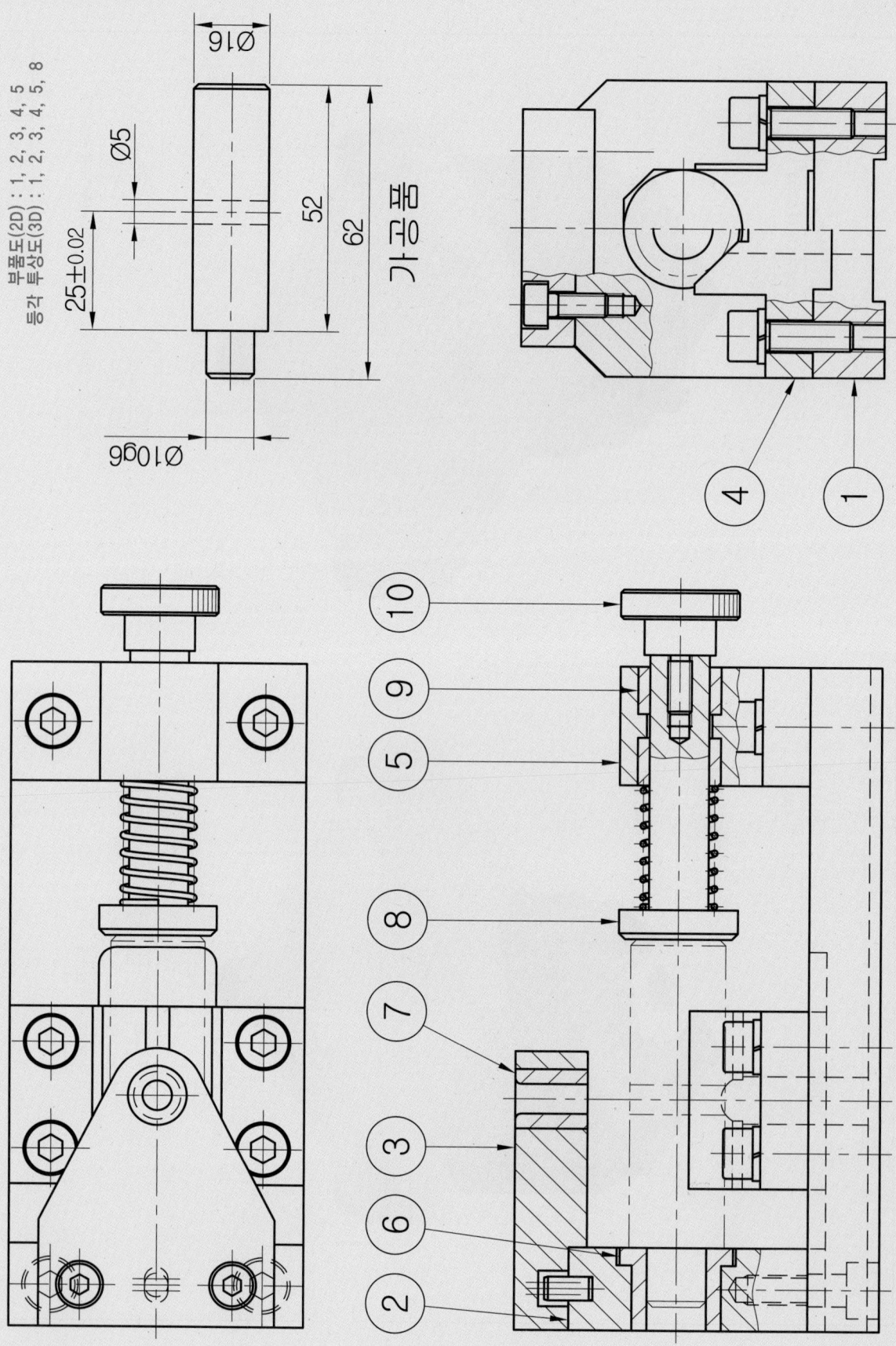

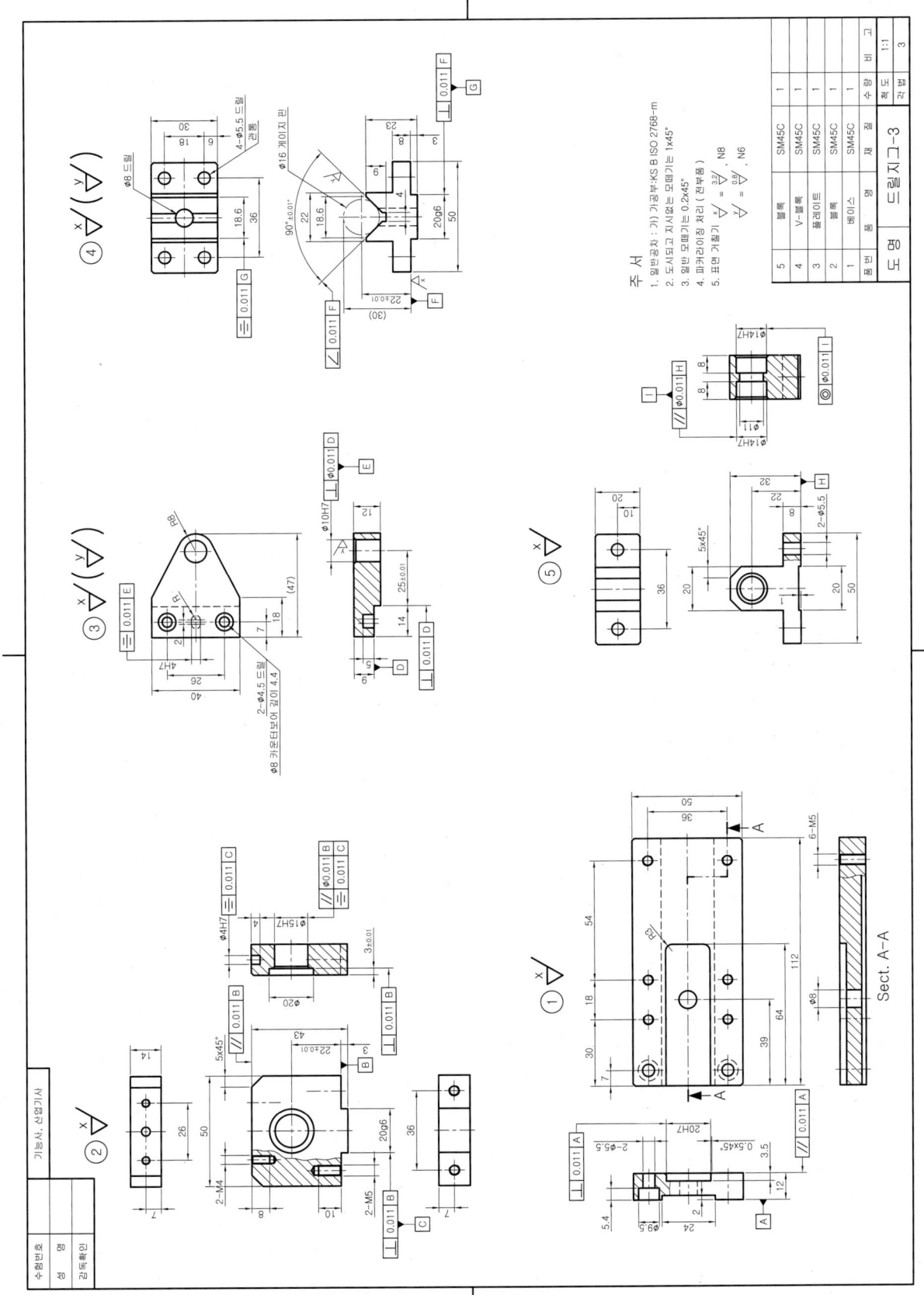

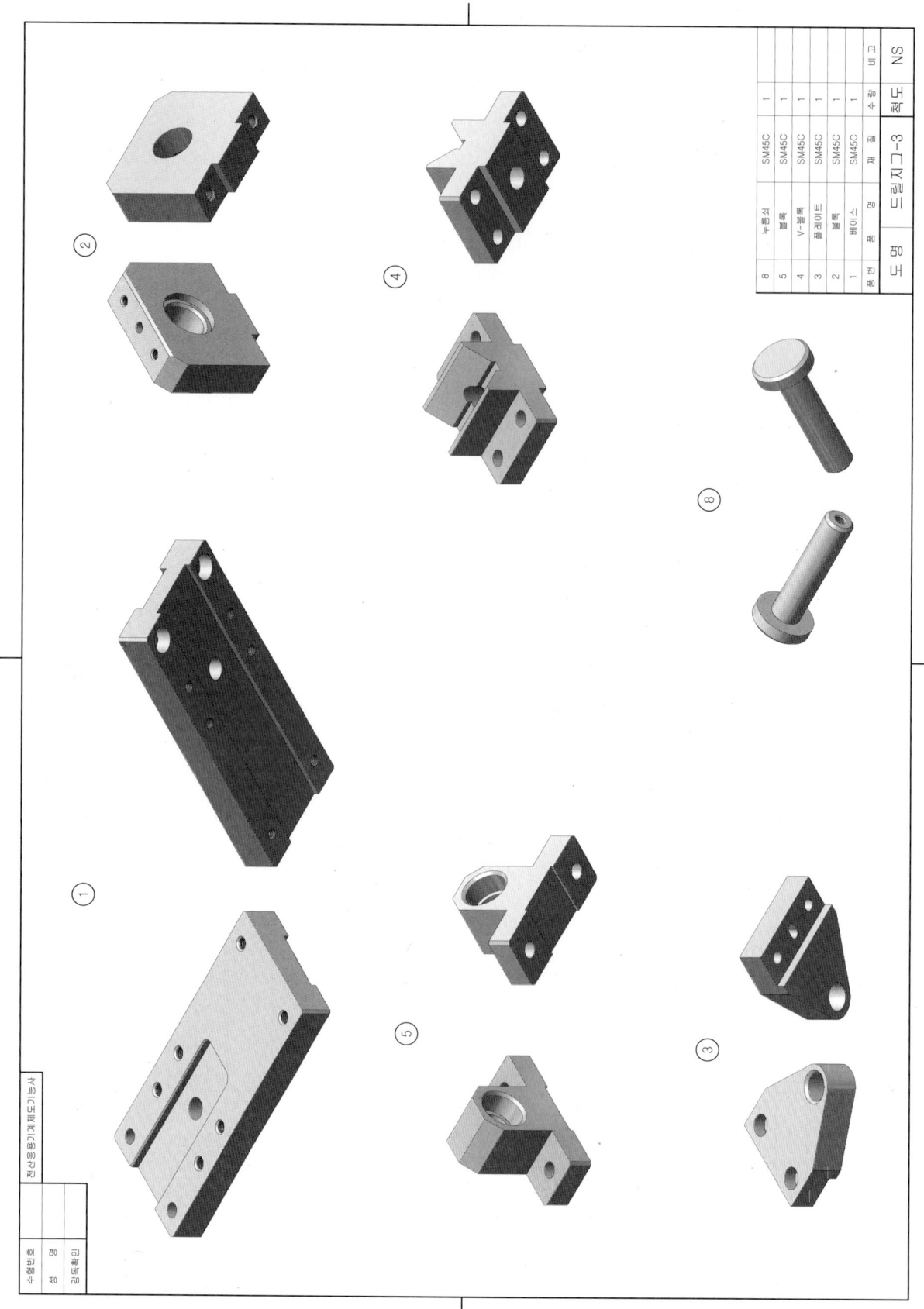

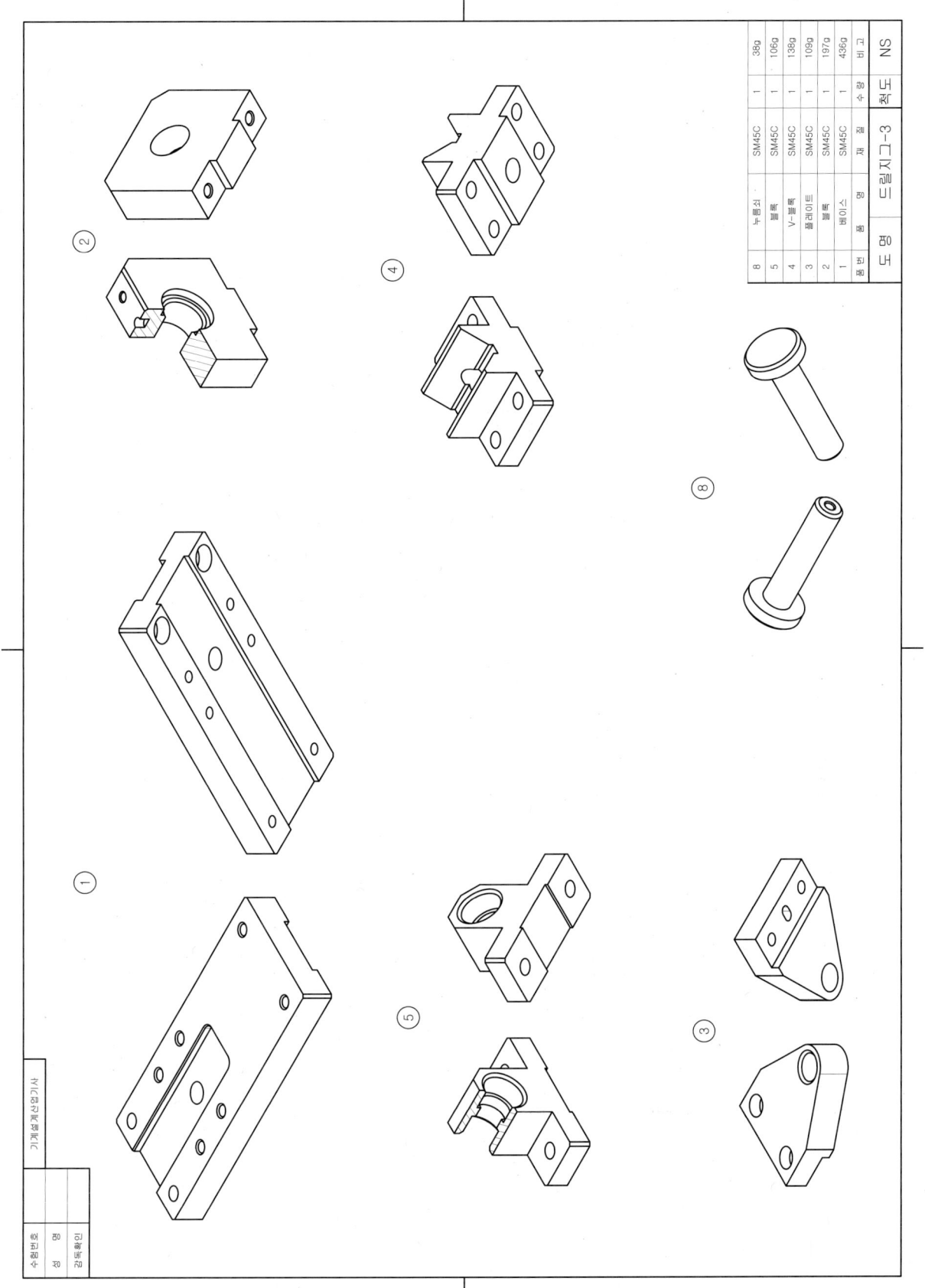

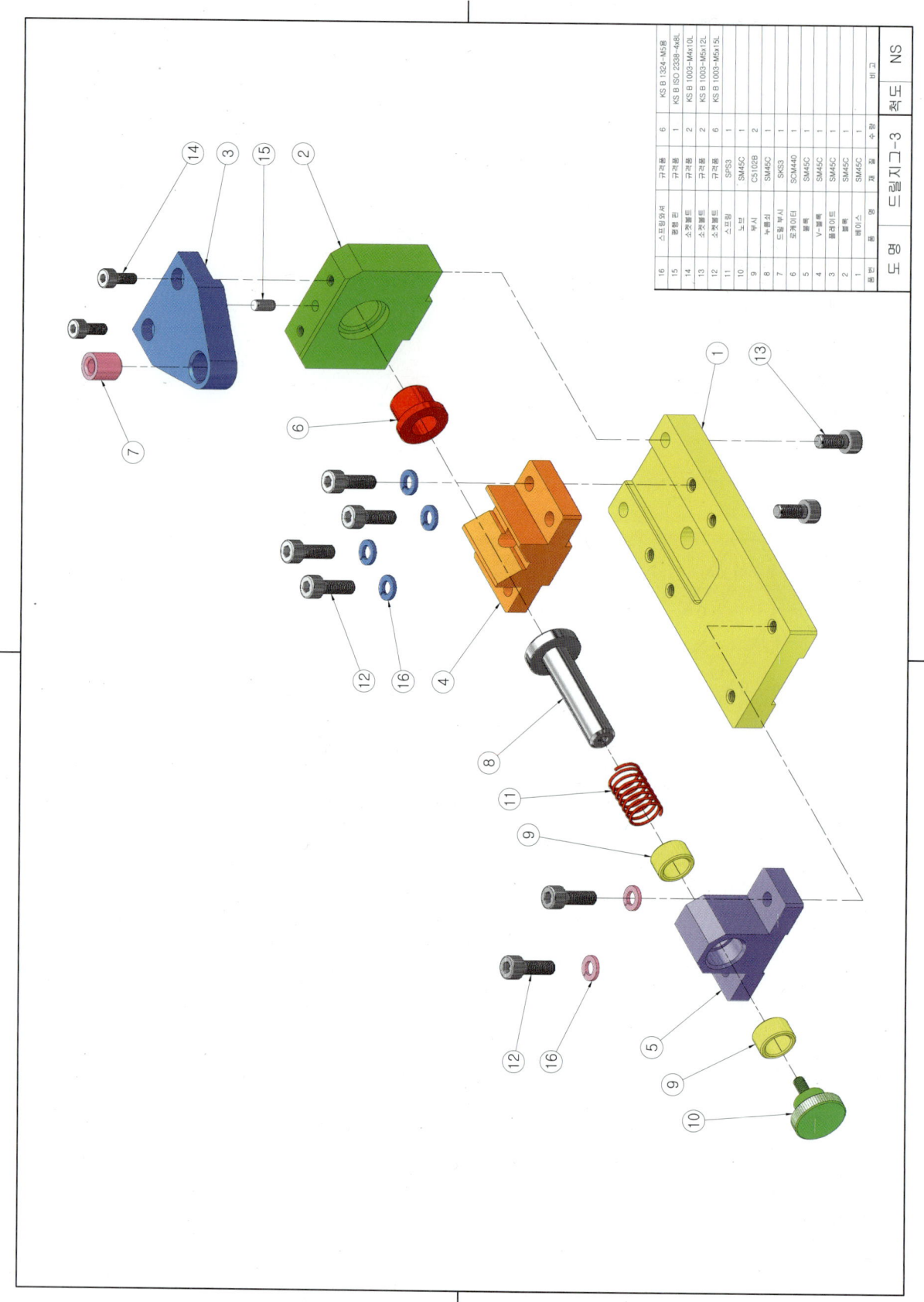

20. 드릴지그-3

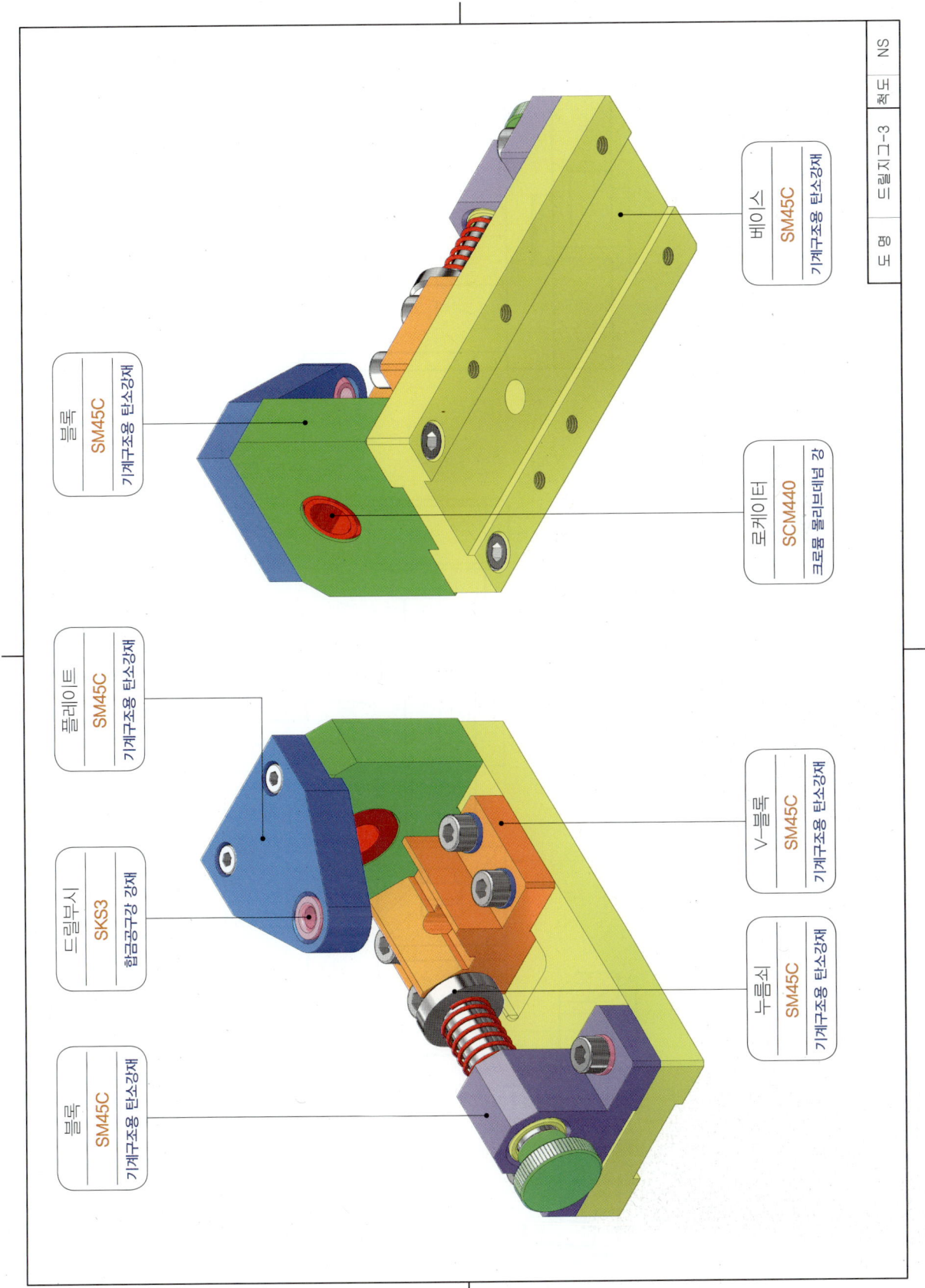

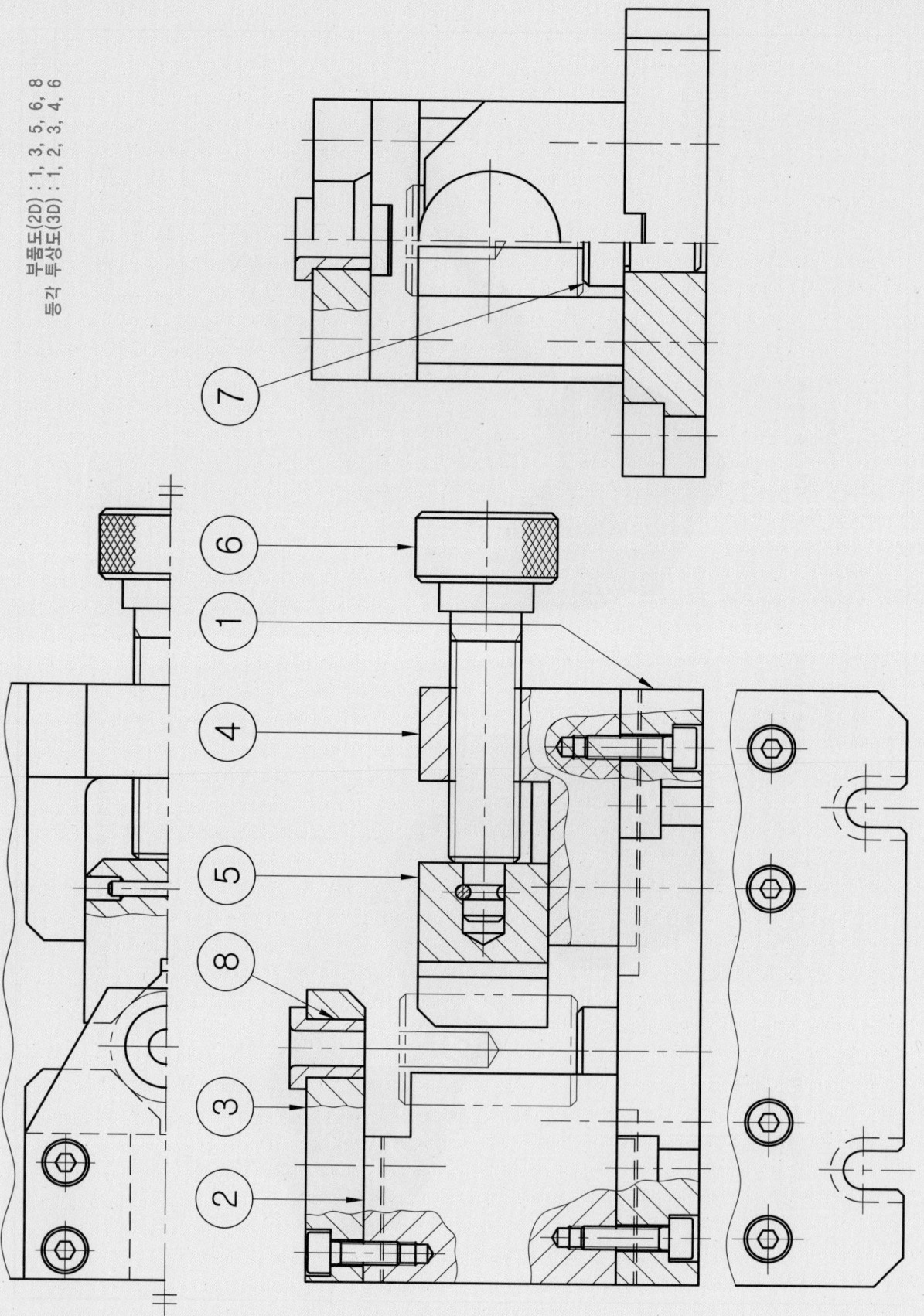

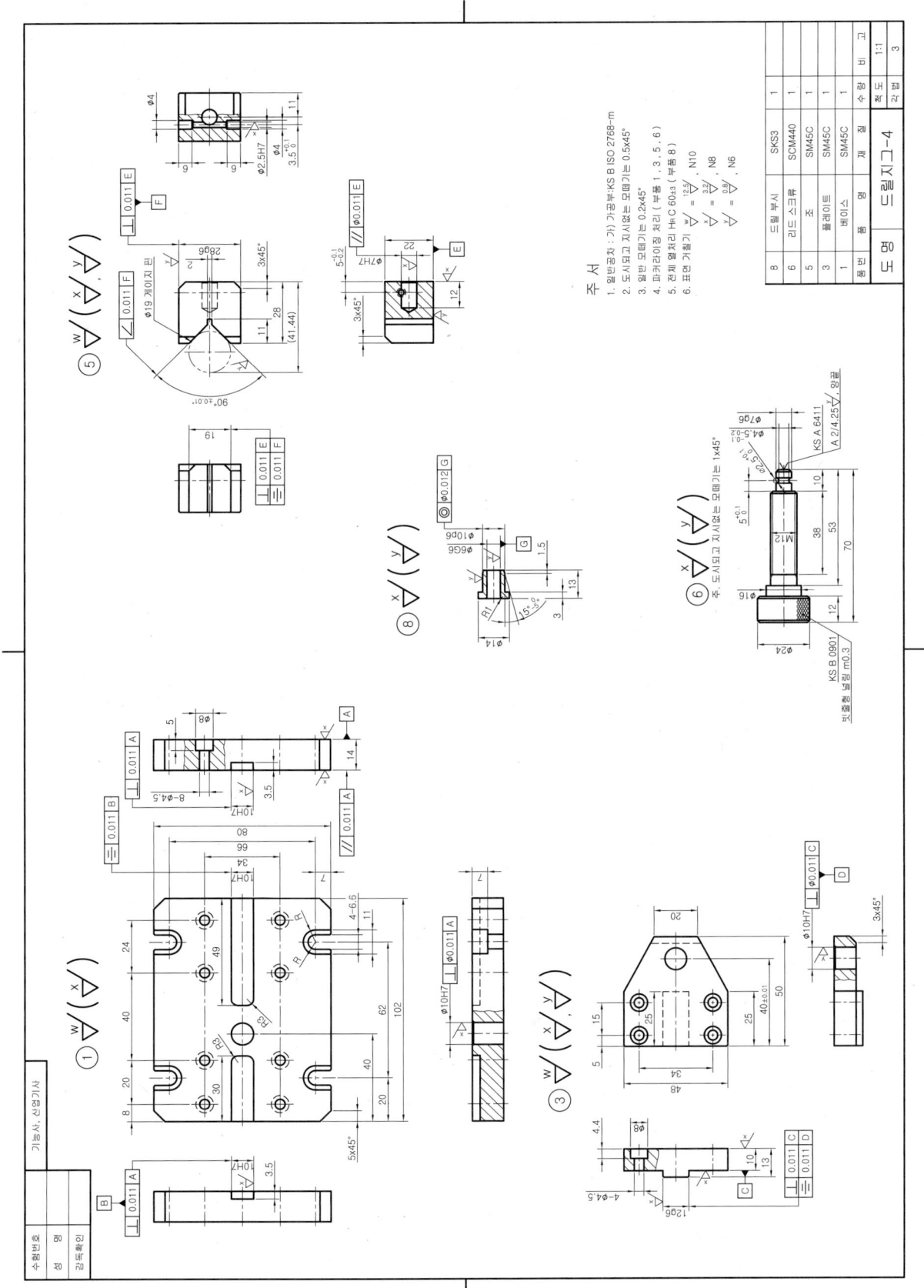

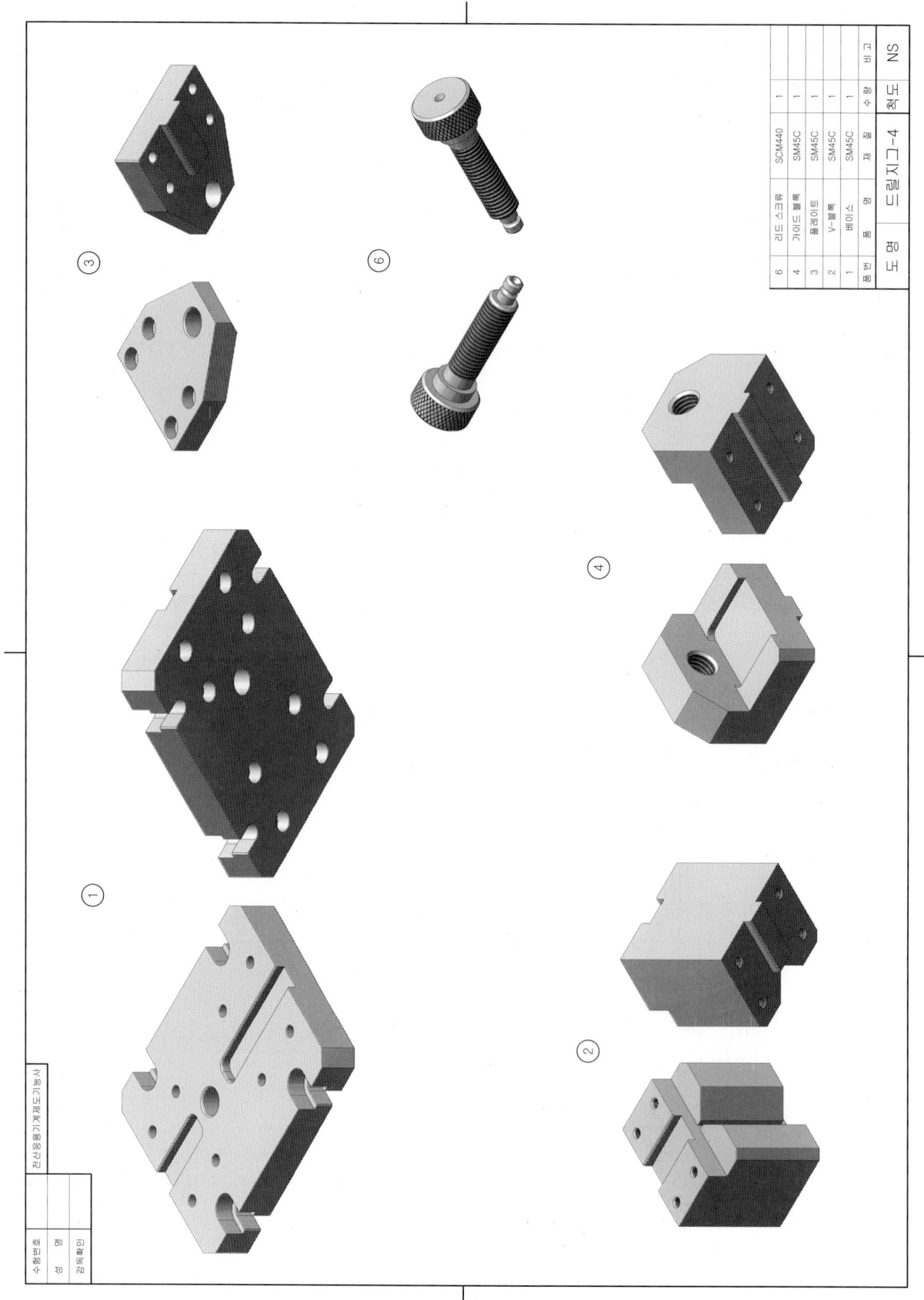

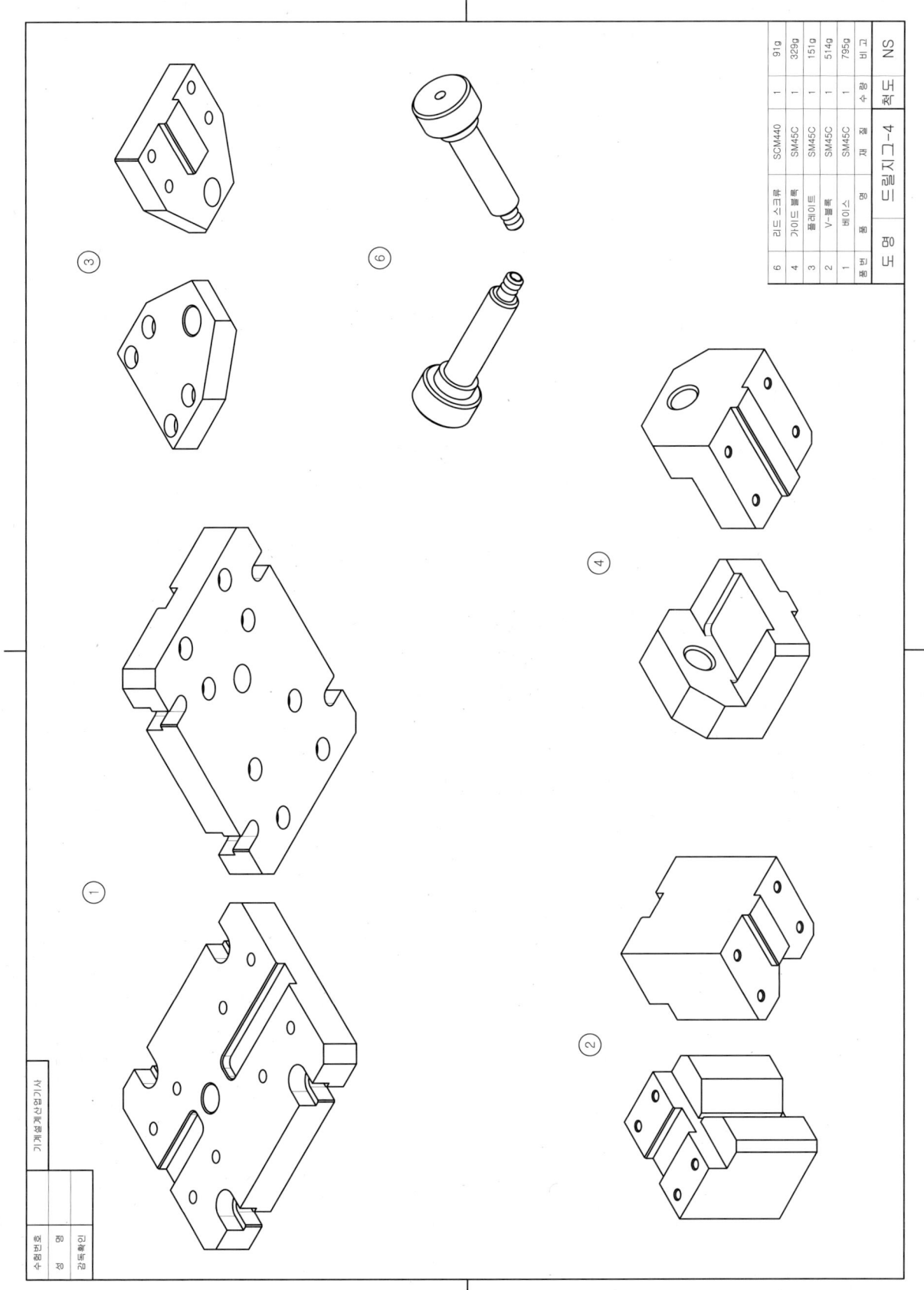

21. 드릴지그-4

등각 분해도 예제 도면

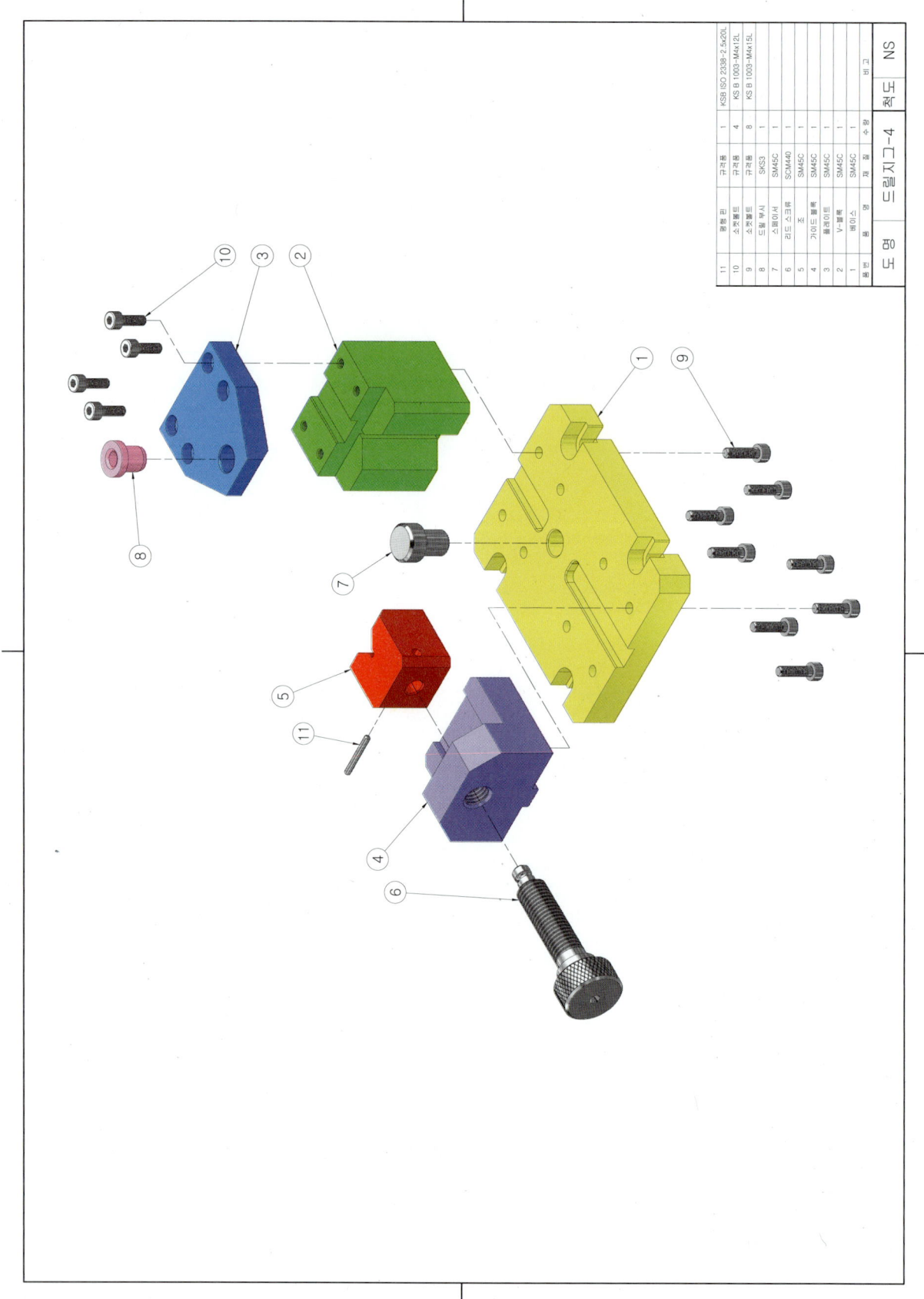

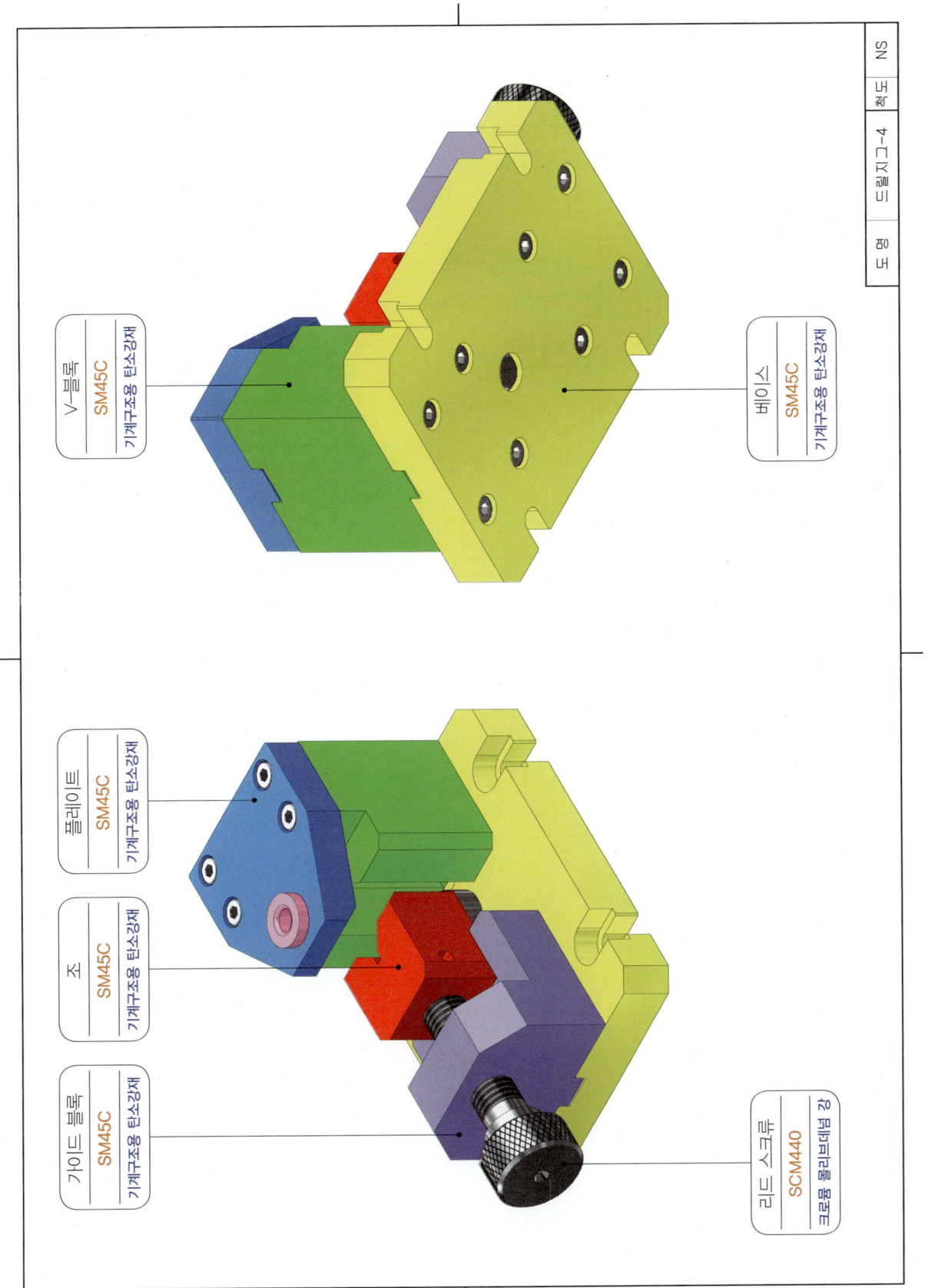

22. 드릴지그-5

부품도(2D) : 1, 2, 3, 4, 5
등각 투상도(3D) : 1, 2, 3, 4, 5

가공품

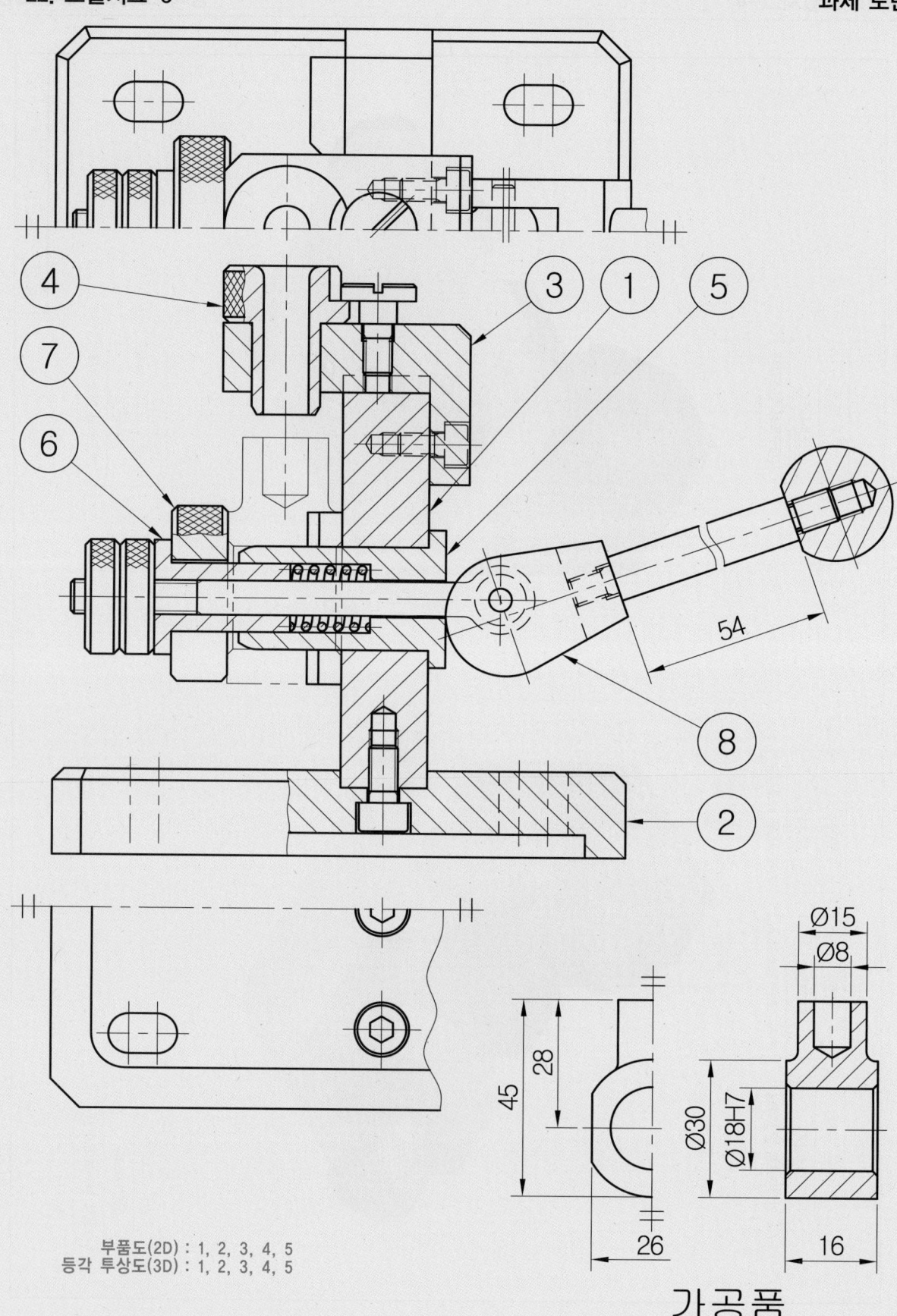

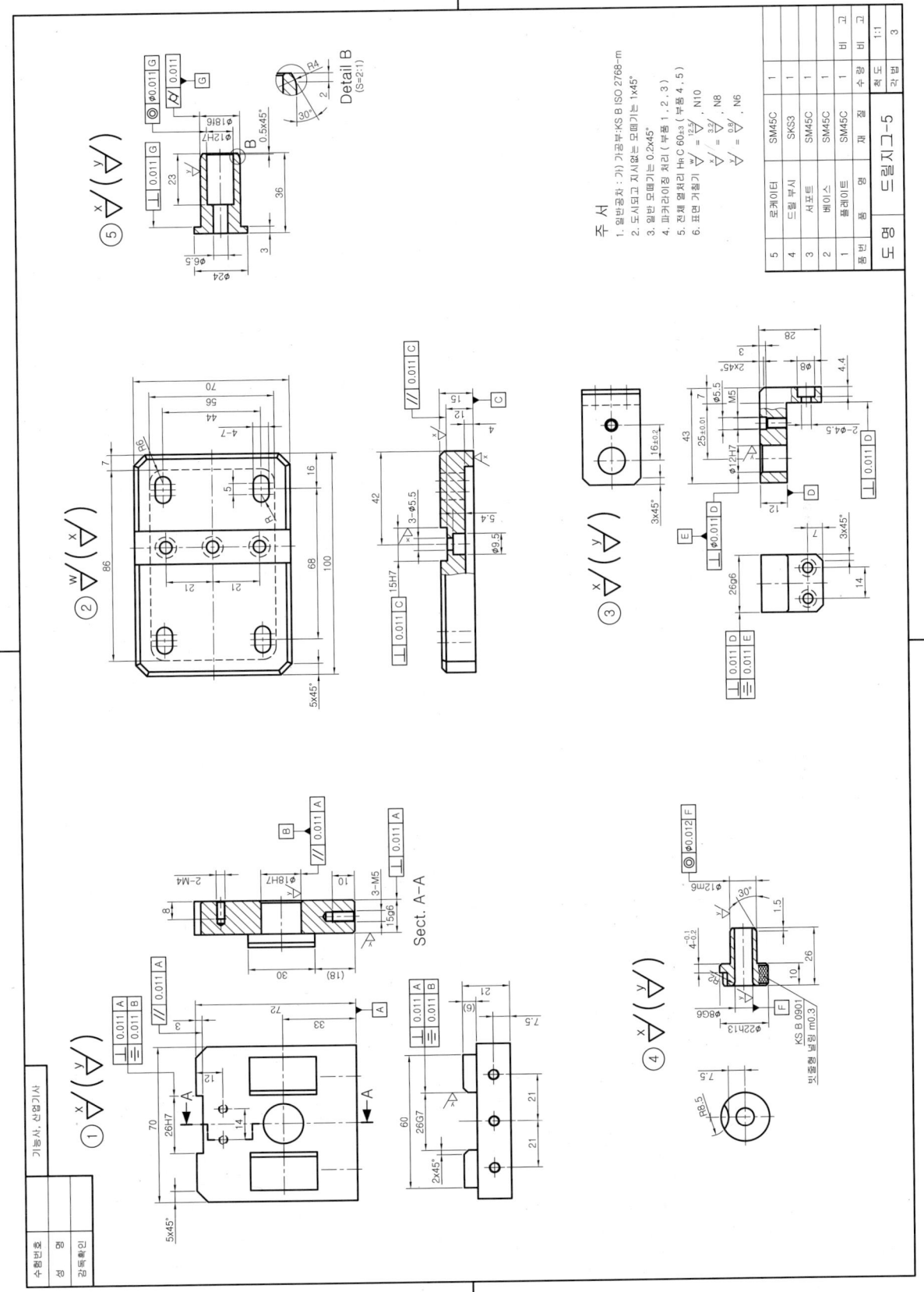

22. 드릴지그-5

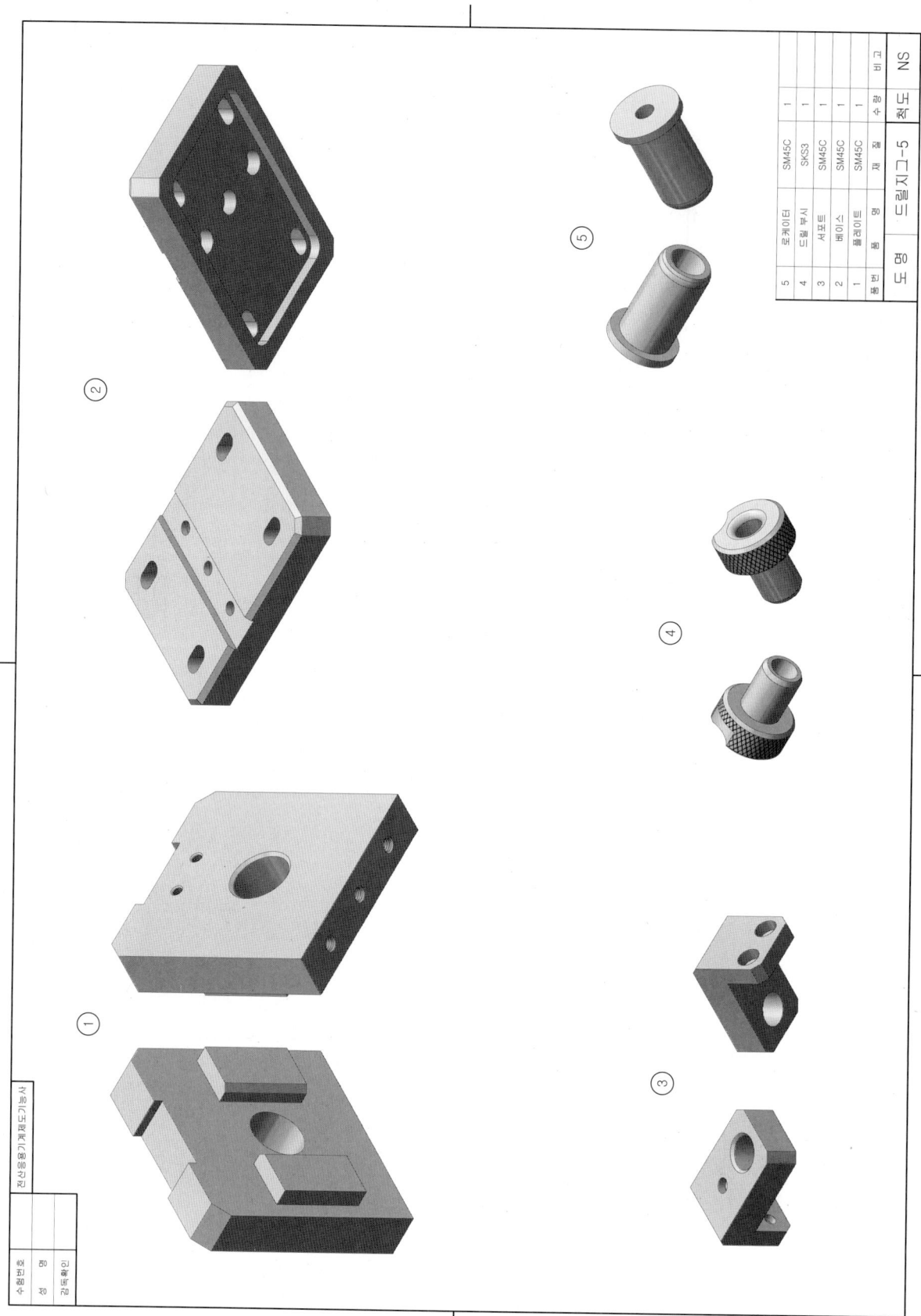

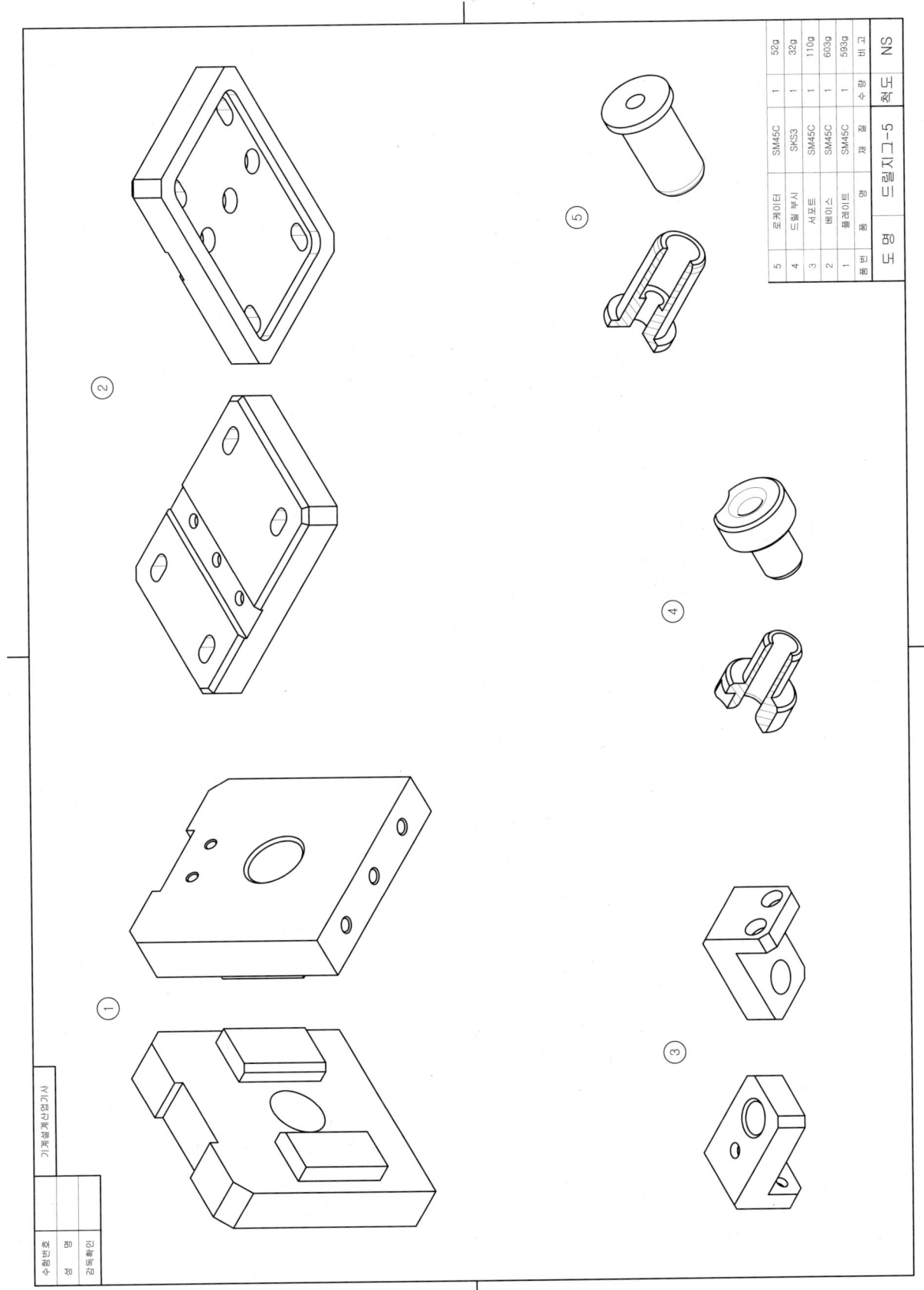

22. 드릴지그-5

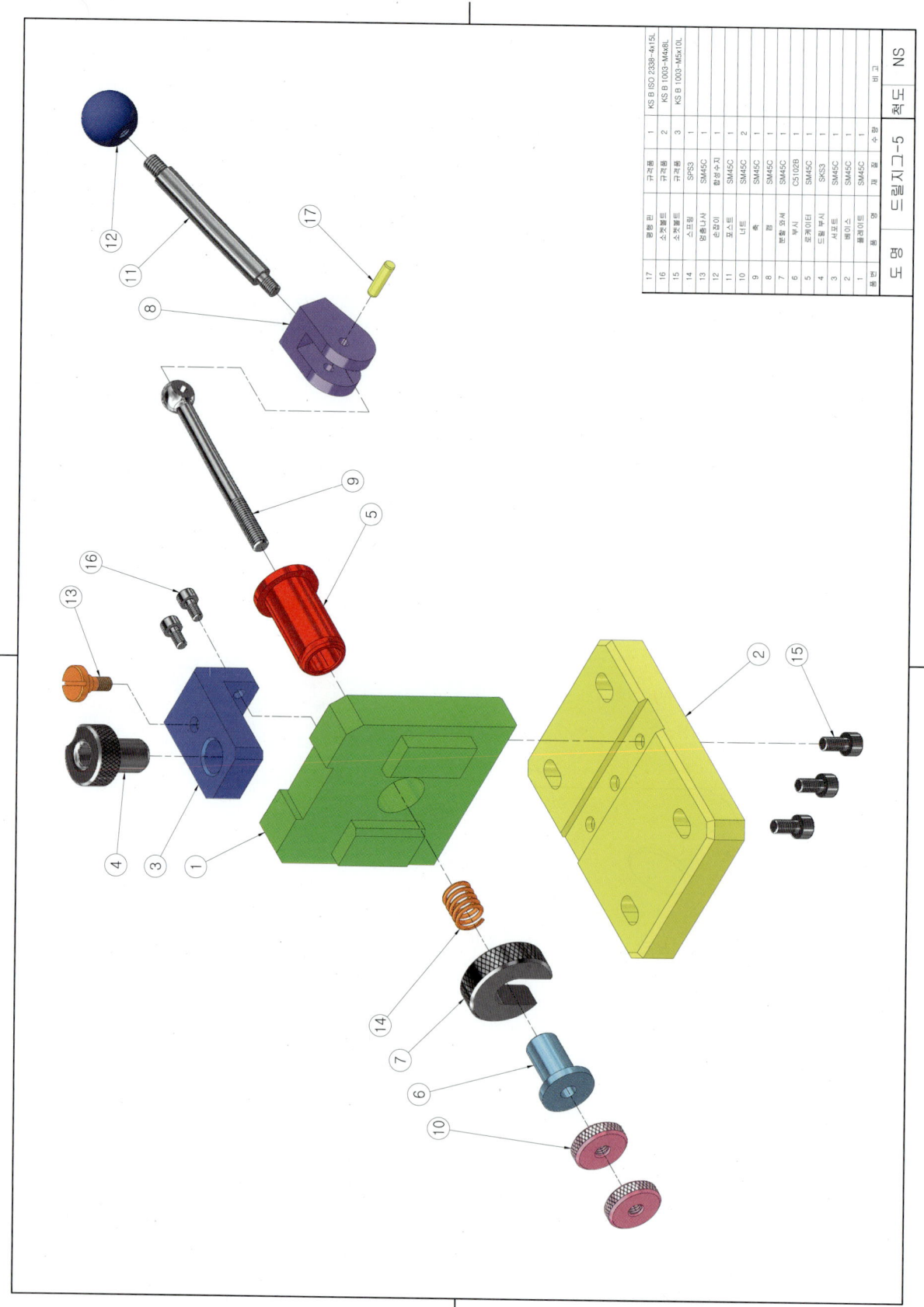

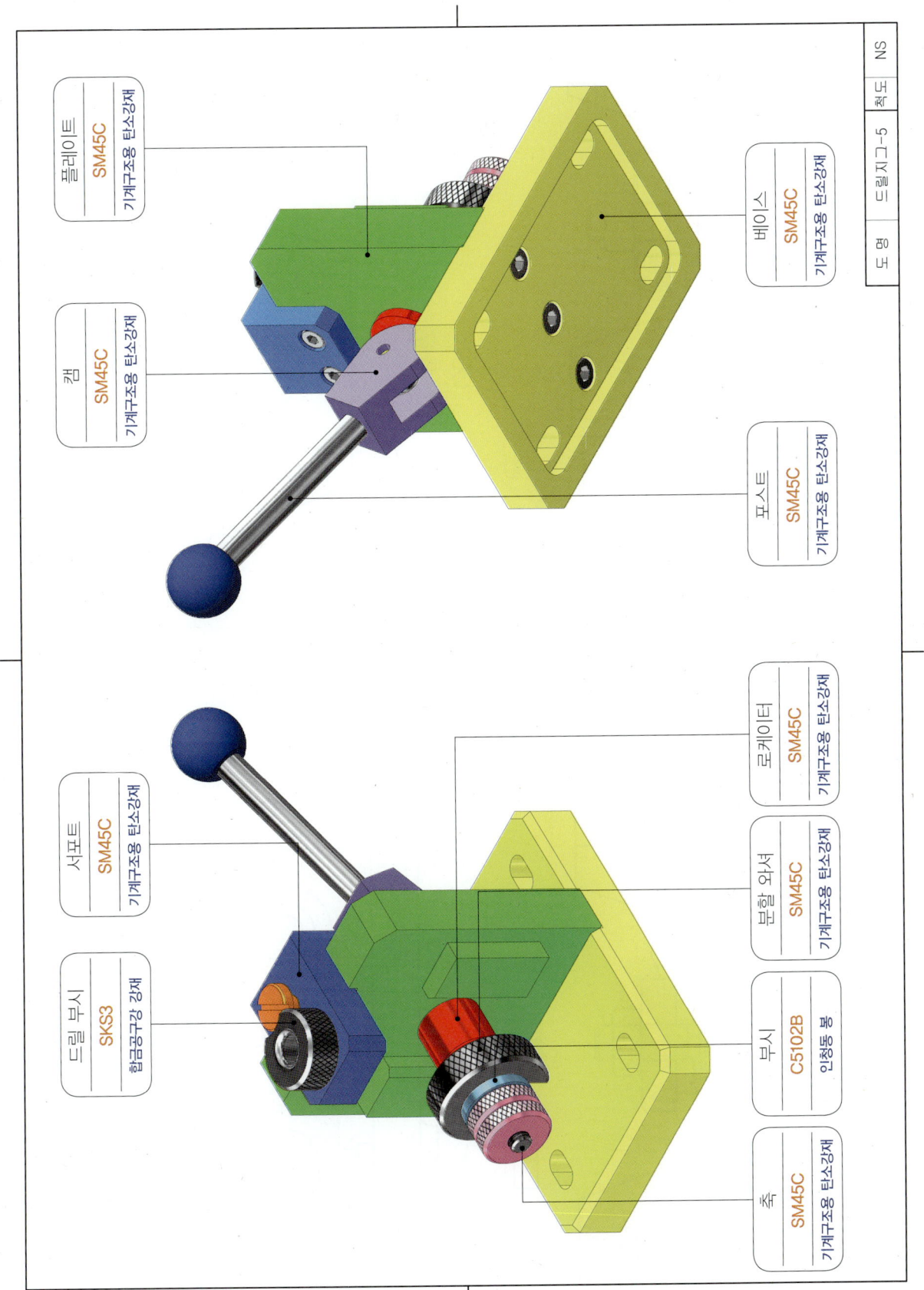

23. 드릴지그-6

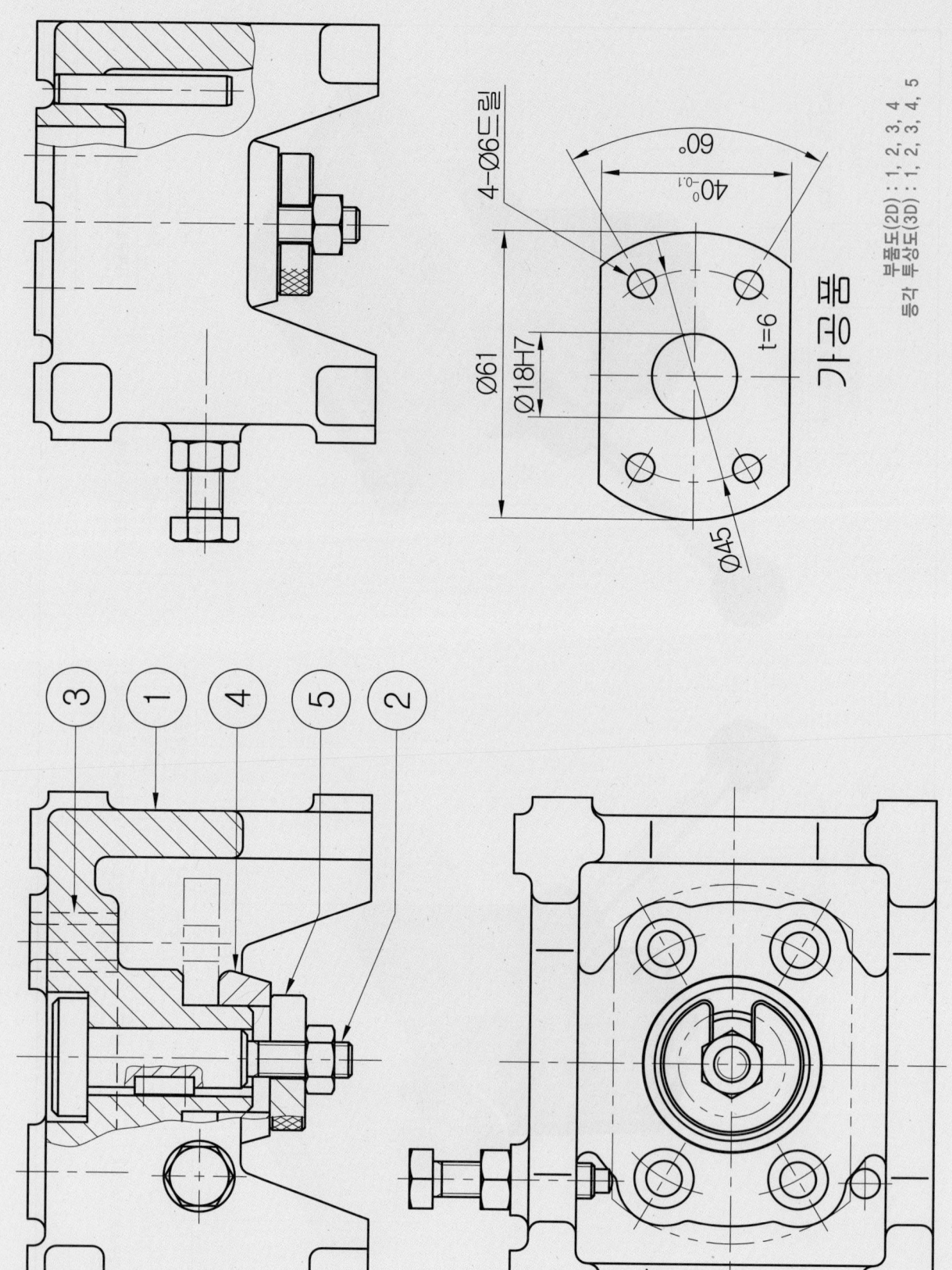

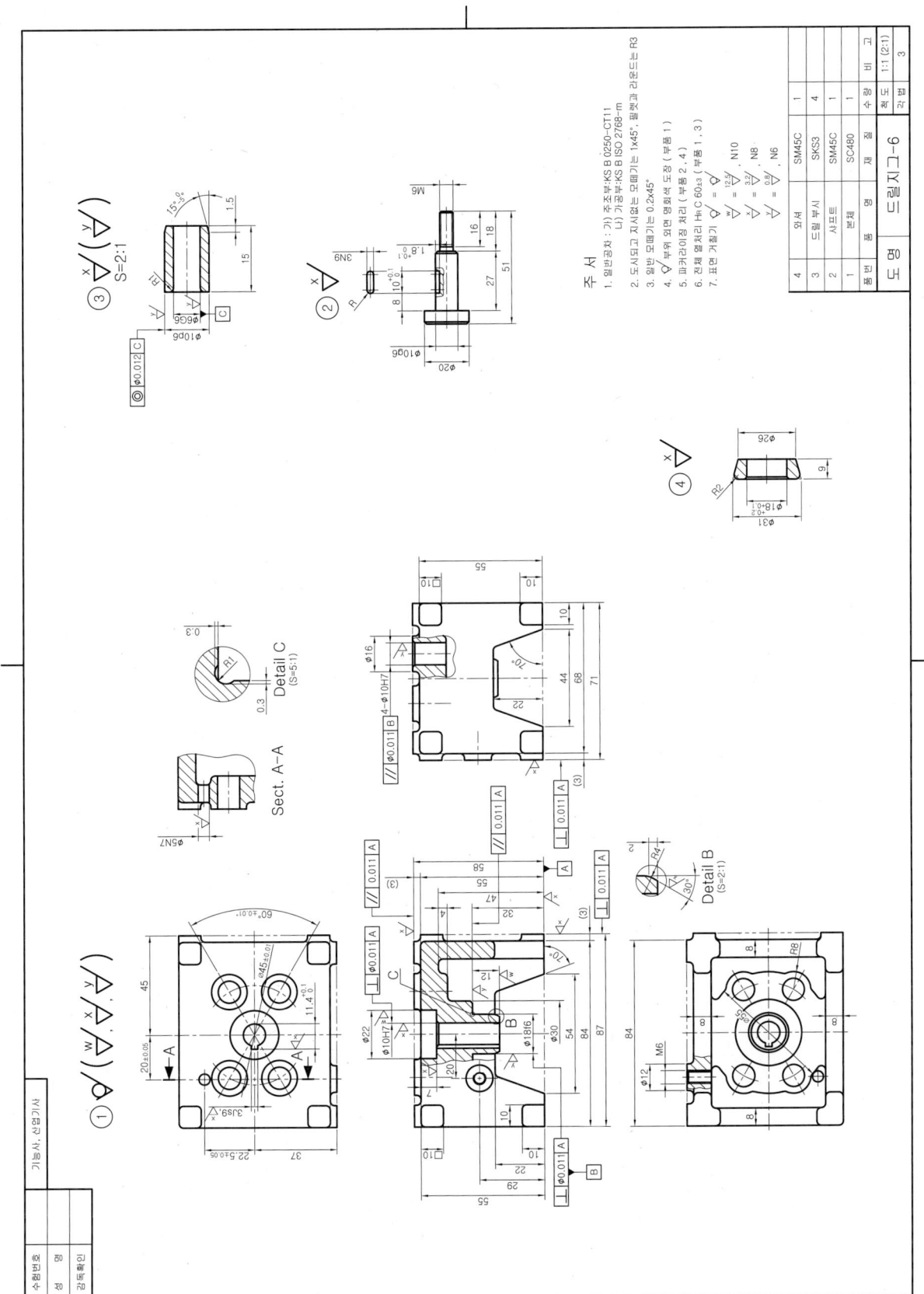

23. 드릴지그-6

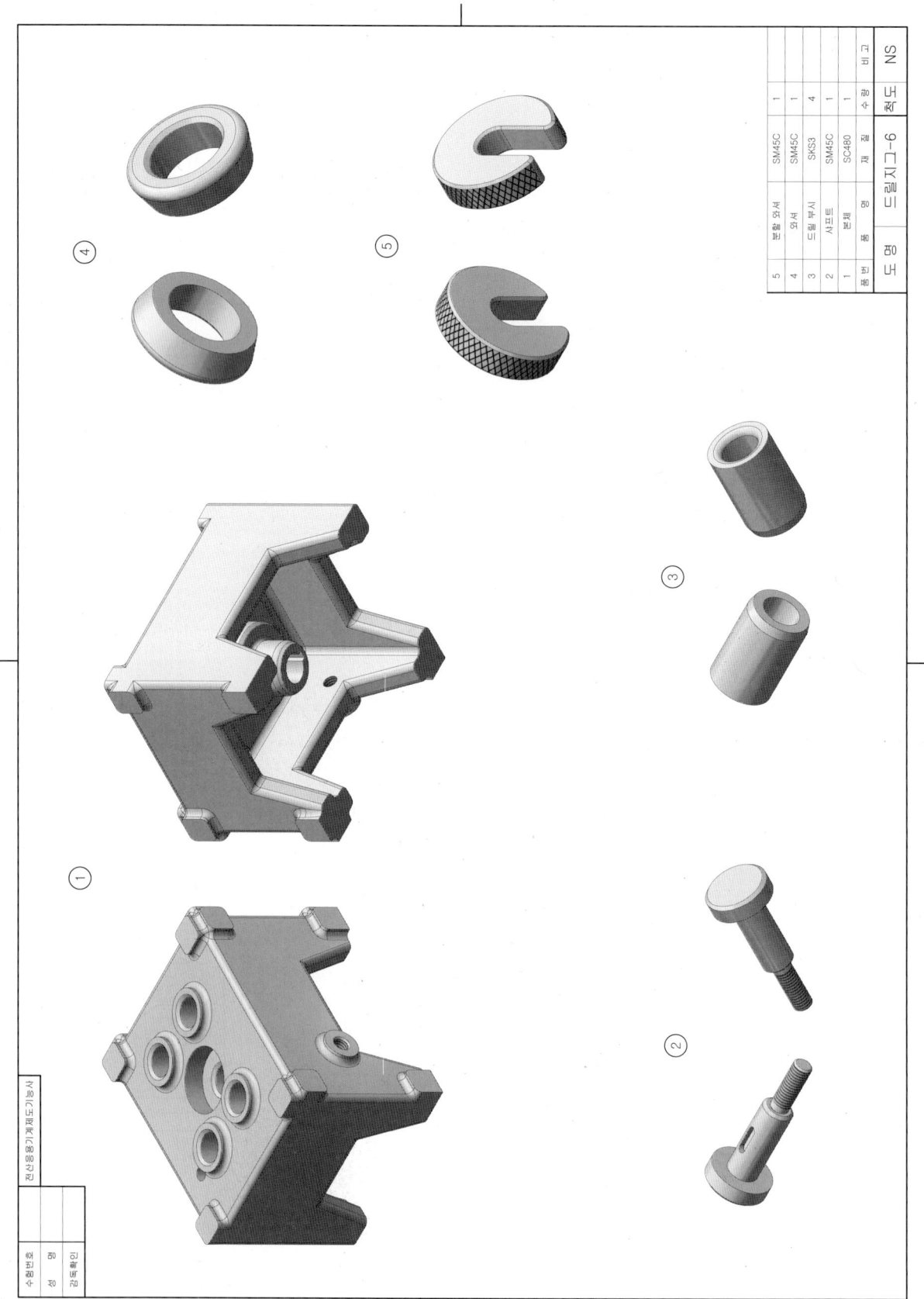

23. 드릴지그-6

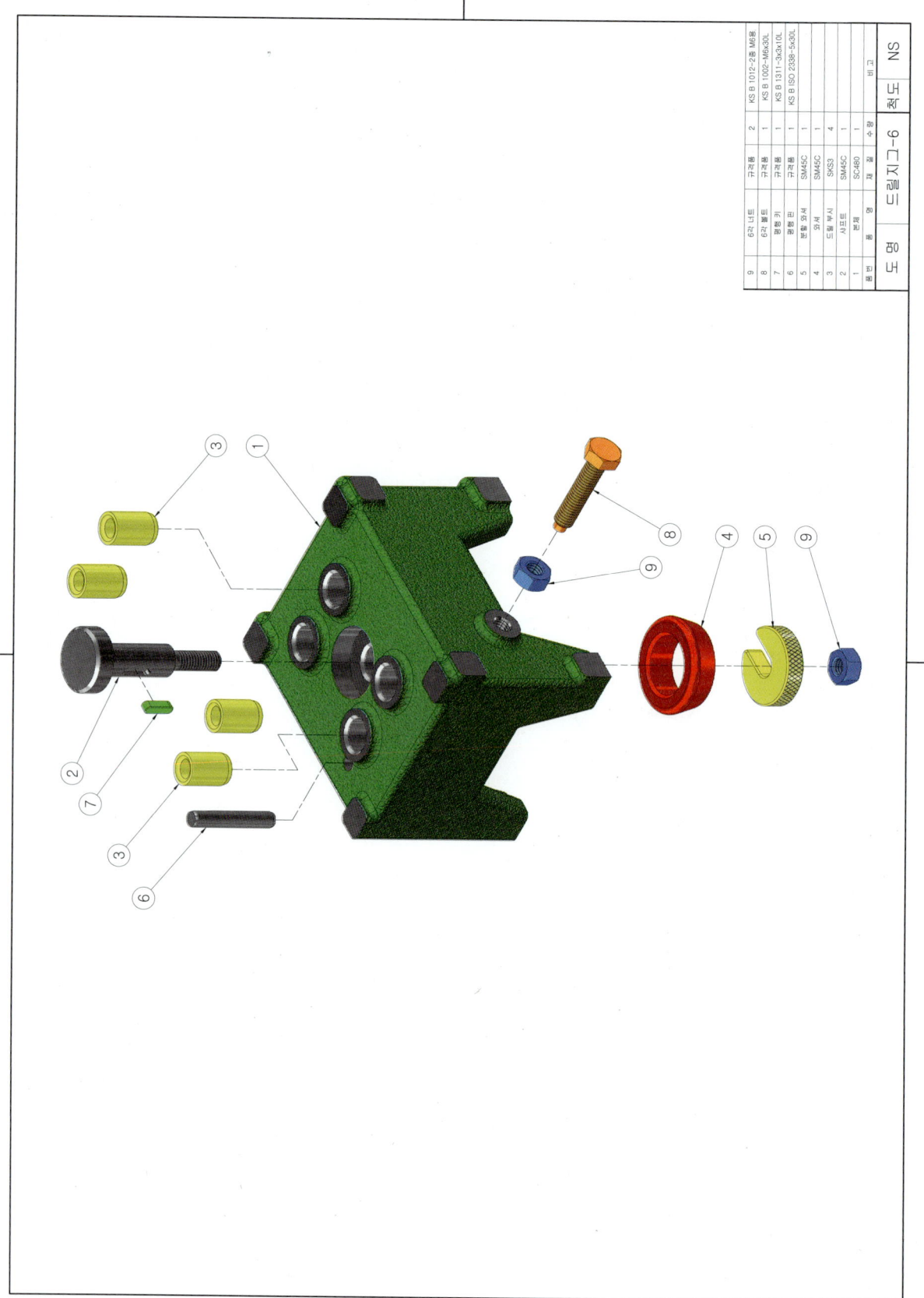

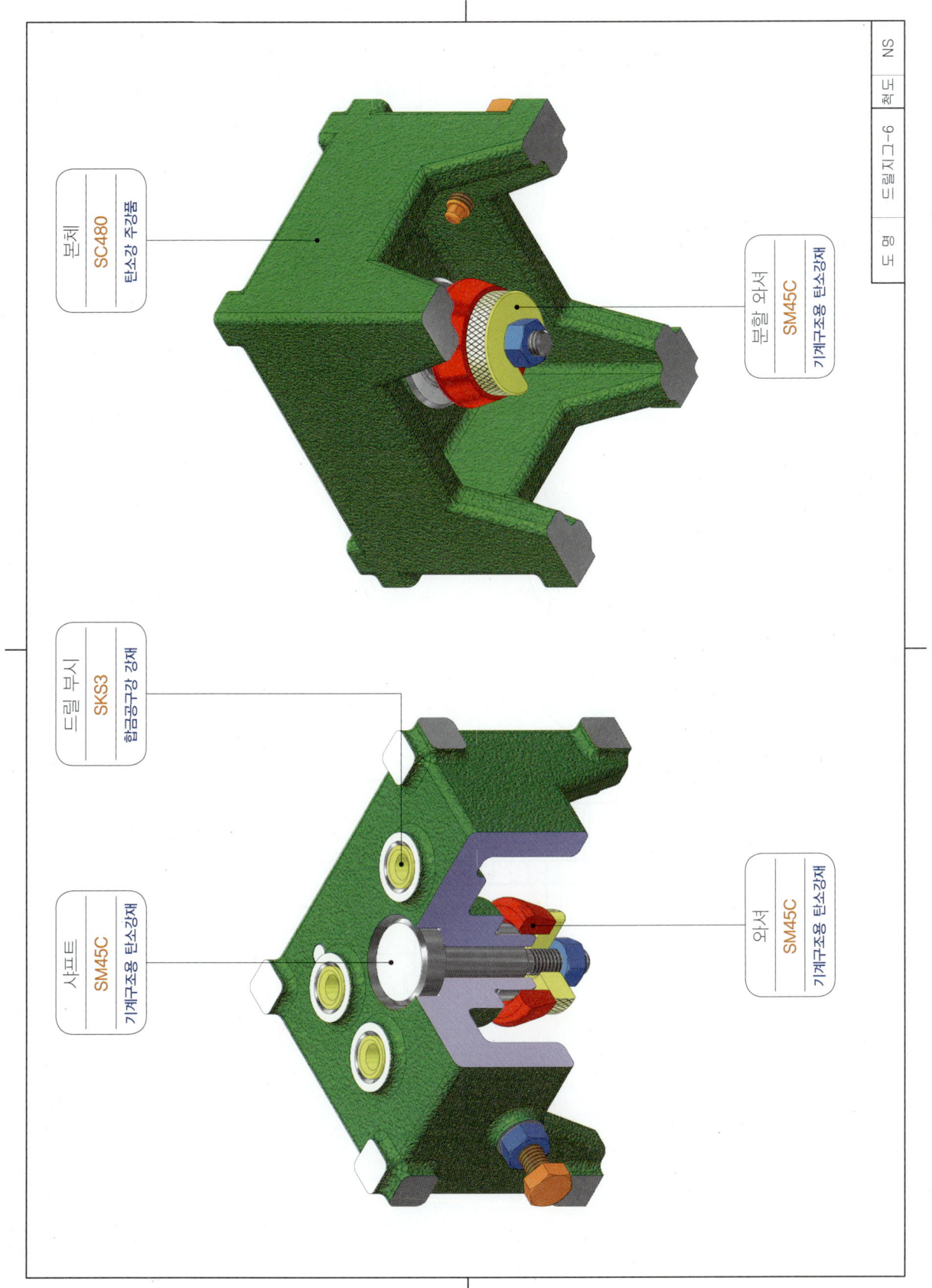

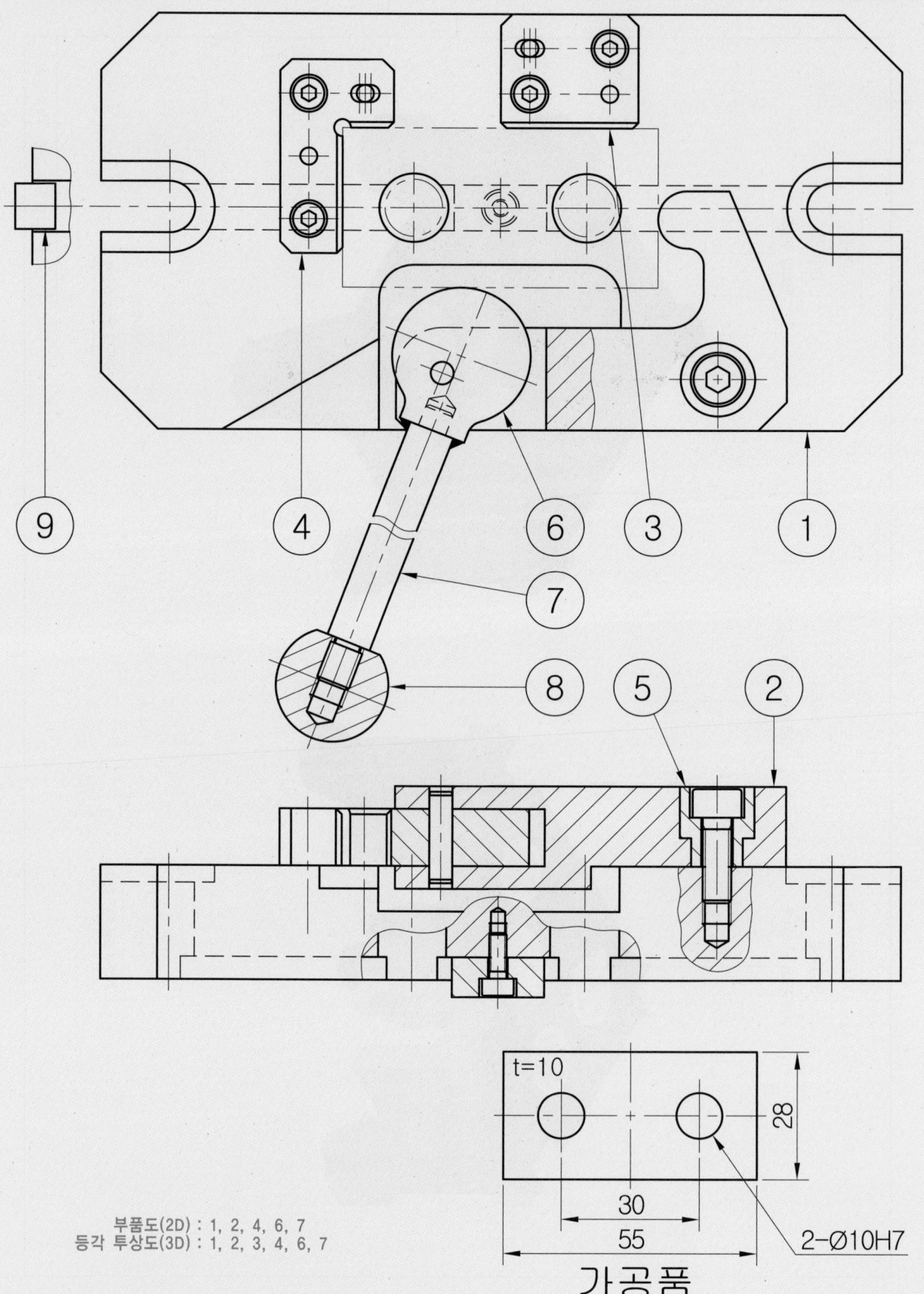

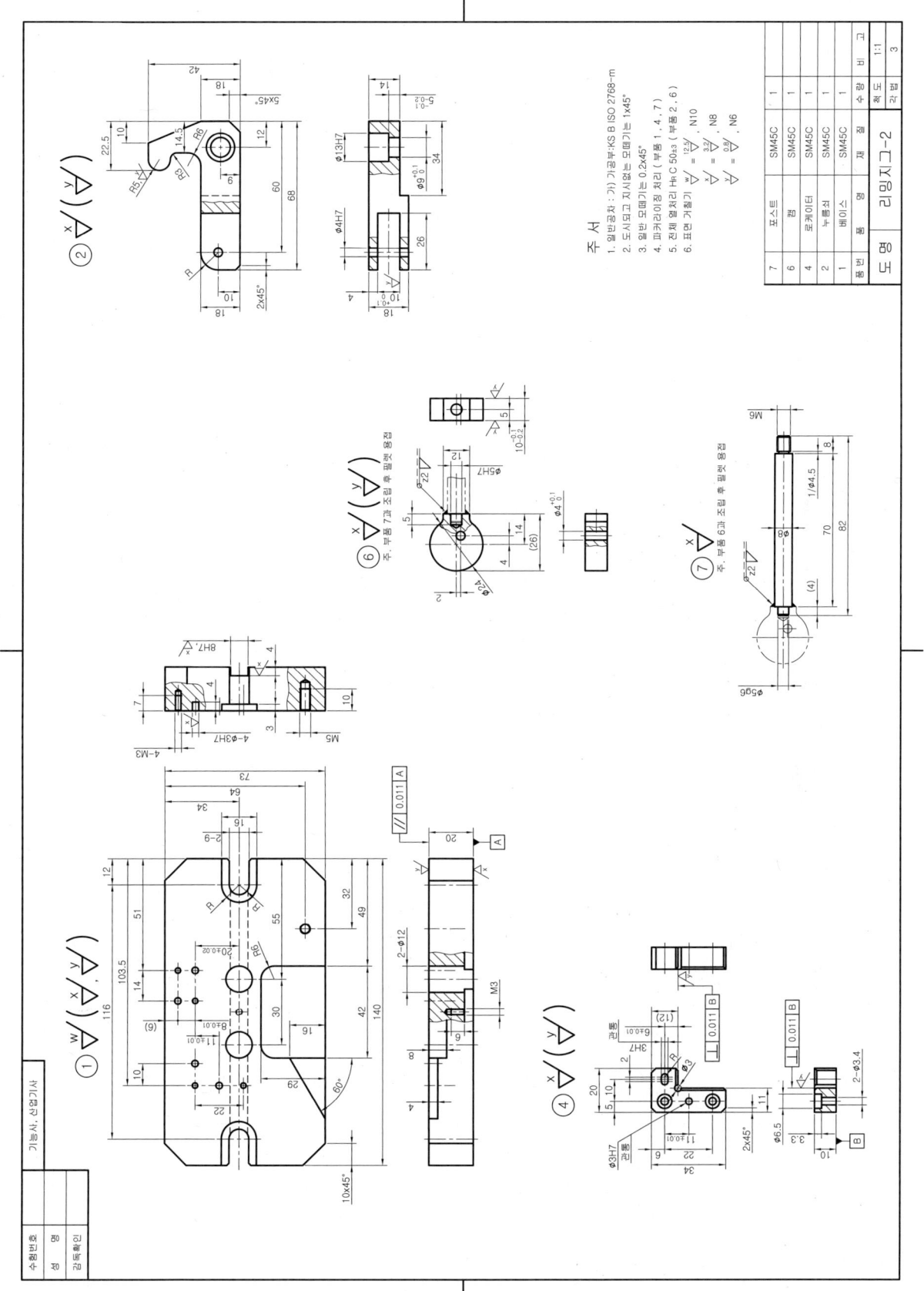

■ 24. 리밍지그-1

전산응용기계제도기능사 렌더링 등각 투상도 예제 도면

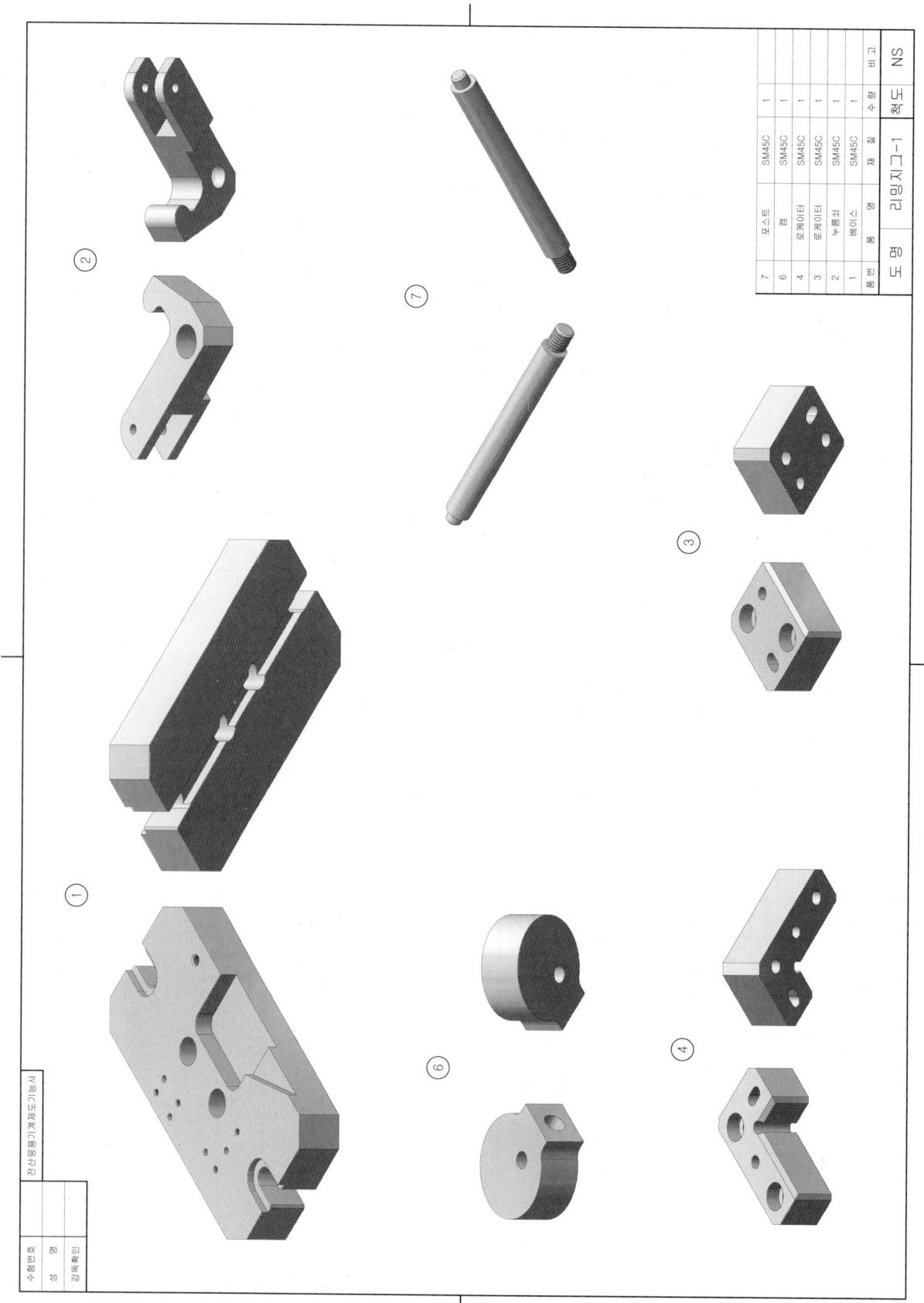

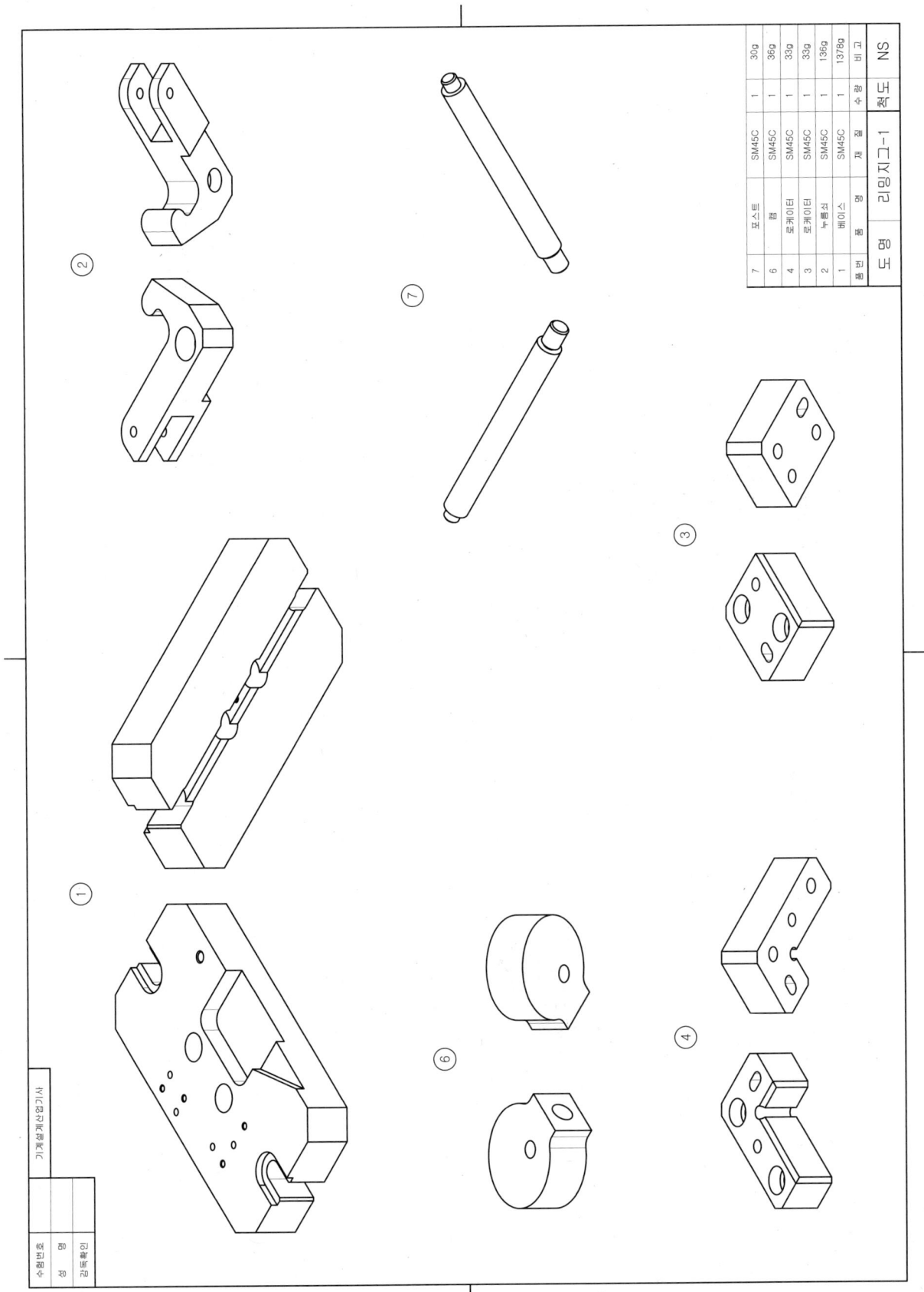

24. 리밍지그-1

등각 분해도 예제 도면

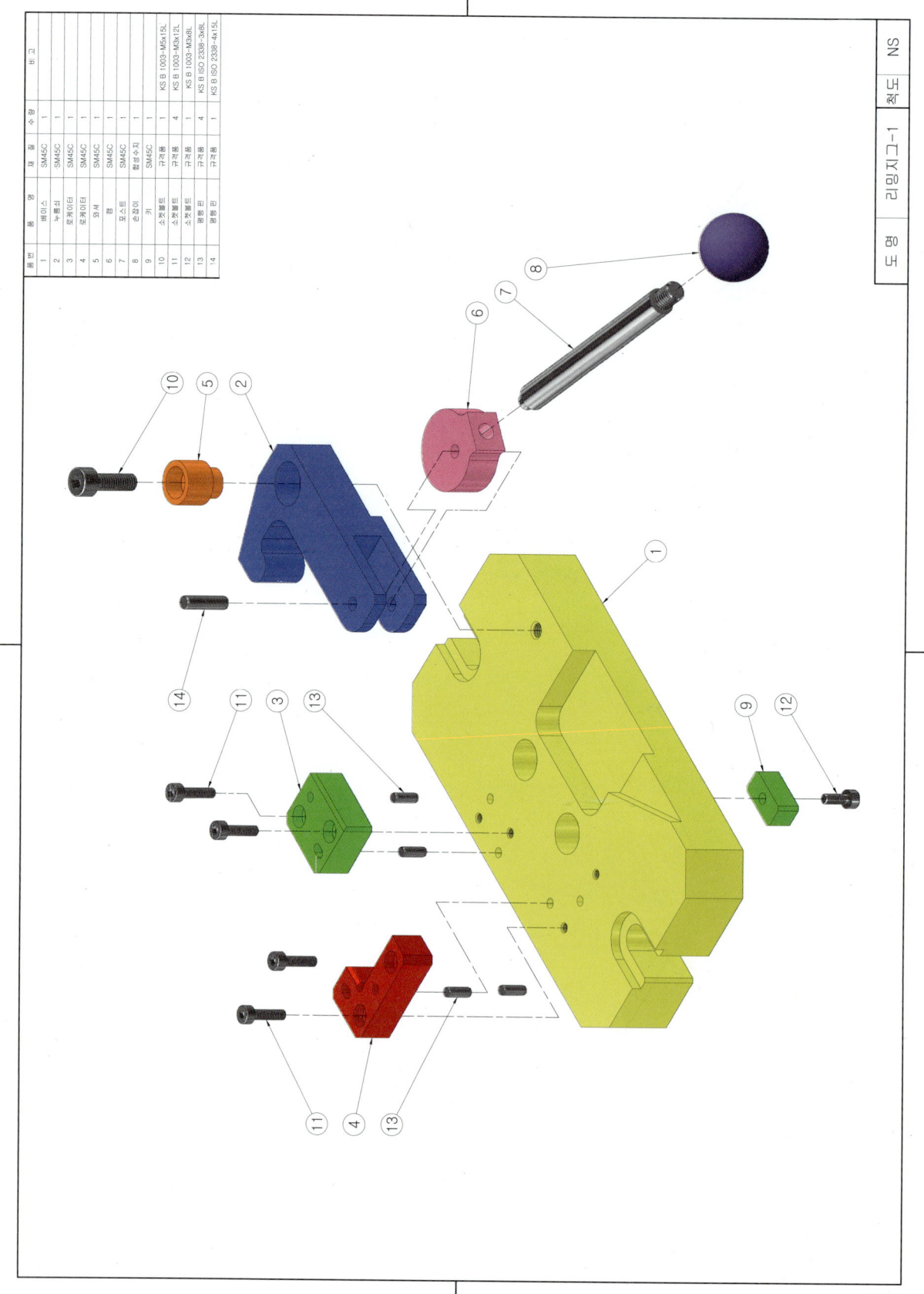

24. 리밍지그-1

등각 조립도 예제 도면

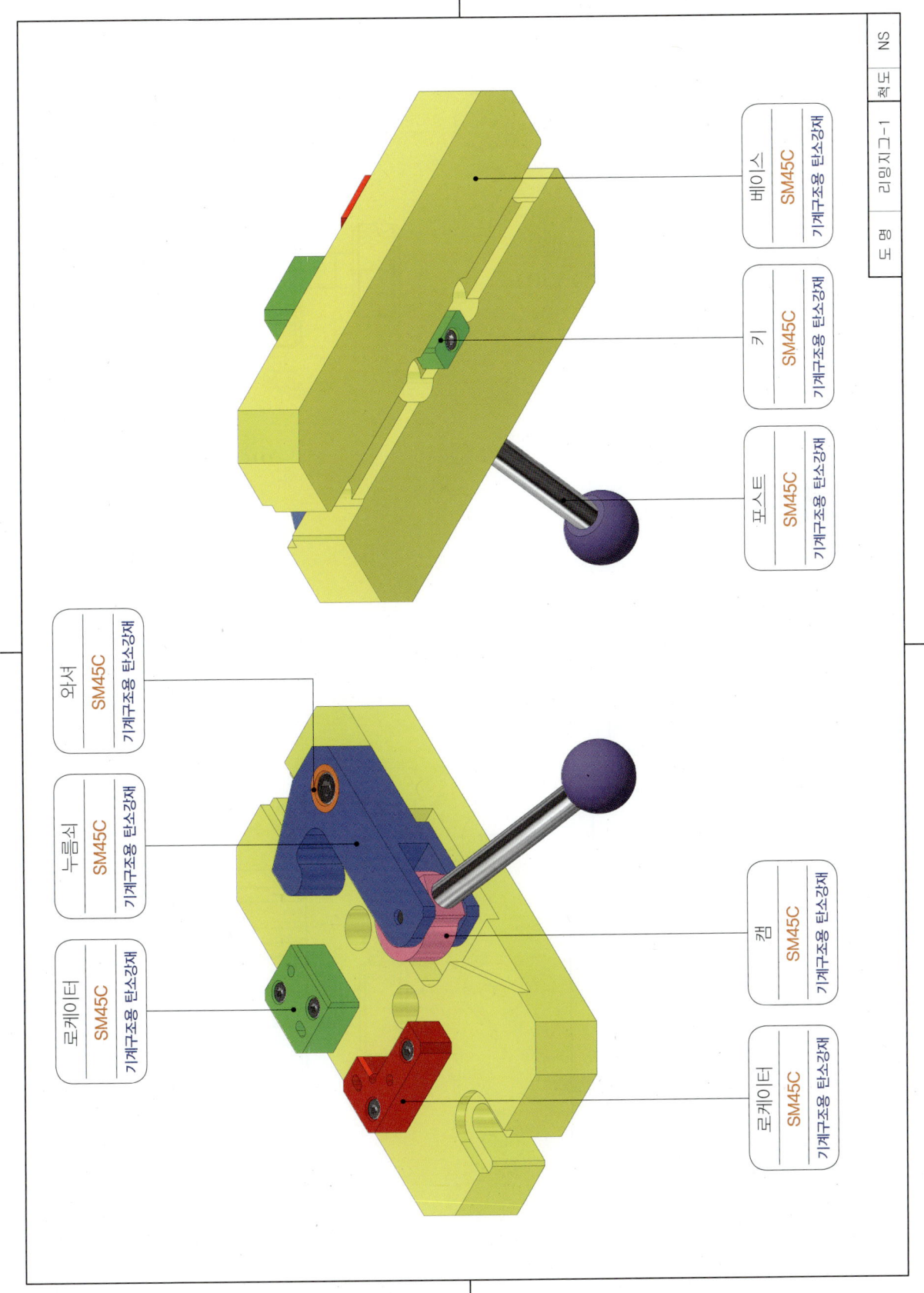

25. 리밍지그-2

과제 도면

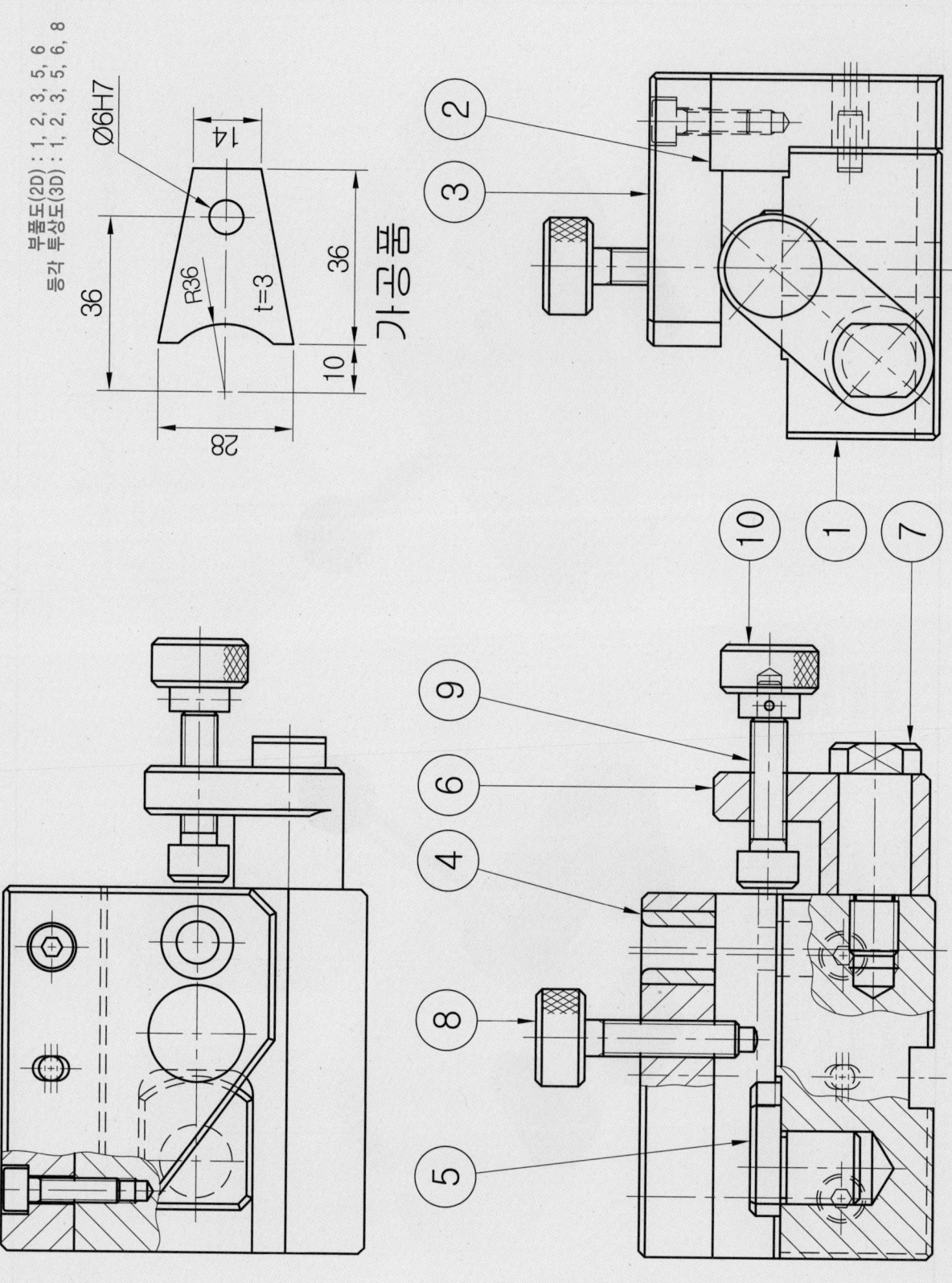

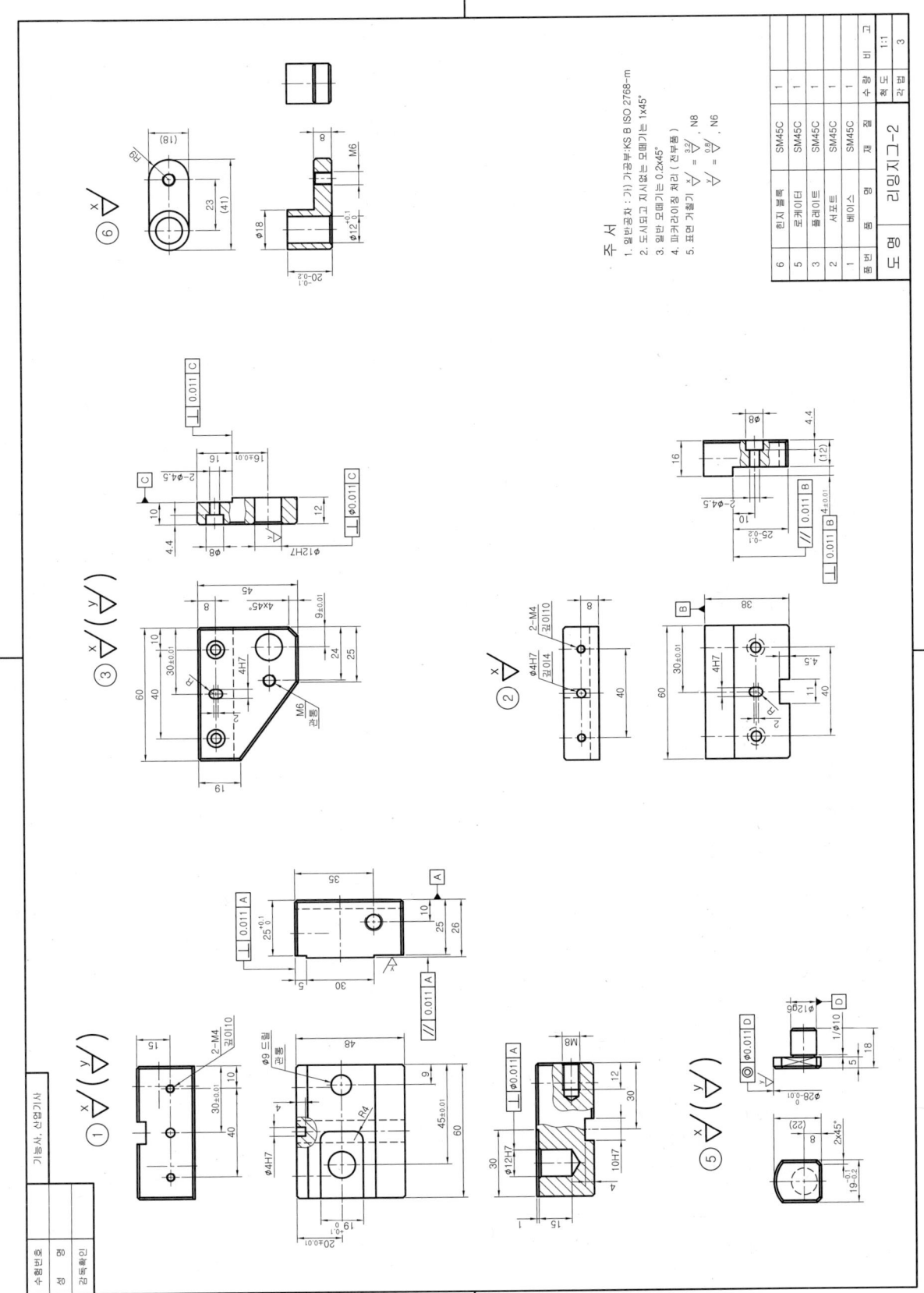

25. 리밍지그-2

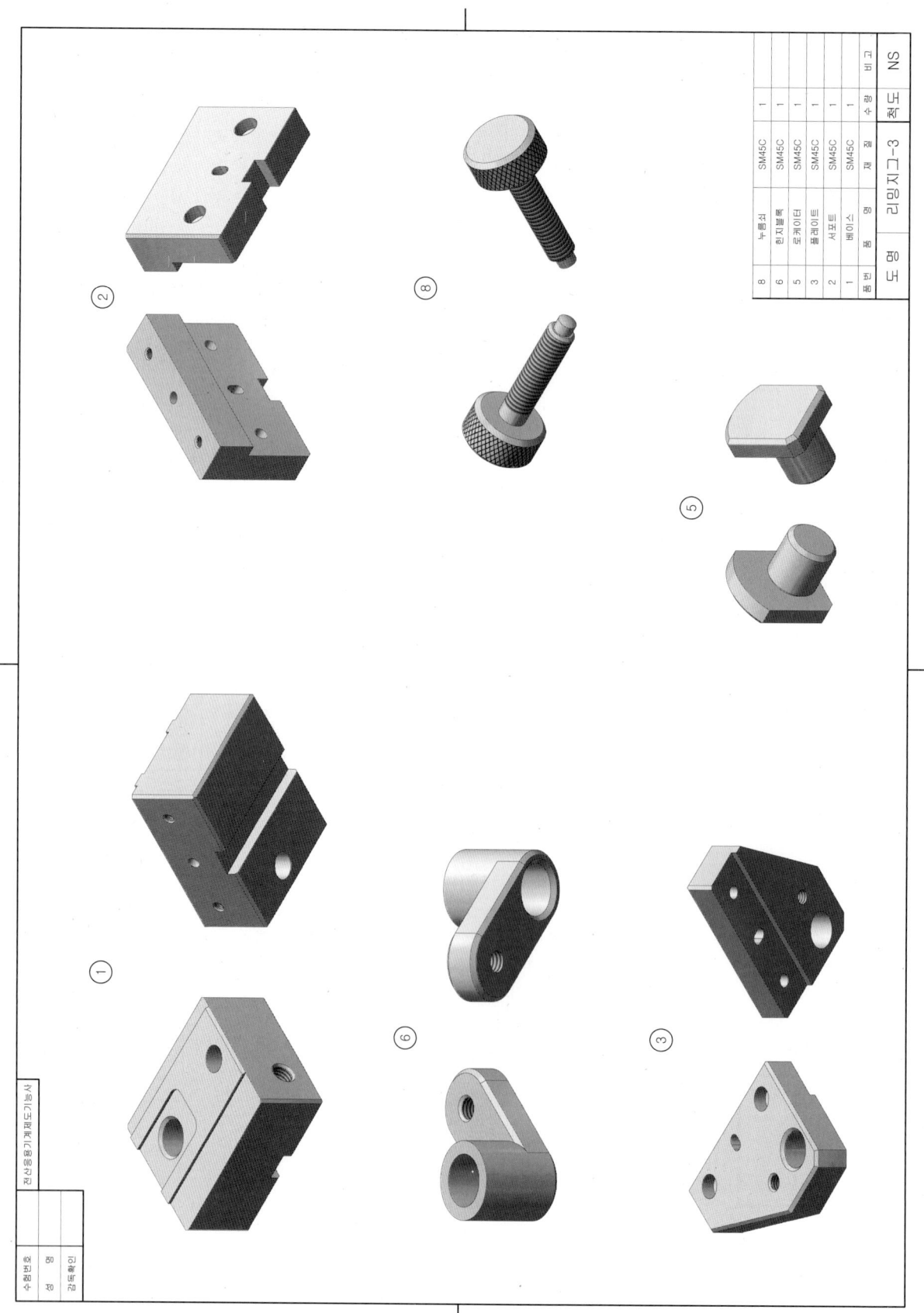

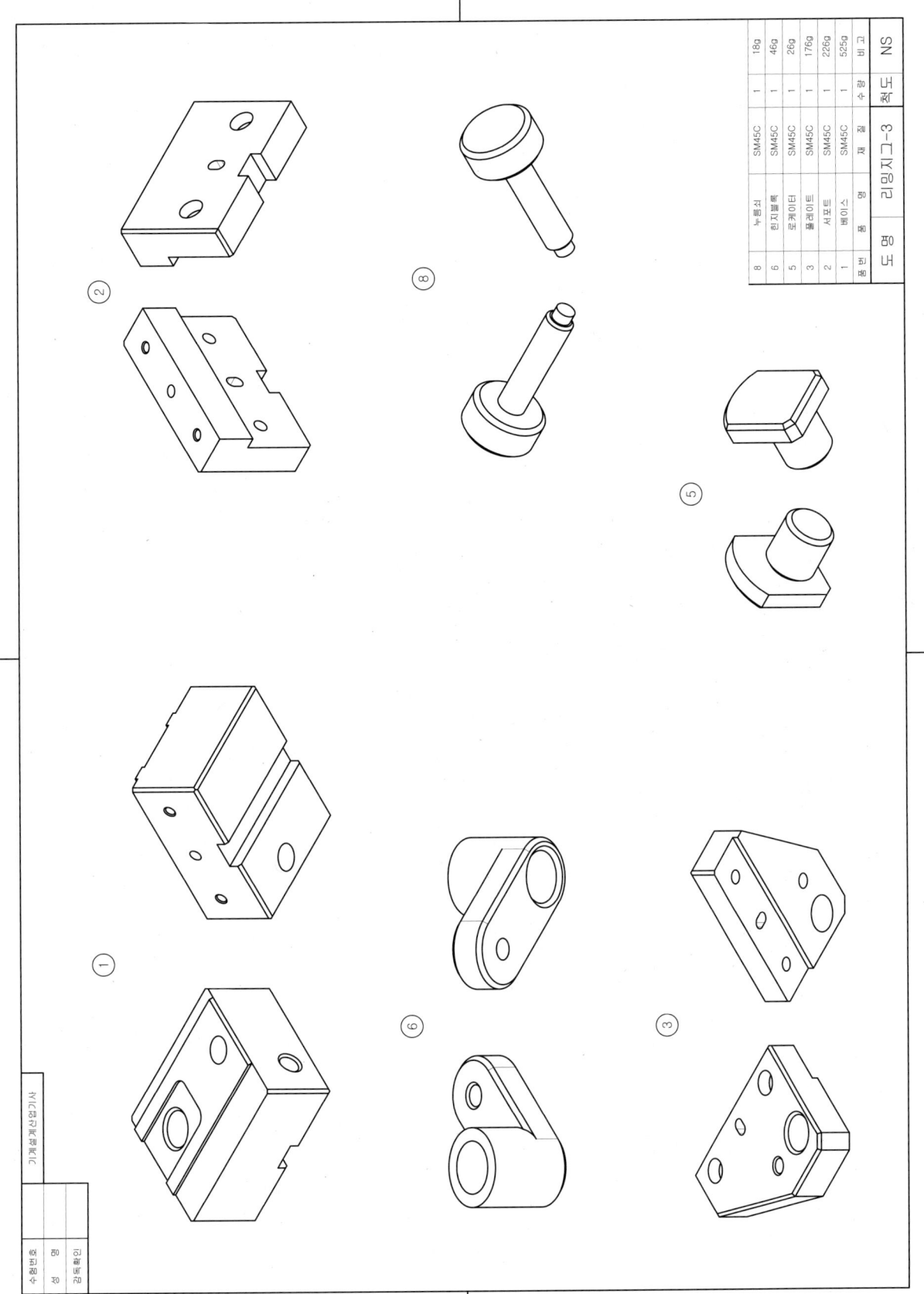

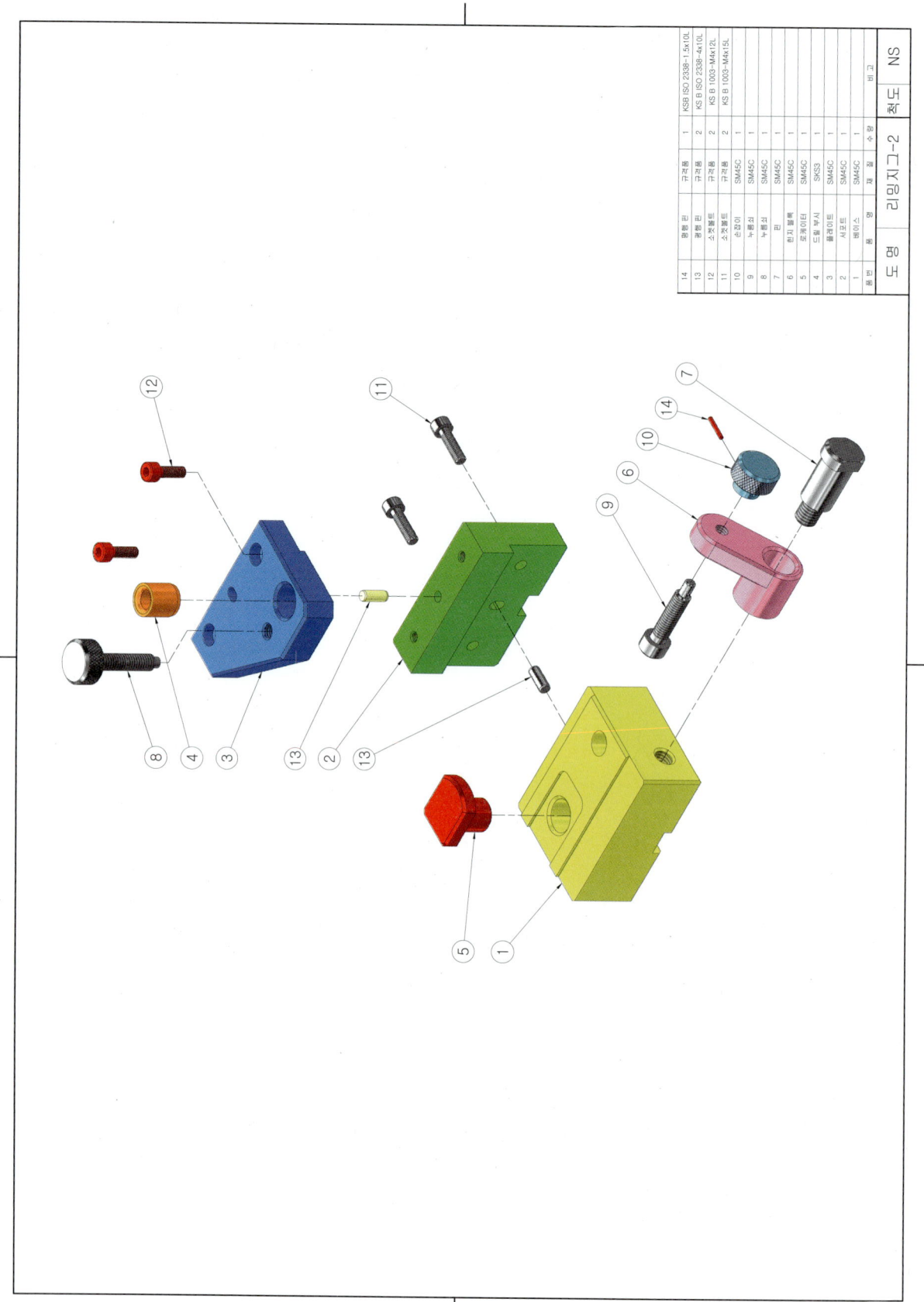

25. 리밍지그-2

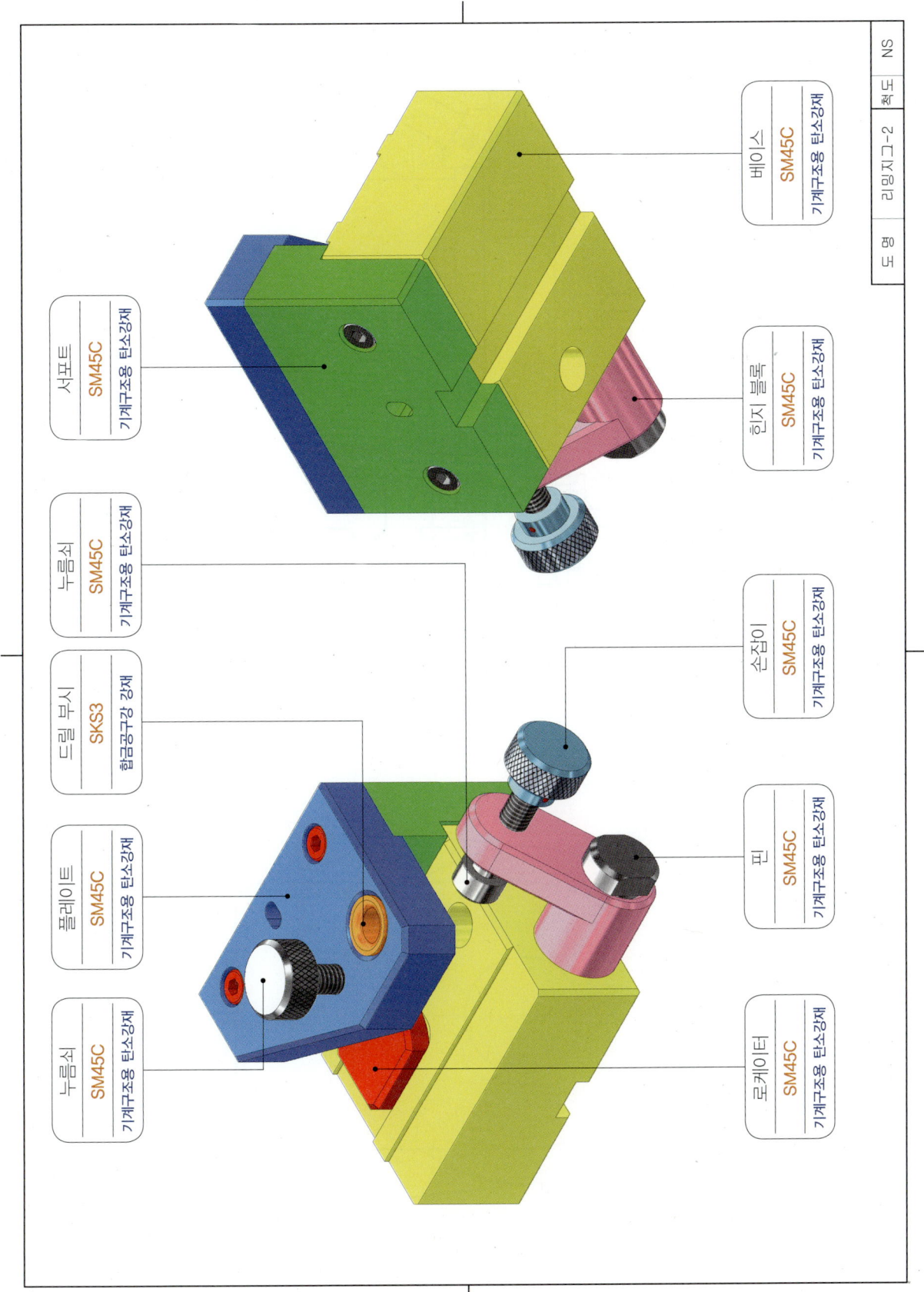

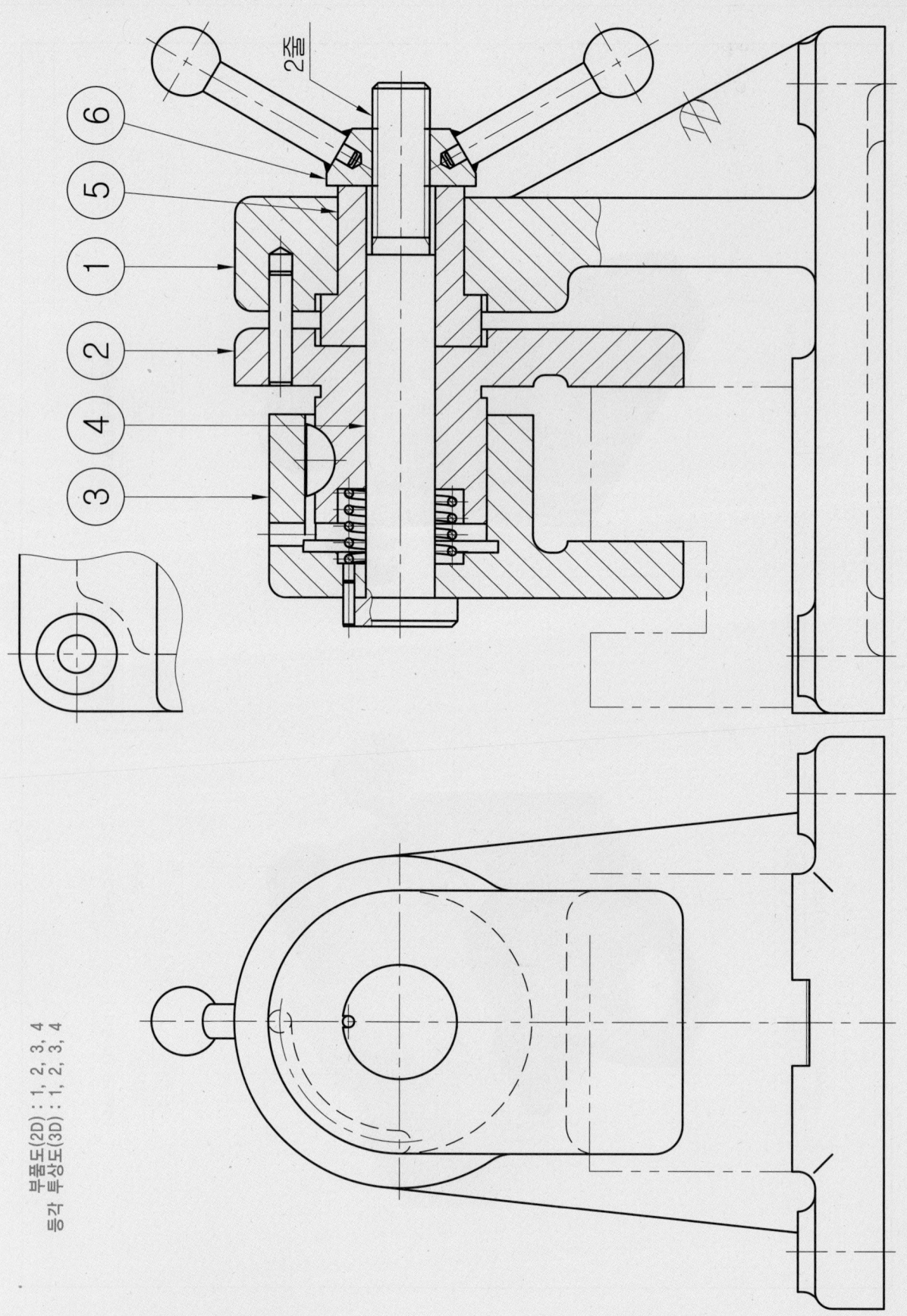

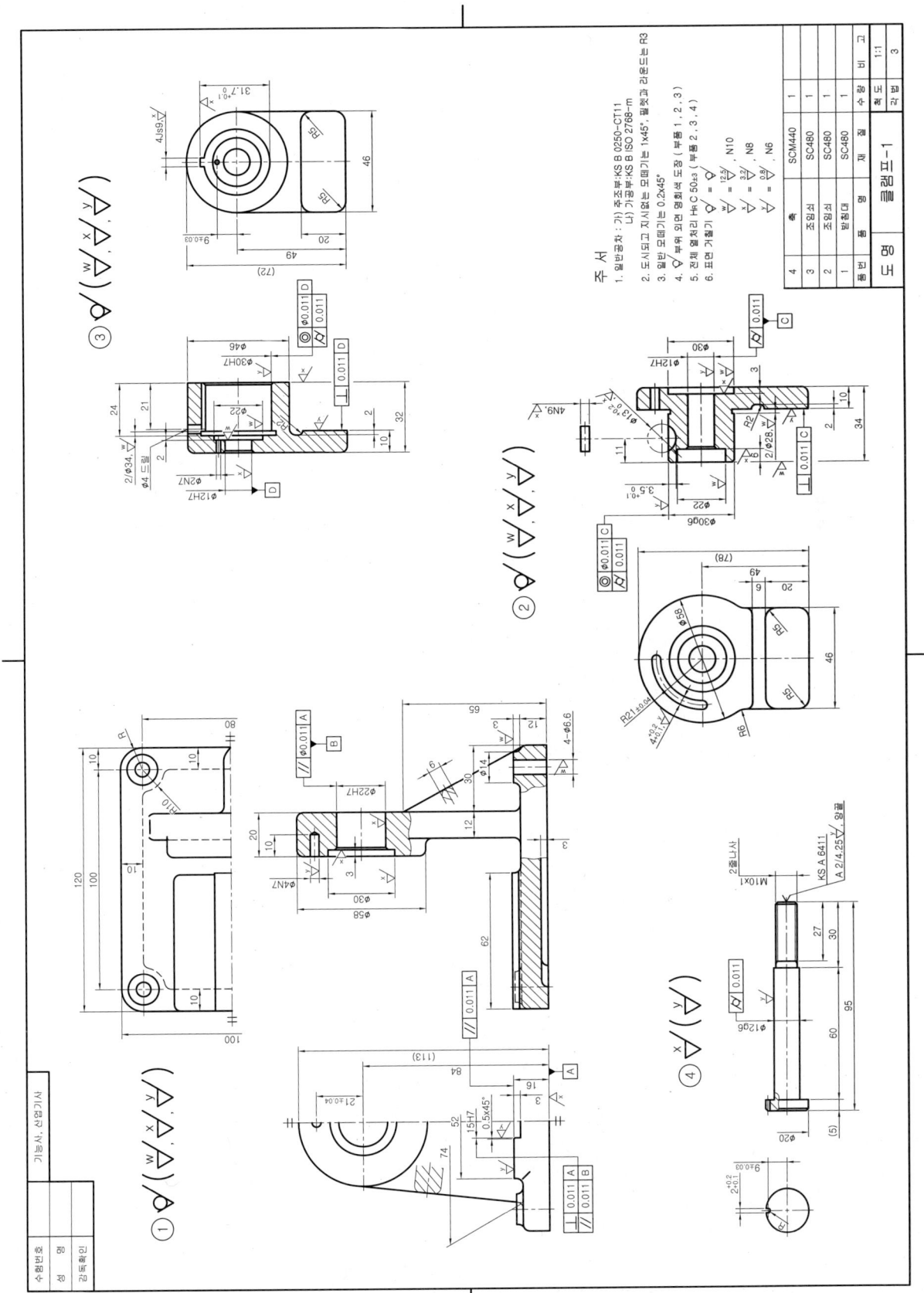

■ 26. 클램프-1

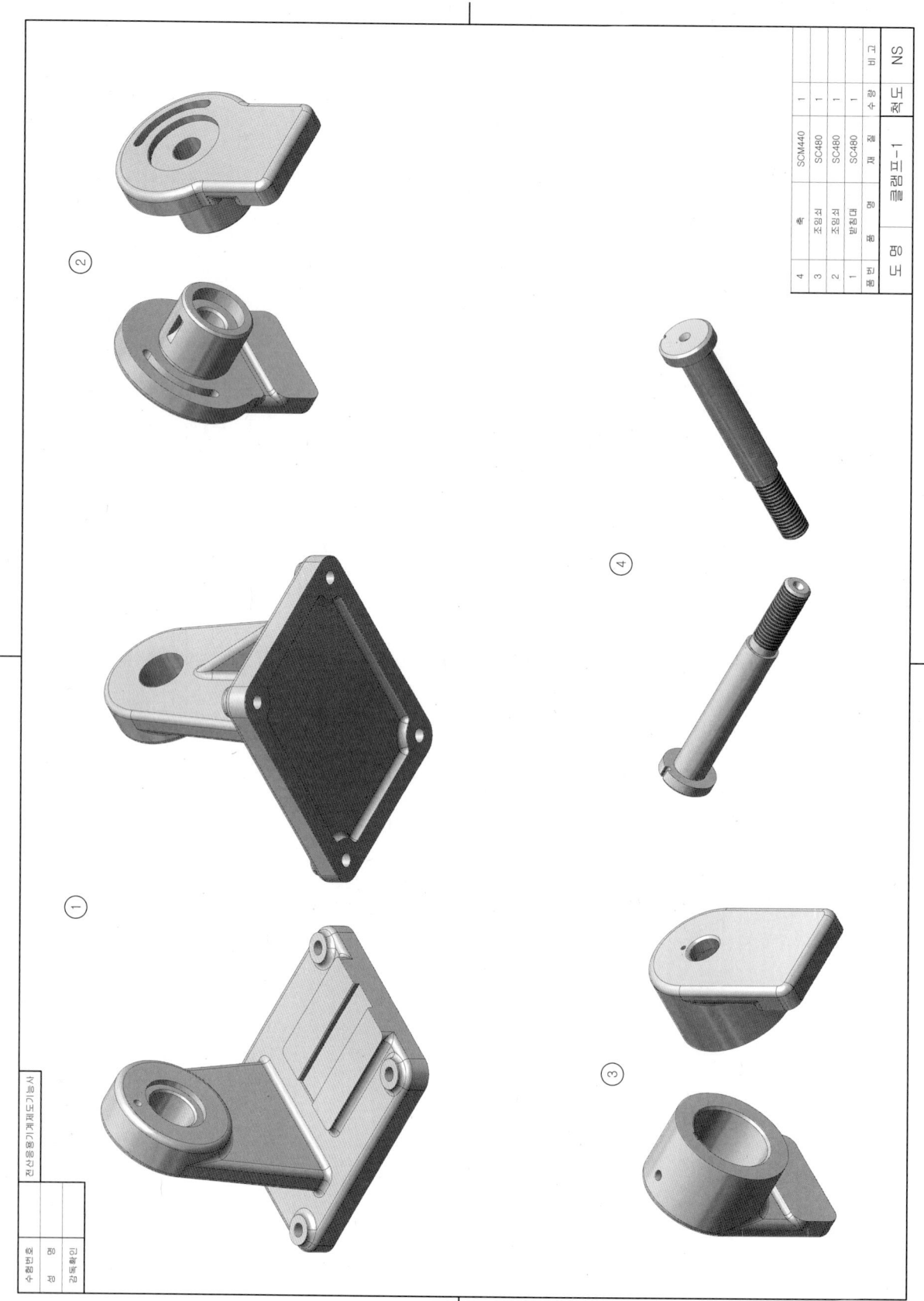

26. 클램프-1

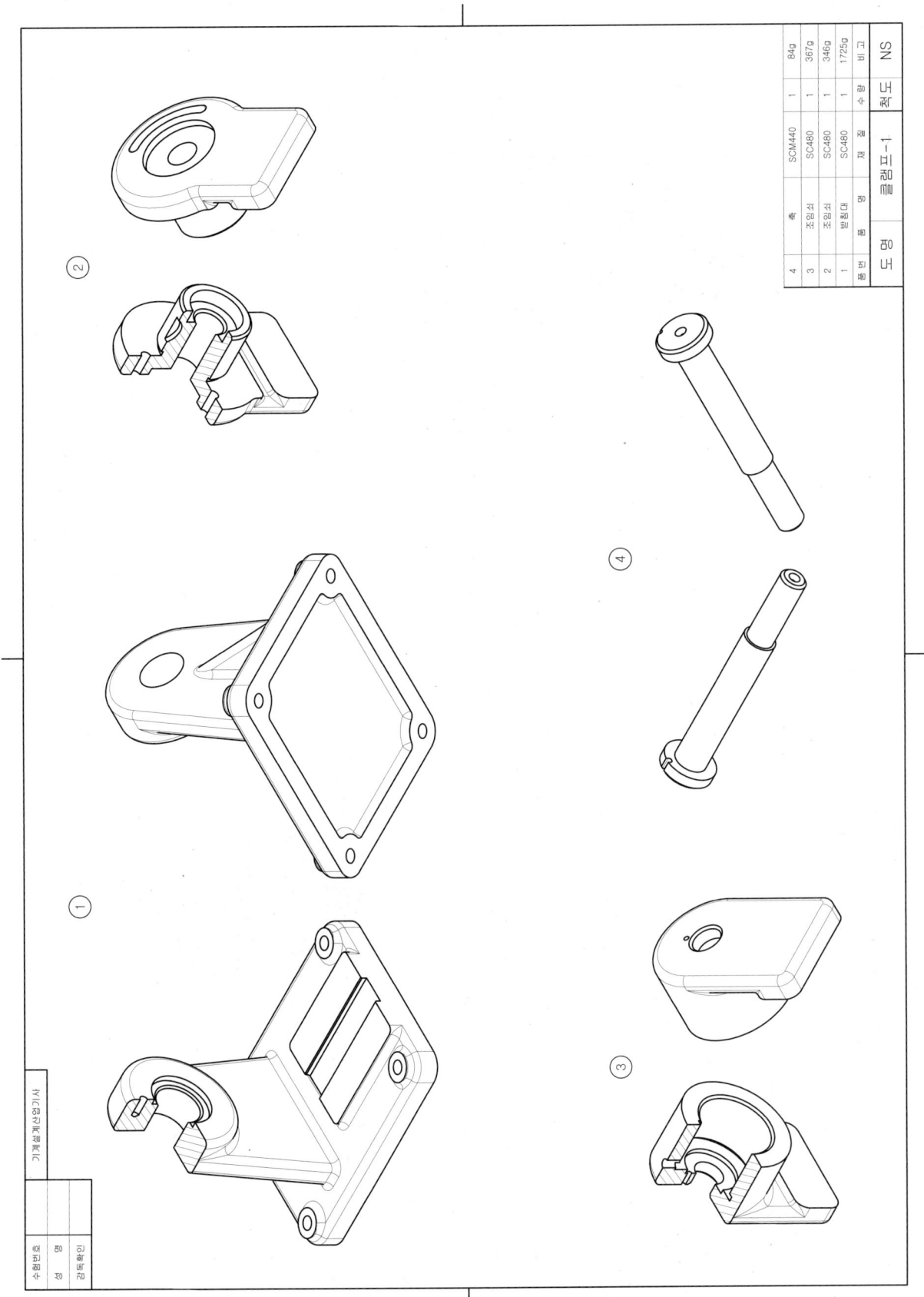

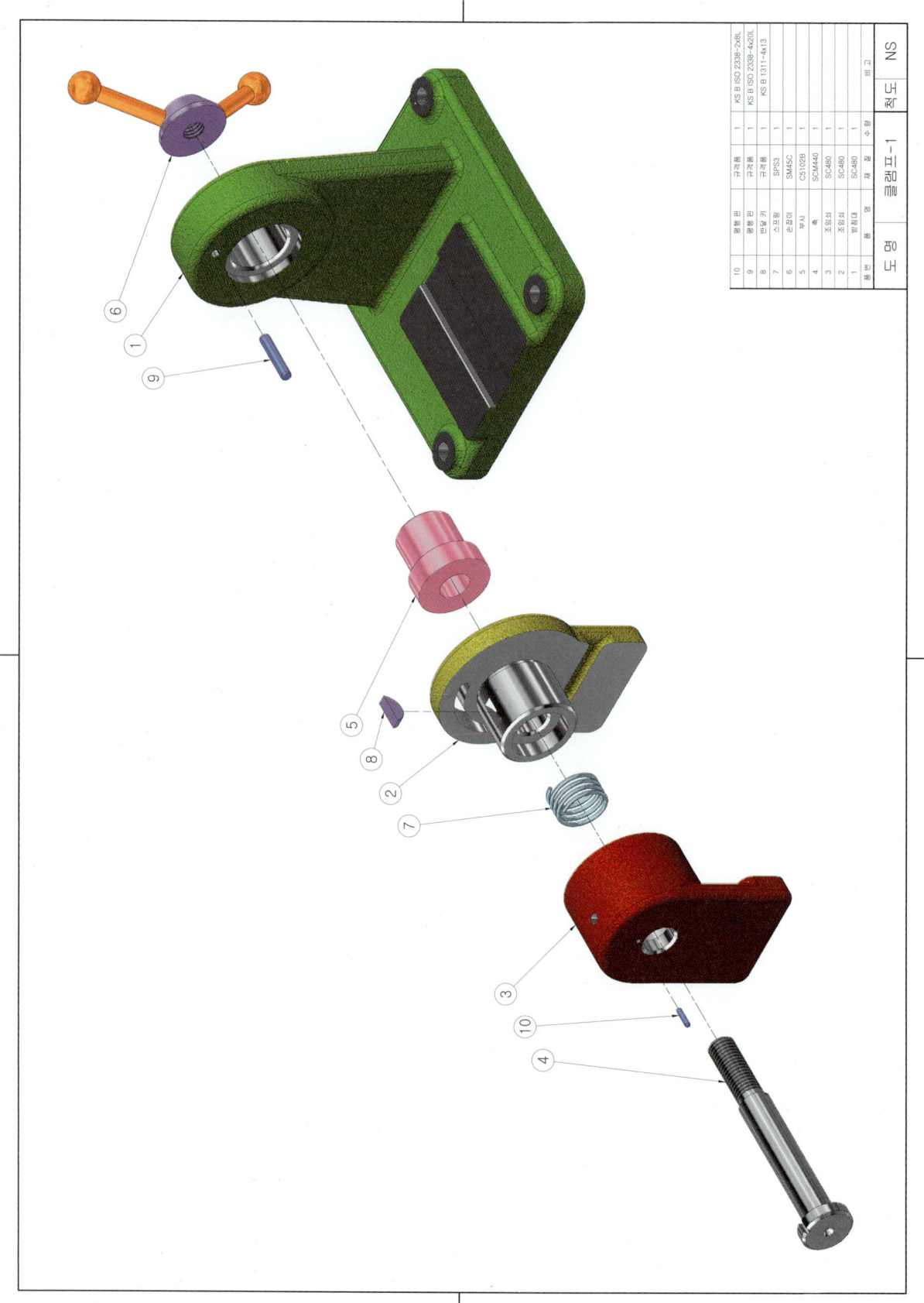

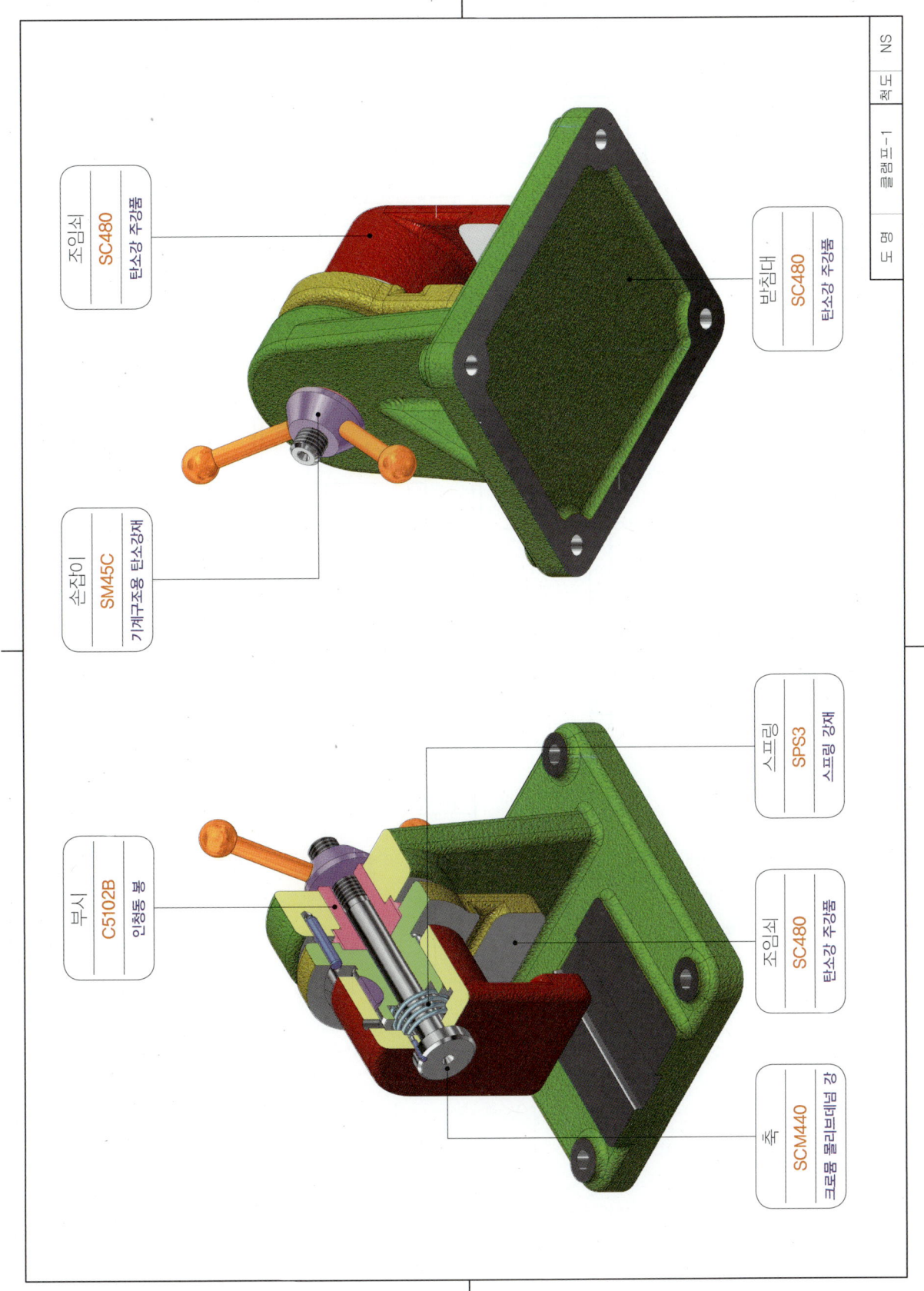

27. 클램프-2

과제 도면

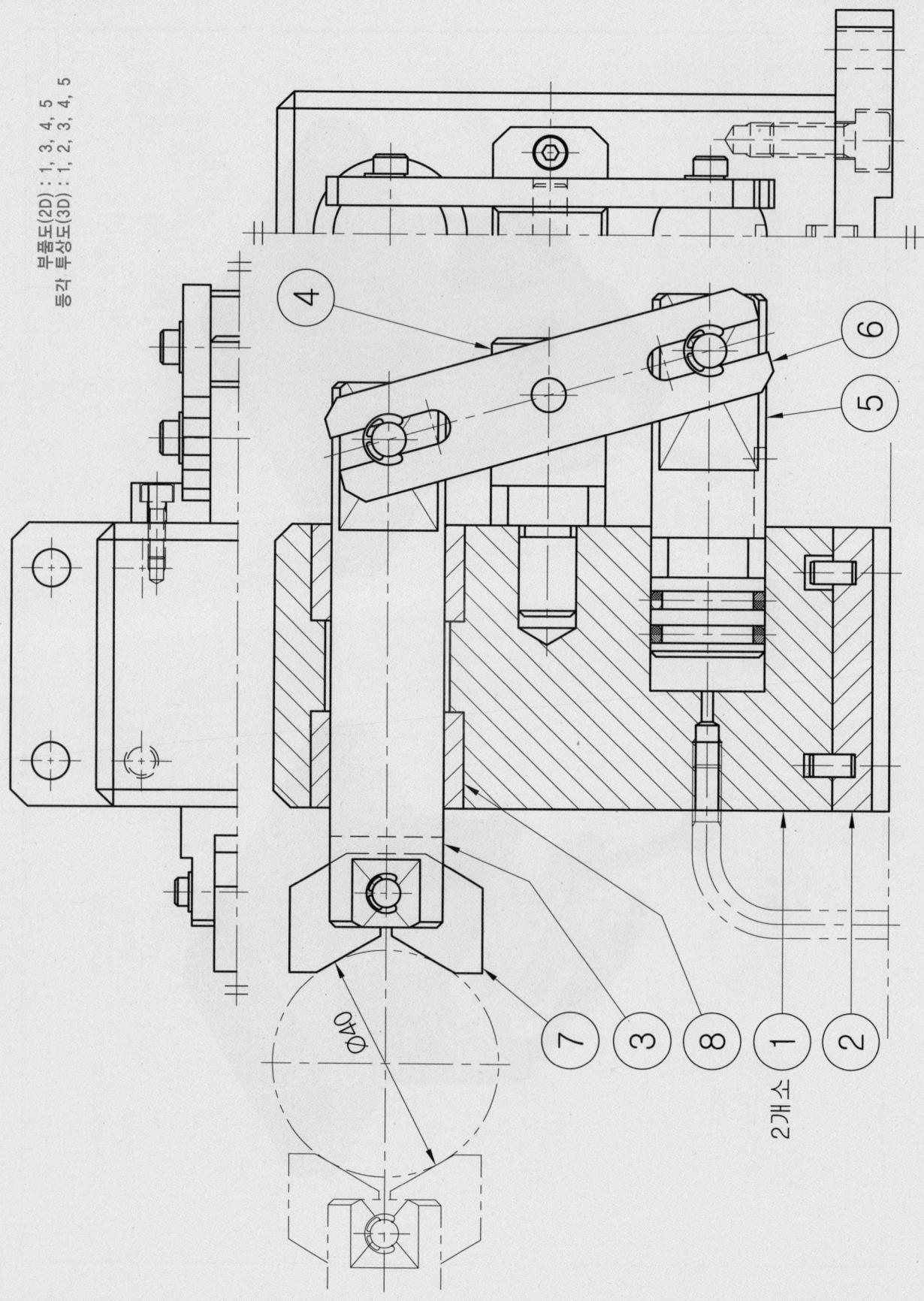

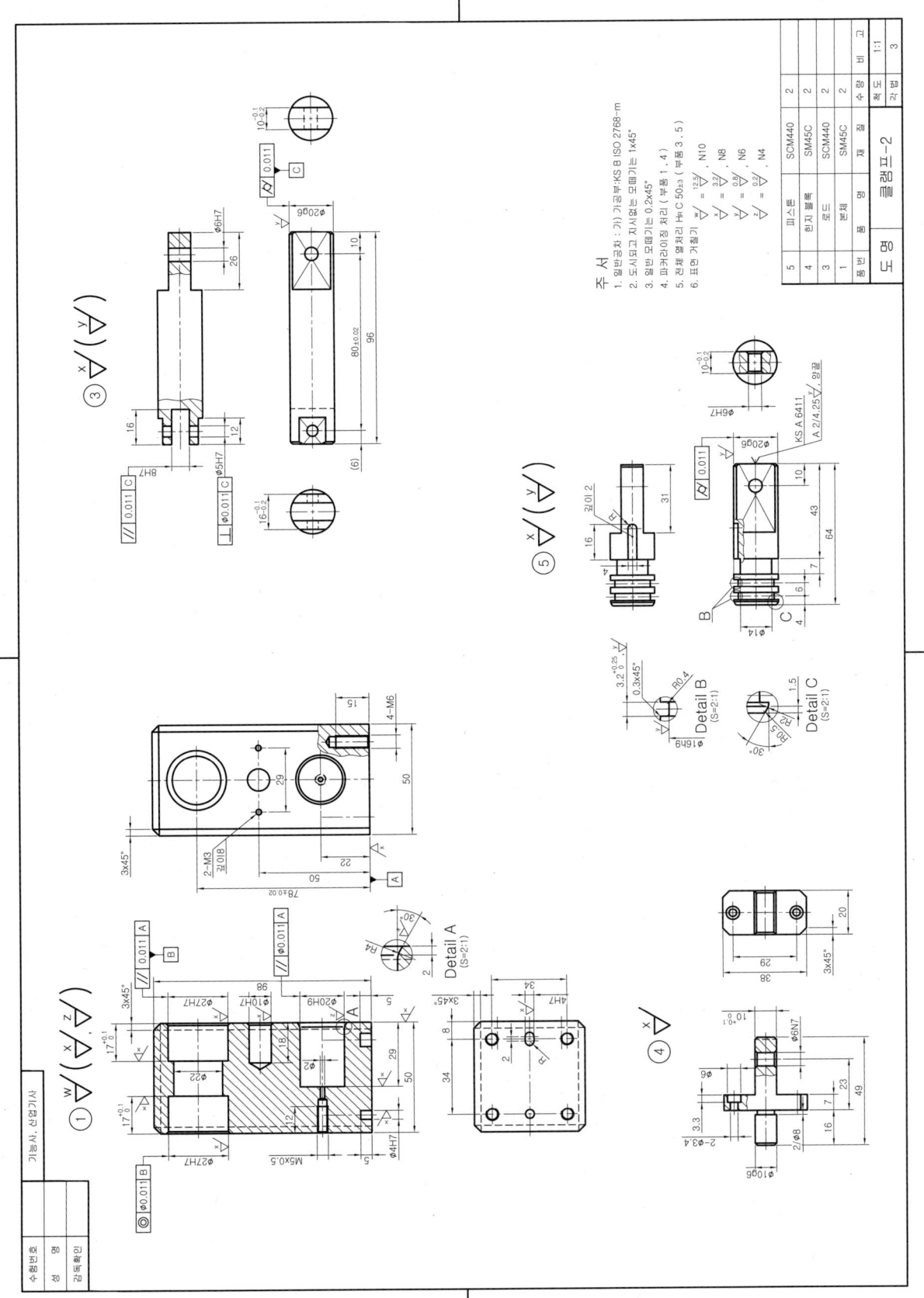

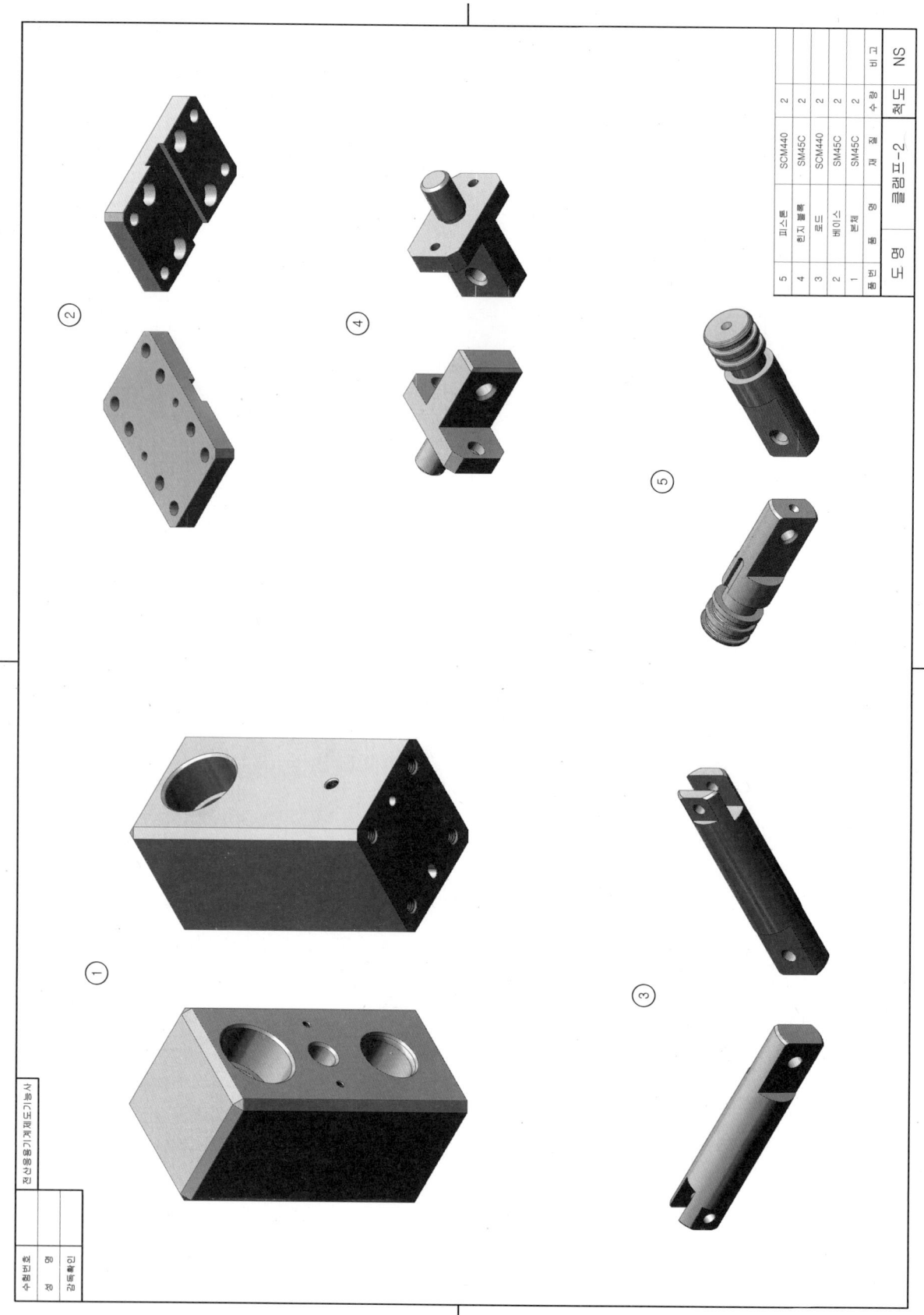

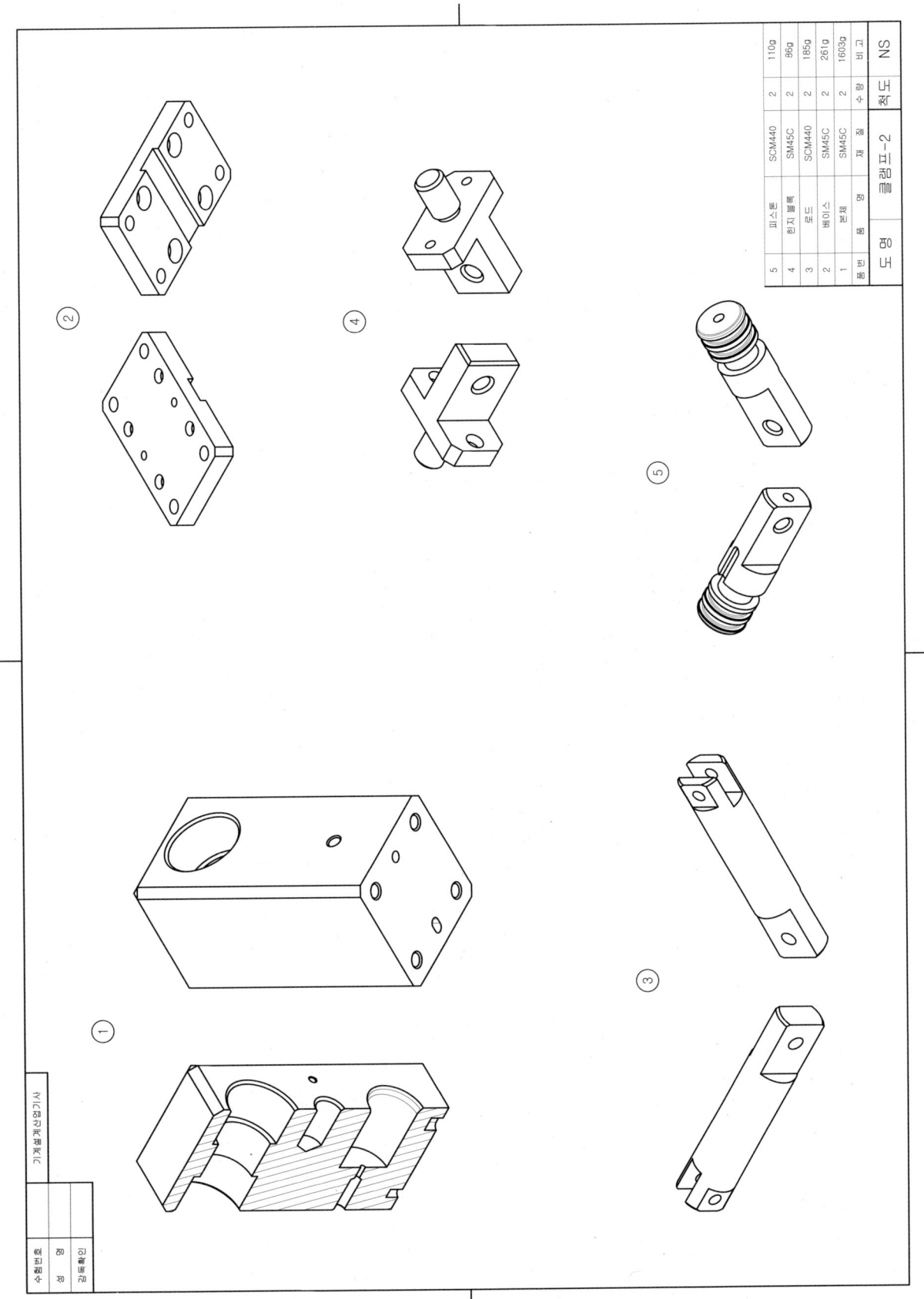

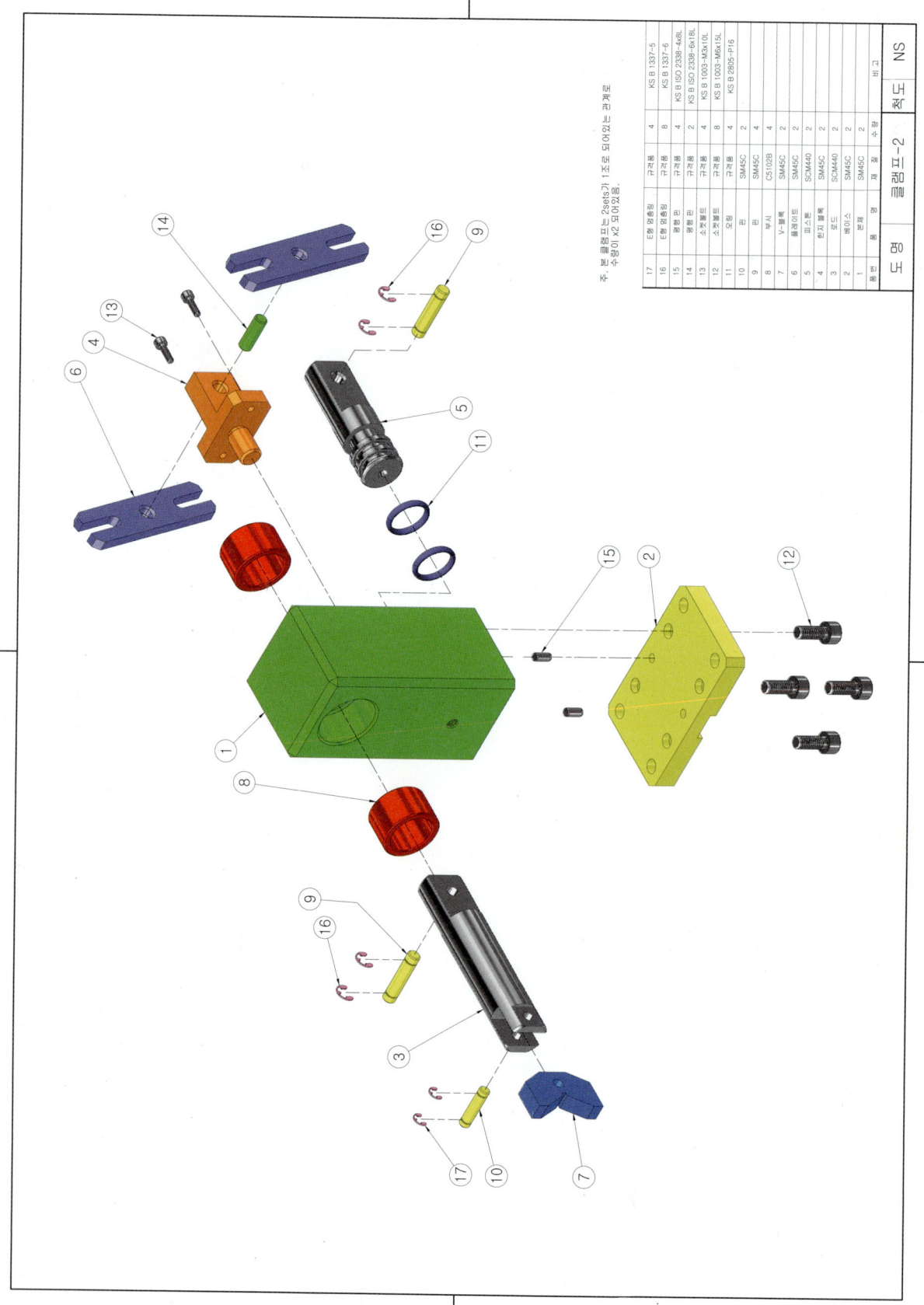

27. 클램프-2

등각 조립도 예제 도면

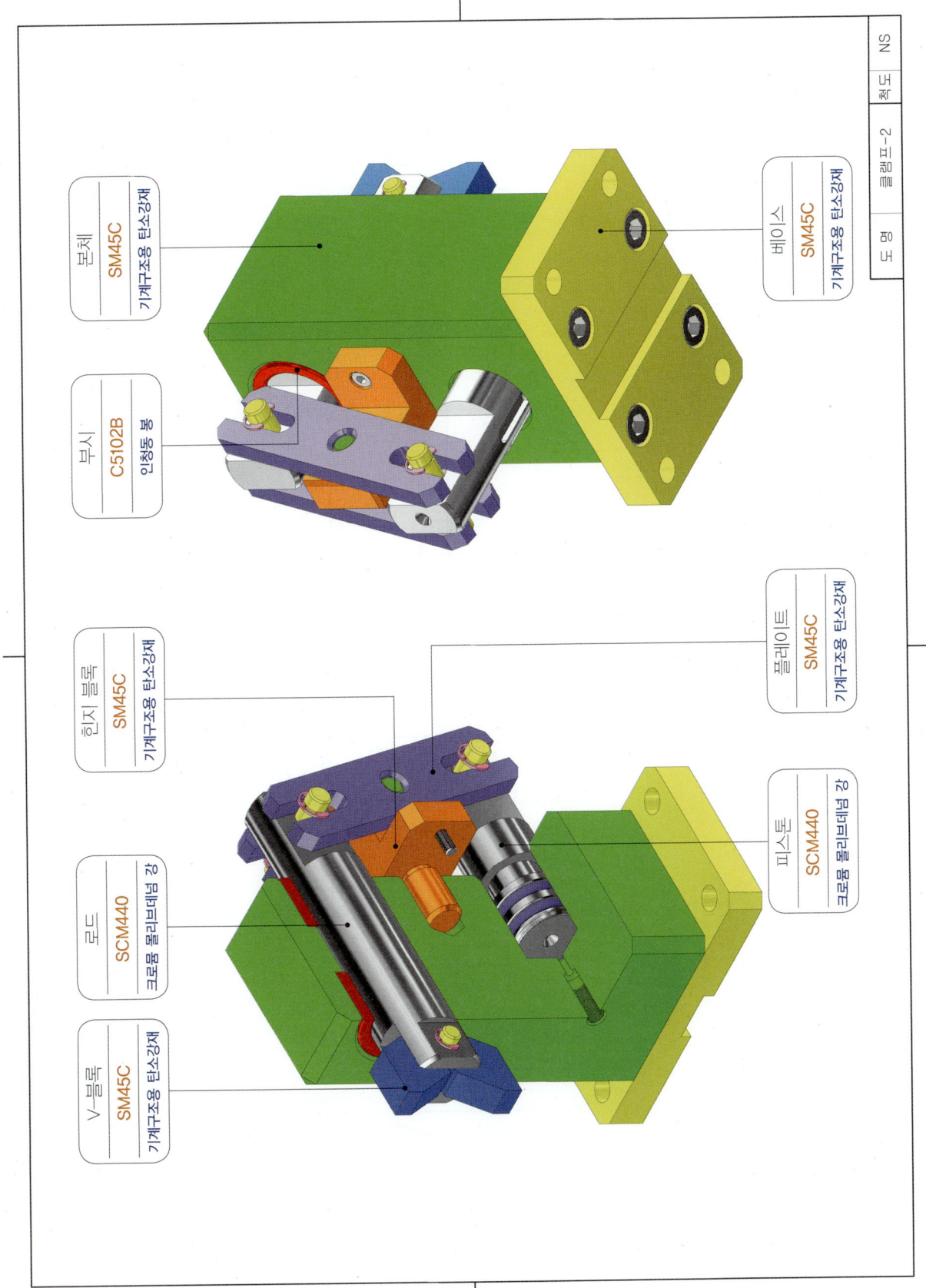

28. 에어척-1

과제 도면

부품도(2D) : 1, 2, 3, 5, 6
등각 투상도(3D) : 1, 2, 3, 5, 6

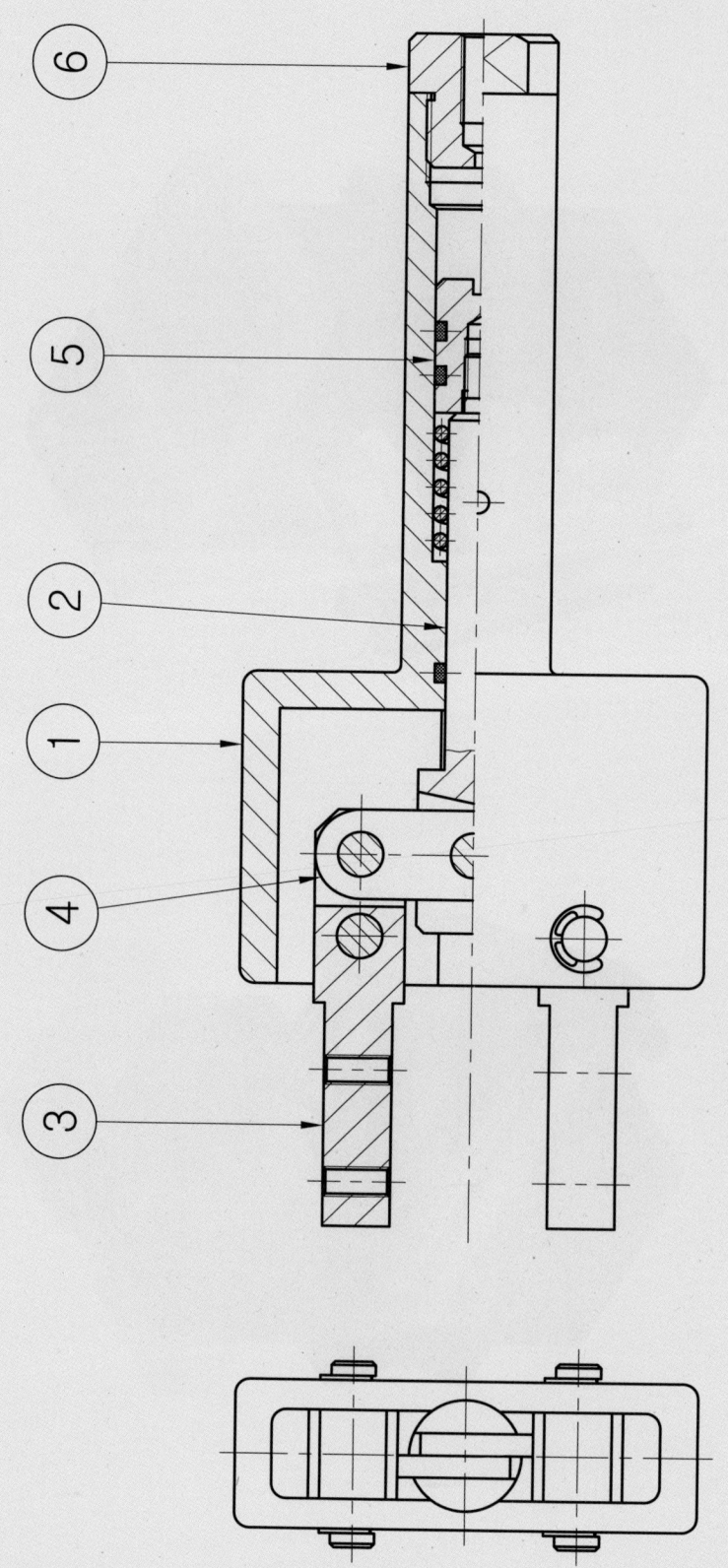

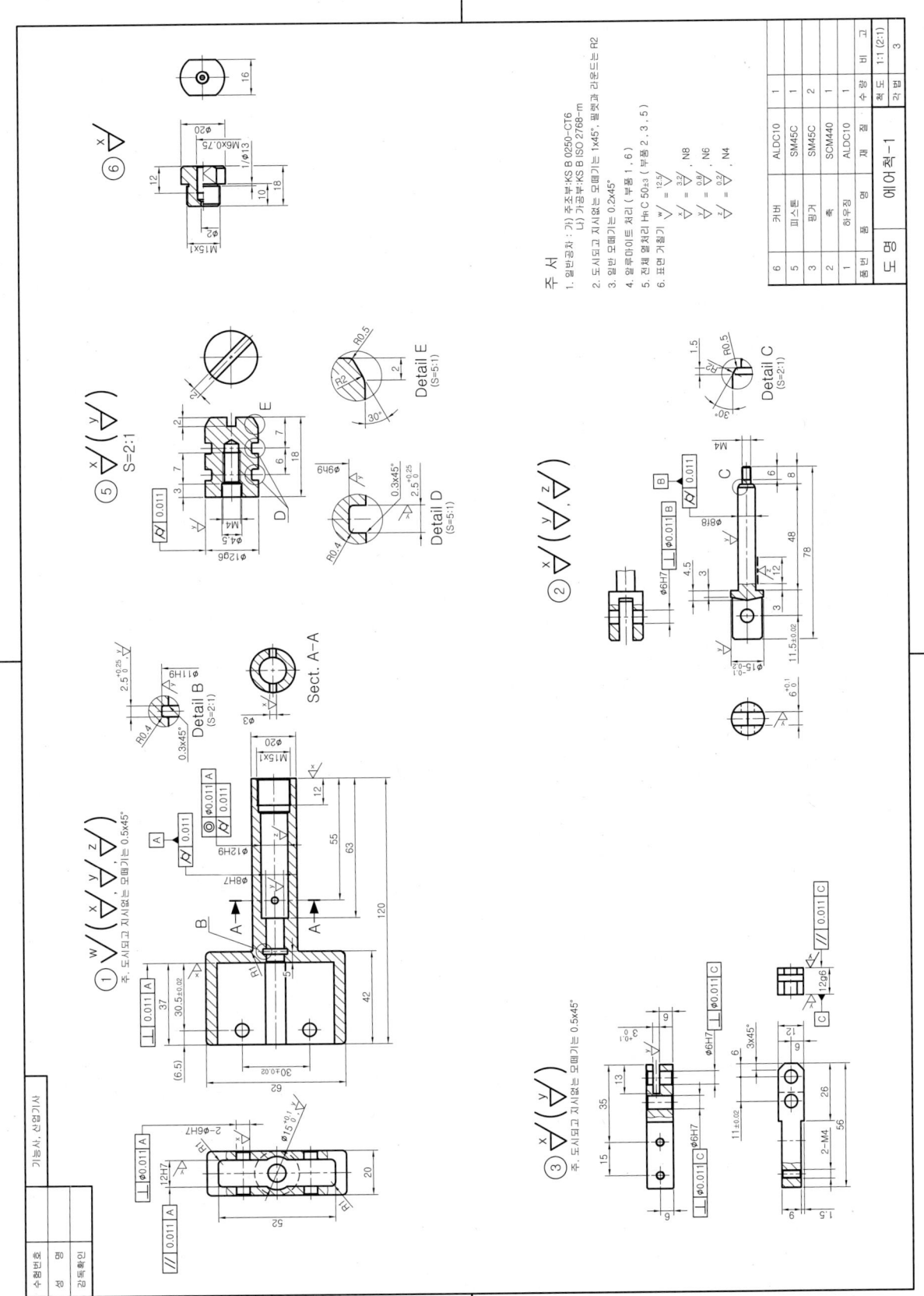

28. 에어척-1

전산응용기계제도기능사 렌더링 등각 투상도 예제 도면

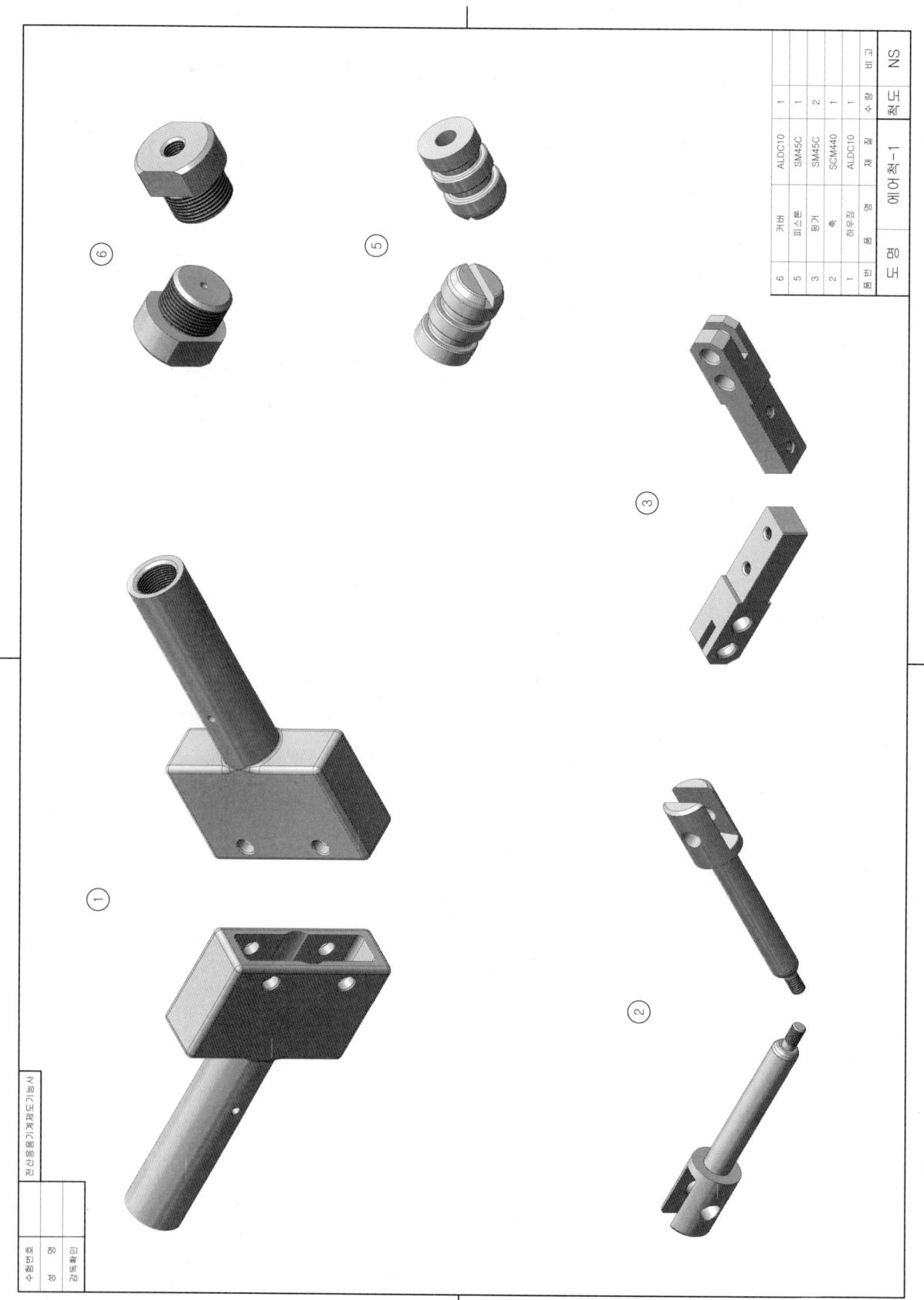

28. 에어척-1

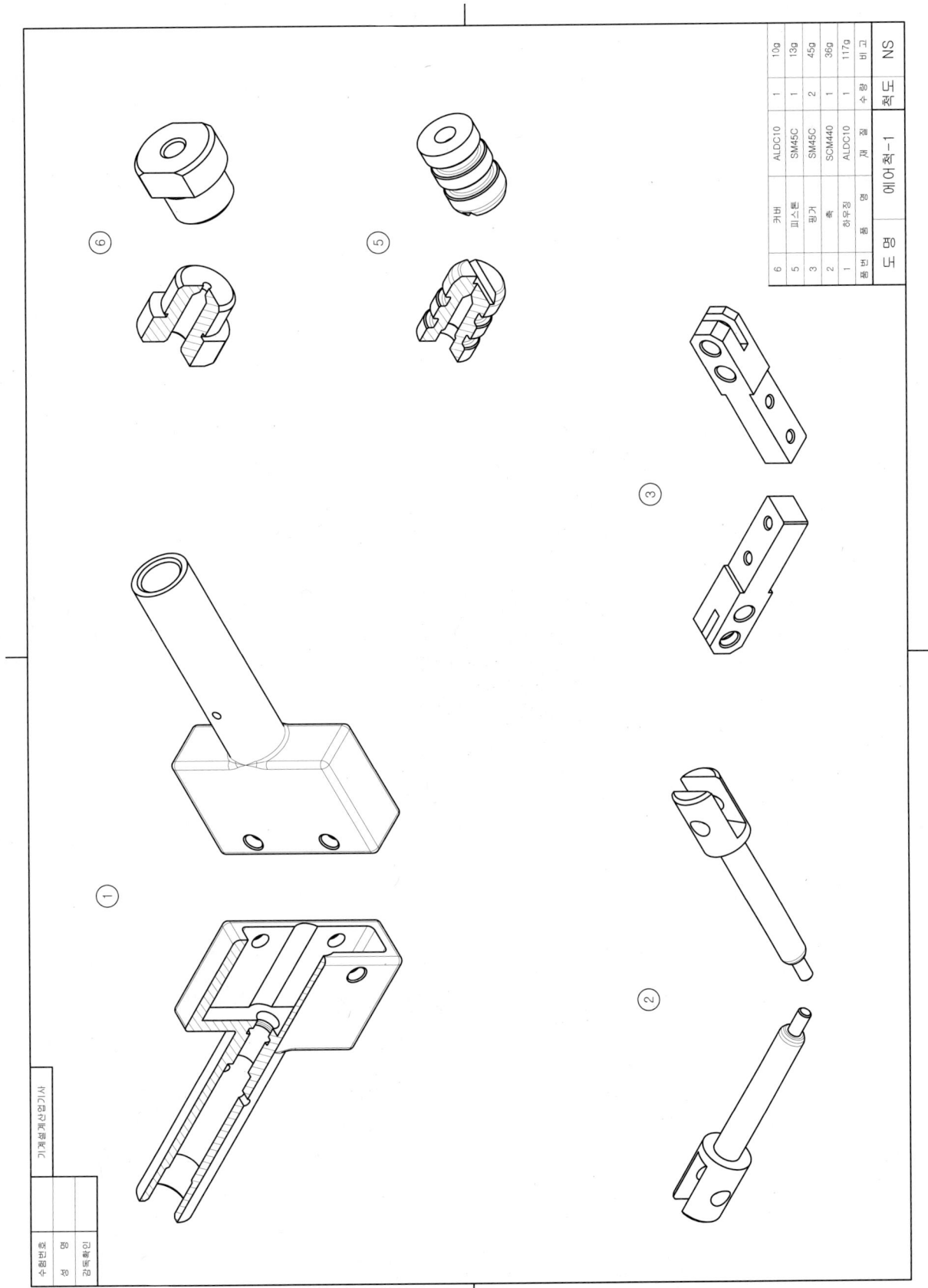

28. 에어척-1

등각 분해도 예제 도면

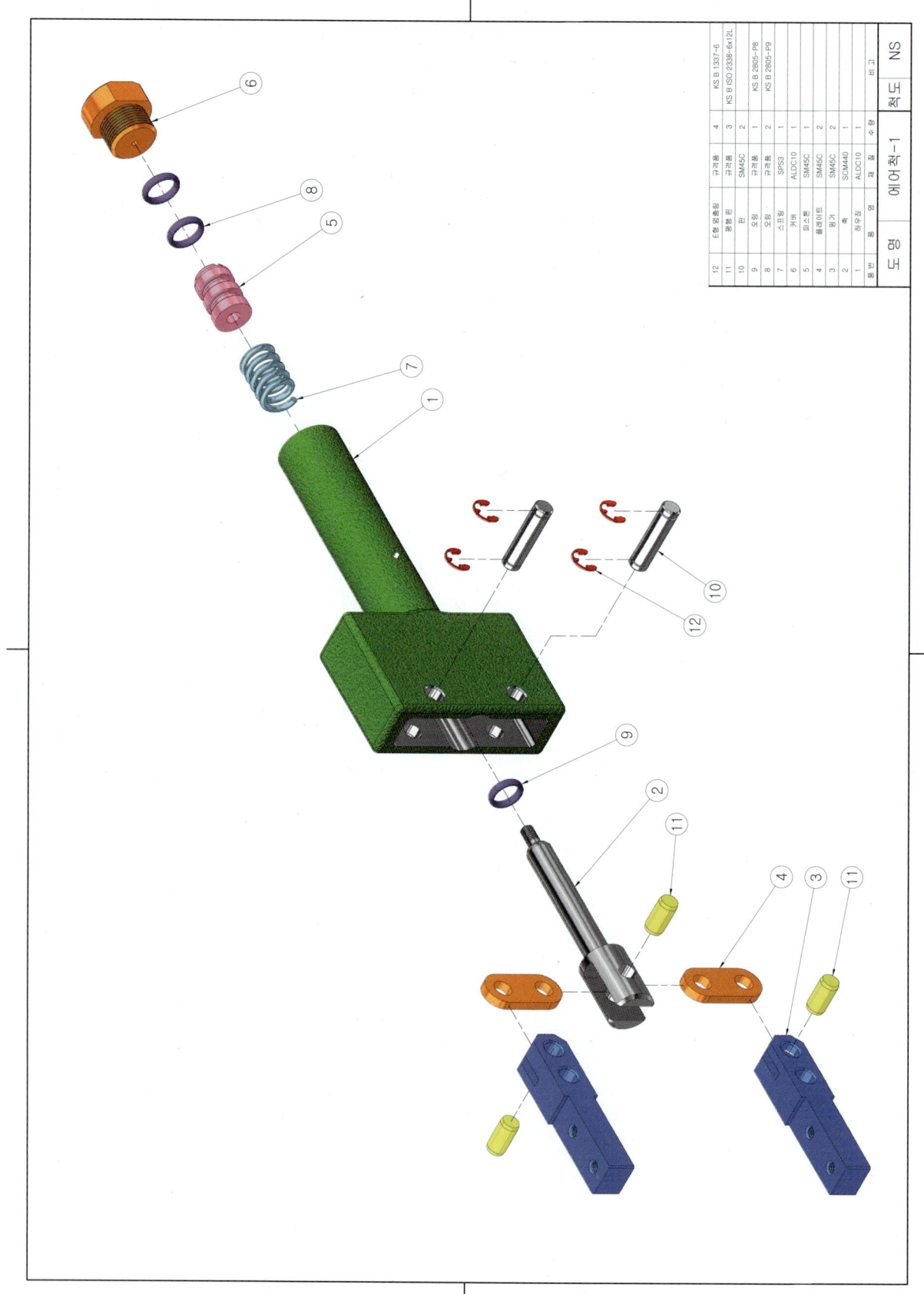

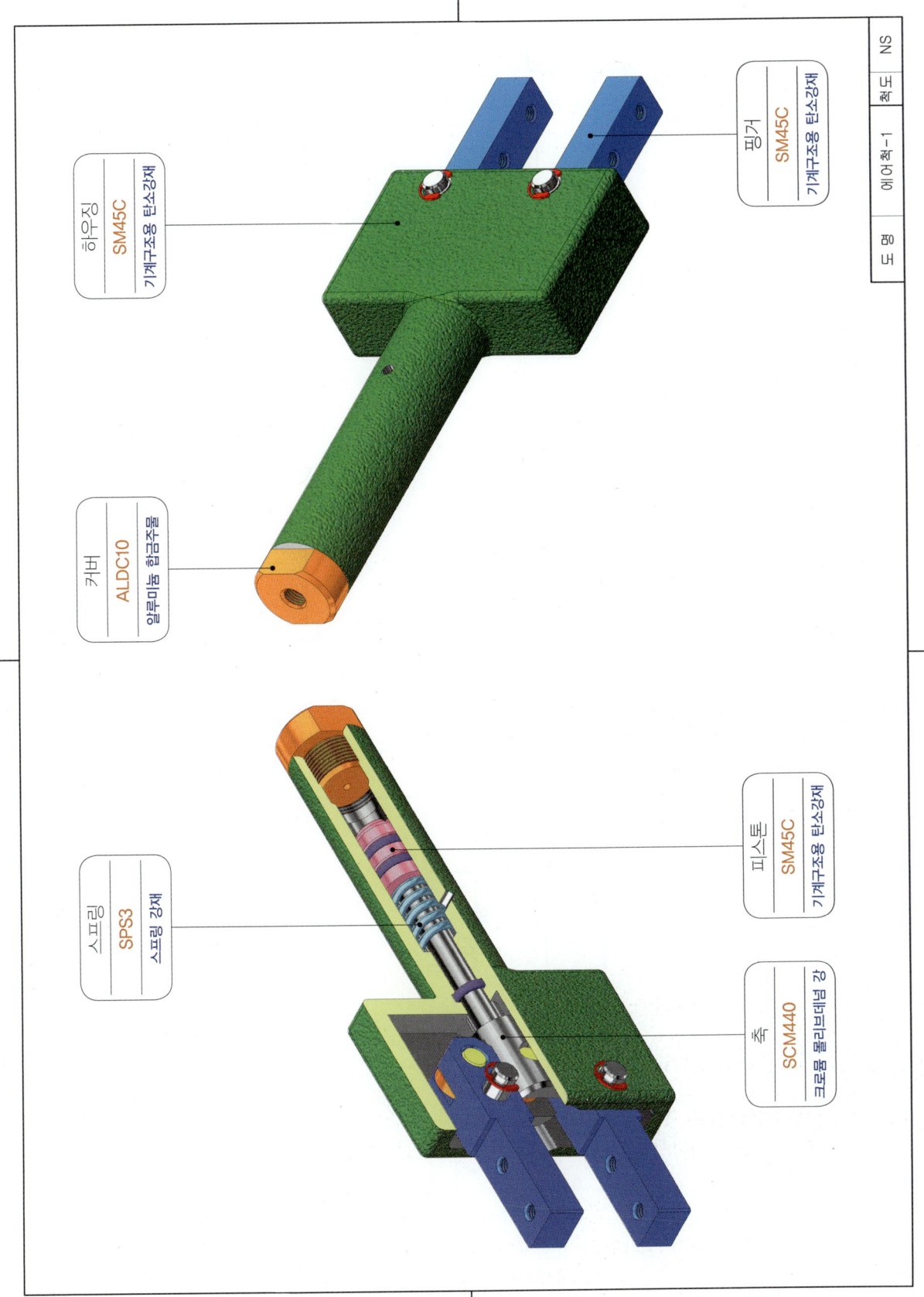

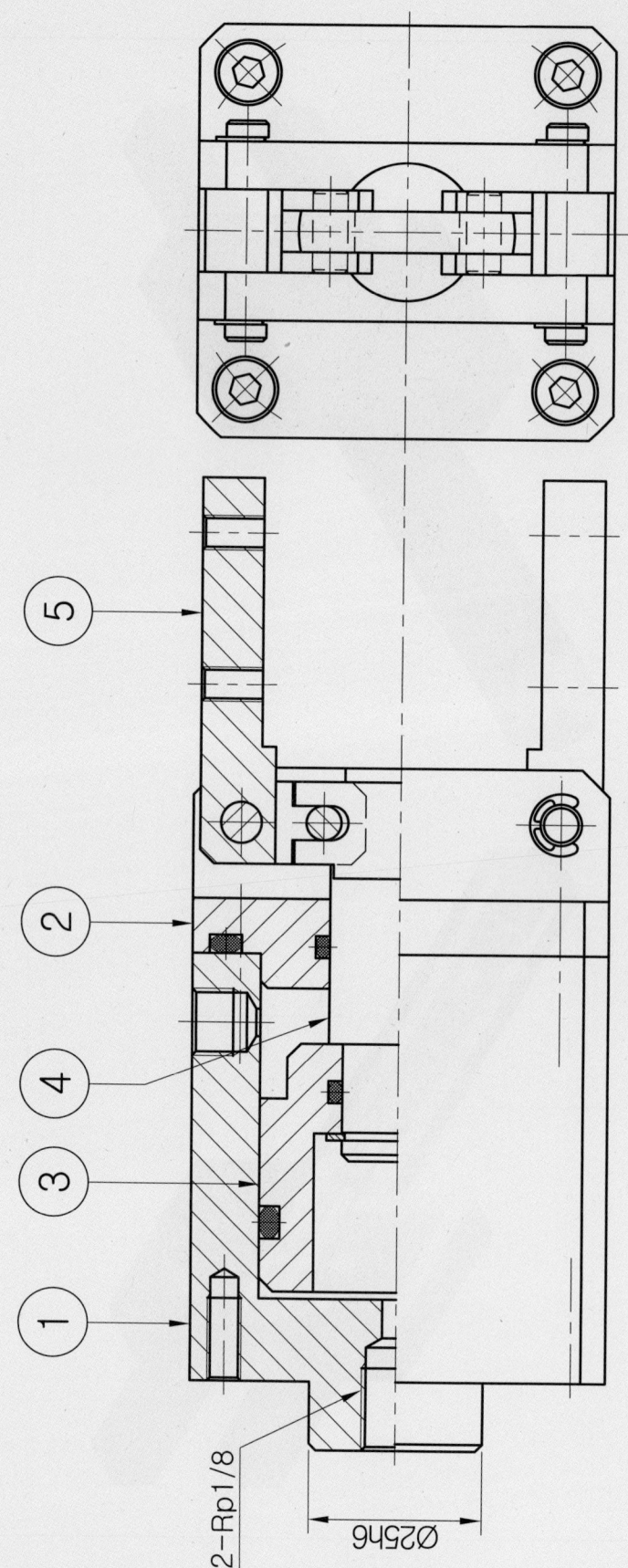

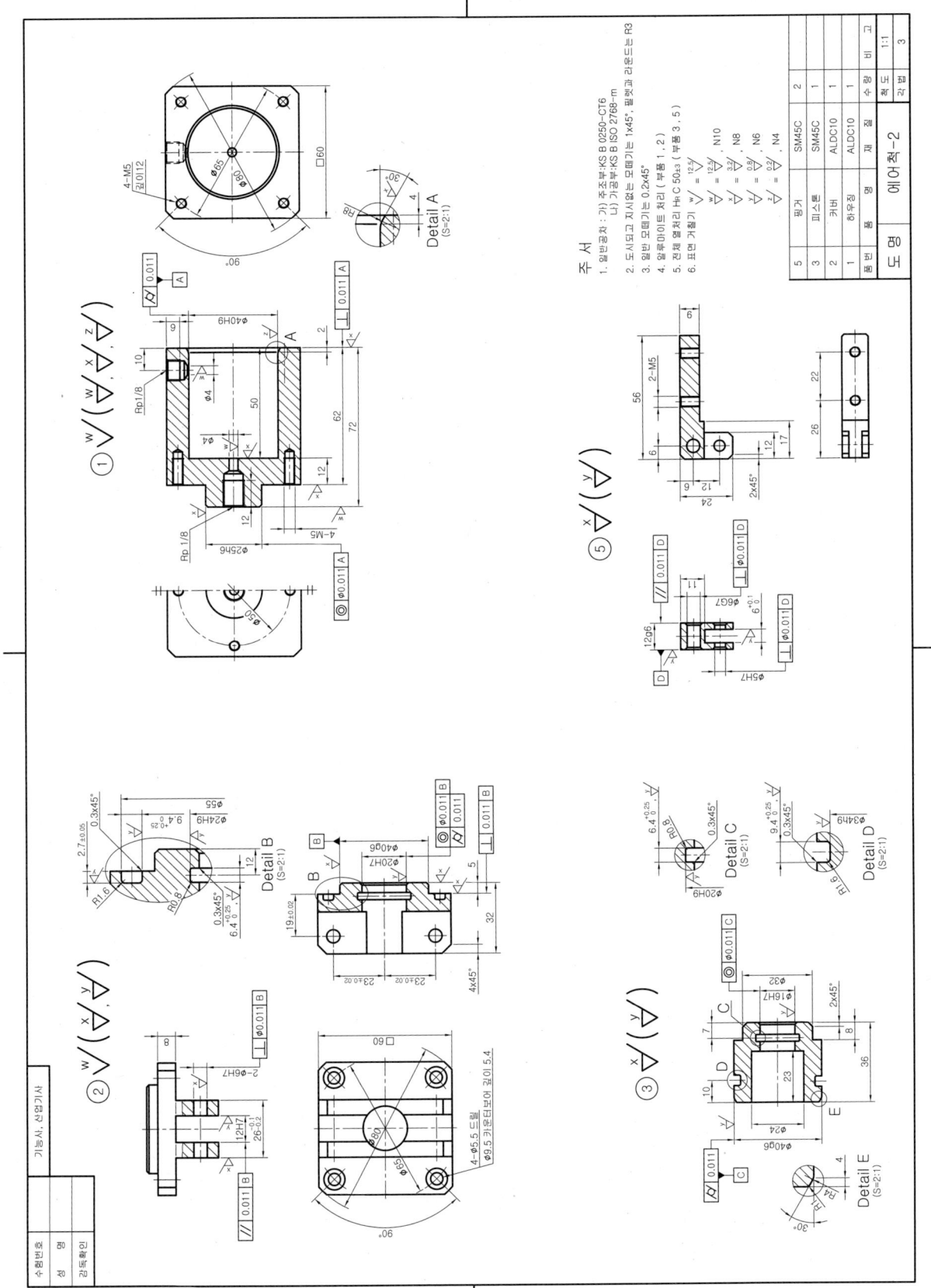

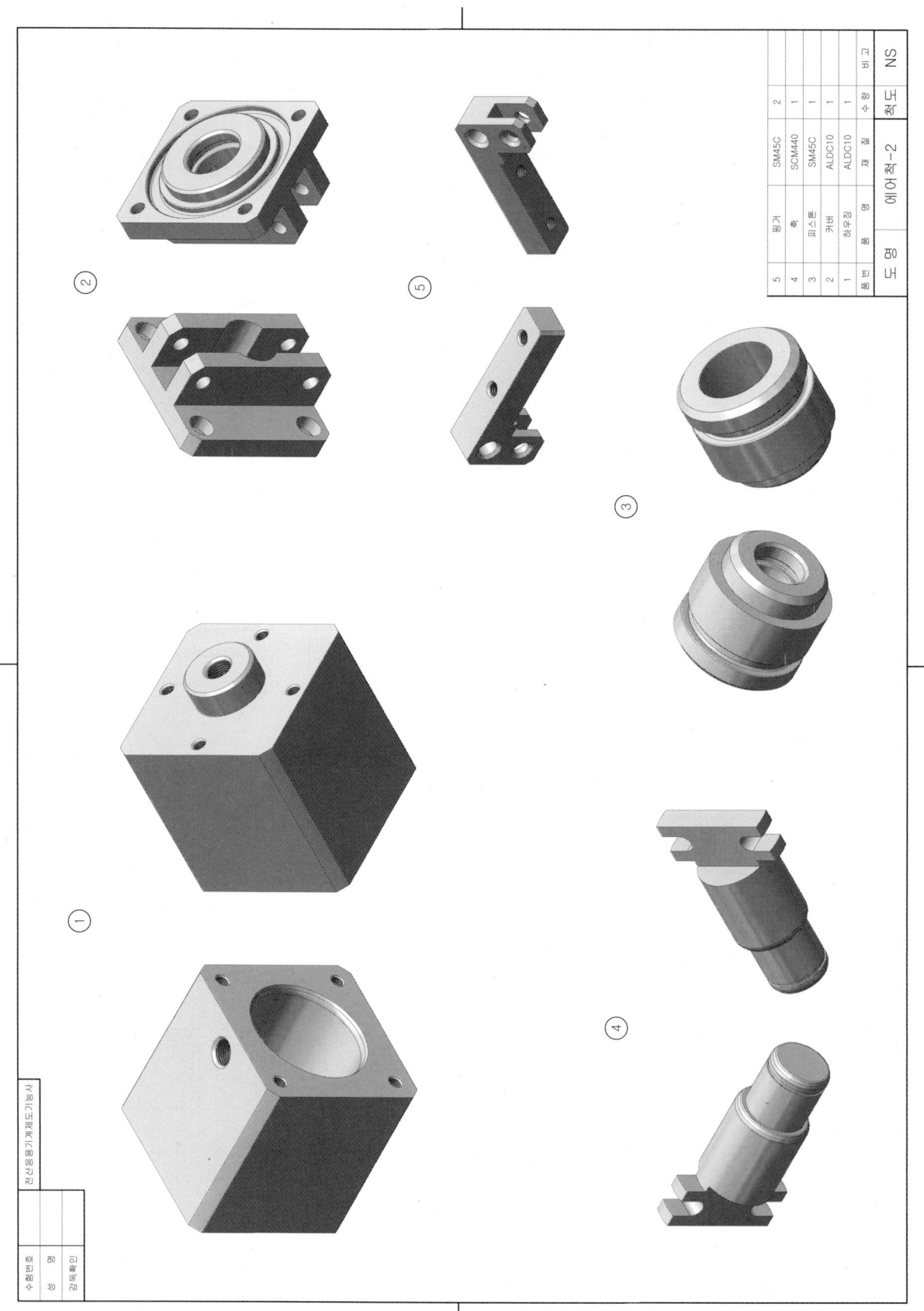

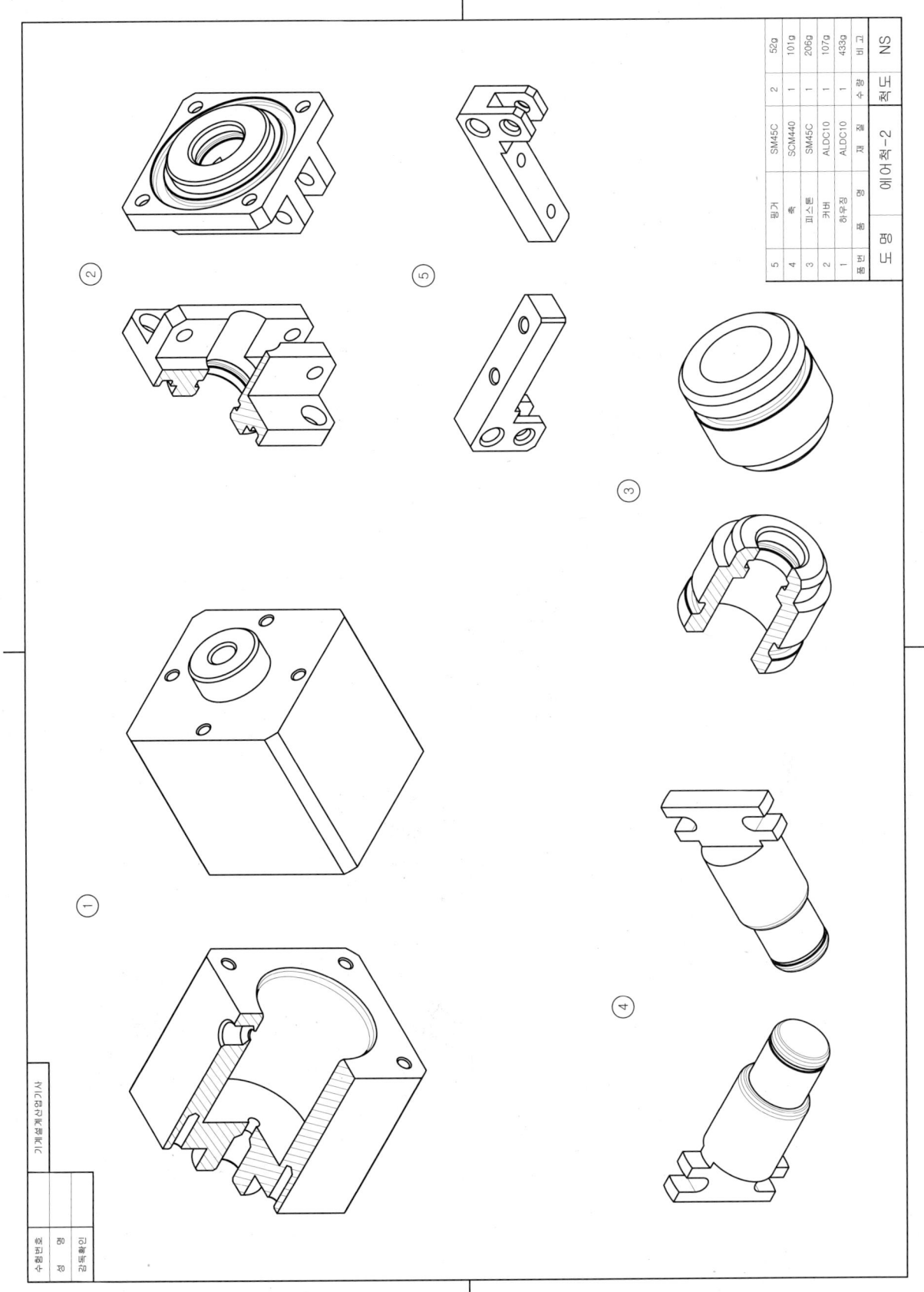

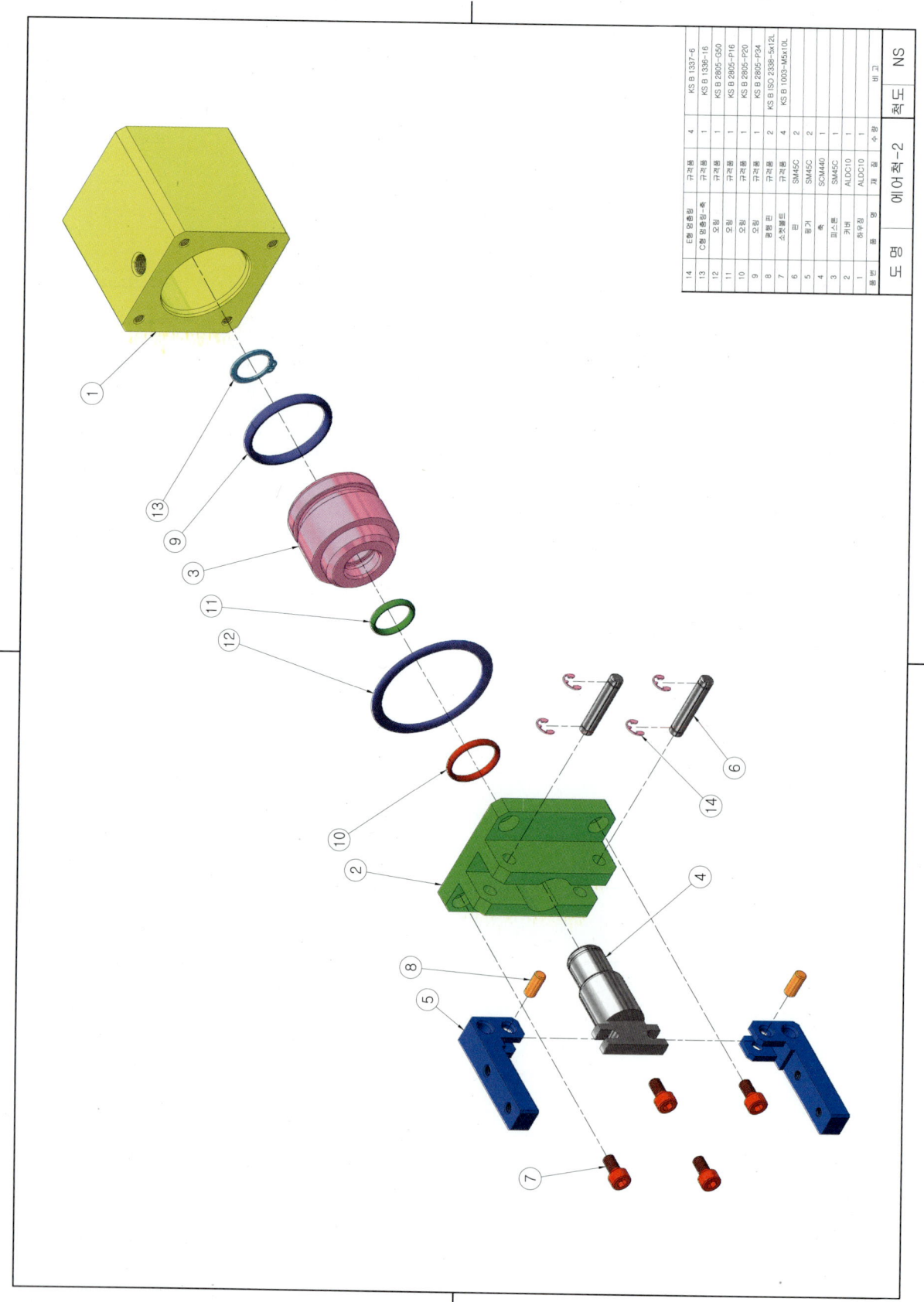

29. 에어척-2

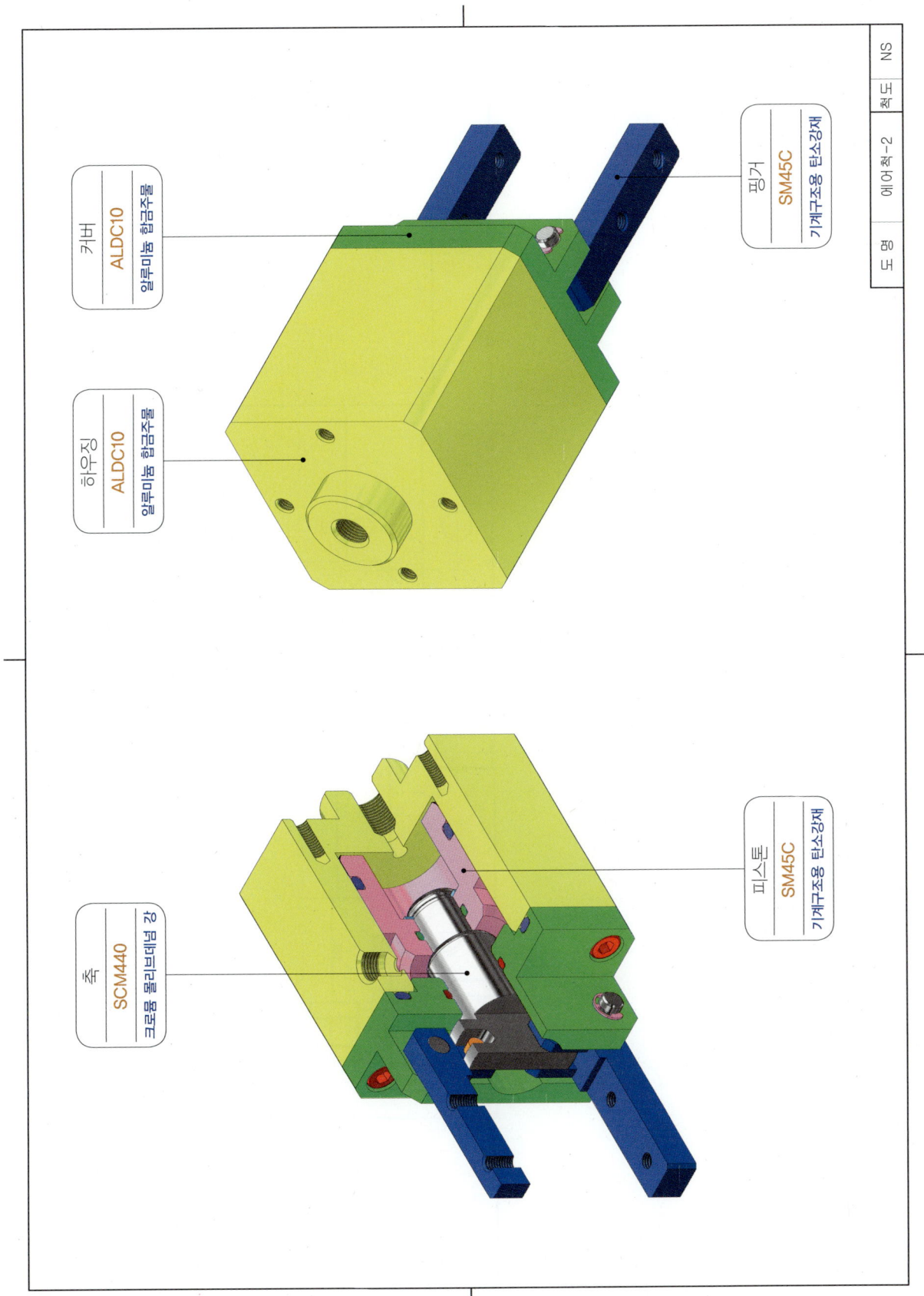

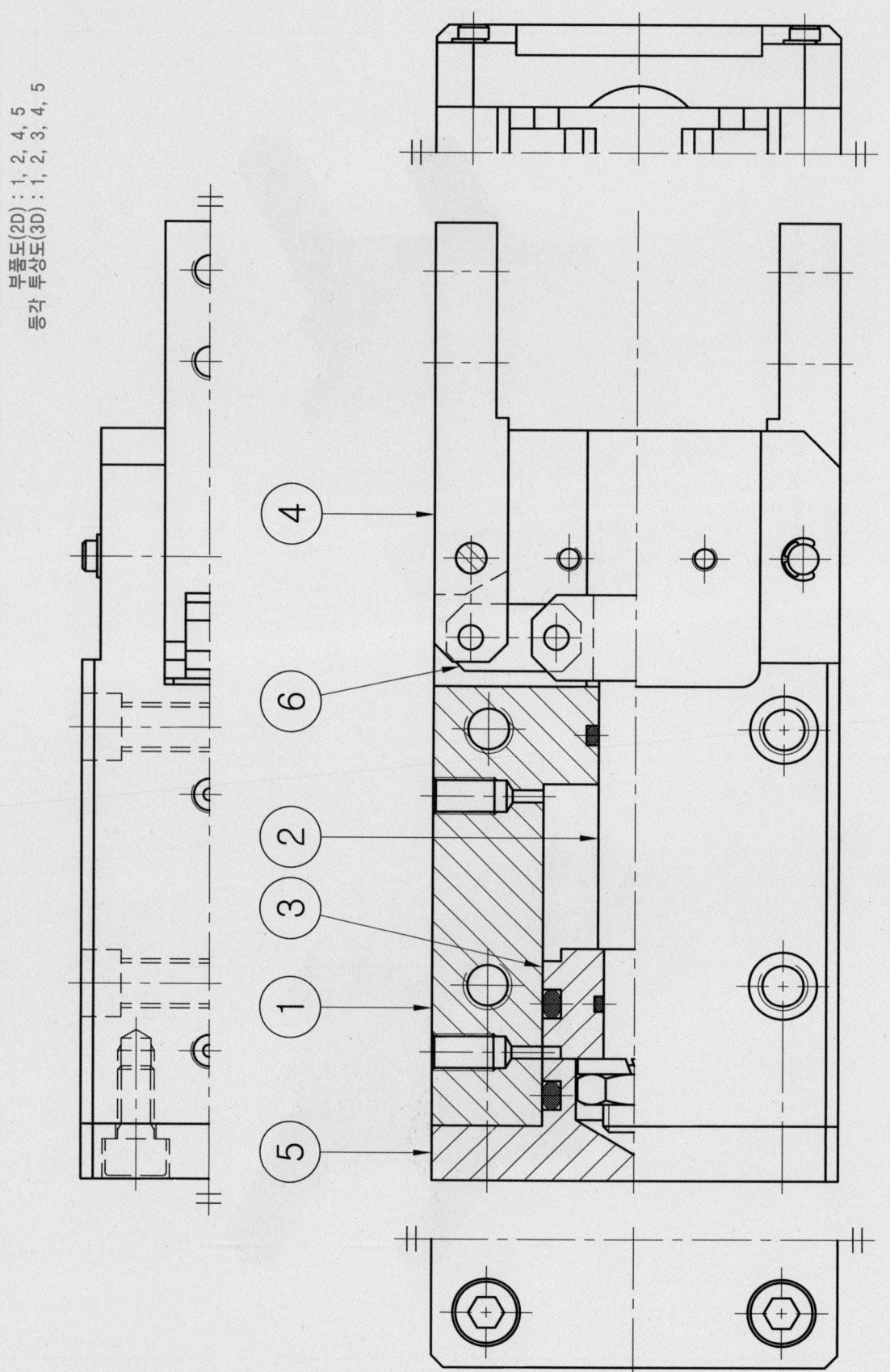

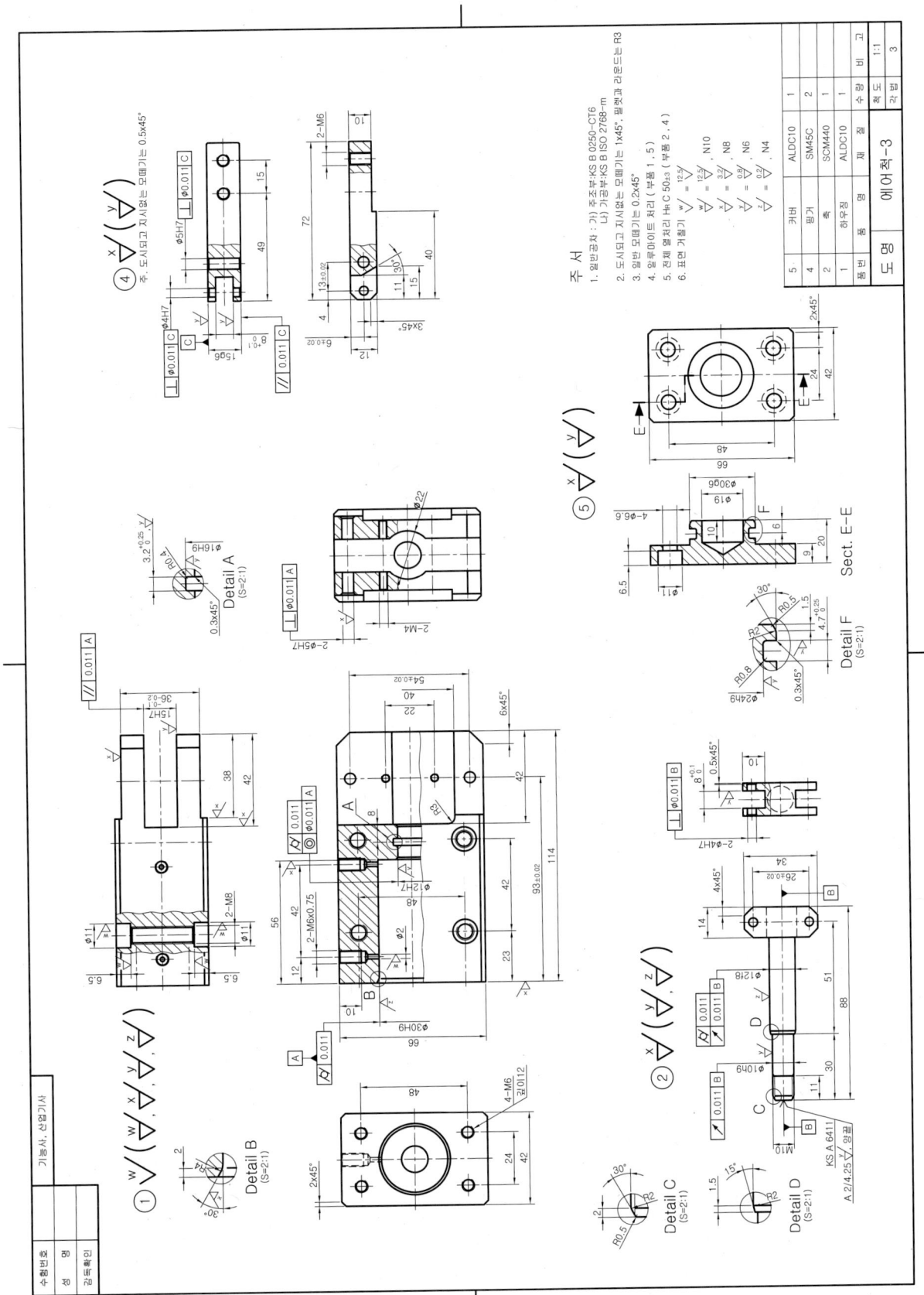

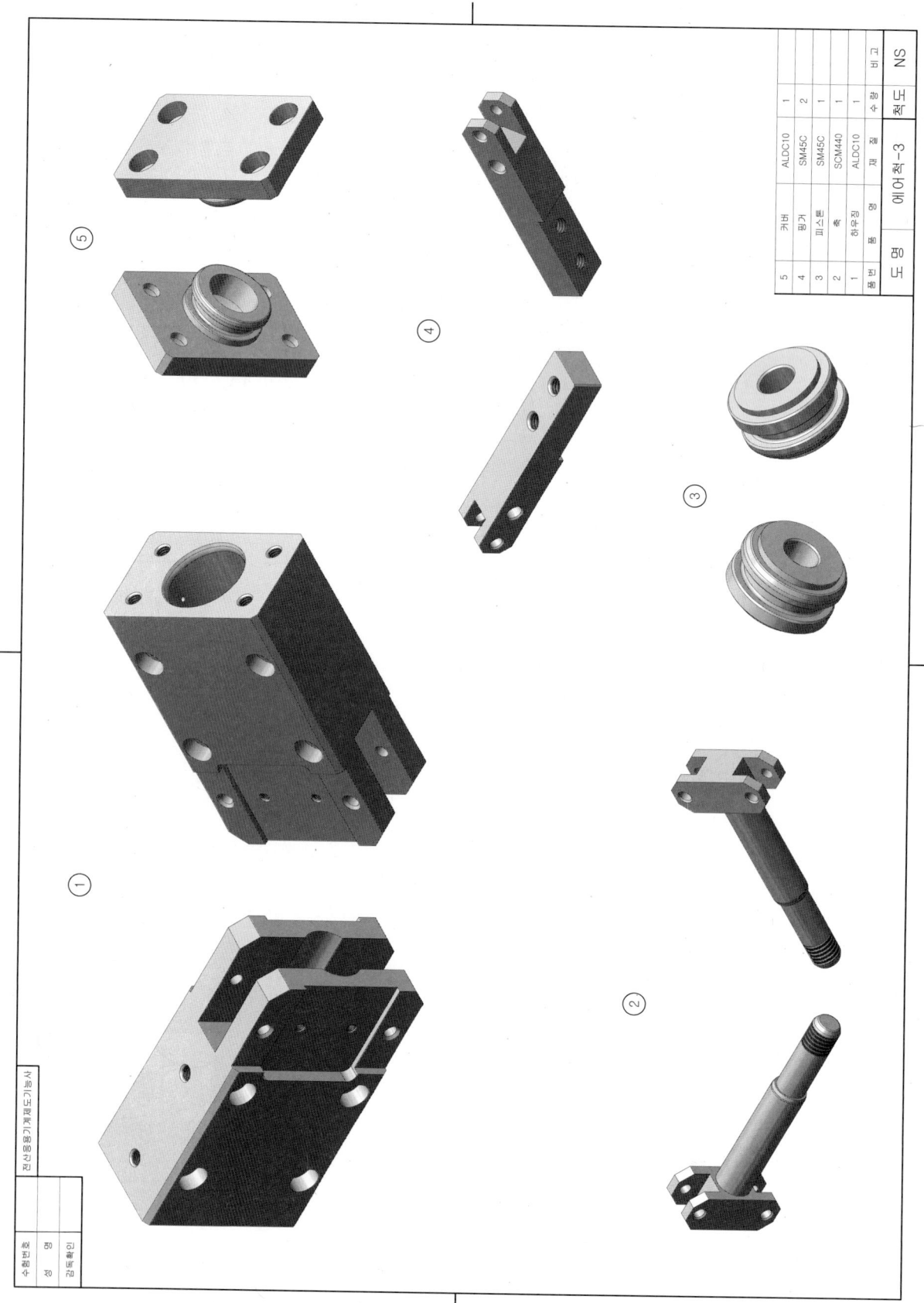

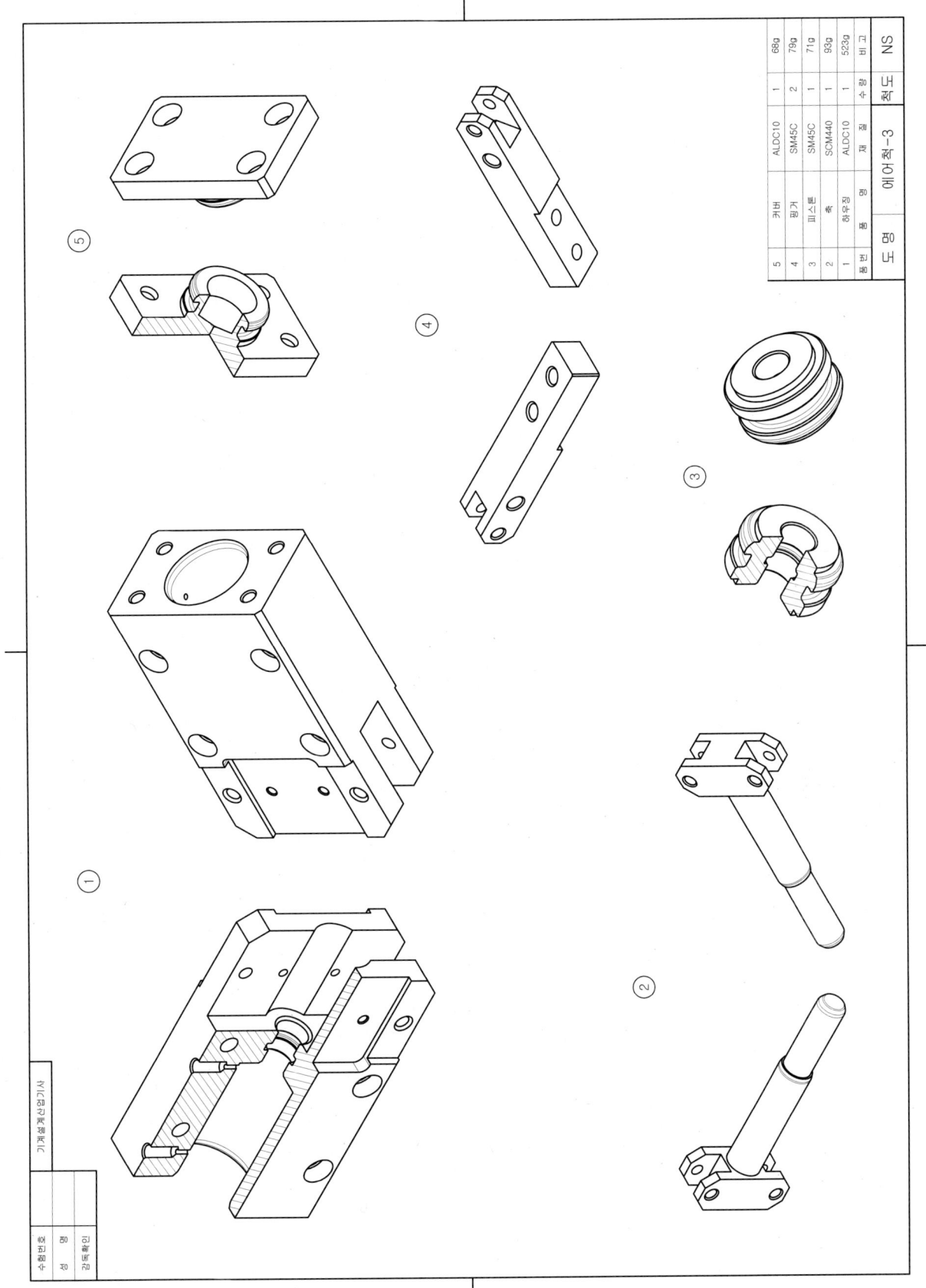

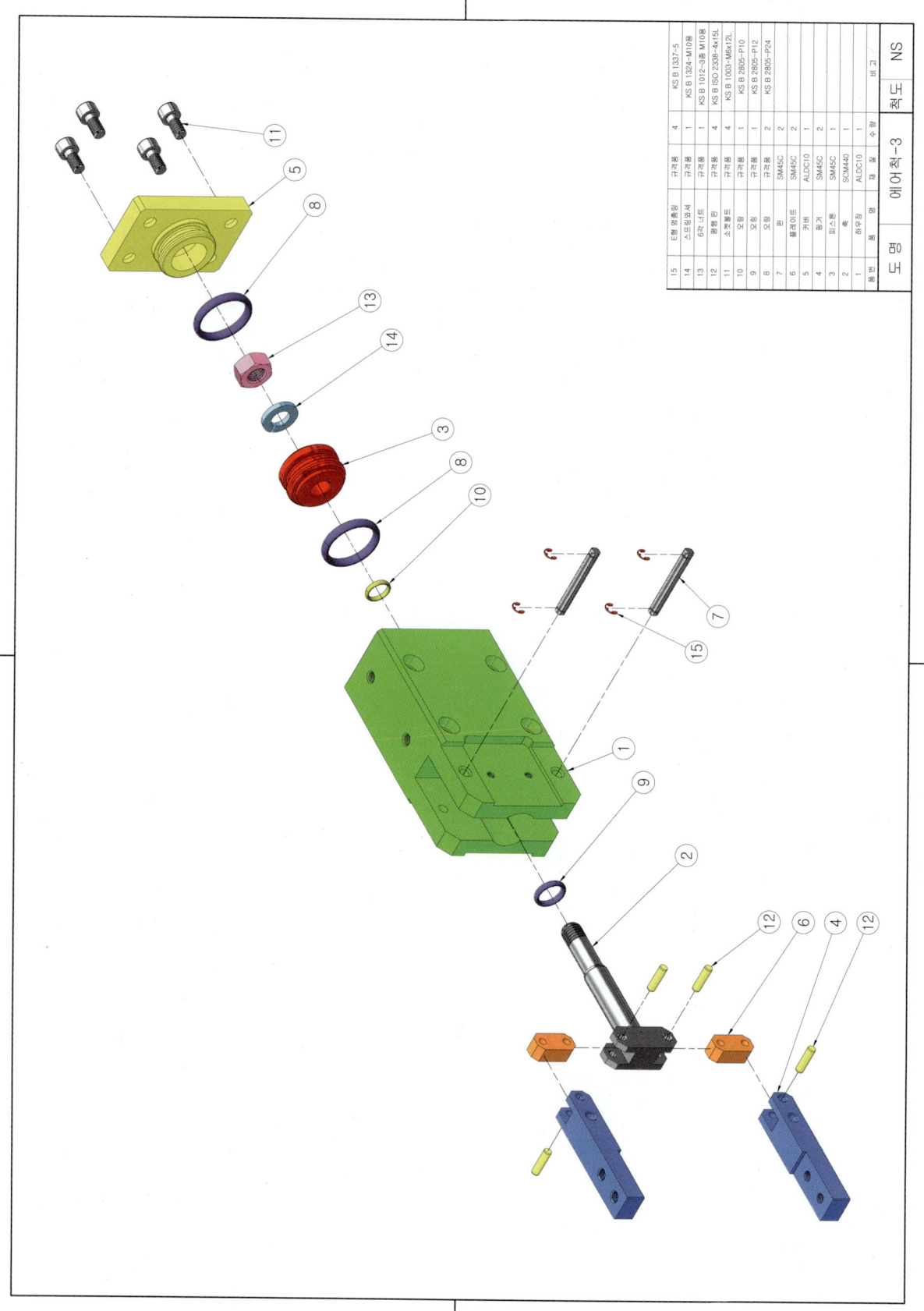

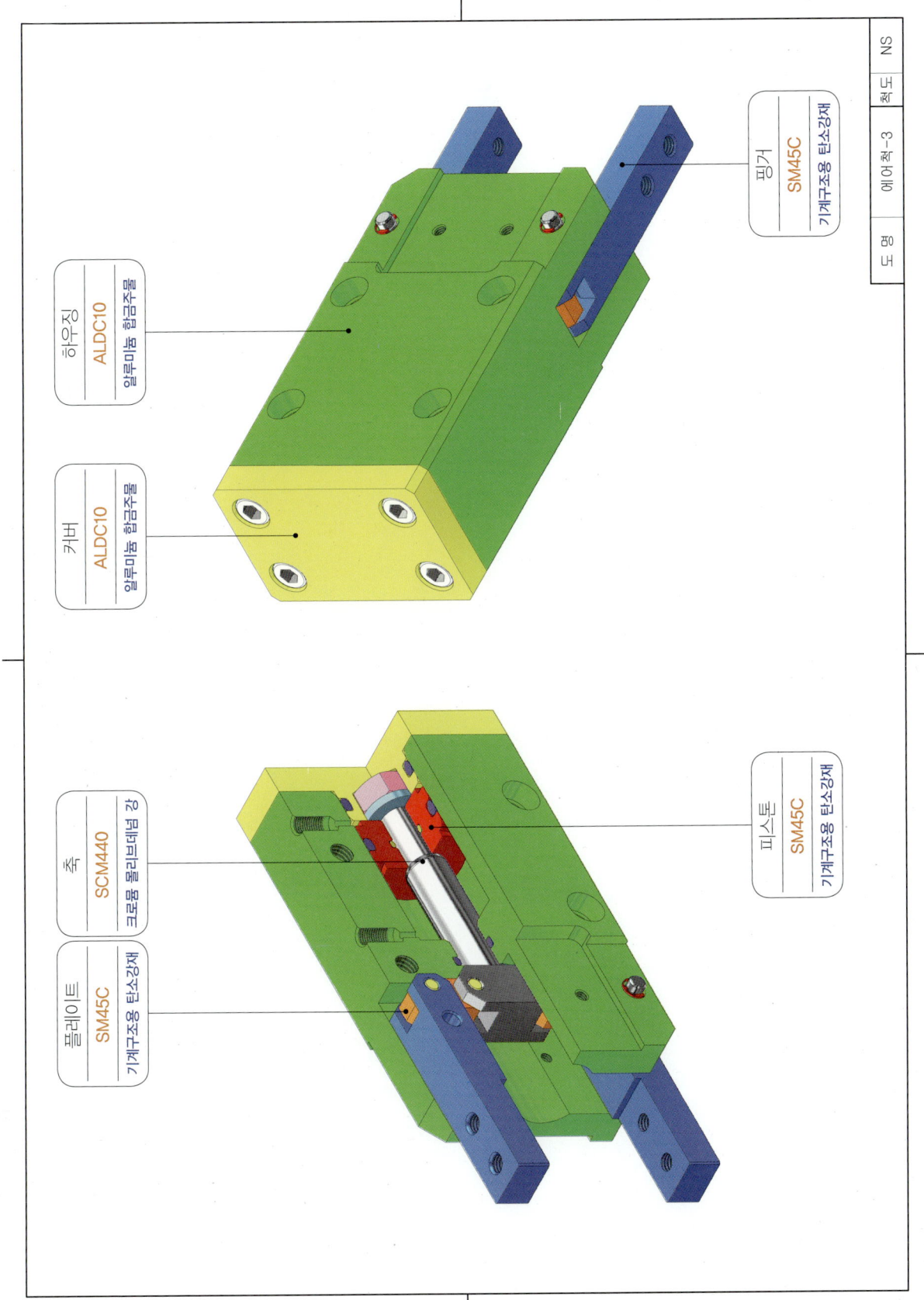

Chapter 7

기계재료 및 열처리 선정

제도자는 조립도를 해독하여 장치별로 작동 순서와 각 부품들의 기능과 역할을 파악하여 부품도를 작성하고 올바른 기계재료의 선정과 필요시 열처리나 후처리를 선정할 수 있는 능력을 키워야 합니다. 이 장에서는 많이 사용하는 주요 기계재료의 종류 및 기호 표시와 더불어 열처리 및 도금 도장 등에 대한 사항을 부품별로 쉽게 이해할 수 있도록 일목요연하게 정리하였습니다.

1. 재료 기호 표기의 예 ··· **352**
2. 재료 기호의 구성 및 의미 ·· **352**
3. 동력전달장치의 부품별 재료 기호 및 열처리 선정 범례 ············· **355**
4. 치공구의 부품별 재료 기호 및 열처리 선정 범례 ······················ **356**
5. 공유압기기의 부품별 재료 기호 및 열처리 선정 범례 ················ **357**

Chapter 7 기계재료 및 열처리 선정

Lesson 1 | 재료 기호 표기의 예

재료를 나타내는 기호는 영문자와 숫자로 구성되며 주로 3부분으로 표시한다. 아래에 재료기호 별 구성 의미를 나타냈다.

• 일반구조용 압연강재의 경우

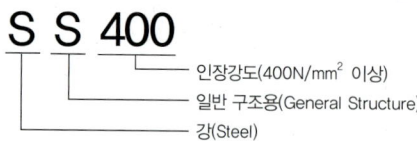

• 기계구조용 탄소강재의 경우

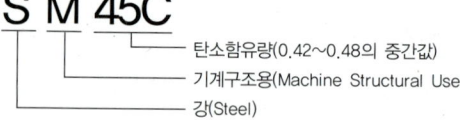

• 회주철의 경우

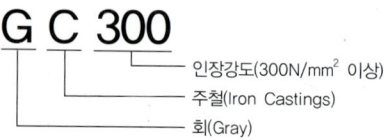

• 크롬몰리브덴 강재의 경우

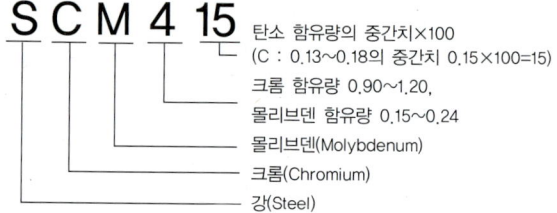

Lesson 2 | 재료 기호의 구성 및 의미

❶ 첫 번째 부분의 기호 : 재질

재질을 나타내는 기호로 재질의 영문 표기 머리문자나 원소기호를 사용하여 나타낸다.

▶ 제 1위 기호의 재료명

기호	재질명	영문명	기호	재질명	영문명
Al	알루미늄	aluminum	F	철	Ferrum
AlBr	알루미늄청동	aluminum bronze	GC	회주철	Gray casting
Br	청동	bronze	MS	연강	Mild steel
Bs	황동	brass	NiCu	니켈구리합금	Nickel copper alloy
Cu	구리	copper	PB	인청동	Phosphor bronze
Cr	크롬	chrome	S	강	steel
HBs	고강도 황동	high strength brass	SM	기계구조용강	Machine structure steel
HMn	고망간	high magnanese	WM	화이트메탈	White Metal

❷ 두 번째 부분의 기호 : 제품명 또는 규격명

제품명이나 규격명을 나타내는 기호로서 봉, 판, 주조품, 단조품, 관, 선재 등의 제품을 형상별 종류나 용도를 표시하며 영어 또는 로마 글자의 머리글자를 사용하여 나타낸다.

▶ 제 2위 기호의 재품명 또는 규격명

기 호	제품명 또는 규격명	기 호	제품명 또는 규격명
B	봉 (Bar)	MC	가단 주철품
BC	청동 주물	NC	니켈크롬강
BsC	황동 주물	NCM	니켈크롬 몰리브덴강
C	주조품 (Casting)	P	판 (Plate)
CD	구상흑연주철 (Spheroidal graphite iron castings)	FS	일반 구조용강 (Steels for general structure)
CP	냉간압연 연강판	PW	피아노선 (Piano wire)
Cr	크롬강 (Chromium)	S	일반 구조용 압연재 (Rolled steels for general structure)
CS	냉간압연강대	SW	강선 (Steel wire)
DC	다이캐스팅 (Die casting)	T	관 (Tube)
F	단조품 (Foring)	TB	고탄소크롬 베어링강
G	고압가스 용기	TC	탄소공구강
HP	열간압연 연강판 (Hot-rolled mild steel plates)	TKM	기계구조용 탄소강관 (Carbon steel tubes for machine structural purposes)
HR	열간압연 (Hot-rolled)	THG	고압가스 용기용 이음매 없는 강관
HS	열간압연강대 (Hot-rolled mild steel strip)	W	선 (Wire)
K	공구강 (Tool steels)	WR	선재 (Wire rod)
KH	고속도 공구강 (High speed tool steel)	WS	용접구조용 압연강

❸ 세 번째 부분의 기호

재료의 종류를 나타내는 기호로 재료의 최저인장강도, 재료의 종별 번호, 탄소함유량을 나타내는 숫자로 표시한다.

▶ 제 3위 기호의 의미

기 호	기호의 의미	보 기	기 호	기호의 의미	보 기
1	1종	SCPH 1	11 A	11종 A	STKM 11 A
2	2종	SCPH 2	12 B	12종 B	STKM 11 B
A	A종	SWO 50A	400	최저인장강도	SS 400
B	B종	SWO 50B	C	탄소함유량	SM 25C

Chapter 7 기계재료 및 열처리 선정

❹ 네 번째 부분의 기호

필요에 따라서 재료 기호의 끝 부분에는 열처리 기호나 제조법, 표면마무리 기호, 조질도 기호 등을 첨가하여 표시할 수도 있다.

▶ 제 4위 기호의 의미

구 분	기 호	기호의 의미	구 분	기 호	기호의 의미
조질도 기호	A	어닐링한 상태	열처리 기호	N	노멀라이징
	H	경질		Q	퀜칭 템퍼링
	1/2H	1/2 경질		SR	시험편에만 노멀라이징
	S	표준 조질		TN	시험편에 용접 후 열처리
표면마무리 기호	D	무광택 마무리	기타	CF	원심력 주강관
	B	광택 마무리		K	킬드강

[참고] 전동장치 부품의 재료 적용 예

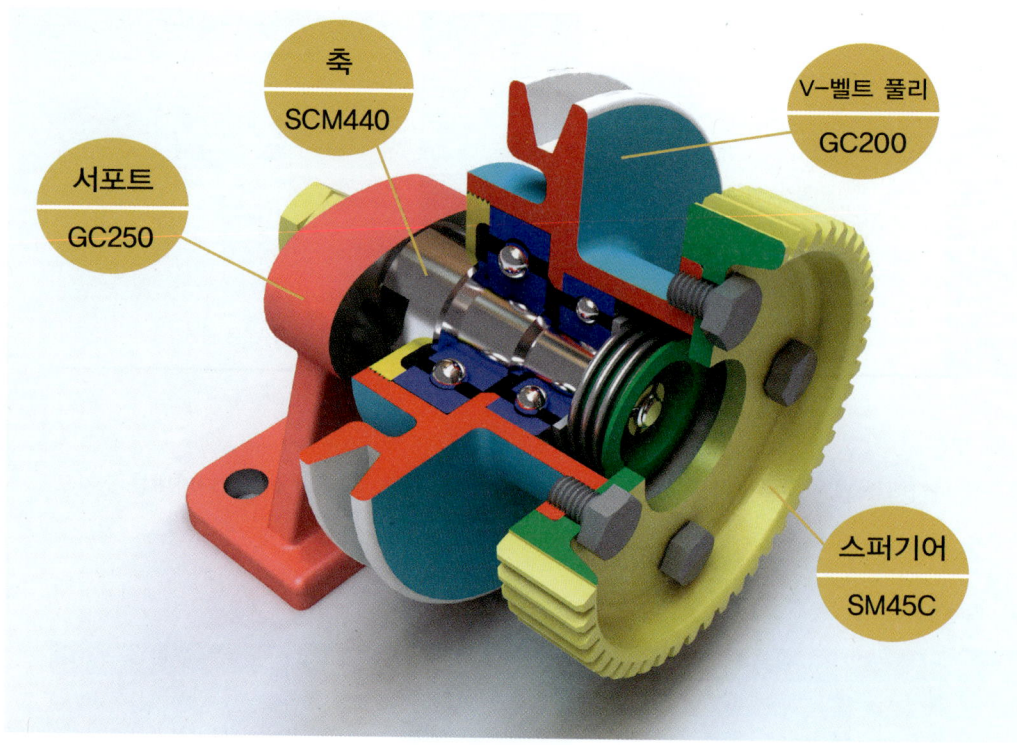

Lesson 3 | 동력전달장치의 부품별 재료 기호 및 열처리 선정 범례

부품의 명칭	재료의 기호	재료의 종류	특 징	열처리 및 도금, 도장
본체 또는 몸체 (BASE or BODY)	GC200	회주철	주조성 양호, 절삭성 우수 복잡한 본체나 하우징, 공작기계 베드, 내연기관 실린더, 피스톤 등 펄라이트+페라이트+흑연	외면 명청, 명적색 도장
	GC250 GC300	회주철		
	SC480	주강	강도를 필요로 하는 대형 부품, 대형 기어	$H_RC50\pm2$ 외면 명회색 도장
축 (SHAFT)	SM45C	기계구조용 탄소강	탄소함유량 0.42~0.48	고주파 열처리, 표면경도 H_RC50~
	SM15CK	기계구조용 탄소강	탄소함유량 0.13~0.18(침탄 열처리)	침탄용으로 사용
	SCM415 SCM435 SCM440	크롬 몰리브덴강	구조용 합금강으로 SCM415~SCM822 까지 10종이 있다.	사삼산화철 피막, 무전해 니켈 도금 전체열처리 $H_RC50\pm2$ H_RC35~40 (SCM435) H_RC30~35 (SCM435)
커버 (COVER)	GC200	회주철	본체와 동일한 재질 사용	외면 명청, 명적색 도장
	GC250	회주철		
	SC480	주강	본체와 동일한 재질 사용	외면 명청, 명적색 도장
V벨트 풀리 (V-BELT PULLEY)	GC200 GC250	회주철	고무벨트를 사용하는 주철제 V-벨트 풀리	외면 명청, 명적색 도장
스프로킷 (SPROCKET)	SCM440	크롬 몰리브덴강	용접형은 보스(허브)부 일반구조용 압연강재, 치형부 기계구조용 탄소강재	치부 열처리 $H_RC50\pm2$ 사삼산화철 피막
	SCM45C	기계구조용 탄소강		
스퍼 기어 (SPUR GEAR)	SNC415	니켈 크롬강		기어치부 열처리 $H_RC50\pm2$ 전체열처리 $H_RC50\pm2$
	SCM435	크롬 몰리브덴강		
	SC480	주강	대형 기어 제작	
	SM45C	기계구조용 탄소강	압력각 20°, 모듈 0.5~3.0	사삼산화철 피막, 무전해 니켈 도금 기어치부 고주파 열처리, H_RC50~55
래크 (RACK)	SNC415 SCM435	니켈 크롬강 크롬 몰리브덴강		전체열처리 $H_RC50\pm2$
피니언 (PINION)	SNC415	니켈 크롬강		전체열처리 $H_RC50\pm2$
웜 샤프트 (WORM SHAFT)	SCM435	크롬 몰리브덴강		전체열처리 $H_RC50\pm2$
래칫 (RATCH)	SM15CK	기계구조용 탄소강		침탄열처리
로프 풀리 (ROPE PULLEY)	SC480	주강		
링크 (LINK)	SM45C	주강		
칼라 (COLLAR)	SM45C	기계구조용 탄소강	베어링 간격유지용 링	
스프링 (SPRING)	PW1	피아노선		
베어링용 부시	CAC502A	인청동주물	구기호 : PBC2	
핸들 (HANDLE)	SS400	일반구조용 압연강		인산염피막, 사삼산화철 피막
평벨트 풀리	GC250 SF340A	회주철 탄소강 단강품		외면 명청, 명적색 도장
스프링	PW1	피아노선		
편심축	SCM415	크롬 몰리브덴강		전체열처리 $H_RC50\pm2$
힌지핀 (HINGE PIN)	SM45C SUS440C	기계구조용 탄소강 스테인레스강		사삼산화철 피막, 무전해 니켈도금 H_RC40~45 (SM45C) H_RC45~50 (SUS440C) 경질크롬도금, 도금 두께 $3\mu m$ 이상
볼스크류 너트	SCM420	크롬몰리브덴강	저온 흑색 크롬 도금	침탄열처리 H_RC58~62
전조 볼스크류	SM55C	기계구조용 탄소강	인산염 피막처리	고주파 열처리 H_RC58~62
LM 가이드 본체, 레일	STS304	스테인레스강	열간 가공 스테인레스강, 오스테나이트계	열처리 H_RC56~
사다리꼴 나사	SM45C	기계구조용 탄소강	30도 사다리꼴나사(왼, 오른나사)	사삼산화철 피막, 저온 흑색 크롬 도금

Chapter 7 기계재료 및 열처리 선정

Lesson 4 · 치공구의 부품별 재료 기호 및 열처리 선정 범례

부품의 명칭	재료의 기호	재료의 종류	특 징	열처리, 도장
지그 베이스 (JIG Base)	SCM415	크롬 몰리브덴강	기계 가공용	
	SM45C	기계구조용강		
하우징, 몸체 (Housing, Body)	SC480	주강	중대형 지그 바디 주물용	
위치결정 핀 (Locating Pin)	STS3	합금공구강	주로 냉간 금형용 STD는 열간 금형용	$H_RC60~63$ 경질 크롬 도금, 버핑연마 경질 크롬 도금 + 버핑 연마
지그 부시 (Jig Bush)	SCM415	크롬 몰리브덴강	구기호 : SCM21	드릴, 엔드밀 등 공구 안내용 전체 열처리 $H_RC65±2$
	STC105	탄소공구강	구기호 : STC3	
	STS3 / STS21	탄소공구강	STS3 : 주로 냉간 금형용 STS21 : 주로 절삭 공구강용	
플레이트 (Plate)	SM45C	기계구조용 탄소강		
스프링 (Spring)	SPS3	실리콘 망간강재	겹판, 코일, 비틀림막대 스프링	
	SPS6	크롬 바나듐강재	코일, 비틀림막대 스프링	
	SPS8	실리콘 크롬강재	코일 스프링	
	PW1	피아노선	스프링용	
가이드블록 (Guide Block)	SCM430	크롬 몰리브덴강		
베어링부시 (Bearing Bush)	CAC502A	인청동주물	구기호 : PBC2	
	WM3	화이트 메탈		
브이블록 (V-Block)	STC105	탄소공구강	지그 고정구용, 브이블록, 클램핑 죠	H_RC 58~62
클램프죠 (Clamping Jaw)	SM45C	기계구조용 탄소강		H_RC 40~50
로케이터 (Locator)	SCM430	크롬 몰리브덴강	위치결정구, 로케이팅 핀	$H_RC50±2$
메저링핀 (Measuring Pin)			측정 핀	$H_RC50±2$
슬라이더 (Slider)			정밀 슬라이더	$H_RC50±2$
고정다이 (Fixed Die)			고정대	
힌지핀 (Hinge Pin)	SM45C	기계구조용 탄소강		$H_RC40~45$
C와셔 (C-Washer)	SS400	일반구조용 압연강재	인장강도 41~50 kg/mm	인장강도 400~510 N/mm^2
지그용 고리모양 와셔	SS400	일반구조용 압연강재	인장강도 41~50 kg/mm	인장강도 400~510 N/mm^2
지그용 구면 와셔	STC105	탄소공구강	구기호 : STC7	H_RC 30~40
지그용 육각볼트, 너트	SM45C	기계구조용 탄소강		
핸들(Handle)	SM35C	기계구조용 탄소강	큰 힘 필요시 SF40 적용	
클램프(Clamp)	SM45C			마모부 H_RC 40~50
캠(Cam)	SM45C SM15CK		SM15CK 는 침탄열처리용	마모부 H_RC 40~50
텅(Tonge)	STC105	탄소공구강	T홈에 공구 위치결정시 사용	
쐐기 (Wedge)	STC85 SM45C	탄소공구강 기계구조용 탄소강	구기호 : STC5	열처리해서 사용
필러 게이지	STC85 SM45C	탄소공구강 기계구조용 탄소강	구기호 : STC5	H_RC 58~62
세트 블록 (Set Block)	STC105	탄소공구강	두께 1.5~3mm	H_RC 58~62

Lesson 5 — 공유압기기의 부품별 재료 기호 및 열처리 선정 범례

부품의 명칭	재료의 기호	재료의 종류	특 징	열처리, 도장
실린더 튜브 (Cylinder Tube)	ALDC10	다이캐스팅용 알루미늄 합금	피스톤의 미끄럼 운동을 안내하며 압축공기의 압력실 역할, 실린더튜브 내면은 경질 크롬도금	백색 알루마이트
피스톤 (Piston)	ALDC10	알루미늄 합금	공기압력을 받는 실린더 튜브내에서 미끄럼 운동	크로메이트
피스톤 로드 (Piston Rod)	SCM415 SM45C	크롬 몰리브덴강 기계구조용 탄소강	부하의 작용에 의해 가해지는 압축, 인장, 굽힘, 진동 등의 하중에 견딜 수 있는 충분한 강도와 내마모성 요구, 합금강 사용시 표면 경질크롬도금	전체열처리 $H_RC50±2$ 경질 크롬 도금
핑거 (Finger)	SCM430	크롬 몰리브덴강	집게역할을 하며 핑거에 별도로 죠(JAW)를 부착 사용	전체열처리 $H_RC50±2$
로드부시 (Rod Bush)	CAC502A	인청동주물	왕복운동을 하는 피스톤 로드를 안내 및 지지하는 부분으로 피스톤 로드가 이동시 베어링 역할 수행	구기호 : PBC2
실린더헤드 (Cylinder Head)	ALDC10	다이캐스팅용 알루미늄 합금	원통형 실린더 로드측 커버나 에어척의 헤드측 커버를 의미	알루마이트 주철 사용시 흑색 도장
링크 (Link)	SCM415	크롬 몰리브덴강	링크 레버 방식의 각도 개폐형	전체열처리 $H_RC50±2$
커버 (Cover)	ALDC10	다이캐스팅용 알루미늄 합금	실린더 튜브 양끝단에 설치 피스톤 행정거리 결정	주철 사용시 흑색 도장
힌지핀 (Hinge Pin)	SCM435 SM45C	크롬 몰리브덴강 기계구조용 탄소강	레버 방식의 공압척에 사용하는 지점 핀	$H_RC40~45$
롤러 (Roller)	SCM440	크롬 몰리브덴강		전체열처리 $H_RC50±2$
타이 로드 (Tie Rod)	SM45C	기계구조용 탄소강	실린더 튜브 양끝단에 있는 헤드커버와 로드커버를 체결	아연 도금
플로팅 조인트 (Floating Joint)	SM45C	기계구조용 탄소강	실린더 로드 나사부와 연결 운동 전달요소	사삼산화철 피막 터프트라이드
실린더 튜브 (Cylinder Tube)	ALDC10	알루미늄 합금		경질 알루마이트
	STKM13C	기계 구조용 탄소강관	중대형 실린더용의 튜브, 기계 구조용 탄소강관 13종	내면 경질크롬도금 외면 백금 도금 중회색 소부 도장
피스톤 랙 (Piston Rack)	STS304	스테인레스강	로타리 액츄에이터 용	
피니언 샤프트 (Pinion Shaft)	SCM435 STS304 SM45C	크롬 몰리브덴강 스테인레스강 기계구조용 탄소강	로타리 액츄에이터 용	전체열처리 $H_RC50±2$

이홍우

현) (주)코아테크 대표이사
　　(주)메카피아 기술 고문
　　(사)국제기능올림픽선수협회 회원
　　기능한국인 6호
　　대한민국산업현장 교수
　　한국산업인력공단 일학습병행제 교수

학, 경력
안양공업고등학교 기계과 졸업
한양대학교 기계공학과 졸업

1975~1979 (주)LG전자 금형설계과 (Mould금형설계, Press금형설계, 치공구설계)
1979~1996 (주)LG전자 연구소/기구개발 그룹장 (통신기기 기구설계)
1996~현재 (주)코아테크 대표이사 (통신기기, 로봇 기구설계)

1997~2000 경기도 지방기능경기대회 기계설계/CAD 직종 심사위원 (4회)
2001~2005 경기도 지방기능경기대회 기계설계/CAD 직종 심사장 (5회)
1990~2000 전국기능경기대회 기계설계/CAD 직종 심사위원 다수
2001~2009 전국기능경기대회 기계설계/CAD 직종 심사장 (9회)
2005~2009 국제기능올림픽대회 기계설계/CAD 직종 심사위원 (3회)

자격
전산응용기계제도기능사
기계설계산업기사

수상
1974 경기도 실고생기능경진대회 기계제도 직종 1위 금메달
1975 서울 지방기능경기대회 기계제도 직종 1위 금메달
1976 전국기능경기대회 기계제도 직종 1위 금메달
1977 제23회 국제기능올림픽대회 기계제도 직종 1위 금메달 (대한민국 최초)
1977 동탑산업훈장
1977 LG전자 사장 표창
1986 LG전자 사장 표창
2000 경기도지사 표창
2002 국제기능올림픽대회 한국위원회장 표창
2004 SK텔레텍 감사패 수여
2005 경북기계공업고등학교장 감사장 수여
2007 기능한국인 선정(6호) 및 노동부장관 표창
2008 국제기능올림픽대회 한국위원회장 감사패 수여
2008 산본공업고등학교장 감사패 수여
2008 한국산업인력공단 이사장 감사장 수여
2016 국제기능올림픽 선수협회장 공로상 수여

노수황

현) (주)메카피아 대표이사
　　네이버 카페 메카피아 운영자
　　유한대학교 융합산업협의회
　　디자인콘텐츠 분과 위원장
　　서울디지털대학교 시각디자인
　　(3D프린팅 디자인) 강사
　　소상공인시장진흥공단 경영학교 강사
　　(사)한국3D프린팅산업협회
　　　　수도권지회 부회장
　　Autodesk Certified Instructor

학, 경력
평택기계공업고등학교 기계과
생산기술연구원 기술교육센터 치공구설계과
경기과학기술대학 기계자동화공학과 공학사
아주대학교 경영대학원 MBA 경영학과 석사

3D프린터용 제품제작 NCS 및 활용패키지 개발
3D프린팅운용기능사 및 3D프린터개발산업기사 국가기술자격 종목개발연구
3D프린팅 디자인 NCS 및 활용패키지 개발
3D프린터개발산업기사 국가기술자격실기 모의시험 관리위원
NCS 및 활용패키지 개선 개발위원
Smart HRD콘텐츠 동영상강의(3D프린터용제품제작) 개발 집필강의

자격
치공구설계산업기사
3D프린팅강사
Autodesk Certified User:AutoCAD (ACU)
AutoCAD Certified Professional AutoCAD 2015
NCS 기업활용 컨설팅 전문가 인증(재직자훈련분야)
NCS 개발/개선 Facilitator 인증

수상
2014 미래창조과학방송통신위원 3D 프린팅 표창
2015 Autodesk Education Parter Award 수상
2015 숭실대학교 3D 프린팅 메이커스 페어 감사
2015 소상공인대회 국무총리 표창

신간 도서 목록

3D프린터운용기능사실기
인벤터 3D모델링 & 3D프린팅 작업(NCS 기반)

저자: 노수황, 권현진, 주영환
발행: 2019년 05월 10일
쪽수: 548쪽
정가: 30,000원
ISBN: 9791162480427

전산응용기계설계제도기능사
실기출제도면집

저자: 메카피아
발행: 2019년 04월 15일
쪽수: 384쪽
정가: 23,000원
ISBN: 9791162480335

인벤터 사용자를 위한
생산자동화기능사 산업기사
CAD 작업형 실기

저자: 메카피아
발행: 2019년 04월 15일
쪽수: 448쪽
정가: 28,000원
ISBN: 9791162480366

최신 KS 기계제도 규격에 따른 일반기계
기사 기계설계산업기사 건설기계설비기
사/산업기사 작업형 실기

저자: 메카피아
발행: 2019년 04월 10일
쪽수: 640쪽
정가: 34,000원
ISBN: 9791162480311

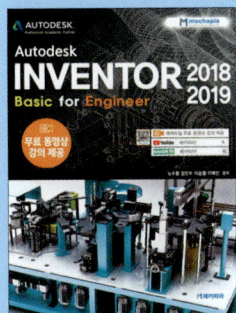

Autodesk Inventor 2018-2019
Basic for Engineer

저자: 노수황, 정인수, 이승열, 이예진
발행: 2019년 03월 29일
쪽수: 480쪽
정가: 32,000원
ISBN: 9791162480304

3D 프린팅 교육을 위한 오토데스크
123D 디자인 모델링

저자: 송기웅
발행: 2019년 03월 15일
쪽수: 160쪽
정가: 10,000원
ISBN: 9791162480328

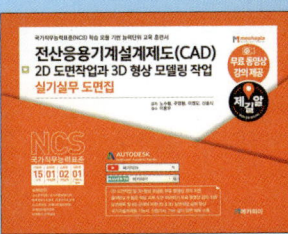

전산응용기계설계제도(CAD)
2D 도면작업과 3D 형상 모델링
작업: 실기실무 도면집

저자: 노수황, 주영환, 이원모, 신충식
발행: 2019년 03월 04일
쪽수: 524쪽
정가: 27,000원
ISBN: 9791162480281

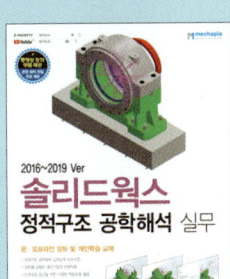

솔리드웍스 정적구조 공학해석 실무
2016~2019 Ver

저자: 이상만
발행: 2019년 01월 11일
쪽수: 264쪽
정가: 30,000원
ISBN: 9791162480243

기술 도서 목록

한 권으로 끝내는 3D 프린터 마스터북
3D 프린팅 개론 및 실전활용서

저자 : 메카피아 노수황
발행 : 2019년 01월 11일
쪽수 : 532쪽
정가 : 28,000원
ISBN: 9791187244370

NCS 기반 도면해독&직무능력 향상을 위한
3D 형상 모델링 실기 실무 도면집

저자 : 주영환, 강명창
발행 : 2018년 07월 20일
쪽수 : 328쪽
정가 : 25,000원
ISBN: 9791162480182

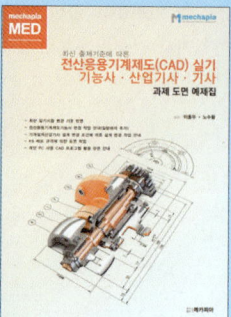

전산응용기계제도(CAD) 실기 기능사.
산업기사. 기사 과제 도면 예제집

저자 : 이홍우, 노수황
발행 : 2018년 07월 10일
쪽수 : 378쪽
정가 : 25,000원
ISBN: 9791162480151

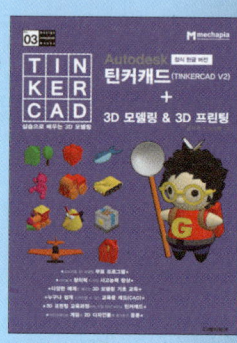

Autodesk 정식한글버전 틴커캐
드(TINKERCAD V2)+3D 모델
링&3D 프린팅

저자 : 김차희, 노수황
발행 : 2018년 05월 04일
쪽수 : 224쪽
정가 : 15,000원
ISBN: 9791162480113

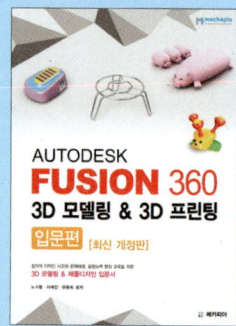

Autodesk Fusion 360 3D 모델
링 & 3D 프린팅: 입문편 3D 모델링
& 제품디자인 입문서

저자 : 노수황, 이예진, 유동욱
발행 : 2018년 04월 20일
쪽수 : 440쪽
정가 : 28,000원
ISBN: 9791162480106

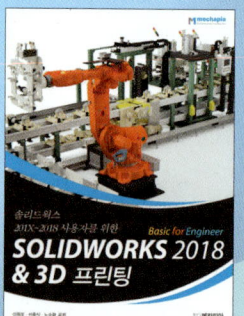

솔리드웍스 201X~2018 사용자
를 위한 Solidworks 2018 Basic
for Engineer & 3D프린팅

저자 : 이원모, 신충식, 노수황
발행 : 2018년 03월 16일
쪽수 : 544쪽
정가 : 32,000원
ISBN: 9791162480076

NX 3D모델링 실기 활용서 전산응용기계
제도기능사 기계설계산업기사 실기용

저자 : 권영은
발행 : 2018년 01월 19일
쪽수 : 352쪽
정가 : 30,000원
ISBN: 9791162480007

Cloud CAD Onshape 3D 모델링
활용서

저자 : 이지혜, 이경미, 김미희
발행 : 2018년 01월 05일
쪽수 : 297쪽
정가 : 19,000원
ISBN: 9791162480021